计算机应用案例教程系列

Dreamweaver CC 2018
网页制作案例教程

宋晓明　张冰◎编著

清华大学出版社
北　京

内 容 简 介

本书以通俗易懂的语言、翔实生动的案例全面介绍使用 Dreamweaver CC 2018 软件进行网页制作的方法和技巧。全书共分 16 章，内容涵盖网页制作基础知识、操作网页文档、编辑网页文本、设计网页图像、添加网页多媒体、设置网页超链接、使用表格、使用表单、使用 CSS、制作 Div+CSS 页面、定位网页对象、使用 CSS3 动画、设计 HTML5 结构、使用网页行为、制作移动设备网页、使用模板和库项目等。

书中同步的案例操作二维码教学视频可供读者随时扫码学习。本书还提供配套的素材文件，与内容相关的扩展教学视频以及云视频教学平台等资源的电脑端下载地址，方便读者扩展学习。本书具有很强的实用性和可操作性，是一本适合于高等院校及各类社会培训学校的优秀教材，也是广大初中级电脑用户的首选参考书。

本书对应的电子课件及其他配套资源可以到 http://www.tupwk.com.cn/teaching 网站下载。

图书在版编目(CIP)数据

Dreamweaver CC 2018 网页制作案例教程 / 宋晓明，张冰 编著. —北京：清华大学出版社，2018
（2024.2重印）
(计算机应用案例教程系列)
ISBN 978-7-302-51308-7

I. ①D… II. ①宋… ②张… III. ①网页制作工具—教材 IV. ①TP393.092.2

中国版本图书馆 CIP 数据核字(2018)第 223835 号

责任编辑：胡辰浩　李维杰
装帧设计：孔祥峰
责任校对：成凤进
责任印制：刘海龙

出版发行：清华大学出版社
网　　址：https://www.tup.com.cn，https://www.wqxuetang.com
地　　址：北京清华大学学研大厦 A 座　　**邮　　编：**100084
社 总 机：010-83470000　　**邮　　购：**010-62786544
投稿与读者服务：010-62776969, c-service@tup.tsinghua.edu.cn
质 量 反 馈：010-62772015, zhiliang@tup.tsinghua.edu.cn
印 装 者：三河市人民印务有限公司
经　　销：全国新华书店
开　　本：185mm×260mm　　**印　　张：**18.75　　**彩　　插：**2　　**字　　数：**480 千字
版　　次：2018 年 11 月第 1 版　　**印　　次：**2024 年 2 月第 4 次印刷
定　　价：69.00 元

产品编号：076379-02

【配套资源使用说明】

二维码教学视频使用方法

本套丛书提供书中案例操作的二维码教学视频，读者可以使用手机微信、QQ 以及浏览器中的“扫一扫”功能，扫描本书前言中的二维码图标，即可打开本书对应的同步教学视频界面。

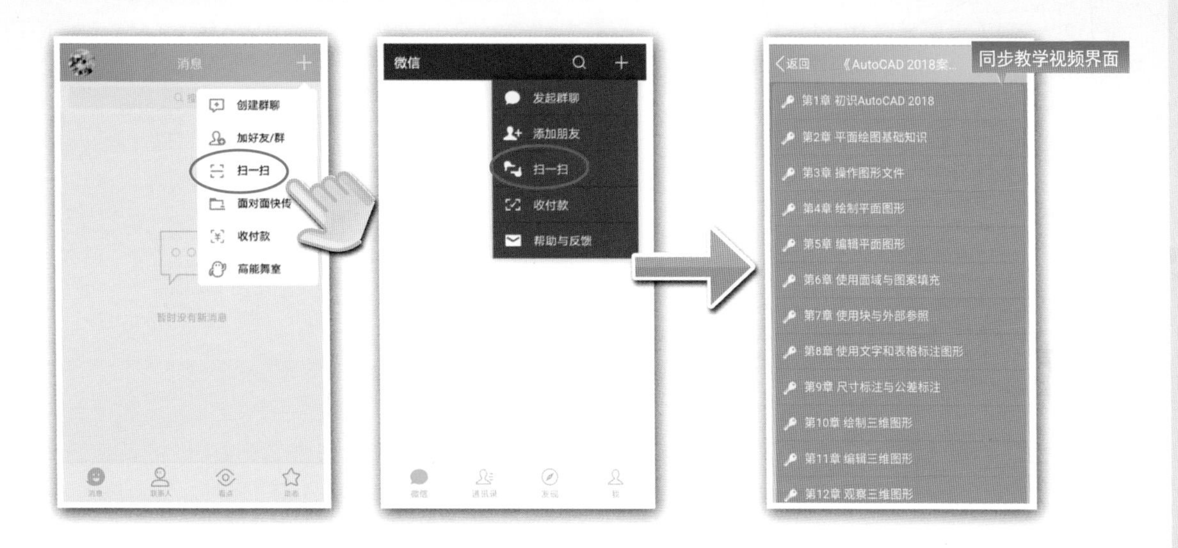

在教学视频界面中点击需要学习的章名，此时在弹出的下拉列表中显示该章的所有视频教学案例，点击任意一个案例名称，即可进入该案例的视频教学界面。

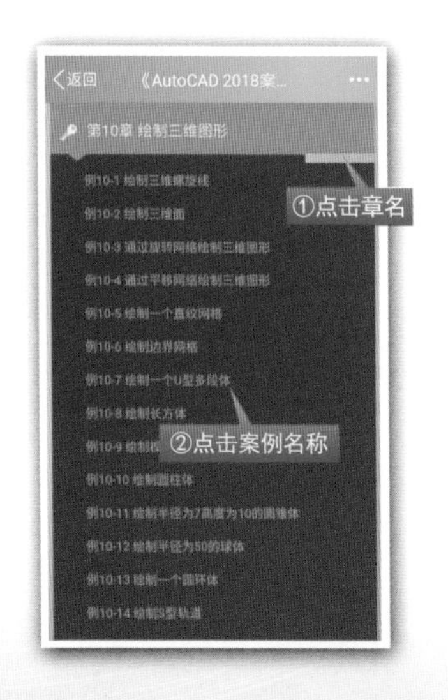

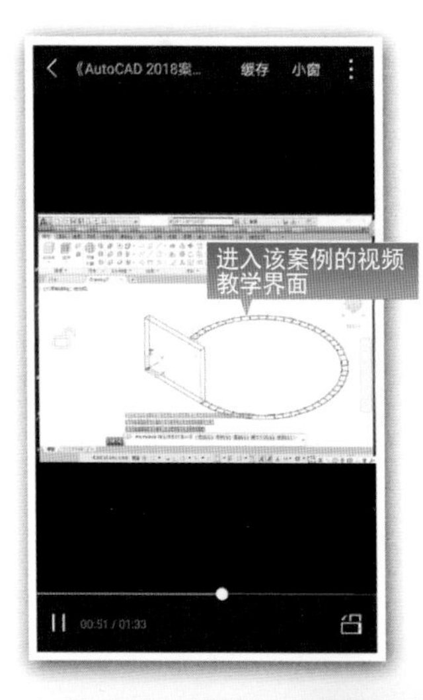

点击案例视频播放界面右下角的按钮，可以打开视频教学的横屏观看模式。

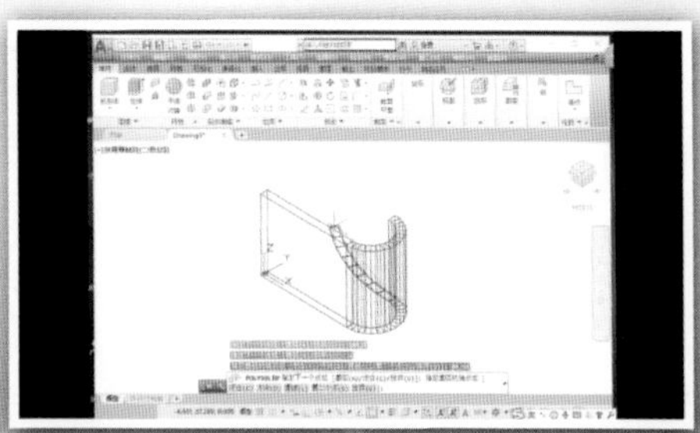

【配套资源使用说明】

电脑端资源使用方法

本套丛书配套的素材文件、电子课件、扩展教学视频以及云视频教学平台等资源，可通过在电脑端的浏览器中下载后使用。读者可以登录本丛书的信息支持网站（http://www.tupwk.com.cn/teaching）下载图书对应的相关资源。

读者下载配套资源压缩包后，可在电脑中对该文件解压缩，然后双击名为Play的可执行文件进行播放。

扩展教学视频&素材文件

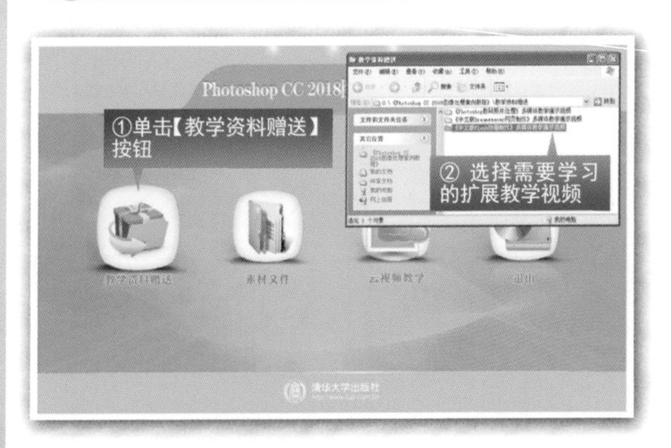

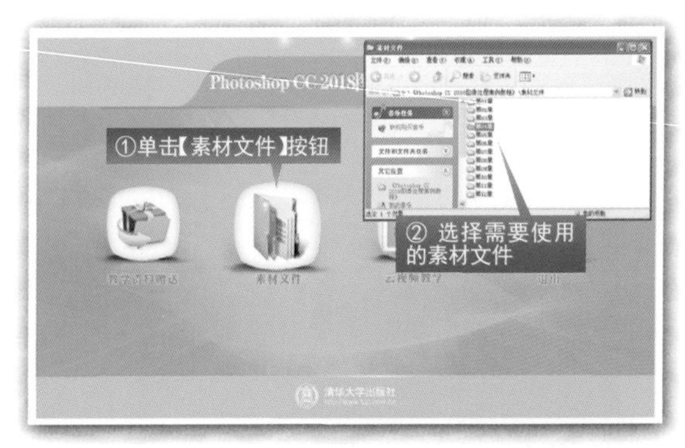

云视频教学平台

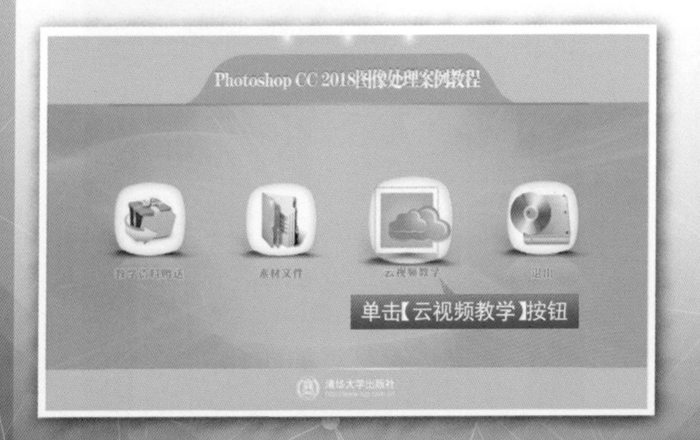

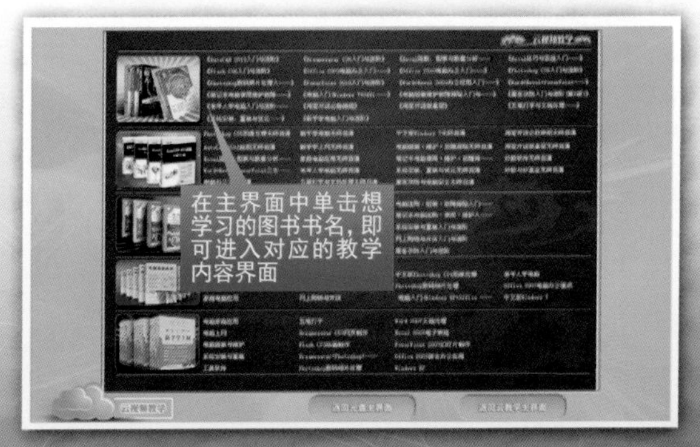

▶ 设置网页图片链接

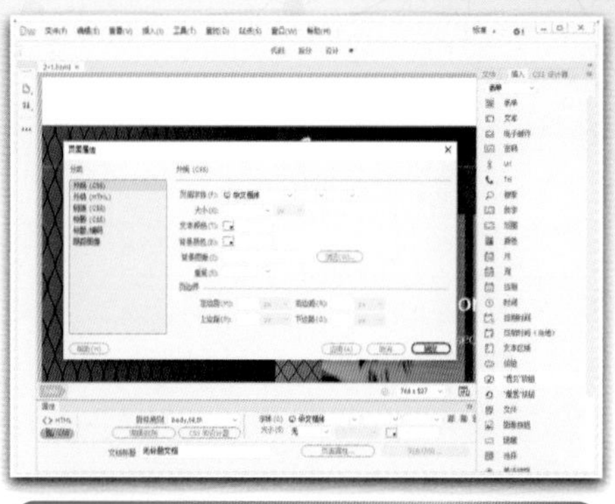

▶ 设置网页页面属性

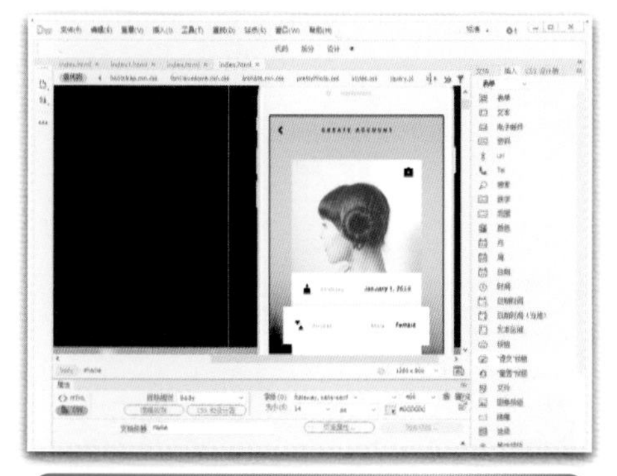

▶ 设置元素参照自身偏移

▶ 使用表格构建网页框架

▶ 使用固定定位元素

▶ 设置一张铺满页面的图片

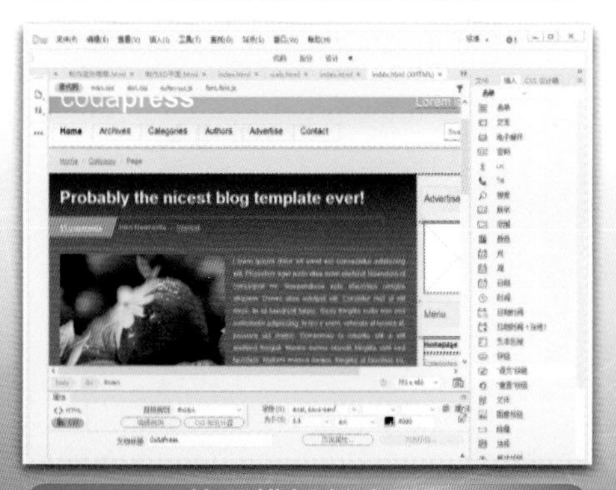

▶ 使用模板创建网页

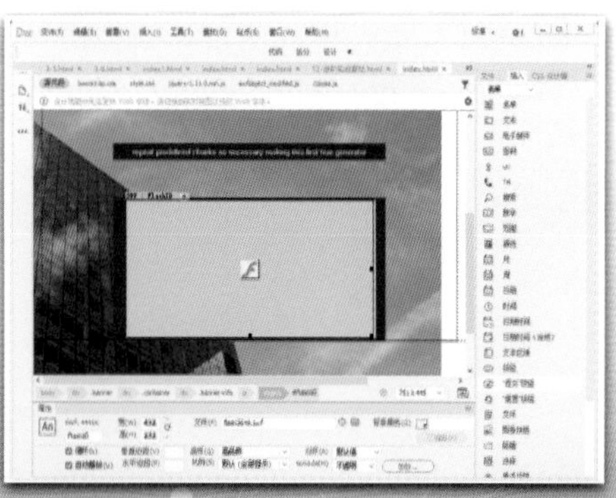

▶ 在网页中插入视频

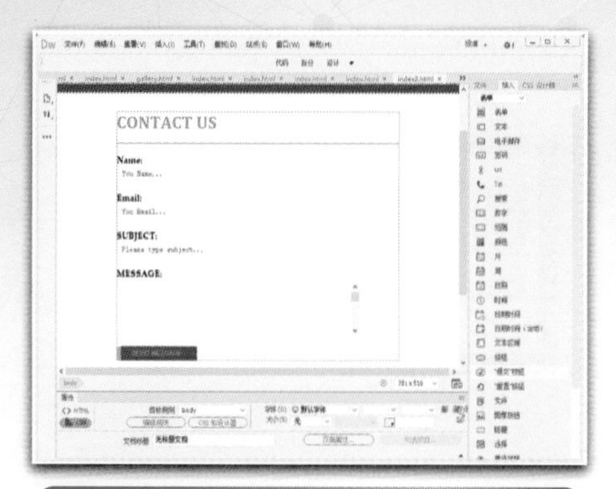

▶ 在网页中插入表单对象

▶ 在网页中插入图像

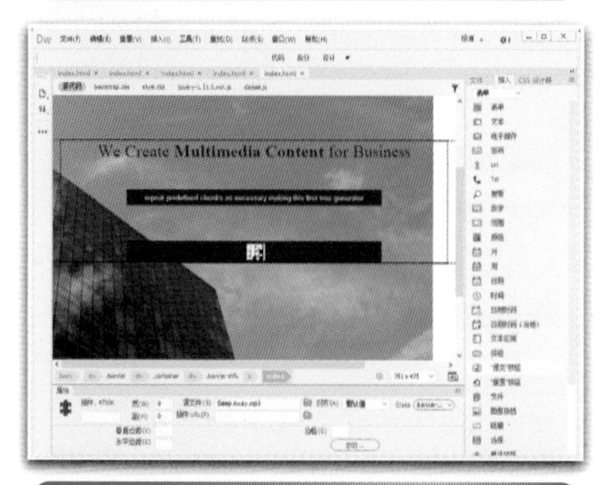

▶ 在网页中使用插件

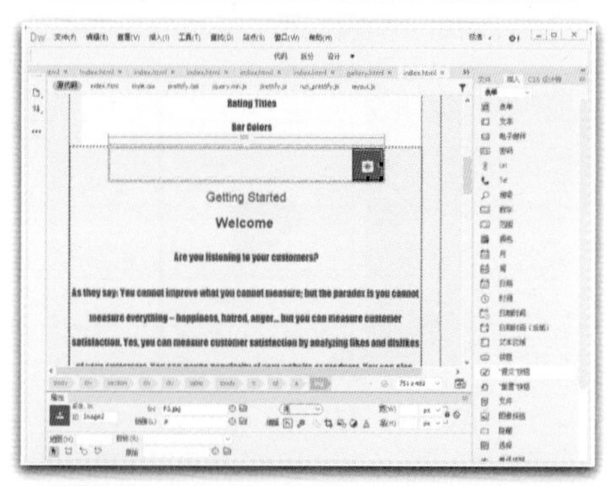

▶ 制作文件下载链接

▶ 制作婚嫁网站首页1

▶ 制作婚嫁网站首页2

▶ 制作红酒网站页面

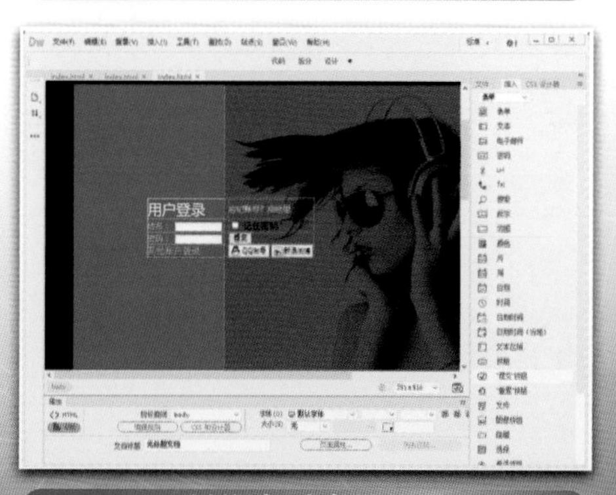

▶ 制作音乐点播网页

前言

熟练使用计算机已经成为当今社会不同年龄层次的人群必须掌握的一门技能。为了使读者在短时间内轻松掌握计算机各方面应用的基本知识，并快速解决生活和工作中遇到的各种问题，清华大学出版社组织了一批教学精英和业内专家特别为计算机学习用户量身定制了这套《计算机应用案例教程系列》丛书。

丛书、二维码教学视频和配套资源

选题新颖，结构合理，内容精炼实用，为计算机教学量身打造

本套丛书注重理论知识与实践操作的紧密结合，同时贯彻“理论+实例+实战”3阶段教学模式，在内容选择、结构安排上更加符合读者的认知习惯，从而达到老师易教、学生易学的目的。丛书采用双栏紧排的格式，合理安排图与文字的占用空间，在有限的篇幅内为读者奉献更多的计算机知识和实战案例。丛书完全以高等院校、职业学校及各类社会培训学校的教学需要为出发点，紧密结合学科的教学特点，由浅入深地安排章节内容，循序渐进地完成各种复杂知识的讲解，使学生能够一学就会、即学即用。

教学视频，一扫就看，配套资源丰富，全方位扩展知识能力

本套丛书提供书中案例操作的二维码教学视频，读者可以使用手机微信、QQ 以及浏览器中的“扫一扫”功能，扫描下方的二维码，即可观看本书对应的同步教学视频。此外，本书配套的素材文件、与本书内容相关的扩展教学视频以及云视频教学平台等资源，可通过在电脑端的浏览器中下载后使用。

(1) 本书配套素材和扩展教学视频文件的下载地址。

http://www.tupwk.com.cn/teaching

(2) 本书同步教学视频的二维码。

扫一扫，看视频

本书微信服务号

在线服务，疑难解答，贴心周到，方便老师定制教学教案

本套丛书精心创建的技术交流 QQ 群(101617400、2463548)为读者提供 24 小时便捷的在线交流服务和免费教学资源。便捷的教材专用通道(QQ：22800898)为老师量身定制实用的教学课件。老师也可以登录本丛书的信息支持网站(http://www.tupwk.com.cn/teaching)下载图书对应的电子课件。

本书内容介绍

《Dreamweaver CC 2018 网页制作案例教程》是这套丛书中的一本，该书从读者的学习兴趣和实际需求出发，合理安排知识结构，由浅入深、循序渐进，通过图文并茂的方式讲解 Dreamweaver CC 2018 网页制作的基础知识和操作方法。全书共分为 16 章，主要内容如下。

第 1 章：介绍网页制作的基础知识与 Dreamweaver CC 2018 的基本操作。

第 2 章和第 3 章：介绍设置网页属性和在网页中输入、编辑与设置各种文本的方法。

第 4 章：介绍在网页中使用图像修饰页面效果的方法。

第 5 章：介绍在网页中添加 Flash SWF、HTML5 Video 等多媒体元素的方法。

第 6 章：介绍在网页中创建、编辑各种超链接的方法。

第 7 章和第 8 章：介绍使用表格规划网页内容与布局以及制作常见表单网页的方法。

第 9 章：介绍使用 CSS 对网页的布局、字体、颜色、背景等进行精确控制的方法。

第 10 章：介绍在 Dreamweaver 中制作 Div+CSS 页面的方法。

第 11 章：介绍在 Dreamweaver 中使用 CSS 精确定位网页对象的方法。

第 12 章：介绍在网页中使用 CSS3 Transition 和 CSS3 Animations 动画的方法。

第 13 章：介绍 HTML5 的基础知识和使用 HTML5 新增元素的方法。

第 14 章：介绍使用 Dreamweaver 在网页中设置各种网页行为的方法。

第 15 章：介绍使用 Dreamweaver 制作 jQuery Mobile 网页的方法。

第 16 章：介绍使用模板和库项目制作大量风格类似网页的方法。

读者定位和售后服务

本套丛书由从事计算机教学的老师和自学人员编写，是一套适合高等院校及各类社会培训学校的优秀教材，也可作为计算机初中级用户的首选参考书。

如果在阅读图书或使用电脑的过程中有疑惑或需要帮助，可以登录本丛书的信息支持网站(http://www.tupwk.com.cn/teaching)或通过 E-mail(wkservice@vip.163.com)联系，本丛书的作者或技术人员会提供相应的技术支持。

本书分为 16 章，其中黑河学院的宋晓明编写了第 1~9 章，哈尔滨理工大学的张冰编写了第 10~16 章。另外，参加本书编写的人员还有陈笑、孔祥亮、杜思明、高娟妮、熊晓磊、曹汉鸣、何美英、陈宏波、潘洪荣、王燕、谢李君、李珍珍、王华健、柳松洋、陈彬、刘芸、高维杰、张素英、洪妍、方峻、邱培强、顾永湘、王璐、管兆昶、颜灵佳、曹晓松等。由于作者水平所限，本书难免有不足之处，欢迎广大读者批评指正。我们的邮箱是 huchenhao@263.net，电话是 010-62796045。

《计算机应用案例教程系列》丛书编委会

2018 年 8 月

目录

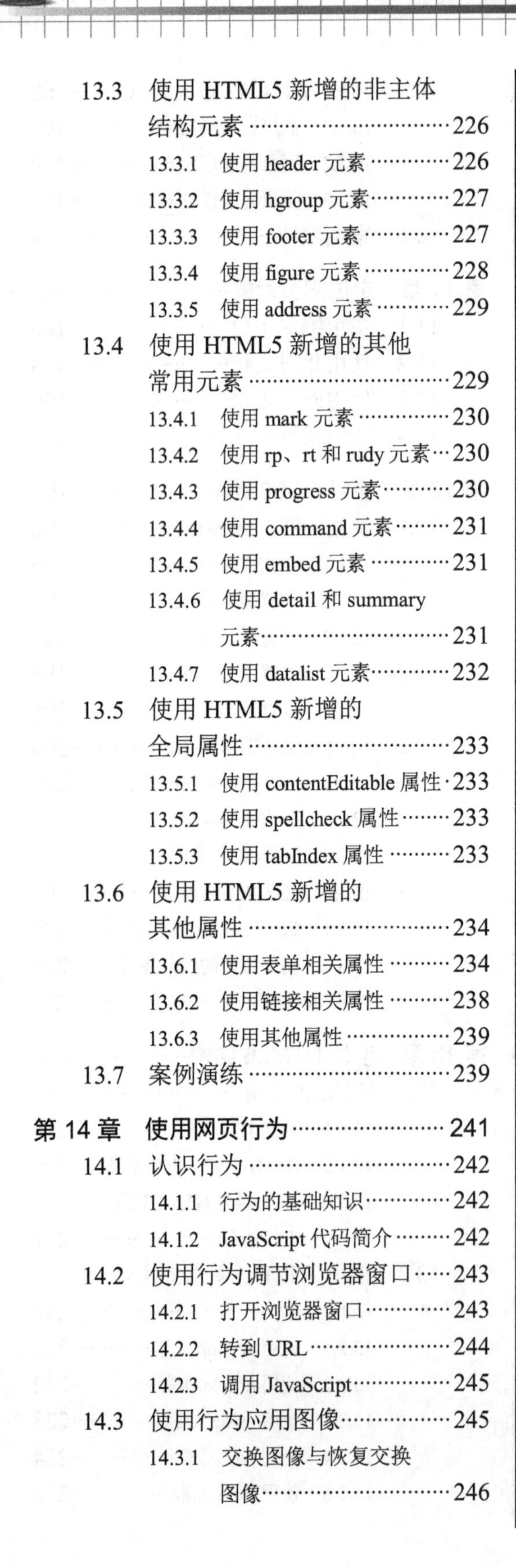

第1章 网页制作基础知识

作为全书的开端，本章将主要介绍网页制作的基础知识，包括网页与网站的概念、网页的构成元素、网站的设计流程、网页编辑软件 Dreamweaver CC 2018 的工作界面以及本地站点的创建与管理方法等。

本章对应视频

例 1-1 在网站中创建网页
例 1-2 创建本地站点

1.1 网页与网页制作的基础知识

对于许多初学者而言，“制作网页”仅仅是一个概念。网页制作是否需要掌握大量的计算机知识？是否需要熟悉程序语言和工具软件？会不会非常难？其实，网页制作和Office文档制作差不多，只要应用合适的软件，掌握如何使用它们，并按照一定的规范来操作，就能够完成网页的制作。当然，要制作出精美的网页，还需要掌握一定的设计知识和软件使用技巧。

本节将在用户正式开始学习制作网页之前，介绍一下什么是网页，以及与网页有关的基础知识与相关概念。

1.1.1 网页与网站的概念

网页通常为HTML格式。网页既是构成网站的基本元素，也是承载各种网站应用的平台。简单地说，网站就是由网页组成的。

1. 网页的概念

网页(Web Page)就是网站上的一个页面，如上图所示，它是一个纯文本文件，是向访问者传递信息的载体，以超文本和超媒体为技术，采用HTML、CSS、XML等语言来描述组成页面的各种元素，包括文字、图像、声音等，并通过客户端浏览器进行解析，从而向访问者呈现网页的各种内容。

网页由网址(URL)识别与存放，访问者在浏览器的地址栏中输入网址后，经过一段复杂而又快速的程序，网页将被传送到计算机，然后通过浏览器程序解释页面内容，并最终展示在显示器上。例如，在浏览器的地址栏中输入网址以访问网站：

```
http://www.bankcomm.com
```

实际上在浏览器中打开的是http://www.bankcomm.com/BankCommSite/cn/index.html文件，其中index.html是www.bankcomm.com网站服务器主机上默认的主页文件。

2. 网站的概念

网站(Web Site)是指在互联网上，根据一定的规则，使用HTML、ASP、PHP等语言制作的用于展示特定内容的相关网页的集合，其建立在网络基础之上，以计算机、网络和通信技术为依托，通过一台或多台计算机向访问者提供服务。

按照网站形式的不同，网站可以分为以下几种类型。

- 门户网站：门户网站是一种综合性网站，此类网站一般规模庞大，涉及领域广泛，如搜狐、网易、新浪、凤凰网等。
- 个人网站：个人网站是由个人开发建立的网站，在内容形式上具有很强的个性化色彩，通常用于渲染自己或展示个人的兴趣爱好。
- 专业网站：专业网站指的是专门以某种主题内容而建立的网站，此类网站一般以某个题材作为内容。
- 职能网站：职能网站具有专门的功能，如政府网站、银行网站、电子商务网站(简称电商网站)等。

1.1.2　网页的常见类型

网页的类型众多，一般情况下可以按其在网站中的位置分类，也可以按其表现形式分类。

1. 按位置分类

在这种分类方式下，网页按其在网站中的位置可分为主页和内页。主页一般指进入网站时显示的第一个页面，也称“首页”，例如下图所示的电商网站页面。内页则指的是通过各种文本或图片超链接，与首页相链接的其他页面，也称网站的“内部页面”。

2. 按表现形式分类

按表现形式，可将常见的网页类型分为静态网页与动态网页两种。网页程序是否在服务器端运行，是区分静态网页与动态网页的重要标志，在服务器端运行的网页(包括程序、网页、组件等)属于动态网页(动态网页会随不同用户、不同时间，返回不同的网页)。而运行于客户端的网页程序，则属于静态网页。静态网页与动态网页各有特点。

- 静态网页：静态网页是不包含程序代码的网页，不会在服务器端执行。静态网页的内容经常以 HTML 语言编写，在服务器端以.htm 或.html 文件格式存储。对于静态网页，服务器不执行任何程序就把 HTML 页面文件传给客户端的浏览器，直接进行解读工作，所以网页的内容不会因为执行程序而改变。

- 动态网页：动态网页是指网页内含有程序代码，并会被服务器执行的网页。用户浏览动态网页需要由服务器先执行网页中的程序，再将执行完的结果传送到用户的浏览器中。动态网页和静态网页的区别在于，动态网页会在服务器端执行一些程序。由于执行程序时的条件不同，因此执行的结果也可能会有所不同，用户最终看到的网页内容也将不同。

1.1.3　网页的页面元素

网页是一个纯文本文件，通过 HTML、

CSS 等脚本语言对页面元素进行标识，然后由浏览器自动生成页面。组成网页的基本元素通常包括文本、图像、超链接、Flash 动画、表格、交互式表单以及导航栏等。常见网页的基本元素的功能如下。

- 文本：文本是网页中最重要的信息载体，网页所包含的主要信息一般都以文本形式为主。文本与其他网页元素相比，其效果虽然并不突出，却能表达更多信息，能更准确地表达信息的内容和含义。
- 图像：图像在网页中具有提供信息并展示直观形象的作用。用户可以在网页中使用 GIF、JPEG 或 PNG 等多种格式的图像文件(目前，应用最广泛的网页图像文件是 GIF 和 JPEG 这两种)。
- 超链接：超链接是从一个网页指向另一个目的端的链接，超链接的目的端可以是网页，也可以是图片、电子邮件地址、文件和程序等。当网页访问者单击页面中的某个超链接时，超链接将根据自身的类型以不同的方式打开目的端。例如，当一个超链接的目的端是一个网页时，将会自动打开浏览器窗口，显示出相应页面的内容。
- 导航栏：导航栏在网页中表现为一组超链接，其链接的目的端是网站中的重要页面。在网站中设置导航栏可以使访问者便捷地浏览站点中的相应网页。

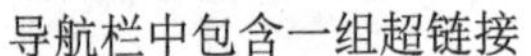

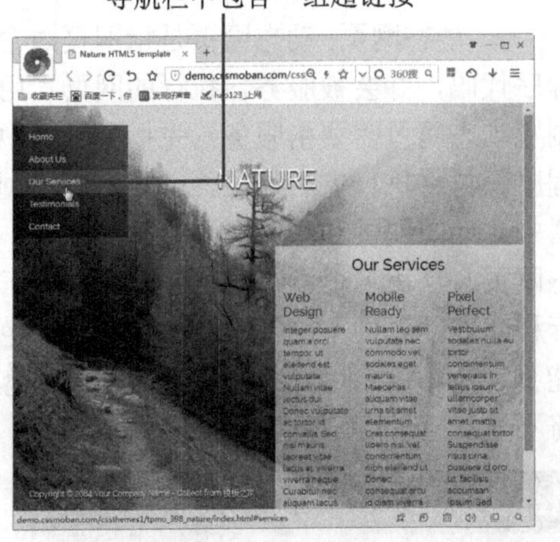

- 交互式表单：交互式表单在网页中通常用于联系数据库并接收访问者在浏览器中输入的数据。交互式表单的作用是收集用户在浏览器中输入的联系资料、接收请求、反馈意见、设置署名以及登录信息等。

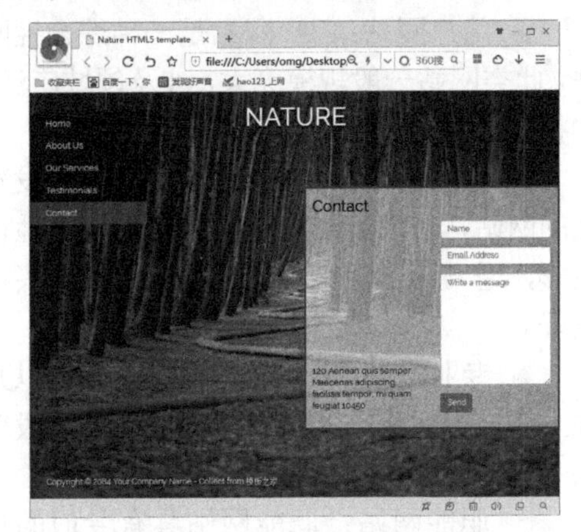

- Flash动画：Flash动画在网页中的作用是有效地吸引访问者更多的关注。用户在设计与制作网页的过程中，可以通过在页面中加入Flash动画来使网页的整体效果更加生动活泼。
- 表格：表格在网页中用于控制页面信息的布局方式。其作用主要体现在两个方面：一方面是通过使用行和列的形式布局文本和图形等列表化数据；另一方面则是精确控制网页中各类元素的显示位置。

1.1.4 网页制作的相关知识

在网页制作过程中，常常会接触到一些网络概念，如互联网(Internet)、万维网、浏览器、HTML、电子邮件、URL、域名等，下面将对这些知识点进行简单的介绍。

1. 互联网

互联网是一个把分布于世界各地的计算机用传输介质互相连接起来的网络。互联网提供的主要服务有万维网(WWW)、文件传输协议(FTP)、电子邮件(E-mail)以及远程登录等。

2. 万维网

万维网(World Wide Web)简称 WWW 或

3W，它是无数个网络站点和网页的集合，也是互联网提供的最主要服务。它是由多媒体链接而形成的集合，通常我们上网时，使用浏览器访问网页看到的就是万维网的内容。

3. 浏览器

浏览器是指将互联网上的文本文档(或其他类型的文件)翻译成网页，并让用户与这些文件交互的一种软件，主要用于查看网页内容。目前，广大网民常用的浏览器有以下几种。

- 谷歌浏览器：又称 Google Chrome 或 Google 浏览器，是一款由 Google(谷歌)公司开发的开放源代码的网页浏览器。
- 火狐浏览器：火狐(Mozilla Firefox)浏览器是一款开放源代码的网页浏览器，该浏览器使用 Gecko 引擎(即非 IE 内核)编写，由 Mozilla 基金会与数百个志愿者开发。
- 360 安全浏览器：360 安全浏览器是一款互联网上安全的浏览器，该浏览器以及 360 安全卫士、360 杀毒等软件都是 360 安全中心的系列软件产品。
- Windows操作系统自带的浏览器：微软公司开发的Windows 10系统提供Microsoft Edge浏览器，而在旧版本的Windows系统(例如 Windows 7/8/XP 等)中则提供 Internet Explorer浏览器(简称IE浏览器)。

4. HTML

HTML(HyperText Marked Language)即超文本标记语言，是一种用于制作超文本文档的简单标记语言，也是制作网页最基本的语言，可以直接由浏览器执行。后续章节将介绍 HTML 语言在网页制作中的具体应用。

5. URL

URL(Uniform Resource Locator)是用于完整地描述互联网上网页和其他资源地址的一种标识方法。互联网上的每一个网页都具有一个唯一的名称标识，通常称为 URL 地址，这种地址可以是计算机上的本地磁盘，也可以是局域网中的某一台计算机，其更多是互联网上的站点。简单地说，URL 就是网页地址，俗称网址。

6. 电子邮件

电子邮件又称 E-mail，是目前互联网上使用最多的一种服务。电子邮件是一种利用计算机网络的电子通信功能传输信件、单据、资料等电子媒体信息的通信方式，它最大的特点是人们可以在任何地方、任何时间收发包含文件、文本或图片的信件，大大降低了人与人之间的沟通成本。

7. 域名

域名(Domain Name)是由一串用点分隔的名字组成的互联网上某台计算机或计算机组的名称，用于在传输数据时标识计算机的电子方位(有时也指地理位置)。目前域名已经成为互联网上品牌、网上商标保护必备的产品之一。

8. FTP

FTP(File Transfer Protocol，文件传输协议)是一种快速、高效的信息传输方式，通过该协议可以把文件从一个地方传输到另一个地方。

FTP 是一个 8 位的客户端-服务器协议，能操作任何类型的文件而不需要进一步处理。但是 FTP 服务有着极长的延时，从开始请求到第一次接收数据之间的时间会非常长，并且必须不时地执行一些冗长的登录进程。

9. IP 地址

所谓 IP 地址，就是给每个连接到互联网的主机分配的一个 32 位地址。按照 TCP/IP 协议，IP 地址用二进制表示，每个 IP 地址长 32 位，换算成字节，就是 4 个字节。例如，一个采用二进制形式的 IP 地址是：

```
00001010000000000000000000000001
```

这么长的地址，人们处理起来也太吃力

了。为了方便使用，IP 地址经常被写成十进制的形式，使用(.)符号将不同的字节分开。于是，上面的 IP 地址可以表示为：10.0.0.1。IP 地址的这种表示方法称为点分十进制表示法，这显然比 1 和 0 容易记忆。

10. 上传和下载

上传(Upload)指的是从本地计算机(一般称为客户端)向远程服务器(一般称为服务器端)传送数据的行为和过程。

下载(Download)指的是从远程服务器取回数据到本地计算机的过程。

1.2 网站设计的常用流程

在正式开始制作用于网站的网页之前，首先要考虑网站的主题，然后根据主题来制作演示图板、设计配色，并准备在各个网页上要插入的文字、图像、多媒体文件等元素，这些都准备好了就可以开始制作网页了。本节将简单介绍网站设计的常用流程。

1.2.1 网站策划

网站界面是人机之间信息交互的画面。交互是一种集合了计算机应用、美学、心理学和人机工程学等学科领域的行为。在设计所需的网站之前，最先需要考虑的是网站的理念，也就是决定网站的主题以及构成方式等。如果不经过策划直接进入网页制作阶段，可能导致网页结构出现混乱、操作量加倍等各种问题，合理地策划则会大幅缩短网页制作时间。

1. 确定网站的主题

在策划网站时，需要确定网站的主题。商业性网站会体现企业本身的理念，制作网页时可以根据这种理念来进行设计；而对于个人网站，则需要考虑以下问题。

- 网站的目的：制作网站时应先想清楚为什么要制作网站。根据制作网站的原因以及目的决定网站的性质。例如，要把个人所掌握的信息传达给他人，可以制作讲座型网站。
- 网站的有益性：即使是个人网站，也需要为访问者提供有利的信息或者能够作为相互交流意见的平台，在自己掌握的信息不充分时，可以从访问者那里收集一些有用的信息。
- 是否更新：网站的生命力体现在更新频率上，如果不能经常更新，可以在网站首页的公告栏中公布最新的信息。

2. 预测浏览者

确定网站的主题后，还需要简单预测一下访问群体。例如，教育性质的网站的对象可能是成人，也可能是儿童。如果以儿童为对象，最好采用活泼可爱的风格来设计页面，同时使用比较简单的链接结构。

3. 绘制演示图板

确定网站的主题、目标访问者后，就可以划分栏目了。需要考虑的是：网站分为哪几个栏目，各栏目是否再设计子栏目，若设计子栏目，需要设计几个，等等。

为网站首页设置导航时，最好将内容相似的栏目合并起来，以【主栏目】>【子栏目】>【子栏目】的形式细分，但要注意避免单击五六次才能找到目标页面的情况发生，因为那样会给访问者带来不便。

在确定好栏目后，再考虑网站的整体设计，在一张纸上画出页面中的导航位置、文本和图像的位置，这种预先画出的结构就称为演示图板。

1.2.2 设计配色

页面设计的效果直接关系到网站的成败，网站的色彩表现更是视觉传达的重要因素。因此，在完成网站策划工作后，必须根据策划要求，运用一些配色知识设计网站的配色方法。

1. 网页色彩的基调

不同色彩给人不同的视觉效果。网站设计成功与否，在某种程度上取决于设计者对色彩的运用和搭配。因为网页设计属于视觉传达设计的范畴，除版式、图形、字体、动画效果外，色彩基调很容易给用户留下深刻的印象。

网页的色调倾向大致可归纳为鲜艳色调、浅亮色调、亮色调、深色调、中间色调等。

鲜艳色调

鲜艳色调即高纯度色调，能给浏览者带来兴奋、华丽、活泼的感觉，如下图所示。

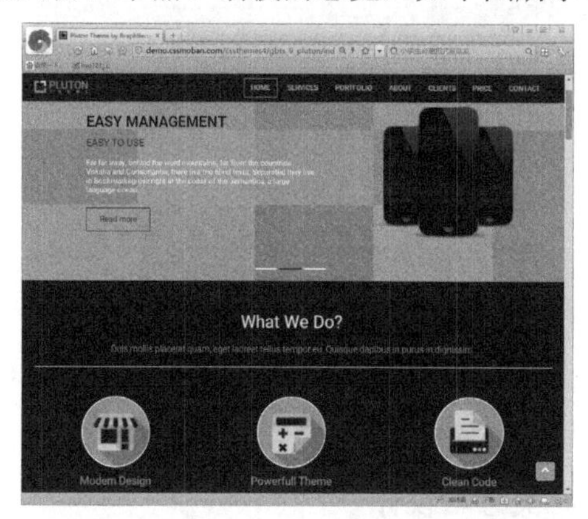

在高纯度、强对比的各色相之间，用无彩色的黑、白、灰和金、银等色相搭配，能起到分离、缓冲和调节的作用，达到既活泼又稳重、既变化又统一的视觉效果。

在网站的首页中采用鲜艳色调，明度中等，纯度饱和，再用无彩色的黑色进行缓冲调节，色彩感很强，效果浓艳。

浅亮色调

浅亮色调的明度较高，柔和优雅，有清新活泼感。网站页面色彩多含白色，所以亮度较高，无论选择何种色相进行组合，都会产生柔和的效果，如右上图所示。

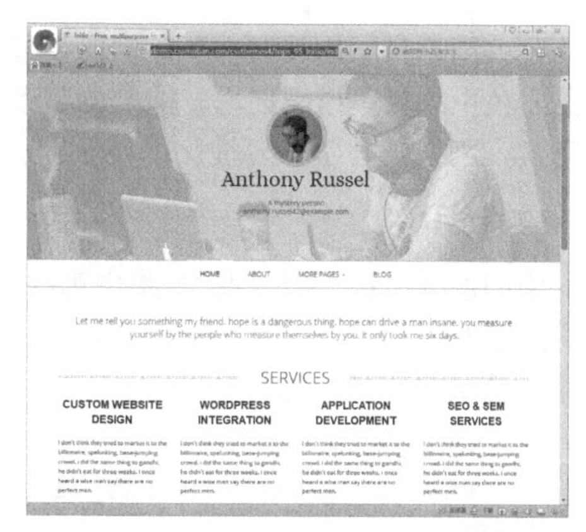

亮色调

亮色调的明度比浅亮色调的略低，因其白色含量较少，所以鲜艳度更高，接近纯色，感觉华丽明亮，如下图所示。

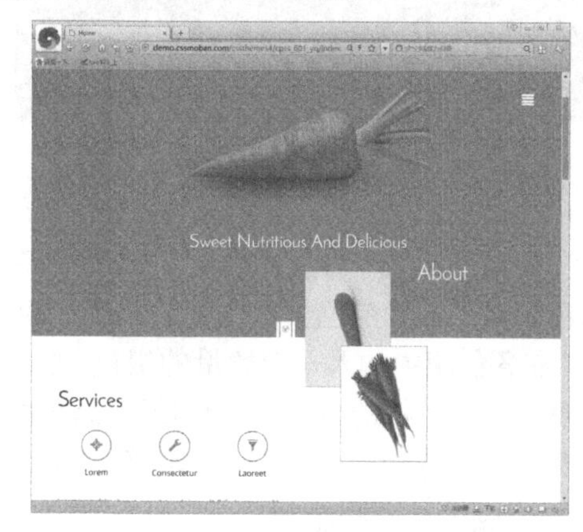

深色调

深色调多选用低明度色相，如蓝、紫、蓝绿、蓝紫、红紫等，如下图所示。

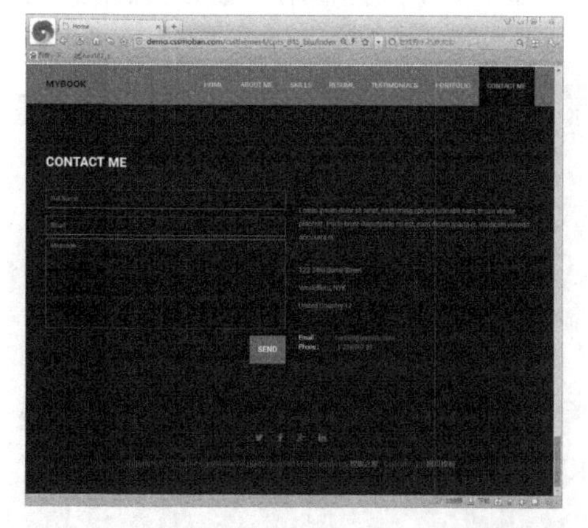

在深色调的色相中加入不等数量的黑色

或深色；同时为了加强这种深色倾向，最好与无彩色中的黑色搭配使用，能给浏览者带来充实、刚强、朴实、男性化的感觉。

中间色调

中间色调又称“涩色调”，是中等明度、中等纯度的色彩组合，能给浏览者带来沉着、浑厚、稳重的感觉，如下图所示。

中间色调是一种使用普遍、数量最多的配色倾向。在确定色相对比度的角度、距离后，在各色相中加入一定数量的黑色、白色、灰色，使大面积的总体色彩呈现不太浅也不太深、不太鲜艳也不太灰白的中间状态。

2. 网页色彩的美感

美感是人类的高级情感体验。我们经常感受到色彩对自己心理的影响，这些影响总在不知不觉中发挥作用，影响我们的情绪。

红色的色彩冲击力是最强的

美感与心理

对于网页设计者而言，色彩的心理作用尤其重要，因为网络是在一种特定的历史与社会条件下，表现为一种高频率、快节奏的现代生活方式，这就需要把握人们在这种生活方式下的一种心理需求。

色彩的心理效应发生在不同层次中。有些色彩要通过间接的联想，有些色彩涉及人的观念、信仰，不同国家的色彩信仰是不同的。例如，在西方国家，白色象征无瑕和纯洁；在我国则象征恐怖和死亡。对于网页设计者而言，无论哪一层次，作用都是不可忽视的。在实际工作中，可以先调研，再进行设计。作为网页设计者，对色彩的把握能力是很重要的。

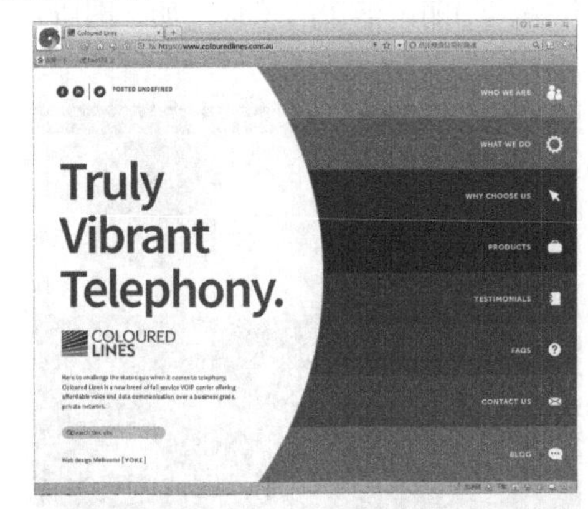

美感与设计

网站的用色必须有自己独特的风格，才能做到个性鲜明，给浏览者留下深刻印象。作为网页设计者，做到有针对性地用色是非常重要的。因为网站的种类繁多，不同内容的网站，用色有较大的区别，所以要合理地使用色彩来体现网站的特色。例如，女性用品网站既要体现女性特点，又要体现行业特点。

网页的设计不仅要依靠颜色吸引浏览者，还要让人一看到网页的用色，就能立即想到页面的内容与主题。这就是所谓的网页“标准色”，它是网页为塑造特有形象而确定的某一特定色彩或一组色彩系统，运用在所有的视觉传达设计媒体上，透过色彩刺激浏览者的心理反应，以表达网页要表达的理念和内容特点。

标准色由于具有强烈的识别效应，因此已经成为网页营销中的有力工具，日益受到人们的重视。标准色广泛应用于网站的标志、标题、主菜单和背景色块等页面组成部分。例如，在可口可乐官方网站中，网站使用的颜色与其产品的结合非常紧密。

如果在设计网页时没有确定标准色，那么在网页设计上也需要把握好色彩的基调问题，抓住主色并配以不同的辅助色，这样既突出页面的特色，又可以使页面呈现绚丽多彩的视觉效果。

此外，网页设计时的用色要特别关注流行色的发展。每年国外都会发布一些流行色，这是根据大量浏览者的喜好挑选出的颜色。关注流行色，将一些新观念应用到自己的设计中，就可以使网页的设计富有朝气。同时，多研究别人的用色，也能够提高自己的色彩把握能力。

3. 色彩模式

色彩的应用是一门学问，每一种色彩都有自己的特点和使用原理。设计师要在网页设计中灵活、巧妙地运用色彩，使网页达到各种精彩效果，了解色彩模式是很有必要的。

RGB 色彩模式

RGB 色彩模式通常用于使用光照原理的视频和屏幕图像。只要是在显示器上显示的图像，最终都以 RGB 色彩模式呈现其色彩效果，因为显示器的物理性质已经决定了其结构就是遵循 RGB 色彩模式的。RGB 色彩模式多用于荧光屏的视觉效果呈现，例如电子幻灯片、Flash 动画和各种多媒体。RGB 分别代表红色(Red)、绿色(Green)、蓝色(Blue)。在 RGB 色彩模式下，每个像素在每种颜色上可以负载 2^8(即 256)种亮度级别，这样三种颜色通道合在一起，就可以产生 256^3(即 16 777 216)种颜色，纯红色的 R 值为 255、G 值为 0、B 值为 0；灰色的 R、G、B 三个值相等(除了 0 和 25)，白色的 R、G、B 三个值都为 255；黑色的 R、G、B 三个值都为 0。它在理论上可以还原自然界中存在的任何颜色。RGB 色彩模式的图像支持多个图层，并且有各自的属性通道。

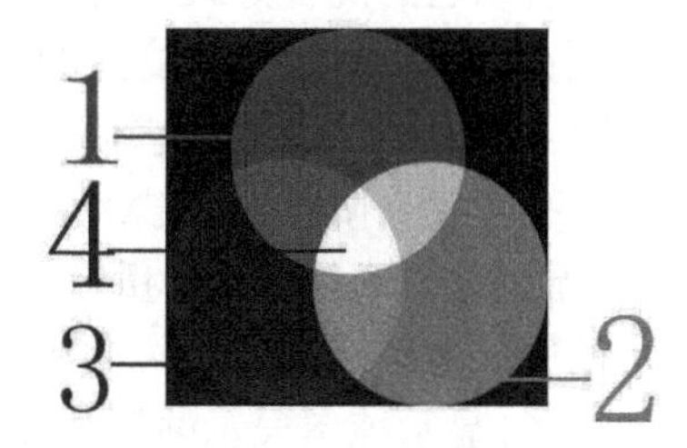

如上图所示，RGB 图像具有 R、G、B 三个单色通道和一个彩色通道。

CMYK 色彩模式

CMYK 是指青色(Cyan)、洋红色(Magenta)、黄色(Yellow)、黑色(Black)。K 取的是 Black 单词的最后一个字母，之所以不取首字母，是为了避免与蓝色 Blue 混淆。

RGB 色彩模式不适用于印刷行业，因为它不能像 CMYK 色彩模式那样，更好地还原真实、客观的自然色彩。CMYK 有 4 个通道，除了其中 3 个，灰度表示油墨浓度。CMYK 是印刷工业的标准色彩模式，印刷品一定是用 CMYK 色彩模式来表现的。如画报、杂志、报纸、宣传画等，都是印刷品。CMYK 色彩模式以打印油墨在纸上的光线吸收特性为基础，每个像素的每种印刷油墨会被分配一个百分比值。在 CMYK 图像中，当所有 4 种分量的值都是 0%时，就会产生纯白色。使用 CMYK 色彩模式的图像中还包含 4 个通道，印刷行业就是基于这 4 种颜色印刷的。我们看见的图像也是由这 4 个通道合成的效果。在制作用于印刷设计的图像时，要使用 CMYK 色彩模式。按照 RGB 色彩模式设计的图像，如果需要印刷，最好在编辑完成后转换为 CMYK 色彩模式。

CMYK色彩模式是以对光线的反射原理设定的，所以它的混合方式刚好与RGB色彩模式相反(RGB模式是一种发光的色彩模式)，采用“减法混合”——当它们的色彩相互叠合时，亮度就会降低。在CMYK通道的灰度图中，显示较白表示油墨含量较低，显示较黑表示油墨含量较高，显示纯白则表示完全没有油墨了，显示纯黑表示油墨浓度最高。

HSB 色彩模式

HSB 色彩模式以色相(H)、饱和度(S)和亮度(B)描述颜色的基本特征。HSB 色彩模式比上面介绍的两种色彩模式更容易理解，因为我们在选取颜色的时候，HSB 模式显得较为直观和方便，原因就是，HSB 色彩模式是根据日常生活中人眼的视觉特征而制定的一套色彩模式，最接近于人类对色彩辨认的思考方式，所以比较直观。

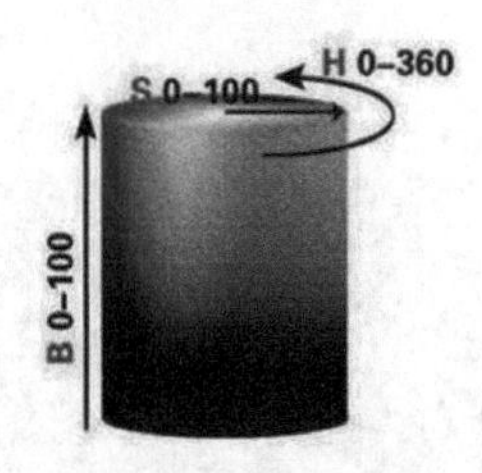

如上图所示，可以直接通过色相、饱和度和亮度来描述颜色的基本特征，无须标出它们的色标。在设计网页颜色时，如果要描述颜色的 RGB 值或 CMYK 值具体是多少，描述的结果不够直接。如果要在 RGB 色彩模式下组合出一种标准色(例如绿色)，也不容易准确把握。此时，直接调色反而不必考虑它们的色值是多少。

Lab 色彩模式

Lab 色彩模式是以亮度分量 L 以及两个颜色分量 a 和 b 来表示颜色的。L 的取值范围是 0~100：a 分量代表由绿色到红色的光谱变化，而 b 分量代表由蓝色到黄色的光谱变化，a 和 b 的取值范围均为-120~120。Lab 色彩模式包含的颜色范围最广，能够包含所有的 RGB 和 CMYK 色彩模式中的颜色。

Lab 色彩模式通常用于处理 PhotoCD(照片光谱)图像、单独编辑图像中的亮度和颜色值、在不同系统间转移图像以及打印到 PostScript (R) Level 2 和 Level 3 打印机。

Indexed color(索引色)色彩模式

Indexed color(索引色)色彩模式最多使用 256 种颜色，目的是在 Web 页面上和其他基于计算机的图像中显示。该色彩模式把图像限制成不超过 256 种颜色，主要是为了保证文件具有较小尺寸。索引色最多有 256 种颜色。

将图像转换为索引色色彩模式时，通常会构建一个调色板，用来存放并索引图像中的颜色。如果原始图像中的一种颜色没有出现在调色板中，就选取已有颜色中最相近的颜色或使用已有颜色模拟这种颜色。在索引色色彩模式下，通过限制调色板中颜色的数目可以减小文件尺寸，同时保持视觉品质不变。在网页设计中常需要使用“索引色”色彩模式的图像。

Bitmap(位图)色彩模式

位图色彩模式的图像只由黑色与白色两种像素组成，每个像素用“位”来表示。“位”只有两种状态：0 表示有点，1 表示无点。位图色彩模式主要用于早期不能识别颜色和灰度的设备，如果需要表示灰度，则需要通过点的抖动来模拟。位图色彩模式通常用于文字识别，如果需要使用 OCR(光学文字识别)技术识别图像文件，需要将图像转换为位图色彩模式。

Grayscale(灰度)色彩模式

灰度色彩模式最多使用 256 级灰度来表现图像，图像中的每个像素有一个介于 0(黑色)和 255(白色)之间的亮度值。灰度值也可以用黑色油墨覆盖的百分比来表示(0%表示白色，100%表示黑色)。

在将彩色模式的图像转换为灰度色彩模式的图像时，会丢掉原始图像中所有的色彩信息。与位图色彩模式相比，灰度模式能够更好地表现高品质的图像效果。

需要注意的是：尽管一些图像处理软件可以把灰度色彩模式的图像重新转换为彩色模式的图像，但转换后不可能将原先丢失的颜色恢复。所以，在将彩色模式的图像转换为灰度色彩模式的图像时，应保留备份文件。

Duotone(双色调)色彩模式

双色调色彩模式采用 2~4 种彩色油墨，由双色调(2 种颜色)、三色调(3 种颜色)和四色调(4 种颜色)混合其他色阶来组成图像。在将灰度色彩模式的图像转换为双色调色彩模式的过程中，可以对色调进行编辑，产生特殊的效果。而双色调色彩模式最主要的用途，是使用尽量少的颜色表现尽量多的颜色层次。

4. Web 216 安全色

由于计算机硬件的差异，网页设计者在设计网页时设计的配色很难保证在网络中的所有计算机上都显示同样的效果。Web 216 安全色指的是以 256 色模式运行时，无论在 Windows 还是 Macintosh 系统中，无论在 Netscape Navigator 还是 Microsoft Internet Explorer 中，都显示相同的颜色。

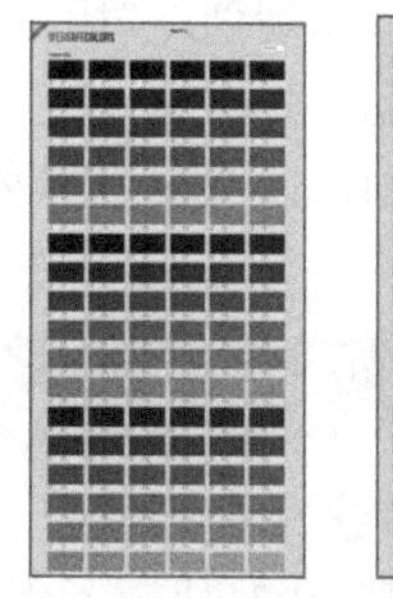

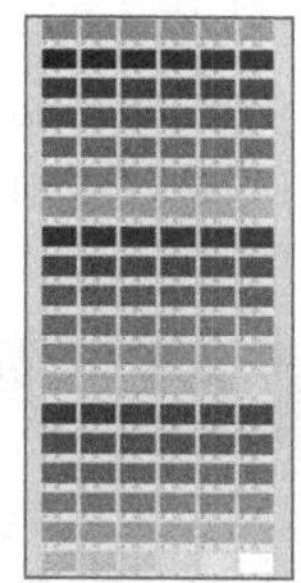

在实际测试中，Web 安全色只有 212 种网页安全色，而不是全部的 216 种，原因在于 Windows Internet Explorer 不能正确呈现颜色#0033FF(0,51,255)、#3300FF(51,0,255)、#00FF33(0,255,51)和#33FF00(51,255,0)。

将颜色转换为 Web 216 安全色，确保在只能够显示 256 种颜色的操作系统中显示时，颜色不会失真。现在大多数计算机都能显示数以千计或数以百万计的颜色(16 位和 32 位)，所以在为使用当前计算机系统的用户设计网站时，完全没有必要再使用 Web 216 安全色。

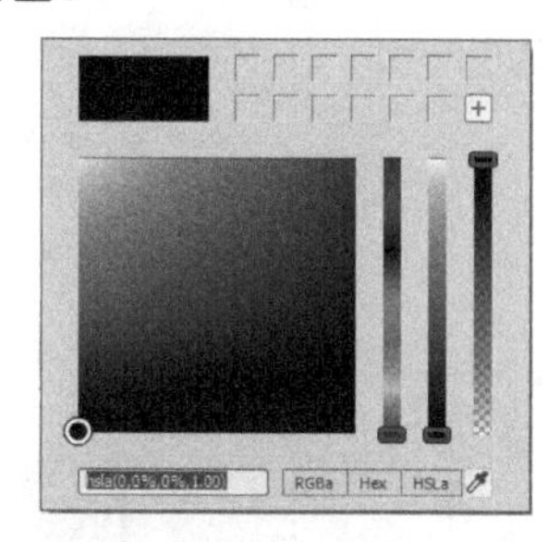

在上图所示的 Dreamweaver 的颜色选择器中，其实不限于 216 种 Web 安全色。

1.2.3 收集素材

确定了网站的性质和主题，就可以准备

网站设计所需的素材了。根据网站建设的基本要求，收集资料和素材，包括文本、音频、动画、视频及图片等。收集的素材资料越充分，就越容易制作网站。

1.2.4 规划站点

资料和素材收集完成后，就要开始规划网站的布局和划分结构了。对站点中使用的素材和资料进行管理和规划，对网站中栏目的设置、颜色的搭配、版面的设计、文字图片的运用等进行规划，以便今后对网站进行管理。

1.2.5 制作网页

制作网页是一个复杂而细致的过程，在使用 Dreamweaver 制作网页时，一定要按照先大后小、先简单后复杂的顺序来制作。所谓先大后小，就是在制作网页时，先把大的结构设计好，再逐步完善小的结构设计。所谓先简单后复杂，就是先设计简单的内容，再设计相对复杂的内容，以便在出现问题时及时进行修改。

1.2.6 测试站点

网页制作成功后，需要将其上传到测试空间以进行网站测试。网站测试的内容主要包括检查浏览器的兼容性、超链接的正确性、是否有多余的标签以及语法错误等。

1.2.7 发布站点

在正式发布网站之前，用户应申请域名和网络空间，同时要对本地计算机进行相应的配置。

用户可以利用上传工具将网站发布至 Internet 供浏览者访问。网站上传工具有很多，有些网页制作工具本身就带有 FTP 功能，利用它们可以很方便地把网站发布到申请的网页服务器空间。

1.3 初识 Dreamweaver CC 2018

Dreamweaver 是一款可视的网页制作与编辑软件，如下图所示，它可以针对网络及移动平台设计、开发并发布网页。Dreamweaver 提供直观的视觉效果界面，可用于建立及编辑网站，并与最新的网络标准相兼容(同时对 HTML5/CSS3 和 jQuery 等提供支持)。

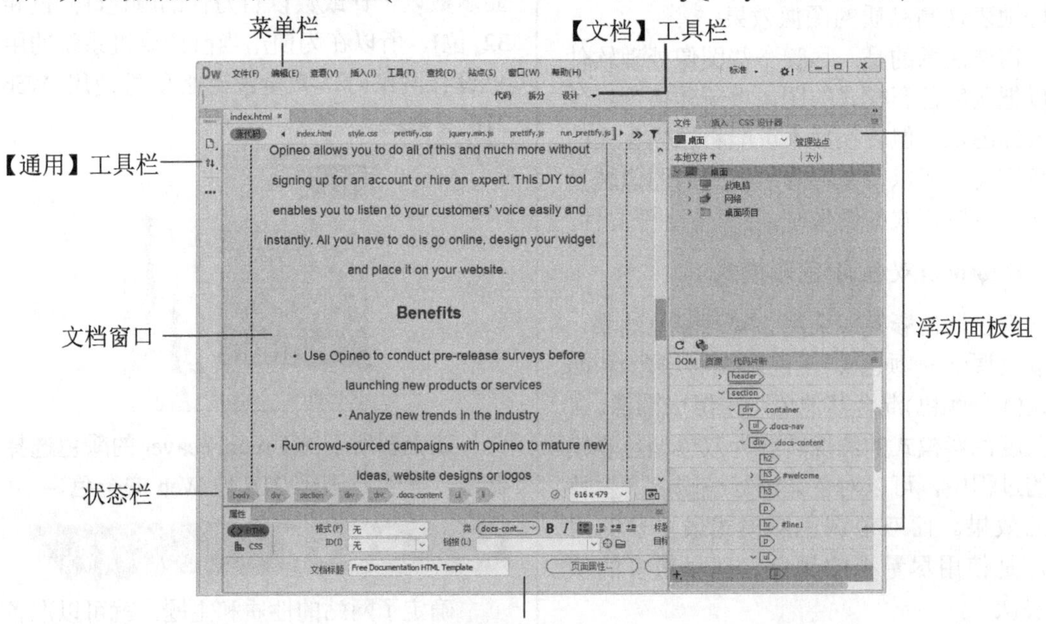

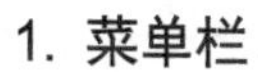

1. 菜单栏

Dreamweaver CC 2018 的菜单栏提供了各种操作的标准菜单命令，它由【文件】、【编辑】、【查看】、【插入】、【工具】、【查找】、【站点】、【窗口】和【帮助】9 个菜单组成，如下图所示。选择任意一个菜单，都会弹出相应的子菜单，使用子菜单中的命令基本上能够实现 Dreamweaver 所有的功能。

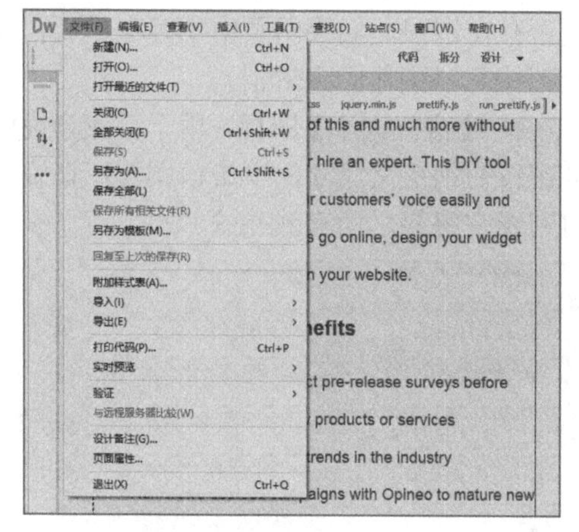

2. 【文档】工具栏

Dreamweaver CC 2018 的【文档】工具栏主要用于在文档的不同视图模式间进行快速切换，包含【代码】、【拆分】和【设计】3 个按钮，单击【设计】按钮，在弹出的列表中还包括【实时视图】选项。

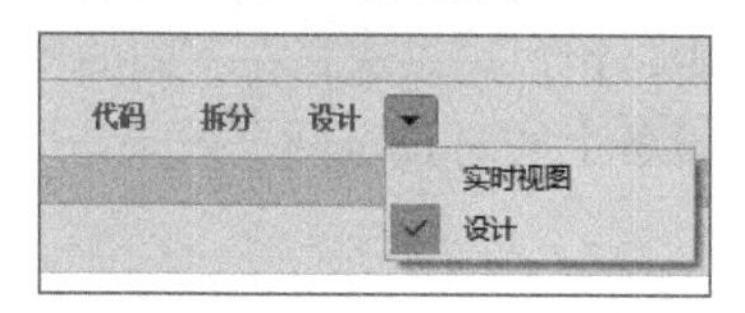

3. 文档窗口

文档窗口也就是设计区，它是 Dreamweaver 进行可视化网页编辑的主要区域，可以显示当前文档的所有操作效果，例如，插入文本、图像、动画等。

4. 【属性】面板

在 Dreamweaver 中选择【窗口】|【属性】命令，可以在软件界面中显示【属性】面板。在该面板中，用户可以查看并编辑页面上文本或对象的属性，该面板中显示的属性通常对应于标签的属性，更改属性通常与在【代码】视图中更改相应的属性具有相同的效果。

5. 浮动面板组

Dreamweaver 的浮动面板组位于软件界面的右侧，用于帮助监控和修改网页，其中包括插入、文件、CSS 设计器、DOM、资源和代码片段等默认面板。用户可以在菜单栏中选择【窗口】菜单，在弹出的子菜单中选择相应的命令，在浮动面板组中打开设计网页所需的其他面板，例如资源、Extract、CSS 过渡效果等面板。

另外，用户还可以按下 F4 键来隐藏或显示 Dreamweaver 中的所有面板。

6. 【通用】工具栏

在 Dreamweaver CC 2018 工作界面左侧的编码工具栏中，允许用户使用其中的快捷按钮，快速调整与编辑网页代码。

在 Dreamweaver 的【设计】视图中打开一个网页文档，通用工具栏中默认只显示上图所示的【打开文档】、【文件管理】和【自定义工具栏】3 个按钮。

- 【文件管理】按钮：用于管理站点中的文件，单击该按钮后，在弹出的列表中包含获取、上传、取出、存回、在站点定位等选项。
- 【打开文档】按钮：用于在 Dreamweaver 中已打开的多个文件之间相互

切换。单击该按钮后，在弹出的列表中将显示已打开网页文档的列表。

- 【自定义工具栏】按钮…：用于自定义工具栏中的按钮，单击该按钮，在打开的【自定义工具栏】对话框中，用户可以在工具栏中增加或减少按钮的显示。

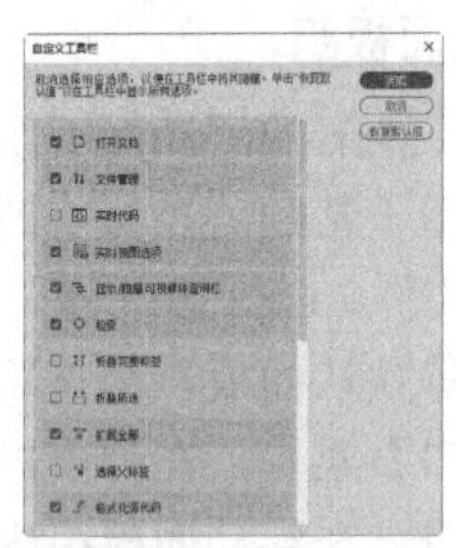

通用工具栏中的大部分按钮，主要用于【代码】视图中对网页源代码的辅助编辑。在【文档】工具栏中单击【代码】按钮，切换到【代码】视图，即可显示其中的所有按钮。

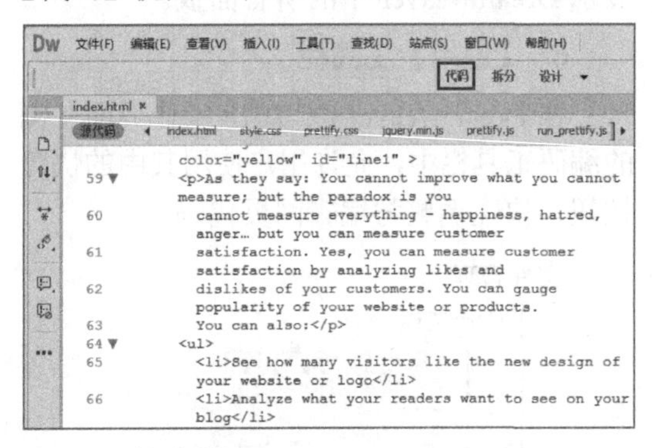

7. 状态栏

Dreamweaver 的状态栏位于工作界面的底部，其左侧的【标签选择器】用于显示当前网页上选定内容的标签结构，用户可在其中选择结构的标签和内容。

标签选择器　错误检查　窗口大小　实时预览

状态栏的右侧包含【错误检查】、【窗口大小】和【实时预览】3 个图标，各自的功能说明如下。

- 【错误检查】图标：显示当前网页中是否存在错误，如果网页中不存在错误，显示⊘图标，否则显示⊗图标。
- 【窗口大小】图标：用于设置当前网页窗口的预定义尺寸，单击该图标，在弹出的列表中将显示所有预定义尺寸。

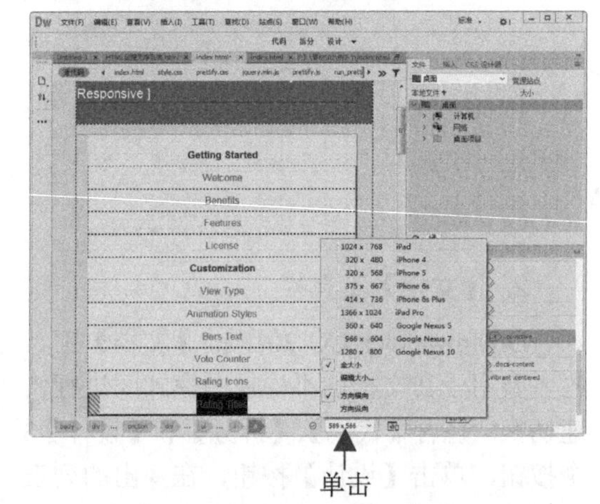

单击

【实时预览】图标：单击该图标，在弹出的列表中，用户可以选择在不同的浏览器中或移动设备上实时预览网页效果。

1.4 Dreamweaver 站点管理

在 Dreamweaver 中，对同一网站中的文件是以“站点”为单位进行组织和管理的，创建站点后，用户可以对网站的结构有一个整体的把握，而创建站点并以站点为基础创建网页也是比较科学、规范的设计方法。

1.4.1 为什么要创建站点

Dreamweaver 中提供了功能强大的站点管理工具，通过站点管理器，用户可以轻松实现定义站点名称以及所在路径、管理远程服务器连接、版本控制等操作，并可以在此基础上实现网站文件的素材管理和模板管理。

1.4.2　创建站点

在 Dreamweaver 的菜单栏中，选择【站点】|【新建站点】命令，将打开如下图所示的【站点设置对象】对话框。

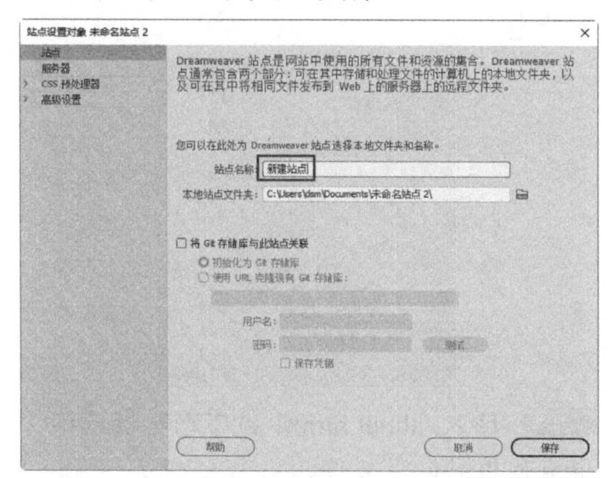

在【站点设置对象】对话框中，用户可以参考以下步骤创建一个本地站点。

step 1　打开【站点设置对象】对话框，在【站点名称】文本框中输入“新建站点”，然后单击【浏览文件夹】按钮。

step 2　打开选择根文件夹的对话框，选择一个用于创建本地站点的文件夹后，单击【选择文件夹】按钮。

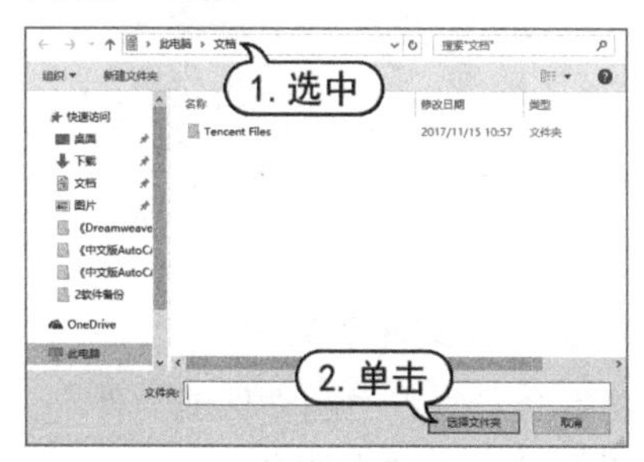

step 3　返回【站点设置对象】对话框，单击【保存】按钮，完成站点的创建。此时，在浮动面板组的【文件】面板中将显示站点文件夹中的所有文件和子文件夹。

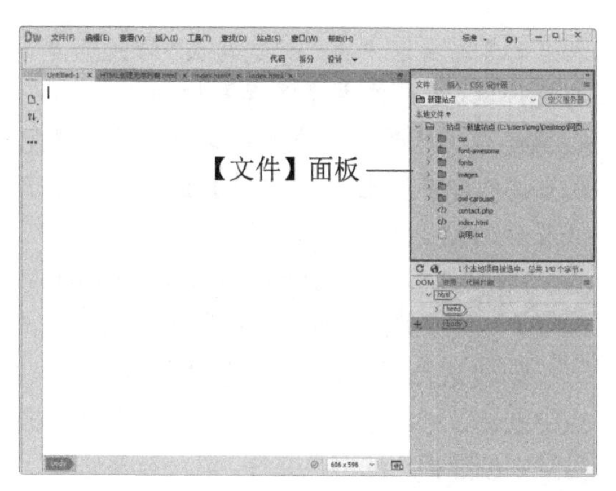

完成站点的创建后，Dreamweaver 将默认把创建的站点设置为当前站点。如果当前工作界面中的【文件】面板没有显示，用户可以按下 F8 键将其显示出来。

1.4.3　编辑站点

对于 Dreamweaver CC 2018 中已创建的站点，用户可以通过编辑站点的方法对其进行修改，具体方法如下：

step 1　在菜单栏中选择【站点】|【管理站点】命令，打开【管理站点】对话框，在【名称】列表框中选中需要编辑的站点。

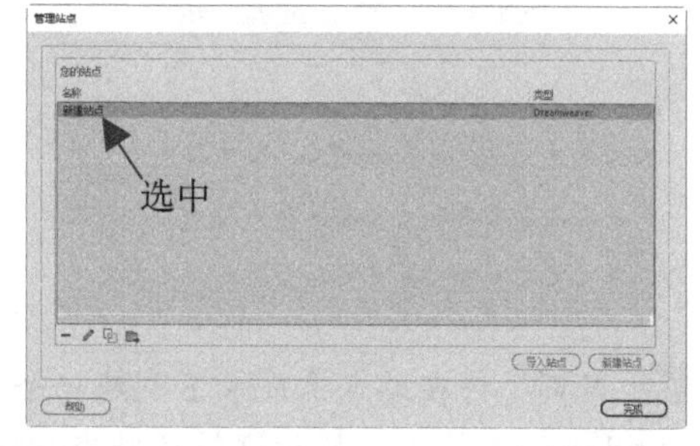

step 2　单击对话框左下角的【编辑当前选定的站点】按钮。

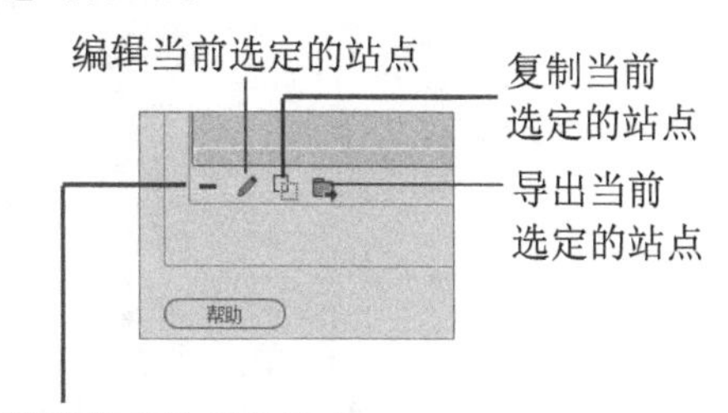

step 3　打开【站点设置对象】对话框，在【站

点名称】文本框中将“新建站点”修改为“个人设计网站”，单击【保存】按钮。

step 4 返回【管理站点】对话框，单击【完成】按钮即可。此时，【文件】面板中将显示修改后的站点为当前站点。

1.4.4 管理站点

创建站点后，还需要根据网站规划在站点中创建各种频道、栏目文件夹，并在站点根目录中创建相应的网页文件，以及在某些情况下对站点进行编辑和删除等操作。

1. 创建文件夹和文件

在【文件】面板中，用户可以在当前站点中创建文件和文件夹，方法如下：

【例 1-1】在“个人设计网站”中创建网页文件和文件夹。视频

step 1 按下 F8 键以显示【文件】面板，在站点根目录上右击鼠标，在弹出的菜单中选择【新建文件夹】命令。

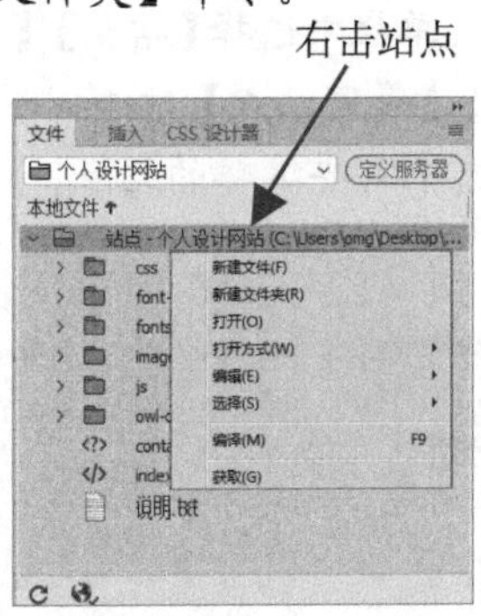

step 2 此时，将在站点根目录下创建一个名为 untitled 的文件夹，处于可编辑状态。

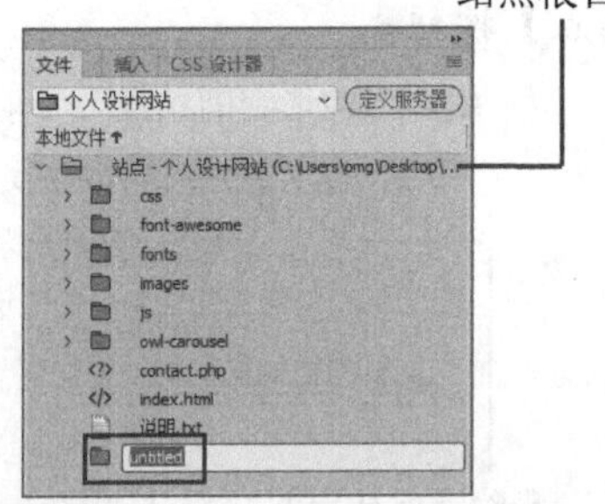

step 3 将文件夹的名称修改为相应网站栏目的名称，例如 about，按下回车键。

step 4 在创建的 about 文件夹上右击鼠标，在弹出的菜单中选择【新建文件】命令，Dreamweaver 将在 about 文件夹下创建一个名为 untitled.html 的网页文件，并处于可编辑状态。

step 5 输入 about.html，按下回车键确认，命名创建的网页文件。

step 6 在【文件】面板中双击创建的 about.html 文件，即可将其打开。

2. 删除文件或文件夹

若站点中的某个文件或文件夹不需要再使用，可以参考以下方法将其删除。

step 1 在【文件】面板中选中需要删除的文件或文件夹。

step 2 右击鼠标，在弹出的菜单中选择【编辑】|【删除】命令即可。

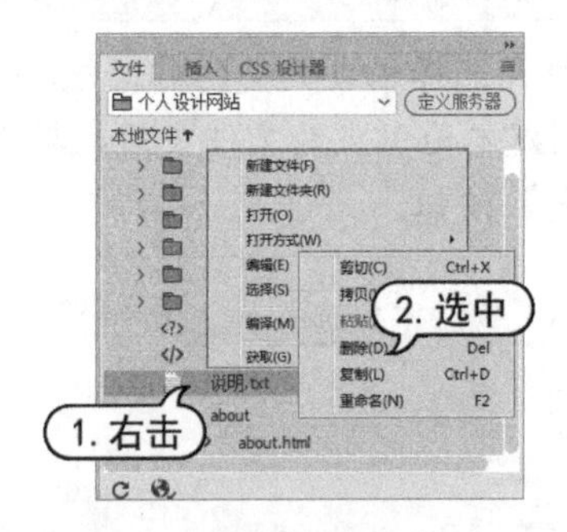

3. 重命名文件或文件夹

要重命名站点中的文件或文件夹，用户可以使用以下几种方法之一：

▶ 在【文件】面板中选中文件或文件夹后，右击鼠标，在弹出的菜单中选择【编辑】|【重命名】命令。

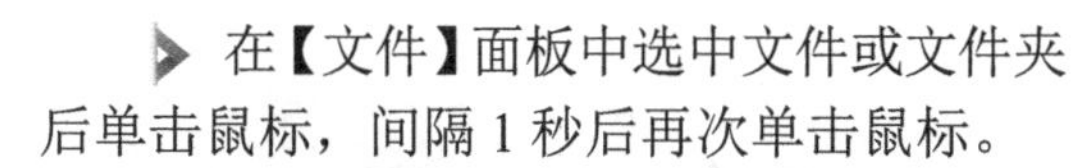

▶ 在【文件】面板中选中文件或文件夹后单击鼠标，间隔 1 秒后再次单击鼠标。

4. 复制站点

当需要新建的站点的各项设置与某个已存在站点的设置基本相同时，用户可以通过复制站点创建两个一样的站点。在 Dreamweaver 中复制站点的具体操作方法如下：

step 1 在菜单栏中选择【站点】|【管理站点】命令，打开【管理站点】对话框，在【名称】列表框中选中需要复制的站点，单击对话框左下角的【复制当前选定的站点】按钮。

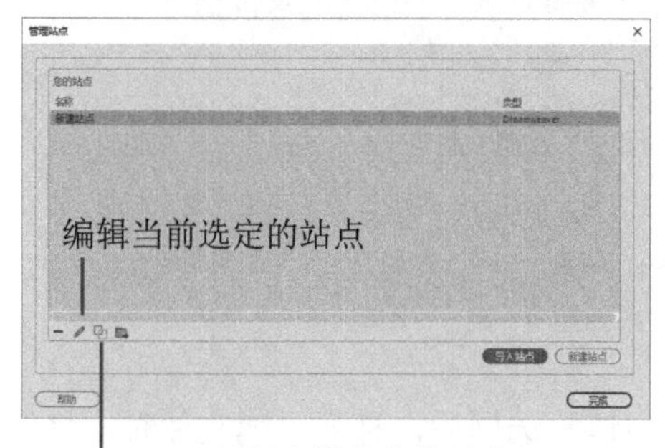

step 2 此时，在【名称】列表框中将出现一个复制的站点，其后有“复制”文本标注。

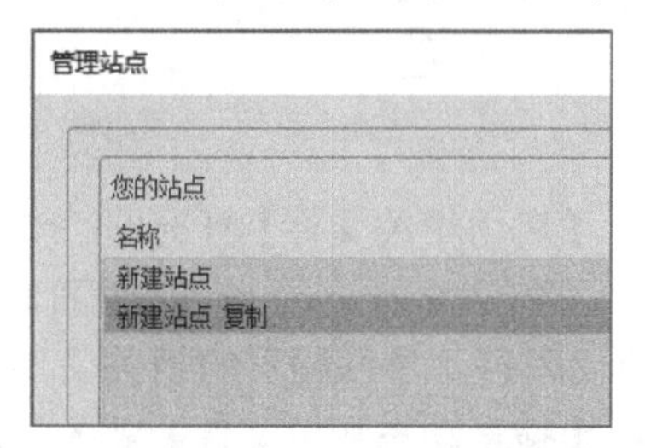

step 3 单击对话框左下角的【编辑当前选定的站点】按钮，对站点的名称和文件夹路径进行修改后，单击【保存】按钮即可。

5. 删除站点

当 Dreamweaver 中的某个站点不再需要时，用户可以参考以下方法将其删除：

step 1 在菜单栏中选择【站点】|【管理站点】命令，打开【管理站点】对话框，在【名称】列表框中选中需要删除的站点。

step 2 单击对话框左下角的【删除当前选定的站点】按钮。

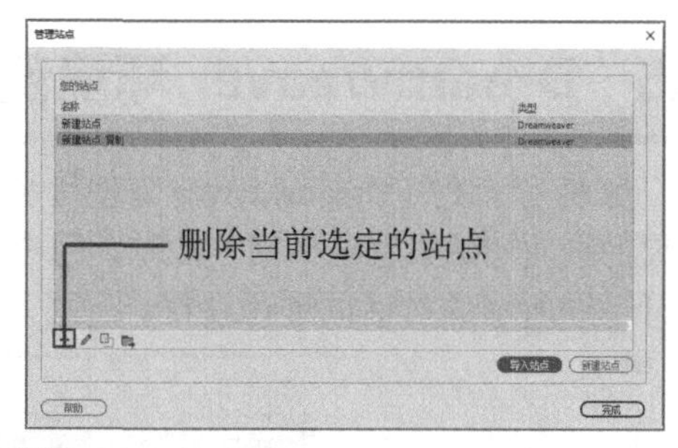

step 3 在打开的提示框中单击【是】按钮即可。

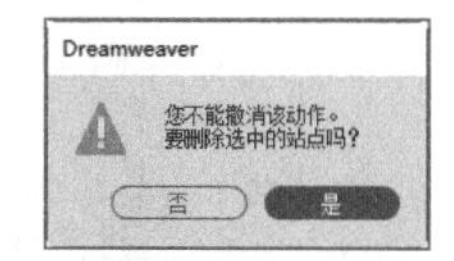

6. 导出和导入站点

为了实现站点信息的备份和恢复，使用户可以同时在多台计算机中对同一个网站进行编辑，需要对站点信息进行导入和导出操作，方法如下：

step 1 在菜单栏中选择【站点】|【管理站点】命令，打开【管理站点】对话框，在【名称】列表框中选中需要导出的站点。

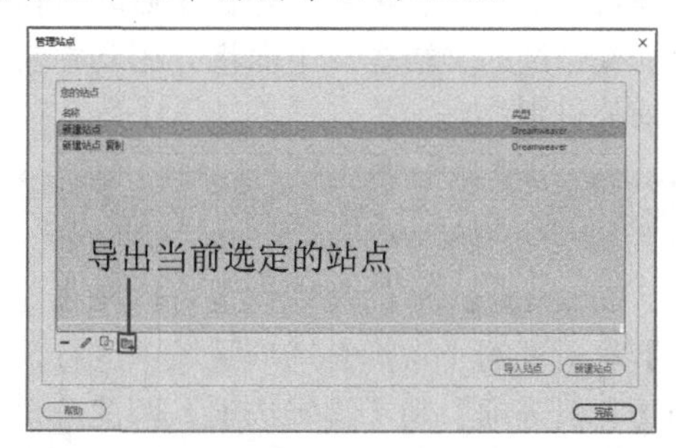

step 2 单击对话框左下角的【导出当前选定的站点】按钮，打开【导出站点】对话框，选择一个用于保存站点导出文件的文件夹后，单击【保存】按钮即可将站点信息作为文件保存在计算机磁盘上。

step 3 将站点导出文件复制到另一台计算机中，在 Dreamweaver 中选择【站点】|【管理站点】命令，打开【管理站点】对话框，单击右下角的【导入站点】按钮。

step 4 打开【导入站点】对话框，选中站点文件后，单击【打开】按钮即可。

1.5 Dreamweaver 环境设置

虽然可以使用 Dreamweaver 方便地制作和修改网页文件，但根据网页设计的要求不同，需要的页面初始设置也不同。此时，用户可通过在菜单栏中选择【编辑】|【首选项】命令，打开下图所示的对话框进行设置。

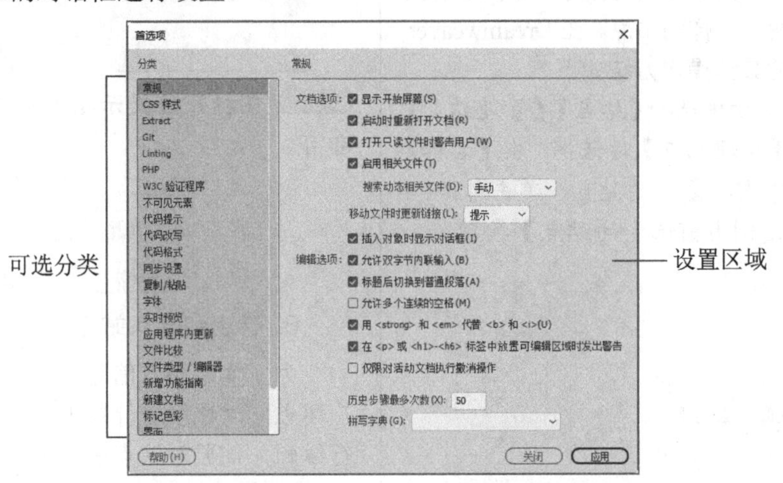

在【首选项】对话框中，用户可以对 Dreamweaver 的各种基本环境进行设置，例如是否显示“开始屏幕”，是否在启动时自动打开操作过的文档等。下面将介绍其中常用选项的设置功能。

1.5.1 常规设置

Dreamweaver 的常规设置可以在【首选项】对话框的【常规】选项区域中进行，分为【文档选项】和【编辑选项】两部分，下面将详细介绍它们各自的功能。

1. 文档选项

在上图所示的【文档选项】区域中，各个选项的功能说明如下。

- 【显示开始屏幕】复选框：选中该复选框后，每次启动 Dreamweaver 时将自动弹出欢迎界面。
- 【启动时重新打开文档】复选框：选中该复选框后，每次启动 Dreamweaver 时都会自动打开最近操作过的文档。
- 【打开只读文件时警告用户】复选框：选中该复选框后，打开只读文件时，将打开如下图所示的提示框。

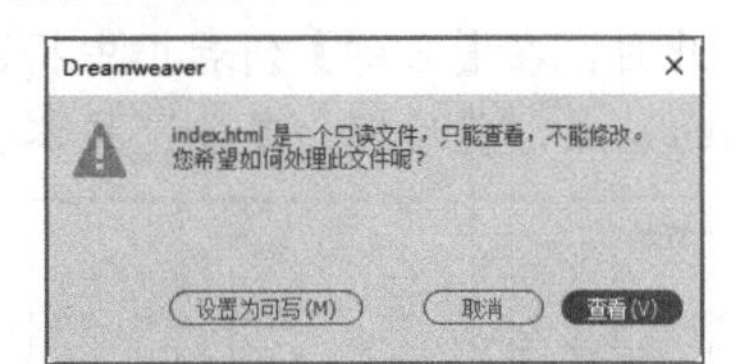

- 【启用相关文件】复选框：选中该复选框后，将在 Dreamweaver 文档窗口的上方打开源代码栏，显示网页的相关文件。
- 【搜索动态相关文件】复选框：用于针对动态文件，设置相关文件的显示方式。
- 【移动文件时更新链接】复选框：移动、删除文件或更改文件名称时，决定文档中的链接处理方式。可以选择【总是】、【从不】和【提示】3 种方式。

2. 编辑选项

【编辑选项】区域中各选项的功能说明如下。

- 【插入对象时显示对话框】复选框：设置当插入对象时是否显示对话框。例如，在【插入】面板中单击 Table 按钮，在网页中插入表格时，将会打开显示指定列数和表格宽度的 Table 对话框。

- 【允许双字节内联输入】复选框：选中该复选框后，即可在文档窗口中更加方便地输入中文。否则在 Dreamweaver 中不能输入中文，或者会出现通过 Windows 的中文输入系统输入中文不便的情况。
- 【标题后切换到普通段落】复选框：选中该复选框后，在应用了<h1>或<h6>等标签的段落结尾按下回车键，将自动生成应用了<p>标签的新段落(如下图所示)；取消该复选框的选中状态，则在应用<h1>或<h6>等标签的段落结尾按下回车键，会继续生成应用了<h1>或<h6>等标签的段落。

在这里按下回车键

<h1>标签行

按下回车键后自动生成<p>标签的新段落

body　div　.container　div　.docs-content　p

生成的新段落

- 【允许多个连续的空格】复选框：用于设置 Dreamweaver 是否允许通过空格键来插入多个连续的空格。在 HTML 源文件中，即使输入很多空格，在页面中也只显示插入了一个空格。选中该复选框后，可以插入多个连续的空格。
- 【用<strong>和<em>代替<b>和<i>】复选框：设置是否使用<strong>标签代替<b>标签、使用<em>标签代替<i>标签。制定网页标准的 3WC 提倡的是不使用<b>标签和<i>标签。
- 【在<p>或<h1>-<h6>标签中放置可编辑区域时发出警告】复选框：选中该复选框，当<p>或<h1>-<h6>标签中放置的模板文件中包含可编辑区域时，发出警告。
- 【历史步骤最多次数】文本框：用于设置 Dreamweaver 保存历史操作步骤的最多次数。
- 【拼写字典】下拉按钮：单击该下拉按钮，在弹出的列表中可以选择 Dreamweaver 自带的拼写字典。

1.5.2　不可见元素设置

当用户通过浏览器查看在 Dreamweaver 中制作的网页时，所有 HTML 标签在一定程度上是不可见的(例如<comment>标签不会出现在浏览器中)。在设计页面时，用户可能希望看到某些元素，例如，调整行距时打开换行符
的可见性，可以帮助用户了解页面的布局。

在 Dreamweaver 中打开【首选项】对话框后，在【分类】列表框中选择【不可见元素】选项，在显示的选项区域中允许用户控制 13 种不同代码(或它们的符号)的可见性，如下图所示。例如，可以指定命名锚记可见而换行符不可见。

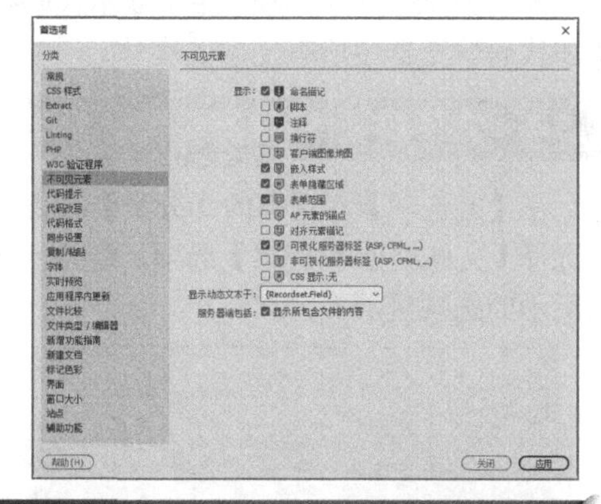

1.5.3　网页字体设置

将计算机中的西文转换为中文一直是非常烦琐的问题，在网页制作中同样如此。对于不同的语言文字，应该使用不同的文字编码方式，因为网页编码方式直接决定了浏览器中文字的显示。

在 Dreamweaver 中打开【首选项】对话框后，在【分类】列表框中选择【字体】选项，如下图所示，用户可以对网页中的字体进行以下一些设置。

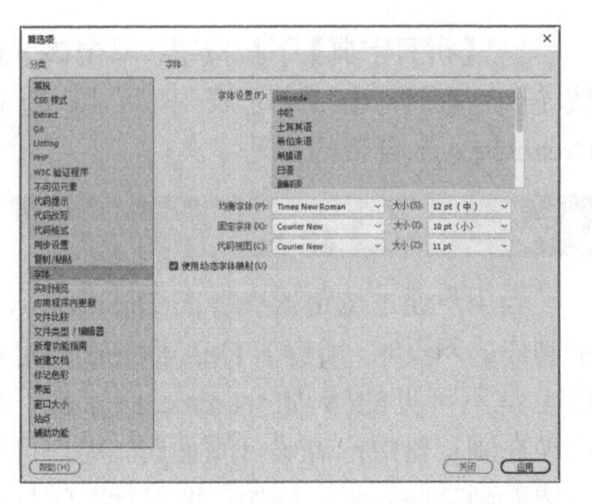

▶【字体设置】列表框：用于指定在 Dreamweaver 中使用给定编码类型的文档所使用的字体集。

▶【均衡字体】选项：用于显示普通文本(如段落、标题和表格中的文本)的字体，默认值取决于系统中安装的字体。

▶【固定字体】选项：用于显示<pre>、<code>和<tt>标签内文本的字体。

▶【代码视图】选项：用于显示代码视图和代码检查器中所有文本的字体。

1.5.4 文件类型/编辑器类型

在【首选项】对话框的【分类】列表框中选择【文件类型/编辑器】选项，将显示下图所示的选项区域。

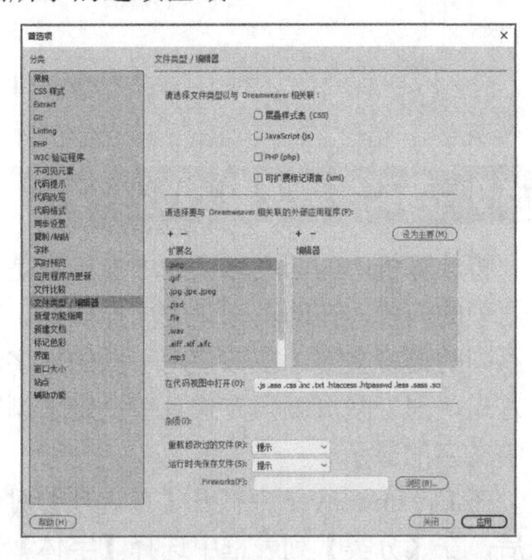

在【文件类型/编辑器】选项区域中，用户可以针对不同的文件类型，分别指定不同的外部文件编辑器。以图像为例，Dreamweaver 提供了简单的图像编辑功能。如果需要进行复杂的图像编辑，可以在 Dreamweaver 中选择图像后，调出外部图像编辑器以进行进一步的修改。在外部图像编辑器中完成修改后，返回 Dreamweaver，图像会自动更新。

1.5.5 界面颜色设置

在【首选项】对话框的【分类】列表框中选择【界面】选项，在显示的选项区域中，用户可以设置 Dreamweaver 的工作界面和代码颜色。

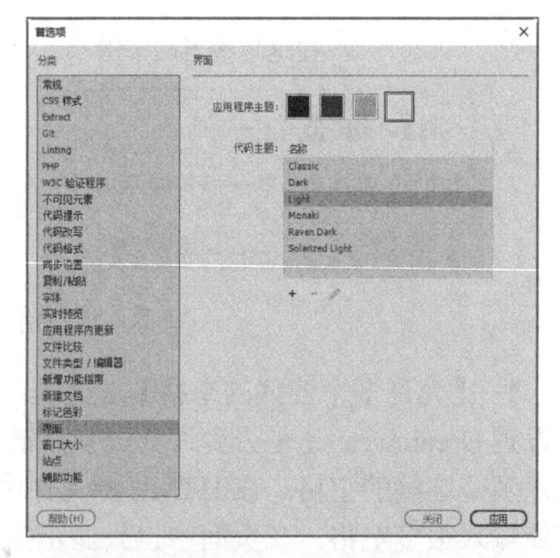

修改界面颜色后，效果如下图所示。

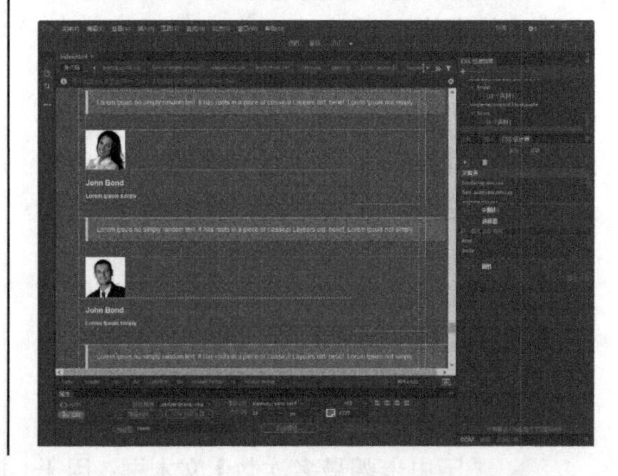

1.6 Dreamweaver 代码编辑

每一种可视化的网页制作软件都提供源代码控制功能，即在软件中可以随时调出源代码进行修改和编辑，Dreamweaver 也不例外。在 Dreamweaver 的【文件】工具栏中单击【代码】按钮，将显示如下图所示的代码视图，在代码视图中以不同的颜色显示 HTML 代码，可以帮助用户处理各种不同的标签。

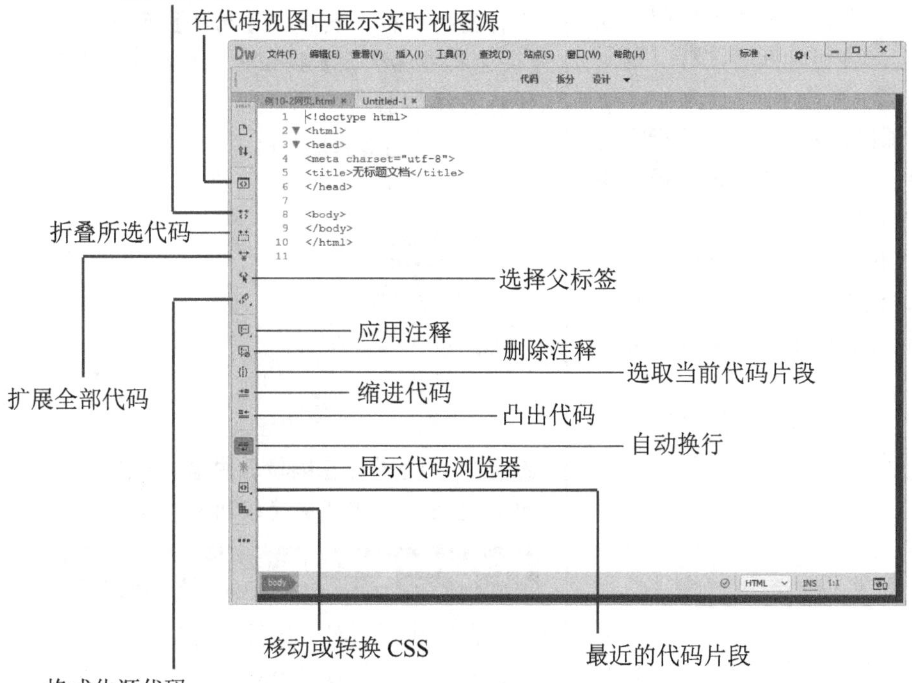

如上图所示，【通用】工具栏位于代码视图的左侧，其中对编辑网页代码有帮助的按钮功能说明如下。

- 【在代码视图中显示实时视图源】：切换拆分视图，并在拆分视图的上方显示实时视图。
- 【折叠整个标签】：将鼠标光标插入代码视图中，单击该按钮，将折叠光标所处代码的整个标签(按住 Alt 键单击该按钮，可以折叠光标所处代码的外部标签)。折叠后的标签效果如下图所示。

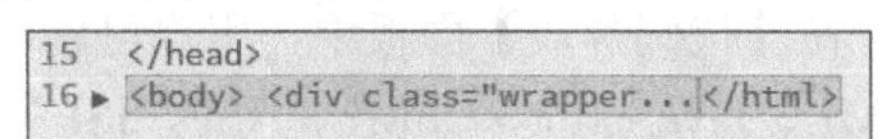

```
15   </head>
16 ▶ <body> <div class="wrapper...</html>
```

- 【折叠所选】：折叠选中的代码。
- 【扩展全部】：还原所有折叠的代码。
- 【选择父标签】：可以选择放置了鼠标插入点的那一行代码的内容以及两侧的开始标签和结束标签。如果反复单击该按钮且标签是对称的，Dreamweaver最终将选择最外部的<html>和</html>标签，如下图所示。

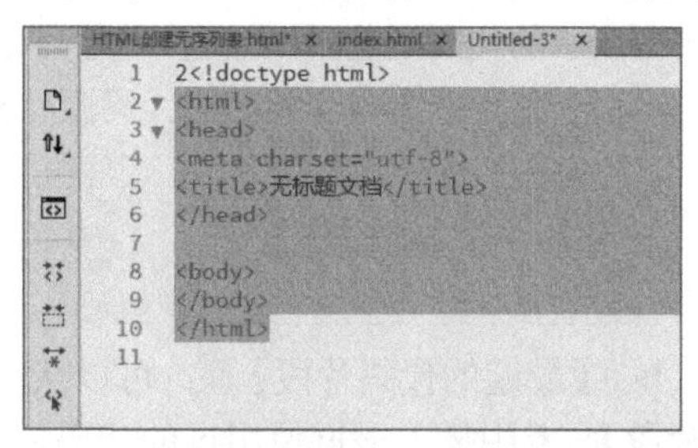

- 【选取当前代码片段】：选择放置了插入点的那一行代码的内容以及两侧的圆括号、大括号或方括号。如果反复单击该按钮且两侧的符号是对称的，Dreamweaver 最终将选择文档最外面的大括号、圆括号或方括号。

▶【应用注释】：在所选代码两侧添加注释标签或打开新的注释标签，如下图所示。

```
8   <body><!--在这里加入注释>
9   </body>
```

▶【删除注释】：删除所选代码的注释标签。如果所选内容包含嵌套注释，则只会删除外部注释标签。

▶【格式化源代码】：将先前指定的代码格式应用于所选代码。如果未选择代码块，则应用于整个页面。也可以通过单击该按钮并从弹出的下拉列表中选择【代码格式设置】选项来快速设置代码格式首选参数，或通过选择【编辑标签库】选项来编辑标签库，如下图所示。

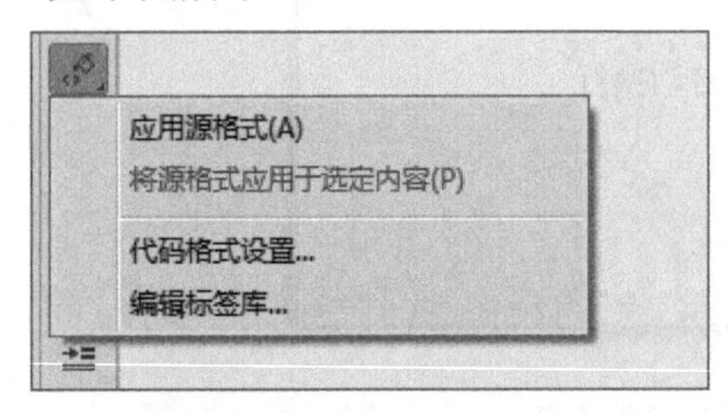

▶【缩进代码】：将选定内容向右缩进，如下图所示。

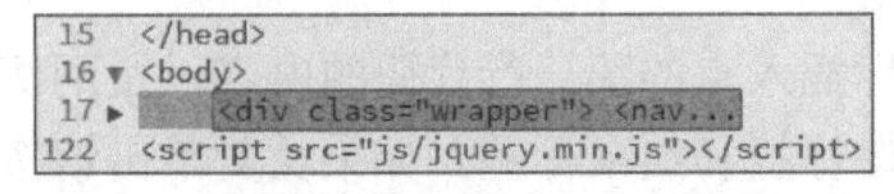

▶【凸出代码】：将选定内容向左移动。

▶【显示代码浏览器】：单击后会打开下图所示的代码浏览器。代码浏览器可以显示与页面上特定选定内容相关的代码源列表。

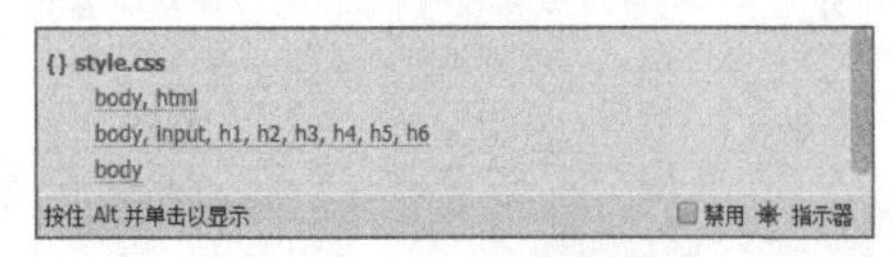

▶【最近的代码片段】：可以从【代码片段】面板中插入最近使用过的代码片段。

▶【移动或转换 CSS】：可以转换 CSS 或移动 CSS 样式规则。

1.6.1 使用快速标签编辑器

在制作网页时，如果用户只需要对一个对象的标签进行简单的修改，那么启用 HTML 代码编辑视图就显得没有必要了。此时，可以参考下面介绍的方法使用快速标签编辑器。

step 1 在设计视图中选中一段文本作为编辑标签的目标，然后在【属性】面板中单击【快速标签编辑器】按钮，打开如下图所示的标签编辑器。

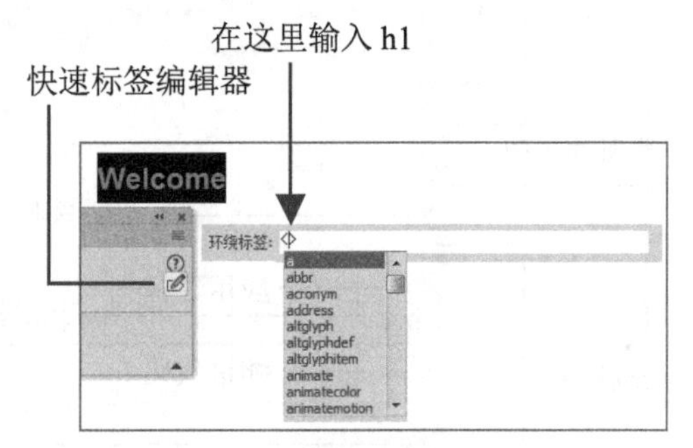

step 2 在快速标签编辑器中输入<h1>，按下回车键确认，即可快速编辑文字标题。

1.6.2 使用【代码片段】面板

在制作网页时，选择【窗口】|【代码片段】命令，将在 Dreamweaver 工作界面的右侧显示下图所示的【代码片段】面板。

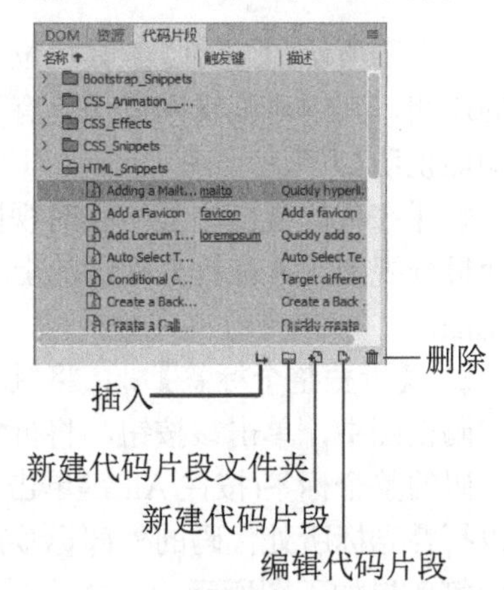

在【代码片段】面板中，用户可以存储 HTML、JavaScript、CFML、ASP、JSP 等代码片段，当需要重复使用这些代码时，可以很方便地调用，或者利用它们创建并存储新的代码片段。

在【代码片段】面板中选中需要插入的

代码片段，单击面板下方的【插入】按钮，即可将代码片段插入页面。

在【代码片段】面板中选择需要编辑的代码片段，然后单击面板底部的【编辑代码片段】按钮，将会打开如下图所示的【代码片段】对话框，在此可以编辑原有的代码。

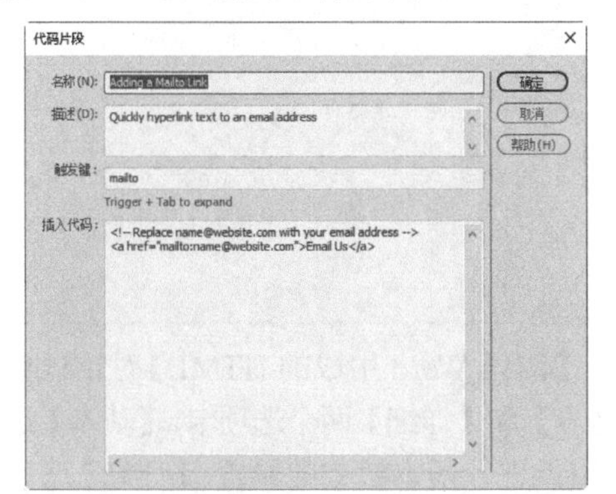

如果用户编写了一段代码，并希望在其他页面上能够重复使用，在【代码片段】面板中创建属于自己的代码片段，就可以轻松实现代码的重复使用，具体方法如下：

step 1 在【代码片段】面板中单击【新建代码片段文件夹】按钮，创建一个名为 user 的文件夹，然后单击面板底部的【新建代码片段】按钮。

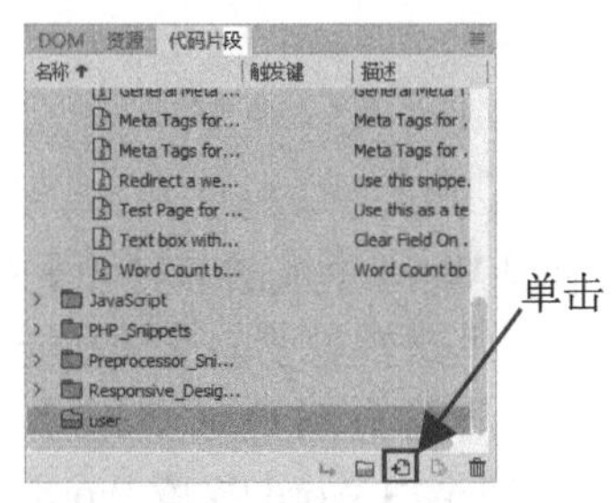

step 2 打开【代码片段】对话框，设置好各项参数，单击【确定】按钮即可将用户自己编写的代码片段加入【代码片段】面板中的 user 文件夹中。这样就可以在设计任意网页时随时取用该代码片段。

【代码片段】对话框中主要选项的功能说明如下。

- 【名称】文本框：用于输入代码片段的名称。
- 【描述】文本框：用于对当前代码片段进行简单的描述。
- 【触发键】文本框：用于设置代码片段的触发键。
- 【插入代码】文本框：用于输入代码片段的内容。

1.6.3 优化网页源代码

在制作网页的过程中，用户经常要从其他文本编辑器中复制文本或一些其他格式的文件，而这些文件会携带许多垃圾代码和 Dreamweaver 不能识别的一些错误代码，不仅会增加文档的大小，延长网页载入时间，使网页浏览速度变得很慢，甚至可能会导致错误。

此时，我们可以通过优化 HTML 源代码，从文档中删除多余的代码，或者修复错误的代码，使 Dreamweaver 可以最大限度地优化网页，提高代码质量。

1. 清理 HTML 代码

在菜单栏中选择【工具】|【清理 HTML】命令，可以打开如下图所示的【清理 HTML/XHTML】对话框，以辅助用户选择网页源代码的优化方案。

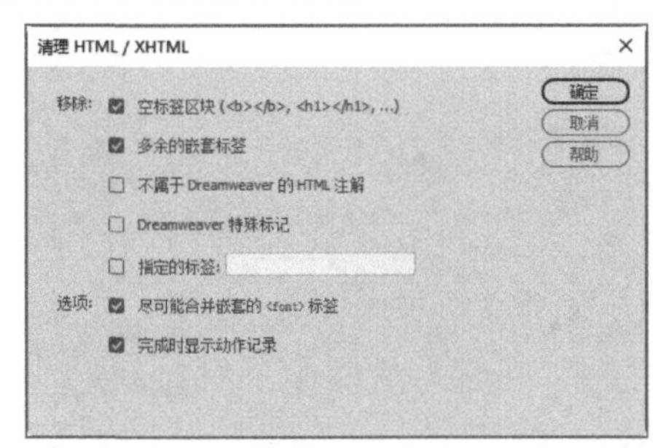

【清理 HTML/XHTML】对话框中各选项的功能说明如下。

- 空标签区块：<font color="F0000"></font>就是一个空标签，选中该复选框后，类似的标签将会被删除。
- 多余的嵌套标签：例如在“<i>HTML 语言在</i>快速普及</i>”这段代码中，内层的<i>与</i>标签将被删除。

- 不属于 Dreamweaver 的 HTML 注解：类似<!--begin body text-->这样的注释将被删除，而类似<!--#Begin Editable "main"-->这样的注释则不会被删除，因为它是由 Dreamweaver 生成的。
- Dreamweaver 特殊标记：与上一项正好相反，它只清理 Dreamweaver 生成的注释，这样模板与库页面都将会变为普通页面。
- 指定的标签：在后面的文本框中输入需要删除的标签，并选中该复选框即可。
- 尽可能合并嵌套的<font>标签：选中该复选框后，Dreamweaver 将可以合并的<font>标签合并，一般可以合并的<font>标签都是用来控制一段相同文本的，比如<fontsize "6"><fontcolor="#0000FF">HTML 语言</font></font>标签就可以合并。
- 完成时显示动作记录：选中该复选框后， HTML 代码处理结束后将打开一个提示框，列出具体的修改项。

在【清理 HTML/XHTML】对话框中完成 HTML 代码的清理方案设置后，单击【确定】按钮，Dreamweaver 将会用一段时间进行处理，如果选中对话框中的【完成时显示动作记录】复选框，将会打开如下图所示的清理提示框。

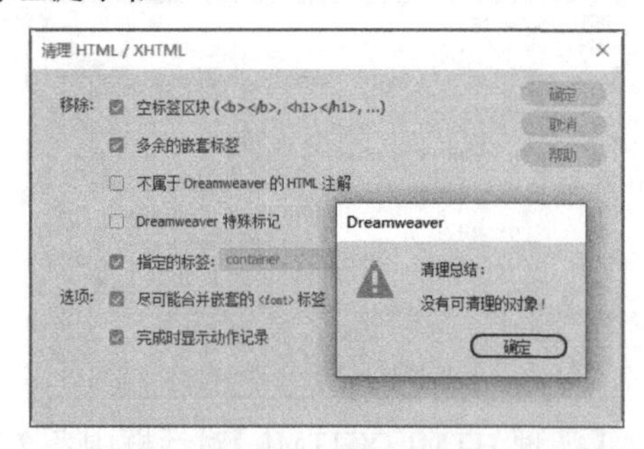

2. 清理 Word 生成的 HTML 代码

Word 是最常用的文本编辑软件，很多用户经常会将一些 Word 文档中的文本复制到 Dreamweaver 中，并运用到网页上，因此不可避免地会生成一些错误代码、无用的样式代码或其他垃圾代码。此时，在菜单栏中选择【工具】|【清理 Word 生成的 HTML】命令，打开下图所示的【清理 Word 生成的 HTML】对话框，对网页源代码进行清理。

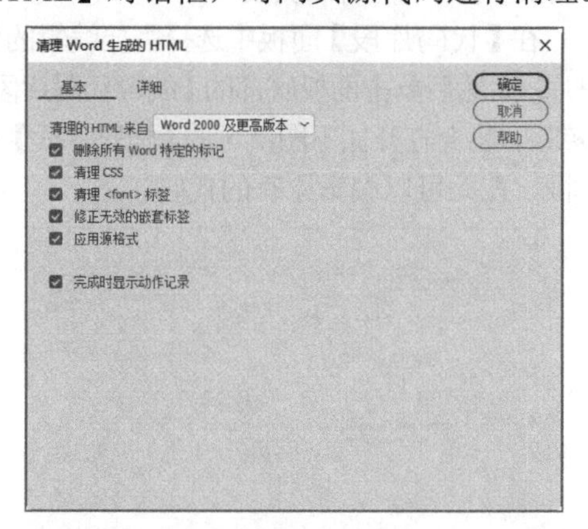

【清理 Word 生成的 HTML】对话框包含【基本】和【详细】两个选项卡，【基本】选项卡用于进行基本参数的设置；【详细】选项卡用于清理 Word 特定标记和对 CSS 进行设置。

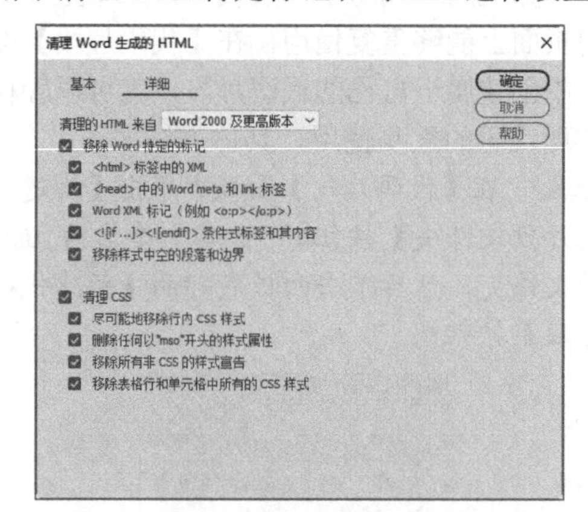

【清理 Word 生成的 HTML】对话框【基本】选项卡中比较重要的选项功能说明如下。

- 【清理的 HTML 来自】：如果当前 HTML 文档是用 Word 97 或 Word 98 生成的，则在该下拉列表框中选择【Word 97/98】选项；如果 HTML 文档是用 Word 2000 或更高版本生成的，则在该下拉列表框中选择【Word 2000 及更高版本】选项。
- 【删除所有 Word 特定的标记】：选中该复选框后，将清除 Word 生成的所有特定标记。如果需要有保留地清除，可以在【详细】选项卡中进行设置。
- 【清理 CSS】：选中该复选框后，将尽可能地清除 Word 生成的 CSS 样式。如果需要有保留地清除，可在【详细】选项卡中进行设置。

- 【清理<font>标签】：选中该复选框后，将清除 HTML 文档中的<font>标签。
- 【修正无效的嵌套标签】：选中该复选框后，将修正 Word 生成的一些无效的 HTML 嵌套标签。
- 【应用源格式】：选中该复选框后，将按照 Dreamweaver 默认的格式整理当前 HTML 文档的源代码，使文档的源代码结构更清晰、可读性更高。
- 【完成时显示动作记录】：选中该复选框后，将在清理代码结束后显示执行了哪些操作。

该对话框【详细】选项卡的重要选项如下。

- 【移除 Word 特定的标记】：该选项组包含 5 个选项，用于清理 Word 特定标签并进行具体的设置。
- 【清理 CSS】：该选项组包含 4 个选项，用于对清理 CSS 进行具体设置。

在【清理 Word 生成的 HTML】对话框中完成设置后，单击【确定】按钮，Dreamweaver 将开始清理代码。如果选中了【完成时显示动作记录】复选框，将打开结果提示框，显示清理的项。

1.7　案例演练

本章的案例演练部分将通过网络下载一个网页模板，并使用该模板中附带的文件在 Dreamweaver 中创建一个本地站点。

【例 1-2】使用 Dreamweaver 创建名为“网页模板”的本地站点。 视频

step 1 访问 www.cssmoban.com“模板之家”网站，下载该网站提供的免费网页模板文件。

step 2 在 Dreamweaver 中选择【站点】|【新建站点】命令，打开【站点设置对象】对话框，在【站点名称】文本框中输入要创建的本地站点的名称“网页模板”。

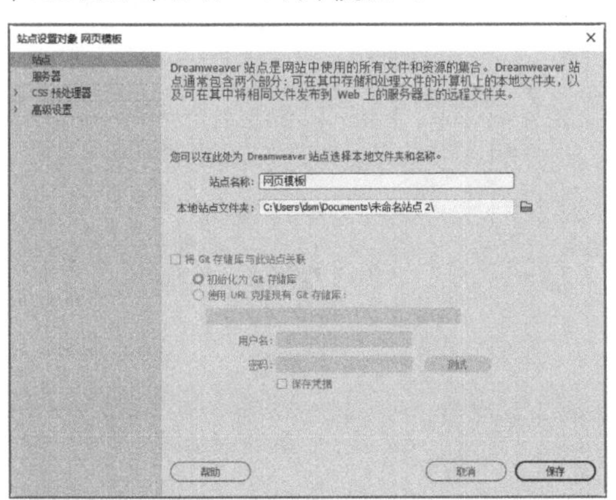

step 3 单击【本地站点文件夹】文本框后的【浏览】按钮，打开选择根文件夹的对话框，选择步骤1下载的网页模板所提供的文件夹。

step 4 单击【选择文件夹】按钮，返回【站点设置对象】对话框，单击【保存】按钮，即可在 Dreamweaver 中使用网页模板的图像、CSS 以及脚本文件夹结构创建本地站点“网页模板”。

step 5 按下 F8 键以显示【文件】面板，在该面板中将显示新建站点的文件夹结构和网页文件，双击网页模板文件 index.html 即可在 Dreamweaver 中将其打开。

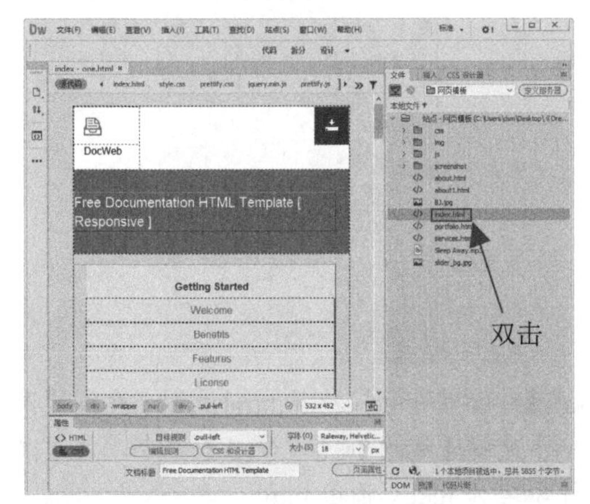

step 6 在【文件】面板中保持 index.html 文件处于选中状态，单击面板右上角的【选项】

按钮▤，在快捷菜单中选择【文件】|【新建文件】命令，如下图所示，在本地站点根目录下创建网页文件，输入文件名 about.html。

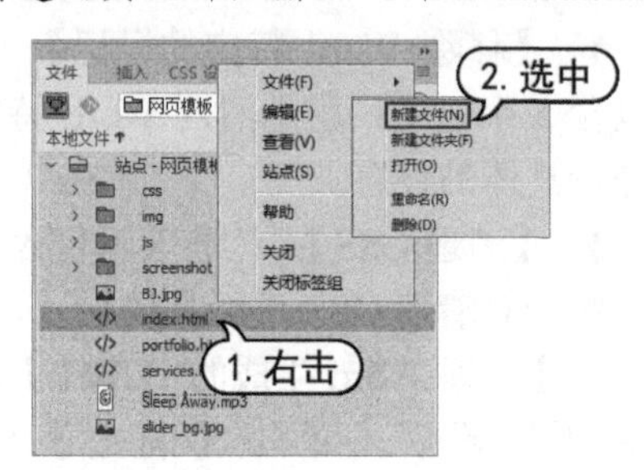

step 7 重复步骤 6 中的操作，在【文件】面板中创建更多的网页文件。右击 index.html 文件，在快捷菜单中选择【编辑】|【复制】命令，复制该文件。

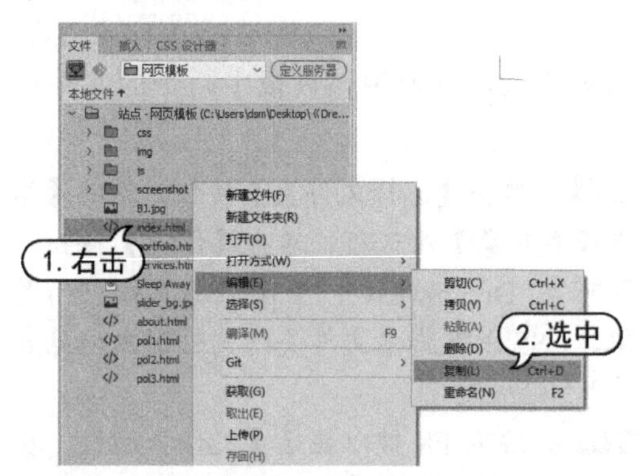

step 8 此时，将在【文件】面板中创建下图所示的 index-拷贝.html 文件。

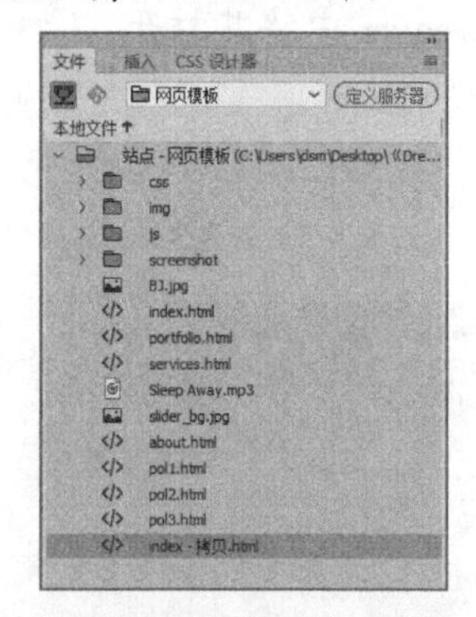

step 9 右击 index-拷贝.html 文件，在快捷菜单中选择【编辑】|【重命名】命令，将该文件命名为 index-备份.html。

step 10 选择【站点】|【管理站点】命令，打开【管理站点】对话框，在【名称】列表框中选中本例创建的站点“网页模板”，然后单击【导出当前选定的站点】按钮▤。

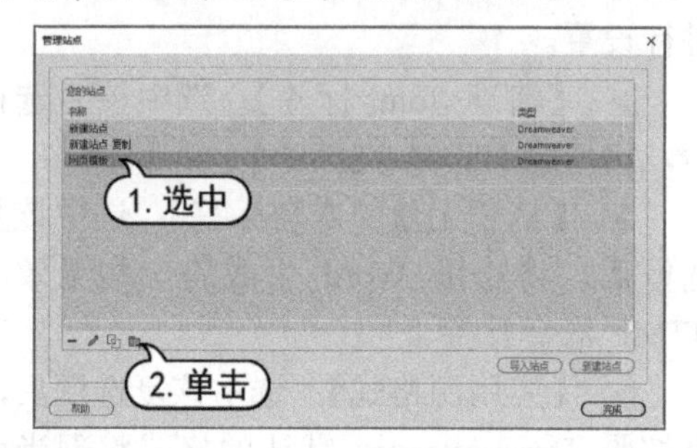

step 11 打开【导出站点】对话框，选择一个文件夹后，单击【保存】按钮即可将创建的站点导出并保存在当前计算机硬盘中。

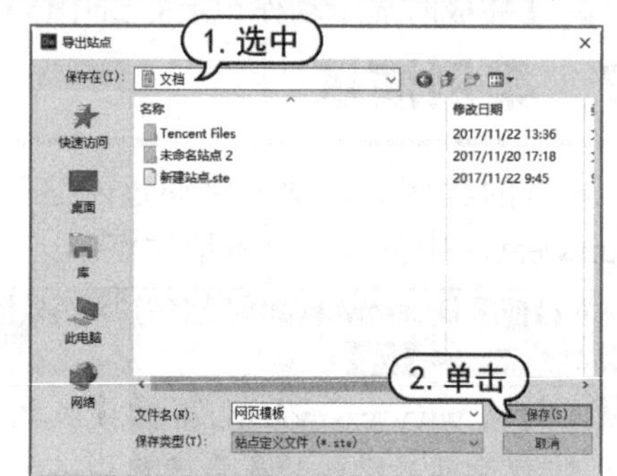

第 2 章

操作网页文档

网页是一种特殊格式的文本文件，用 HTML 语言编写。HTML 文档由 HTML 标记、属性和被标记的信息构成。HTML 标记可以标识文本、表格、表单、图像、动画、视频、音频等对象。当使用浏览器浏览网页时，它会对这些对象进行解释，并生成最终页面。

Dreamweaver 提供了多种创建、保存、设置属性的方法，本章将详细介绍。

本章对应视频

例 2-1 设置网页文档属性
例 2-2 设置网页关键字

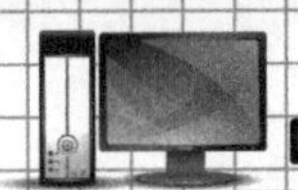

2.1 创建空白网页

在 Dreamweaver 中，用户可按下 Ctrl+N 组合键(或选择【文件】|【新建】命令)，打开下图所示的【新建文档】对话框，可创建空白网页，也可基于示例文件创建网页。

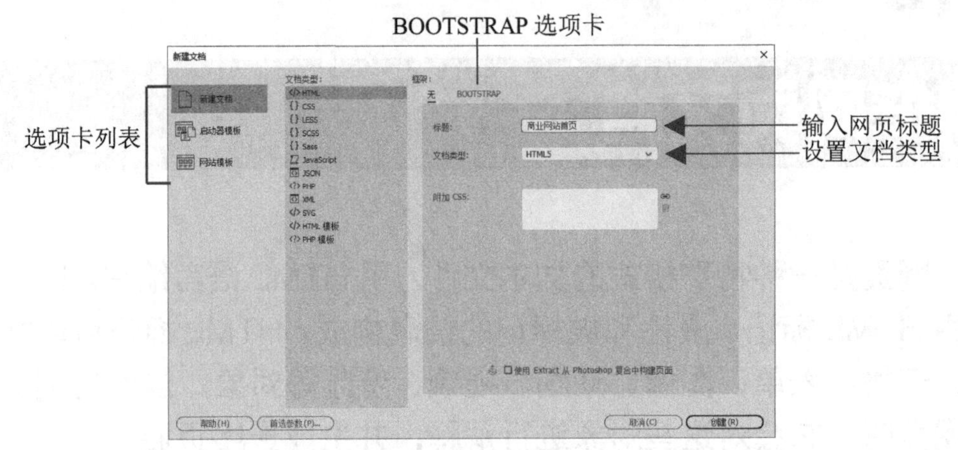

【新建文档】对话框

下面以新建 nesWeb.html 网页文档为例，介绍新建网页文档的操作。

step 1 按下 Ctrl+N 组合键，打开上图所示的【新建文档】对话框，在左侧的选项卡列表中选择【新建文档】选项卡。

step 2 在【文件类型】列表框中选中 HTML 选项，创建一个 HTML 网页文档。

step 3 在【标题】文本框中输入网页标题“简单图文网页”，单击【文档类型】下拉按钮，在弹出的下拉列表中选择 HTML5 选项，设置网页文档的类型。

step 4 单击【创建】按钮，即可创建一个空白网页文档。

step 5 按下 Ctrl+S 组合键(或选择【文件】|【保存】命令)，将打开【另存为】对话框，在该对话框的地址栏中设置文档的保存路径，在【文件名】文本框中输入网页文档的名称。

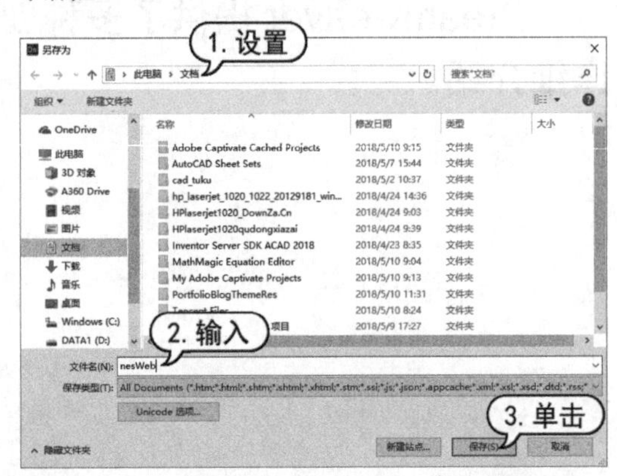

step 6 单击【保存】按钮，可以将创建的网页文档保存。

用户可以根据上面介绍的方法，创建不同类型的网页。例如，在【新建文档】对话框的【框架】选项区域中选择 BOOTSTRAP 选项卡，在打开的选项区域中进行设置，还可以创建一个支持 BOOTSTRAP 框架的网页。

2.2 设置网页属性

使用 Dreamweaver 新建网页后，可以选择【文件】|【页面属性】命令，打开下图所示的【页面属性】对话框，根据页面设计设置基本的显示属性，例如页面的背景效果、字体大小、

颜色和超链接等。

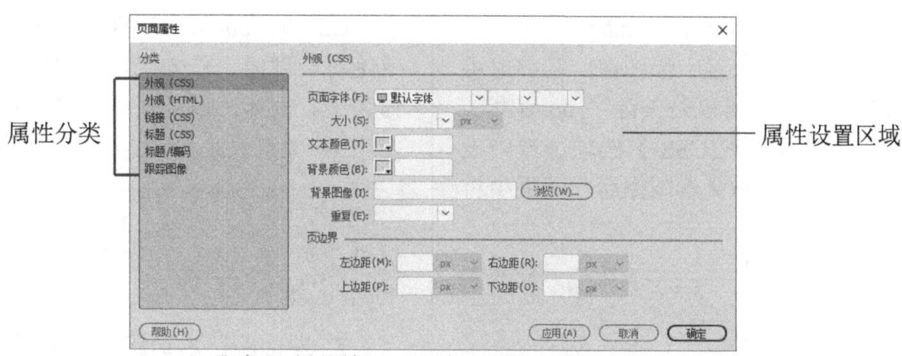

通过【页面属性】对话框设置页面属性

在【页面属性】对话框的【分类】列表框中选择【外观(CSS)】、【外观(HTML)】、【链接(CSS)】、【标题(CSS)】、【标题/编码】和【跟踪图像】等选项后，可以在对话框右侧的属性设置区域中设置页面的具体属性。

2.2.1 设置外观(CSS)

如果要修改网页文档的基本环境，可以通过在菜单栏中选择【文件】|【页面属性】命令，或在【属性】面板中单击【页面属性】按钮，打开上图所示的【页面属性】对话框。在【分类】列表框中选择【外观(CSS)】选项进行设置。在【外观(CSS)】选项区域中，各选项的功能说明如下：

- 【页面字体】：用于选择应用于网页中的字体，选择【默认字体】选项时，表示使用浏览器的基本字体。
- 【大小】：用于设置字体大小。页面中适合的字体大小为 12 像素或 10 磅。
- 【文本颜色】：选择一种颜色作为默认状态下的文本颜色。
- 【背景颜色】：选择一种颜色作为网页的背景颜色。
- 【背景图像】：用于设置文档的背景图像。当背景图像小于文档大小时，会配合文档大小重复出现。
- 【重复】：设置背景图像的重复方式。
- 【左边距】、【右边距】、【上边距】和【下边距】：在每一项后选择一个数值或直接输入数据，可以设置页面元素与各边的间距。

在【外观(CSS)】选项区域中设置具体的参数后，在网页的源代码中将添加相应的代码，下面将分别介绍。

1. 背景颜色

本书在前面的章节中已经专门介绍过 CSS 样式表，这里只讲解使用样式表中最简单的内联样式来实现背景颜色的设置。内联样式是连接样式和标签的最简单方式。只需要在标签中包含一个属性，后面再跟一个属性值即可。浏览器会根据样式属性及其值来表现标签中的内容。在 CSS 中使用 background-color 属性设定页面的背景颜色，在【外观(CSS)】选项区域设置背景颜色为 92,87,87,1.00 后，在网页的源代码中将使用以下代码将页面的背景颜色设置为 92,87,87,1.00。

```
body {
  background-color: rgba(92,87,87,1.00);
}
```

2. 文本颜色

在CSS中，color属性设置的是标签内容的前景色。它的值可以是一种颜色名，也可以是一个十六进制或十进制的RGB组合。例如，在【外观(CSS)】选项区域中设置文本颜色为RED后，网页中将自动生成以下代码：

```
body,td,th {
  color: red;
}
```

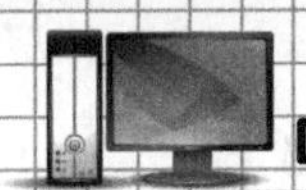

3. 背景图像

在 CSS 中，background-image 属性可以在元素内容的后面放置一幅图像，它的值可以是一个 URL，也可以是关键字 none(默认值)。例如，在【外观(CSS)】选项区域中设置一幅名为 bj.jpg 的背景图像后，网页中将自动生成以下代码：

```
body {
  background-image: url(bj.jpg);
}
```

4. 背景图像重复

浏览器通常会平铺背景图像来填充分配的区域，也就是在水平和垂直方向上重复该图像。使用 CSS 的 background-repeat 属性可以改变这种重复行为：

- 只在水平方向重复而在垂直方向不重复，可使用 repeat-x 值。
- 只在垂直方向重复，可以使用 repeat-y 值。
- 要禁止重复，可以使用 no-repeat 值。

例如，以下代码是将背景图像设置为 bj.jpg 图片，并按水平方向平铺。

```
body {
  background-image: url(bj.jpg);
  background-repeat: repeat-x;
}
```

5. 页面字体

通过 font-family(字体系列)属性可以设置以逗号隔开的字体名称列表。浏览器使用列表中命名的第一种字体在客户端浏览器中显示文字(这种字体需要安装在电脑上并可以使用)。例如，以下代码设置的是以“微软雅黑”显示页面中的文本：

```
body,td,th {
  font-family: "微软雅黑";
}
```

6. 文本大小

CSS 的 font-size 属性允许用户使用相对或绝对长度值、百分比以及关键字来定义字体大小。例如，以下代码设置的是页面文字使用 16 像素大小显示：

```
body,td,th {
  font-size: 16px;
}
```

7. 左边距、右边距、上边距、下边距

通过 CSS 的 margin-left、margin-right、margin-top、margin-bottom 属性来设置边框外侧的空白区域。不同的 margin 属性允许控制元素四周的空白区域，margin 属性可以使用长度或百分比显示。例如，在【外观(CSS)】选项区域中设置【上边距】、【下边距】、【左边距】和【右边距】的数值为 30 后，网页源代码中显示的 margin 属性代码如下：

```
body {
  background-image: url();
  margin-left: 30px;
  margin-top: 30px;
  margin-right: 30px;
  margin-bottom: 30px;
}
```

2.2.2 设置外观(HTML)

【页面属性】对话框中的【外观(HTML)】属性以传统 HTML 语言的形式设置页面的基本属性，设置界面如下图所示。

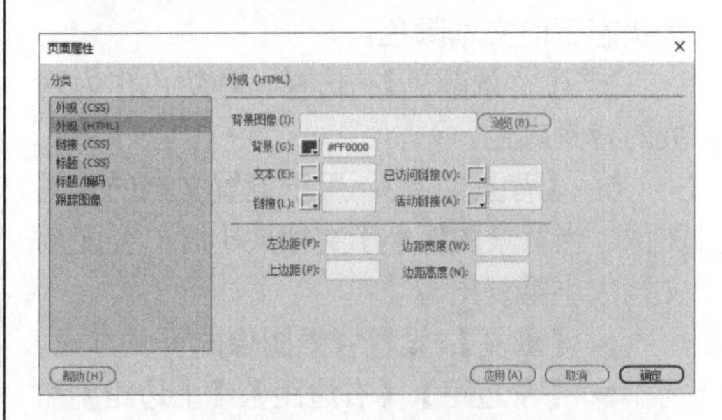

在上图所示的【外观(HTML)】选项区

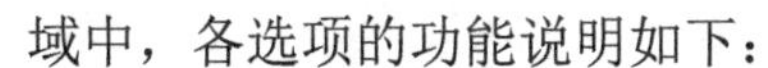

域中，各选项的功能说明如下：

- 【背景图像】：用于设置网页的背景图像。
- 【背景：选择一种颜色，作为页面的背景颜色。
- 【文本】：用于设置页面默认的文本颜色。
- 【链接】：定义链接文本默认状态下的字体颜色。
- 【已访问链接】：定义访问过的链接文本的颜色。
- 【活动链接】：定义活动链接文本的颜色。
- 【左边距】、【上边距】：设置页面元素与页面边缘的间距。
- 【边距宽度】、【边距高度】：针对 Netscape 浏览器设置页面元素与页面边缘的距离。

1. 页面颜色

通过<body>标签的bgcolor属性可设置网页的背景颜色。例如，在以下代码中设置了背景颜色的十六进制颜色代码，前面加“#”表明这是十六进制色彩：

```
<body bgcolor="#color_value">
```

2. 文本图像

除了改变网页文档的颜色或添加背景图像，用户还可以调整页面文本的颜色。

在 HTML 中，<body>标签的 text 属性用于设置整个文档中所有无链接文本的颜色。例如，以下代码设置的文本颜色为十六进制颜色代码，前面加“#”号表明这是十六进制色彩。

```
<body text="#color_value ">
```

3. 背景图像

用户可以通过设置<body>标签的 background 属性为网页文档添加背景图像。background 属性需要的值是图像的 URL。例如，以下代码设置的背景图像为 bg.jpg 文件，默认状态下，背景图像在浏览器中以平铺形式显示。

```
<body background="bj.jpg">
```

4. 边距

HTML 中，leftmargin、topmargin、rghtmargin 和 bottommargin 属性允许相对于浏览器窗口的边缘缩进至边界，属性值是边界缩进的像素的整数值，0 为默认值，边界是用背景颜色或背景图像填充的。例如，以下代码设置页面的左边距、右边距、上边距和下边距为 0。

```
<body leftmargin="0" topmargin="0"
marginwidth="0" marginheight="0">
```

5. 链接、已访问链接、活动链接

<body>标签的 link、vlink 和 alink 属性控制网页文档中超链接(<a>标签)的颜色，这三种属性与 text、bgcolor 属性一样，都接收将颜色指定为 RGB 组合或颜色名的值。其中，link 属性设置还没有被浏览者单击过的所有链接的颜色；vlink 属性设置浏览者已经单击过的所有链接的颜色；alink 属性设置激活链接时文本的颜色。

例如，以下代码分别设置默认链接颜色为“#cccccc”，激活状态下链接颜色为“#999999”，访问过后链接颜色为“#ffffff”：

```
<body link="#cccccc" vlink="#999999"
alink="#ffffff">
```

2.2.3 设置链接(CSS)

在【页面属性】对话框的【链接 CSS】选项区域中，用户可以设置与文本链接相关的各种参数。例如设置网页中链接、访问过的链接以及活动链接的颜色。为了统一网站中所有页面的设计风格，分别设置文本的颜色、链接的颜色、访问过的链接的颜色、激活的链接的颜色，让它们在每个网页中都保持一致。

【链接(CSS)】选项区域中各选项的功能说明如下。

- 【链接字体】：用于指定区别于其他文本的链接文本字体。在为每页设置字体的情况下，链接文本将采用与页面文本相同的字体。
- 【大小】：用于设置链接文本的字体大小。
- 【链接颜色】：用于设置链接文本的字体颜色。
- 【变换图像链接】：用于指定把鼠标光标移动到链接文本上方时改变文本颜色。
- 【已访问链接】：用于指定访问过一次的链接文本的字体颜色。
- 【活动链接】：指定单击链接访问的同时发生变化的文本颜色。
- 【下划线样式】：用于设置是否使链接文本显示下划线。没有设置下划线样式属性时，默认为在文本中显示下划线。

1. 链接颜色

在 CSS 中，color 属性可以用于设置链接文本的颜色,其属性值可以是一种颜色名，也可以是十六进制或十进制的 RGB 组合。

例如，在【链接(CSS)】选项区域中设置【链接颜色】为#000000、【变换图像链接】颜色为#999999;【已访问链接】颜色为 red;【活动链接】颜色为#9A9292，网页中将添加以下代码：

```
a:link {
  color: #000000;
}
a:visited {
  color: red;
}
a:hover {
  color: #999999;
}
a:active {
  color: #9A9292;
}
```

2. 背景字体

通过 font-family(字体系列)属性可以设置以逗号分隔的字体名称列表。例如，以下代码设置链接文字使用“宋体”“黑体”“隶书”显示。

```
a {
  font-family: "宋体", "黑体", "隶书";
}
```

3. 链接字体大小

在 CSS 中，font-size 属性允许用户使用相对或绝对长度值、百分比以及关键字来定义字体大小。例如，在【链接(CSS)】选项区域的【大小】文本框中输入“16”后，将在网页中设置链接文字使用 16 像素大小来显示，代码如下：

```
a {
  font-size: 16px;
}
```

4. 链接下划线样式

在 CSS 中，text-decoration(文字修饰)属性可以产生文本修饰。例如，以下代码表示默认链接文本没有下划线：

```
a:link {
  text-decoration: none;
}
```

以下代码表示在把光标放置在链接文本上时将文本的外观修饰为下划线：

```
a:hover {
  text-decoration: underline;
}
```

以下代码表示在用鼠标单击时将链接的外观修饰为下划线：

```
a:active {
  text-decoration: underline;
}
```

2.2.4　设置标题(CSS)

在【页面属性】对话框的【标题(CSS)】选项区域中，用户可以根据网页设计的需要设置页面中标题文本的字体属性。

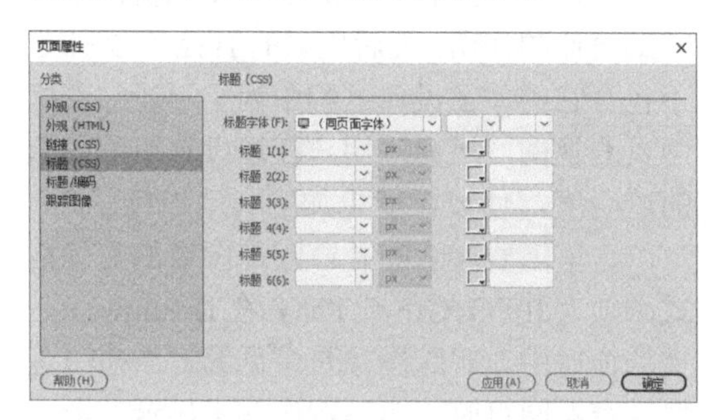

【标题(CSS)】选项区域中各选项的功能说明如下：

- 【标题字体】：用于定义标题字体。
- 【标题 1】~【标题 6】：分别定义一级标题到六级标题的字号和颜色。

通过为<h1>~<h6>标签指定文字字体、字号以及颜色等样式，可以实现不同级别的标题效果。例如，以下代码表示将标题 1 的文字设置为“微软雅黑”字体、字号为 16 像素，颜色为“红色”：

```
h1 {
  font-size: 16px;
  font-family: "微软雅黑";
  color: red;
}
```

2.2.5　设置标题/编码

在【页面属性】对话框的【标题/编码】选项区域中，用户可以设置当前网页文档的标题和编码。

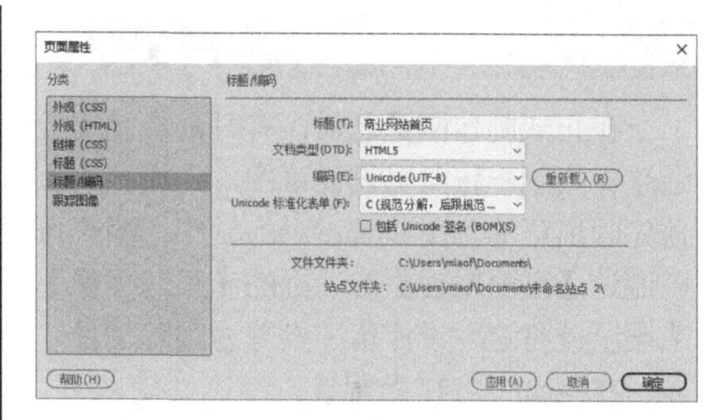

【标题/编码】选项区域中各选项的功能说明如下：

- 【标题】：用于设置网页文档的标题。
- 【文档类型】：用于设置页面的文档类型。
- 【编码】：用于定义页面使用的字符集编码。
- 【Unicode 标准化表单】：用于设置表单的标准化类型。
- 【包括 Unicode 签名】：用于设置表单的标准化类型中是否包括 Unicode 签名。

1. 标题

<title>标签是 HTML 规范所要求的，它包含文档的标题。以下代码表示标题的内容：

```
<title>页面 1</title>
```

2. 文档类型

<!doctype>标签用于向浏览器(和验证服务)说明文档遵循的 HTML 版本。HTML 3.2 及以上版本都要求文档具备这个标签，因此应将其放在所有文档中，一般在文档开头输入。

```
<!doctype HTML PUBLIC "-//W3C//DTD HTML 4.01 Transitional//EN" "http://www.w3.org/TR/html4/loose.dtd">
```

3. 编码

使用<meta>标签可以设置网页的字符集编码，在介绍头部信息时已经有所涉及，在此不再详细介绍。以下代码表示把网页的字符集编码设置为简体中文：

```
<meta charset="gb2312">
```

2.2.6 设置跟踪图像

在正式制作网页之前，有时需要使用绘图软件绘制一张网页设计草图，为设计网页预先画出草稿。在 Dreamweaver 中，用户可以通过【页面属性】对话框的【跟踪图像】选项区域将这种设计草图设置为跟踪图像，显示在网页下方作为背景。

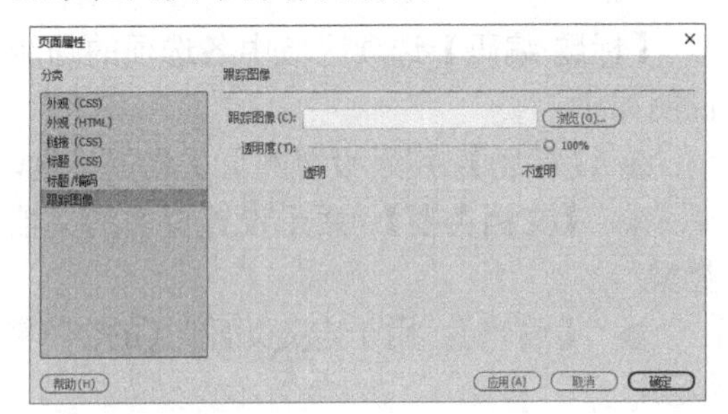

【跟踪图像】选项区域中各选项的功能说明如下：

- 【跟踪图像】：为当前制作的网页添加跟踪图像，单击【浏览】按钮，可以在打开的对话框中选择图像源文件。
- 【透明度】：通过拖动滑块来调节跟踪图像的透明度。

使用跟踪图像功能可以按照已经设计好的布局快速创建网页。它是网页设计的规划草图，可以由专业人员在 Photoshop 软件中制作出来，在设计网页时将其调出来作为背景，就可以参照其布局安排网页元素了，还可以结合表和层来定位元素，这就避开了初学者在网页制作中不懂版面设计的问题。

在 Dreamweaver 中为网页设置跟踪图像后，跟踪图像并不会作为网页背景显示在浏览器中，它只在 Dreamweaver 文档窗口中起辅助设计的作用，最后生成的 HTML 文件是不包含它的。在设计过程中为了不让它干扰网页的视图，还允许用户任意设置跟踪图像的透明度，使设计能更加顺利地进行。

这里需要注意的是：跟踪图像的文件格式必须为 JPEG、GIF 或 PNG。在 Dreamweaver 文档窗口中，跟踪图像是可见的，当在浏览器中查看网页时，跟踪图像并不显示。当文档窗口中跟踪图像可见时，页面的实际背景图像和颜色不可见。

2.3 定义头部信息

HTML 文件通常由包含在<head>和</head>标签之间的头部以及包含在<body>和</body>标签之间的主体两部分组成。文档的标题信息存储在 HTML 的头部信息中，在浏览网页时，它会显示在浏览器的标题栏上；当页面被放入浏览器的收藏夹时，文档的标题就会作为收藏夹中的项目名称。除了标题，HTML 文件的头部还可以包含很多非常重要的信息，例如网页的作者信息以及针对搜索引擎的关键字和内容指示符等。

2.3.1 设置 META

在 Dreamweaver CC 2018 中按下 Ctrl+F2 组合键，将打开【插入】面板，单击其中的 Meta 按钮，可以打开 META 对话框。在该对话框中，用户可以通过 META 语句直接定制不同的功能，例如网页的作者信息和到期时间。

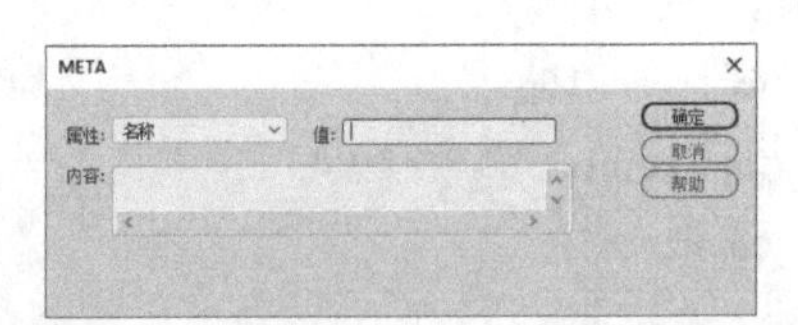

【META】对话框中各选项的功能说明如下：

- 【属性】下拉列表：用于选择名称和 HTTP-equivalent 两种属性。
- 【值】文本框：用于输入属性值。
- 【内容】文本框：用于输入属性内容。

如果用户希望网页能够提供有关文档的更多信息，例如浏览器、源文档的读者等，可以在代码视图中通过编辑<meta>标签来实现，代码如下：

```
<meta name="name_value" content="value" http-equiv="value">
```

其中，对各个属性的说明如下：

- name 属性提供了由<meta>标签定义的名称/值对的名称。HTML 标准没有指定任何预定义的<meta>名称，通常情况下，用户可以自由使用对自己和源文档的浏览器来说有意义的名称。
- content 属性提供了名称/值对的值。该值可以是任何有效的字符串(如果值中包含空格，就要使用引号括起来)。content 属性始终要和 name 或 http-equiv 属性一起使用。
- http-equiv 属性为名称/值对提供了名称，指示服务器在发送实际文档之前，在要传送给浏览器的 MIME 文档头部包含名称/值对。当服务器向浏览器发送文档时，会先发送许多名称/值对。

下面列举几种常见的 META 应用。

1. 设置网页的到期时间

打开 META 对话框后，在【值】文本框中输入“expire”，在【内容】文本框中输入“Fri, 31 Dec 2022 24:00:00 GMT”，网页将在格林威治时间 2022 年 12 月 31 日 24 点 00 分过期，到时将无法脱机浏览网页，必须连接互联网以重新载入网页。

代码如下：

```
<meta name="expire" content="Fri, 31 Dec 2022 24:00:00 GMT">
```

2. 禁止浏览器从本地缓存中调阅

有些浏览器在访问某个页面时会将它存储到缓存中，下次再次访问时即可从缓存中读取以提高速度。如果在 META 对话框的【值】文本框中输入“Pragma”，在【内容】文本框中输入“no-cache”，则可以禁止网页保存在访问者计算机的本地磁盘缓存中。如果用户希望网页的访问者每次访问网页都刷新网页上的广告图标或网页计数器，就需要禁用缓存。

代码如下：

```
<meta name="Pragma" content="no-cache">
```

3. 设置 cookie 过期

如果在 META 对话框的【值】文本框中输入“set-cookie”，在【内容】文本框中输入“Mon 31 Dec 2022 24:00:00 GMT”，cookie 将在格林威治时间 2022 年 12 月 31 日 24 点 00 分过期，并被自动删除。

代码如下：

```
<meta name="set-cookie" content="Mon 31 Dec 2022 24:00:00 GMT">
```

4. 强制页面在当前窗口中独立显示

如果在 META 对话框的【值】文本框中输入“Windows-target”，在【内容】文本框中输入“_top”，则可以将当前网页放置在其他网页的框架结构里显示。

代码如下：

```
<meta name="Windows-target" content="_top">
```

5. 设置网页的作者信息

如果在 META 对话框的【值】文本框中输入“Author”，在【内容】文本框中输入“王燕”，则说明这个网页的作者是王燕。

代码如下：

```
<meta name="Author" content="王燕">
```

6. 设置网页打开或退出时的效果

如果在 META 对话框的【值】文本框中输入“Page-enter”或“Page-exit”，在【内容】文本框中输入“revealtrans(duration=10,transition=21)”。其中 duration 设置的是延迟时间，以秒为单位；transition 设置的是效果，值

为1~23，代表23种不同的效果。

代码如下：

```
<meta name="Page-enter"
content="revealtrans(duration=10,transition=21)">
```

2.3.2 设置说明信息

说明信息属于元数据范畴，但是由于它经常被使用，因此 Dreamweaver 定义了相应的插入命令，允许用户直接在网页中插入说明属性。

在【插入】面板中单击【说明】选项，将打开如下图所示的【说明】对话框，在该对话框的文本框中可以输入相应的说明信息。

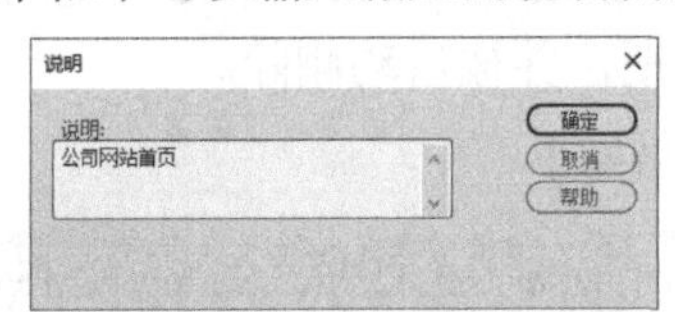

代码如下：

```
<meta name="description" content="公司网站首页">
```

通过 META 语句可以设置网页的搜索引擎说明。打开 META 对话框，在【值】文本框中输入“description”，在【内容】文本框中输入网页说明。

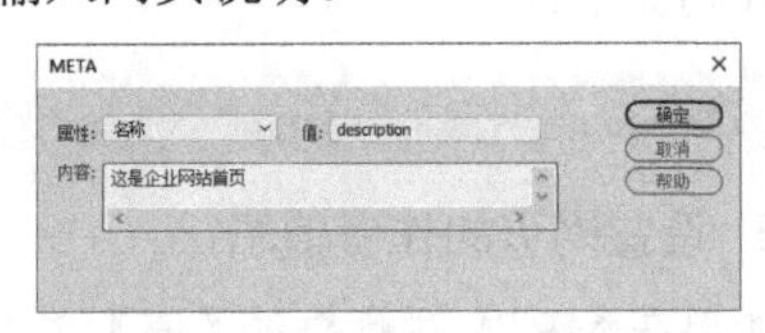

通过上图所示的设置，可以告诉搜索引擎，将输入内容作为网页的说明信息添加到搜索引擎，代码如下所示：

```
<meta name="description" content="这是本公司网页的首页">
```

其中 description 为说明定义，在 content 中定义说明的内容。

2.3.3 设置关键词

关键词也属于元数据的范畴，在【插入】面板中单击 Keywords 按钮，在打开的对话框中即可为网页设置相应的关键字，多个关键字之间可以使用英文逗号隔开。

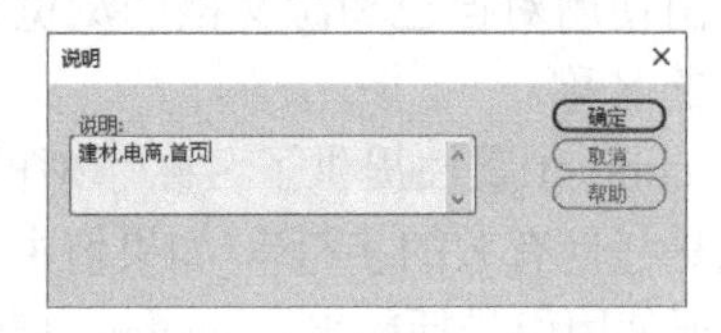

通过 META 语句也可以设置网页的搜索引擎关键词。打开 META 对话框，在 name 属性的【值】文本框中输入“keywords”，在【内容】文本框中输入网页的关键词，各关键词之间用英文逗号隔开(许多搜索引擎在搜索“蜘蛛”程序抓取网页时，需要用到 META 元素所定义的一些属性值，如果网页上没有这些 META 元素，则不会被搜索到)。

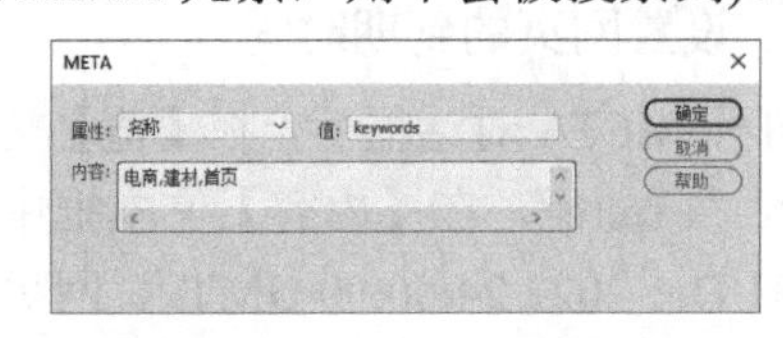

代码如下：

```
<meta name="keywords" content="电商,建材,首页">
```

2.4 案例演练

本章的案例演练部分将练习网页文档的创建和基本设置，并进一步熟悉 Dreamweaver CC 2018 的使用，用户可以通过实例操作巩固本章所学知识。

【例 2-1】在 Dreamweaver 中创建网页并设置网页文档的属性。
视频+素材 (素材文件\第 02 章\例 2-1)

step 1 启动 Dreamweaver CC 2018 后按下 Ctrl+N 组合键，打开【新建文档】对话框，在【文档类型】列表框中选择 HTML 选项，然后单击【创建】按钮。

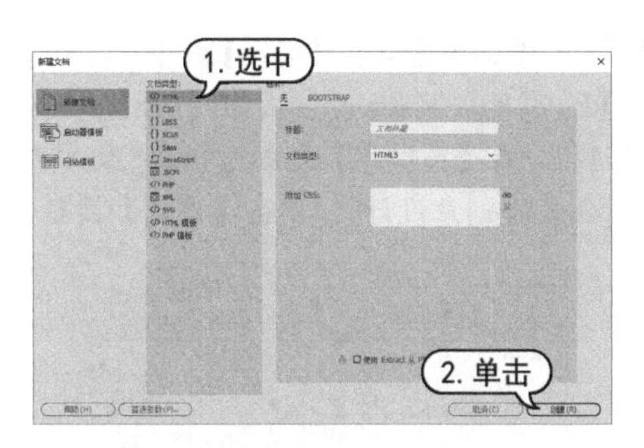

step 2 选择【文件】|【页面属性】命令，打开【页面属性】对话框，在【页面字体】下拉列表框中选择【管理字体】选项，打开【管理字体】对话框。

step 3 在【管理字体】对话框中选择【自定义字体堆栈】选项卡，在【自定义字体堆栈】选项卡的【可用字体】列表框中选择【华文楷体】选项，然后单击 << 按钮，将该选项移动至【选择的字体】列表框中。

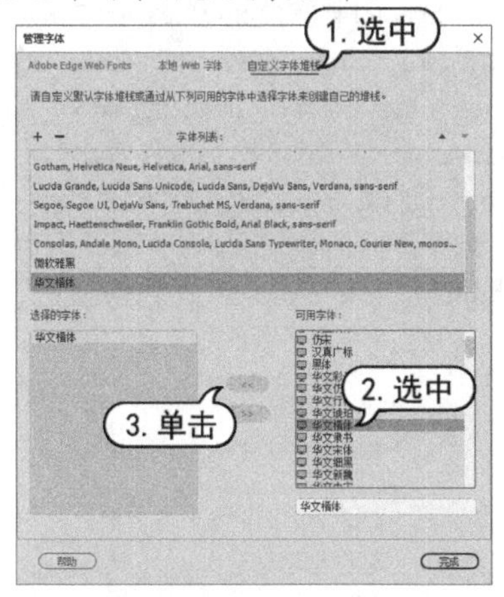

step 4 在【管理字体】对话框中单击【完成】按钮，返回【页面属性】对话框，在【页面字体】下拉列表框中选择【华文楷体】选项。

step 5 在【页面属性】对话框中选择【外观(HTML)】选项，然后在显示的【外观】选项区域中单击【背景】色块按钮，在弹出的颜色选择器中选择网页的背景颜色，然后单击【应用】按钮，设置网页的背景颜色。

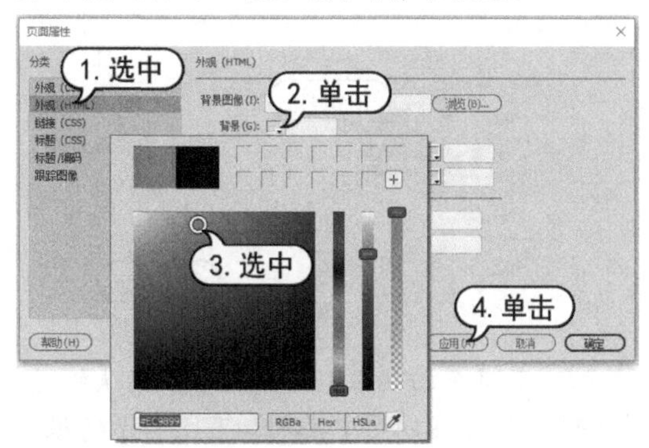

step 6 参考步骤 5 中的操作，在【页面属性】对话框的【外观(HTML)】选项区域中单击【文本】色块按钮，在弹出的颜色选择器中设置网页文本的颜色。单击【链接】色块按钮，在弹出的颜色选择器中设置网页链接的颜色。单击【活动链接】色块按钮，在弹出的颜色选择器中设置活动链接的颜色。

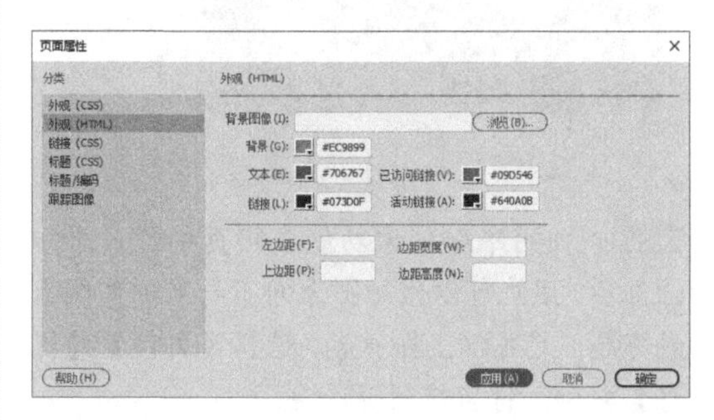

step 7 在【页面属性】对话框中选择【跟踪图像】选项，显示如下图所示的【跟踪图像】选项区域。

step 8 单击【跟踪图像】选项区域中的【浏览】按钮，打开如下图所示的【选择图像源文件】对话框，然后在该对话框中选择一个图像文件后，单击【确定】按钮，返回【页面属性】对话框。

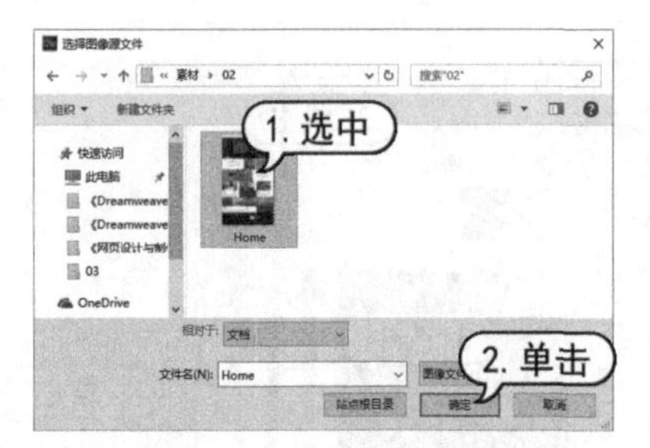

step 9 在【页面属性】对话框中单击【确定】按钮后，即可在网页中插入如下图所示的跟踪图像。

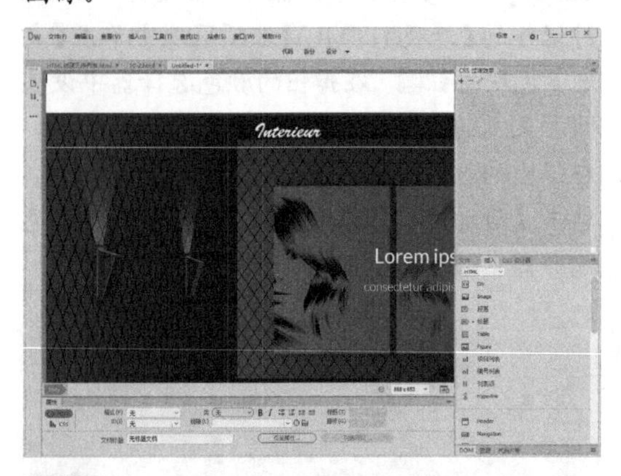

step 10 使用跟踪图像功能在网页中载入跟踪图像后，用户可以借助图像的布局来制作网页的布局。完成以上操作后，选择【文件】|【保存】命令，将当前网页保存。

【例 2-2】设置网页关键字。

视频+素材 (素材文件\第 02 章\例 2-2)

step 1 选择【窗口】|【文件】命令，打开【文件】面板，在【文件】面板中右击一个网页文件，在弹出的快捷菜单中选择【打开方式】|Dreamweaver 命令，在 Dreamweaver 中打开该网页文档。

step 2 选择【窗口】|【插入】命令，打开【插入】面板，单击 Keywords 按钮，打开 Keywords 对话框，在【关键字】文本框中输入文本内容“精品装修创意设计”，单击【确定】按钮。

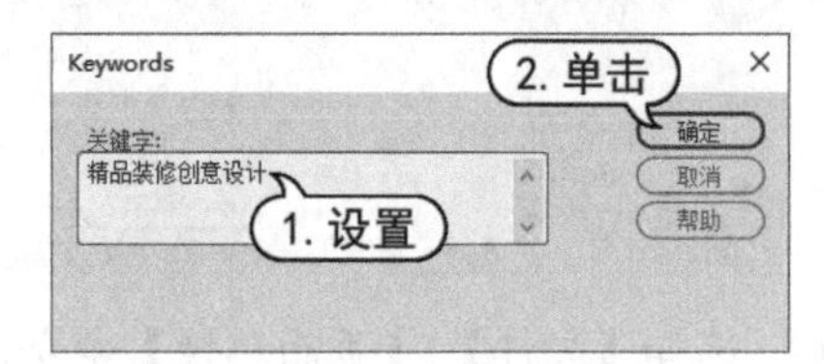

step 3 切换至代码视图，Dreamweaver 将在代码中添加以下内容：

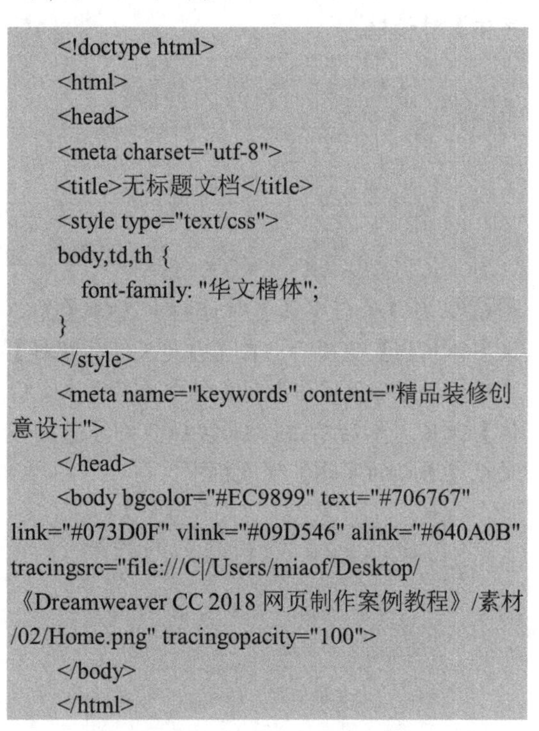

```
<!doctype html>
<html>
<head>
<meta charset="utf-8">
<title>无标题文档</title>
<style type="text/css">
body,td,th {
  font-family: "华文楷体";
}
</style>
<meta name="keywords" content="精品装修创意设计">
</head>
<body bgcolor="#EC9899" text="#706767" link="#073D0F" vlink="#09D546" alink="#640A0B" tracingsrc="file:///C|/Users/miaof/Desktop/《Dreamweaver CC 2018 网页制作案例教程》/素材/02/Home.png" tracingopacity="100">
</body>
</html>
```

第 3 章

编辑网页文本

文本既是网页中不可缺少的内容，也是网页中最基本的对象。由于文本的存储空间非常小，因此在一些大型网站中，它们占有不可取代的主导地位。在一般网页中，文本一般以普通文字、段落或各种项目符号等形式显示。

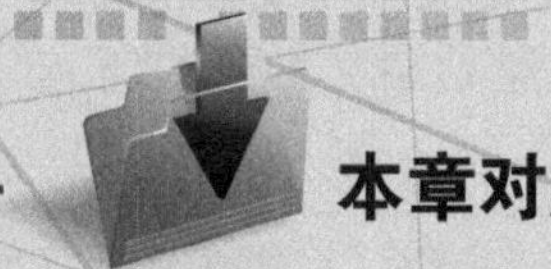

本章对应视频

例 3-1 选择性粘贴网页文本

例 3-2 输入日期与时间

例 3-3 在网页中插入水平线

例 3-4 在网页中插入滚动文本

例 3-5 设置网页标题文本

例 3-6 设置预定义格式文本

例 3-7 设置图像替换列表圆点

例 3-8 制作包含大量文本的网页

3.1 输入网页文本

文本是表达信息的主要途径之一，网页中大量信息的传播都以文本为主。文本在网页上的运用是最广泛的，因此对于网页制作者而言，文本的输入是最基本且重要的技巧。下面将分别介绍在网页中输入各种类型文本的具体操作。

3.1.1 输入普通文本

使用 Dreamweaver 在网页中输入普通文本有以下 3 种方法：

- 将鼠标光标定位到文档窗口中，直接输入文本。
- 在其他窗口中选取一部分文本后，按下 Ctrl+C 键复制，然后将鼠标光标定位到 Dreamweaver 编辑窗口中要插入文本的位置，按下 Ctrl+V 键，粘贴文本。
- 将鼠标光标定位到要输入文本的位置上，选择【文件】|【导入】|【Word 文档】命令，然后选择要导入的 Word 文档，将 Word 文档中的文本导入网页中。

当在 Dreamweaver 编辑窗口中使用 Ctrl+C 和 Ctrl+V 组合键粘贴文本时，还可以确定是否粘贴文本原格式。

【例 3-1】设置 Dreamweaver 在粘贴文本时，保留原文本的格式。视频

step 1 选择【编辑】|【首选项】命令，打开【首选项】对话框，在该对话框左侧的【分类】列表框中选择【复制/粘贴】选项，在右侧的选项区域中选中【带结构的文本以及全部格式】单选按钮。

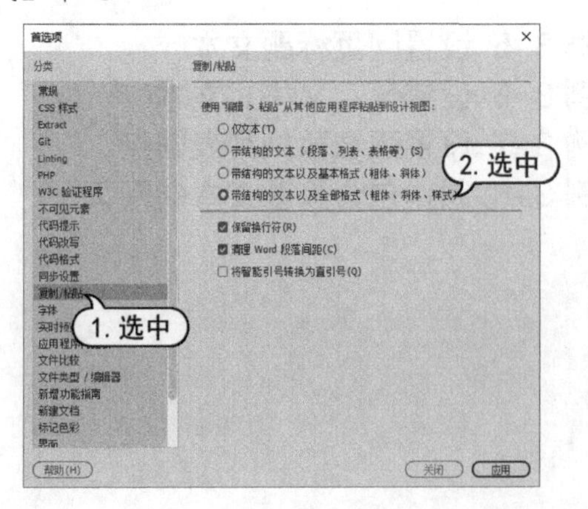

step 2 依次单击对话框底部的【应用】按钮和【关闭】按钮。

step 3 在其他编辑器或网页中选择带格式的文本，按下 Ctrl+C 组合键，复制文本。

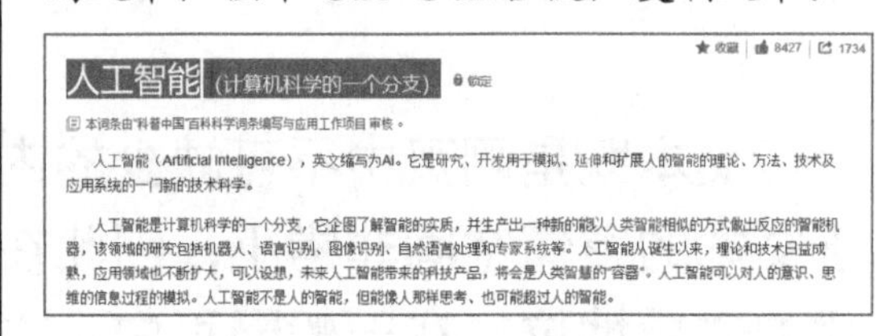

step 4 将鼠标光标插入 Dreamweaver 创建的网页文档中，按下 Ctrl+V 组合键，粘贴文本，文本的效果将如下图所示。

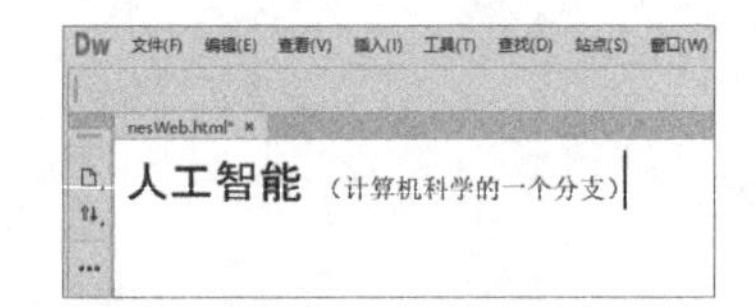

复制文本后，在 Dreamweaver 中选择【编辑】|【选择性粘贴】命令，会打开【选择性粘贴】对话框，在该对话框中可以进行不同的粘贴操作，例如仅粘贴文本，或者粘贴基本格式文本，或者完整粘贴文本中的所有格式。

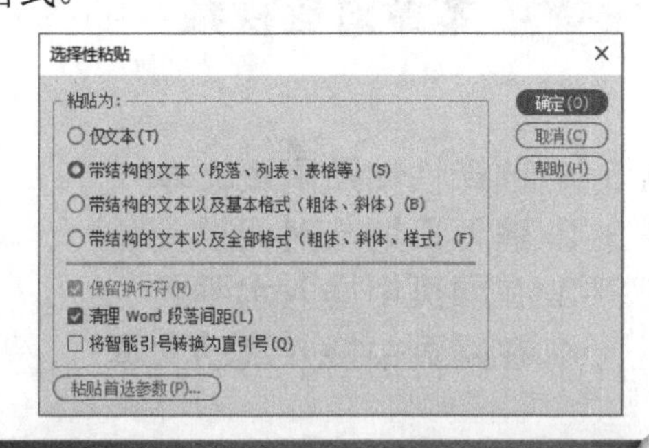

3.1.2 输入特殊文本

对于网页中的普通文字，用户可以在设计视图下直接输入，但有一些特殊的符号和空格需要使用【插入】面板和 HTML 语言单独进行定义。

在 Dreamweaver 中，选择【窗口】|【插入】命令，可以打开【插入】面板。

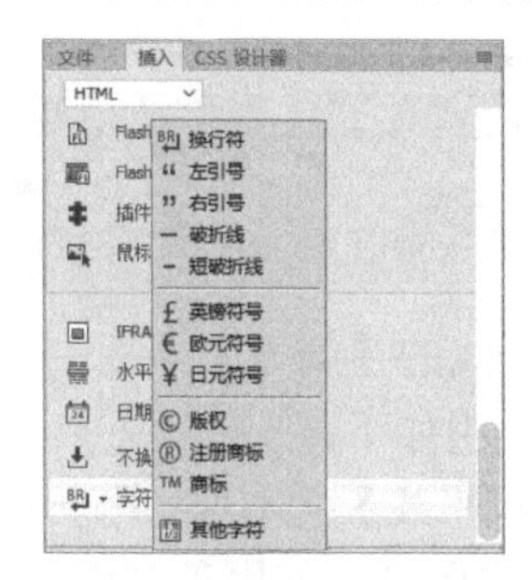

在【插入】面板中单击【字符】按钮，在弹出的列表中单击相应的字符，即可在网页中插入相应的特殊字符。如果用户在【字符】列表中选择【其他字符】选项，还可以打开【插入其他字符】对话框，在页面中插入其他更多字符。

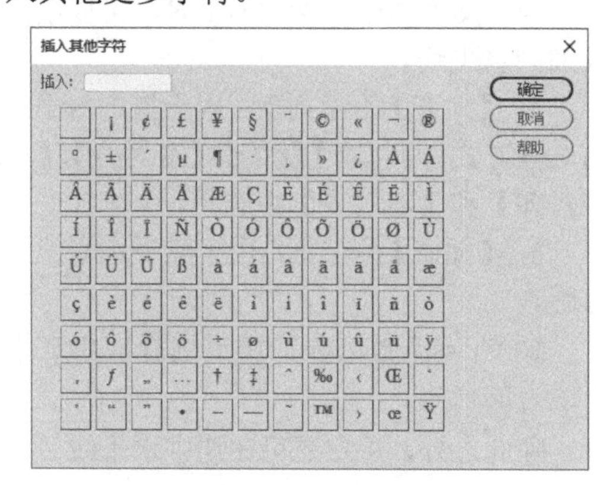

如果用户需要将特殊字符包含在网页中，必须将字符的标准实体名称或符号(#)，加上它在标准字符集里的位置编号，包含在符号&和分号之间，而且中间没有空格。例如，要在页面中插入©符号，可以参考以下方法操作。

step 1　将鼠标光标插入页面中需要插入特殊符号的位置。

京冈文【2023】0934-983号 2029Baidu 使用百度前必读

step 2　选择【查看】|【代码】命令，切换到代码视图，在当前位置输入代码：

```
&copy;
```

step 3　选择【查看】|【查看模式】|【设计】命令，切换到设计视图，即可在页面中插入下图所示的版权符号。

京冈文【2023】0934-983号 ©2029Baidu 使用百度前必读

常用的特殊字符如下表所示。

符　号	符号码	符　号	符号码
"	"	§	§
&	&	¢	¢
<	<	¥	¥
>	>	·	·
©	©	€	€
®	®	£	£
±	±	™	™
×	×	{	{
[	[	}	}

3.1.3　输入日期与时间

由于网页的信息量很大，随时更新内容就显得非常重要。Dreamweaver 不仅能使用户在网页中插入当天的日期，而且对日期的格式也没有任何限制。用户甚至可以通过设置使网页具备自动更新日期的功能，一旦网页被保存，插入的日期就开始自动更新。

【例 3-2】使用 Dreamweaver 在网页中插入日期与时间。 视频

step 1　将鼠标光标插入至文档中合适的位置，选择【插入】| HTML |【日期】命令（或在【插入】面板中单击 HTML 选项卡中的【日期】按钮），打开【插入日期】对话框。

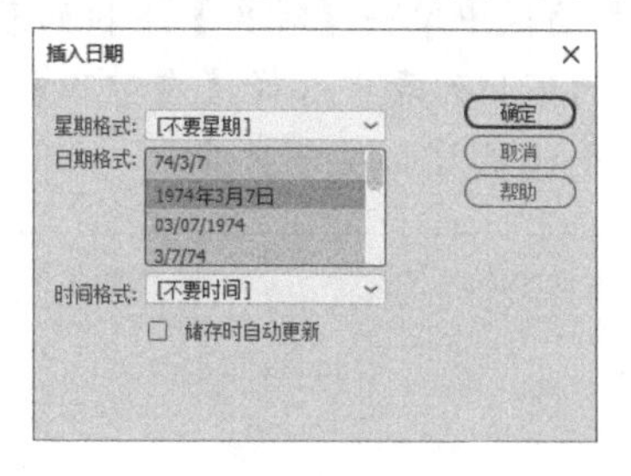

step 2 在【插入日期】对话框的【日期格式】列表框中选择插入日期的格式，单击【星期格式】下拉列表按钮，在弹出的下拉列表中选择插入日期的星期格式，然后选中【储存时自动更新】复选框，并单击【确定】按钮，即可在网页中插入日期。

在【插入日期】对话框中，各选项的具体功能说明如下：

- 【星期格式】下拉列表：选择星期的格式，例如选择星期的简写方式、星期的完整显示方式或不显示星期。
- 【日期格式】列表框：选择日期格式。
- 【时间格式】下拉列表：选择时间的格式，如选择12小时制或24小时制的时间格式。
- 【储存时自动更新】复选框：每当存储网页文档时，都会自动更新文档中插入的日期信息，该复选框可以用于记录文档的最后生成日期。

3.1.4 插入水平线

在网页文档中插入各种内容时，有时需要区分页面中不同的内容。这种情况下最简单的方法就是插入水平线。水平线可以在不完全分割页面的情况下，以线为基准区分上下区域，因此被广泛应用于文档中需要区分不同内容的场景中。

【例 3-3】使用 Dreamweaver 在网页中插入水平线。视频

step 1 选择【插入】| HTML|【水平线】命令，(或在【插入】面板中单击【常用】选项卡中的【水平线】按钮)，即可在网页中插入一条水平线。

step 2 选中文档中插入的水平线，然后在【属性】面板中单击【对齐】下拉列表按钮，在弹出的下拉列表中选择【左对齐】选项，设置水平线靠页面左侧对齐。

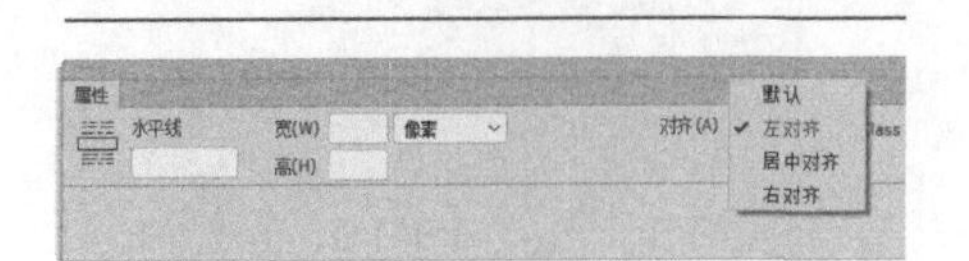

step 3 在【属性】面板的【宽】文本框中输入 300，设置水平线的宽度；在【高】文本框中输入 10，设置水平线的高度。

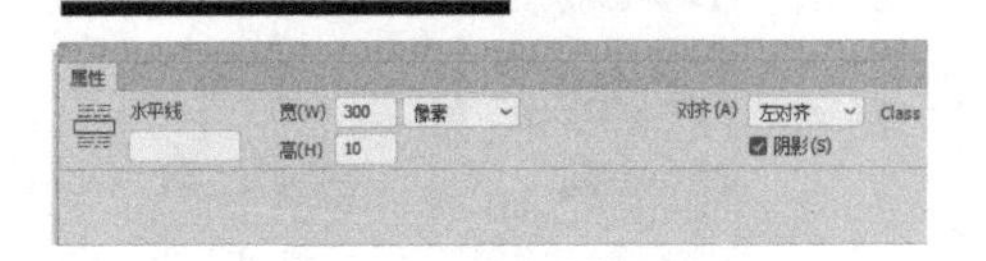

在水平线的【属性】面板中，各主要选项的功能说明如下：

- 【水平线】文本框：用于指定水平线的名称(在这里只能使用英文或数字)。
- 【宽】文本框：用于指定水平线的宽度。若没有特别指定，则根据当前光标所在的单元格和画面宽度，以100%标准显示水平线的宽度。
- 【高】文本框：用于指定水平线的高度。当该文本框中的参数为 1 时，可以绘出很细的水平线。
- 【对齐】下拉列表：用于指定水平线的对齐方式。可以在【默认】、【左对齐】、【居中对齐】和【右对齐】中选择。
- 【阴影】复选框：用于赋予水平线立体感。
- Class下拉列表：用于选择应用在水平线上的样式。

除此之外，用户还可在选中水平线后，在【属性】面板中单击【快速标签编辑器】按钮，打开【编辑标签】浮动窗口，为水平线设置颜色，具体方法如下：

step 1 选中页面中的水平线，单击【属性】面板右侧的【快速标签编辑器】按钮。

step 2 在显示的【编辑标签】浮动窗口中添加一段代码(其中，双引号之间为颜色值)。

```
color="yellow"
```

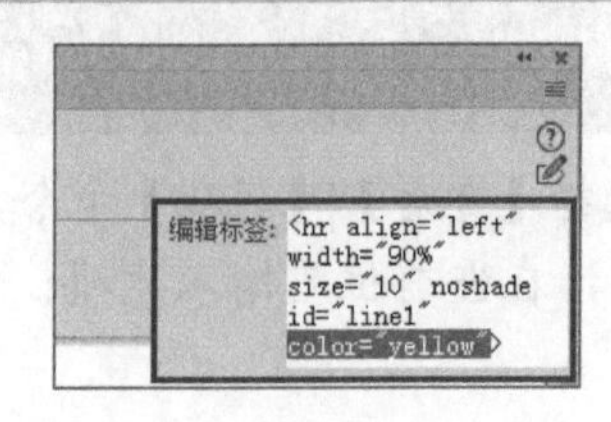

step 3 按下 Ctrl+S 组合键保存网页，按下 F12 键预览页面，即可看到水平线的颜色在浏览器中变为黄色。

通过上面的例子可以发现，在 HTML 代码中，使用<hr>标签可以告诉浏览器，在网页中要插入一条横跨整个显示窗口的水平线，该标签没有相应的结束标签。<hr>标签的属性说明如下表所示。

属　性	说　明
align	水平线对齐方式
color	水平线颜色
noshade	水平线不出现阴影
size	水平线高度
width	水平线宽度

下面再举一个例子，介绍通过在代码视图中添加一段代码，在页面中插入一条高度为 4 像素、没有阴影、宽度为 650 像素、排列方式为左对齐、颜色为“#CC0000”的水平线的方法。

step 1 打开网页后，将鼠标光标插入页面中需要插入水平线的位置。

step 2 选择【查看】|【代码】命令，此时，光标将位于下图所示的位置。

step 3 按下回车键，在代码视图中输入以下代码：

```
<hr align="left" width="650" size="4" noshade color="#CC0000">
```

step 4 选择【查看】|【查看模式】|【设计】命令，切换到设计视图，即可在页面中插入一条如下图所示的水平线。

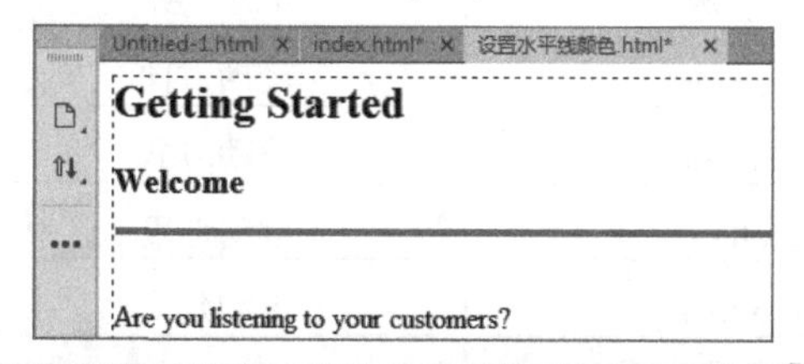

Getting Started
Welcome
Are you listening to your customers?

3.1.5 插入滚动文本

在网页中你经常会见到图像或公告栏的标题横向或纵向滚动，通常将这种文本称为滚动文本。在 Dreamweaver 中，滚动文本可以在代码视图中用<marquee>标签来创建，具体方法如下：

【例 3-4】使用 Dreamweaver 在网页中插入滚动文字。视频

step 1 打开一个网页文档后，将鼠标光标插入文档中合适的位置，然后单击【文档】工具栏中的【拆分】按钮。

step 2 在代码视图中输入以下代码：

```
<marquee>欢迎访问本站</marquee>
```

1 <!doctype html>
2 <html>
3 <head>
4 <meta charset="utf-8">
5 <title>无标题文档</title>
6 </head>
7
8 <body>
9
10 <marquee>欢迎访问本站</marquee>
11
12 </body>
13 </html>

step 3 选择【文件】|【保存】命令，将网页保存后，即可在页眉中添加一行最简单的滚动文字。单击【文档】工具栏中的【实时视图】按钮，即可查看滚动文字的效果。

<marquee>标签定义了在浏览器中显示的滚动文字。<marquee>开始标签和</marquee>结束标签之间的文字将滚动显示。不同的标签属性控制显示区域的大小、外观、周围文字的对齐方式以及滚动速度等。

<marquee>标签的属性说明如下。

属　性	说　明
direction	滚动方向
behavior	滚动方式
scrollamount	滚动速度
scrolldelay	滚动延迟
loop	滚动循环
width、height	滚动范围
bgcolor	滚动背景
hspace、vspace	滚动空间

其中，用户可以设置文字的滚动方向，分别为向上、向下、向左和向右，使滚动的文字具有更多变化。direction 属性及说明如下表所示。

属　性	说　明
up	滚动文字向上
down	滚动文字向下
left	滚动文字向左
right	滚动文字向右

通过 behavior 属性能够设置不同方式的滚动文字效果，如滚动的循环往复、交替滚动、单次滚动等，如下表所示。

属　性	说　明
scroll	循环往复
slide	只进行一次滚动
alternate	交替进行滚动

3.2　设置文本格式

设置文本格式就是定义文本所包含的标签类型。在文本的【属性】面板中打开【格式】下拉列表，可以快速设置段落格式、标题格式等。

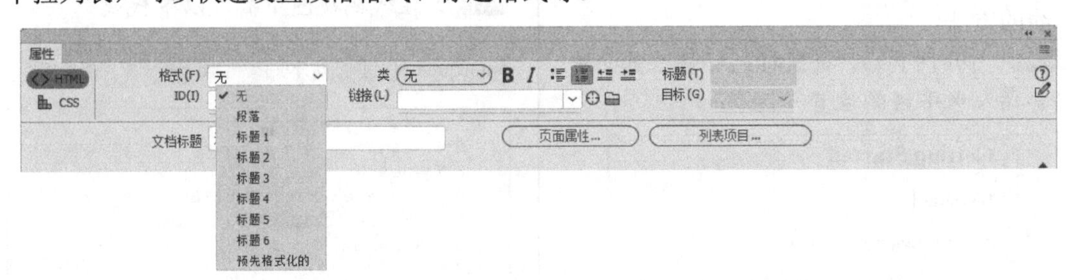

如果在上图所示的【格式】下拉列表中选择【无】选项，可以取消格式操作，或者设置无格式文本。

3.2.1　设置段落文本

段落文本指的是网页中被选中的文本。在 HTML 源代码中使用<p>标签来表示，段落文本的默认格式是在段落文本上下边缘显示 1 行空白间距(约 12px)，语法格式为：

```
<p>段落文本</p>
```

在 Dreamweaver 中选中一段文本后，单击【属性】面板中的【格式】下拉按钮，在弹出的下拉列表中选择【段落】选项，即可设置当前选中文本为段落文本。

特别提示

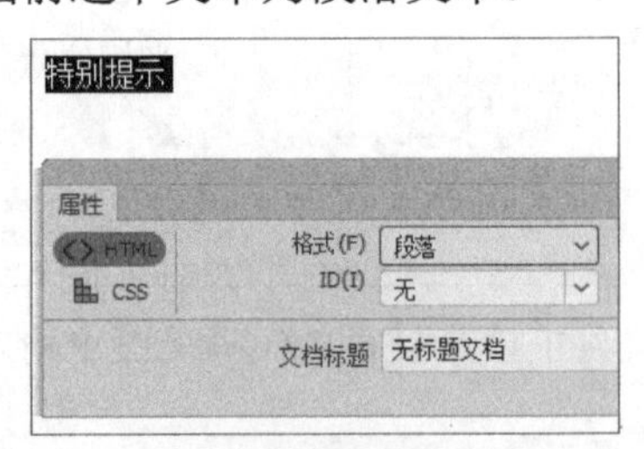

此时，切换到代码视图，可以通过观察代码，比较段落格式下文本和无格式文本的区别。

输入文本时，代码如下：

```
<body>
特别提示
</body>
```

输入文本并按下回车键后，代码如下：

```
<body>
特别提示
<p> </p>
</body>
```

为输入的文本设置段落格式后，代码如下：

```
<body>
<p>特别提示</p>
<p> </p>
</body>
```

按下回车键换行，继续输入文本。

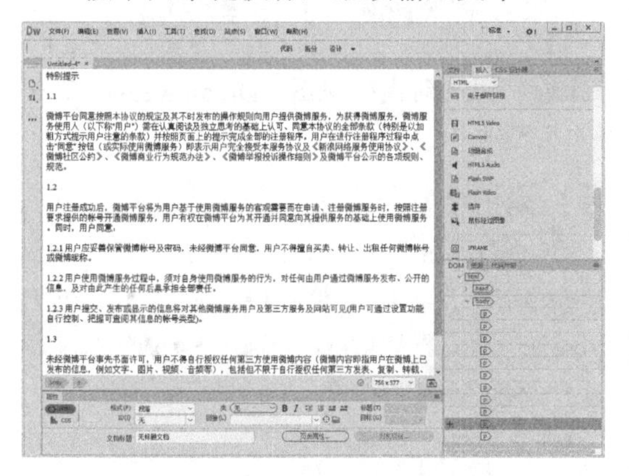

此时，将生成以下 HTML 代码：

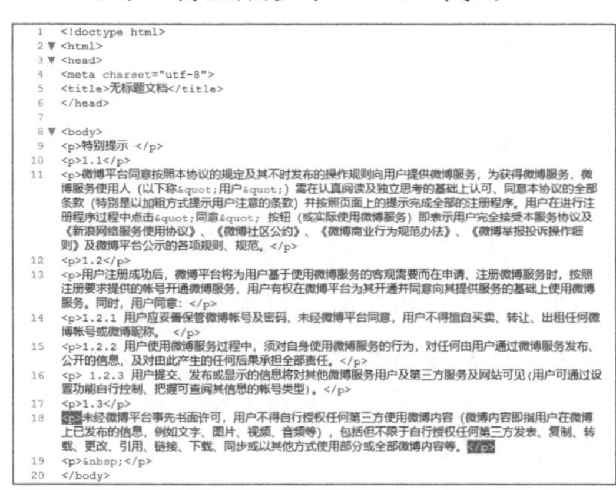

```
1   <!doctype html>
2 ▼ <html>
3 ▼ <head>
4   <meta charset="utf-8">
5   <title>无标题文档</title>
6   </head>
7
8 ▼ <body>
9   <p>特别提示 </p>
10  <p>1.1</p>
11  <p>微博平台同意按照本协议的规定及其不时发布的操作规则向用户提供微博服务，为获得微博服务，微博服务使用人（以下称&quot;用户&quot;）需在认真阅读及独立思考的基础上认可、同意本协议的全部条款（特别是以加粗方式提示用户注意的条款）并按照页面上的提示完成全部的注册程序。用户在进行注册程序过程中点击&quot;同意&quot; 按钮（或实际使用微博服务）即表示用户完全接受本服务协议及《新浪网络服务使用协议》、《微博社区公约》、《微博商业行为规范办法》、《微博举报投诉操作细则》及微博平台公示的各项规则、规范。</p>
12  <p>1.2</p>
13  <p>用户注册成功后，微博平台将为用户基于使用微博服务的客观需要而在申请、注册微博服务时，按照注册要求提供的帐号开通微博服务，用户有权在微博平台为其开通并同意向其提供服务的基础上使用微博服务。同时，用户同意：</p>
14  <p>1.2.1 用户应妥善保管微博帐号及密码，未经微博平台同意，用户不得擅自买卖、转让、出租任何微博帐号或微博昵称。 </p>
15  <p>1.2.2 用户使用微博服务过程中，须对自身使用微博服务的行为，对任何由用户通过微博服务发布、公开的信息，及对由此产生的任何后果承担全部责任。</p>
16  <p> 1.2.3 用户提交、发布或显示的信息将对其他微博服务用户及第三方服务及网站可见(用户可通过设置功能自行控制、把握可查阅其信息的帐号类型)。</p>
17  <p>1.3</p>
18  <p>未经微博平台事先书面许可，用户不得自行授权任何第三方使用微博内容（微博内容即指用户在微博上已发布的信息，例如文字、图片、视频、音频等），包括但不限于自行授权任何第三方发表、复制、转载、更改、引用、链接、下载、同步或以其他方式使用部分或全部微博内容等。</p>
19  <p> </p>
20  </body>
```

3.2.2　设置标题文本

标题文本主要用于强调文本信息的重要性。在 HTML 语言中，定义了 6 级标题，它们分别用<h1>、<h2>、<h3>、<h4>、<h5>、<h6>标签来表示，每级标题的字体大小依次递减，标题一般都加粗显示。

在为网页文本设置标题后，标题的字符大小并没有固定值，而是由浏览器决定的。为标题定义的级别只决定标题之间的重要程度。此外，还可以设置各级标题的具体属性。在标题格式中，主要属性是对齐属性，用于定义标题段落的对齐方式。

【例 3-5】为网页中的文本设置标题格式。

视频+素材 （素材文件\第 03 章\例 3-5）

step 1　选中页面中的文本“特别提示”，在文本的【属性】面板中单击【标题 1】。

step 2　单击【属性】面板左侧的 CSS 按钮，在显示的选项区域中单击【居中对齐】按钮，设置文本居中对齐。

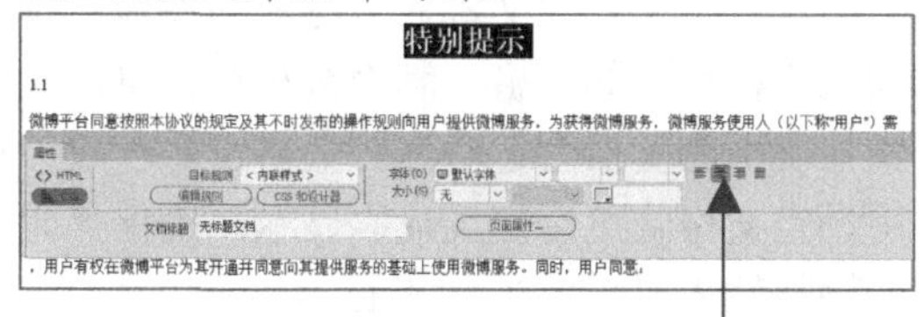

step 3　切换到代码视图，可以看到网页生成以下代码：

```
<h1 style="text-align: center">特别提示</h1>
```

step 4　选中网页中的文本“1.1”“1.2”和“1.3”，为它们设置【标题 2】格式，页面效果如下图所示。

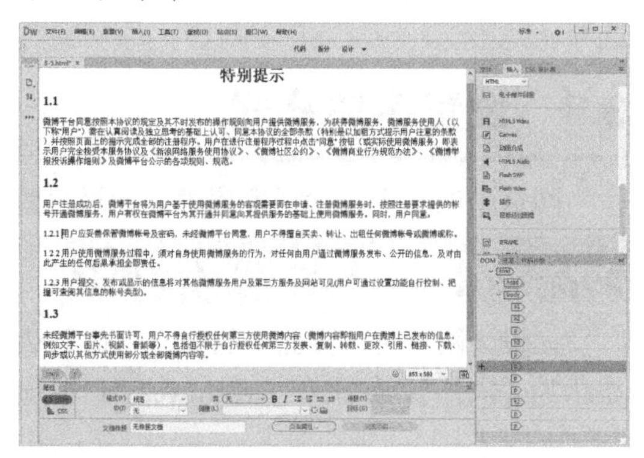

设置标题格式并按下回车键后，Dreamweaver 会自动在下一段将文本恢复为段落文本格式，即取消标题格式的应用。如果选择【文件】|【首选项】命令，在打开的【首选项】对话框中选择【常规】选项，然后在显示的【常规】选项区域中选中【标题后切换到普通段落】复选框。此时，如果在标题文本后按下回车键，则依然保持标题格式。

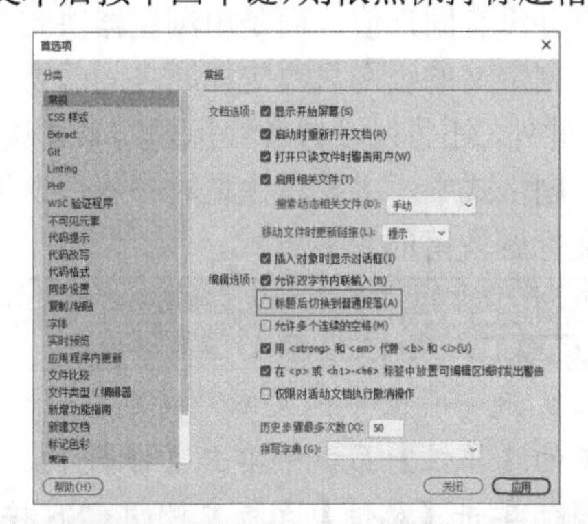

3.2.3 为文本设置预定义格式

预定义格式在文本显示时能够保留文本间的空格符，如空格、制表符和换行符。正常情况下浏览器会忽略这些空格符。一般使用预定义格式可以定义代码显示，确保代码能够按输入时的格式效果正常显示。

【例 3-6】为网页中的文本设置预定义格式。
视频+素材 (素材文件\第 03 章\例 3-6)

step 1 按下 Ctrl+N 组合键，打开【新建文档】对话框，新建一个网页文档。

step 2 将鼠标光标置于网页编辑窗口中，单击【属性】面板中的【格式】下拉按钮，在弹出的下拉列表中选择【预先格式化的】选项。

step 3 在编辑窗口中输入文本，将文本的大小定义为 10.5 像素，字体颜色为红色。

step 4 按下 Ctrl+S 组合键保存文档，再按下 F12 键预览网页，在浏览器中可以看到原来输入的文本依然按原格式显示，效果如下右图所示。

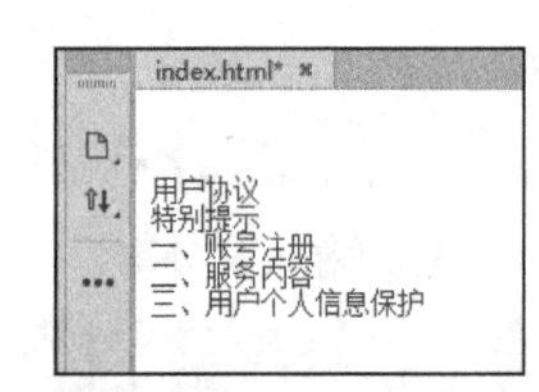

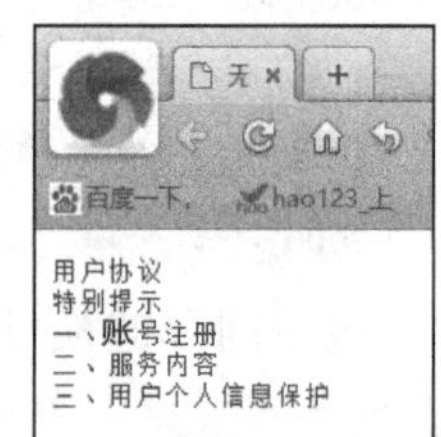

step 5 切换到代码视图，Dreamweaver 显示以下代码：

```
<body>
<pre><span style="color: #FF0004">用户协议
<br>特别提示<br>一、账号注册<br>二、服务内容
<br>三、用户个人信息保护</span><span
style="font-family: 宋体; color: red; font-size:
12px;"></span></pre>
</body>
```

其中预定义格式的标签为<pre>，在该标签中可以输入制表符和换行符，这些特殊符号都会包含在<pre>标签中。

3.3 设置字体样式

网页中的文本包含很多属性，通过设置这些属性，用户可以控制网页内容的显示效果。

3.3.1 设置字体类型

在设计网页时，页面中的中文字体默认显示为【宋体】，如果在 Dreamweaver 中选择【工具】|【管理字体】命令，可以打开下图所示的【管理字体】对话框，重新设置页面字体的类型。

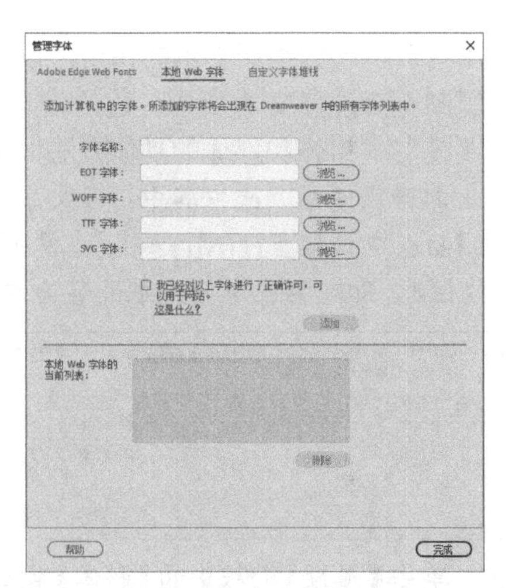

设置网页上文本字体的具体方法如下：

step 1 打开一个包含文本的网页文档。

step 2 选择【工具】|【管理字体】命令，打开【管理字体】对话框。选择【自定义字体堆栈】选项卡，在【可用字体】列表框中选择一种本地系统中可用的字体类型，例如【微软雅黑】。

step 3 单击【添加】按钮，将选中的可用字体添加到【选择的字体】列表框中，然后单击【完成】按钮。

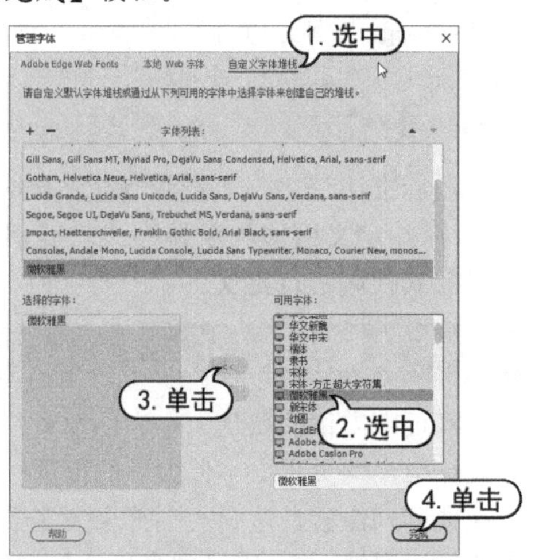

step 4 选中网页中的一段或多段文本，在【属性】面板中切换到 CSS 选项卡，单击【字体】下拉按钮，从弹出的下拉列表中可以看到新添加的字体，选择字体【微软雅黑】，即可为当前选择的文本应用这种字体。

step 5 切换到代码视图，Dreamweaver 自动使用 CSS 定义的字体样式：

```
<span style="color: #FF0004; font-family: '微软雅黑';">用户协议</span>
```

在传统布局中，默认使用<font>标签设置字体类型、字体大小和颜色，在标准设计中不再建议使用。

3.3.2 设置字体颜色

在 Dreamweaver 中选中一段文本后，在【属性】面板中选择 CSS 选项卡，然后单击【颜色】按钮，可以打开【颜色】面板，设置文本的字体颜色。

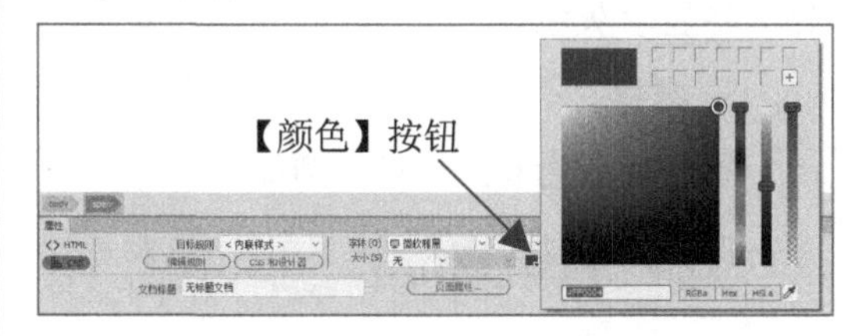

在上图所示的【颜色】面板中，用户可以用颜色名、百分比和数字三种方法设置文本的颜色。

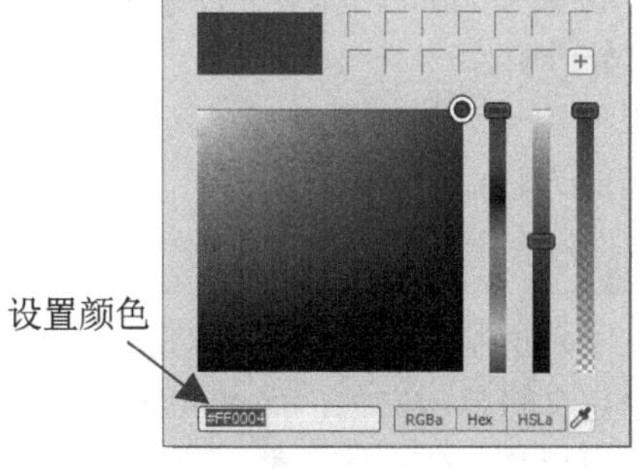

1. 颜色名

使用颜色名是设置文本字体的最简单方法，目前能够被大多数浏览器所接受。符合 W3C 标准的颜色名有下表所示的 16 种。

符 号	符号码	符 号	符号码
black	纯黑	olive	褐黄
blue	浅蓝	white	亮白
teal	靛青	silver	浅灰
red	大红	green	深绿
aqua	天蓝	navy	深蓝
purple	深紫	lime	浅绿
yellow	明黄	maroon	褐红
fuchsia	品红	gray	深灰

2. 百分比

在【颜色】面板中使用百分比，例如：

```
color:rgb(100%,100%,100%);
```

以上声明将显示白色，其中第 1 个数字表示红色的比重，第 2 个数字表示蓝色的比重，第 3 个数字表示绿色的比重，而rgb(0%,0%,0%)将会显示黑色，三个百分比相等，将显示灰色。

3. 数字

数字范围为 0 到 255，例如：

```
color:rgb(255,255,255);
```

以上声明将显示白色，而 rgb(0,0,0)将显示黑色。使用 rgb 和 hsla 颜色函数，可以设置 4 个参数，其中第 4 个参数表示颜色的不透明度，范围为 0 到 1，其中 1 表示不透明，0 表示完全透明。

可以使用十六进制数字来表示颜色(这是最常用的方法)，例如：

```
color: #ffffff;
```

要在十六进制数字的前面加#颜色符号。上面这个定义将显示白色，而#000000 将显示黑色，可以用 RGB 来描述：

```
color: #RRGGBB;
```

3.3.3 设置粗体和斜体

粗体和斜体是字体的两种特殊艺术效果，在网页中起到强调文本的作用，以加深或提醒浏览者注意文本所要传达的信息。

设置文本粗体和斜体的具体方法如下：

step 1 打开网页后，选中其中一段文本，在【属性】面板中切换至HTML选项卡，单击【粗体】按钮B，即可将选中的文本设置为粗体。

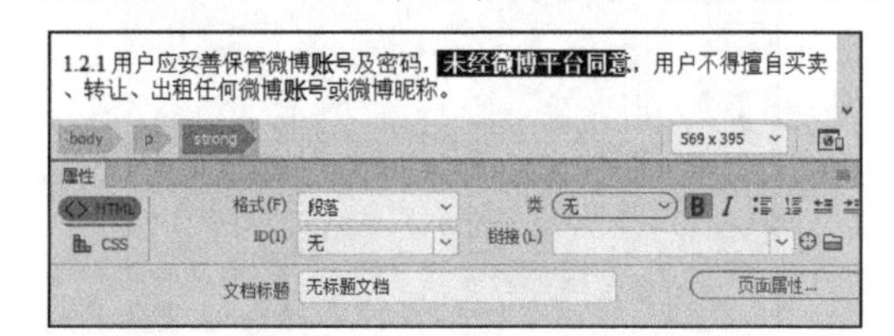

step 2 单击【属性】面板中的【斜体】按钮I，可以为选中的文本应用斜体效果。

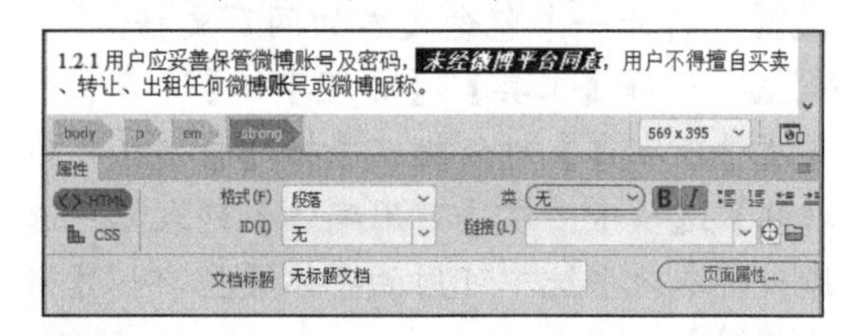

step 3 切换到代码视图，显示以下 HTML代码：

```
<p>1.2.1 用户应妥善保管微博账号及密码，<em><strong>未经微博平台同意</strong></em>，用户不得擅自买卖、转让、出租任何微博账号或微博昵称。 </p>
```

在标准用法中，不建议使用<strong>和<em>标签定义粗体和斜体样式。提倡使用CSS 样式代码进行定义。

3.2.4 设置字体大小

网页中字体的默认大小为16像素，在实际设计中，网页正文字体大小的范围一般为12像素到14像素，这个大小符合大多数浏览者的阅读习惯，并且能最大容量地显示信息。

设置网页文本大小的具体方法如下：

step 1 选中网页中需要设置字体大小的文本后，在【属性】面板中选择 CSS 选项卡，然后单击【大小】按钮，在弹出的列表中选择一个合适的选项。

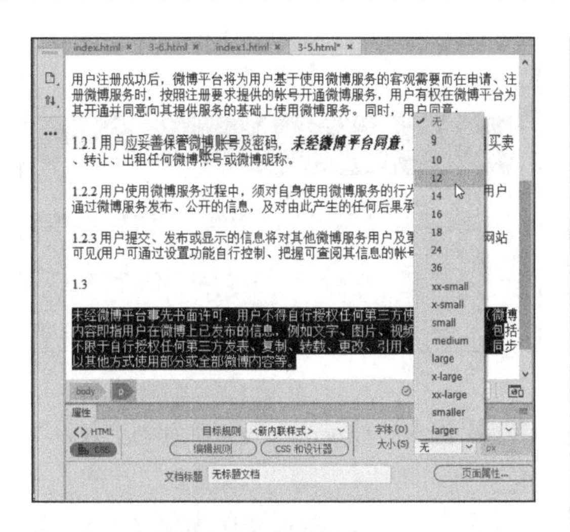

step 2　切换到代码视图，Dreamweaver 将自动生成以下代码：

```
<p style="font-size: 12px">未经微博平台事先书面许可，用户不得自行授权任何第三方使用微博内容（微博内容即指用户在微博上已发布的信息，例如文字、图片、视频、音频等），包括但不限于自行授权任何第三方发表、复制、转载、更改、引用、链接、下载、同步或以其他方式使用部分或全部微博内容等。</p>
```

step 3　保存网页，然后按下 F12 键，即可在浏览器中查看网页文本的字体大小变化。

3.4　设置文本样式

文本样式主要包括左右缩进、首行缩进、行间距、段间距、字间距、词间距等。本节将通过实例介绍常用的文本样式的设置方法。

3.4.1　设置文本换行

默认状态下，段落文本间距比较大，这会影响版面效果。使用强制换行可以避免多行文本间距过大的问题。具体操作如下：

step 1　打开网页后，网页中一段文本的效果如下图所示。

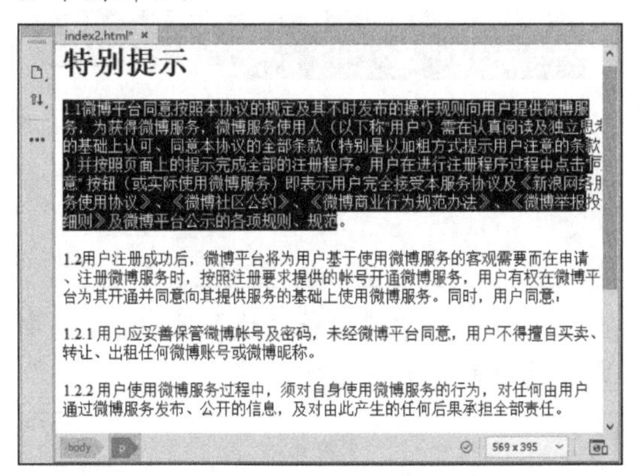

其代码如下：

```
<h1>特别提示 </h1>
<p>1.1 微博平台同意……规范。</p>
```

step 2　将鼠标光标置于文本“1.1”的结尾处，选择【插入】|HTML|【字符】|【换行符】命令，或者按下Shift+Enter组合键以换行文本。

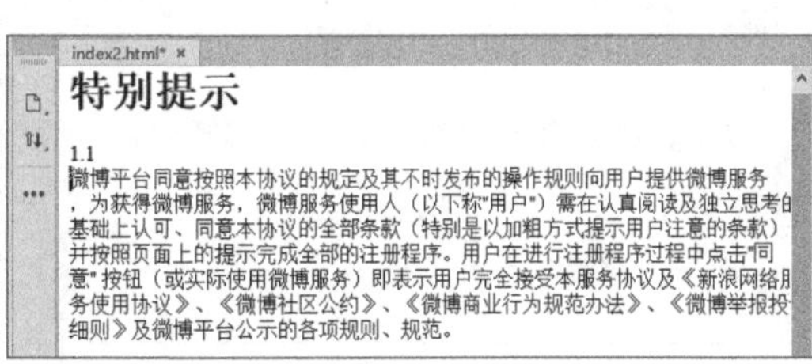

step 3　切换到代码视图，将在鼠标光标所处位置插入标签
：

```
<body>
<h1>特别提示 </h1>
<p>1.1<br>
```

在 HTML 代码中一般使用
标签来换行，这是一个非封闭类型的标签。

在执行以上操作，对段落文本执行强制换行后，上下行之间依然是一个段落，受同一段落格式的影响。如果用户希望为不同行应用不同样式，这种方式就显得不是非常妥当。同时在标准设计中不建议大量使用强制换行。

3.4.2　设置文本对齐

文本对齐包括左对齐、右对齐、居中对齐和两端对齐 4 种对齐方式。设置文本的对齐的具体方法如下：

step 1 选中网页中需要对齐的标题文本，在【属性】面板中选择 CSS 选项卡。

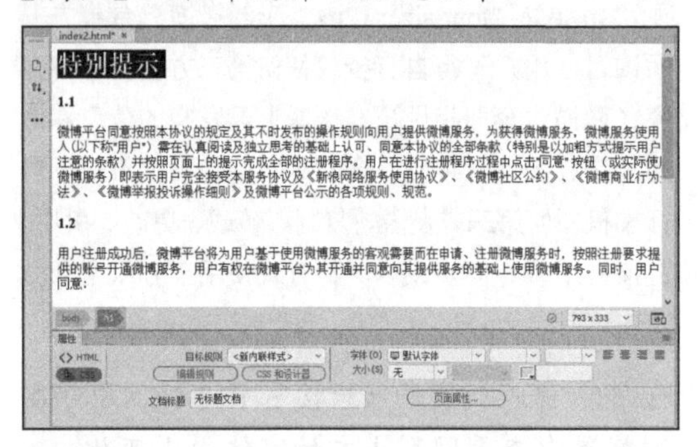

step 2 单击【居中对齐】按钮，可以将选中的标题文本居中显示。

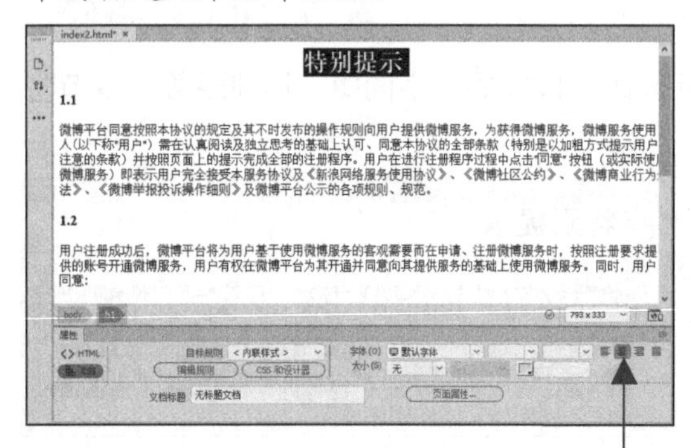

step 3 切换至代码视图，可以看到 Dreamweaver 自动生成以下代码：

```
<h1 style="text-align: center">特别提示 </h1>
```

step 4 如果在【属性】面板中单击【左对齐】按钮，Dreamweaver 将生成以下代码：

```
<h1 style="text-align: left">特别提示 </h1>
```

step 5 如果在【属性】面板中单击【右对齐】按钮，Dreamweaver 将生成以下代码：

```
<h1 style="text-align: right">特别提示 </h1>
```

step 6 选中网页中的第 1 段文本，在【属性】面板中单击【两端对齐】按钮。

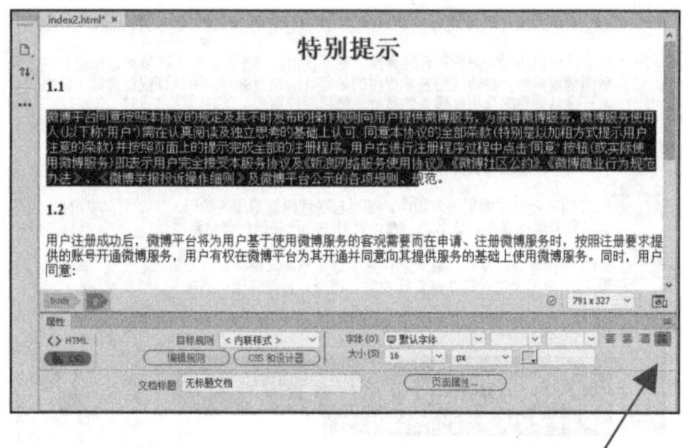

step 7 此时，Dreamweaver 将自动生成以下代码：

```
<p style="font-size: 16px; text-align: justify;">微博平台同意……规范。</p>
```

3.4.3 设置文本缩进和凸出

在设计网页时，根据页面排版的需求，可以让段落文本缩进或凸出显示。具体方法如下：

step 1 选中网页中的一段文本后，在【属性】面板中选择 HTML 选项卡。

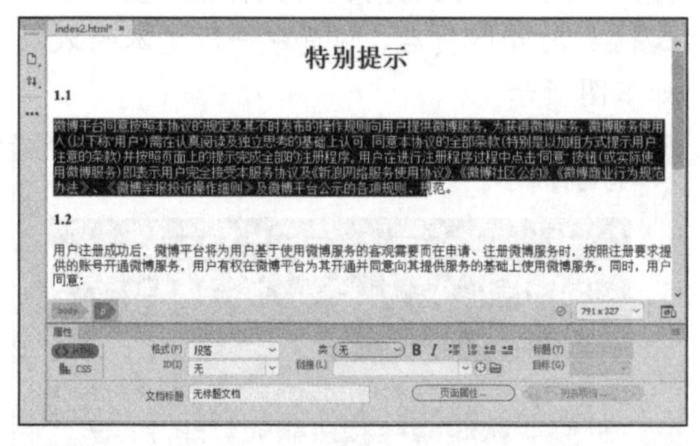

step 2 单击一次【内缩区块】按钮，选中文本的效果将如下图所示。

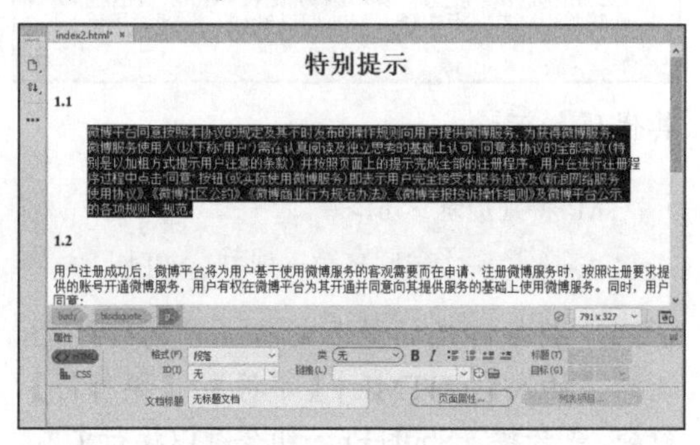

step 3　连续单击多次【内缩区块】按钮，还可以进一步设置文本的缩进效果。

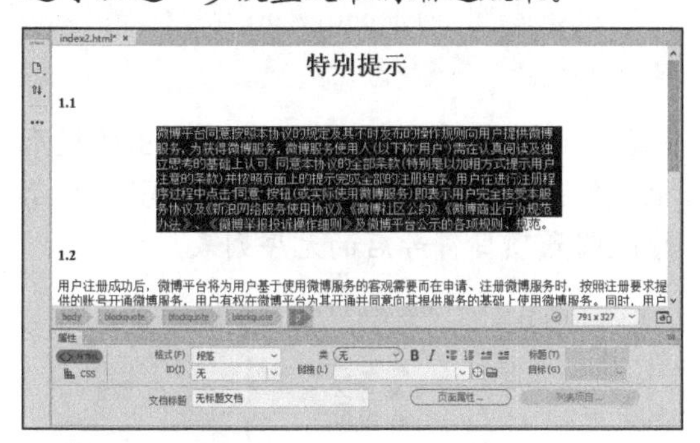

step 4　切换至代码视图，Dreamweaver 将自动生成以下代码：

```
<blockquote>
  <blockquote>
    <blockquote>
      <p style="font-size: 16px; text-align:
justify;">微博平台同意……规范。</p>
    </blockquote>
  </blockquote>
</blockquote>
```

其中，<blockquote>标签表示块状文本引用，它可以通过 cite 属性指向一个 URL，用于表明引用的出处。

```
<blockquote cite="www.baidu.com">
```

step 5　要删除在文本上设置的内缩区块，可以在选中文本后，单击【属性】面板中的【删除内缩区块】按钮。

除了上面介绍的方法，按下 Ctrl+Alt+] 组合键也可以快速缩进文本，按几下就会缩进几次。按下 Ctrl+Alt+[组合键则可以快速凸出缩进文本，也就是删除内缩区块。

3.5　设置列表样式

HTML 列表结构包括项目列表和编号列表，其中，项目列表使用项目符号来标记无序列表项，而编号列表则使用编号来标记有序列表项。除此之外，HTML 还支持定义列表。

3.5.1　设置项目列表

在项目列表中，各个项目列表之间没有顺序级别之分，即使用同一个项目符号作为每个列表项的前缀。在 HTML 中，有环形、球形和矩形 3 种类型的项目符号。

为网页文本设置项目列表的方法如下：

step 1　打开网页后，选中其中需要创建项目列表的文本，在【属性】面板中选择 HTML 选项卡，然后单击【项目列表】按钮，即可将段落文本转换为列表文本。

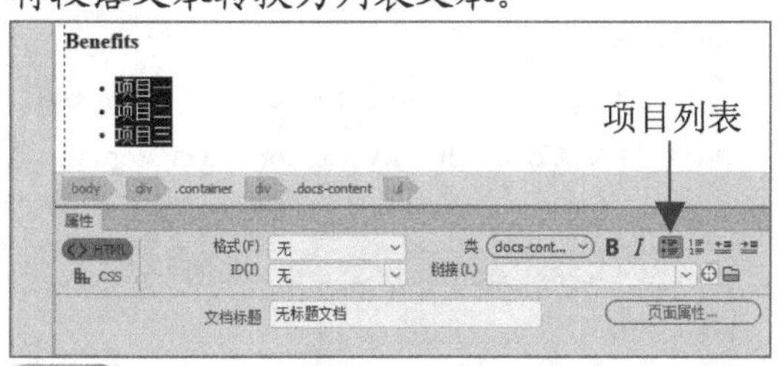

step 2　切换至代码视图，Dreamweaver 将创建以下代码：

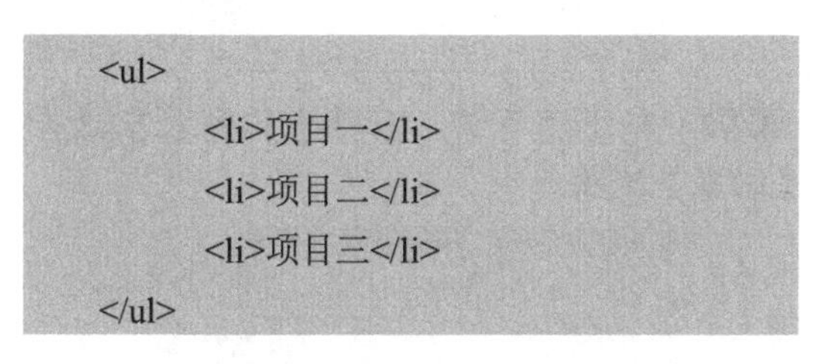

```
<ul>
    <li>项目一</li>
    <li>项目二</li>
    <li>项目三</li>
</ul>
```

其中，<ul>标签的 type 属性用来设置项目列表符号的类型，包括：

- type="circle"：表示圆形项目符号。
- type="disc"：表示球形项目符号。
- type="square"：表示矩形项目符号。

<li>标签也带有 type 属性，可以分别为每个列表项设置不同的项目符号。

除此之外，用户还可以使用制作好的图像替换项目列表前的圆点。

【例 3-7】使用图像替换项目列表前的圆点。

视频+素材 （素材文件\第 03 章\例 3-7）

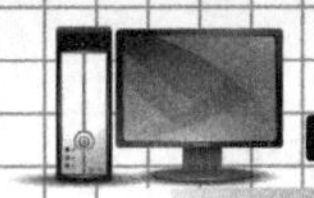

step 1 打开网页后，选中设置了项目列表的文本，切换至拆分视图。

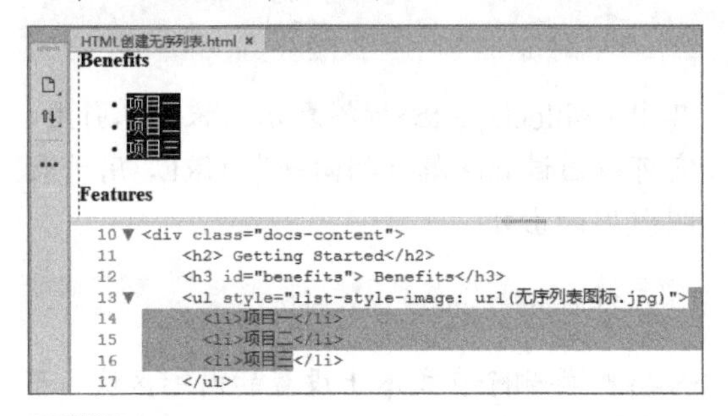

step 2 将鼠标光标插入<ul>标签中，按下空格键输入 st，按下回车键，选择 style 选项。

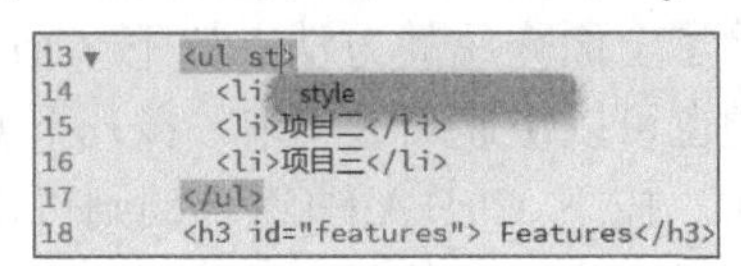

step 3 输入 li，在弹出的列表中选择 list-style-image 选项，按下回车键。

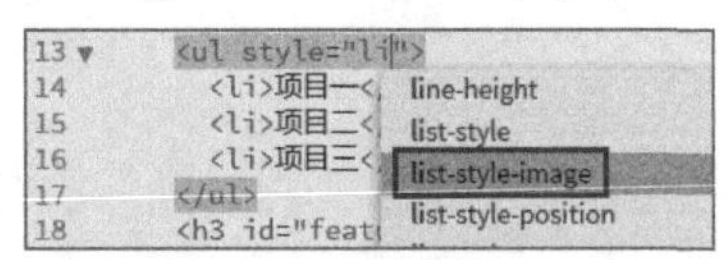

step 4 在弹出的列表中选择 url()选项。

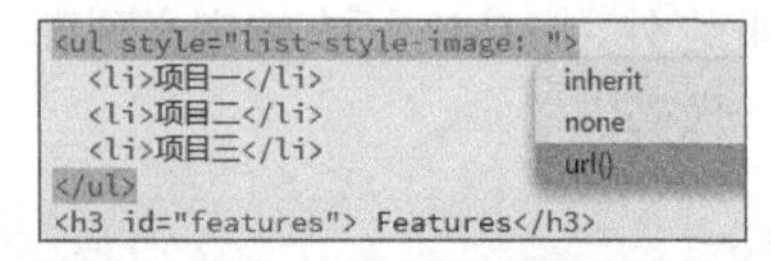

step 5 按下回车键，在弹出的列表中选择【浏览】选项。

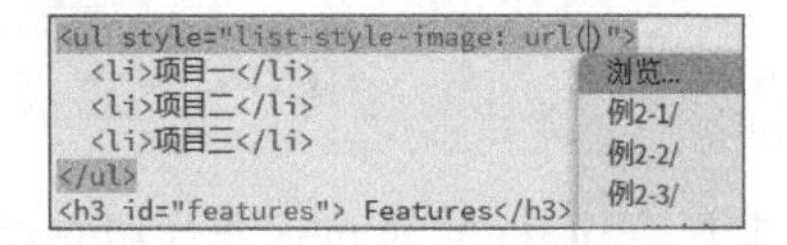

step 6 打开【选择文件】对话框，选择在本地站点中保存的一个图标文件后，单击【确定】按钮。

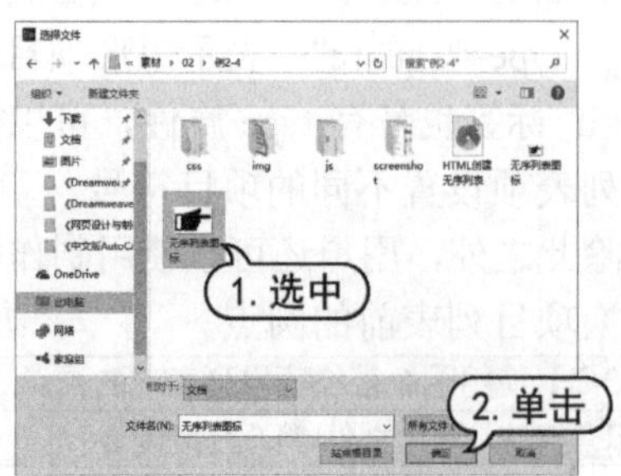

step 7 此时，将在代码视图中添加以下代码：

```
<ul style="list-style-image: url(无序列表图标.jpg)">
```

step 8 按下 F12 键预览网页，在弹出的提示框中单击【是】按钮，即可在浏览器中显示修改圆点项目符号后的无序列表。

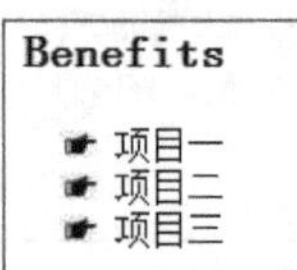

3.5.2 设置编号列表

编号列表适合设计强调位置关系的各种排序列表结构，例如排名。对于有序编号，可以指定编号类型和起始编号。

为网页文本设置编号的方法如下：

step 1 选中网页中的文本，在【属性】面板中选择 HTML 选项卡，然后单击【编号列表】按钮，即可将文本段落转换为列表文本。

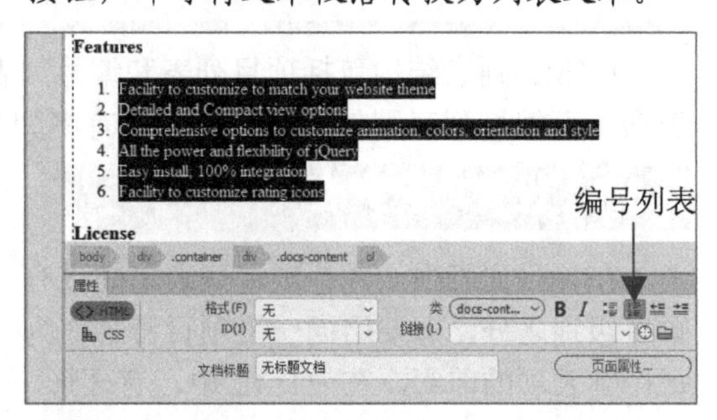

step 2 切换至代码视图，将自动添加以下代码：

```
<h3>Features</h3>
    <ol>
    <li>Facility to customize to match your website theme</li>
    <li>Detailed and Compact view options</li>
    <li>Comprehensive options to customize animation, colors, orientation and style</li>
    <li>All the power and flexibility of jQuery</li>
    <li>Easy install; 100% integration</li>
```

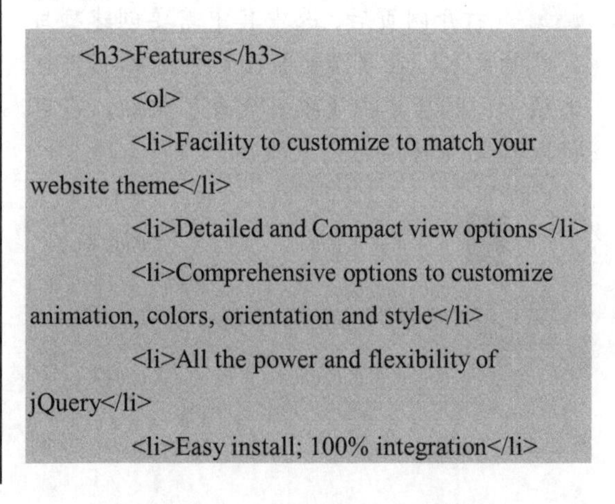

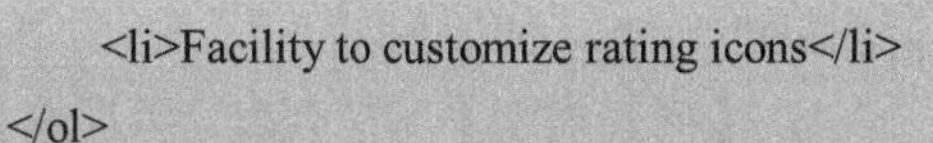

```
        <li>Facility to customize rating icons</li>
    </ol>
```

在HTML中,用<ol>标签定义编号列表，该标签包含 type 和 start 等属性,用于设置编号的类型和起始编号。设置 type 属性，可以指定数字编号的类型，主要包括：

- type="1"：表示把阿拉伯数字作为编号。
- type="A"：表示把大写字母作为编号。
- type="I"：表示把大写罗马数字作为编号。
- type="a"：表示把小写字母作为编号。
- type="i"：表示把小写罗马数字作为编号。

通过使用<ol>标签的 start 属性，可以决定编号的起始值。对于不同类型的编号，浏览器会自动计算相应的起始值。例如 start="4"，表明对于阿拉伯数字，编号从 4 开始，对于小写字母，编号从 d 开始等。默认时使用数字编号，起始值为 1，因此可以省略其中对 type 属性的设置。

<li>标签还支持 type 和 start 属性。如果为列表中的某个<li>标签设置 type 属性，则会从该<li>标签所在行开始使用新的编号类型。同样，如果为列表中的某个<li>标签设置 start 属性，将会从<li>标签所在行开始使用新的起始编号。

3.5.3　设置定义列表

在定义列表中，每个<dl>标签可以包含一个或多个<dt>和<dd>标签。每个列表项都带有一个缩进的定义字段，类似字典结构的词条解释。

在 Dreamweaver 中设置定义列表的具体方法如下：

step 1 打开网页后，选中页面中的4段文本，如果行内文本过长，可以按下 Shift+Enter 组合键，对文本强制换行。

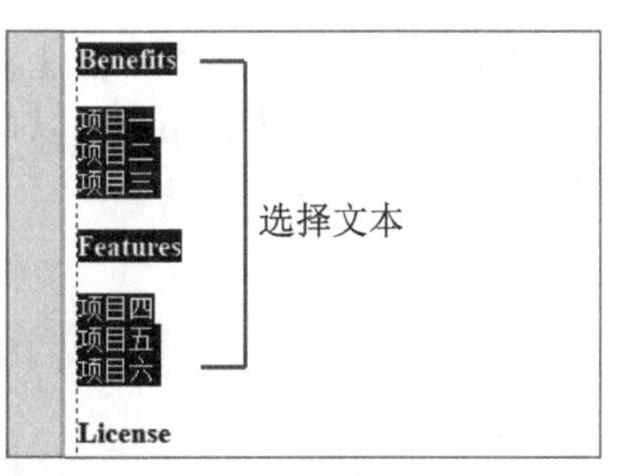

step 2 选择【编辑】|【列表】|【定义列表】命令，将段落文本转换为定义列表，效果如下图所示。

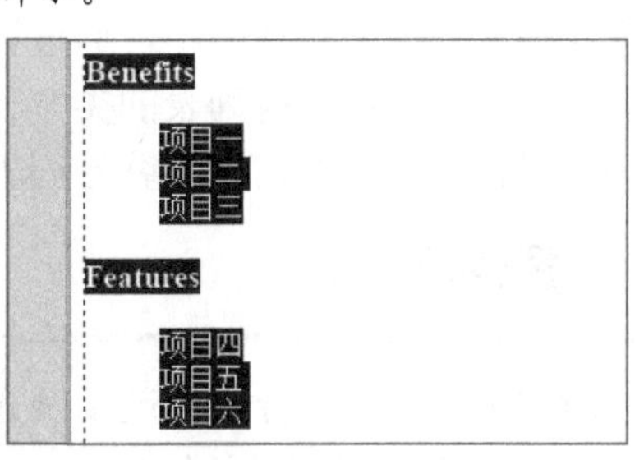

step 3 切换至代码视图，Dreamweaver 将自动把<p>标签转换为以下代码：

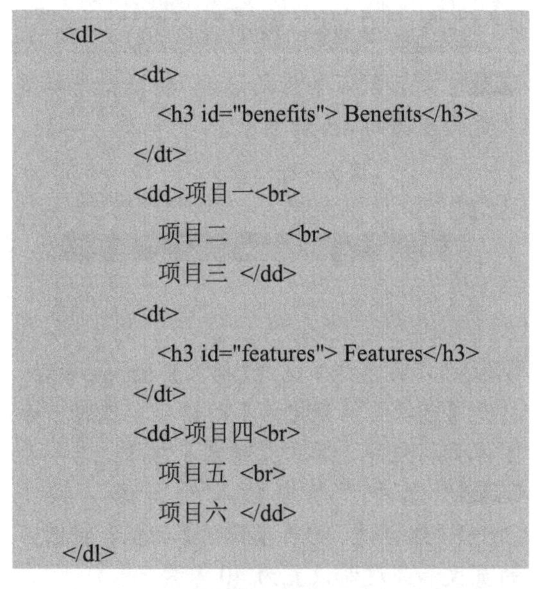

```
<dl>
        <dt>
            <h3 id="benefits"> Benefits</h3>
        </dt>
        <dd>项目一<br>
            项目二        <br>
            项目三 </dd>
        <dt>
            <h3 id="features"> Features</h3>
        </dt>
        <dd>项目四<br>
            项目五 <br>
            项目六 </dd>
</dl>
```

其中，<dl>标签表示定义列表，<dt>标签表示标题项，<dd>标签表示对应的说明项，在<dt>标签中可以嵌套多个<dd>标签。

3.5.4　设置列表属性

在网页中为文本设置列表样式后，将鼠

标光标插入列表中的任意位置，在【属性】面板中单击【列表项目】按钮，可以打开下图所示的【列表属性】对话框。

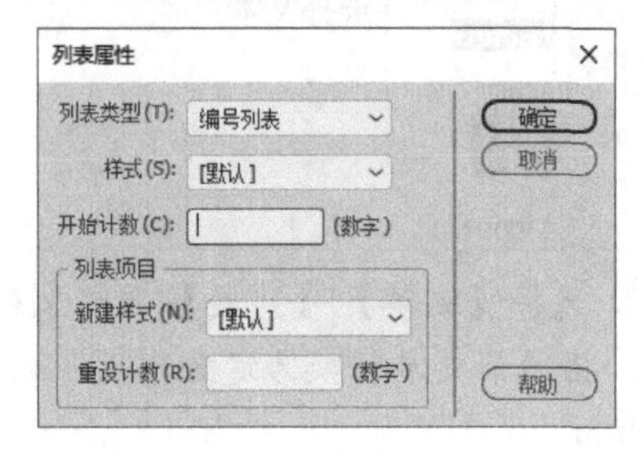

在【列表属性】对话框中，通过设置项目列表的属性，可以选择列表的类型、项目列表中项目符号的类型，以及编号列表中项目编号的类型。具体如下：

- 【列表类型】下拉列表：可以选择列表类型。
- 【样式】下拉列表：可以选择列表样式。
- 【新建样式】下拉列表：可以选择列表项的样式。
- 【开始计数】文本框：可以设置编号列表的起始编号，只对编号列表作用。
- 【重设计数】文本框：可以重新设置编号列表的编号，只对编号列表作用。

3.6 案例演练

本章的案例演练部分将通过实例介绍使用 Dreamweaver 创建并编辑网页文本的方法，用户可以通过操作巩固所学的知识。

【例 3-8】使用 Dreamweaver 制作一个包含大量文本的内容页面。
视频+素材 (素材文件\第 03 章\例 3-8)

step 1 打开网页素材文档后，将鼠标光标置于页面左侧的 div 标签中。

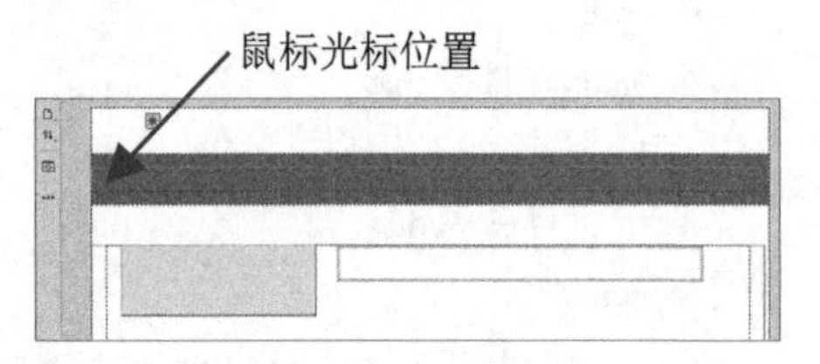

step 2 在菜单栏中选择【插入】| Image 命令，打开【选择图像源文件】对话框，选择一个图像素材文件，单击【确定】按钮。

step 3 选中页面中插入的图像，按下 Ctrl+F3 组合键，打开【属性】面板，将图片的宽度和高度都设置为 40 像素。

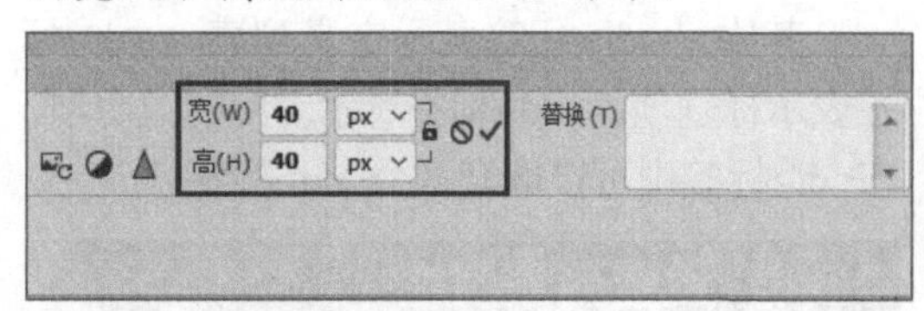

step 4 将鼠标光标置于图片后方，输入文本“DocWeb”，并在【属性】面板中设置文本的目标规则和字体属性。

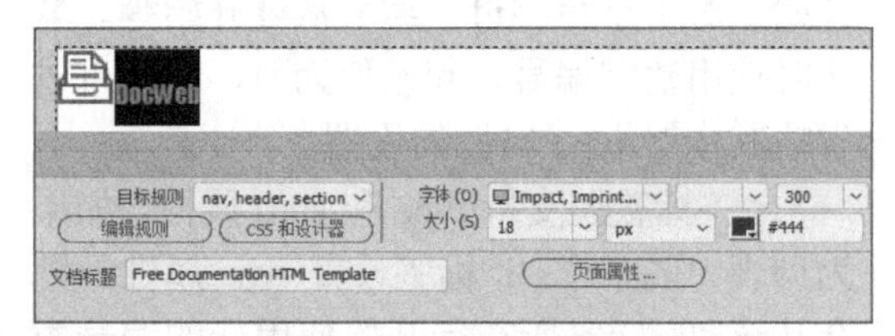

step 5 在页面下方的 div 标签中输入一段文本，然后选中输入的文本，在 HTML【属性】面板中单击【格式】下拉按钮，在弹出的列表中选择【标题 2】选项。

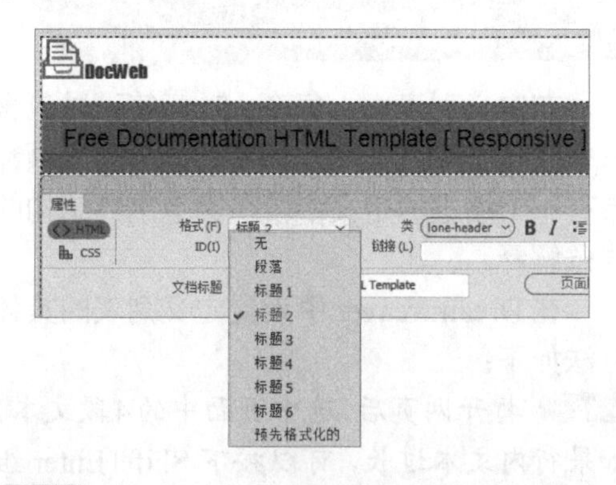

step 6 在 CSS【属性】面板中设置标题文本的字体属性，并单击【左对齐】按钮。

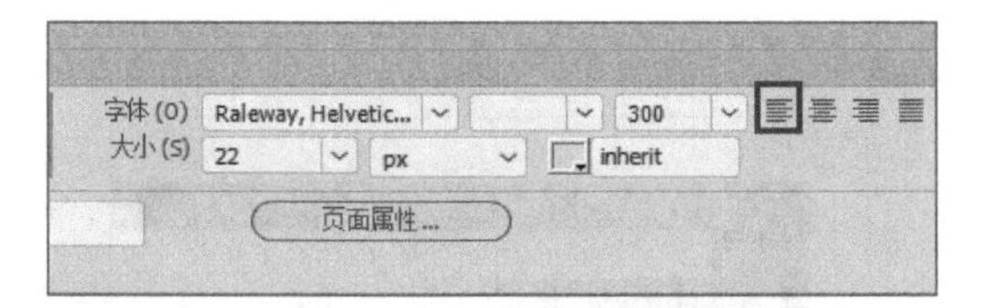

step 7　将鼠标光标插入页面下方的 div 标签中，输入准备好的网页素材文本，并选中如下图所示的标题文本。

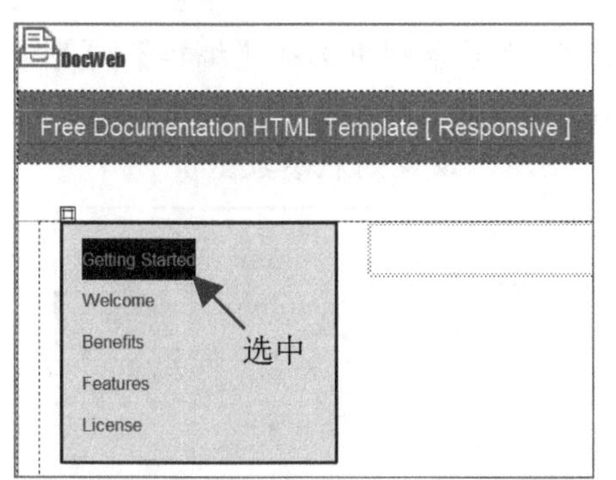

step 8　在 HTML【属性】面板中单击【粗体】按钮B，设置加粗文本，然后将鼠标光标置于页面右侧的表格中。

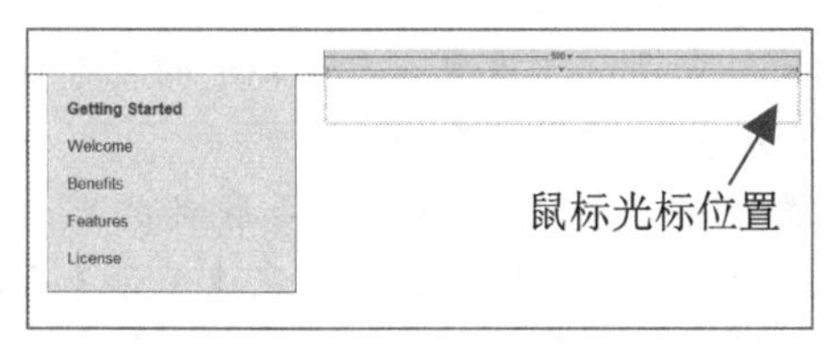

step 9　按下 Ctrl+F2 组合键，打开【插入】面板，单击【鼠标经过图像】按钮，打开【插入鼠标经过图像】对话框，分别设置【原始图像】和【鼠标经过图像】的文件地址，单击【按下时，前往的 URL】文本框后的【浏览】按钮。

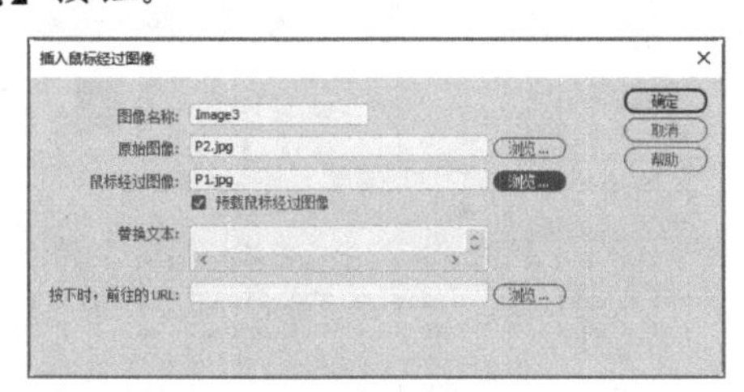

step 10　在打开的对话框中选择一个链接网页文档，单击【确定】按钮。返回【插入鼠标经过图像】对话框，单击【确定】按钮，在页面中插入如右上图所示的鼠标经过图像。

step 11　将鼠标光标置于表格的下方，输入如下图所示的网页素材文本。

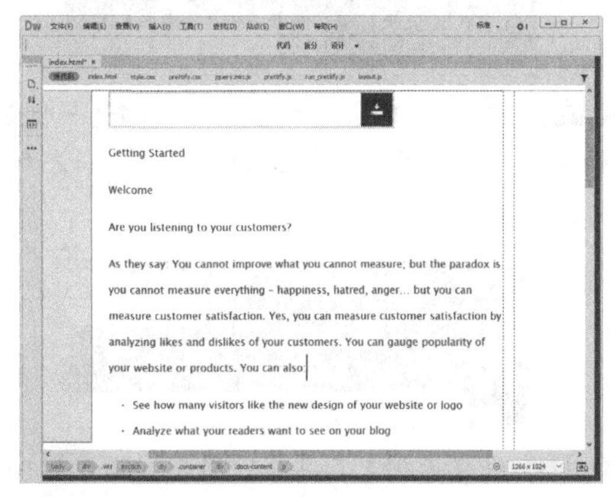

step 12　选中文档中的文本 Welcome，在 HTML【属性】面板中单击【格式】下拉按钮，在弹出的列表中选择【标题 3】选项，设置文本的标题格式。

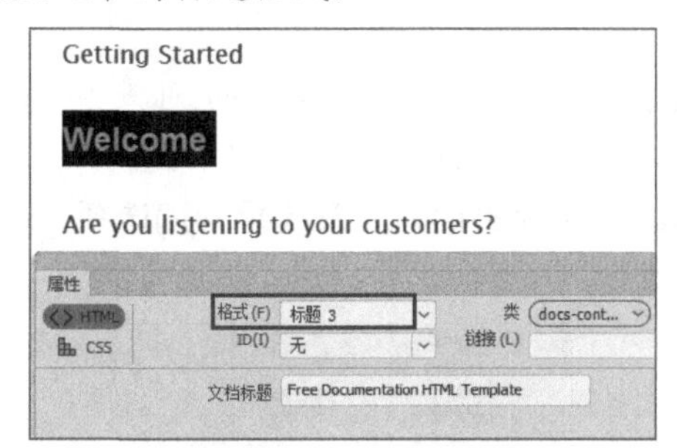

step 13　选中如下图所示的段落，在 HTML【属性】面板中单击【格式】下拉按钮，在弹出的列表中选择【预先格式化的】选项。

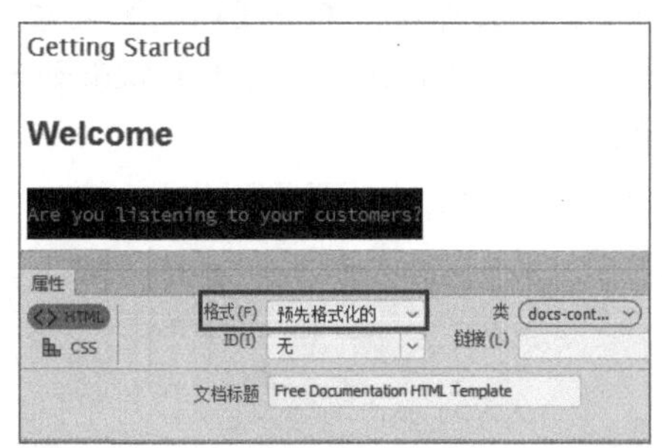

step 14　选中如下图所示的段落，在【属性】面板中单击【内缩区块】按钮，将选中的文本向右缩进。

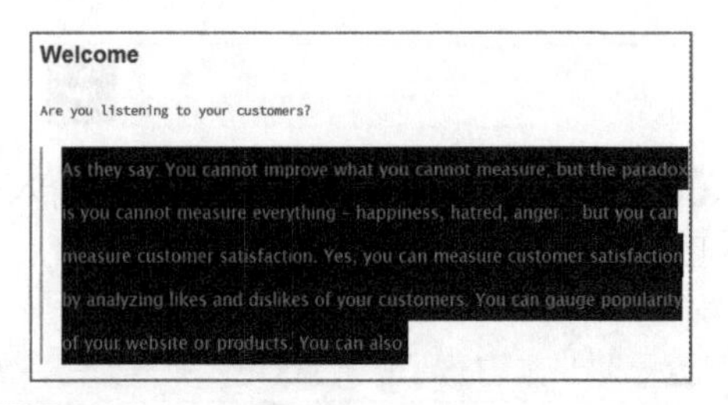

step 15 选中如下图所示的文本，单击【属性】面板中的【项目列表】按钮，为文本添加无序列表。

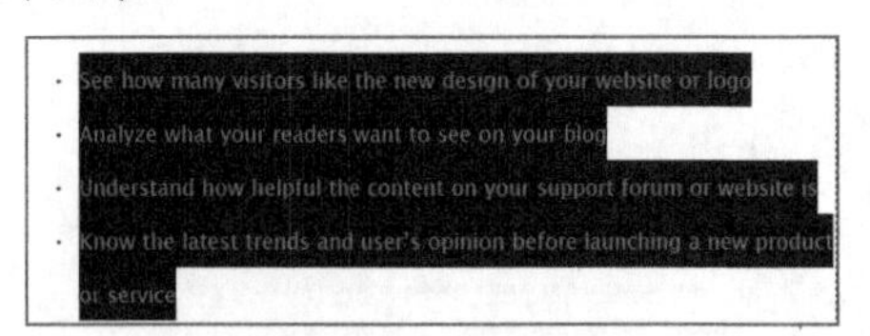

step 16 在【文档】工具栏中单击【拆分】按钮，切换至拆分视图，将鼠标光标插入<ul>标签中，按下空格键，输入 st，按下回车键。

```
<ul st>
  <li style           ors like the new
  <li>Analyze what your readers want to s
  <li>Understand how helpful the content
  <li>Know the latest trends and user's c
</ul>
```

step 17 输入 li，在弹出的列表中选择 list-style-image 选项，按下回车键。

step 18 在弹出的列表中选择 url()选项，如下图所示。

```
<ul style="list-style-image: ">
  <li>See how many visitors   inherit
  <li>Analyze what your read  none
  <li>Understand how helpful  url()
  <li>Know the latest trends and user's
</ul>
```

step 19 按下回车键，在弹出的列表中选择【浏览】选项。打开【选择文件】对话框，选择一个图标文件后，单击【确定】按钮。

step 20 此时，页面中无序列表的效果如下图所示。

- See how many visitors like t
- Analyze what your readers v
- Understand how helpful the
- Know the latest trends and

step 21 选中页面中的文本 Benefits，在【属性】面板中将文本的格式设置为【标题 3】。

step 22 选中如右上图所示的文本，选择【编辑】|【列表】|【编号列表】命令，为选中的文本设置一种有序列表。

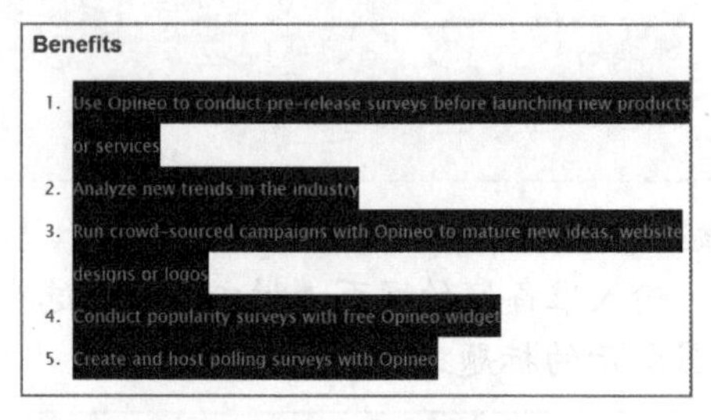

step 23 在菜单栏中选择【编辑】|【列表】|【属性】命令，打开【列表属性】对话框，参考下图所示设置列表参数。

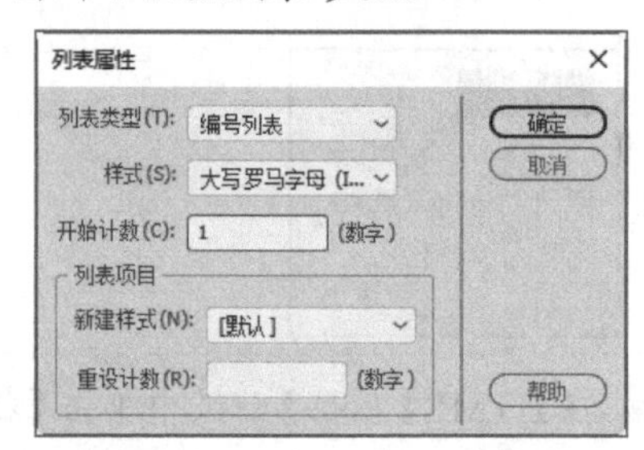

step 24 单击【确定】按钮，重新定义页面中有序列表的样式。

step 25 重复以上设置，为页面中的文本设置有序列表和标题文本格式。

step 26 将鼠标光标插入网页底部的单元格中，输入网页说明文本，并在【属性】面板中设置文本的字体属性。按下 F12 键，在打开的对话框中单击【是】按钮以保存网页，在浏览器中预览网页的效果。

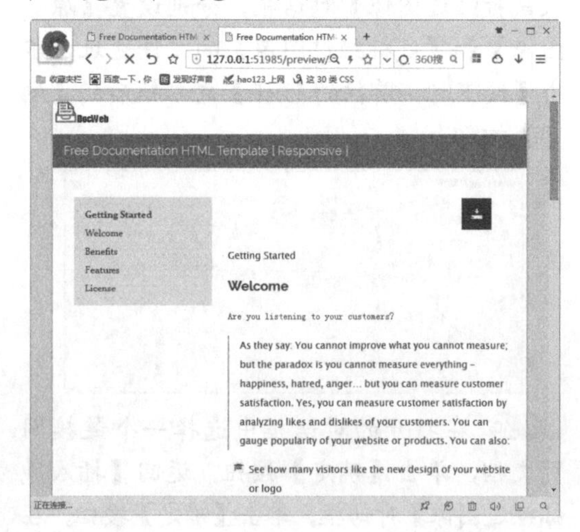

第 4 章

设计网页图像

图像与文本一样，都是网页中重要的元素。在网页中插入图像可以避免页面效果过于单调、乏味，图像不仅能表达丰富的信息，还能增强网页的浏览效果。

本章对应视频

例 4-1 设置图像替换文本
例 4-2 创建鼠标经过图像
例 4-3 制作图文混排网站首页

4.1 插入网页图像

在网页中使用<img>标签可以把外部图像插入网页中，借助<img>标签的属性可以设置图像的大小、提示文字等。使用 Dreamweaver 在网页中插入图像通常是为了添加图形界面(例如按钮)、创建具有视觉感染力的内容(例如照片、背景等)或设计交互式元素。

4.1.1 网页图像文件简介

保持较高画质的同时尽量缩小图像文件的大小是在网页中使用图像文件的基本要求。在众多的图像文件格式中符合这种条件的有 GIF、JPG/JPEG、PNG 等。

- GIF：相比 JPG 或 PNG 格式，GIF 文件虽然相对比较小，但这种格式的图片文件最多只能显示 256 种颜色。因此，很少用在照片等需要很多颜色的图像中，多用在菜单或图标等简单的图像中。
- JPG/JPEG：JPG/JPEG 格式的图片比 GIF 格式使用更多的颜色，因此适合体现照片图像。这种格式适合保存用数码相机拍摄的照片、扫描的照片或是使用多种颜色的图片。
- PNG：JPG 格式在保存时由于压缩而会损失一些图像信息，但用 PNG 格式保存的文件与原图像几乎相同。

在网页中使用图像会受到网络传输速度的限制，为了减少下载时间，页面中图像文件的大小最好不要超过 100KB。

4.1.2 在网页中插入图像

在设计视图中直接为网页插入图片是一种比较快捷的方法。用户在文档窗口中找到网页上需要插入图片的位置后，选择【插入】| Image 命令，然后在打开的【选择图像源文件】对话框中选中电脑中的图片文件，单击【确定】按钮即可。

在网页的源代码中，用于插入图片的 HTML 标签只有一个，那就是<img>。<img>标签的 src 属性是必需的，它的值是图像文件的 URL，也就是引用该图像的文档的绝对地址或相对地址。

```
<img src="file_name">
```

如果用户在 Dreamweaver 中插入一个 Photoshop 图像文件(PSD 格式的文件)，即可在网页中创建一个图像智能对象。智能对象与源文件链接紧密。无须打开 Photoshop 即可在 Dreamweaver 中更改源图像并更新图像，用户可以在 Dreamweaver 中将 Photoshop 图像文件插入网页中，然后让 Dreamweaver 将这些图像文件优化为可用于网页的图像(GIF、JPEG 或 PNG 格式)。执行此类操作时，Dreamweaver 是将图像作为智能对象插入的，并维护与原始 PSD 文件的实时链接。

4.1.3 设置网页背景图像

背景图像是网页中的另外一种图像显示方式，这种方式的图像既不影响文件输入，也不影响插入式图像的显示。在 Dreamweaver 中，用户将鼠标指针插入网页文档中，然后单击【属性】面板中的【页面属性】按钮，即可打开【页面属性】对话框，可以在其中设置当前网页的背景图像，具体方法如下。

step 1 按下 Ctrl+Shift+N 组合键，快速创建一个网页文档后，在【属性】面板中单击【页面属性】按钮。

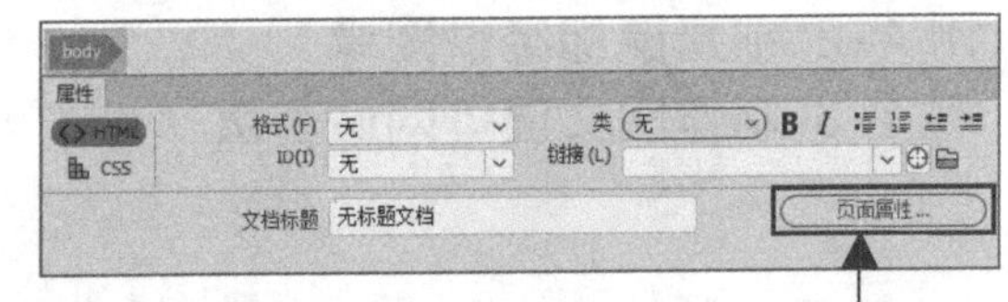

页面属性

step 2 在打开的【页面属性】对话框的【分类】列表框中选中【外观（CSS）】选项，然后单击对话框右侧【外观（CSS）】选项区域中的【浏览】按钮。

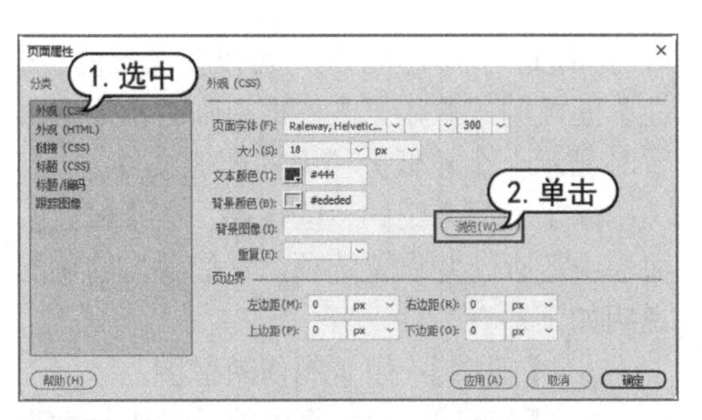

step 3 打开【选择图像源文件】对话框，选中一个图像文件，单击【确定】按钮。

step 4 返回【页面属性】对话框，依次单击【应用】和【确定】按钮，即可为网页设置背景图像。

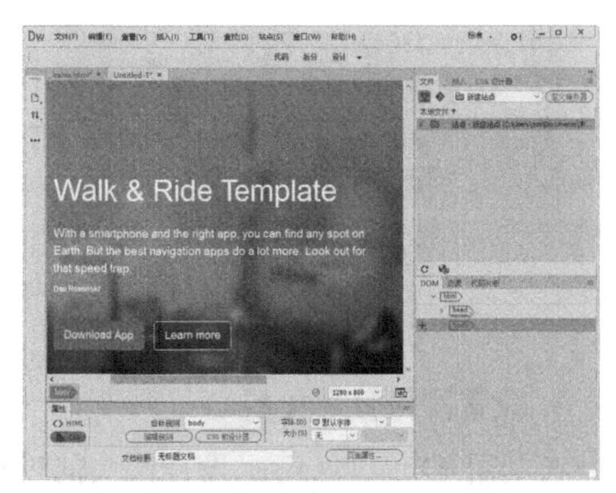

在【页面属性】对话框的【外观(CSS)】选项区域中，用户可以通过【重复】下拉列表中的选项来设置背景图像在页面中的重复显示参数，包括 repeat、repeat-X、repeat-Y 和 no-repeat 四个选项，分别对应重复显示、横向重复、纵向重复和不重复显示。

4.2 设置网页图像的属性

在 Dreamweaver 中选中不同的网页元素后，【属性】面板将显示相应的属性参数。如果选中图片，【属性】面板将显示如下图所示的设置界面，用于设置图像的属性。

4.2.1 使用图像的【属性】面板

使用 Dreamweaver 在网页文档中插入图像后，可以在图像的【属性】面板中设置图像的大小、源文件等参数。掌握图像的【属性】面板中的各项设置功能，有利于制作出更精美的网页。

1. 设置图像名称

在 Dreamweaver 中选中网页中的图像后，在打开的【属性】面板的 ID 文本框中，用户可以对网页中插入的图像进行命名操作。

在网页中插入图像时可以不设置图像名称，但在图像中应用动态 HTML 效果或利用脚本时，应输入英文来表示图像，不可以使用特殊字符，并且在输入的内容中不能有空格。

2. 设置图像大小

在 Dreamweaver 中调整图像大小有两种方法：

- 选中网页文档中的图像，打开【属性】面板，在【宽】和【高】文本框中分别输入图像的宽度和高度，单位为像素。
- 选中网页中的图像后，在图像周围会显示 3 个控制柄，调整不同的控制柄即可分别在“水平”“垂直”“水平和垂直” 3 个方向调整图像大小，如下图所示。

3. 设置图像替换文本

在利用 Dreamweaver 设计网页的过程中，若用户需要替换网页中的某个图像，可以参考以下实例中介绍的方法。

【例 4-1】使用 Dreamweaver 在网页中设置图像替换文本。
视频+素材 (素材文件\第 04 章\例 4-1)

step 1 选中网页中插入的图像文件，按下 Ctrl+F3 组合键。

step 2 显示图像的【属性】面板，在【替换】下拉列表中输入替换图像用的文本内容即可。

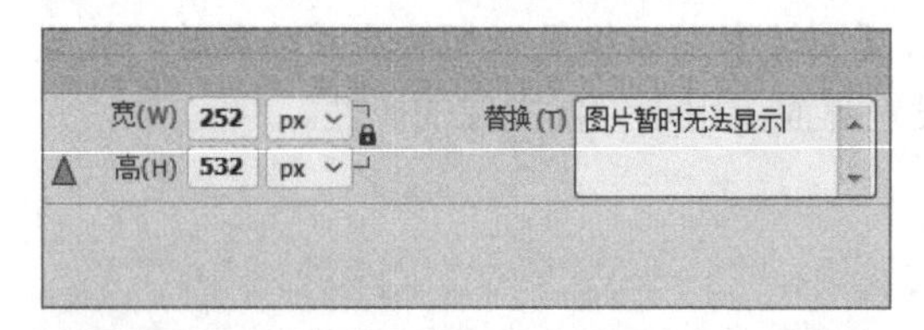

step 3 按下 F12 键，在浏览器中显示网页，当图片无法显示时，即可显示图像的替换文本。

4. 更改图像源文件

在图像的【属性】面板的 Src 文本框中显示了网页中被选中图像的文件路径，若用户需要使用其他图像替换页面中选中的图像，可以单击 Src 文本框后的【浏览文件】按钮，选择新的图像源文件。

5. 设置图像链接

在图像的【属性】面板的【链接】文本框中，用户可以设置单击图像后显示的链接文件路径。用户为一个图像设置超链接后，可以在【目标】下拉列表中指定链接文档在浏览器中的显示位置。

6. 设置原始显示图像

当网页中的图像太大时，需要很长的读取时间。这种情况下，用户可以在图像的【属性】面板的【原始】文本框中临时指定网页暂时显示一个较低分辨率的图像文件。

除了上面介绍的一些设置，在【属性】面板中还有一些设置选项，它们各自的功能说明如下：

- 【地图】：用于制作映射图；
- 【编辑】：对网页中的图像进行大小调整或执行设置亮度/对比度等简单的编辑操作；
- 【类】：用于将用户定义的类形式应用在网页图像中。

4.2.2 HTML 图像的属性代码

可以设置的图像属性很多，包括图像的大小、边框和排列方式等。

1. 宽度和高度

height 和 width 属性用于指定图像的尺寸。这两个属性都要求值是整数，并以像素为单位。以下代码插入 pic.jpg 图片，设置宽度为 180 像素、高度为 180 像素：

```
<img src="pic.jpg" width="180" height="180">
```

2. 替换文字

alt 属性指定替代文本，用于在图像无法显示时，或者用户禁用图像显示时，代替图像显示在浏览器中。另外，当用户将鼠标光标移动到图像上时，最新的浏览器会在一个文本框中显示描述性文本。例如，下面所示的代码插入 pic.jpg 图片，使用文本“网站技术支持”作为提示信息：

```
<img src="pic.jpg" alt="网站技术支持">
```

3. 边框

在<img>标签中使用 border 属性和一个用像素标识的宽度值，就可以去掉或加宽图像的边框。例如，下面的代码插入 pic.jpg 图片，并设置宽度为 1 像素的边框：

```
<img src="pic.jpg" border="1">
```

4. 对齐

在<img>标签中可以通过 align 属性来控制带有文字包围的图像的对齐方式。例如，下面的代码插入 pic.jpg 图片，然后将插入的这张图片的对齐方式设置为左对齐：

```
<img src="pic.jpg" align="left">
```

align属性的具体属性值及说明如下表所示。

align 属性值	说　明
top	文字的中间线在图片上方
middle	文字的中间线在图片中间
bottom	文字的中间线在图片底部
left	图片在文字的左侧
right	图片在文字的右侧
absbottom	文字的底线在图片底部
absmiddle	文字的底线在图片中间
baseline	英文文字基准线对齐
texttop	英文文字上边线对齐

5. 垂直边距和水平边距

在<img>标签中通过设置 hspace 属性，可以以像素为单位指定图像左边和右边的文字与图像的间距；而 vspace 属性则是上面和下面的文字与图像之间距离的像素数。例如，以下代码插入 pic.jpg 图片，然后为插入的图片设置水平间距和垂直间距，值为 10 像素，设置对齐方式为左对齐。

```
<img src="pic.jpg"  hspace="10" vspace="10" align="left">
```

4.3　处理网页图像效果

Dreamweaver 虽然不是用于处理图像的软件，但使用该软件在网页中插入图像时，用户也可以使用系统自带的图像编辑功能，对图像的效果进行简单编辑。

在 Dreamweaver 文档窗口中选中页面中的某个图像后，【属性】面板中将显示下图所示的【编辑】选项区域，利用该选项区域中的各种按钮，可以对图像进行以下处理操作。

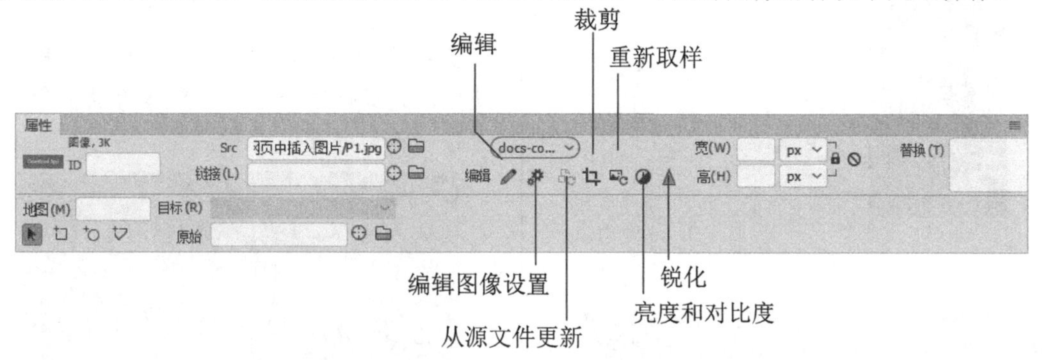

【属性】面板中的图像【编辑】选项区域

4.3.1　使用外部图像编辑软件

选中网页中的图片后，单击【属性】面板中的【编辑】按钮，可以打开在【首选项】对话框中设置使用的外部图像编辑软件(例如 Photoshop)。

在【首选项】对话框中，设置外部图像编辑软件的具体操作方法如下：

step 1　选择【编辑】|【首选项】命令，打开【首选项】对话框，在【分类】列表框中选择【文件类型/编辑器】选项。在【编辑器】列表框的上方单击【+】按钮。

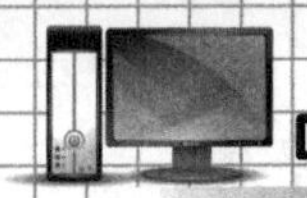

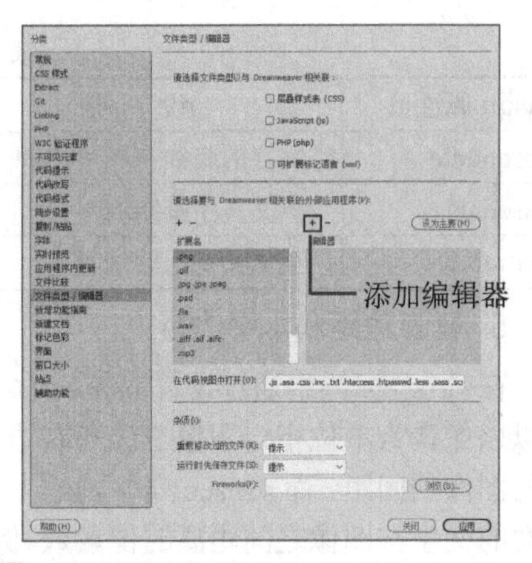

step 2 打开【选择外部编辑器】对话框，选择 Photoshop 软件的启动文件，单击【打开】按钮。

step 3 返回【首选项】对话框，依次单击【应用】和【关闭】按钮即可。

4.3.2 编辑图像设置

在【属性】面板中单击【编辑图形设置】按钮，在打开的【图像优化】对话框中，用户可以优化图像效果。

4.3.3 从源文件更新图像

当 Photoshop 中的图像源文件发生变动时，在 Dreamweaver 中可以通过使用【从源文件更新】按钮，设置同步更新图像。

step 1 启动 Photoshop，使用素材文件制作一个包含图片的网页。

step 2 将使用 Photoshop 制作的图片文件保存，在 Dreamweaver 中选择【插入】| Image 命令，打开【选择图像源文件】对话框，选中保存的 PSD 文件。

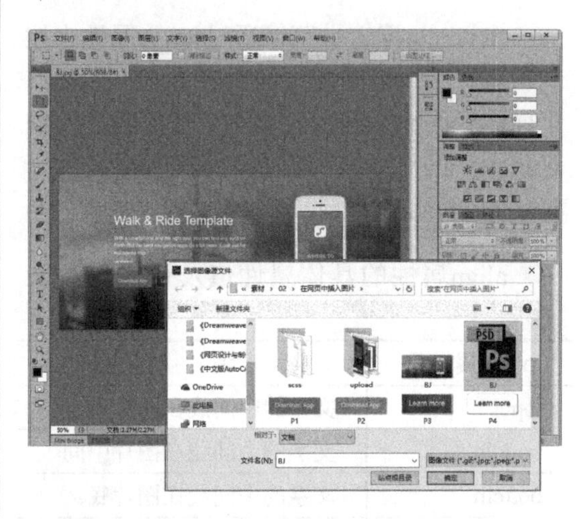

step 3 单击【确定】按钮，在打开的【图像优化】对话框中设置图像在网页中的显示优化参数，单击【确定】按钮，将 PSD 图片文件插入网页中。

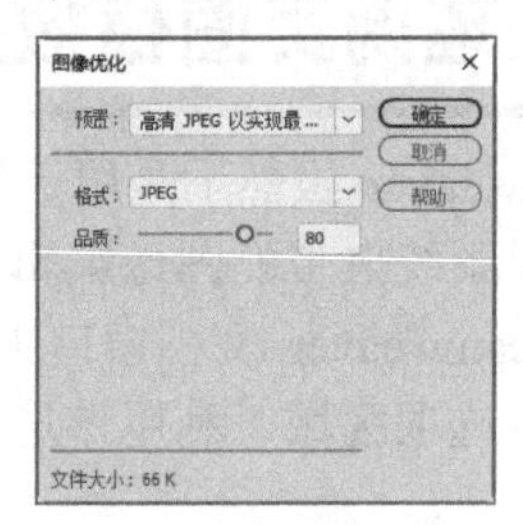

step 4 在 Photoshop 中对图片文件做进一步处理，完成后选择【文件】|【存储】命令，保存制作好的图片素材。

step 5 返回 Dreamweaver，选中页面中的图片，按下 Ctrl+F3 组合键，显示【属性】面板，单击【从源文件更新】按钮即可同步更新图像。

4.3.4　裁剪图像

在 Dreamweaver 中，选中在网页文档中插入的图像后，在【属性】面板中单击【裁剪】按钮，用户可以通过图片四周的控制柄裁剪图片。

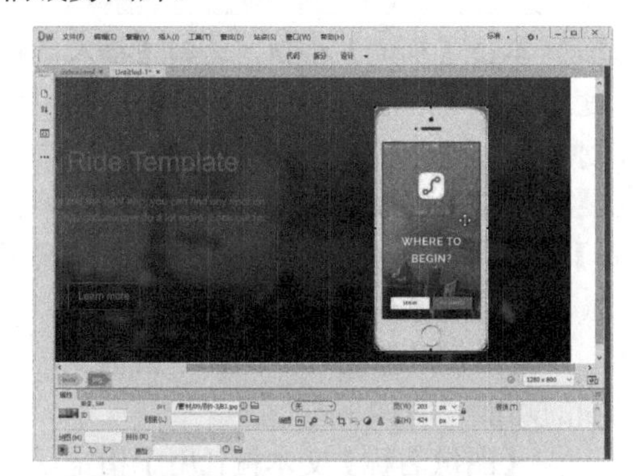

上图所示的图像裁剪效果如下。

4.3.5　设置图像的亮度和对比度

单击【属性】面板中的【亮度和对比度】按钮，在打开的【亮度/对比度】对话框中，可以设置图像的亮度和对比度参数。

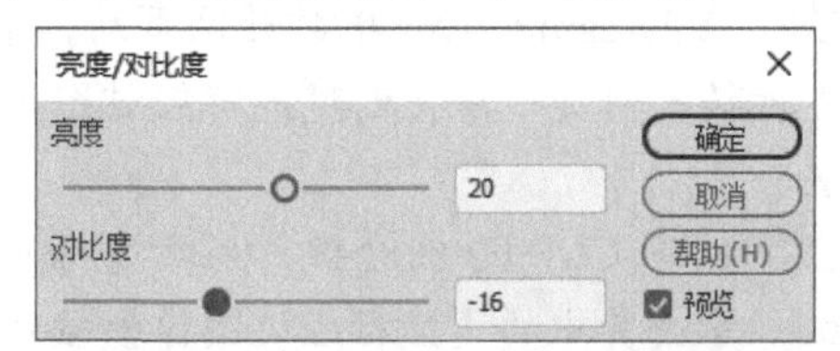

4.3.6　设置锐化图像

单击【属性】面板中的【锐化】按钮，可以在打开的对话框中设置图像的锐化参数，使图片的效果更加鲜明。

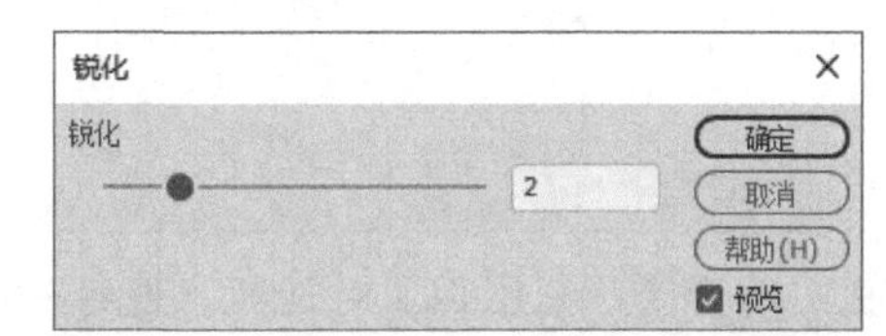

4.3.7　重新取样图片

网页中的图像被修改后，单击【属性】面板中的【重新取样】按钮，重新取样图像信息。

4.4　制作鼠标经过图像

你在浏览网页时会经常看到，当把鼠标光标移到某个图像上方后，原始图像变换为另一个图像，例如下图所示，而当鼠标光标离开后，又返回原始图像。根据鼠标移动来切换图像的这种效果称为鼠标经过图像效果，而应用这种效果的图像称为鼠标经过图像。在很多网页中为了进一步强调菜单或图像，经常使用鼠标经过图像效果。

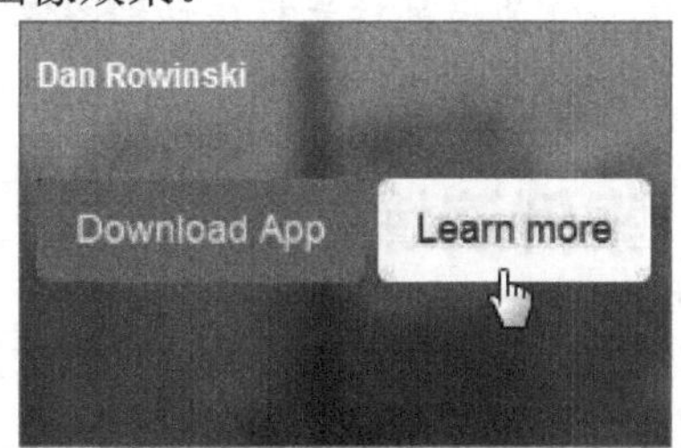

下面将通过实例操作，介绍在网页中创建鼠标经过图像的具体方法。

【例 4-2】使用 Dreamweaver 在网页中创建上图所示的鼠标经过图像。

视频+素材 (素材文件\第 04 章\例 4-2)

step 1 在 Dreamweaver 中打开网页后，将鼠标光标插入网页中需要创建鼠标经过图像的位置。

step 2 按下 Ctrl+F2 组合键，显示【插入】面板，单击其中的【鼠标经过图像】按钮。

step 3 打开【插入鼠标经过图像】对话框，单击【原始图像】文本框后的【浏览】按钮。

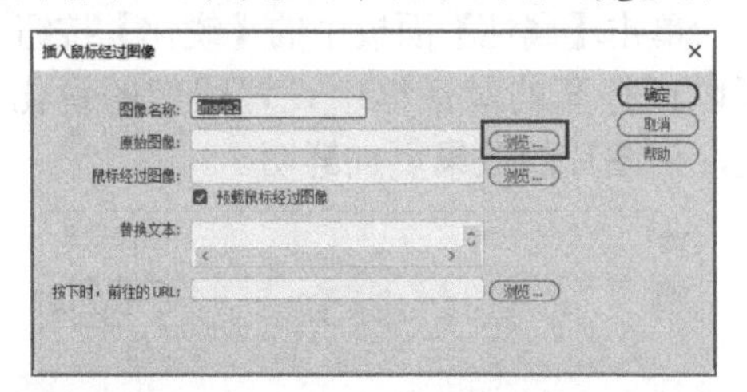

step 4 打开【原始图像】对话框，选择一张图像作为网页打开时显示的基本图像。

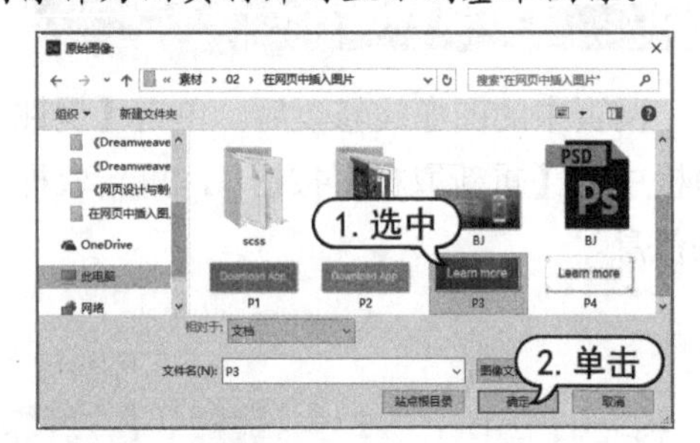

step 5 单击【确定】按钮，返回【插入鼠标经过图像】对话框，单击【鼠标经过图像】文本框后的【浏览】按钮。

step 6 打开【鼠标经过图像】对话框，选择一张图像，作为当鼠标光标移动到图像上方时显示的替换图像。

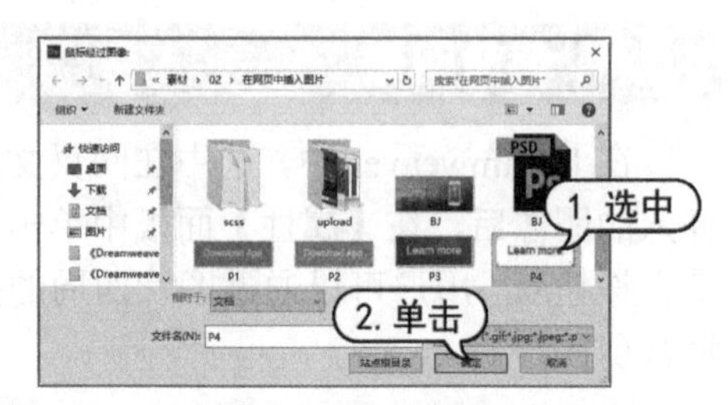

step 7 单击【确定】按钮，返回【插入鼠标经过图像】对话框，单击【确定】按钮，即可创建鼠标经过图像。

step 8 按下 F12 键，在打开的提示框中单击【是】按钮，保存并预览网页，即可查看网页中鼠标经过图像的效果。

在【插入鼠标经过图像】对话框中，各选项的功能说明如下：

- 【图像名称】文本框：用于指定鼠标经过图像的名称，在不是由 JavaScript 控制图像的情况下，可以使用软件自动赋予的默认图像名称。
- 【原始图像】文本框：用于指定网页中显示的基本图像。
- 【鼠标经过图像】文本框：用于指定在把鼠标光标移动到图像的上方时显示的轮换图像。
- 【替换文本】文本框：用于指定在把鼠标光标移动到图像上时显示的文本。
- 【按下时，前往的 URL】文本框：用于指定单击轮换图像时移动到的网页地址或文件名称。

网页中的鼠标经过图像实质是通过 JavaScript 脚本完成的，在<head>标签中添加的代码由 Dreamweaver 软件自动生成，分别定义了 MM_swapimgRestore()、MM_swapimage()和 MM_preloadimages()三个函数。

4.5 案例演练

本章的案例演练部分将通过实例介绍使用 Dreamweaver 制作图文混排网页的方法，用户可以通过操作巩固所学的知识。

【例 4-3】使用 Dreamweaver 制作图文混排的网站首页。

视频+素材 (素材文件\第 04 章\例 4-3)

step 1 打开本章素材文件提供的网页模板后，在页面顶部输入准备好的文本。

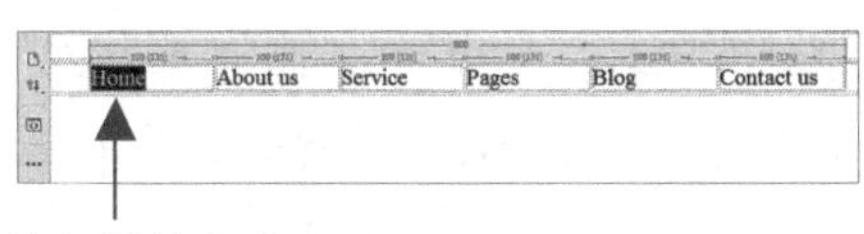

step 2 按下 Ctrl+F3 组合键，显示【属性】面板，单击 CSS 按钮，切换到 CSS【属性】面板，单击【字体】下拉按钮，在弹出的列表中选择【管理字体】选项。

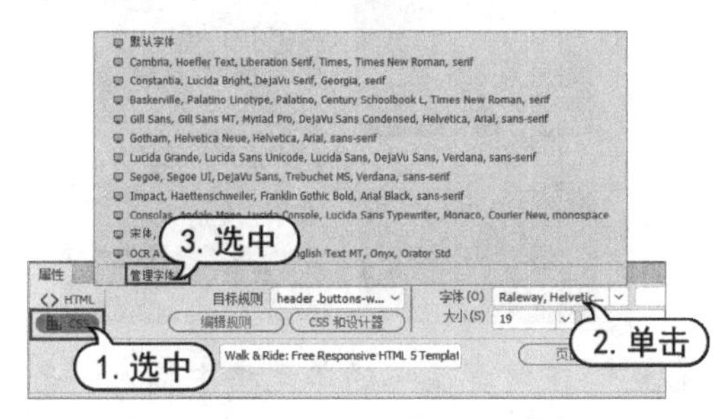

step 3 打开【管理字体】对话框，选择【自定义字体堆栈】选项卡，在【可用字体】列表框中选择 Impact 和 Informal Roman 字体后，单击<<按钮，将其移动至【选择的字体】列表框中。

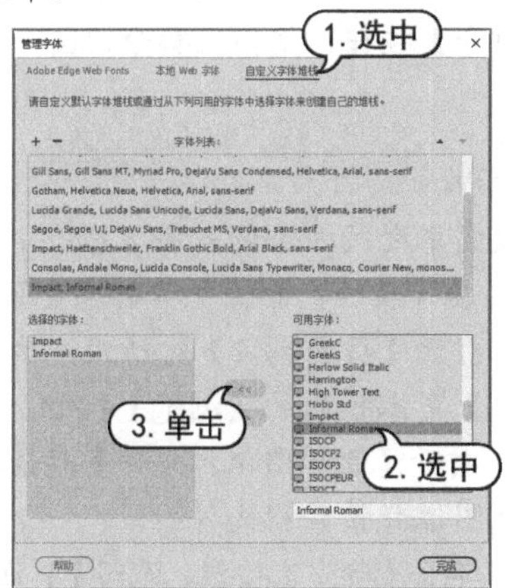

step 4 单击【完成】按钮，创建一个自定义的字体堆栈。在网页中选中步骤 1 输入的文本，单击【属性】面板中的【字体】下拉按钮，为文本应用自定义的字体堆栈，在【大小】文本框中输入 24，单击【文本颜色】按钮。

step 5 打开【颜色选择器】对话框，选择一种颜色作为文本颜色。

step 6 完成导航文本的输入后，将鼠标光标插入右上图所示的位置。

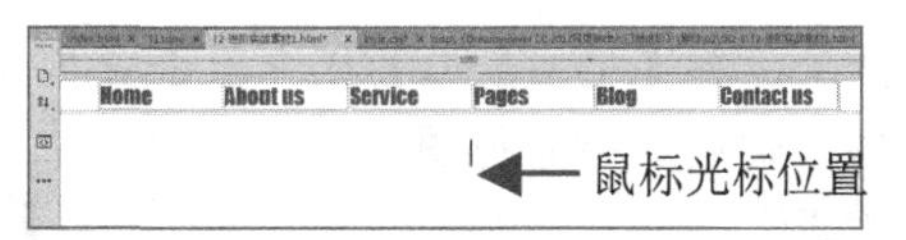

step 7 在菜单栏中选择【插入】| Image 命令，打开【选择图像源文件】对话框，选中一个提前制作好的 PSD 图像素材文件。

step 8 单击【确定】按钮，在打开的【图像优化】对话框中保持默认设置，单击【确定】按钮。

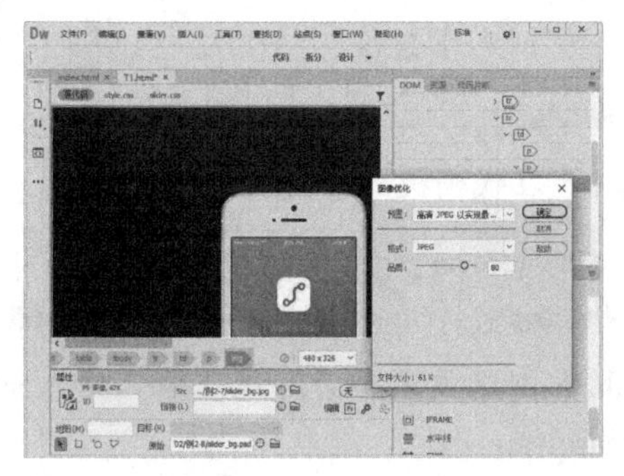

step 9 打开【保存 Web 图像】对话框，将 PDS 素材图像保存至本地站点文件夹中，单击【保存】按钮。

step 10 将鼠标光标插入网页中的 div 标签中，输入一段文本，然后选中该文本，在【属性】面板中单击【目标规则】下拉按钮，在弹出的下拉列表中选择.main_text h2 规则。

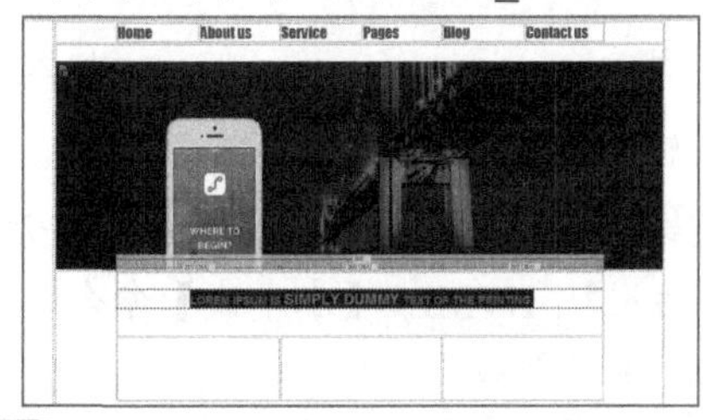

step 11 将鼠标光标置于步骤 10 中输入文本的结尾处，按下回车键，在菜单栏中选择【插入】| HTML |【水平线】命令，插入一条水平线。

step 12 在【属性】面板中将水平线的【宽】设置为 100%。

step 13 将鼠标光标置于页面中水平线的下方，输入一段文本，并在【属性】面板中设置文本的字体格式。

step 14 将鼠标光标插入步骤 13 中输入文本

的开头，在【文档】工具栏中单击【拆分】按钮，切换至拆分视图。

段落头部

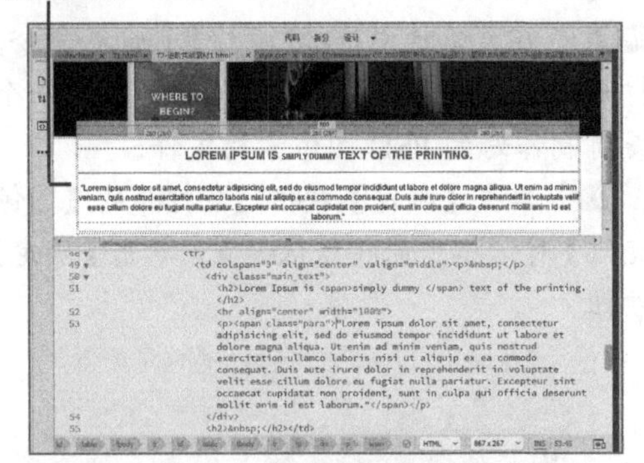

step 15 在代码视图中输入以下代码：

```
<marquee height="100" width="800"
scrollamount="1" direction="up" align="absmiddle">
```

step 16 在这段文字的结尾处输入结束标签</marquee>。

声明滚动文本

```
<marquee height="100" width="800"
scrollamount="1" direction="up"
align="absmiddle">
"Lorem ipsum dolor sit amet, consectetur
adipisicing elit, sed do eiusmod tempor
incididunt ut labore et dolore magna aliqua.
Ut enim ad minim veniam, quis nostrud
exercitation ullamco laboris nisi ut aliquip
ex ea commodo consequat. Duis aute irure
dolor in reprehenderit in voluptate velit
esse cillum dolore eu fugiat nulla pariatur.
Excepteur sint occaecat cupidatat non
proident, sunt in culpa qui officia deserunt
mollit anim id est laborum."
</marquee>
```

输入结束标签

step 17 将鼠标光标置于滚动文本的下方，选择【插入】| HTML |【水平线】命令，再次插入一条水平线。

step 18 将鼠标光标分别置于页面底部的3个单元格中，选择【插入】| Image 命令，在单元格中插入3个图像素材文件。

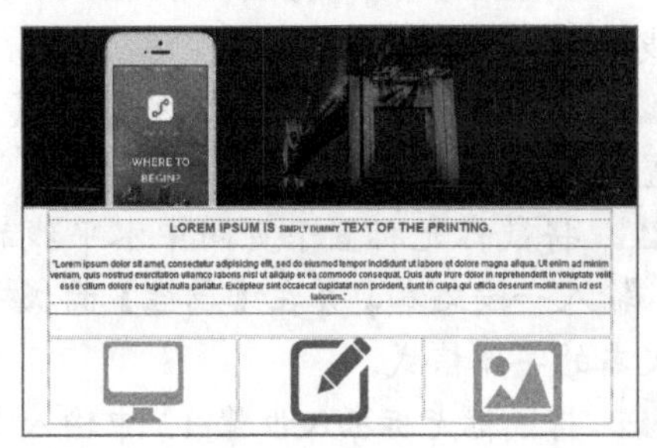

step 19 将鼠标光标置于页面底部的单元格中，选择【插入】| Image 命令，在其中插入一个图像素材文件，在【属性】面板中将图像的宽度设置为375像素，将高度设置为210像素。

step 20 使用同样的方法，在页面中插入另外一张图片，并在图片下方的单元格中输入下图所示的文本。

step 21 在网页底部的单元格中插入一条水平线，并输入下图所示的文本。

Copyright 2012-2027 More Templates 进阶实战 | Collect from 网页模板

step 22 将鼠标光标插入文本 Copyright 与文本 2012-2027 之间，在【文档】工具栏中单击【拆分】按钮，切换至拆分视图，输入以下代码：

```
&copy;
```

在两段文本之间添加版权符号©。

step 23 在【属性】面板中单击【页面属性】按钮，打开【页面属性】对话框，单击【背景图像】文本框后的【浏览】按钮。

step 24 打开【选择图像源文件】对话框，选择一个图像背景素材文件。

step 25 单击【确定】按钮，返回【页面属性】对话框，依次单击【应用】和【确定】按钮，为网页设置背景图片。

step 26 按下 F12 键，在弹出的对话框中单击【是】按钮，保存并在浏览器中预览网页。

第 5 章

添加网页多媒体

除了在页面中使用文本和图像元素来表达网页信息以外，我们还可以通过向其中插入 Flash SWF 动画、HTML5 Video 以及 Flash Audio 视频等内容，制作出绚丽多彩的网页。

本章对应视频

例 5-1 调用网络 Flash 动画
例 5-2 设置动画对齐与颜色
例 5-3 插入 Flash Video 视频
例 5-4 在网页中插入视频
例 5-5 插入 HTML5 视频
例 5-6 插入 HTML5 音频
例 5-7 制作 Flash 游戏网页
例 5-8 制作音乐播放网页

5.1 插入 Flash SWF 动画

在众多网页编辑器中，很多用户选用 Dreamweaver 的重要原因是在于软件与 Flash 的完美交互性。Flash 可以制作出各种各样的动画，因此是很多网页设计者在制作网页动画时的首选软件。在 Dreamweaver 中选择【插入】| HTML | Flash SWF 命令，即可在网页中插入 Flash 动画，并显示如下图所示的【属性】面板。

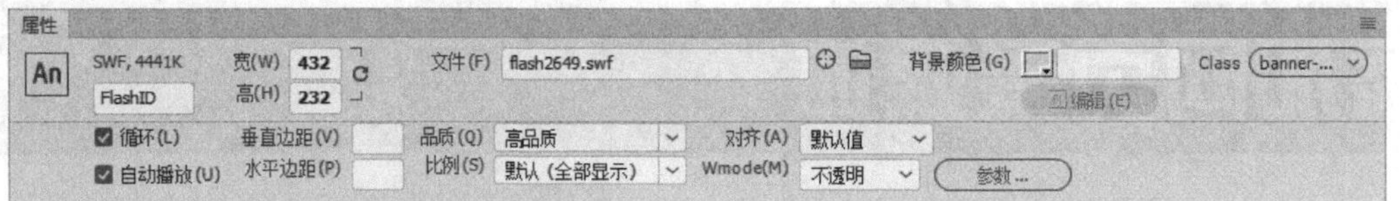

5.1.1 在网页中插入 Flash 动画

使用 Dreamweaver 在网页中插入 Flash 动画的方法如下：

step 1 将鼠标光标插入网页中合适的位置后，按下 Ctrl+Alt+F 组合键(或选择【插入】| HTML | Flash SWF 命令)。

step 2 打开【选择 SWF】对话框，选中 Flash 动画文件后，单击【确定】按钮。

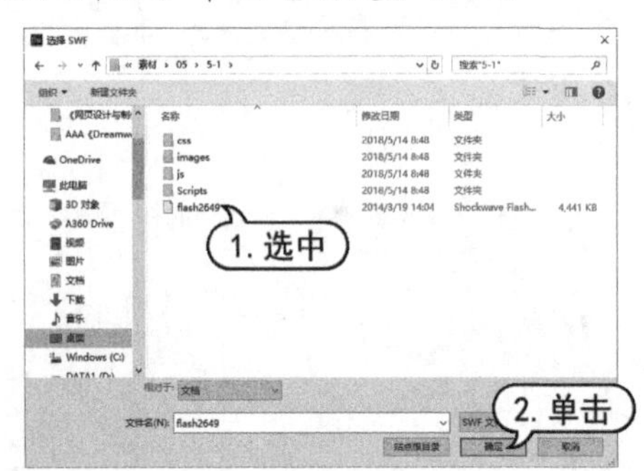

step 3 此时，即可将选定的 Flash 动画文件插入网页中。

在网页的源代码中，用于插入 Flash 动画的标签有两个，分别是<object>标签和<param>标签，代码如下图所示。

使用<object>标签插入 Flash 对象

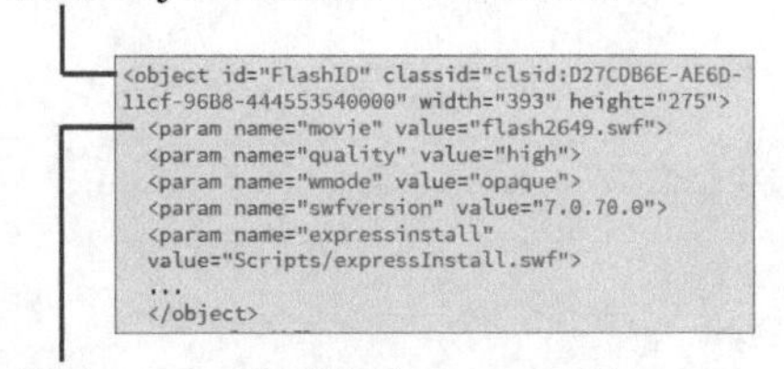

使用<param>标签插入 Flash 对象

1. <object>标签

<object>标签最初被 Microsoft 用来支持 ActiveX applet，但不久之后，Microsoft 又添加了对 JavaScript、Flash 的支持。该标签的常用属性及说明如下表所示。

<object>>标签的属性及说明

属　性	说　明
classid	指定包含对象的位置
codebase	提供一个可选的 URL，浏览器从这个 URL 获取对象
width	指定对象的宽度
height	指定对象的高度

2. <param>标签

用<param>标签将参数传递给嵌入的对象，这些参数是 Flash 对象正常工作所需要的，其属性及说明如下表所示。

<param>标签的属性及说明

属　性	说　明
name	参数的名称
value	参数的值

在Dreamweaver中，还使用以下JavaScript脚本来保证在任何版本的浏览器平台上，Flash动画都能正常播放。

```
<script src="Scripts/swfobject_modified.js">
</script>
```

在页面的正文中，使用以下 JavaScript 脚本实现对脚本的调用：

```
<script type="text/javascript">
swfobject.registerObject("FlashID");
</script>
```

这里需要注意的是：如果要在浏览器中观看 Flash 动画，需要安装 Adobe Flash Player 播放器，该播放器可以通过 Adobe 官方网站下载。

5.1.2　调整 Flash 动画大小

使用 Dreamweaver 在网页中插入 Flash 动画后，用户可以使用【属性】面板对 Flash 动画进行大小和相关属性的调整，对网页文档中 Flash 动画大小的调整实际是对其背景框的大小进行调整(Flash 动画本身也会随之变化)。

调整 Flash 动画大小的具体操作方法如下：

step 1　选中页面中插入的 Flash 动画，在【属性】面板的【高】和【宽】文本框中输入具体参数值。

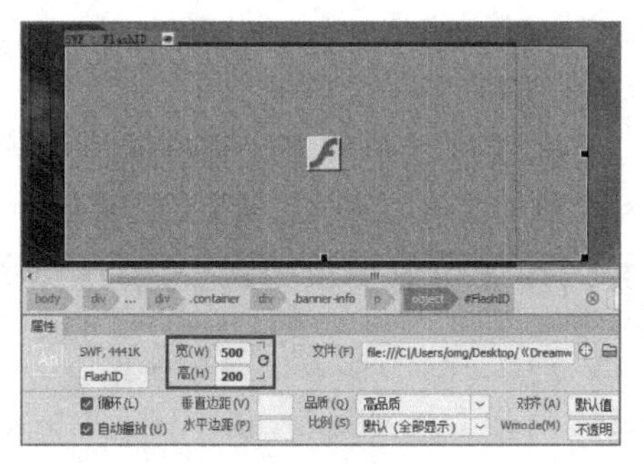

step 2　在网页中的任意位置单击，即可对 Flash 动画的大小进行调整。

除此之外，选中页面中的 Flash 动画，其右下角会出现 3 个控制柄，将鼠标光标移动到这些控制柄上，按住左键拖动，也可以调整 Flash 动画的大小。如果需要实现等比例缩放，可以在拖动控制柄的同时按住 Shift 键。

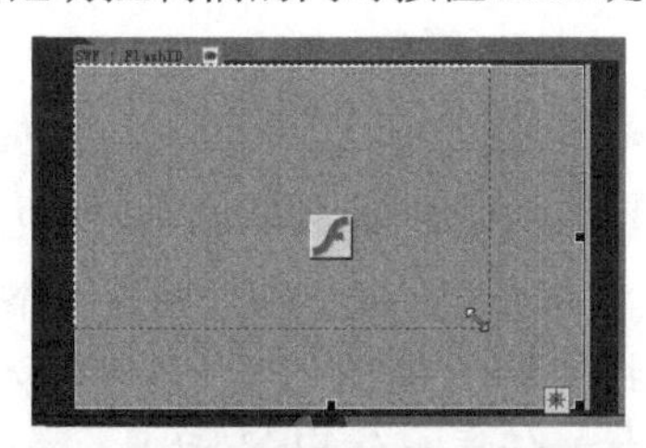

5.1.3　设定 Flash 动画信息

在网页中插入 Flash 动画后，用户可以在【属性】面板的 Flash ID、【文件】文本框和 class 列表框中设置 Flash 动画的相关设置信息，具体如下：

- Flash ID 文本框：用于为当前 Flash 动画分配一个 ID 号。
- 【文件】文本框：用于指定当前 SWF 动画文件的路径信息，对于本地 SWF 文件，用户可以通过单击文件夹后的【浏览文件】按钮进行设置。
- class 下拉列表：用于为当前 Flash 动画指定预定义的类。

当需要调用网络上的 Flash 动画文件时，可以通过查看来源网页的 HTML 源代码找到 Flash 动画文件的实际 URL 地址(即 Flash 动画文件所在网页的网址)，然后把这段 URL 绝对地址复制到【属性】面板的【文件】文本框中即可调用。

【例 5-1】练习在网页中插入 Flash 动画，然后通过【属性】面板调用来自网络的 Flash 动画。

视频+素材　(素材文件\第 05 章\例 5-1)

step 1　打开一个包含 Flash 动画的网页，右击页面空白处，在弹出的菜单中选择【查看源代码】命令。

step 2　在新的浏览器窗口中打开网页的源代码，使用浏览器的【查找】功能，查找源代码中的关键字 URL，找到 Flash 动画的 URL 地址。

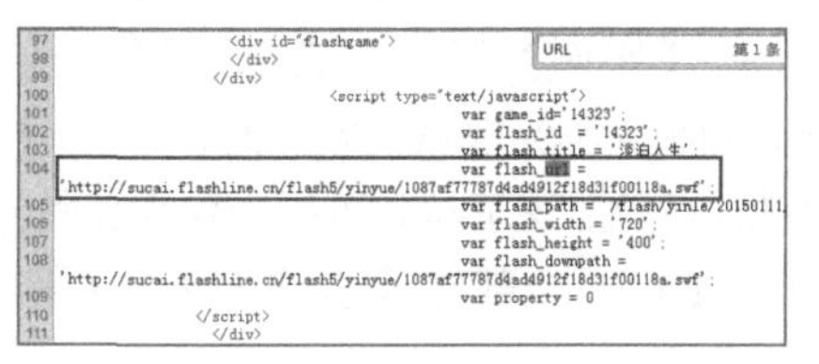

step 3 选中并右击网页源代码中 Flash 动画的 URL 地址，例如：

```
http://sucai.flashline.cn/flash5/yinyue/1087af77787d4ad4912f18d31f00118a.swf
```

step 4 打开 Dreamweaver，创建一个网页，选择【插入】| HTML | Flash SWF 命令，在页面中插入任意一个 Flash 动画。

step 5 选中页面中插入的 Flash 动画，将步骤 3 复制的 URL 地址粘贴至【属性】面板的【文件】文本框中。

step 6 按下 F12 键，在打开的提示框中单击【是】按钮保存网页，即可使用浏览器在制作的网页中查看调用网络 Flash 动画的效果。

5.1.4 控制 Flash 动画播放

Flash 动画在 Dreamweaver 中的播放控制设置包括【循环】控制、【自动播放】控制、【品质】设置、【比例】设置和【播放预览】设置等。选中网页中的 Flash 动画后，在【属性】面板中可以显示相应的设置。下面分别介绍【属性】面板中用于控制 Flash 动画播放的设置。

- 【循环】复选框：选中该复选框后，Flash 动画在播放时将自动循环。
- 【自动播放】复选框：选中该复选框后，在网页载入完成时 Flash 动画将自动播放。
- 【品质】下拉列表框：用于设置 Flash 播放时的品质，以便在播放质量和速度之间取得平衡，该下拉列表框中主要包括【高品质】、【自动高品质】、【低品质】和【自动低品质】4 个选项。

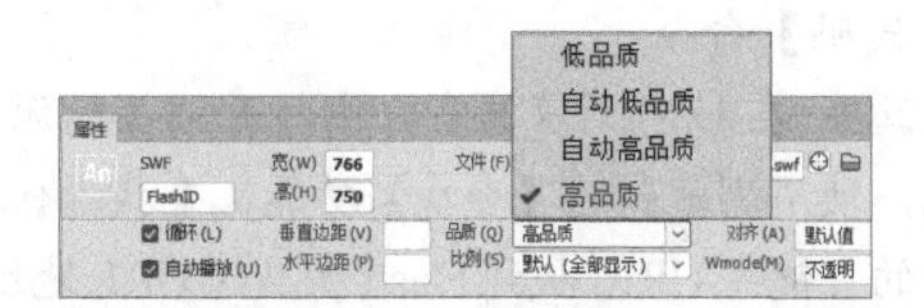

- 【比例】下拉列表框：用于设置当 Flash 动画大小为非默认状态时，以何种方式与背景框匹配。该下拉列表框中包含 3 个选项，分别为【默认(全部显示)】、【无边框】和【严格匹配】。

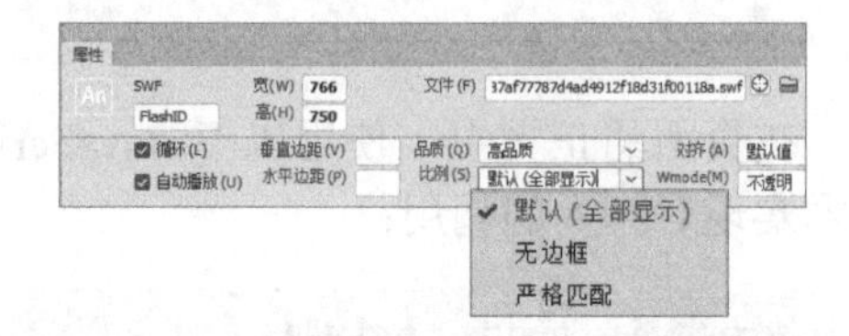

5.1.5 设置 Flash 动画边距

Flash 动画边距指的是 Flash 动画与其周围网页元素的间距，分为【垂直边距】和【水平间距】。设置 Flash 动画边距的方法非常简单，只需要在选中页面中的 Flash 动画后，在【属性】面板的【垂直边距】和【水平边距】文本框中输入相应的属性值即可。设置 Flash 动画的边距参数后，页面中的 Flash 动画将发生相应的变化。

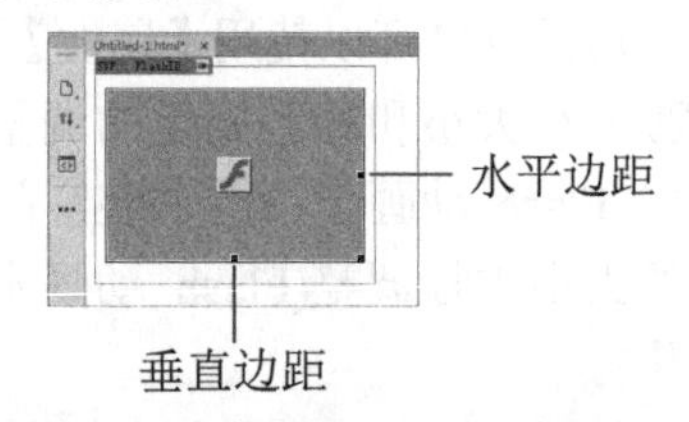

5.1.6 设置对齐方式与颜色

Flash 动画的对齐方式与图像的对齐方式类似，包括水平对齐和垂直对齐。Flash 动画的【背景颜色】用于设置 Flash 动画的背景框颜色，默认情况下为空，即保持 Flash 动画原有的背景颜色。

下面通过一个实例介绍在页面中设置 Flash动画的对齐方式和背景颜色的具体操作。

【例 5-2】 设置页面中 Flash 动画的对齐方式和背景颜色。

视频+素材 (素材文件\第 05 章\例 5-2)

step 1 打开素材网页后，选中网页中下图所示的 Flash 动画，按下 Ctrl+F3 组合键以显示【属性】面板。

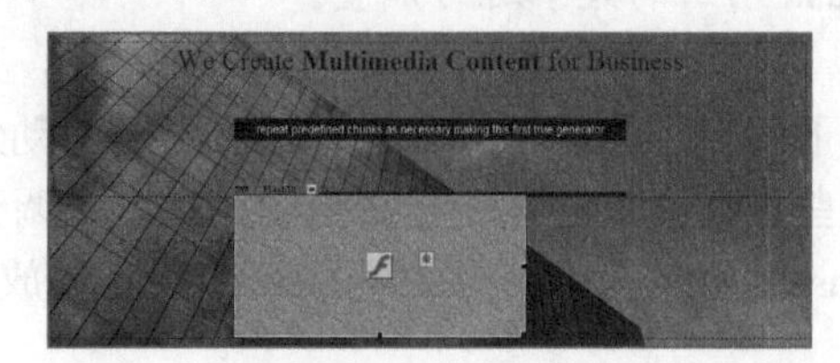

step 2 单击【属性】面板中的【对齐】下拉按钮，在弹出的下拉列表中选择【居中】选项。

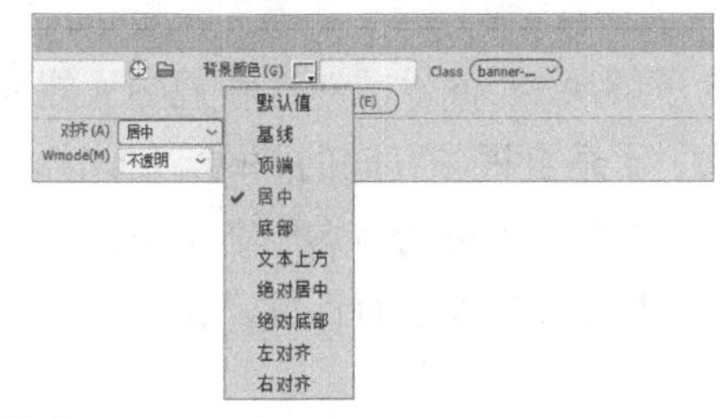

step 3 此时，页面中 Flash 动画的对齐效果如下图所示。

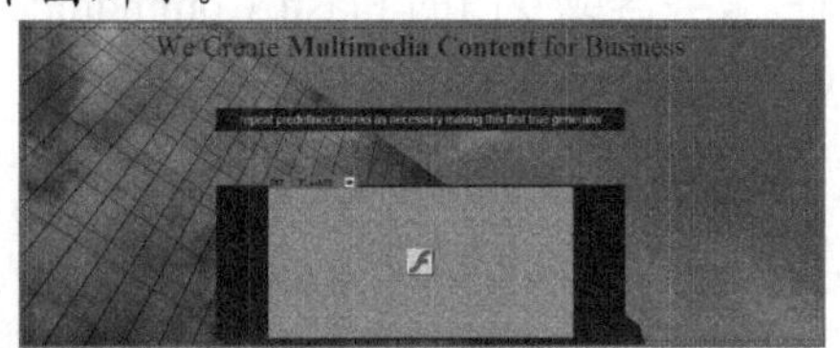

step 4 单击【属性】面板中的【背景颜色】按钮，在打开的颜色选择器中即可为 Flash 动画设置背景颜色。

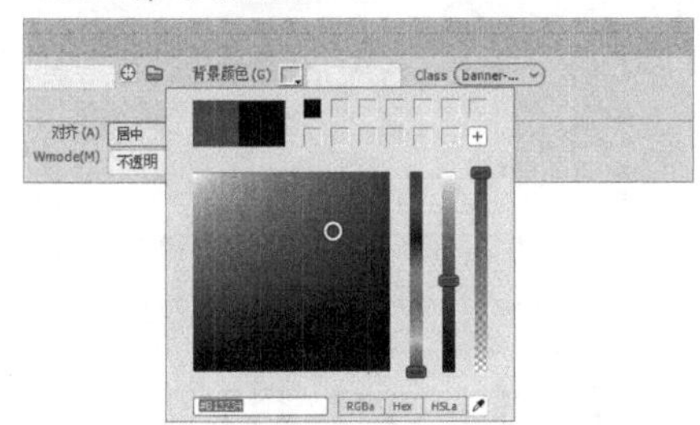

step 5 完成 Flash 动画的背景颜色的设置后，将在【背景颜色】文本框中显示背景颜色的具体属性值(设置 Flash 动画的背景颜色后，默认情况下不能查看其背景颜色，除非将 Flash 动画的大小设置为小于其本身。另外，由于 Flash 动画文件本身仍包含背景颜色，因此在网页中 Flash 动画的背景不会透明，除非进行背景透明的相关设置)。

5.1.7 Flash 附加参数设置

在 Dreamweaver 中，用户可以对插入网页中的 Flash 动画进行相应的参数设置，例如设置透明参数 Wmode。除了该参数，其他的参数都需要在【属性】面板中通过打开【参数】对话框进行设置。下面将分别对 Wmode 参数及【参数】对话框中的参数进行介绍。

1. Wmode 参数

Wmode 是用于对 Flash 进行透明设置的最常用参数，它作为下拉列表框独立存在于【属性】面板中，其中包括【窗口】、【不透明】和【透明】3 个选项。

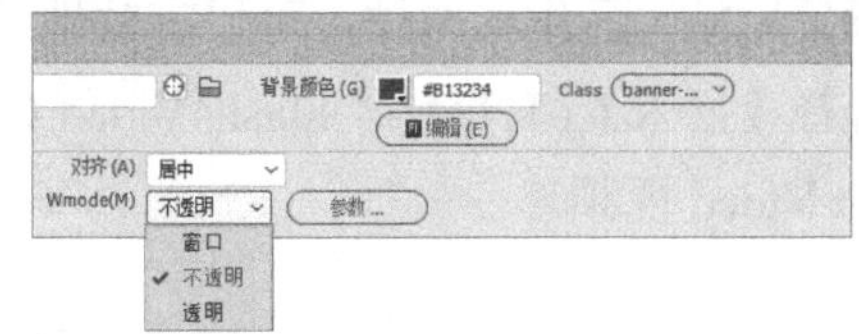

- 【窗口】：选择该选项，可以使 Flash 动画始终位于页面的最上层，具有【不透明】选项的功能。
- 【不透明】：该选项是插入 Flash 动画后【属性】面板中的默认值，在浏览器中预览 Flash 动画文件时看不到网页的背景颜色，而是以 Flash 动画文件的背景颜色遮挡网页的背景颜色。
- 【透明】：选择该选项后，与【不透明】选项完全相反，在浏览器中浏览包含Flash动画的网页时，不会显示Flash动画的背景颜色。

2. 【参数】对话框

单击【属性】面板中的【参数】按钮，将打开【参数】对话框，在其中可以添加、删除 Flash 动画参数或调整 Flash 动画参数的载入顺序。

- 【添加参数】按钮+：在【参数】对话框中，单击+按钮可以添加参数，在添加的参数后单击按钮，可以添加参数名。

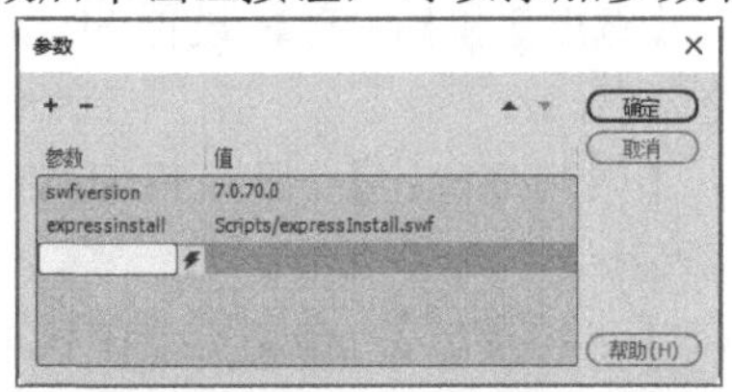

- 【删除参数】按钮-：在【参数】对话框中选中一个参数后，单击-按钮，可以删除该参数。
- 【调整参数顺序】按钮▲和▼：在【参数】对话框中单击▲和▼按钮，可以在该对话框中上移或下移参数。

5.2 插入 Flash Video 视频

Flash Video 视频并不是 Flash 动画，它的出现是为了解决 Flash 以前对连续视频只能使用 JPEG 图像进行帧内压缩，并且压缩效率低、文件很大、不适合视频存储的弊端。Flash Video 视频采用帧间压缩的方法，可以有效地缩小文件大小，并保证视频的质量。在 Dreamweaver 中选择【插入】| HTML | Flash Video 命令，可以打开【插入 FLV】对话框，在网页中插入 Flash Video 视频。

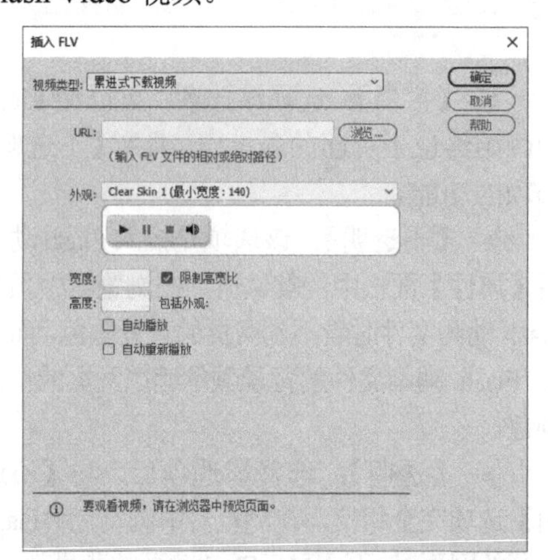

在【插入 FLV】对话框中根据网页设计进行以下设置后，单击【确定】按钮，即可将视频添加到网页中。

- 【视频类型】：选择视频的类型，包括【累进式下载视频】和【流视频】两个选项。
- URL：输入 FLV 文件的网络地址，或单击【浏览】按钮，可以设置视频文件的 URL 地址。
- 【外观】：选择Flash Video视频的外观。
- 【宽度】和【高度】：设置 Flash Video 视频的大小。
- 【限制高宽比】：保持 Flash Video 视频的宽高比。
- 【自动播放】：在浏览器中读取视频文件的同时立即播放 Flash Video 视频。
- 【自动重新播放】：在浏览器中插入 Flash 视频后自动播放。

如果用户在【插入 FLV】对话框的【视频类型】下拉列表中选择【流视频】选项，将显示如右上图所示的设置界面。Flash Video 视频是一种流媒体格式，它可以使用 HTTP 服务器或专门的 Flash Communication Server 流服务器进行传输。

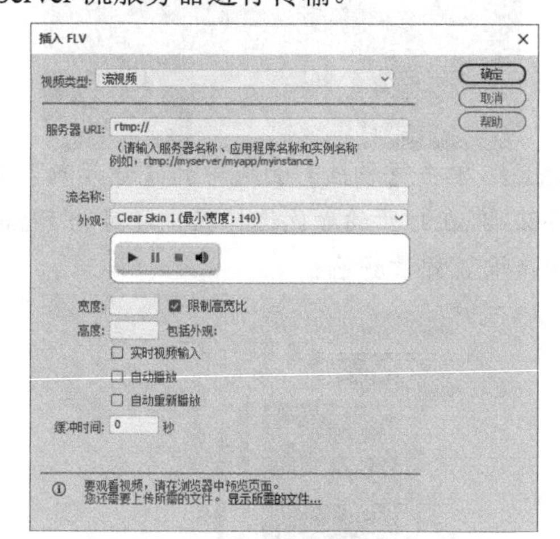

- 【服务器 URI】：用于设置流媒体文件的地址。
- 【流名称】：用于定义流媒体文件的名称。
- 【实时视频输入】：用于流媒体文件的实时输入。
- 【缓冲时间】：用于设置流媒体文件的缓冲时间，以秒为单位。

下面将通过一个实例，介绍在网页文档中插入 Flash Video 视频的具体操作。

【例 5-3】在网页文档中插入一个 Flash Video 视频。
视频+素材 (素材文件\第 05 章\例 5-3)

step 1 打开素材网页文档后，将鼠标光标插入网页中合适的位置，选择【插入】| HTML | Flash Video 命令，打开【插入 FLV】对话框，单击 URL 文本框后的【浏览】按钮。

step 2 打开【插入 FLV】对话框，选中一个本地.flv 文件后单击【确定】按钮。

step 3 返回【插入 FLV】对话框，单击【外观】下拉按钮，在弹出的下拉列表中选择一种视频播放器外观，在【高度】文本框中输入 200。

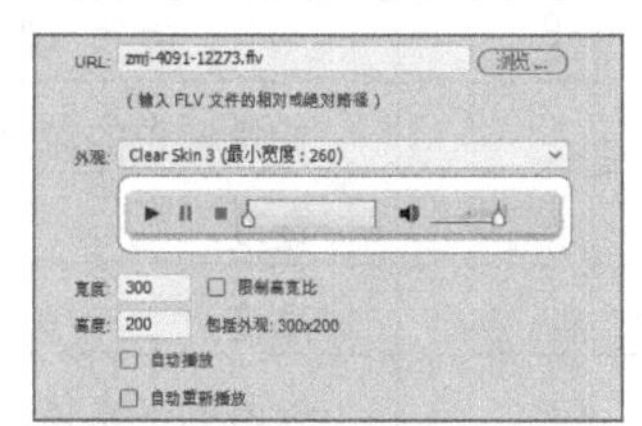

step 4 单击【确定】按钮，即可在网页中插入一个如下图所示的 Flash Video 视频。

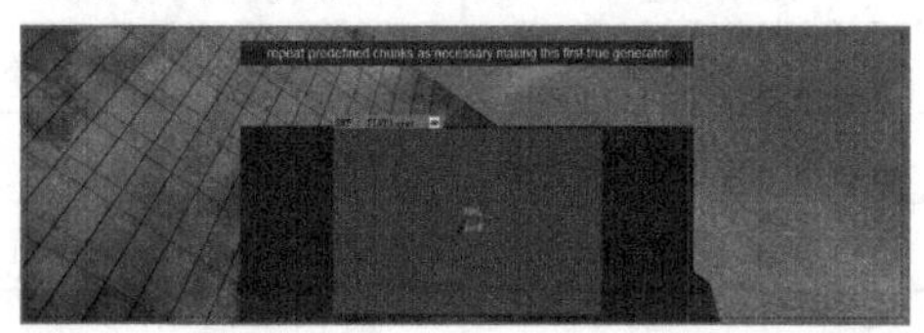

step 5 按下 F12 键，在打开的提示框中单击【是】按钮，保存网页，并在浏览器中预览网页的效果，用户可以通过单击 Flash Video 视频下方的播放器控制视频的播放。

5.3　插入普通音视频

在 Dreamweaver 中选择【插入】| HTML |【插件】命令，可以在网页中插入一个插件，用于插入普通的音视频文件，同时显示如下图所示的【属性】面板。

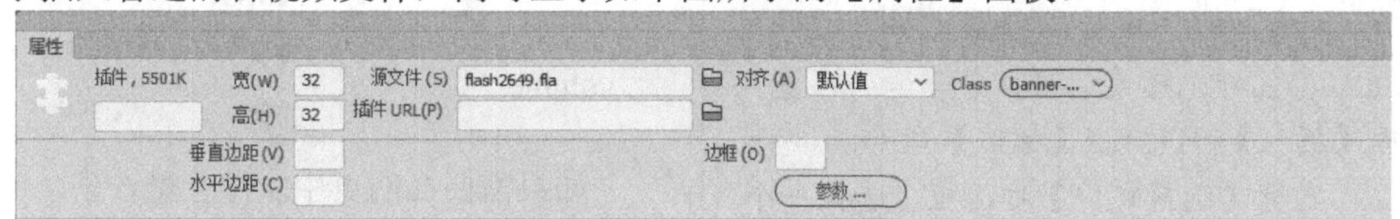

在插件的【属性】面板中，各选项参数的功能说明如下：

- 【插件】文本框：可以输入用于播放媒体对象的插件名称，使该名称可以被脚本引用。
- 【宽】文本框：可以设置对象的宽度，默认单位为像素。
- 【高】文本框：可以设置对象的高度，默认单位为像素。
- 【垂直边距】文本框：设置对象上端和下端与其他内容的间距，单位为像素。
- 【水平边距】文本框：设置对象左端和右端与其他内容的间距，单位为像素。
- 【源文件】文本框：设置插件内容的 URL 地址，既可以直接输入地址，也可以单击右侧的【浏览文件】按钮，从磁盘中选择文件。
- 【插件 URL】文本框：输入插件所在的路径。在浏览网页时，如果浏览器中没有安装该插件，从此路径下载插件。
- 【对齐】下拉列表：选择插件内容在文档窗口中水平方向的对齐方式。
- 【边框】文本框：设置对象边框的宽度，单位为像素。
- 【参数】按钮：单击该按钮，将打开【参数】对话框，提示用户输入其他在【属性】面板中没有出现的参数。

流视频文件主要使用 ASF 或 WMV 格式，利用 Dreamweaver 的参数面板就可以调节各种 WMV 画面。它可以在播放时移动视频的进度滑块，也可以在视频下方显示标题。这些都是可以通过调节参数来设置的。与视频播放相关的参数说明如下表所示。

流视频调节参数说明

属　性	说　明
filename	播放的文件名称
autosize	固定播放器大小
autostart	自动播放
autorewind	自动倒转
clicktoplay	功能按钮
enabled	播放的 Tracker 状态
showtracker	功能按钮

（续表）

属　性	说　明
enabletracker	Tracker 的调节滑块
enablecontextmenu	快捷菜单
showstatusbar	状态表示行
showcontrols	控制面板
showaudiocontrols	音频调节器
showcaptioning	标题窗口
mute	静音
showdisplay	表示信息

下面通过一个实例，介绍通过“插件”在网页中添加音视频的具体方法。

【例 5-4】在网页文档中插入音视频。
视频+素材 (素材文件\第 05 章\例 5-4)

step 1 将鼠标光标置于网页中合适的位置，选择【插入】| HTML |【插件】命令。

step 2 打开【选择文件】对话框，选择一个视频文件，单击【确定】按钮。

step 3 此时，将在页面中插入一个插件，效果如下图所示。

step 4 在【属性】面板中将插件的【宽】设置为 320，将【高】设置为 200。

step 5 按下 F12 键，在打开的提示框中单击【是】按钮，保存网页，并在浏览器中浏览网页，即可在载入浏览器的同时播放音视频。

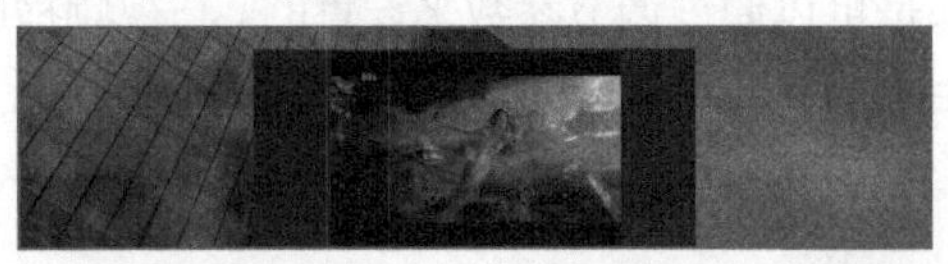

在网页的源代码中，使用<embed>标签来插入音视频文件，例如下面的代码嵌入了 Video1.mp4 文件，宽度为 320 像素、高度为 200 像素。

```
<embed src="Video1.mp4" width="320"
height="200"></embed>
```

<embed>标签可以在网页中放置MP3音乐、电影、SWF动画等多种媒体内容，常用属性及说明如下表所示。

<embed>标签的属性及说明

属　性	说　明
src	背景音乐的源文件
width	宽度
height	高度
type	嵌入的多媒体的类型
loop	循环次数
hidden	控制面板是否显示
starttime	开始播放的时间，格式为 mm:ss
volume	音量大小，取 0~100 之间的值

如果需要在网页中制作背景音乐，可以参考以下方法操作：

step 1 在网页中的任意位置插入一个音频文件，例如“Sleep Away.mp3”，并在【属性】面板中设置插件的宽度和高度。

step 2 在【文档】工具栏中单击【拆分】按钮，在代码视图中找到<embed>标签。

step 3 在代码中，将 width 和 height 参数设置为 0。

```
<embed src="Sleep Away.mp3" width="0"
height="0"></embed>
```

step 4 按下 F12 键，在打开的提示框中单击【是】按钮，保存网页，并使用浏览器查看网页，即可为网页设置背景音乐。

除了上面介绍的方法以外，用户还可以使用<bgsound>标签制作背景音乐效果，例如以下代码也嵌入了 Sleep Away.mp3 音频文件，并无限循环播放。

```
<bgsound src="Sleep Away.mp3"
loop="-1"></bgsound>
```

5.4　插入 HTML5 音视频

Dreamweaver 允许用户在网页中插入和预览 HTML5 音视频。下面将通过实例，介绍在网页中插入 HTML5 音视频的方法。

5.4.1　插入 HTML5 视频

HTML5 的 Video 元素提供了一种将电影或视频嵌入网页的标准方式。在 Dreamweaver 中，用户可以通过选择【插入】| HTML | HTML5 Video 命令。在网页中插入 HTML5 视频，并通过【属性】面板设置各项参数。

【例 5-5】在网页中插入 HTML5 视频。
视频+素材 (素材文件\第 05 章\例 5-5)

step 1 打开网页素材文档后，将鼠标光标置于页面中合适的位置，选择【插入】| HTML | HTML5 Video 命令，在页面中插入一个如下图所示的 HTML5 视频。

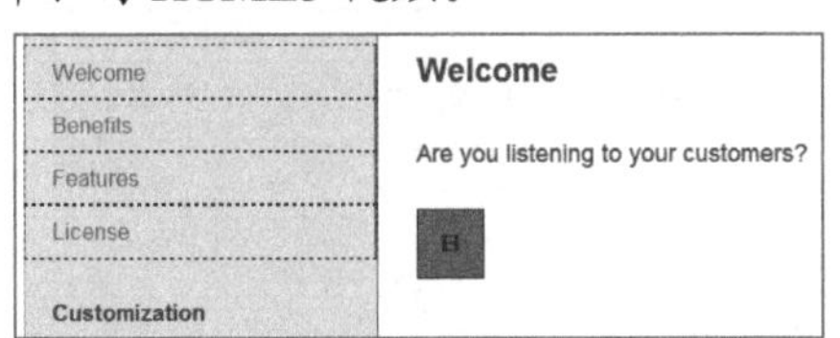

step 2 按下 Ctrl+F3 组合键，显示【属性】面板，单击【源】文本框后的【浏览】按钮。

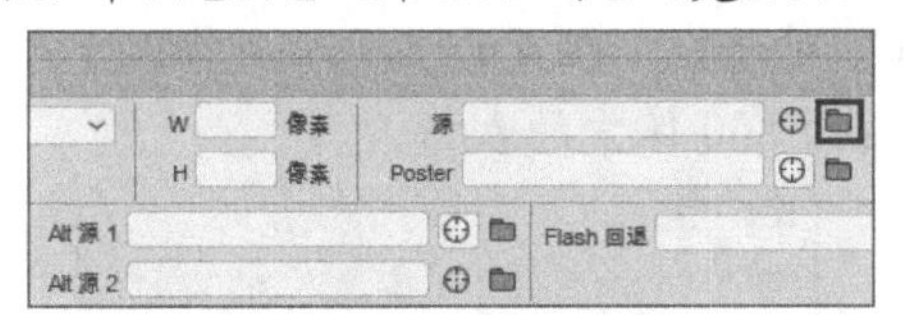

step 3 打开【选择视频】对话框，选择一个视频文件，单击【确定】按钮。

step 4 在【属性】面板的 W 文本框中设置视频在页面中的宽度，在 H 文本框中设置视频在页面中的高度。

step 5 在【属性】面板中选中 Controls 复选框，设置显示视频控件(例如播放、暂停和静音等)；选中 Autoplay 复选框，设置视频在网页打开时自动播放。

step 6 按下 F12 键，在打开的提示框中单击【是】按钮，保存网页，并在浏览器中浏览网页，页面中的 HTML5 视频效果如下图所示。

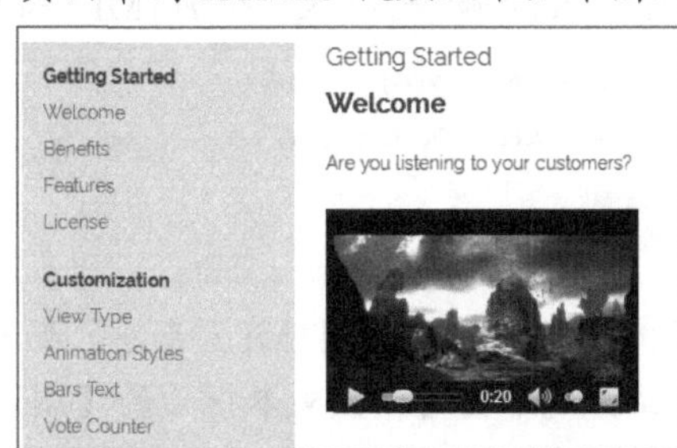

在 HTML5 视频的【属性】面板中，比较重要的选项功能说明如下：

- ID 文本框：用于设置视频的标题。
- W(宽度)文本框：用于设置视频在页面中的宽度。
- H(高度)文本框：用于设置视频在页面中的高度。
- Controls 复选框：用于设置是否在页面中显示视频播放控件。
- Autoplay 复选框：用于设置是否在打开网页时自动加载和播放视频。
- Loop 复选框：设置是否在页面中循环播放视频。
- Muted 复选框：设置视频的音频部分是否静音。
- 【源】文本框：用于设置 HTML5 视频文件的位置。
- 【Alt 源 1】和【Alt 源 2】文本框：用于设置当【源】文本框中设置的视频格式不被当前浏览器支持时，打开的第 2 种和第 3 种视频格式。
- 【Flash 回退】文本框：用于设置在不支持 HTML5 视频的浏览器中显示 SWF 文件。

5.4.2　插入 HTML5 音频

使用 Dreamweaver 在网页中插入和设置 HTML5 音频的方法与插入 HTML5 视频的

方法类似。下面通过实例详细介绍。

【例 5-6】在网页中插入 HTML5 音频。

视频+素材 (素材文件\第 05 章\例 5-6)

step 1 打开网页素材文件，将鼠标光标置于页面中合适的位置，选择【插入】| HTML | HTML5 Audio 命令，插入一个 HTML5 音频。

- A reference to latest jQuery library
- A reference to Opineo script file sudo nano opineo.js

step 2 选中页面中的 HTML5 音频，在【属性】面板中单击【源】文本框后的【浏览】按钮。

step 3 打开【选择音频】对话框，选中一个音频文件，单击【确定】按钮。

step 4 在【属性】面板中参考设置 HTML5 视频的方法，设置 HTML5 音频的属性参数。

step 5 按下 F12 键，在打开的提示框中单击【是】按钮，保存网页，并在浏览器中浏览网页，即可通过 HTML5 音频播放控制栏控制音频的播放。

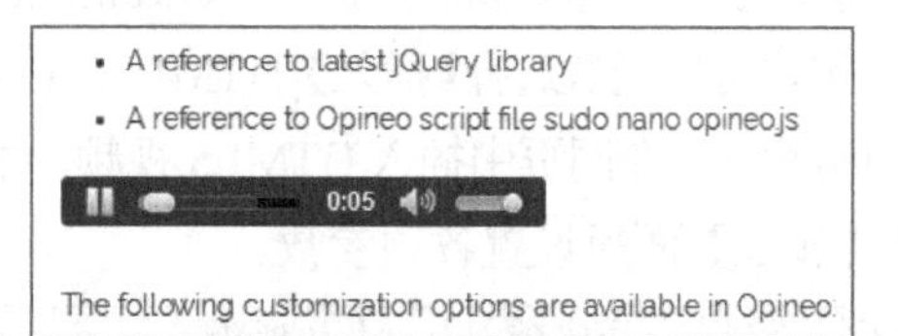

5.5 案例演练

本章的案例演练部分将通过实例介绍制作多媒体网页的方法，用户可以通过具体操作巩固所学的知识。

【例 5-7】制作一个可以玩 Flash 游戏的网页界面。

视频+素材 (素材文件\第 05 章\例 5-7)

step 1 按下 Ctrl+Shift+N 组合键，创建一个空白网页。按下 Ctrl+F3 组合键，显示【属性】面板，并单击其中的【页面属性】按钮。

step 2 打开【页面属性】对话框，在【分类】列表框中选择【外观(HTML)】选项，然后在对话框右侧的选项区域中设置【左边距】和【上边距】为 0，单击【确定】按钮。

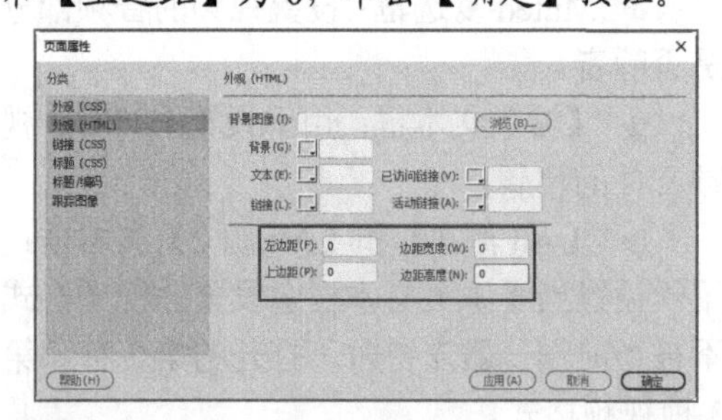

step 3 选择【插入】| Div 命令，打开【插入 Div】对话框，单击【确定】按钮，在网页中插入一个 Div 标签。

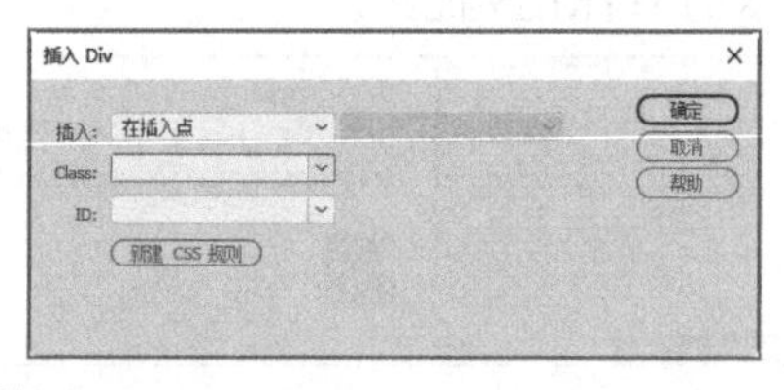

step 4 将鼠标光标置于页面中插入的 Div 标签的后面，按下 Ctrl+Alt+T 组合键，打开 Table 对话框，在页面中插入一个 3 行 3 列、宽度为 800 像素的表格。

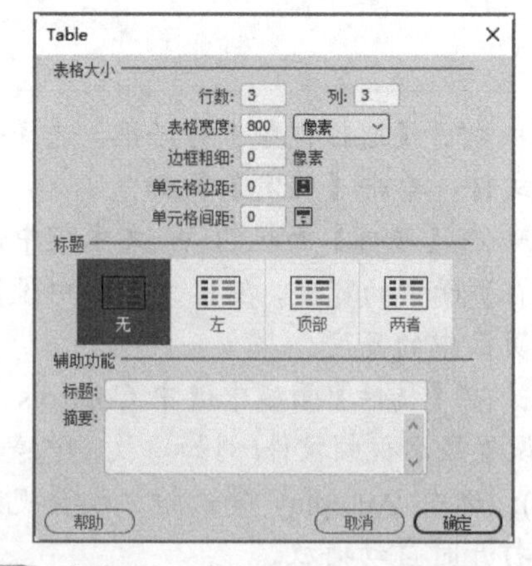

step 5 选中页面中插入的 Div 标签。

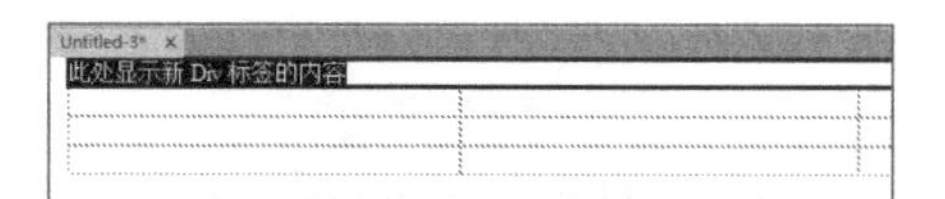

step 6 在 Div 标签的【属性】面板中单击【CSS 设计器】按钮，打开【CSS 设计器】面板。

step 7 在【CSS 设计器】面板的【源】窗格中单击【+】按钮，在弹出的下拉列表中选择【在页面中定义】选项。

step 8 在【选择器】窗格中单击【+】按钮，在显示的文本框中输入“.Div1”。

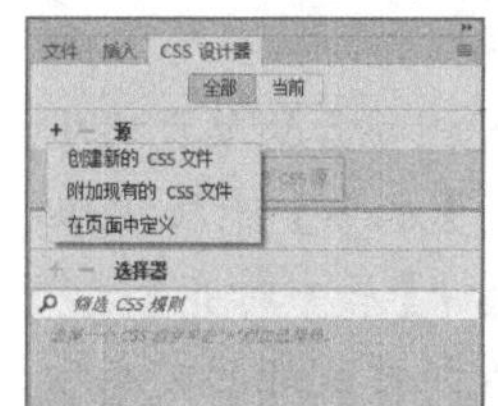

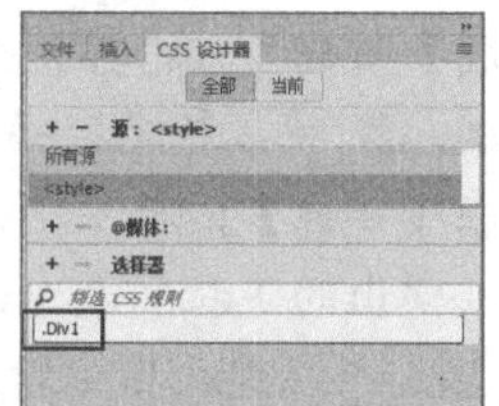

step 9 在【属性】窗格中单击 background-image 按钮，在显示的选项区域中单击【浏览】按钮。打开【选择图像源文件】对话框，选择一个图像文件后，单击【确定】按钮。

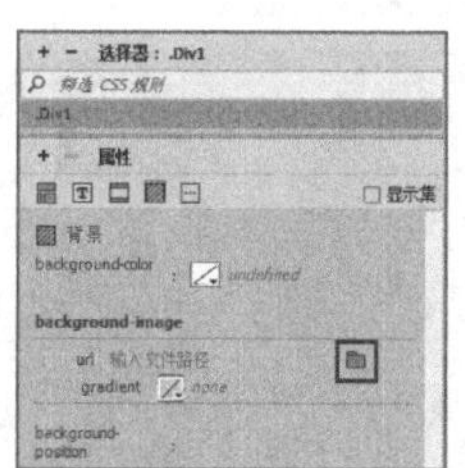

step 10 在【属性】窗格中单击【文本】按钮，在显示的选项区域中将 color 设置为 rgba(245,243,243,1.00)，将 font-family 设置为【微软雅黑】，将 font-size 设置为 12 像素。

step 11 在【属性】面板中单击【布局】按钮，在显示的选项区域中设置 height 为 30 像素。

step 12 在【属性】窗格的 padding 选项区域中将左边距和右边距都设置为 60 像素。

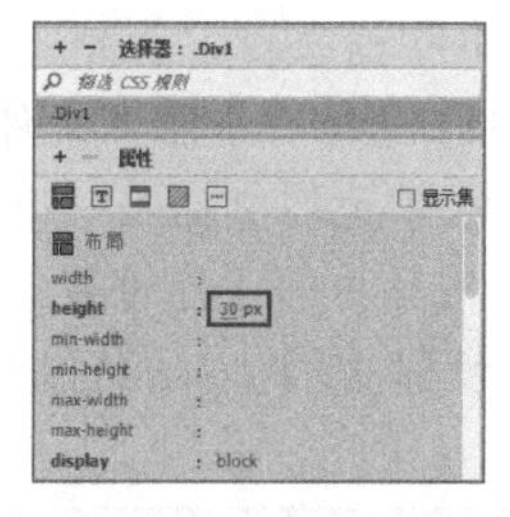

step 13 在 Div 标签的【属性】面板中单击 Class 按钮，在弹出的下拉列表中选择 Div1 选项。

step 14 将鼠标光标插入 Div 标签中，按下 Ctrl+Alt+T 组合键，打开 Table 对话框，在其中插入 1 行 6 列、表格宽度为 800 像素的表格。

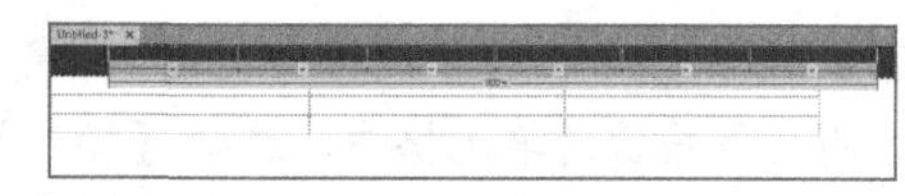

step 15 选中 Div 标签中插入的表格，在【属性】面板的 CellPad 文本框中输入 8，单击 Align 按钮，在弹出的下拉列表中选中【居中对齐】选项。

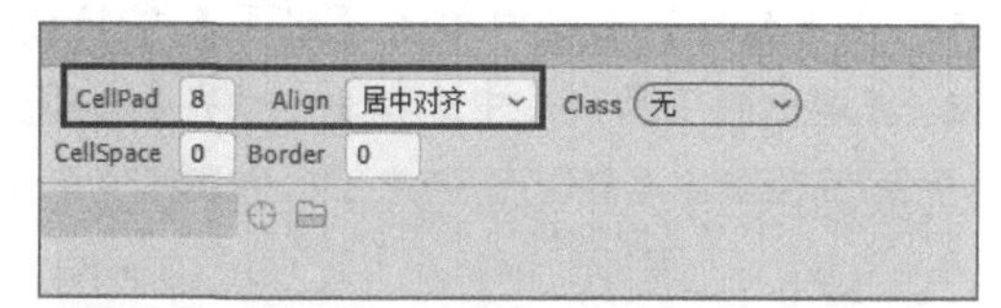

step 16 将鼠标光标插入表格的各个单元格中，输入文本，并在【属性】面板中设置表格中单元格的宽度与对齐方式。

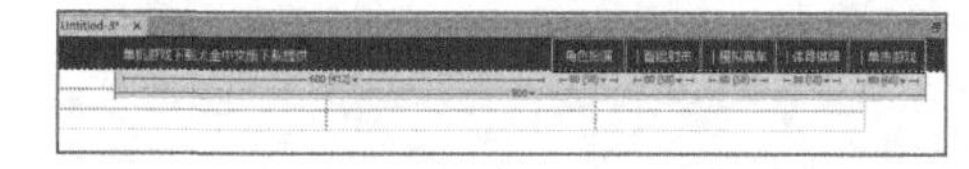

step 17 选中步骤 5 在页面中插入的表格，在表格的【属性】面板中单击 Algin 按钮，在弹出的下拉列表中选择【居中对齐】选项。

step 18 选中表格的第一行单元格，在【属性】面板中单击【合并所选单元格，使用跨度】按钮，将选中的单元格合并。

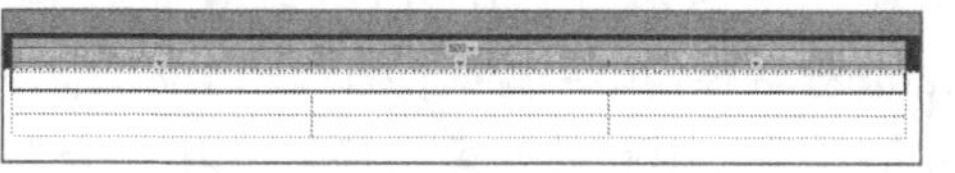

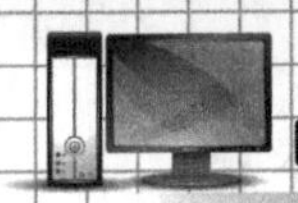

step 19 将鼠标光标插入合并后的单元格中，按下 Ctrl+Alt+I 组合键，打开【选择图像源文件】对话框，选择一个图像文件，单击【确定】按钮，在单元格中插入一个图像。

step 20 选中表格中第 2 行的第 1 和第 2 列单元格，使用步骤 20 的方法将选中的单元格合并。

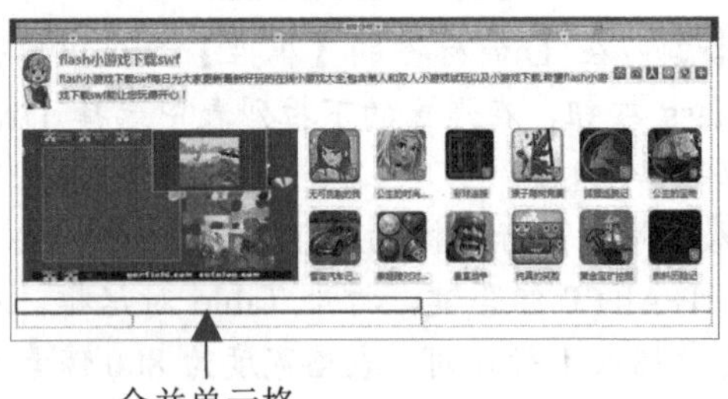

合并单元格

step 21 按下 Ctrl+S 组合键保存网页，将鼠标光标插入合并后的单元格中，选择【插入】|HTML|【插件】命令，打开【选择文件】对话框，选择一个 Flash 游戏动画文件后，单击【确定】按钮。

step 22 选中页面中 Flash 插件所在的单元格，在【属性】面板中单击【水平】下拉按钮，在弹出的下拉列表中选择【左对齐】选项。

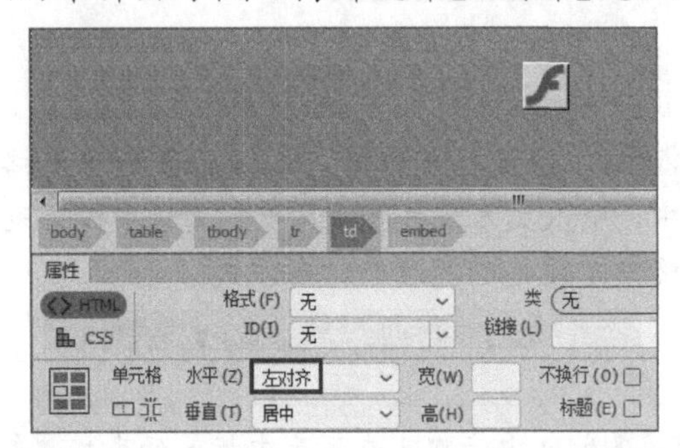

step 23 将鼠标光标插入表格中第 2 行、第 3 列的单元格中，在【属性】面板中单击【水平】下拉按钮，在弹出的列表中选择【居中对齐】选项，单击【垂直】下拉按钮，在弹出的下拉列表中选择【顶端】选项。

step 24 再次按下Ctrl+Alt+T组合键，打开Table对话框，在单元格中插入一个 8 行 1 列、表格宽度为 100 的嵌套表格，并在嵌套表格中插入图片和文本。

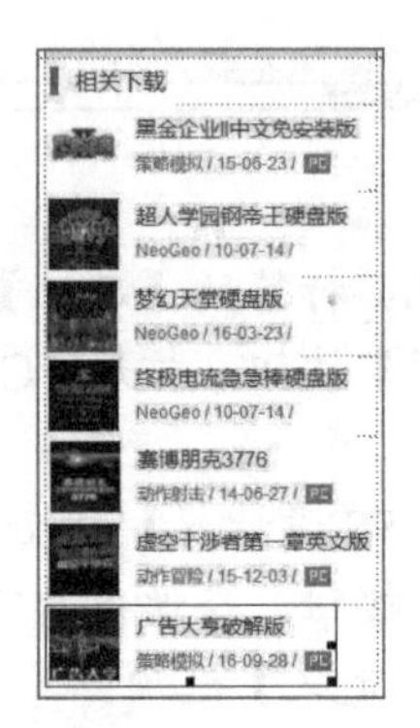

step 25 选中表格中的第 3 行单元格，在【属性】面板中单击【合并所选单元格，使用跨度】按钮，将其合并。

step 26 将鼠标光标插入合并后的单元格中，在【属性】面板中单击【水平】下拉按钮，在弹出的下拉列表中选择【居中对齐】选项。

step 27 在单元格中输入网页底部的文本后，按下 Ctrl+S 组合键将网页保存。

step 28 按下 F12 键，在浏览器中查看网页的效果，如下图所示。

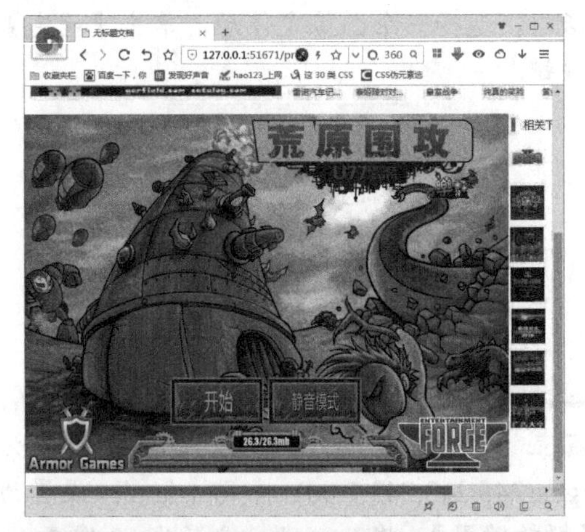

【例 5-8】使用 Dreamweaver 制作一个可以让浏览者点播音乐的网页。
视频+素材 (素材文件\第 05 章\例 5-8)

step 1 按下 Ctrl+Shift+N 组合键，创建一个空白网页，按下 Ctrl+F3 组合键显示【属性】面板。

step 2 单击【属性】面板中的【页面属性】按钮，打开【页面属性】对话框，在【分类】列表框中选择【外观(CSS)】选项，将【左边距】、【右边距】、【上边距】和【下边距】都设置为 50，然后单击【确定】按钮。

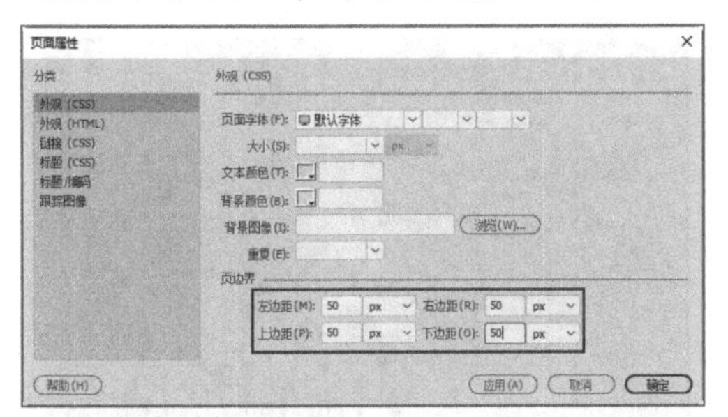

step 3 按下 Ctrl+Alt+T 组合键，打开 Table 对话框，将【行数】设置为 1，将【列】设置为 5，将【边框粗细】、【单元格边距】、【单元格间距】设置为 0。

step 4 单击【确定】按钮，在页面中插入一个 1 行 5 列的表格，选中表格中的单元格，在【属性】面板中将【高】设置为 100。

step 5 选择表格中的第 1 列单元格，在【属性】面板中将宽度设置为 300。

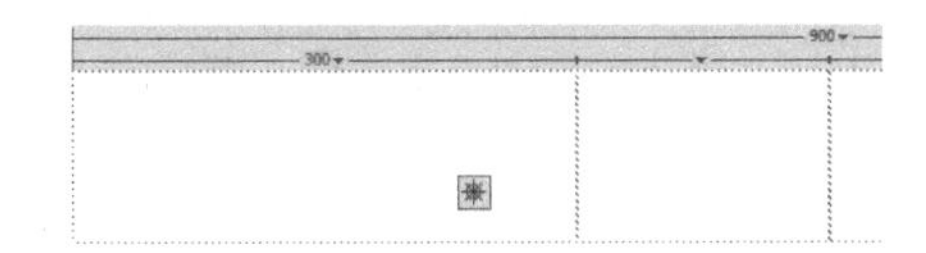

step 6 按下 Ctrl+Alt+I 组合键，打开【选择图像源文件】对话框，在单元格中插入一个图像，单击【确定】按钮。

step 7 在表格的其他单元格中输入右上图所示的文本，并在【属性】面板中设置文本的字体为【微软雅黑】、【字体大小】为 24 像素、【字体颜色】为【#999】。

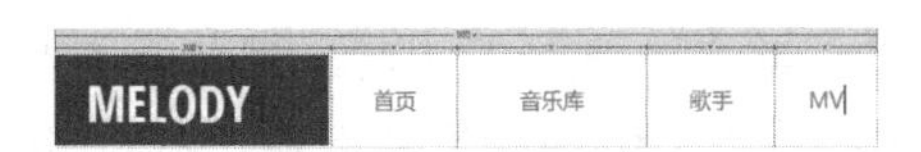

step 8 将鼠标光标置于表格后方，选择【插入】| HTML |【水平线】命令，在网页中插入一条水平线。在【属性】面板中将水平线的宽度设置为 100%。

step 9 将鼠标光标置于水平线的下方，选择【插入】| HTML| HTML5 Audio 命令，在网页中插入一个如下图所示的 HTML5 音频。

step 10 选中页面中的 HTML5 音频，在【属性】面板中单击【源】文本框后的【浏览】按钮。

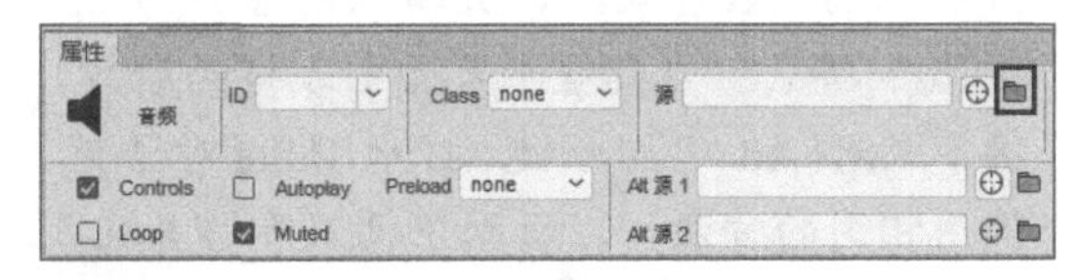

step 11 打开【选择音频】对话框，选择一个 MP3 音频文件后，单击【确定】按钮。

step 12 将鼠标光标置于 HTML5 音频的下方，按下 Ctrl+Alt+T 组合键，打开 Table 对话框，将【行数】和【列】都设置为 1，将【表格宽度】设置为 900 像素，单击【确定】按钮，在页面中插入一个 1 行 1 列的表格。

step 13 将鼠标光标置于上一步创建的表格中，按下 Ctrl+Alt+I 组合键，打开【选择图像源文件】对话框，选择一个图像文件后，单击【确定】按钮，在表格中插入图像。

step 14 将鼠标光标置于插入图像的表格的后方，按下 Ctrl+Alt+T 组合键，打开 Table 对话框，在页面中插入一个 1 行 3 列、宽度为 900 像素的表格。

step 15 将鼠标光标置入表格的第 1 列单元格中，按下 Ctrl+Alt+T 组合键，打开 Table 对话框，在该单元格中插入一个 10 行 4 列的嵌套表格，并在该表格内插入如下图所示的文本和图像。

step 16 使用同样的方法在表格的其他单元格中也插入嵌套表格，并输入内容。

step 17 将鼠标光标置于页面中表格的后方，按下 Ctrl+Alt+T 组合键，打开 Table 对话框，使用相同的方法，在页面中插入表格并在表格中插入图像，并修饰其效果，完成网页图文部分的制作。

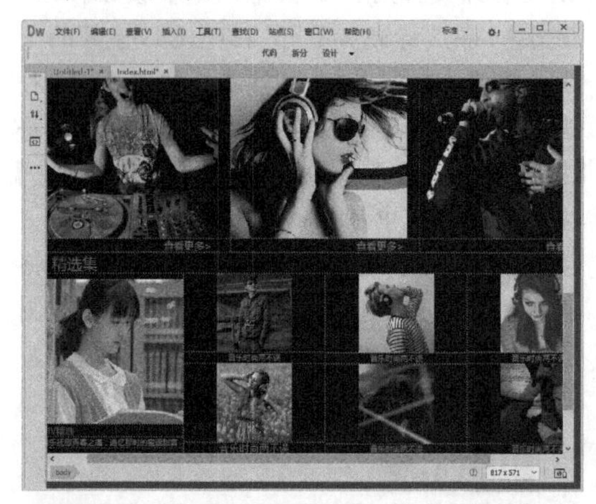

step 18 完成以上设置后，按下 F12 键即可在浏览器中预览网页，效果如右上图所示。

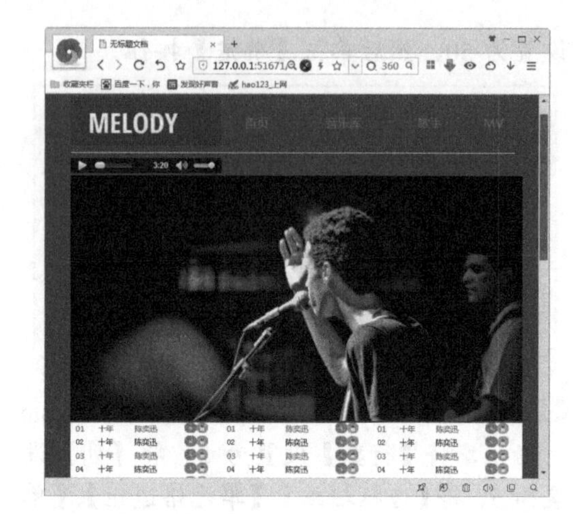

第 6 章

设置网页超链接

网页制作完成后，需要在页面中创建超链接，以使网页能够与网络中的其他页面建立联系。超链接是一个网站的“灵魂”，网页设计者不仅要知道如何去创建页面之间的超链接，更应了解超链接地址的真正意义。

本章对应视频

例 6-1 创建图像映射超链接
例 6-2 创建锚点超链接
例 6-3 创建音视频超链接
例 6-4 创建文件下载超链接
例 6-5 创建电子邮件超链接
例 6-6 设置照片展示网页超链接

6.1 超链接的基础知识

超链接是网页中重要的组成部分，它在本质上属于网页的一部分，是一种允许网页访问者与其他网页或站点进行链接的元素。各个网页链接在一起后，才能真正构成网站。

6.1.1 超链接的类型

超链接与 URL 及网页文件的存放路径紧密相关。URL 可以简单称为网址，顾名思义，就是文件在网络上的地址，定义超链接其实就是指定一个 URL 地址来访问它所指向的 Internet 资源。URL(Uniform Resource Locator，统一资源定位器)是使用数字和字母并且按一定顺序排列的 Internet 地址，由访问方法、服务器名、端口号以及文档位置组成(格式为 access-method://server-name:port/document-location)。在 Dreamweaver 中，用户可以创建下列几种类型的超链接：

- 页间链接：用于跳转到其他文档或文件，例如图形、电影、PDF 或声音文件等。
- 页内链接：也称为锚记超链接，用于跳转到本站点指定文档的位置。
- 电子邮件链接：用于启动电子邮件程序，允许用户书写电子邮件，并发送到指定地址。
- 空链接及脚本链接：用于附加行为至对象或创建执行 JavaScript 代码的超链接。

6.1.2 超链接的路径

从作为链接起点的文档到作为链接目标的文档之间的文件路径，对于创建超链接至关重要。一般来说，链接路径可以分为绝对路径与相对路径两类。

1. 绝对路径

绝对路径指包括服务器协议在内的完全路径，比如：

```
http://www.xdchiang/dreamweaver/ index.htm
```

使用绝对路径与超链接的源端点无关，只要目标站点地址不变，无论文档在站点中如何移动，都可以正常实现跳转而不会发生错误。如果要链接当前站点之外的网页或网站，就必须使用绝对路径。

需要注意的是，绝对路径不利于测试。如果在站点中使用绝对路径，要想测试超链接是否有效，就必须在 Internet 服务器端进行。此外，采用绝对路径不利于站点的迁移。例如，一个较为重要的站点，可能会在几台服务器上创建镜像，同一个文档也就有几个不同的网址，要将文档在这些站点之间迁移，必须对站点中的每个使用绝对路径的超链接进行一一修改，这样才能达到预期目的。

2. 相对路径

相对路径包括根相对路径(Site Root)和文档相对路径(Document)两种：

- 使用 Dreamweaver 制作网页时，需要选定一个文件夹来定义一个本地站点，以模拟服务器上的根文件夹，系统会根据这个文件夹来确定所有超链接的本地文件位置，而根相对路径中的根就是指这个文件夹。
- 文档相对路径是指包含当前文档的文件夹，也就是以当前网页所在文件夹为基础来计算的路径。文档相对路径(也称相对根目录)以“/”开头，路径从当前站点的根目录开始计算(例如在 C 盘 Web 目录中建立的名为 web 的站点，这时/index.htm 的路径为 C:\Web\index.htm。根相对路径适用于链接内容频繁更换环境中的文件，这样即使站点中的文件移动了，超链接也仍然可以生效，但是仅限于在该站点中)。

如果网站的目录结构过深，在引用根目录下的文件时，用根相对路径会更好些。比如在网页文件中引用根目录下images目录中的good.gif图片，在当前网页中用文档相对路径表示为：../../.. /images/good.gif。而如果使用根相对路径，只要表示为/images/good.gif即可。

6.2　设置基本超链接

本节主要介绍设置文本超链接、图像超链接、图像映射超链接的具体方法。

6.2.1　设置文本的图像超链接

在 Dreamweaver 中，要为文档中的文本或图像设置超链接，可以参考以下方法。

step 1 选中网页中的文本或图像，右击鼠标，在弹出的菜单中选择【创建链接】命令。

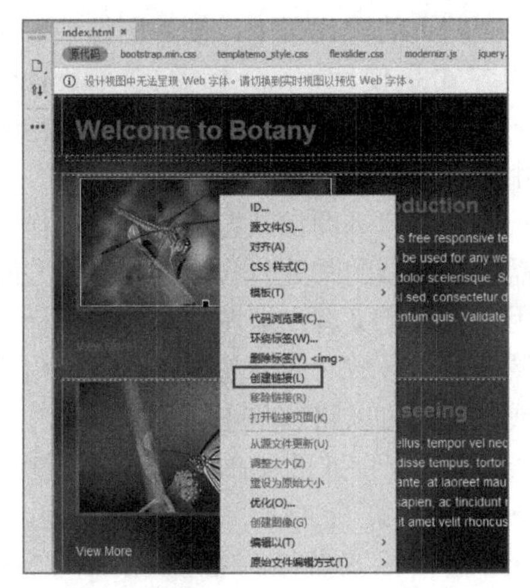

step 2 打开【选择文件】对话框，选择一个网页文件后，单击【确定】按钮，即可在选中的图文与该网页之间创建一个超链接。

如果用户需要创建的超链接的目标并非本地计算机上的文件，而是网络中的一个网址，则可以在选中图像或文本后，在【属性】面板的【链接】文本框中输入需要链接的网址，然后按下回车键即可。

除此之外，在代码视图中，也可以使用<a>标签的 href 属性来创建超链接，以链接到同一文档的其他位置或其他文档。这种情况下，当前文档是超链接的源，URL 是超链接的目标。

```
11 ▾ <a href="www.baidu.com">
12     网页文本或图像对象
13     </a>
```

在<a>开始标签和</a>结束标签之间可以添加常规文本、换行符、图像等，常用的属性及说明如下表所示。

<a>标签的属性及说明

属　性	说　明
href	指定超链接的地址
name	对超链接命名
target	指定超链接的目标窗口

如果用户需要在超链接被单击时让浏览器打开另一个窗口，并在新打开的窗口中载入新的 URL，可以在<a>标签中通过使用 target 属性来实现。

```
<a target="_blank" href="www,baidu.com"> 网页文本或图像对象 </a>
```

target 属性的取值及说明如下表所示。

<target>属性的取值及说明

取　值	说　明
_parent	在上一级窗口中打开
_blank	在新窗口中打开
_self	在同一个窗口中打开
_top	在浏览器的整个窗口中打开

6.2.2　设置图像映射超链接

在 Dreamweaver 中，选中网页中需要添加超链接的图像后，在【属性】面板中将显示如下图所示的“图像热区”工具，利用这些工具，用户可以在图像上创建图像映射超链接。之后，当网页在浏览器中显示时，把鼠标光标移动到图像映射超链接上，就可以通过单击超链接定位到其他文档。

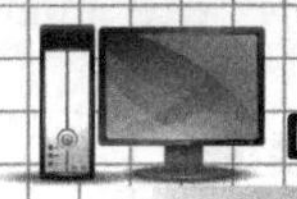

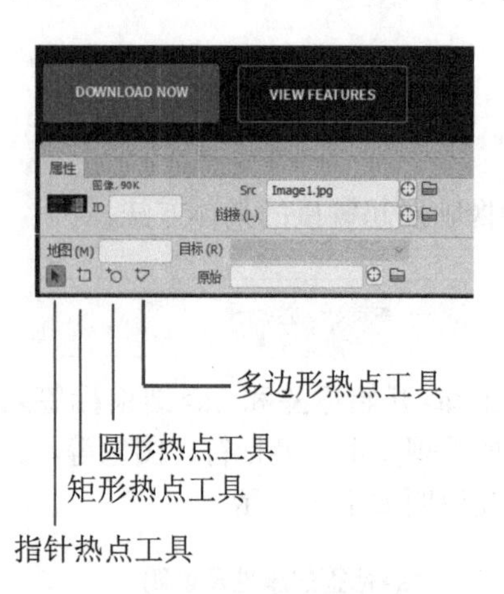

【例 6-1】在网页的图像上创建一个图像映射超链接。

视频+素材 (素材文件\第 06 章\例 6-1)

step 1 打开网页后，选中其中的图像，选择【窗口】|【属性】命令，显示【属性】面板，单击其中的【矩形热点工具】按钮。

step 2 按住鼠标左键，在图像上拖动，绘制如下图所示的矩形热点区域。

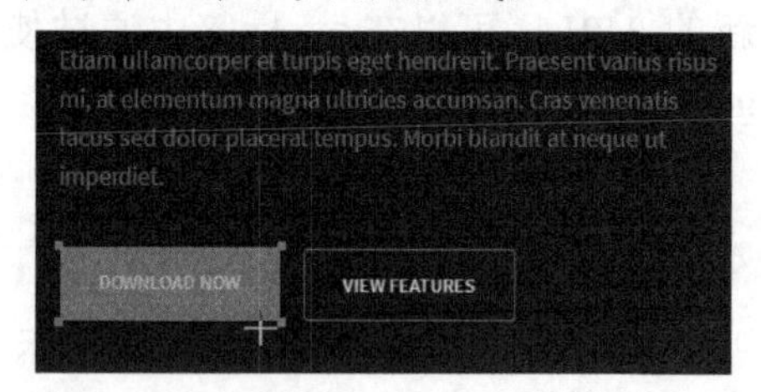

step 3 选中创建的矩形热点区域后，【属性】面板将显示如下图所示的热点设置。在【链接】文本框中输入超链接对应的 URL 地址，即可创建图像映射超链接。

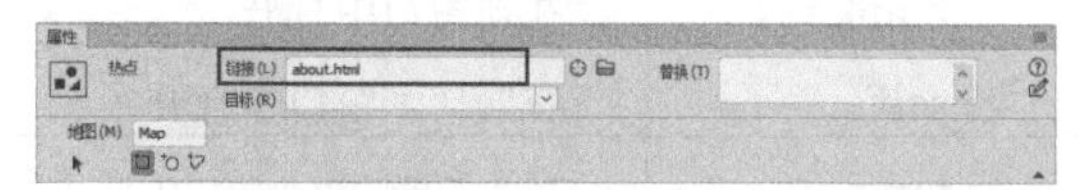

"图像热区"工具中各个按钮的功能说明如下：

- 【地图】文本框：输入需要的映像名称，即可完成对热区的命名。如果在同一个网页文档中使用了多个图像映射超链接，则应该保证这里输入的名称是唯一的。
- 【指针热点工具】按钮：可以将光标恢复为标准箭头状态，这时可以从图像上选取热区，被选中热区的边框上会出现控制点，拖动控制点可以改变热区的形状。
- 【矩形热区工具】按钮：单击该按钮，然后按住鼠标左键在图像上拖动，可以绘制出矩形热区。
- 【圆形热区工具】按钮：单击该按钮，然后按住鼠标左键在图像上拖动，可以绘制出圆形热区。
- 【多边形热点工具】按钮：单击该按钮，然后在图像上要创建多边形的每个端点位置单击，可以绘制出多边形热区。

在网页的源代码中，创建图像映射超链接的方式是使用<img>标签的 usemap 属性，但要和对应的<map>和<area>标签同时使用。

为了客户端图像映射能够正常工作，用户需要在文档的某处包含一组坐标及 URL，使用它们来定义客户端图像映射的鼠标敏感区域和每个区域对应的超链接，以便用户单击或选择。可以将这些坐标和超链接作为常规<a>标签或特殊的<area>标签的属性值；<area>说明集合或<a>标签都要包含在<map>起始标签及结束标签</map>之间。<map>标签可以出现在文档主体的任何位置。

下面的代码定义了图像映射、矩形热点区域以及链接地址。

```
<img src="Image1.jpg" alt="" usemap="#Map"/>
<map name="Map">
<area shape="rect" coords="99,400,260,453"
href="www.baidu.com">
</map>
```

<map>标签的 name 属性值是<img>标签中 usemap 属性所使用的名称，该值用于定位图像映射的说明。

<area>标签为图像映射的某个区域定义坐标和超链接，必需的 coords 属性定义了客户端图像映射中对鼠标敏感的区域的坐标，常用属性及说明如下表所示。

<area>标签的属性及说明

属　性	说　明
coords	图像映射中对鼠标敏感的区域的坐标
shape	图像映射中区域的形状
href	指定链接地址

坐标的数字及其含义取决于shape属性决定的区域形状，shape属性可以将客户端图像映射中的链接区域定义为矩形、圆形或多边形，shape属性的取值及说明如下表所示。

shape 属性的取值及说明

属　性	说　明
rect	矩形区域
circle	圆形区域
poly	多边形区域

6.3　设置锚点超链接

制作网页时，最好将所有内容显示在一个页面上。但是在制作文档的过程中经常需要插入很多内容。这时由于文档的内容过长，因此需要移动滚动条来查找所需的内容。如果不喜欢使用滚动条，可以尝试在页面中使用锚点超链接，效果如下图所示。

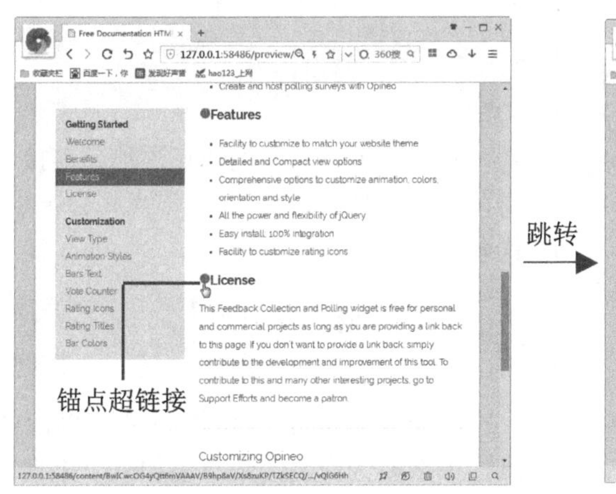

跳转

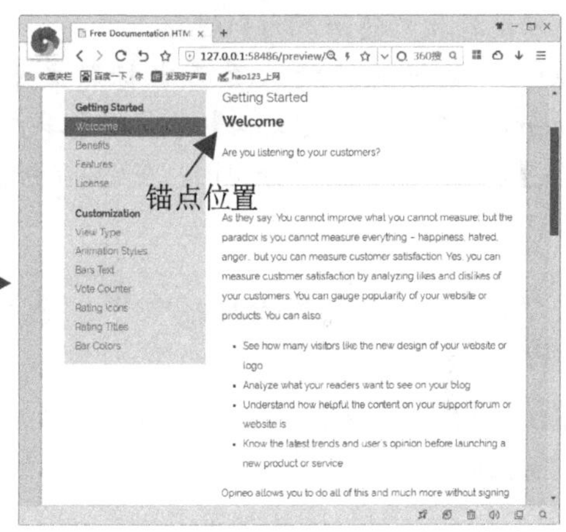

通过锚点超链接快速返回网页顶部

对于需要显示大段内容的网页，例如说明、帮助信息和小说等，浏览时需要不断翻页。如果网页浏览者需要跳跃性浏览页面内容，就需要在页面中设置锚点超链接，锚点的作用类似于书签，可以帮助我们迅速找到网页中需要的部分。

应用锚点超链接时，当前页面会在同一个网页的不同位置进行切换，因此在网页的各个部分应适当创建一些返回原位置(例如，返回顶部、转到首页等)的锚点。如此，浏览位置移动到网页下方后，可以通过此类锚点快速返回。

【例 6-2】在网页中创建锚点超链接。
视频+素材 (素材文件\第 06 章\例 6-2)

step 1　选中网页的文本 Welcome，在【属性】面板的 ID 文本框中输入 welcome。

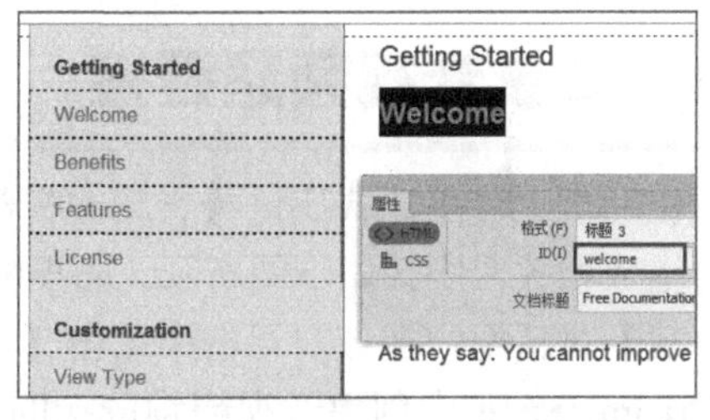

step 2　重复同样的操作，为网页中的其他标题文本设置 ID。

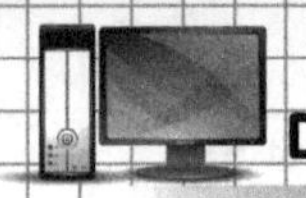

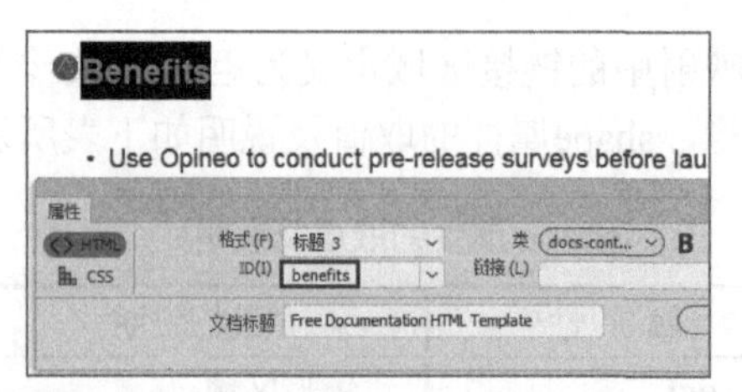

step 3 选中网页顶部左侧的导航栏中的文本 Welcome，在 HTML【属性】面板的【链接】文本框中输入#welcome。

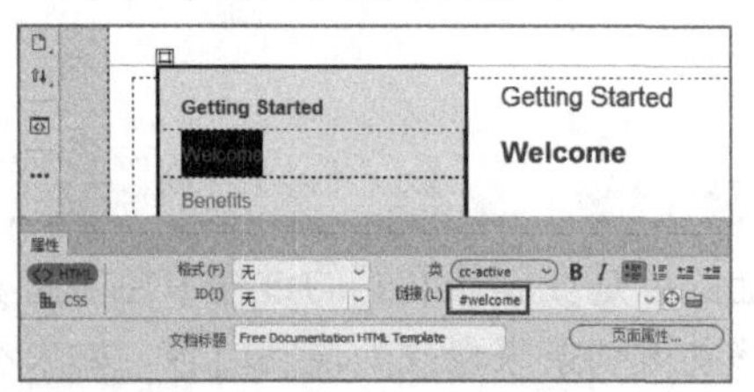

step 4 重复步骤 3 的操作，为导航栏中的其他文本设置相应的网页内部链接。

step 5 将鼠标光标插入页面中标题文本 Welcome 的前面，在【文档】工具栏中单击【拆分】按钮，切换至拆分视图，在底部的代码窗口中输入：

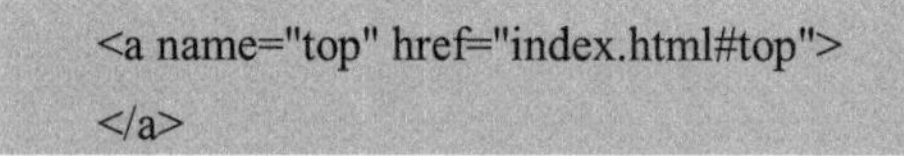

```
<a name="top" href="index.html#top">
</a>
```

step 6 此时，设计视图中将添加如下图所示的锚点图标。

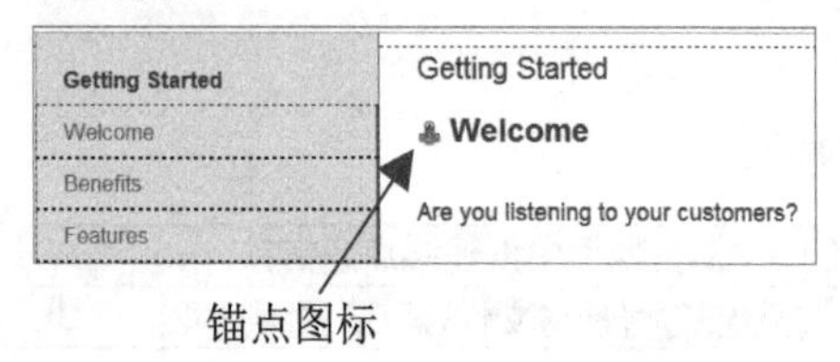

step 7 单击【文档】工具栏中的【设计】按钮，切换至设计视图，然后向下滚动页面，并选中标题文本上的图像.

step 8 在图像的【属性】面板的【链接】文本框中输入#top。

step 9 按下 F12 键，在打开的提示框单击【是】按钮，在浏览器中预览网页，即可实现本节开头部分所示网页的。

在 Dreamweaver 中命名锚点需要两个步骤。首先将要命名的锚点放置在网页中的某个位置。这个位置在 HTML 中将被编码为一个使用 name 属性的锚点来标识，在其开始标签和结束标签之间不包括任何内容。在 HTML 中，命名锚点的代码如下：

```
<a name="top">
</a>
```

其次是为要命名的锚点添加超链接。在由符号#指定的部分，命名锚点将会被引用，代码如下所示：

```
<a href="#top">
</a>
```

如果锚点超链接是指向具体页面的锚点，那么要为命名的锚点添加一个来自网页上其他任何位置的超链接。这样，在一个 Internet 地址的最后由符号#指定的部分，命名锚点将会被引用，代码如下所示：

```
<a href="index.html#top">
</a>
```

6.4 设置音视频超链接

在网页中使用源代码链接音频或视频文件时，单击超链接的同时会自动运行播放软件，从而播放相关内容，如下图所示。如果链接的是 MP3 文件，则单击超链接后，将会打开【文件下载】对话框，在该对话框中单击【打开】按钮，就可以听到音乐。下面将通过实例介绍在 Dreamweaver 中创建音视频超链接的方法。

打开

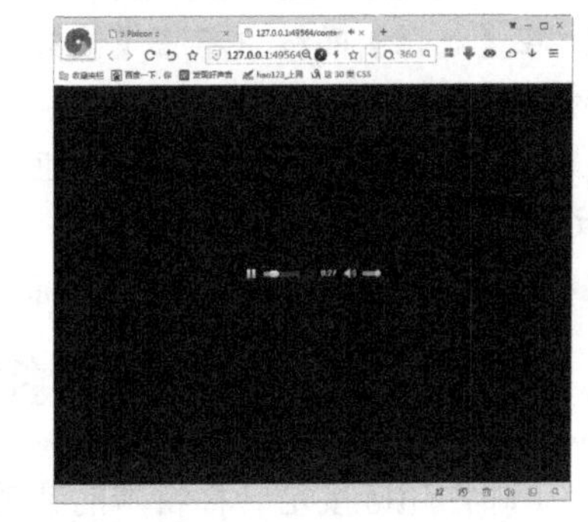

网页中音视频超链接的效果

【例 6-3】在网页中创建音频超链接。
视频+素材 (素材文件\第 06 章\例 6-3)

step 1 选中网页中的播放图标，在【属性】面板中单击【矩形热点工具】，在图标上绘制如下图所示的矩形热点区域。

step 2 选中绘制的矩形热点区域，在【属性】面板中单击【链接】文本框后的【浏览文件】按钮。

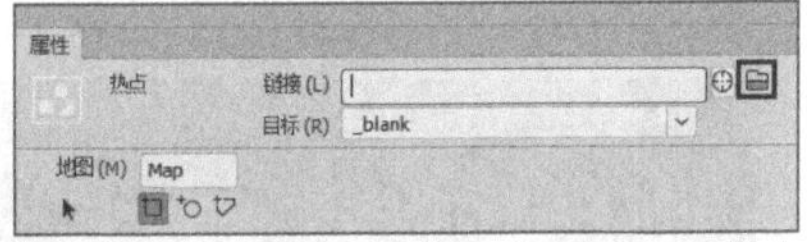

step 3 打开【选择文件】对话框，选中一个音频文件后，单击【确定】按钮。

step 4 将网页保存后，按下 F12 键预览网页，单击页面中设置的音频超链接，并在打开的【文件下载】对话框中单击【打开】按钮，浏览器将在打开的窗口中播放音乐。

6.5 设置文件下载超链接

在提供软件和源代码下载的网站中，文件下载超链接是必不可少的，它们可以帮助访问者下载相关资料，效果如下图所示。下面将通过实例，介绍在 Dreamweaver 中创建文件下载超链接的方法。

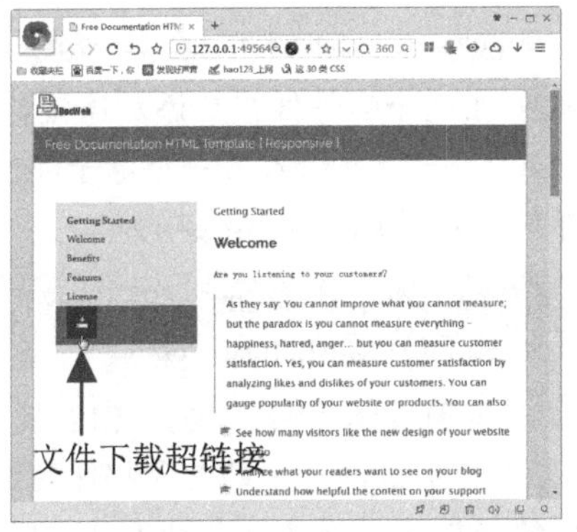

打开

网页中文件下载超链接的效果

【例 6-4】在网页中创建文件下载超链接。
视频+素材 (素材文件\第 06 章\例 6-4)

step 1 打开网页素材文件，选中页面中需要设置文件下载超链接的网页元素。

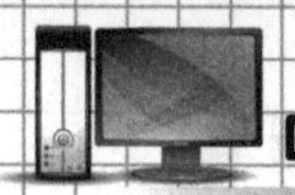

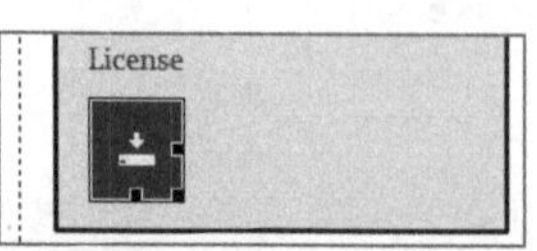

step 2 在【属性】面板中单击【链接】文本框后的【浏览文件】按钮。

step 3 在打开的【选择文件】对话框中选中一个文件后，单击【确定】按钮。

step 4 单击【属性】面板中的【目标】下拉按钮，在弹出的下拉列表中选中 new 选项。

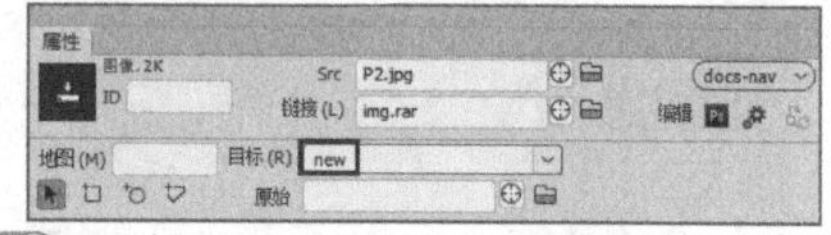

step 5 选择【文件】|【保存】命令，将网页保存，然后按下 F12 键预览网页，即可通过文件下载超链接下载文件。

6.6 设置电子邮件超链接

电子邮件超链接是一种特殊的超链接，单击电子邮件超链接，可以打开一个空白的邮件窗口，在该窗口中用户可以创建电子邮件，并设定将其发送到指定的电子邮箱，效果如下图所示。下面将通过实例，介绍在 Dreamweaver 中创建电子邮件超链接的具体方法。

打开

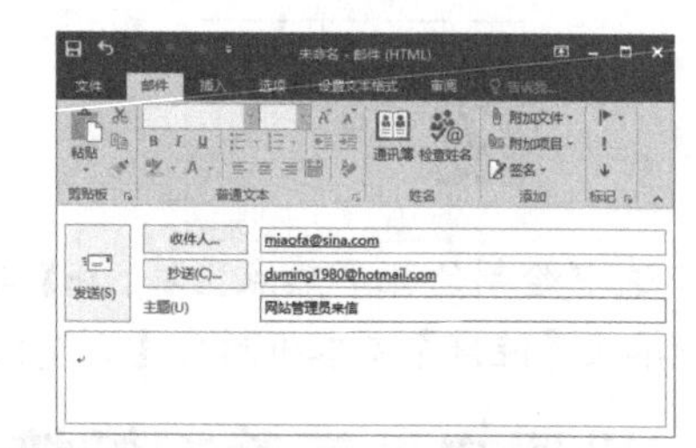

网页中电子邮件超链接的效果

【例 6-5】在网页中创建电子邮件链接。
视频+素材 (素材文件\第 06 章\例 6-5)

step 1 打开网页素材文档后，在网页中选中需要设置电子邮件超链接的网页对象，例如下图所示的图像热点区域。

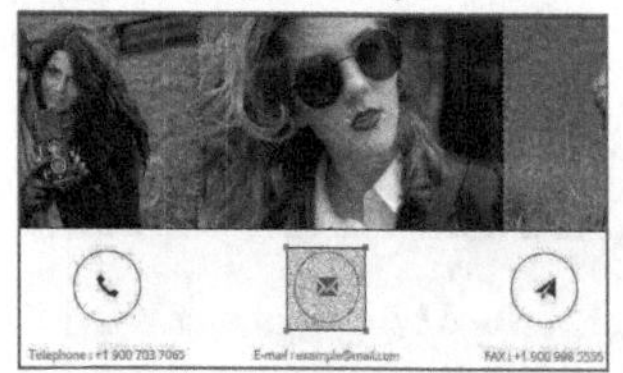

step 2 在【属性】面板的【链接】文本框中输入以下代码：

```
mailto:miaofa@sina.com
```

step 3 在【属性】面板的电子邮件链接后，首先输入符号?，然后输入“subject=”，为电子邮件设定预置主题，具体代码如下：

```
mailto:miaofa@sina.com? subject=网站管理员来信
```

step 4 在电子邮件链接后添加连接符&，然后输入“cc=”，并输入另一个电子邮件地址，为邮件设定抄送，具体代码如下：

```
mailto:miaofa@sina.com? subject=网站管理员来信&cc=duming1980@hotmail.com
```

step 5 将网页保存后，按下 F12 键预览网页。当用户单击网页中的电子邮件超链接时，弹出的邮件应用程序将自动为电子邮件添加主题和抄送邮件地址。

这里需要注意的是：如果在网页中单击电子邮件超链接后，浏览器没有打开电子邮件编辑软件，就说明计算机上没有安装电子邮件软件。

6.7 管理超链接

通过管理网页中的超链接，可以对网页进行相应的管理。管理超链接主要包括更新超链接、修改超链接和测试超链接。

6.7.1 更新超链接

在站点内移动或重命名文档时，Dreamweaver 会自动更新指向该文档的超链接。将整个站点存储在本地磁盘上时，自动更新超链接最适用，但需要注意的是，Dreamweaver 不会更改远程文件夹中的相应文件。为了加快更新速度，Dreamweaver 会创建一个缓存文件，用来存储跟本地文件夹有关的所有链接信息，在添加、删除或更改指向本地站点上文件的超链接时，该缓存文件会以可见方式进行更新。

在 Dreamweaver 中设置自动更新超链接的方法如下：

step 1 选择【编辑】|【首选项】命令，打开【首选项】对话框，在【分类】列表框中选择【常规】选项，打开下图所示的选项区域。

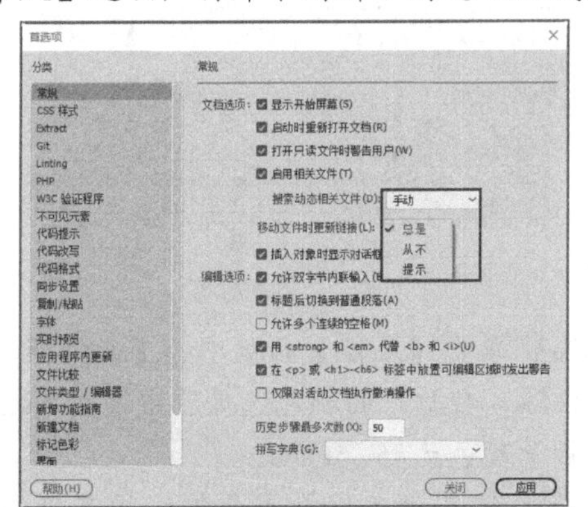

step 2 在【文档选项】选项区域中的【移动文件时更新链接】下拉列表中选择【总是】选项或【提示】选项。如果选择【总是】选项，在每次移动或重命名文档时，Dreamweaver 会自动更新指向该文档的所有超链接；选择【提示】选项，系统将自动显示一个信息提示框，提示是否更新文件，单击【是】按钮将更新这些文件中的超链接。

6.7.2 修改超链接

除自动更新超链接外，还可以手动修改创建的所有超链接，以指向其他位置。在 Dreamweaver 中修改超链接的方法如下：

step 1 选择【站点】|【站点选项】|【改变站点链接范围的链接】命令，打开【更改整个站点链接】对话框。

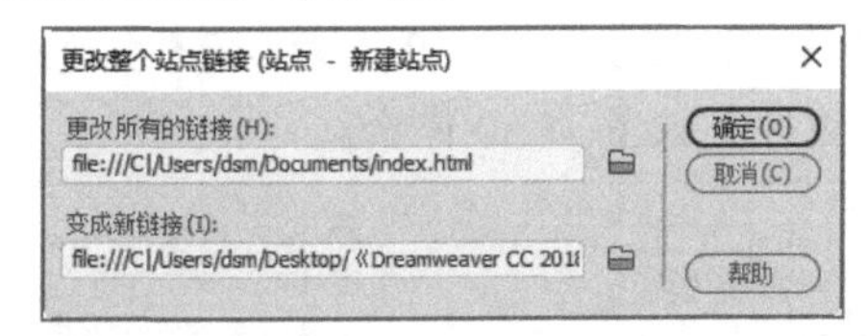

step 2 在【更改整个站点链接】对话框中，单击【更改所有的链接】文本框右侧的文件夹按钮，选择要取消链接的目标文件。如果更改的是电子邮件超链接、FTP 超链接、空链接或脚本链接，可以直接在文本框中输入要更改的超链接的完整文本。

step 3 单击【变成新链接】文本框右侧的文件夹按钮，选择要链接到的新文件，单击【确定】按钮，打开【更新文件】对话框，如下图所示。单击对话框中的【更新】按钮，即可更改整个站点范围内的超链接。

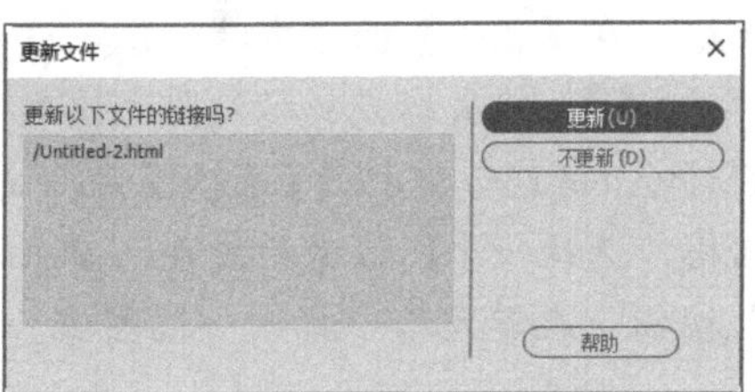

6.7.3 测试超链接

Dreamweaver 中常见的超链接是不能显示链接对象的，但可以在网页文档中打开链接页面，测试超链接。要测试超链接，首先选中并右击要测试的超链接，在弹出的菜单中选择【打开链接页面】命令；或者按 Ctrl 键，双击选中的超链接，在新窗口中打开链接的网页文档。但需要注意的是，测试页面必须保存在本地站点中。

6.8 案例演练

本章的案例演练部分将通过实例制作摄影社区的首页和图片展示等网页，在网页中应用表格以构建网页结构，通过设置超链接创建页面文本与其他文档的链接。用户可以通过具体操作巩固所学的知识。

【例 6-6】创建用于展示摄影照片的图片浏览网页。
视频+素材 (素材文件\第 06 章\例 6-6)

step 1 按下 Ctrl+Shift+N 组合键创建一个网页文档，按下 Ctrl+F3 组合键显示【属性】面板，单击其中的【页面属性】按钮。

step 2 打开【页面属性】对话框，在【分类】列表框中选择【外观(CSS)】选项，将【背景颜色】设置为 rgba(138,135,135,1)，将【上边距】、【下边距】设置为 0 像素，将【左边距】、【右边距】设置为 50 像素。

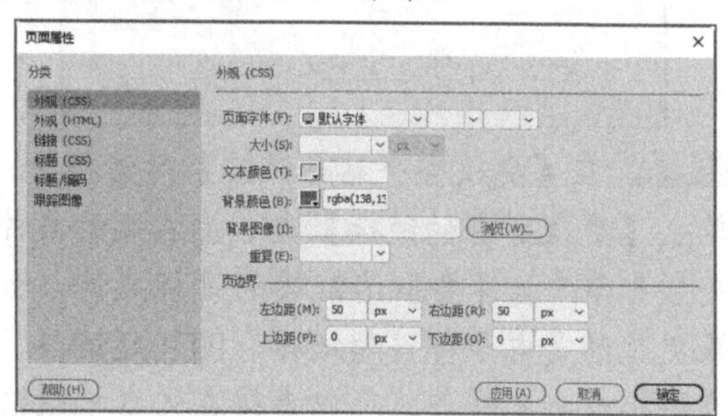

step 3 按下 Ctrl+Alt+T 组合键打开【表格】对话框，将【行数】和【列】都设置为 1，将【表格宽度】设置为 685 像素，将【边框粗细】、【单元格边距】和【单元格间距】设置为 0 像素。

step 4 单击【确定】按钮，在页面中插入一个表格，在【属性】面板中将 Align 设置为【居中对齐】。将鼠标光标插入单元格内，按下 Ctrl+Alt+I 组合键打开【选择图像源文件】对话框，选择一个图像素材文件，单击【确定】按钮，在单元格中插入一幅图像。

step 5 将鼠标光标置于表格的外侧，按下 Ctrl+Alt+T 组合键，在网页中插入一个 1 行 4 列、宽度为 685 像素的表格。

step 6 将鼠标光标置于插入的表格的任意单元格中，在状态栏中单击<tr>标签，在【属性】面板中将【水平】设置为【居中对齐】，将【垂直】设置为【居中】，将【宽】设置为 25%，将【高】设置为 30。

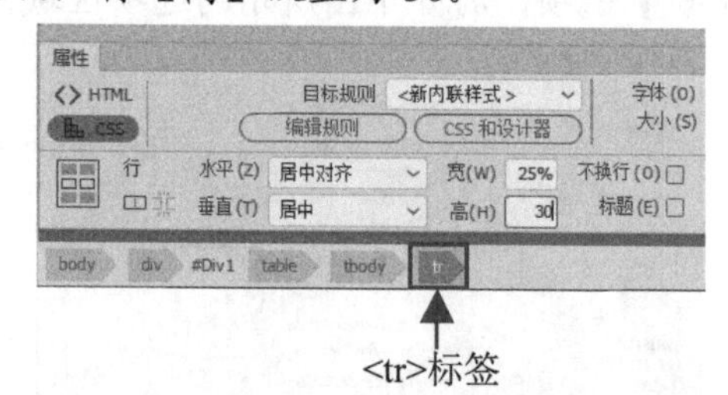

step 7 单击【属性】面板中的【背景颜色】按钮，在打开的颜色选择器中设置单元格的背景颜色为#5C5C5C。

step 8 将鼠标光标置于表格的所有单元格中，输入文本并在【属性】面板中设置文本的字体属性。

step 9 将鼠标光标插到表格的外侧，按下 Ctrl+Alt+T 组合键，插入一个 10 行 3 列、宽度为 685 像素的表格。

step 10 选中表格的第 3 列单元格，在【属性】面板中单击【合并所选单元格，使用跨度】按钮，合并该列单元格。

step 11 使用同样的方法，合并表格中的其他单元格，并在表格中输入文本，插入水平线和图像素材。

step 12 将鼠标光标置于表格外侧，按下 Ctrl+Alt+T 组合键，在页面中插入一个 3 行 4 列、宽度为 685 像素的表格。

step 13 合并表格的第一列单元格，然后在表格的每个单元格中插入右上图所示的图像素材，并设置单元格的背景颜色为#EBEBEB。

step 14 选中步骤 13 制作的表格，按下 Ctrl+C 键将其复制，然后将鼠标光标置于表格的后方，按下 Ctrl+V 组合键，将复制的表格粘贴。

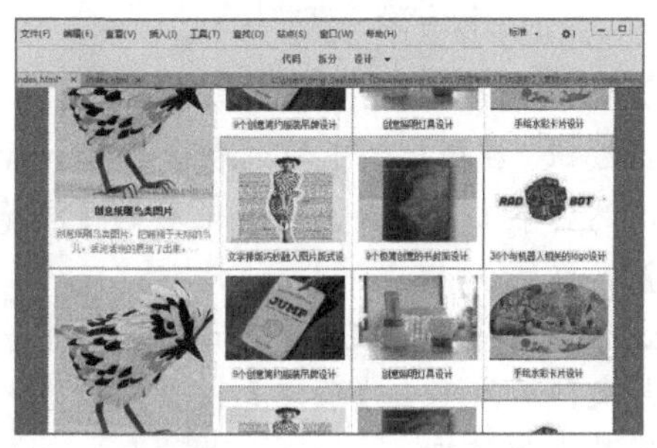

step 15 编辑粘贴后的表格中的图片，使其效果如下图所示。

step 16 将鼠标光标置于表格外侧，按下 Ctrl+Alt+T 组合键，在页面中插入一个 2 行 3 列、宽度为 685 像素的表格。

step 17 合并表格的第一行单元格，并在其中插入一条水平线，将鼠标光标插入表格的第 2 行、第 2 列的单元格中，在其中输入文本，并设置文本的字体格式。

step 18 选中输入的文本“进阶实战”，在 HTML【属性】面板的【链接】文本框中输入以下链接地址：

```
http://www.tupwk.com.cn/improve2/
```

step 19 选中网页中的图像，在图像的【属性】

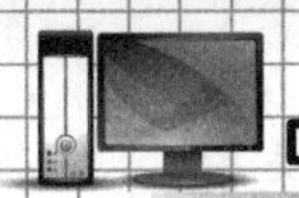

面板中单击【矩形热点工具】按钮，在图像上创建如下图所示的矩形热点区域。

step 20 在热点的【属性】面板中单击【目标】下拉按钮，在弹出的下拉列表中选择 new 选项，然后单击【链接】文本框后的【浏览文件】按钮。

step 21 打开【选择文件】对话框，选中一个图片文件后，单击【确定】按钮，设置一个图像热点超链接。

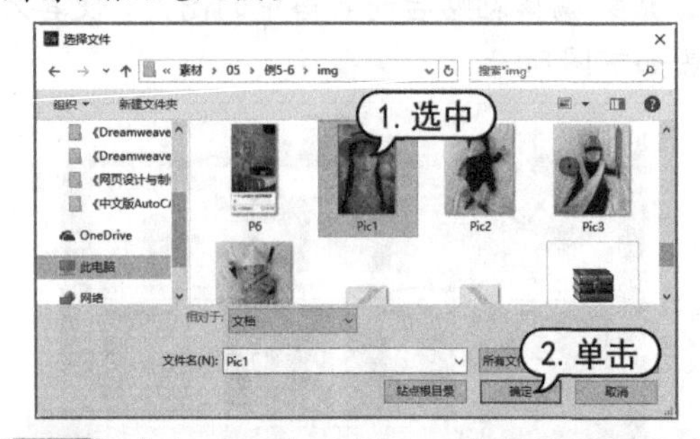

step 22 选中网页中的图片，在【链接】文本框中输入一个网页的 URL 地址，然后单击【目标】下拉按钮，在弹出的下拉列表中选择 _blank 选项，创建一个图像超链接。

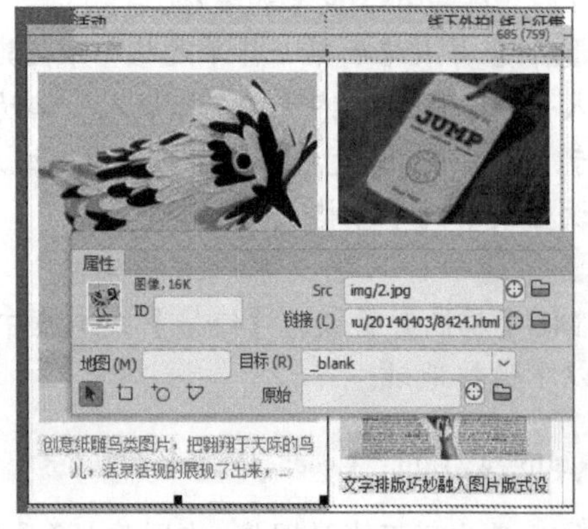

step 23 重复以上操作，为网页中的文本、图像创建超链接，完成后按下 Ctrl+Shift+S 组合键，打开【另存为】对话框，将网页文件以文件名 index.html 保存。按下 F12 键，在浏览器中预览网页，效果如下图所示。

第7章

使用表格

网页内容的布局方式取决于网站的主题定位。在 Dreamweaver 中，表格是最常用的网页布局工具，表格在网页中不仅可以排列数据，还可以对页面中的图像、文本、动画等元素进行准确定位，使页面效果显得整齐而有序。

本章对应视频

例 7-1 输入表格文本
例 7-2 插入表格图像
例 7-3 排版表格布局
例 7-4 排序表格内容
例 7-5 导入表格式数据
例 7-6 制作婚嫁网站首页
例 7-7 制作网站引导页面

7.1 创建与调整表格

网页能够向访问者提供的信息是多样化的，包括文字、图像、动画和视频等。如何使这些网页元素在网页中的合理位置显示出来，使网页变得不仅美观而且有条理，是网页设计者在着手设计网页之前必须考虑的问题。表格的作用就是帮助用户高效、准确地定位各种网页数据，并且直观、鲜明地表达设计者的思想。

7.1.1 网页中表格的用途

使用表格排版的页面在不同平台、不同分辨率的浏览器中都能保持它们原有的布局，并且在不同的浏览器平台上具有较好的兼容性，所以表格是网页中最常用的排版方式之一。

- 有序地整理页面内容：一般文档中的复杂内容可以利用表格有序地进行整理。在网页中也不例外，在网页文档中利用表格，可以将复杂的页面元素整理得更有序。用户可以编辑设计好的表格，改变它的行数、列数，拆分与合并单元格，改变其边框、底色，使页面中的元素合理有序地整合在一起。
- 合并页面中的多个图像：在制作网页时，有时需要使用较大的图像。在这种情况下，最好将图像分割成几个部分，再插到网页中，分割后的图像可以利用表格合并起来。
- 构建网页文档的布局：在制作网页文档的布局时，可以选择是否显示表格。大部分网页的布局都用表格形成，但由于有时不显示表格边框，因此访问者察觉不到网页的布局由表格形成这一特点。利用表格，可以根据需要拆分或合并文档的空间，随意地布置各种元素。

7.1.2 创建表格

在 Dreamweaver 中，按下 Ctrl+Alt+T 组合键(或选择【插入】| Table 命令)，可以打开 Table 对话框。通过在该对话框中设置表格参数，可以在网页中插入表格，具体操作方法如下：

step 1 将鼠标光标插入网页中合适的位置，按下 Ctrl+Alt+T 组合键。

step 2 打开 Table 对话框，设置行数、列、表格宽度、标题、摘要等参数，单击【确定】按钮即可。

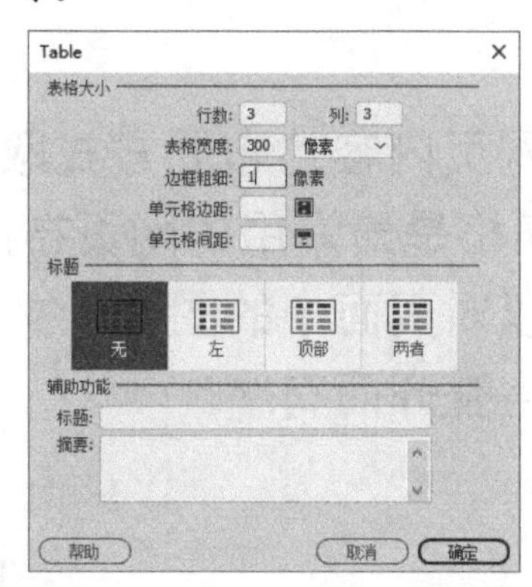

step 3 此时，将在网页中插入效果如下图所示的表格。

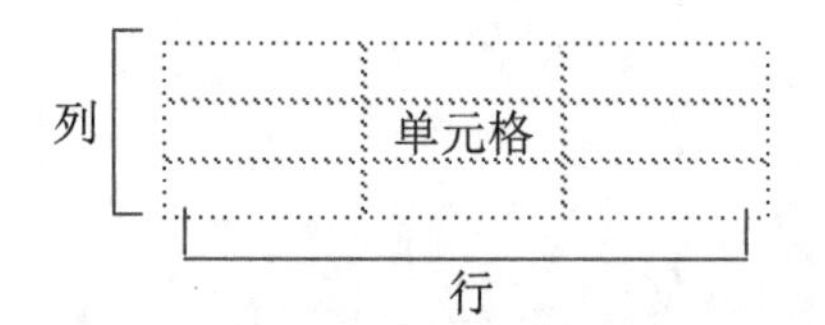

Table 对话框中各选项的功能说明如下：

- 【行数】文本框：可以在该文本框中输入表格的行数。
- 【列】文本框：可以在该文本框中输入表格的列数。
- 【表格宽度】文本框：可以在该文本框中输入表格的宽度，在右边的下拉列表中可以选择度量单位，包括【百分比】和【像素】两个选项。
- 【边框粗细】文本框：可以在该文本框中输入表格边框的粗细。
- 【单元格边距】文本框：可以在该文本框中输入单元格中的内容与单元格边框之间的距离值。

➤ 【单元格间距】文本框：可以在该文本框中输入单元格之间的距离值。

➤ 【标题】文本框：用于设定表格的标题。

➤ 【摘要】文本框：用于输入关于表格的摘要说明。该内容虽然不显示在浏览器中，但可以在平面阅读器中识别，并且可以被转换为语音。

选中在网页中插入的表格后，将会在表格的边框上显示整个表格的宽度值。在后期调整表格的宽度时，该值也会一起发生改变。单击表格边框上显示的宽度值，在弹出的下拉列表中，选择【使所有宽度一致】选项，可以使代码在页面中显示的宽度一致。

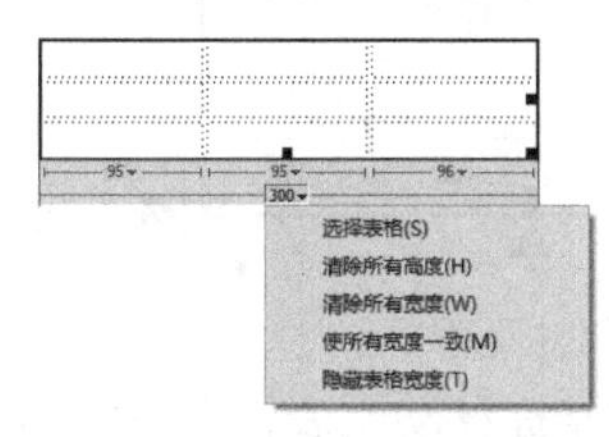

保持表格处在选中状态，切换到【代码】视图，在网页的源代码中可以看到，定义了一个表格，在<table>开始标签和</table>结束标签之间包含所有的元素。

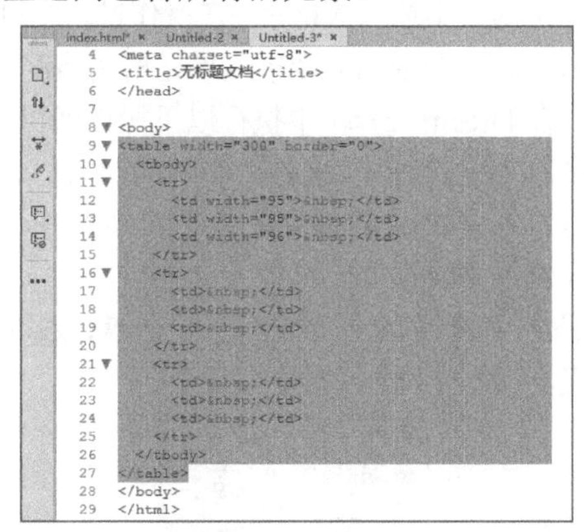

表格元素包括数据项、行和列的表头以及标题，每一项都有自己的修饰标签。按照从上到下、从左到右的顺序，可以为表格的每列定义表头和数据。

用户可以将任意元素放在 HTML 表格的单元格中，包括图像、表单、分割线、表头，甚至另一个表格。浏览器会将每个单元格作为一个窗口处理，让单元格的内容填满空间，当然在这个过程中会有一些特殊的格式规定和范围。

在网页的源代码中，只需要 5 个标签就可以生成一个样式较为复杂的表格。

➤ <table>标签，在文档的主体内容中封闭表格及其元素。

➤ <tr>标签，定义表格中的一行。

➤ <td>标签，定义数据单元格。

➤ <th>标签，定义表头。

➤ <caption>标签，定义表格的标题。

下面将分别介绍以上 5 个标签的具体使用方法。

1. <table>、<tr>和<td>标签

表格中所有的结构和数据都被包含在表格标签<table>和</table>之间。其中，<table>标签包含许多影响表格的宽度、高度、摘要、边框以及页面对齐方式和背景颜色的属性。例如，创建宽度为 300 像素、边框粗细为 1 像素、摘要文本为“A 组数据信息”的表格后，网页源代码中的<table>标签如下图所示。

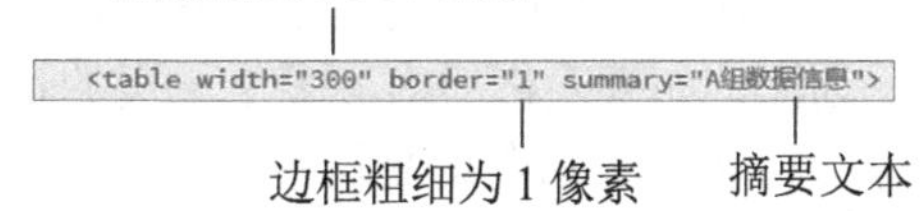

2. <th>标签

将<th>标签引入表格，会在表格的一行中创建表头。表头用粗体样式标记，文本表头会在中间对齐。在<tr>标签内使用<td>标签会在一行中创建表头，其他内容的默认对齐方式也可能和数据的对齐方式不同。数据通常默认为左对齐，但是文本表头会在中间对齐。与表格行标签<tr>中的其他标签一样，<th>标签支持丰富的样式和内容对齐属性，这样可以将它们用于表头单元格。这些属性会覆盖原来当前行的默认值。与<td>标签一样，<th>标签中的内容可以是放置到文档主体中的任意元素，包括文字、图像等，甚至可以是另一个表格，如下图所示。

```
9   <table>          <!--声明表格开始-->
10      <tr>         <!--声明行开始-->
11       <th>        <!--声明表头开始-->
12       </th>        <!--声明表头结束-->
13      </tr>        <!--声明行结束-->
14  </table>         <!--声明表格结束-->
```

3. <caption>标签

一般情况下，表格需要一个标题来说明其内容。浏览器提供了一个<caption>标签，在<table>标签后立即加入<caption>标签及其内容，<caption>标签也可以放在表格和<tr>标签之间的任何地方。标题可以包括任何主体内容，这一点类似表格中的单元格。

```
9   <table>          <!--声明表格开始-->
10  <caption>标题内容</caption>
11      <tr>         <!--声明行开始-->
12       <th>        <!--声明表头开始-->
13       </th>        <!--声明表头结束-->
14      </tr>        <!--声明行结束-->
15  </table>         <!--声明表格结束-->
```

除了上面介绍的 5 种标签以外，还可以在表格的源代码中使用<thead>、<tbody>以及<tfoot>标签划分表格。

- <thead>标签：使用<thead>标签可以定义表格的一组首行，如下图所示。在<thead>标签中可以放置一个或多个<tr>标签，用于定义表首的行。当以大部分方式打印表格或显示表格时，浏览器会复制这些表首。因此，如果表格的内容多于一页的话，在每个打印页上都会重复这些表首。

```
10 ▼ <thead>
11   表首内容
12   </thead>
```

- <tbody>标签：使用<tbody>标签，可以将表格分成一个单独的部分，该标签可以将表格中的一行或几行合成一组。

```
10 ▼ <tbody>
11   表主体内容
12   </tbody>
```

- <tfoot>标签：使用<tfoot>标签，可以为表格定义表注。与<thead>类似，它可以包括一个或多个<tr>标签，这样就可以定义一些行，浏览器将这些行作为表格的表注。因此，如果表格跨越多个页面，浏览器会重复这些行。

7.1.3 调整表格

在网页中插入表格后，可以通过调节表格大小、添加与删除行、列等操作，使表格的形状符合网页制作的需要。

1. 调整表格大小

当表格四周出现黑色边框时，就表示表格已经被选中。将光标移动到表格右下方的尺寸手柄上，光标会变成↘或↕形状。在此状态下按住鼠标左键，向左右、上下或对角线方向拖动即可调整表格的大小。

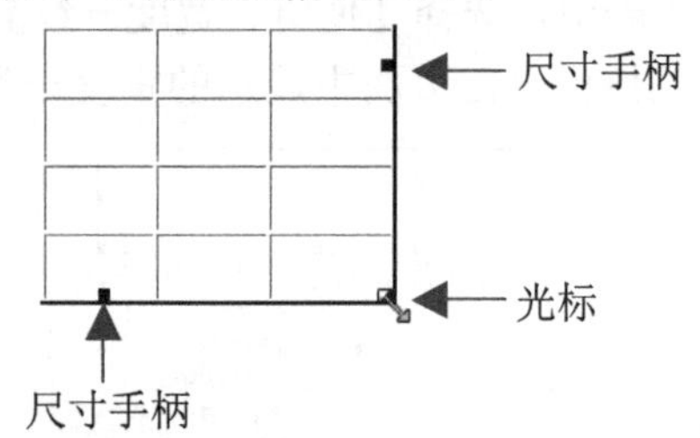

当把光标移动到表格右下方的手柄处，光标变为↘形状时，可以通过向下拖动来增大表格的高度。

2. 添加行和列

在网页中插入表格后，在操作过程中可能会出现表格的中间需要嵌入单元格的情况。此时，在 Dreamweaver 中执行以下操作即可：

step 1 将光标插入表格中合适的位置，右击鼠标，在弹出的菜单中选择【表格】|【插入行或列】命令。

step 2 打开【插入行或列】对话框，在其中设置行数、列数以及插入位置。

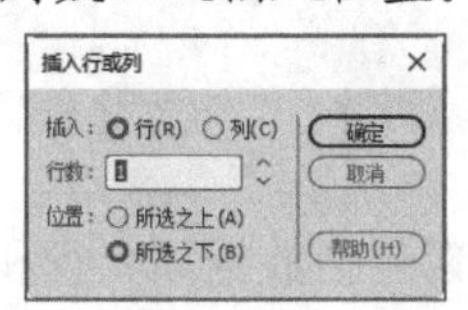

step 3 单击【确定】按钮，即可在表格中添加指定数量的行或列。

【插入行或列】对话框中各选项的功能说明如下：

- 【插入】选项区域：可选择添加【行】或【列】。

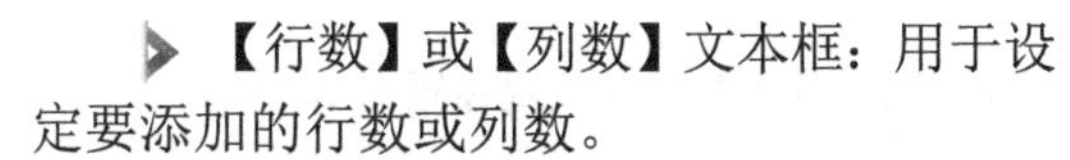

▶【行数】或【列数】文本框：用于设定要添加的行数或列数。

▶【位置】选项区域：选择添加行或列的位置，包括【所选之上】和【所选之下】、【当前列之前】和【当前列之后】等选项。

另外，将光标插到表格的最后一行的最后一个单元格中，按下 Tab 键，可以快速插入一个新行。

3. 删除行和列

要删除表格中的行，最简单的方法是将光标移动到行左侧的边缘处，当光标变为→形状时单击，选中想删除的行，然后按下 Delete 键。

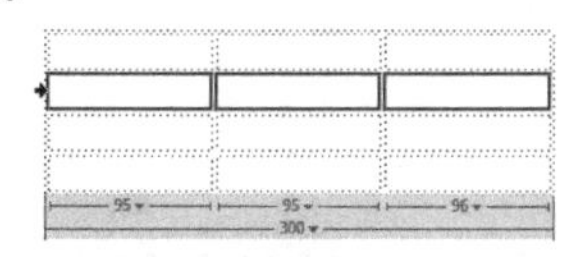

要删除表格中的列，可以将光标移动到列上方的边缘处，当光标变为↓形状时单击，选中想要删除的列，然后按下 Delete 键即可。

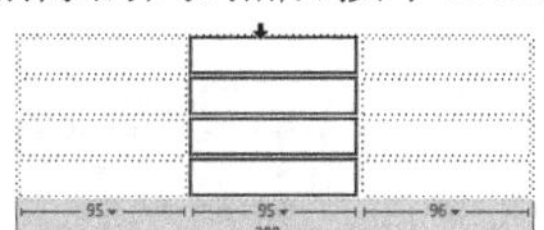

4. 合并与拆分单元格

在制作页面时，如果插入的表格与实际效果不相符，例如有单元格缺少或多余的情况，可根据需要，执行拆分和合并单元格操作。

▶ 在要合并的单元格上按住鼠标左键拖动将其选中，选择【编辑】|【表格】|【合并单元格】命令即可。

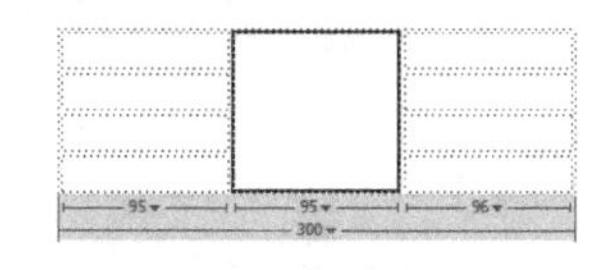

▶ 选择需要拆分的单元格，选择【编辑】|【表格】|【拆分单元格】命令，或单击【属性】面板中的合并按钮，打开【拆分单元格】对话框；选择要把单元格拆分成行还是列，然后设置要拆分的行数或列数，单击【确定】按钮即可拆分单元格。

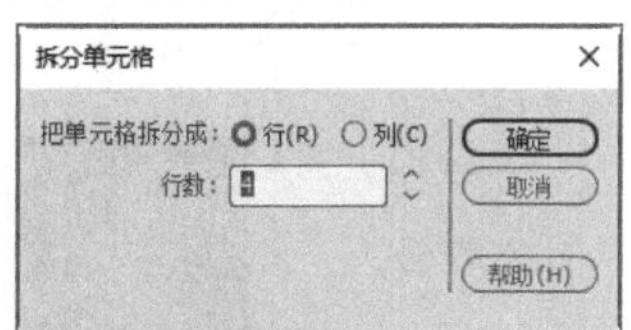

5. 创建合适的表格宽度

在网页中创建表格后，为了使表格在页面中的显示效果能够符合网页制作的要求，用户需要为表格设置合适的宽度。

在 Table 对话框中，设置表格宽度的单位有百分比和像素两种。当设置表格的宽度为 80%时，如果当前所打开窗口的宽度为 300 像素，那么表格的实际宽度为浏览器窗口宽度的 80%，即 240 像素。如果浏览器窗口的宽度为 600 像素，则表格的实际宽度为 480 像素。综上所述，将表格的宽度用百分比指定时，随着浏览器窗口宽度的变化，表格的宽度也会发生变化。与此相反，如果用像素指定表格的宽度，则与浏览器窗口的宽度无关，总会显示确定的宽度。因此，当缩小窗口的宽度时，有时会出现看不到表格中部分内容的情况。

如果用户希望网页在任何窗口大小下观看效果都一样，可以将网页最外围表格的宽度设置为以百分比为单位；如果希望网页保持绝对的大小，不会随浏览器显示的大小改变而改变，可以设置表格使用像素作为单位。

7.2　为表格添加内容

在网页中，在插入的表格中可以添加包括文本、图像、动画等类型的各种页面元素。为表格添加内容的方法很简单，用户只需要将鼠标光标定位到要添加内容的单元格中，然后按照添加网页元素的方法操作即可。下面将通过一个实例，介绍在网页表格中添加下图所示文本和图像等内容的具体操作，帮助新手快速掌握网页表格。

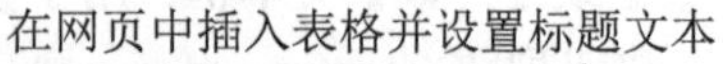

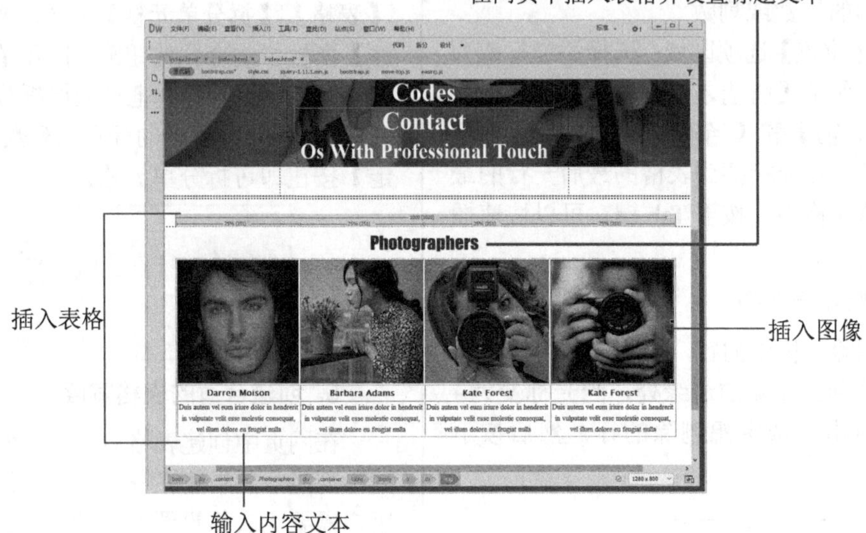

在表格中插入图片和文本

7.2.1 在表格中输入文本

在表格中输入文本的方法与在网页中输入文本的方法基本相同，将鼠标光标插到需要输入文本的表格单元格中，即可输入相关的文字。同时，也可以在【属性】面板中设置表格文本的格式。

【例 7-1】在网页中创建表格，并在其中输入文本。
视频+素材 (素材文件\第 07 章\例 7-1)

step 1 打开网页素材文档，将鼠标光标置于页面中合适的位置，按下 Ctrl+Alt+T 组合键，打开 Table 对话框。创建一个 3 行 4 列、宽度为 100%并附有标题文本的表格。

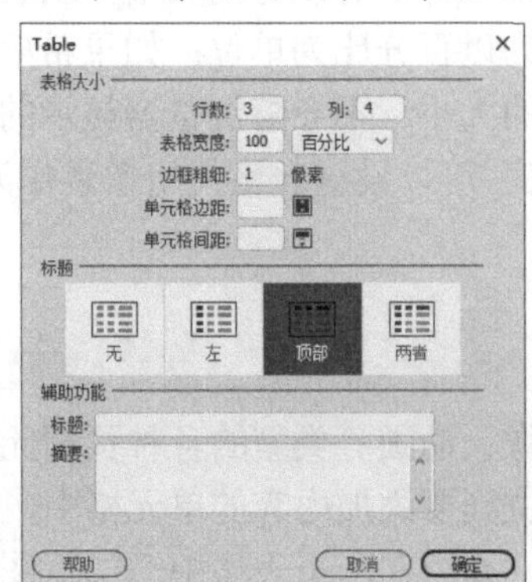

step 2 选中页面中表格的标题文本“Photographers”，按下 Ctrl+F3 组合键，显示【属性】面板。在【字体】选项区域中设置文本的字体，在【大小】选项区域设置文本的大小和颜色。

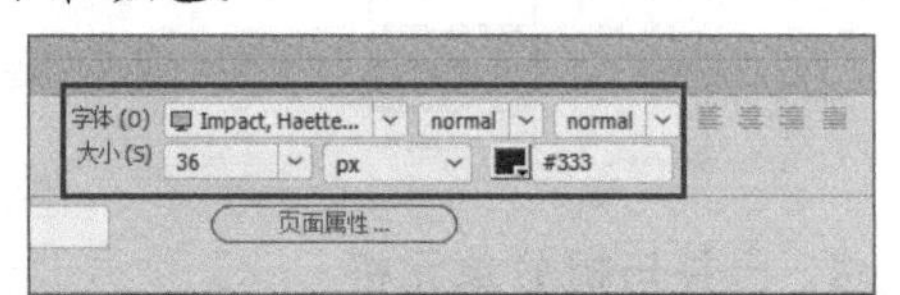

step 3 将鼠标光标分别插入表格第 2 行和第 3 行的单元格中，输入表格内容文本。

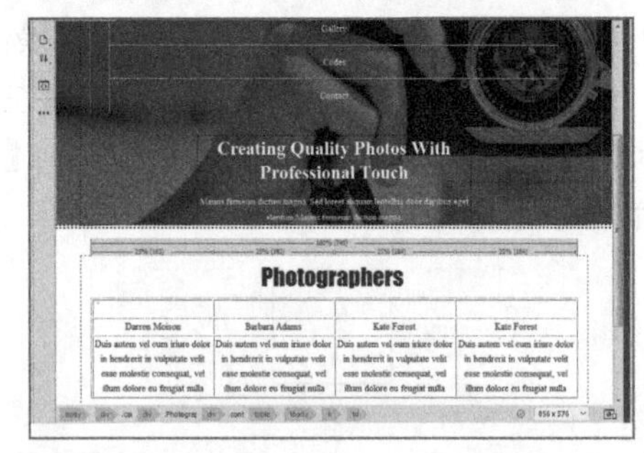

step 4 在【属性】面板中分别设置表格各单元格的文本格式和颜色，完成表格内容文本的设置。

7.2.2 在表格中插入图像

在表格中插入图像的方法与在网页中插

入图像的方法类似，下面通过实例来介绍。

【例 7-2】继续【例 7-1】，在网页表格中插入并调整图像。

视频+素材 (素材文件\第 07 章\例 7-2)

step 1 将鼠标光标置于表格第一行、第一列的单元格内，按下 Ctrl+Alt+I 组合键，打开【选择图像源文件】对话框，选择一个图像素材文件。

step 2 单击【确定】按钮，在网页中插入一个图像。在【属性】面板中设置图像的宽和高，使其在单元格中的效果如下图所示。

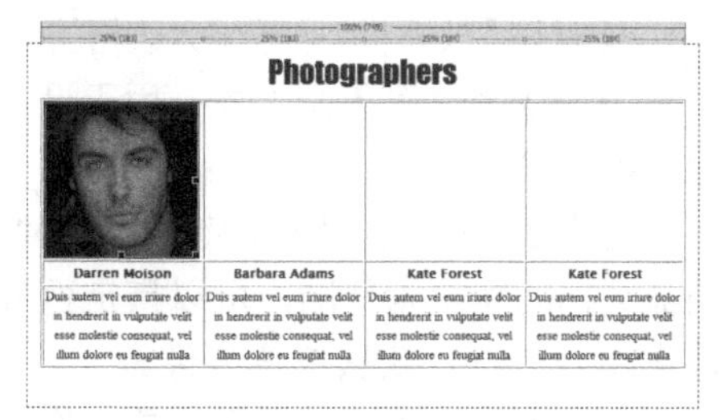

step 3 重复以上操作，在表格中插入更多的图像，按下 Ctrl+S 组合键，完成表格的制作。

7.3 设置表格和单元格属性

表格由单元格组成，即使一个最简单的表格，也包含一个单元格。表格与单元格的属性完全不同，选择不同的对象(表格或单元格)，【属性】面板将会显示相应的选项参数，如下图所示。本节将主要介绍在网页制作过程中如何通过设置表格属性，制作出效果出色的表格。

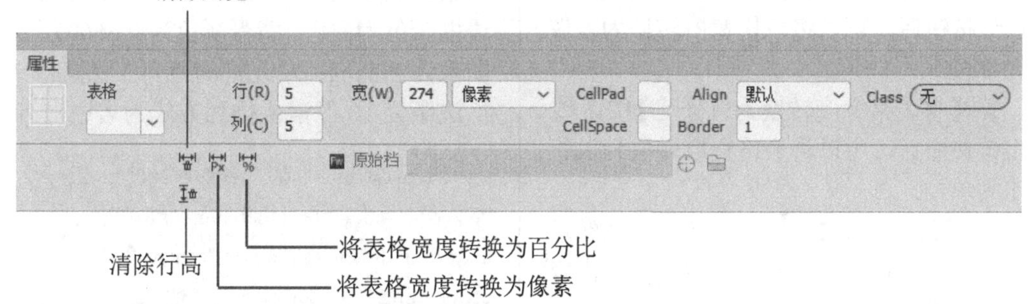

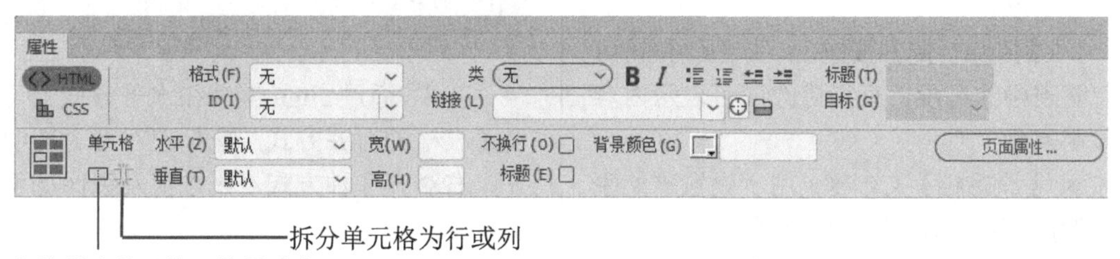

表格和单元格的【属性】面板

7.3.1 设置表格属性

在 Dreamweaver 中，将鼠标光标移动至表格左上方，当光标变为▦形状时单击，如右图所示(或选择【编辑】|【表格】|【选择表格】命令)，可以选中整个表格，并显示如上图所示的表格【属性】面板。

在表格【属性】面板中，各选项的功能

说明如下：

- 【表格】文本框：用于输入表格的名称。
- 【行】和【列】文本框：用于设置表格的行数和列数。
- 【宽】文本框：用于指定表格的宽度。以当前文档的宽度为基准，可以指定百分比或像素作为单位。默认单位为像素。
- CellPad 文本框：用于设置表格内容和单元格边框之间的间距。可以认为是表格内侧的空格。将该文本框设置为 0 以外的数值时，在边框和内容之间会生成间隔。
- Align 下拉列表：用于设置表格在文档中的位置，包括默认、左对齐、居中对齐和右对齐 4 个选项。
- Class 下拉列表：用于设置表格的样式。
- 【将表格宽度转换为像素】按钮：单击该按钮后，可以将表格宽度转换为以像素为单位。
- 【将表格宽度转换为百分比】按钮：单击该按钮后，可以将表格宽度转换为以百分比为单位。
- 【清除列宽】按钮：单击该按钮可以忽略表格的宽度，直接更改成可表示内容的最小宽度。
- 【清除行高】按钮：单击该按钮可以忽略表格的高度，直接更改成可表示内容的最小高度。
- 【原始档】文本框：用于设置原始表格图像的 Fireworks 源文件路径。
- CellSpace 文本框：用于设置单元格之间的间距。将该文本框设置为 0 以外的数值时，在单元格和单元格之间会出现空格，因此两个单元格之间有一些间距。
- Border 文本框：用于设置表格的边框厚度。大部分浏览器中，表格的边框都会采用立体性的效果，但在为了整理网页而使用的布局表格文档中，最好不要显示边框，将边框值设置为 0。

在网页的源代码中，<table>标签用于定义表格，常用属性如右上表所示。

< table >标签的属性及说明

属　性	说　明
border	边框
width	宽度
height	高度
bordercolor	边框颜色
bgcolor	背景颜色
background	背景图片
cellspacing	单元格间距
cellpadding	单元格边距
align	排列方式
frame	设置边框效果

例如，下面的代码声明：表格边框为 1 像素、宽度为 400 像素、高度为 200 像素；边框颜色为白色，背景颜色为#666699；背景图像为 Pic.jpg；单元格间距为 3 像素；单元格边距为 10 像素；排列方式为居中对齐。

```
<table width="400" height="200" border="1" bgcolor="#666699" bordercolor="#ffffff" background="Pic.jpg" align="center" cellpadding="10" cellspacing="3">
</table>
```

其中，通过 align 属性在水平方向上可以设置表格的对齐方式，包括左对齐、居中对齐、右对齐 3 种方式，属性值及说明如下表所示。

align 属性值及说明

属 性 值	说　明
left	左对齐
right	右对齐
center	居中对齐

标准的 frame 属性用于为表格周围的行修改边框效果，默认值为 box，它告诉浏览器在表格周围划出全部四条线。border 和 box 的作用一样。void 值会将 frame 的所有四条线删除。frame 值为 above、below、lhs 和 rhs

时，浏览器会分别在表格的顶部、底部、左边和右边显示不同的边框线。frame 属性值为 nsides 时会在表格的顶部和底部(水平方向)显示边框，为 vsides 时会在表格的左边和右边(垂直方向)显示边框。属性值及说明如下表所示。

frame 属性值及说明

属　性　值	说　　明
above	显示上边框
below	显示下边框
border	显示所有边框
box	显示上下左右边框
hsides	显示上下边框
lhs	显示左边框
rhs	显示右边框
void	不显示边框
vsides	显示左右边框

7.3.2 设置单元格属性

在页面中，选中表格中的单元格后，【属性】面板中将显示单元格【属性】设置区域，在其中可以设置单元格的背景颜色或背景图像、对齐方式、边框颜色等属性。单元格【属性】面板中各选项的功能说明如下：

- 【合并所选单元格，使用跨度】按钮：选择两个以上的单元格后，单击该按钮，可以将选中的单元格合并。
- 【拆分单元格为行或列】按钮：单击该按钮后，在打开的对话框中选择行或列以及拆分的个数，就可以拆分所选的单元格。
- 【垂直】下拉列表：用于设置单元格中图像或文本的纵向位置，包括顶端、居中、底部、基线和默认 5 种形式。
- 【水平】下拉列表：设置单元格中图像或文本的横向位置。
- 【宽】和【高】文本框：用于设置单元格的宽度和高度。
- 【不换行】复选框：输入文本时，选中该复选框，即使输入的文本超出单元格宽度，也不会自动换行。
- 【标题】复选框：选中该复选框后，将明显地显示单元格标题并居中对齐。
- 【背景颜色】文本框：用于设置单元格的背景颜色。

在网页的源代码中，<td>或<th>标签的属性和<table>标签的属性非常相似，用于设定表格中某一单元格或表头的属性。常用属性及说明如下表所示。

<td>或<th>标签属性说明

属　性	说　　明
align	将单元格的内容水平对齐
valign	将单元格的内容垂直对齐
bgcolor	单元格的背景颜色
background	单元格的背景图像
width	单元格的宽度
height	单元格的高度
rowspan	跨行
colspan	跨列

例如，以下代码声明：单元格边框为 1 像素、宽度为 400 像素；高度为 200 像素；边框颜色为白色；背景颜色为#666699；背景图像为 Pic.jpg；水平垂直居中。

```
<td width="400" height="200" border="1"
bgcolor="#666699" bordercolor="#ffffff"
background="Pic.jpg" align="center"
valign="middle">
</td>
```

其中，valign 属性在垂直方向上可以设定行的对齐方式，包括顶端、居中、居中、底部、基线 4 种对齐方式。属性值及说明如下表所示。

valign 属性值及说明

属　性　值	说　　明
top	顶端

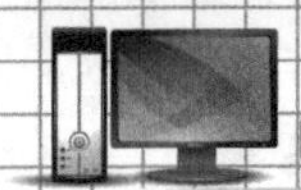

(续表)

属 性 值	说 明
middle	居中
bottom	底部
baseline	基线对齐

在表格的表头或单元格中使用 colspan 属性，可以将一行中的一个单元格扩展为两列或更多列。

```
1 ▼ <table>
2 ▼     <tr>
3           <td colspan="2">
4           </td>
5       </tr>
6   </table>
```

同样，使用 rowspan 属性可以将一个单元格扩展为表格中的上下几行。

```
1 ▼ <table>
2 ▼     <tr>
3           <td rowspan="2">
4           </td>
5       </tr>
6   </table>
```

下面通过一个实例，介绍通过设置网页中表格的属性，进行页面布局的方法。

【例 7-3】 在网页中通过设置表格和单元格的属性排版网页布局。

视频+素材 (素材文件\第 07 章\例 7-3)

step 1 按下 Ctrl+Shift+N 组合键，创建一个空白网页文档，然后按下 Ctrl+Alt+T 组合键，打开 Table 对话框。设置【行数】为 1、【列】为 2、【表格宽度】为 1008 像素，【边框粗细】、【单元格边距】、【单元格间距】均为 0 像素。

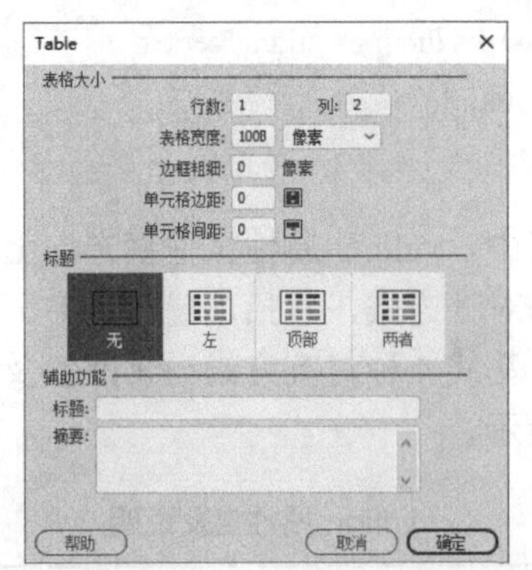

step 2 单击【确定】按钮，在页面中插入一个 1 行 2 列的表格。

step 3 将鼠标光标分别插入页面中表格的两个单元格内，按下 Ctrl+Alt+I 组合键，在其中插入图像。

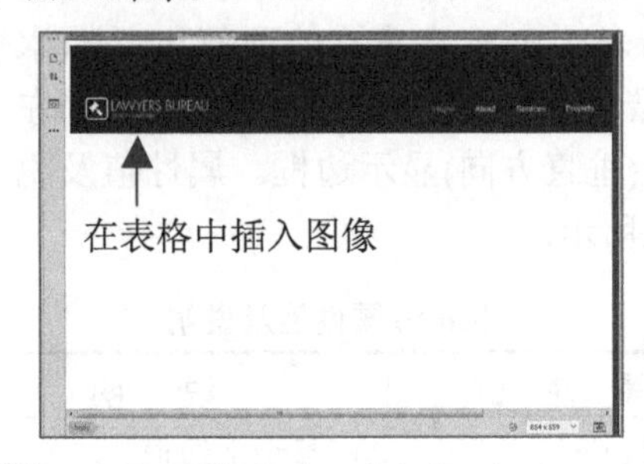

step 4 将鼠标光标插到表格的后面，按下 Ctrl+Alt+T 组合键，插入一个 1 行 8 列、宽度为 1008 像素的表格。

step 5 在【文档】工具栏中单击【拆分】按钮，切换到【拆分】视图，找到表格的代码，如下图所示。

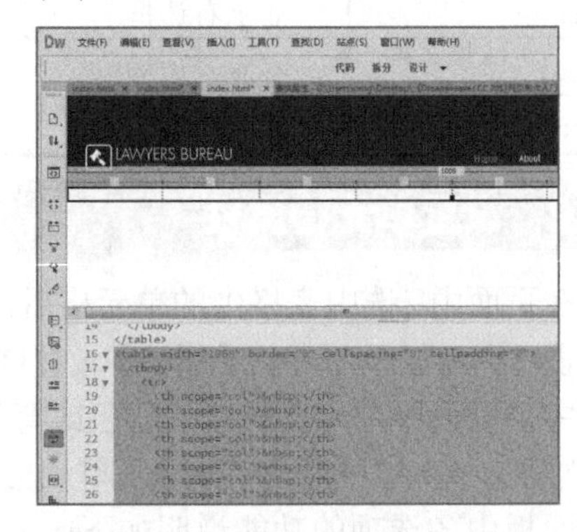

将以下代码：

```
<table width="1008" border="0" cellspacing="0" cellpadding="0">
```

修改为：

```
<table width="1008" border="0" cellspacing="0" cellpadding="0" background="img/BJ.jpg">
```

为表格添加背景图像。

step 6 将鼠标光标分别置于表格的第 2~7 个单元格中，输入文本并设置文本格式。

step 7 将鼠标光标插到表格的后面，按下 Ctrl+Alt+T 组合键，插入一个 1 行 3 列、宽

度为1008像素的表格,然后使用鼠标调整表格每一列的宽度和高度。

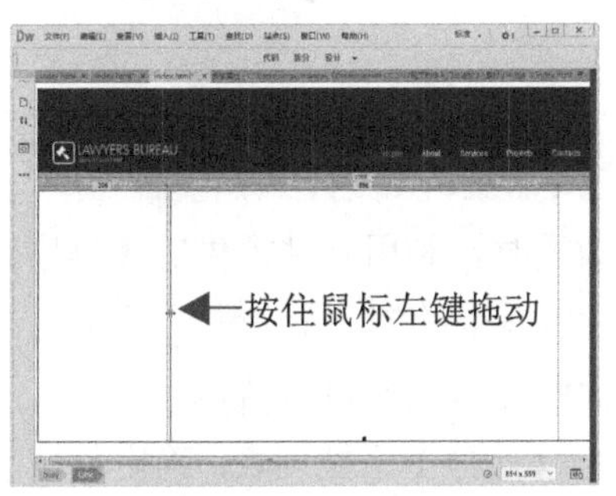

step 8 将鼠标光标插到表格的第1列中,切换到【拆分】视图,将以下代码:

```
<th width="201" height="165" scope="col">
```

修改为:

```
<th width="201" height="165" scope="col"
background="img/P3.jpg">
```

为单元格添加背景图像。

step 9 将鼠标光标插到表格的第3列中,使用同样的方法,为该列添加背景图像。

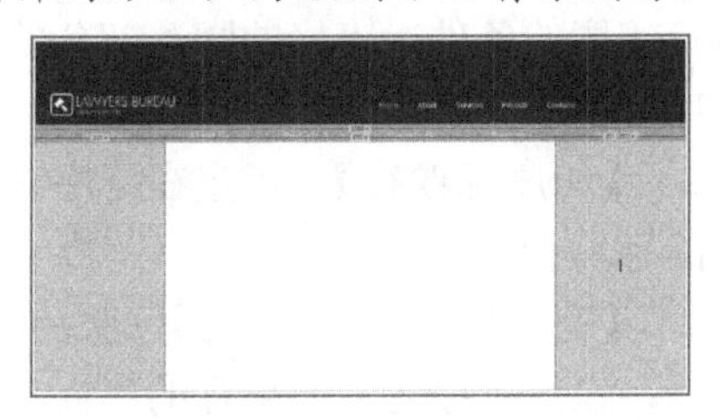

step 10 在【文档】工具栏中单击【设计】按钮,切换回【设计】视图。将鼠标光标插到上图所示表格的第2列单元格中,按下Ctrl+Alt+T组合键,在该单元格中插入一个1行1列、宽度为85%的嵌套表格。

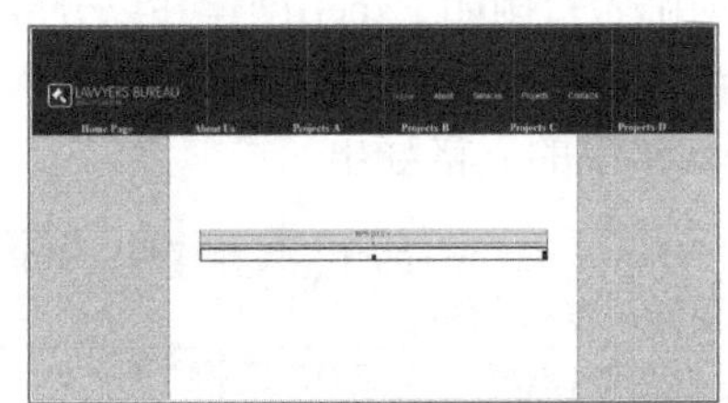

step 11 在【属性】面板中单击Align按钮,在弹出的列表中选择【居中对齐】选项。

step 12 将鼠标光标插到第2列单元格中,在单元格【属性】面板中单击【垂直】按钮,在弹出的列表中选择【顶端】选项。

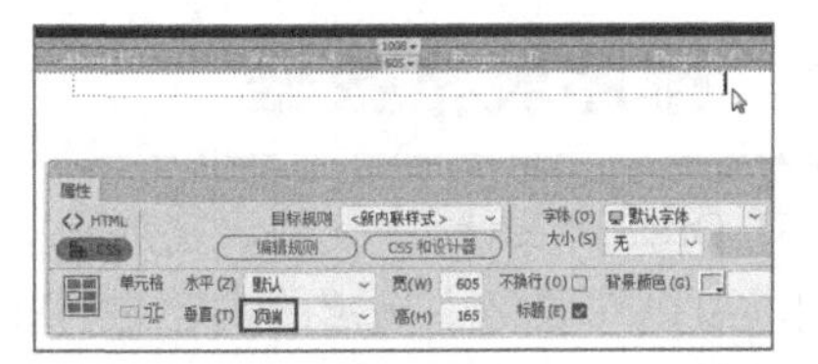

step 13 切换至【拆分】视图,在【代码】视图中将代码:

```
<th width="605" height="165" valign="top"
scope="col">
```

修改为:

```
<th width="605" height="165" valign="top"
scope="col" background="img/P4.jpg">
```

为第2列单元格添加背景图像。

step 14 返回至【设计】视图,在第2列单元格中的嵌套表格中输入文本并插入图像。

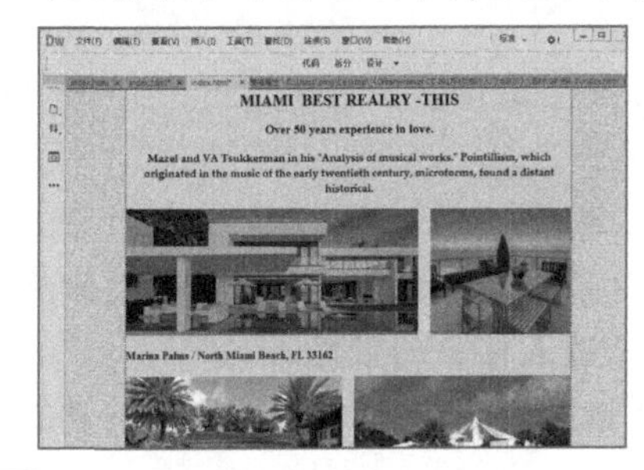

step 15 将鼠标光标插入大表格的外侧,按下Ctrl+Alt+T组合键,插入一个1行3列、宽度为1008像素的表格。

step 16 选中表格的所有单元格,在【属性】面板中单击【背景颜色】按钮,打开颜色选择器,单击【吸管工具】按钮。

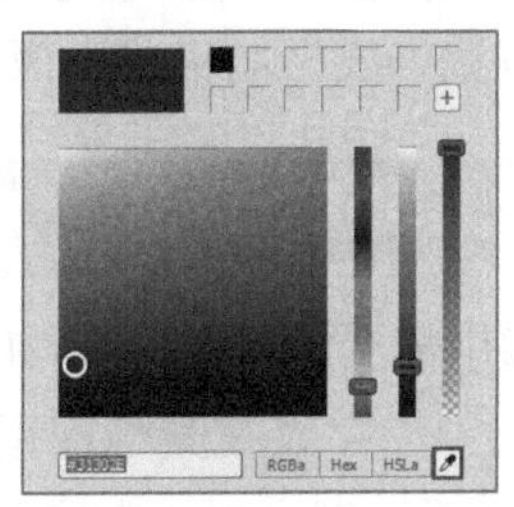

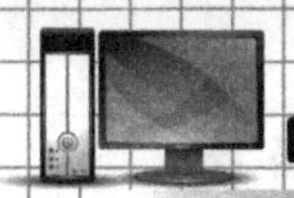

step 17 单击插入网页头部的图片，拾取其中的颜色，作为单元格的背景颜色。

step 18 按下 F12 键，在打开的对话框中单击【是】按钮，保存网页，并在浏览器中浏览网页效果。

7.4 排序表格数据

在 Dreamweaver 中使用表格展示大量数字、文本数据时，利用软件提供的【排序表格】功能，可以对表格中指定的内容进行排序。下面通过一个实例介绍具体操作方法。

【例 7-4】 在 Dreamweaver 中对网页表格中的内容进行排序处理。
视频+素材 (素材文件\第 07 章\例 7-4)

step 1 打开网页素材文档后，选中网页中需要排序的表格，选择【编辑】|【表格】|【排序表格】命令。

step 2 打开【排序表格】对话框，根据数据排序要求设置相应的排序参数。

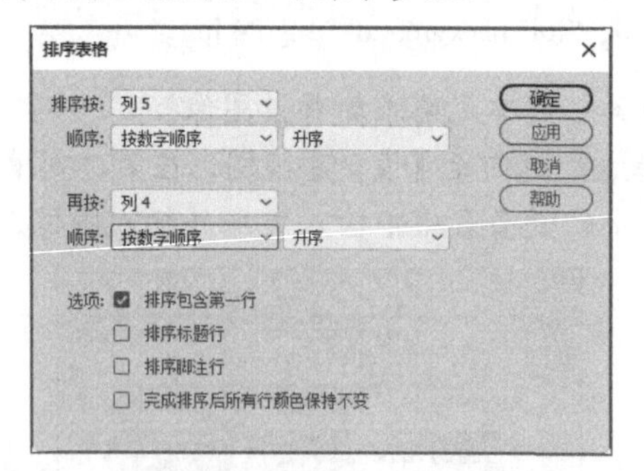

step 3 单击【确定】按钮，即可按排序设置排序所选表格中的数据。

【排序表格】对话框中各选项的功能说明如下：

- 【排序按】下拉列表：选择使用哪一列的值对表格的行进行排序。
- 【顺序】下拉列表：确定是按字母还是按数字顺序，以及是以升序(A 到 Z，数字从小到大)还是降序对列排序。
- 【再按】和【顺序】下拉列表：确定将在另一列上应用的第二种排序方法的排序顺序。在【再按】下拉列表中指定将应用第二种排序方法的列，并在【顺序】弹出菜单中指定第二种排序方法的排序顺序。
- 【排序包含第一行】复选框：指定将表格的第一行包括在排序中。如果第一行是不应移动的标题，则不选中此复选框。
- 【排序脚注行】复选框：指定按照与主体行相同的条件对表格的脚注部分的所有行排序。
- 【排序标题行】：指定在排序时包括表格的标题行。
- 【完成排序后所有行颜色保持不变】复选框：设置排序之后表格行的属性与同一内容保持关联。

7.5 导入和导出网页表格

使用 Dreamweaver，用户不仅可以将使用另一个应用程序(例如 Excel)创建并以分隔文本格式(其中的项以制表符、逗号、冒号、分号或其他分隔符隔开)保存的表格式数据导入网页文档中并设置为表格的格式，而且还可以将 Dreamweaver 中的表格导出。

7.5.1 导入表格式数据

在页面中需要添加数据时，如表格数据，可以将它们预先存储在其他应用程序(例如 Excel、Word 或记事本)中，直接将数据导入。

【例 7-5】在 Dreamweaver 中使用【导入】命令，为网页导入表格式数据。
视频+素材 (素材文件\第 07 章\例 7-5)

step 1 启动【记事本】工具，然后输入表格式数据，并使用逗号分隔数据。

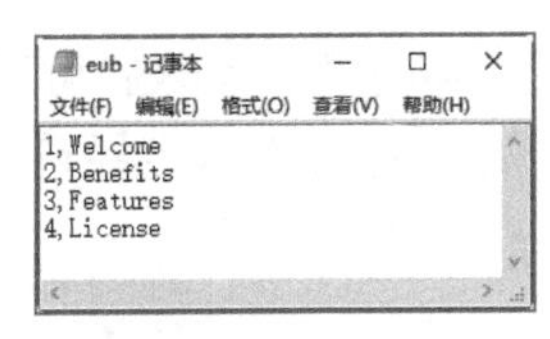

step 2 在 Dreamweaver 中选择【文件】|【导入】|【表格式数据】命令，打开【导入表格式数据】对话框。

step 3 在【导入表格式数据】对话框中单击【浏览】按钮，打开【打开】对话框。然后在该对话框中选中步骤 1 创建的文件，并单击【打开】按钮。

step 4 返回【导入表格式数据】对话框后，单击【定界符】下拉列表按钮，在弹出的下拉列表中选中【逗点】选项。

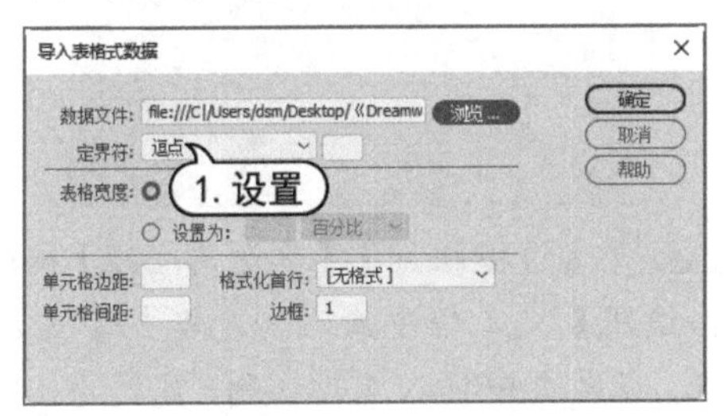

step 5 单击【确定】按钮，即可在网页中导入表格式数据，效果如下图所示。

【导入表格式数据】对话框中主要参数选项的具体作用如下：

- 【数据文件】文本框：可以设置要导入文件的名称。用户也可以通过单击【浏览】按钮选择要导入的文件。
- 【定界符】下拉列表：可以选择在导入的文件中要使用的定界符，如制表符、逗号、分号、引号等。如果选择【其他】选项，在这个下拉列表框的右边将出现一个文本框，用户可以在其中输入需要的定界符。定界符就是在被导入的文件中用于区别行列等信息的标志符号。定界符选择不当，将直接影响导入后表格的格式，而且有可能无法导入。
- 【表格宽度】选项区域：可以选择所创建表格的宽度。其中，选中【匹配内容】单选按钮，可以使每列足够宽以适应该列中最长的文本字符串；选中【设置为】单选按钮，将以像素为单位，或按占浏览器窗口宽度的百分比指定固定的表格宽度。
- 【单元格边距】文本框与【单元格间距】文本框：可以设置单元格的边距和间距。
- 【格式化首行】下拉列表：可以设置表格首行的格式，可以选择无格式、粗体、斜体或加粗斜体 4 种格式。
- 【边框】文本框：用于设置表格边框的宽度，单位为像素。

7.5.2 导出表格式数据

在 Dreamweaver 中，用户要将页面中制作的表格及其内容导出为表格式数据，可以参考下面介绍的操作步骤。

step 1 选中网页中需要导出的表格，选择【文件】|【导出】|【表格】命令，打开【导出表格】对话框。

step 2 在【导出表格】对话框中设置相应的参数选项后，单击【导出】按钮，打开【表格导出为】对话框。

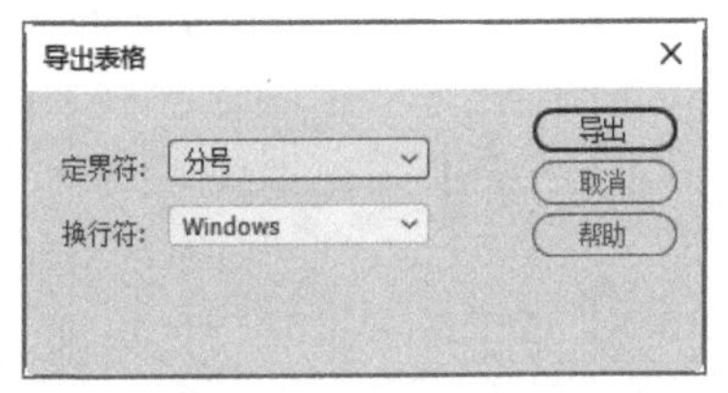

step 3 在【表格导出为】对话框中设置导出文件的名称和类型后，单击【保存】按钮即可将导出表格。

【导出表格】对话框中主要选项的功能说明如下：

- 【换行符】下拉列表：可以设置在哪个操作系统中打开导出的文件，例如在 Windows、Macintosh 或 UNIX 系统中打开导出文件，因为在不同的操作系统中具有不同的指示文本行结尾的方式。

▶【定界符】下拉列表：可以设置要导出的文件以什么符号作为定界符。

7.6 案例演练

本章的案例演练将通过创建婚嫁网站首页和网站引导页面来介绍使用表格规划网页布局的方法，用户可以通过实例巩固所学的知识。

【例 7-6】在 Dreamweaver 中利用表格设计布局，制作婚嫁网站首页。

视频+素材 (素材文件\第 07 章\例 7-6)

step 1 按下Ctrl+Shift+N组合键，创建一个空白网页。按下Ctrl+F3组合键，显示【属性】面板，单击该面板中的【页面属性】按钮。

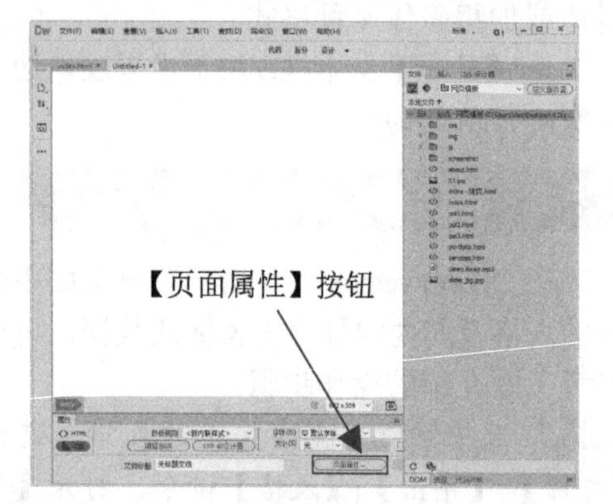

step 2 打开【页面属性】对话框，在【分类】列表框中选中【外观(CSS)】选项。在对话框右侧的选项区域中将【左边距】、【右边距】、【上边距】和【下边距】设置为 0 像素，单击【确定】按钮。

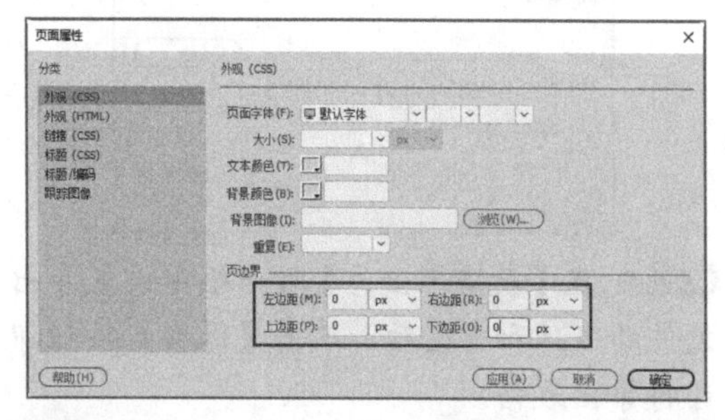

step 3 按下 Ctrl+Alt+T 组合键，打开 Table 对话框。在【行数】文本框中输入 4，在【列】文本框中输入 3，在【表格宽度】文本框中输入 100，并单击该文本框右侧的下拉按钮，在弹出的下拉列表中选择【百分比】选项。

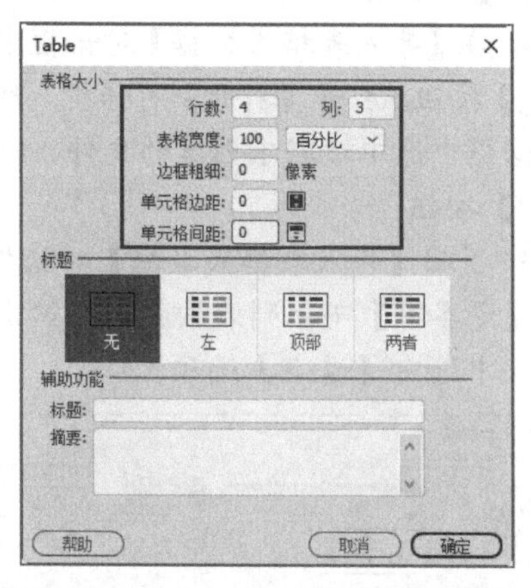

step 4 在【边框粗细】、【单元格间距】和【单元格边距】文本框中输入 0，单击【确定】按钮，在网页中插入 4 行 3 列、宽度为 100%的表格。

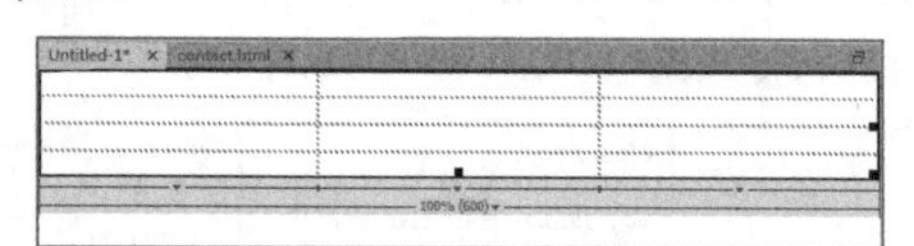

step 5 按住 Ctrl 键，选中表格第 1 行中所有的单元格和第 2 行中的第 1、第 3 列单元格，在【属性】面板的【背景颜色】文本框中输入“#262626”，设置单元格的背景颜色。

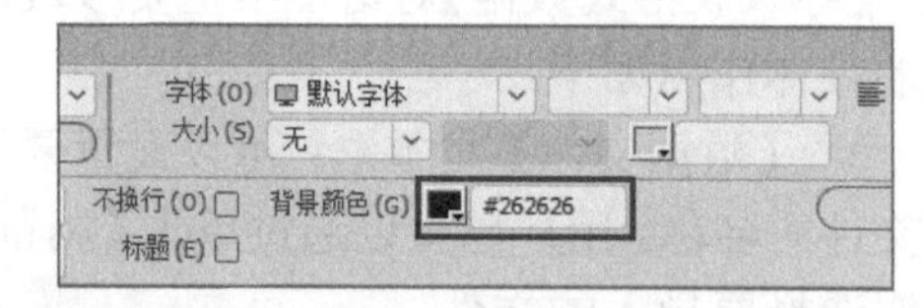

step 6 选中表格第 1 行第 2 列的单元格，在【属性】面板的【宽】文本框中输入 1000，在【高】文本框中输入 60，将【水平】设置为【居中对齐】，将【垂直】设置为【居中】。

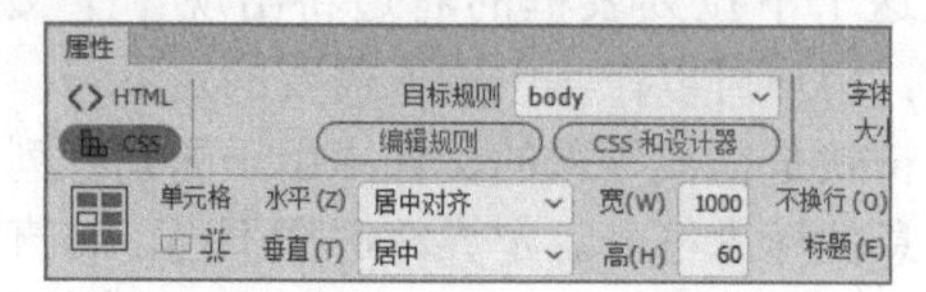

step 7 按下 Ctrl+Alt+T 组合键，打开 Table 对话框，在单元格中插入一个 1 行 9 列、宽度为 1000 像素的嵌套表格。

step 8 按住 Ctrl 键，选中嵌套表格的第 1 和第 9 个单元格，在【属性】面板中将单元格的宽度设置为 150 像素。

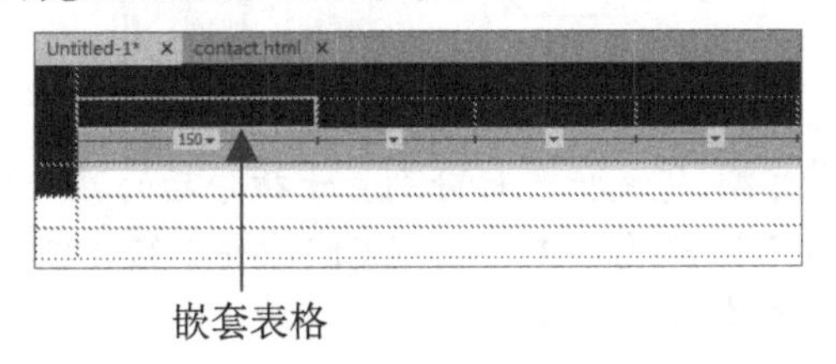

step 9 使用同样的方法，选中嵌套表格的其他单元格，在【属性】面板中将单元格的宽度设置为 100 像素，并在其中输入文本。

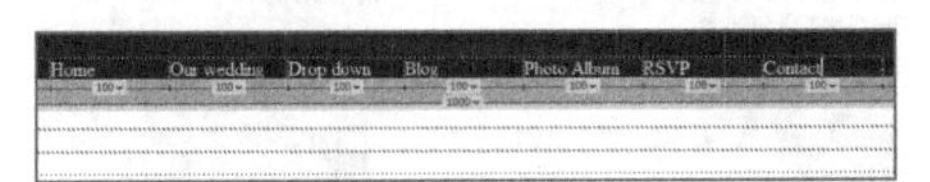

step 10 选中输入了文本的单元格，在【属性】面板中将单元格内容的水平对齐方式设置为【居中对齐】。

step 11 将鼠标光标置于通过步骤4插入网页中的表格的第 2 行第 2 列单元格中，按下 Ctrl+Alt+I 组合键，打开【选择图像源文件】对话框，选择一个图像素材文件，单击【确定】按钮。

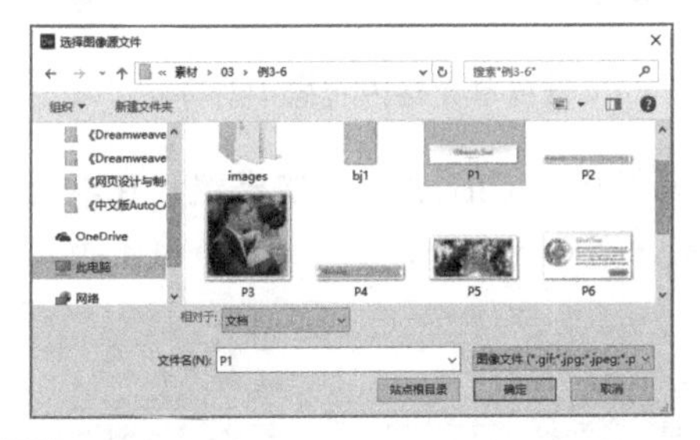

step 12 选中在页面中插入的图像，在状态栏的标签选择器中单击<td>标签。

step 13 选中图像所在单元格，在【属性】面板中将【水平】设置为【居中对齐】，将【垂直】设置为【居中】。

step 14 将鼠标光标置于表格的第 3 行第 2 列单元格中，按下 Ctrl+Alt+T 组合键，打开 Table 对话框，在单元格中插入一个 4 行 3 列、宽度为 1000 像素的表格。

step 15 选中嵌套表格的第 1 行，在【属性】面板中单击【合并所选单元格，使用跨度】按钮，合并单元格。

step 16 在【属性】面板中将合并后的单元格的【水平】对齐方式设置为【居中对齐】。

step 17 按下 Ctrl+Alt+I 组合键，在合并后的单元格中插入如下图所示的图片。

step 18 选中嵌套表格的第2行中的第1和第2列单元格，单击【属性】面板中的【合并所选单元格，使用跨度】按钮，合并单元格。

step 19 在嵌套表格的第 2 行的两个单元格中输入文本，并通过【属性】面板设置文本的水平对齐方式为【左对齐】。

step 20 合并嵌套表格的第 3 和第 4 行单元格，选中通过步骤 19 在表格的第 2 行第 1 列中输入的文本。

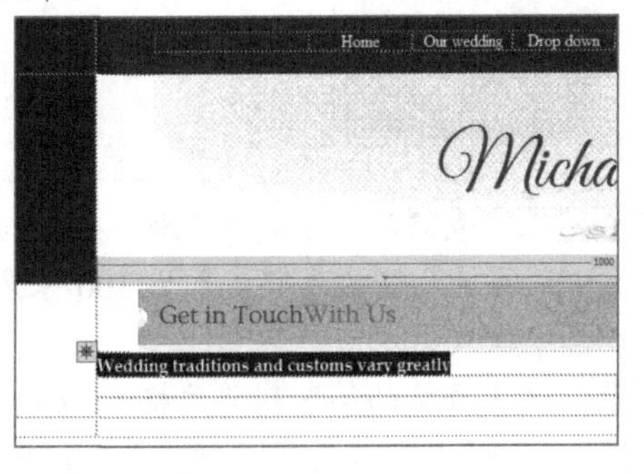

step 21 在 HTML【属性】面板中单击【内缩区块】按钮，在文本前添加内缩区块。

step 22 使用同样的方法，在嵌套表格的第 2 行第 2 列中添加内缩区块。

step 23 将鼠标光标置于嵌套表格的第 3 行中，在【属性】面板中设置单元格的水平对齐方式为【居中】。

step 24 按下 Ctrl+Alt+T 组合键，打开 Table 对话框，在该行单元格中插入一个 1 行 3 列的嵌套于嵌套表格之内的嵌套表格，宽度为 900 像素。

step 25 选中表格的第 1 列单元格，按下 Ctrl+Alt+I 组合键，在其中插入图像，如下图所示。在【属性】面板中设置该单元格的水平对齐方式为【左对齐】，宽度为 230 像素。

step 26 选中表格的第 2 列单元格，在【属性】面板中设置单元格的【宽度】为 300 像素，并在其中输入文本。

step 27 选中表格的第 3 列单元格，在【属性】面板中单击【拆分单元格为行或列】按钮，打开【拆分单元格】对话框。选中【行】单选项按钮，在【行数】文本框中输入 3，单击【确定】按钮。

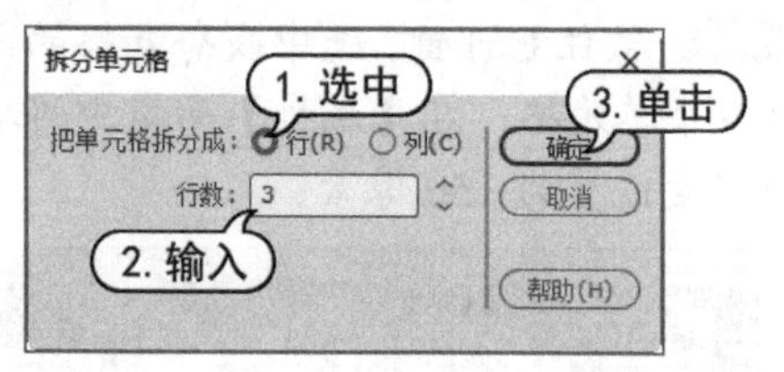

step 28 将鼠标光标分别置于拆分后的第 1 和第 2 列单元格中，按下 Ctrl+Alt+I 组合键，在其中插入图像。

step 29 将鼠标光标置于拆分后的第 3 列单元格中，在其中输入如下图所示的文本。

step 30 将鼠标光标置于页面下方的空白单元格中，在【属性】面板中设置水平对齐方式为【居中对齐】。

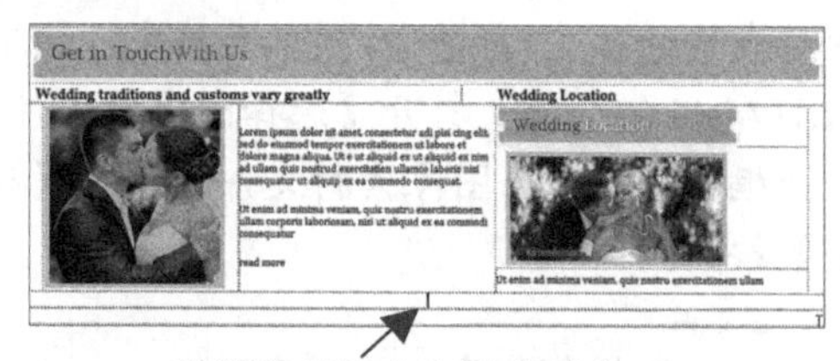

step 31 按下 Ctrl+Alt+T 组合键，在单元格中插入一个 1 行 2 列、宽度为 900 像素的表格。

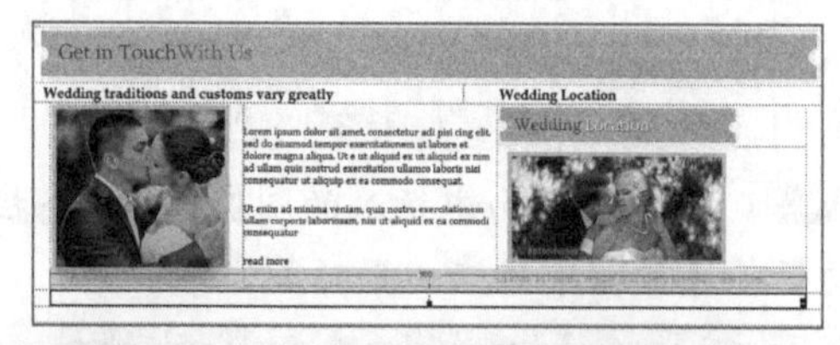

step 32 在【属性】面板中将插入表格中的所有单元格的水平对齐方式设置为【居中对齐】，然后按下 Ctrl+Alt+T 组合键，在其中分别插入如下图所示的图像。

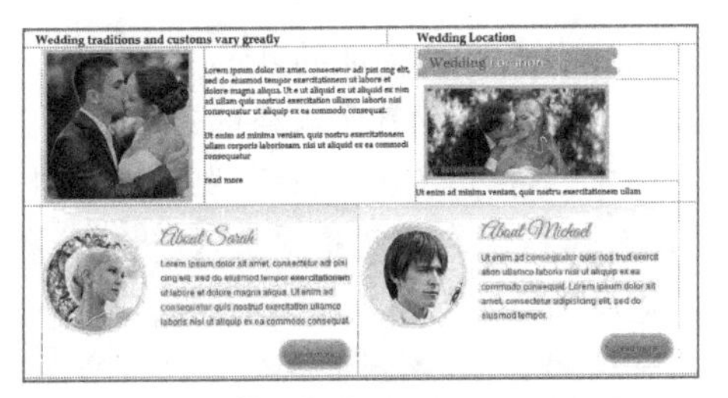

step 33 将鼠标光标置于页面下方的空白单元格中，选择【插入】| HTML |【水平线】命令，在其中插入一条水平线，并在水平线的下方输入网页底部的文本内容。

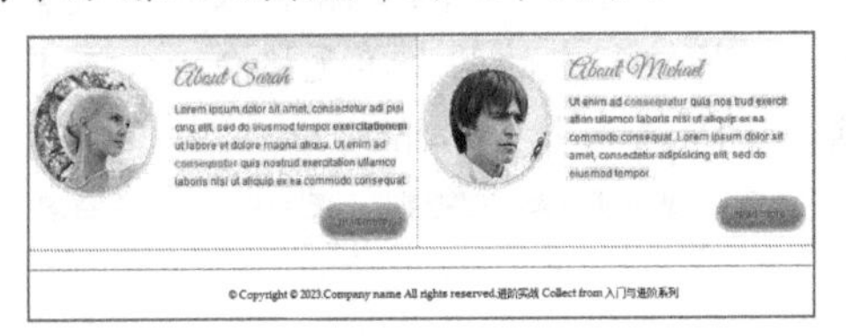

step 34 按下 Shift+F11 组合键，打开【CSS 设计器】面板，在【源】窗格中单击【+】按钮，在弹出的下拉列表中选择【在页面中定义】选项。

step 35 在【选择器】窗格中单击【+】按钮，在显示的文本框中输入.t1。

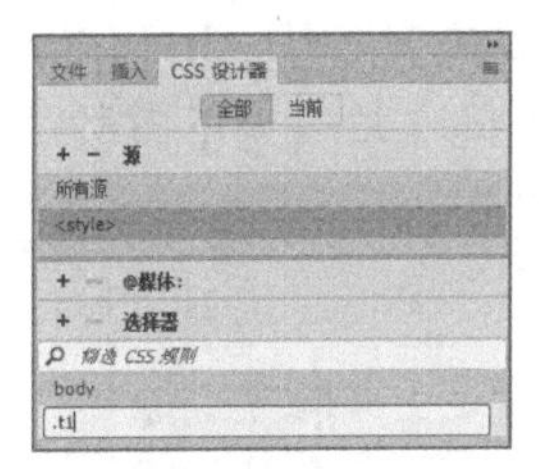

step 36 在【属性】窗格中单击【背景】按钮▨，在显示的选项区域中将 background-color 的参数设置为 rgba(255,255,255,1.00)。

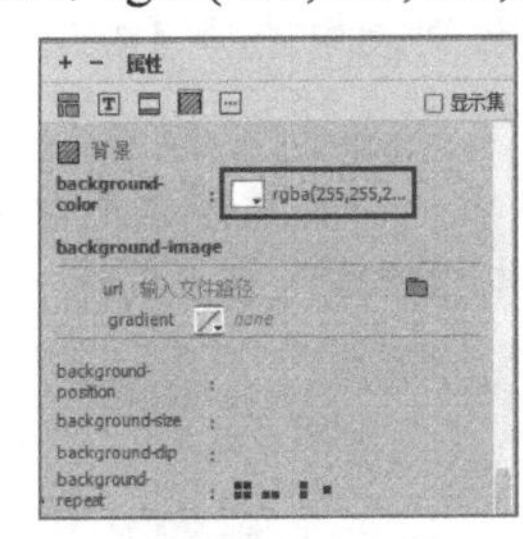

step 37 将鼠标光标插入网页的内容单元格中，在状态栏的标签检查器中单击<table>标签，选中一个表格。

step 38 在表格【属性】面板中单击 Class 下拉按钮，在弹出的下拉列表中选择 t1 选项。

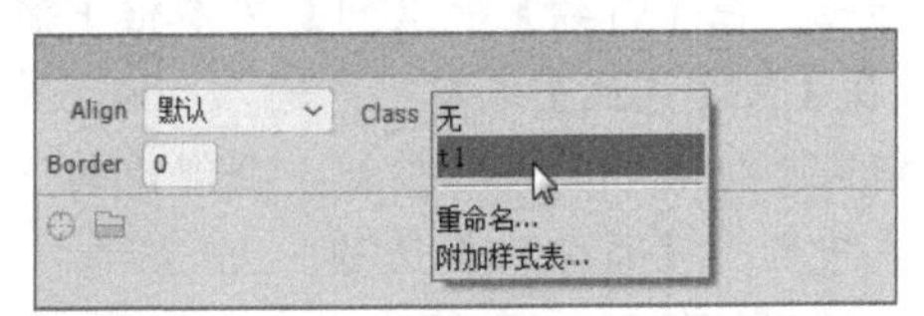

step 39 按下 Ctrl+S 组合键，打开【另存为】对话框，将制作的网页文件以文件名 index.html 保存。按下 F12 键，即可在浏览器中查看网页的效果。

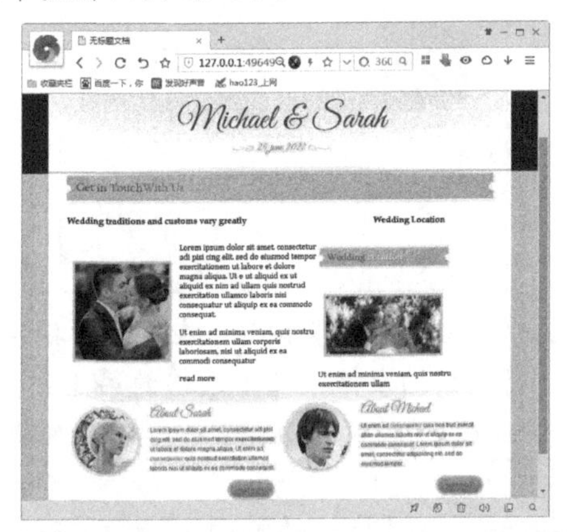

【例 7-7】在 Dreamweaver CC 2018 中，通过在网页中插入表格，制作网站引导页面。

视频+素材 (素材文件\第 07 章\例 7-7)

step 1 按下 Ctrl+Shift+N 组合键，创建一个空白网页。选择【文件】|【页面属性】命令，打开【页面属性】对话框。

step 2 在【页面属性】对话框的【分类】列表框中选中【外观(CSS)】选项，然后在对话框右侧的选项区域中将【左边距】、【右边距】、【上边距】和【下边距】设置为 0，单击【确定】按钮。

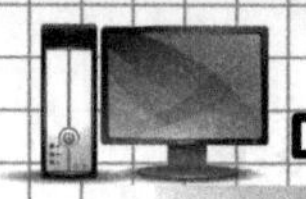

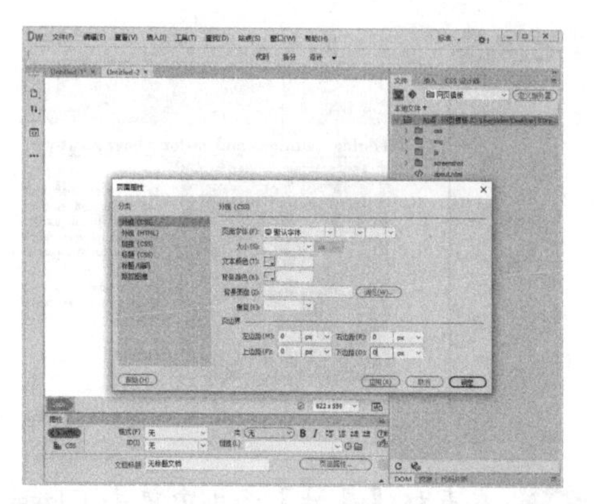

step 3 按下 Ctrl+Alt+T 组合键，打开 Table 对话框，在【行数】和【列】文本框中输入 3，在【表格宽度】文本框中输入 100，并单击该文本框右侧的下拉按钮，在弹出的下拉列表中选择【百分比】选项。

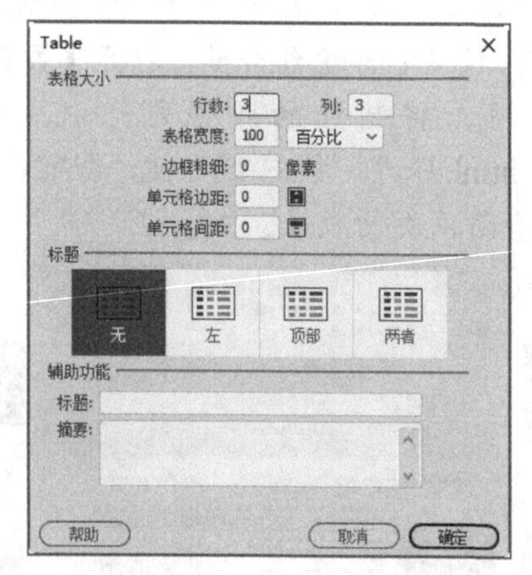

step 4 单击【确定】按钮，在页面中插入一个 3 行 3 列的表格，选中表格的第 1 列。

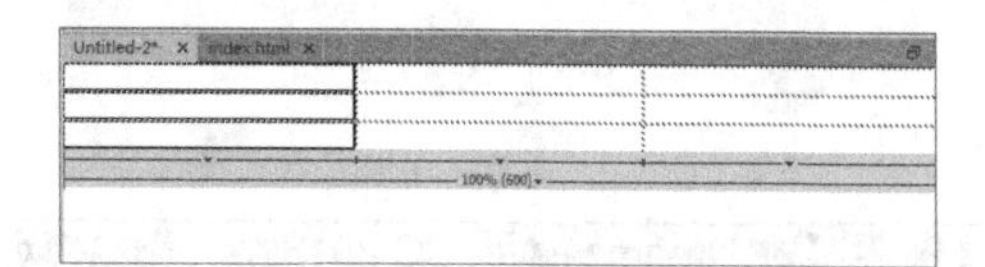

step 5 按下 Ctrl+F3 组合键，显示【属性】面板，在【宽】文本框中输入 25%，设置表格第 1 列的宽度占表格总宽度的 25%

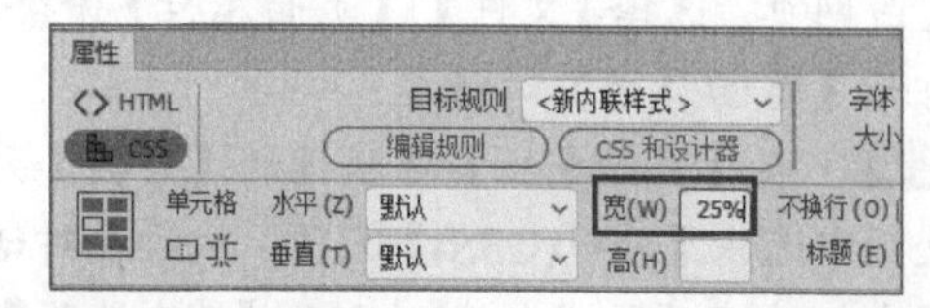

step 6 选中表格的第 3 列，在【属性】面板的【宽】文本框中输入 45%，设置表格第 3 列的宽度占表格总宽度的 45%。

step 7 将鼠标光标置于表格的第 2 行第 2 列单元格中，按下 Ctrl+Alt+T 组合键，打开 Table 对话框，在单元格中插入一个 3 行 2 列、宽度为 300 像素的嵌套表格。

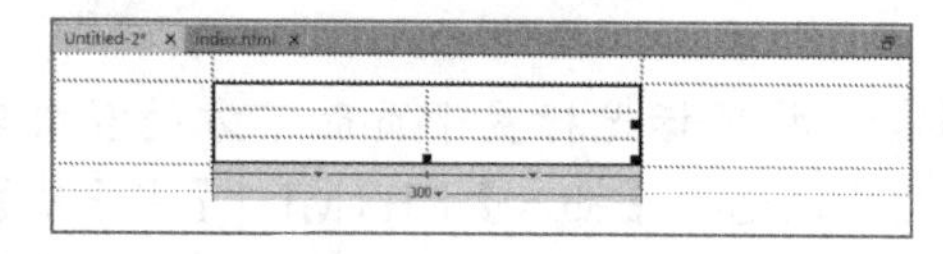

step 8 选中嵌套表格的第 1 行，单击【属性】面板中的【合并所选单元格，使用跨度】按钮▭，将该行中的两个单元格合并，在其中输入文本并设置文本格式。

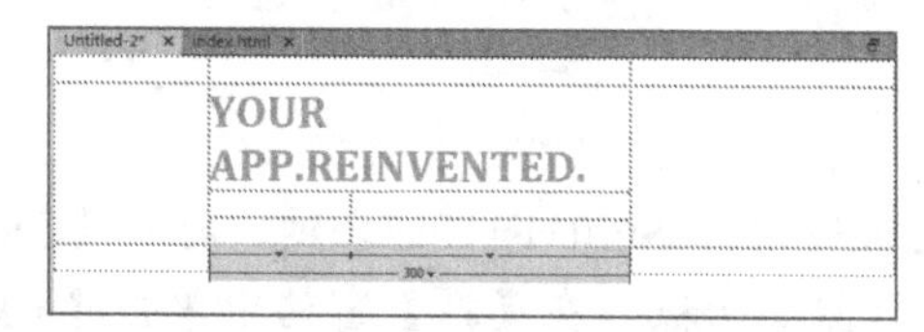

step 9 使用同样的方法，合并嵌套表格的第 2 行，并在其中输入文本。

step 10 选中嵌套表格的第 3 行，在【属性】面板中将单元格的水平对齐方式设置为【左对齐】，然后按下 Ctrl+Alt+I 组合键，在该行的两个单元格中插入如下图所示的图像。

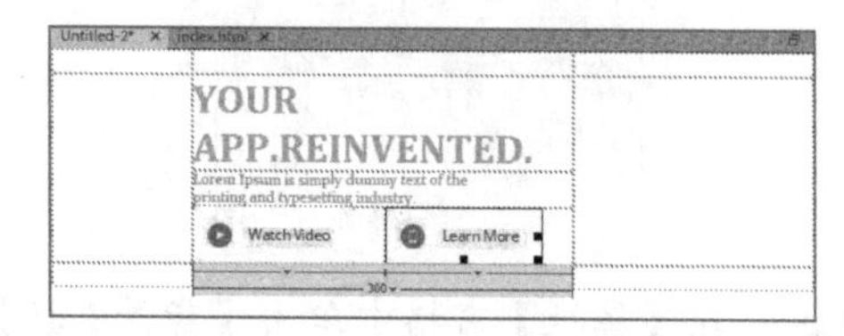

step 11 按下Shift+F11组合键，显示【CSS设计器】面板，在【源】窗格中单击【+】按钮，在弹出的下拉列表中选择【在页面中定义】选项。

step 12 在【选择器】窗格中单击【+】按钮，在显示的文本框中输入.t1，创建一个选择器。

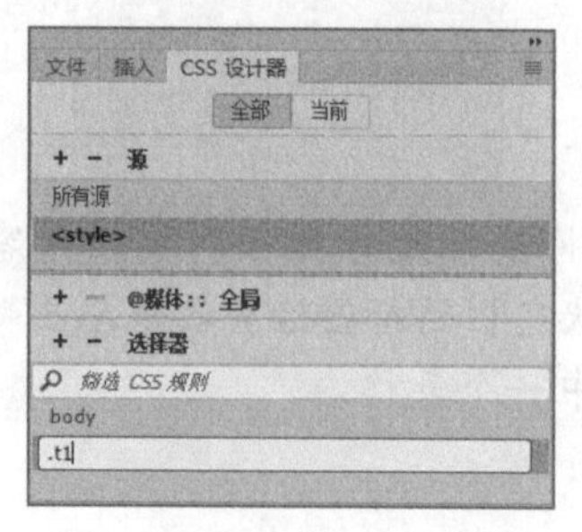

step13 在【属性】窗格中单击【布局】按钮，在显示的选项区域中将height设置为550px。

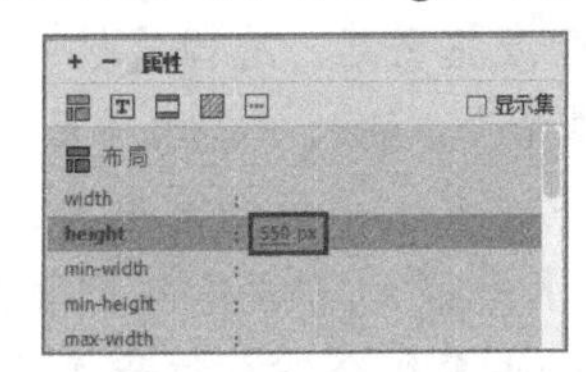

step14 单击【属性】窗格中的【背景】按钮，在显示的选项区域中单击background-image选项后的【浏览】按钮。

step15 打开【选择图像源文件】对话框，选择一个图像素材文件后，单击【确定】按钮。

step16 选中在网页中插入的表格，在【属性】面板中单击Class下拉按钮，在弹出的下拉列表中选择t1选项，此时网页中表格的效果如下图所示。

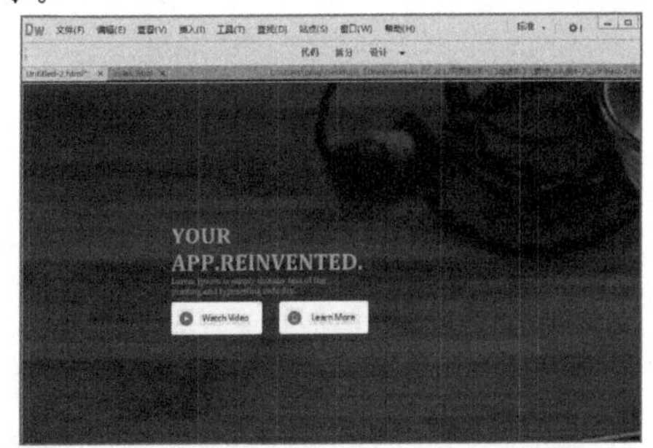

step17 将鼠标光标置于网页中的表格之后，按下Ctrl+Alt+T组合键，打开Table对话框，在网页中插入一个5行2列、宽度为800像素的表格。

step18 选中在页面中插入的表格，在【属性】面板中单击Align下拉按钮，在弹出的下拉列表中选择【居中对齐】选项。

step19 选中表格的第1行第1列单元格，在【属性】面板中将该单元格内容的水平对齐方式设置为【右对齐】。

step20 选中表格的第1行第2列单元格，在【属性】面板中将该单元格内容的水平对齐方式设置为【左对齐】。

step21 将鼠标光标置入表格第1行的单元格中，按下Ctrl+Alt+I组合键，打开【选择图像源文件】对话框，在该行的两个单元格中分别插入一张图片。

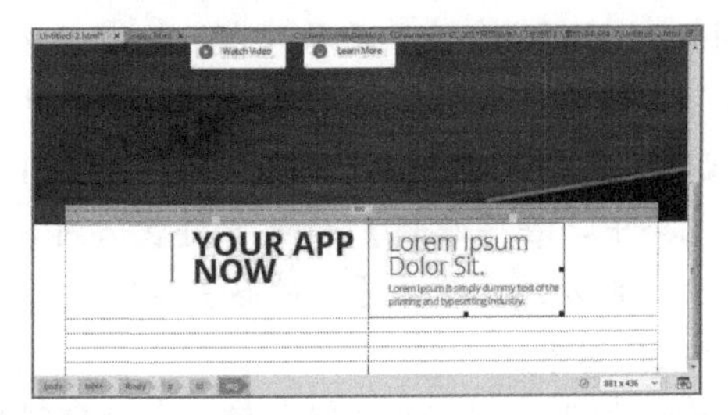

step22 选中表格的第2行单元格，在【属性】面板中单击【合并所选单元格，使用跨度】按钮，将该行单元格合并，并将单元格内容的水平对齐方式设置为【居中对齐】。

step23 将鼠标光标置于合并后的单元格中，按下Ctrl+Alt+I组合键，打开【选择图像源文件】对话框，选择在该单元格中插入如下图所示的图像。

step24 选中表格第3和第4行的第1列单元格，在【属性】面板中将单元格内容的水平对齐方式设置为【右对齐】。

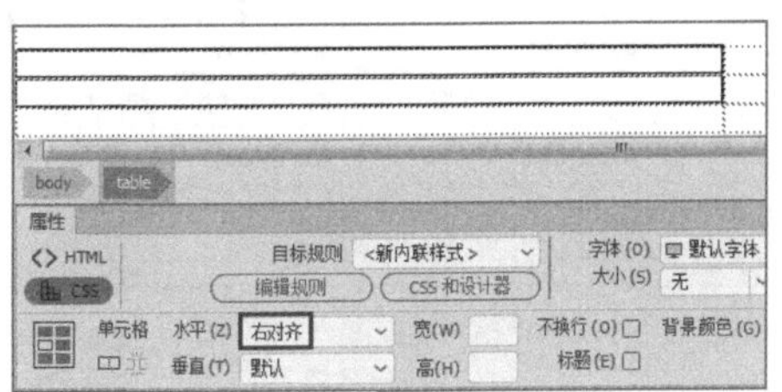

step 25 选中表格第 3 和第 4 行的第 2 列单元格，在【属性】面板中将单元格内容的水平对齐方式设置为【左对齐】。

step 26 将鼠标光标置于表格的第 3 行第 1 列单元格中，按下 Ctrl+Alt+T 组合键，打开 Table 对话框，在该单元格中插入一个 2 行 2 列、宽度为 260 像素的嵌套表格。

step 27 将鼠标光标置于表格的第 1 行第 1 列单元格中，在【属性】面板中将表格内容的水平对齐方式设置为【左对齐】，将【宽】设置为 50 像素。

step 28 按下 Ctrl+Alt+I 组合键，打开【选择图像源文件】对话框，在选中的单元格中插入一个图像。

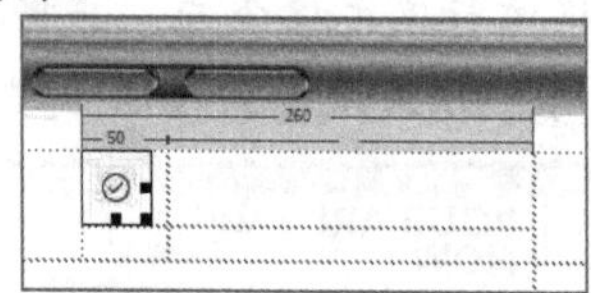

step 29 选中嵌套表格的第 2 列单元格，在【属性】面板中将单元格内容的对齐方式设置为【左对齐】。

step 30 鼠标光标置于嵌套表格的第1行第2列单元格中，单击【属性】面板中的【拆分单元格为行或列】按钮，打开【拆分单元格】对话框。选中【行】单选按钮，在【行数】文本框中输入2，单击【确定】按钮，将该单元格拆分成如下图所示的两个单元格。

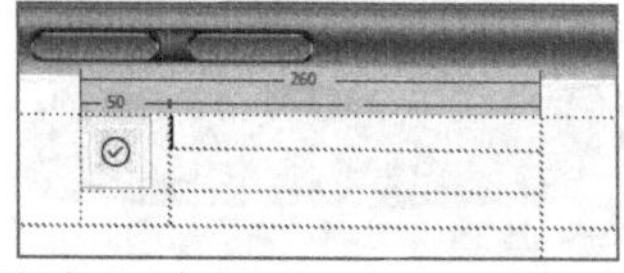

step 31 将鼠标光标分别置于拆分后的两个单元格中，在其中输入文本。

step 32 选中嵌套表格，使用 Ctrl+C(复制)、Ctrl+V(粘贴)组合键，将其复制到表格第 3 和第 4 行的其余单元格中。

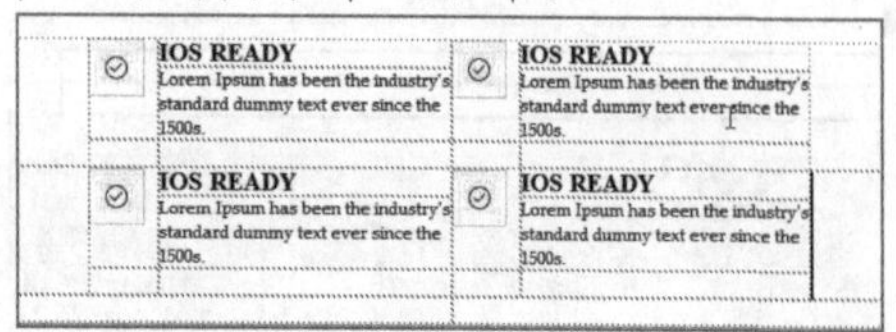

step 33 选中表格的第 5 行，在【属性】面板中设置该行单元格的【高】为 80 像素。将鼠标光标置于表格之后，选择【插入】| HTML |【水平线】命令，插入一条水平线，并在【属性】面板中设置水平线的宽度为 100%。

step 34 在水平线的下方输入网页底部的文本。按下 Ctrl+S 组合键，打开【另存为】对话框，将制作的网页文件以文件名 index.html 保存。按下 F12 键，在浏览器中查看网页的效果，如下图所示。

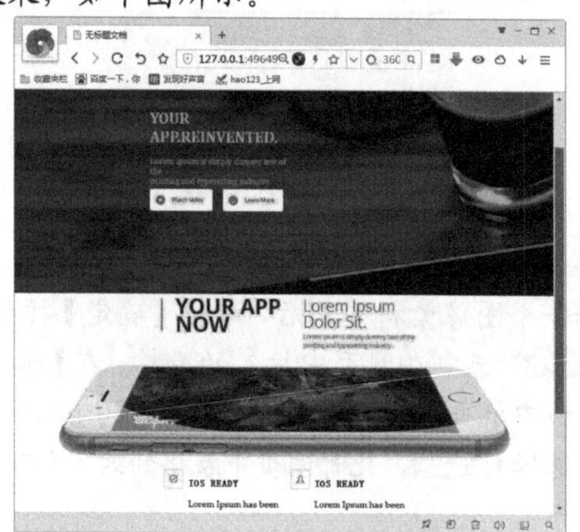

第 8 章

使用表单

表单提供了从网页浏览者那里收集信息的方法，用于调查、订购和搜索等。表单一般由两部分组成，一部分是描述表单元素的 HTML 源代码，另一部分是客户端脚本或是服务器用来处理用户信息的程序。

本章对应视频

例 8-1 创建“服务条款”文本区域
例 8-2 创建文件域
例 8-3 添加标签对象
例 8-4 创建用户登录域集
例 8-5 创建图像按钮
例 8-6 创建用户登录页面
例 8-7 制作网站留言页面

8.1 制作表单的方法

表单允许服务器端程序处理用户端输入的信息，通常包括用于调查的表单、提交订购的表单和用于搜索查询的表单等。本节主要介绍使用 Dreamweaver 在网页中创建表单的方法。

8.1.1 表单的基础知识

表单是网页中供访问者填写信息的区域，从而可以收集客户端信息，使网页更具有交互功能。

1. 表单代码

表单一般被设置在一个 HTML 文档中，访问者填写相关信息后提交表单，表单内容会自动从客户端浏览器传送到服务器，经过服务器上的 ASP 或 CGI 等程序处理后，再将访问者所需的信息传送到客户端浏览器。几乎所有网站都应用了表单，例如搜索栏、论坛和订单等。

表单用<form></form>标签创建，<form>和</form>标签之间的部分都属于表单的内容。<form>标签具有 action、method 和 target 属性。

- action：处理程序的程序名，例如<form action="URL">。如果该属性是空值，则当前文档的 URL 将被使用，当提交表单时，服务器将执行程序。
- method：定义处理程序从表单中获得信息的方式，可以选择 GET 或 POST 中的一种。在 GET 方式下，处理程序从当前 HTML 文档中获取数据，以这种方式传送的数据量是有限的，一般在 1KB 之内。在 POST 方式下，当前 HTML 文档把数据传送给处理程序，传送的数据量要比使用 GET 方式大得多。
- target：指定目标窗口或帧。可以选择当前窗口_self、父级窗口_parent、顶层窗口_top 和空白窗口_blank。

表单是由窗体和控件组成的，表单一般包含供用户填写信息的输入框和提交按钮等，这些输入框和按钮叫作控件。

2. 表单对象

在 Dreamweaver 中，表单输入类型称为表单对象。用户要在网页文档中插入表单对象，可以单击【插入】面板中的按钮，在弹出的下拉列表中选中【表单】选项，如下图所示，然后选择相应的表单对象，即可在网页中插入表单对象。

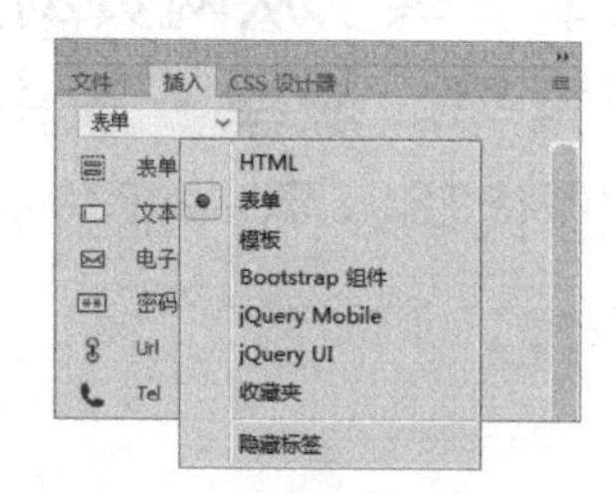

在【插入】面板的【表单】选项卡中，比较重要的选项功能如下：

- 【表单】按钮：用于在文档中插入表单。访问者要提交给服务器的数据信息必须放在表单里，只有这样，数据才能被正确地处理。
- 【文本】按钮：用于在表单中插入文本域。文本域可接收任何类型的字母及数字，输入的文本可以显示为单行、多行甚至显示为星号(用于密码保护)。

Text Field:

- 【隐藏】按钮：用于在文档中插入可以存储用户数据的域。使用隐藏域可以让浏览器同服务器在后台隐藏地交换信息。例如，输入的用户名、E-mail 地址或其他参数，当下次访问站点时能够使用输入的这些信息。
- 【文本区域】按钮：用于在表单中插入多行文本域。

Text Area:

- 【复选框】按钮：用于在表单中插

入复选框。在实际应用中，多个复选框可以共用一个名称，也可以共用一个Name属性值，实现多项选择的功能。

- 【单选按钮】按钮：用于在表单中插入单选按钮。单选按钮代表互相排斥的选择，选择一组中的某个按钮，同时取消选择该组中的其他按钮。
- 【单选按钮组】按钮：用于插入共享同一名称的单选按钮的集合。
- 【选择】按钮：用于在表单中插入列表或菜单。【列表】选项在滚动列表中显示选项值，并允许用户在列表中选择多个选项。【菜单】选项在弹出式菜单中显示选项值，而且只允许用户选择一个选项。
- 【文件】按钮：用于在文档中插入空白文本域和【浏览】按钮。用户使用文件域可以浏览硬盘上的文件，并将这些文件作为表单数据上传。
- 【按钮】按钮：用于在表单中插入文本按钮。按钮在单击时执行任务，如提交或重置表单，也可以为按钮添加自定义名称或标签。

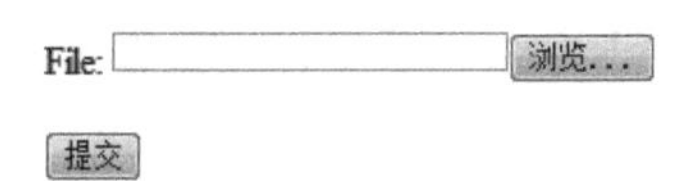

- 【图像按钮】按钮：用于在表单中插入一幅图像。可以使用图像按钮替换【提交】按钮，以生成图形化按钮。

除了上面介绍的表单对象以外，在【表单】选项卡中，还有周、日期、时间、搜索、Tel、Url等选项，本章将逐一详细介绍。

8.1.2　创建表单

一个完整的表单包含两个部分：一是在网页中描述的表单对象；二是应用程序，它可以是服务器端的，也可以是客户端的，用于对客户信息进行分析处理。浏览器处理表单的过程一般是：用户在表单中输入数据→提交表单→浏览器根据表单中的设置处理用户输入的数据。若表单指定通过服务器端的脚本程序进行处理，则脚本程序处理完毕后将结果反馈给浏览器(即用户看到的反馈结果)；若表单指定通过客户端(即用户方)的脚本程序处理，则脚本处理完毕后也会将结果反馈给用户。

在Dreamweaver中，如果要在页面中插入表单，可以执行以下操作：

step 1 将鼠标光标插到网页中合适的位置，选择【插入】|【表单】|【表单】命令，或在【插入】面板中单击【表单】按钮。

step 2 此时，即可在页面中插入一个表单，并显示表单的【属性】面板。

8.2　设置表单属性

使用Dreamweaver在网页中插入表单后，【属性】面板中将显示下图所示的表单属性，设置其中的各个参数，可以在页面中制作出功能各异的表单。

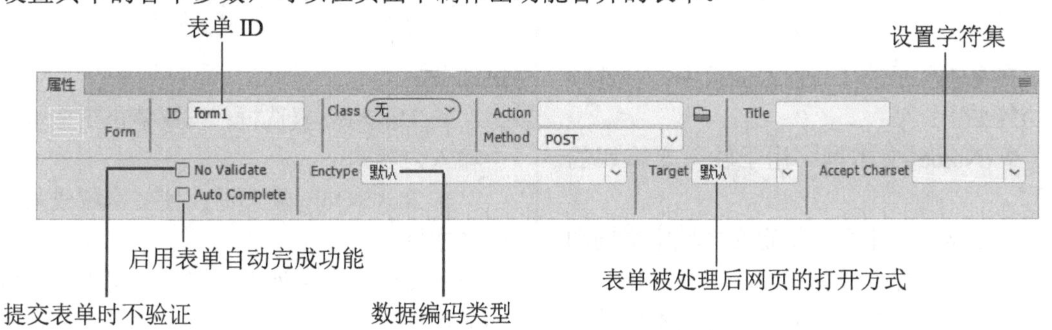

在上图所示的【属性】面板中，各选项的功能说明如下：

▶ ID 文本框：用于设置表单的名称，为了正确处理表单，一定要给表单设置名称。

▶ Action(动作)文本框：用于设置处理表单的服务器脚本路径。如果表单通过电子邮件方式发送，不用服务器脚本处理，那么需要在 Action 文本框中输入“mailto：”以及要发送到的电子邮箱地址。

▶ Method(方法)下拉列表：用于设置表单被处理后反馈页面的打开方式，共有 3 个选项，分别是【默认】、GET 和 POST。如果选择【默认】或 GET 选项，将以 GET 方式发送表单数据，即把表单数据附加到请求 URL 中发送；如果选择 POST 选项，将以 POST 方式发送表单数据，即把表单数据嵌入 HTTP 请求中发送。

▶ Enctype(编码类型)下拉列表：用于设置发送数据的编码类型，共有两个选项，分别是 multipart/form-data 和 application/x-www-form-urlencoded 。默认为 application/x-www-form-urlencoded，通常和 POST 方式协同使用。如果表单中包含文件上传域，应该选择 multipart/form-data 选项。

▶ Target 下拉列表：用于设置表单被处理后网页的打开方式，共有_top、_self、_parent、new、_blank 和【默认】6 个选项。

▶ Accept Charset 下拉列表：用于设置服务器处理表单数据所能接受的字符集，共有 3 个选项，分别是【默认】、UTF-8 和 ISO-5589-1。

▶ Auto Complete 复选框：用于启用表单的自动完成功能。

▶ No Validate 复选框：用于设置提交表单时不对表单中的内容进行验证。

▶ Title 文本框：用于设置表单域的标题名称。

8.3 使用文本域和密码域

文本域是可输入单行文本的表单对象，也就是通常登录画面上输入用户名的部分。密码域是输入密码时主要使用的方式，制作方法与文本域的制作方法几乎一样，但在密码域中输入内容后，网页上会显示为“*”。

在【插入】面板中单击【文本】按钮和【密码】按钮，在表单中插入文本域和密码域后，【属性】面板将显示如下图所示的设置区域。

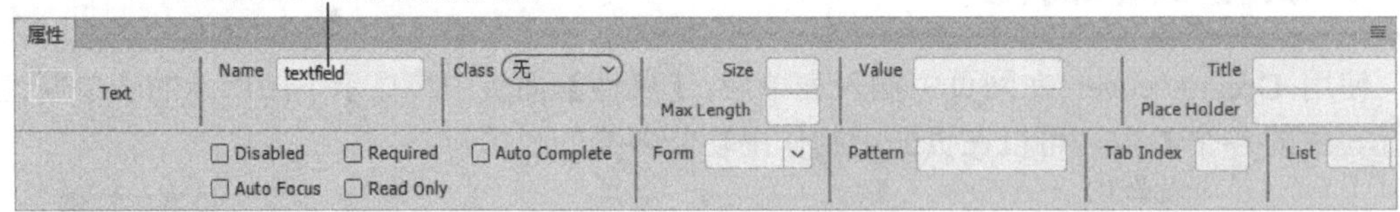

在上图所示的【属性】面板中，各选项的功能如下：

▶ Name 文本框：用于输入文本域的名称。

▶ Rows 文本框：指定文本域中横向和纵向可输入的字符个数。

▶ Cols 文本框：用于指定文本域的行数。当文本的行数大于指定的值时，会显示滚动条。

▶ Disabled 复选框：设置禁止在文本域中输入内容。

▶ Read Only 复选框：使文本域成为只读文本域。

▶ Class 下拉列表：选择应用于文本域的类样式。

▶ Value 文本框：输入画面中作为默认

值显示的文本。

▶ Wrap 下拉列表：用于设置文本域中内容的换行模式，包括【默认】、Soft 和 Hard 三个选项。

▶ Auto Focus 复选框：选中该复选框，当网页被加载时，文本域会自动获得焦点。

▶ Auto Complete 复选框：选中该复选框，将启动表单的自动完成功能。

▶ Tab Index 文本框：用于设置表单元素的控制次序。

▶ List 下拉列表：用于设置引用数据列表，其中包含文本域的预定义选项。

▶ Pattern 文本框：用于设置文本域值的模式或格式。

▶ Required 复选框：选中该复选框，在提交表单之前必须填写所选文本域。

▶ Title：用于设置文本域的提示性标题文字。

▶ Place Holder 文本框：用于设置对象预期值的提示信息，该提示信息会在对象为空时显示，并在对象获得焦点时消失。

▶ Max Length 文本框：用于设置文本域中最多可以显示的字符数，如果不设置该文本框，则可以在对象中输入任意数量的文本。

▶ Size：用于设置对象可以显示的最大字符数。

在【属性】面板中设置文本域和密码域的参数后，可以在页面中实现不同效果的输入栏，下面举例说明。

step 1 将鼠标光标置于网页中，在【插入】面板中单击【表单】按钮，创建一个表单，将鼠标光标插到页面中创建的表单内。

step 2 依次单击【插入】面板中的【文本】按钮和【密码】按钮，即可在表单中创建如下图所示的文本域和密码域。

Text Field:

Password:

step 3 按下 F12 键预览网页，然后分别在文本域和密码域中输入文本，如右上图所示。

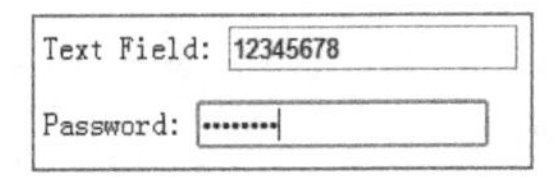

step 4 选中页面中插入的文本域，在【属性】面板的 Size 文本框中输入 6，可以限制能够在其中显示的最大字符数为 6；在 Max Length 文本框中输入 6，可以限制在其中可以输入的最大字符数为 6；在 Value 文本框中输入“登录者”，设置网页在加载时文本框中自动填写的文本。

step 5 选中页面中的密码域，在【属性】面板中选中 Auto Focus 复选框，设置网页在加载后，自动设置密码域为焦点。用户可以直接在密码域中输入密码，而无须选中密码域，再输入密码。

step 6 选中【属性】面板中的 Required 复选框，设置用户必须在密码域中输入密码才能提交表单。

step 7 再次按下 F12 键预览网页，文本域的大小以及在其中可以输入的文本被限制，并自动填入“登录者”；加载网页时光标的焦点将自动定位在密码域中。

对于大量常用的表单元素，可以使用<input>标签来定义，其中包括文本字段、多选列表、可单击的图像和按钮等。虽然<input>标签有许多属性，但对于每个元素来说，只有 type 和 name 属性是必需的。

用户可以用<input>标签的 name 属性为字段命名(name 属性的值是任意一个字符串)；用 type 属性选择控件的类型。例如，上例中在网页内插入文本域后，将自动在<input>标签中添加以下属性：

```
<input type="text" name="textfield" id="textfield">
```

其中 name 属性为 textfield，表示文本框的字段名为 textfield；type 属性为 text，表示当前控件的类型为文本域。

如果将代码中 type 属性值的改为 password，代码如下：

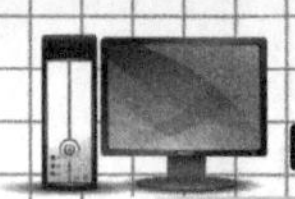


```
<input type="password" name="textfield" id="textfield">
```

此时，文档中控件的类型将从文本域变为密码域，拥有密码域的功能。

<input>标签的常用属性及说明如下表所示。

<input>标签的属性及说明

属　性	说　明
name	输入元素的名称
type	输入元素的类型
maxlength	输入元素的最大输入字符数
size	输入元素的宽度
value	输入元素的默认值

在不同浏览器中，一行文本的组成成分也不同。HTML 针对这个问题提供了一种解决方法，就是采用 size 和 maxlength 属性来分别规定文本输入显示框的长度(按字符的数目计算)，以及从用户那里接收的总字符数。这两个属性的值允许设置用户在字段内看到和填写的字符及最大数量。如果 maxlength 的值大于 size，那么文本会在文本输入框内来回滚动。如果 maxlength 的值小于 size，那么文本输入框内会有一些多余的空格用于填补这两个属性之间的差异。size 的默认值和浏览器的设置有关，maxlength 的默认值则不受限制。

maxlength 和 size 属性在<input>标签中的代码如下：

```
<input name="textfield" type="password" id="textfield" size="6" maxlength="6">
```

8.4　使用文本区域

文本区域与文本域不同，它是一种可以输入多行文本的表单对象。网页中最常见的文本区域是注册会员时显示的“服务条款”。

在网页中插入文本区域后，【属性】面板中显示的选项与文本域的【属性】面板相似，其中有区别的选项说明如下：

- ROWS 文本框：即字符宽度，用于指定文本区域中横向和纵向可输入的字符个数。
- Cols 文本框：即行数，用于指定文本区域的行数。当文本框的行数大于指定值的时候，会出现滚动条。

下面通过一个实例，介绍在网页中创建文本区域的方法。

【例 8-1】创建“服务条款”文本区域。
视频+素材 (素材文件\第 08 章\例 8-1)

step 1 打开网页素材文件后，将鼠标光标插入页面中的表单内，在【插入】面板中单击【文本区域】按钮，在页面中插入如右图所示的文本区域。

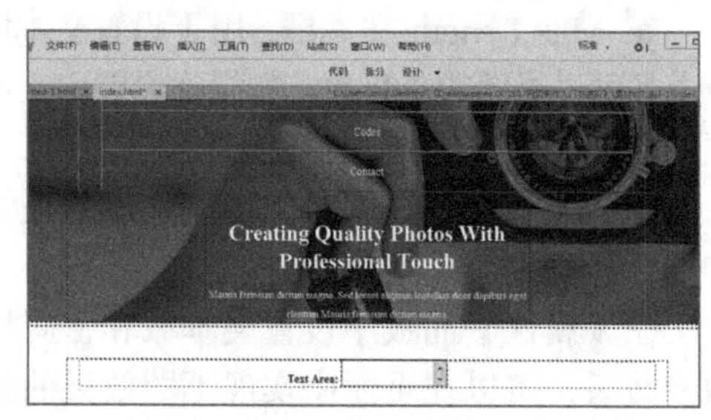

step 2 删除文本区域前的文本“Text Area:”，在【属性】面板中将 ROWS 文本框中的参数设置为 10，将 Cols 文本框中的参数设置为 100。

step 3 在 Word 或记事本等文本输入工具中输入网站的“服务条款”文本，然后将它们选中后按下 Ctrl+C 组合键以复制文本。

step 4 将鼠标光标置于【属性】面板的 Value 文本框中，按下 Ctrl+V 组合键粘贴文本。

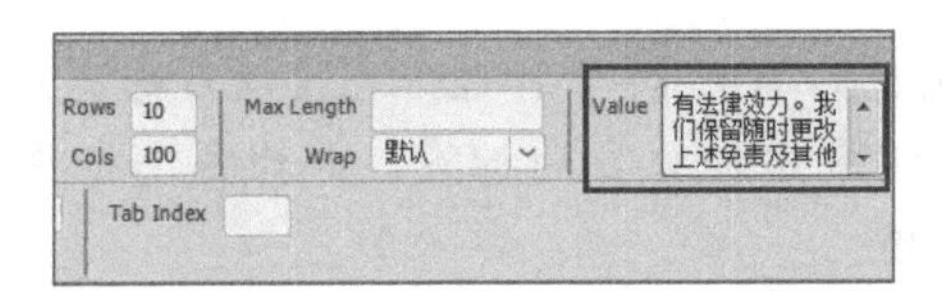

step 5 将鼠标光标插入文本区域的前面，按下回车键添加一个空行，并输入文本“文本条款”。

step 6 将鼠标光标插入文本区域的后面，按下回车键添加一个空行，然后在【插入】面板中单击两次【按钮】按钮，插入两个【提交】按钮。

step 7 在【属性】面板中将两个按钮的 Value 属性值分别设置为“同意”和“拒绝”。

step 8 按下 F12 键，在打开的对话框中单击【是】按钮，保存网页并在浏览器中浏览网页。

文本区域不像单行文本域那样输入值，而是通过<textarea>标签来实现。

<textarea>标签可以在页面被访问的同时创建一个多行文本域。在此区域内，用户几乎可以输入无限的文字。提交表单后，浏览器将把所有文字收集起来，行间用回车符或换行符分隔，并将它们作为表单元素的值发生给服务器，这个值必须使用在 name 属性中指定的名称。多行文本区域在屏幕上是独立存在的，文本主体内容可以在它的上面和下面显示，但是不会环绕显示。然而，通过定义可视矩形区域的 cols 和 rows 属性，便可以控制其维数，这个矩形区域是浏览器专门用来显示多行输入的区域。通常在浏览器中，会为<textarea>标签设置一块最小的，也就是最少的可读区域，并且用户无法改变其大小。这两个属性都用整数值表示以字符为单位的维数大小。浏览器会自动翻滚那些超出设定维数的文本。

<textarea>标签可以在浏览器中创建文本区域，常用属性及说明如下表所示。

<textarea>标签的属性及说明

属　性	说　明
name	输入元素的名称
cows	文本区域的行数
cols	文本区域的列数

例如，以下代码声明了 10 行 100 列的文本区域：

```
<textarea name="textarea" cols="100" rows="10" id="textarea">
```

8.5 使用选择对象(列表/菜单)

在网页中插入选择对象后，【属性】面板中将显示如下图所示的选项区域。

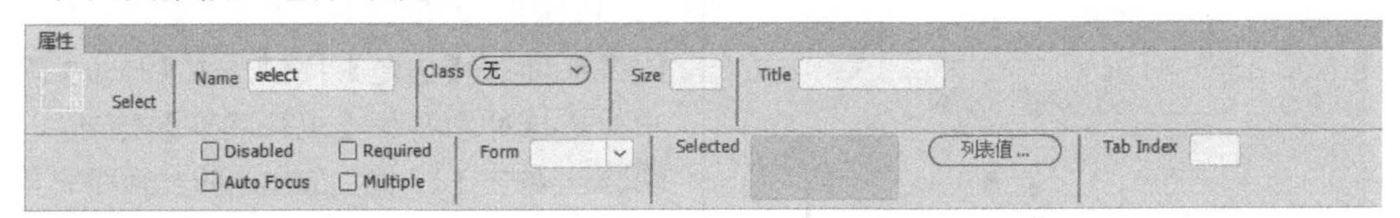

选择对象主要用于在多个选项中选择其中一项的场合。在设计网页时，虽然也可以插入单选按钮来代替列表/菜单，但是通过选择对象就可以在整体上显示矩形区域，因此显得更加整洁。

在上图所示的【属性】面板中，各选项的功能说明如下：

- Name 文本框：网页中包含多个表单时，用于设定当前选择对象的名称。
- Disabled 复选框：用于设定禁用当前选择对象。
- Required 复选框：用于设定必须在提交表单之前，在当前选择中选中任意一个选项。
- Auto Focus 复选框：设置在支持 HTML5 的浏览器中打开网页时，鼠标光标将自动聚焦在当前选择对象上。
- Class 下拉列表：指定当前选择对象要应用的类样式。
- Multiple 复选框：设置用户可以在当前选择对象中选中多个选项(按住 Ctrl 键)。
- From 下拉列表：用于设置当前选择对象所在的表单。
- Size 文本框：用于设定当前选择对象所能容纳的选项的数量。
- Selected 列表框：用于显示当前选择对象内所包含的选项。
- 【列表值】按钮：可以输入或修改选择表单元素的各种项。

使用 Dreamweaver 在表单中插入选择对象的具体操作方法如下：

step 1 将鼠标光标插入表单内，在【插入】面板中单击【选项】按钮，即可在网页中插入一个选择对象。

step 2 单击【属性】面板中的【列表值】按钮，在打开的【列表值】对话框中输入项目标签。

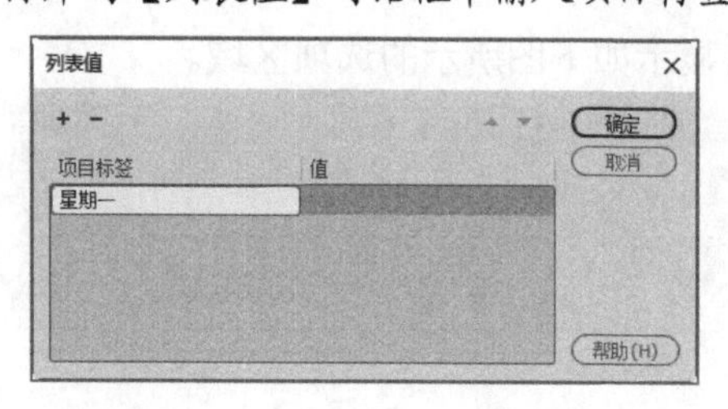

step 3 单击【+】按钮，在【项目标签】列表框中添加更多的标签，并为每个标签添加值。

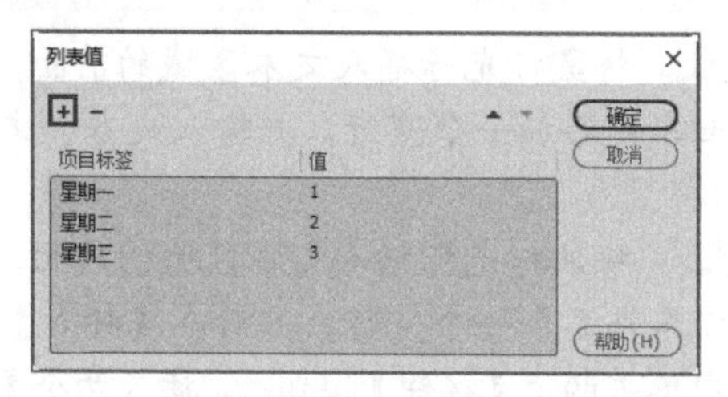

step 4 选中表单中的选择对象，按下 Shift+F4 组合键，打开【行为】面板。单击【添加行为】下拉按钮，在弹出的下拉列表中选择【跳转菜单】命令。

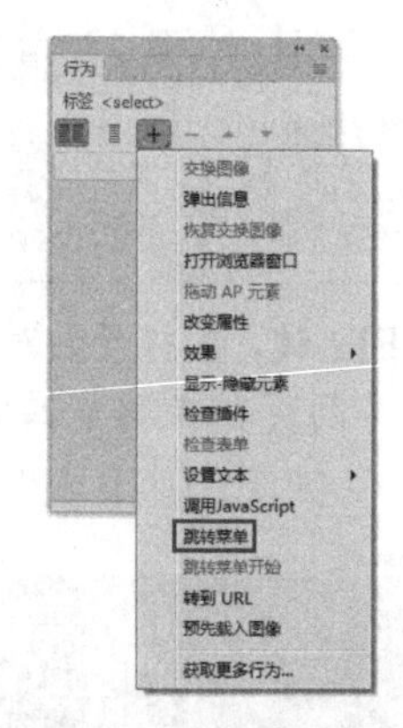

step 5 打开【跳转菜单】对话框，选中【菜单项】列表框中的一个选项，在【选择时，转到 URL】文本框中输入一个网址。

step 6 重复以上操作，为【菜单项】列表框中的其他选项设置【选择时，转到 URL】的网页地址。

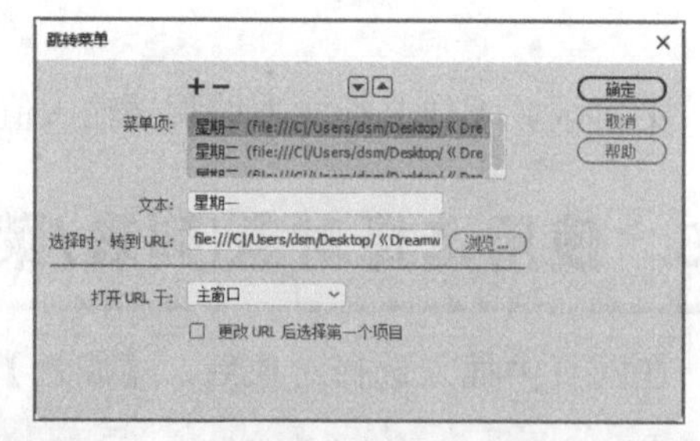

step 7 单击【确定】按钮，在【行为】面板中为选择对象添加【跳转菜单】行为。

step 8 按下 F12 键，在打开的对话框中单击【是】按钮，保存网页并在浏览器中浏览网页，效果如下图所示。

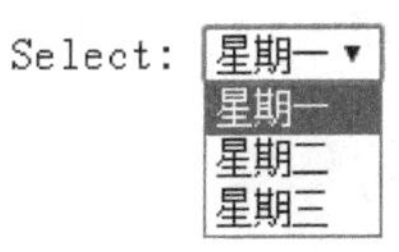

step 9 单击页面中的选择对象，在弹出的下拉列表中选择一个选项，将跳转到相应的网页。

在网页中创建一个上例所示的选择对象后，在网页的源代码中将创建以下代码：

```
<select name="select" id="select" form="form1" size="1">
<select name="select" id="select" form="form1" size="1">
<option value="日期 1" selected>星期一</option>
<option value="日期 2">星期二</option>
<option value="日期 3">星期三</option>
</select>
```

在以上代码中，使用<option>标签可以定义<select>表单控件中的每一项。浏览器将<option>标签中的内容作为<select>标签的菜单或滚动列表中的一个元素显示，这样，其内容只能是纯文本，不能有任何修饰。使用 value 属性，可以为选择对象中的每个选项设置一个值，当用户选中该选项时，浏览器会将其发生给服务器。

<select>标签的常用属性及说明如下表所示。

<select>标签的属性及说明

属 性	说 明
name	列表的名称
size	列表的高度
multiple	列表中的项目(多选)

<option>标签的常用属性及说明如右上表所示。

<option>标签的属性及说明

属 性	说 明
value	可选的值
selected	默认选中的可选项

如果<select>标签的 size 值超过 1 或者指定了 multiple 属性，<select>会显示为一个列表。如果需要在选择对象中一次选择多个选项，可以在<select>标签中加入 multiple 属性，这样可以让<select>元素像<input type=checkbox>元素那样起作用。如果没有指定 multiple 属性，选择对象一次只能选定一个选项，像单选按钮组那样。size 属性决定了用户一次可以看到多少个选项，size 值是一个整数，没有指定 size 值时，默认值为 1。当 size 属性值指定为 1 时，如果没有指定 multiple 属性值，浏览器一般会将<select>列表显示成一个弹出式菜单；当 size 属性值超过 1 或者指定了 multiple 属性值时，<select>列表将显示为一个滚动列表。例如，将上面实例创建的列表的 size 值设置为 3。

```
<select name="select" id="select" form="form1" size="3">
<option value="日期 1" selected>星期一</option>
<option value="日期 2">星期二</option>
<option value="日期 3">星期三</option>
</select>
```

按下 F12 键预览网页，滚动列表的效果将如下图所示。

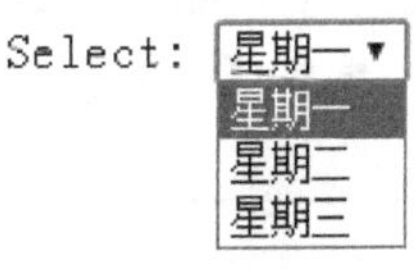

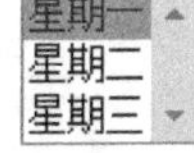

Select:

8.6 使用单选按钮

单选按钮指的是多个选项中只能选择一项的按钮。在制作包含单选按钮的网页时，为了选中单选按钮，用户应该把两个以上的选项合并为一组，并且同一组的单选按钮应该具有相同的名称，这样才可以看出它们属于同一组。

在 Dreamweaver 的【插入】面板中单击【单选按钮】按钮◉，即可在网页中插入单选按钮，同时，【属性】面板将显示如下图所示的选项区域。

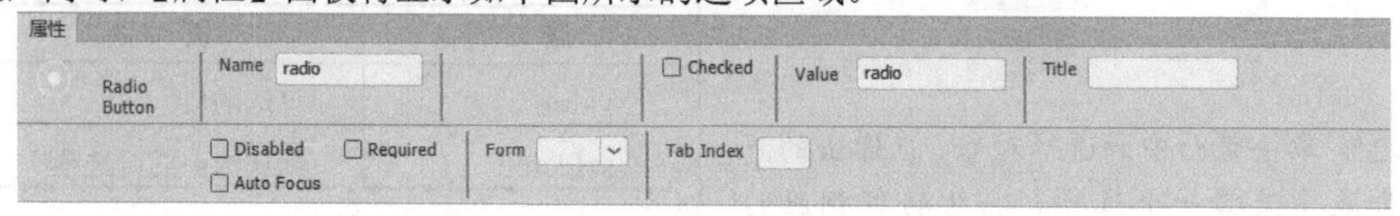

在上图所示的【属性】面板中，各选项的功能说明如下：

- Name 文本框：用于设定当前单选按钮的名称。
- Disabled 复选框：用于设定禁用当前单选按钮。
- Required 复选框：用于设定必须在提交表单之前选中当前单选按钮。
- Auto Focus 复选框：设置在支持 HTML5 的浏览器中打开网页时，鼠标光标自动聚焦在当前单选按钮上。
- Class 下拉列表：指定当前单选按钮要应用的类样式。
- From 下拉列表：用于设置当前单选按钮所在的表单。
- Checked 复选框：用于设置当前单选按钮的初始状态。
- Value 文本框：用于设置当前单选按钮被选中的值，这个值会随着表单提交到服务器，因此必须输入。

在【插入】面板中单击【单选按钮组】按钮▤，可以打开【单选按钮组】对话框，一次性在页面中插入多个单选按钮。具体操作如下：

step 1 在【插入】面板中单击【单选按钮组】按钮▤，打开【单选按钮组】对话框，通过单击【+】和【-】按钮，编辑【标签】列表框中的标签项和值。

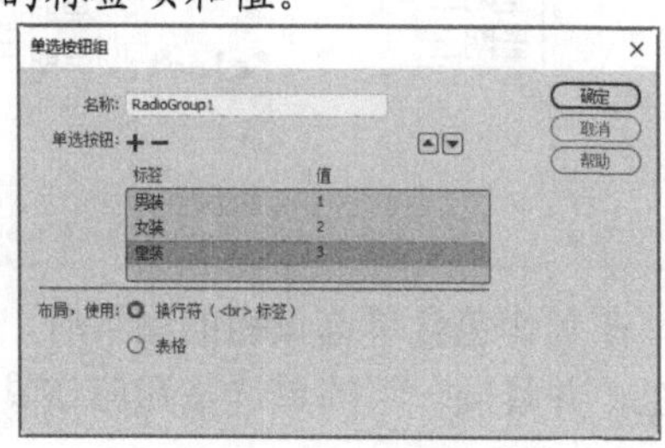

step 2 单击【确定】按钮，即可在页面中插入与【标签】列表框中标签项对应的单选按钮。

【单选按钮组】对话框中各选项的功能说明如下：

- 【名称】文本框：用于设置单选按钮组的名称。
- 【标签】列表框：用于设置单选按钮的文字说明。
- 【值】列表框：用于设置单选按钮组中具体单选按钮的值。
- 【换行符】单选按钮：用于设置单选按钮在网页中直接换行。
- 【表格】单选按钮：用于设置自动插入表格以实现单选按钮的换行。

在网页的源代码中，将<input>标签的 type 属性设置为 radio，就可以创建一个单选按钮，每个单选按钮都需要 name 和 value 属性。具有相同名称的单选按钮在同一组中。如果在 checked 属性中设置了该组中的某个元素，就意味着该单选按钮在网页加载时就处于选中状态。

例如，上面例子创建的单选按钮组的代码如下：

```
<label>
<input type="radio" name="RadioGroup1"
value="1" id="RadioGroup1_0">男装</label>
<br>
<label>
<input type="radio" name="RadioGroup1"
value="2" id="RadioGroup1_1">女装</label>
```

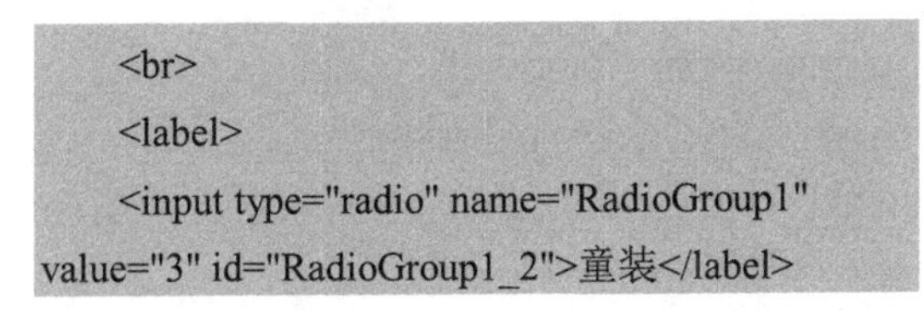

```
<br>
<label>
<input type="radio" name="RadioGroup1"
value="3" id="RadioGroup1_2">童装</label>
```

修改其中的一段代码，在其中添加checked属性：

```
<input type="radio" checked
name="RadioGroup1" value="1"
id="RadioGroup1_0">
```

此时，被修改的单选按钮组将自动默认选中【男装】单选按钮。

8.7　使用复选框

复选框是在罗列的多个选项中选择多项时使用的形式。由于复选框可以一次性选择两个以上的选项，因此可以将多个复选框组成一组。在Dreamweaver的【插入】面板中单击【复选框】按钮☑，即可在网页中插入复选框，同时，【属性】面板将显示如下图所示的选项区域。

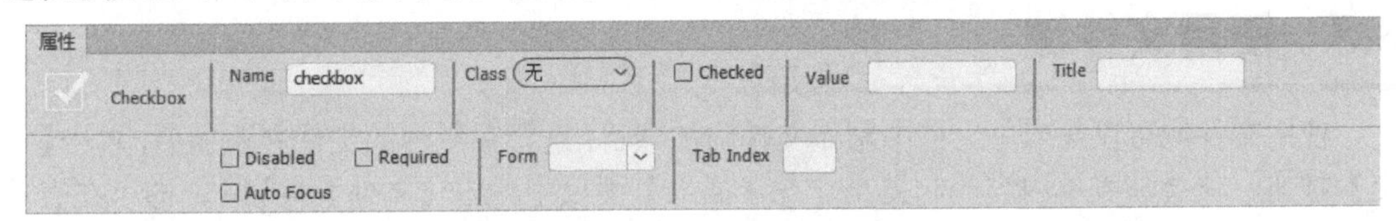

复选框的【属性】面板与单选按钮的【属性】面板类似，用户可以使用与单选按钮相同的方法，在【属性】面板中设置复选框的属性参数。

▶ Name文本框：用于设定当前复选框的名称。

▶ Disabled复选框：用于设定禁用当前复选框。

▶ Required复选框：用于设定必须在提交表单之前选中当前复选框。

▶ Auto Focus复选框：设置在支持HTML5的浏览器中打开网页时，鼠标光标自动聚焦在当前复选框上。

▶ Class下拉列表：指定当前复选框要应用的类样式。

▶ From下拉列表：用于设置当前复选框所在的表单。

▶ Checked复选框：用于设置当前复选框的初始状态。

▶ Value文本框：用于设置当前复选框被选中的值。

在【插入】面板中单击【复选框组】按钮▤，可以打开【复选框组】对话框，一次性在页面中插入多个复选框。具体操作如下：

step 1　在【插入】面板中单击【复选框组】按钮▤，打开【复选框组】对话框。

step 2　单击【+】和【-】按钮，编辑【标签】列表框中的标签项和值，单击【确定】按钮。

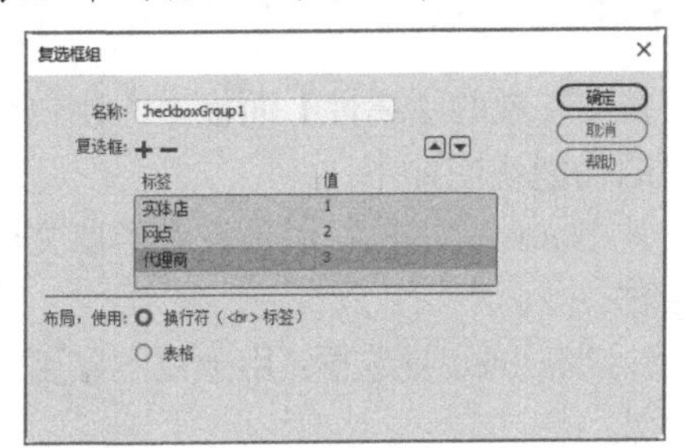

step 3　此时，即可在页面中创建如下图所示的复选框组。

复选框对象可以为用户提供一种在表单中选择或取消选择某个选项的方法。在网页的源代码中，把每个<input>标签的type属性设置为checkbox，就可以生成单独的复选框，其中包括必需的name和value属性。例如上例创建的复选框组，代码如下：

```
    <label>
    <input type="checkbox"
name="CheckboxGroup1" value="1"
id="CheckboxGroup1_0">
    实体店</label><br>
    <label>
    <input type="checkbox"
name="CheckboxGroup1" value="2"
id="CheckboxGroup1_1">
    网店</label><br>
    <label>
    <input type="checkbox"
name="CheckboxGroup1" value="3"
id="CheckboxGroup1_2">
    代理商</label>
```

在复选框组中，如果选中了某个复选框，在提交表单时，就要给出一个值；如果用户没有选中该复选项，就不会给出任何值；如果用户没有取消选中某个复选框，那么可选的checked属性(没有值)将告诉浏览器，将要显示一个处于选中状态的复选框，并且告诉浏览器在向服务器提交表单时包含一个值。

8.8 使用文件域

使用文件域可以在表单文档中制作文件附加项目。选择系统内的文件并添加后，单击【提交】按钮，就会和表单内容一起提交。在【插入】面板中单击【文件】按钮，即可在表单中插入文件域，同时【属性】面板中将显示如下图所示的设置选项。

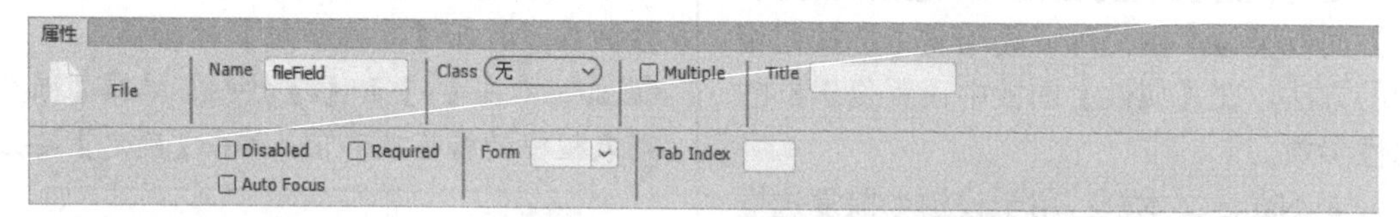

在文件域的【属性】面板中，比较重要选项的功能说明如下：

- Name 文本框：用于设定当前文件域的名称。
- Disabled 复选框：用于设定禁用当前文件域。
- Required 复选框：用于设定必须在提交表单之前在文件域中设定上传文件。
- Auto Focus 复选框：设置在支持HTML5 的浏览器中打开网页时，鼠标光标自动聚焦在当前文件域上。
- Class 下拉列表：指定当前文件域要应用的类样式。
- Multiple 复选框：设定当前文件域可使用多个选项。

下面用一个简单的实例，介绍在网页中制作并使用文件域的具体方法。

【例 8-2】在网页中创建用于上传图片的文件域。

视频+素材 (素材文件\第 08 章\例 8-2)

step 1 打开素材网页，将鼠标光标置于页面中合适的位置，在【插入】面板中单击【表单】按钮，插入一个表单。

step 2 将鼠标光标插入表单中，在【插入】面板中单击【文件】按钮，插入一个文件域。

• A reference to latest jQuery library
• A reference to Opineo script file sudo nano opineo.js
The following customization options are available in Opineo:
File:
浏览...

step 3 在【属性】面板中选中 Multiple 复选框，设置文件域可以同时上传多个文件。

step 4 按下 F12 键，保存网页并在浏览器中预览页面效果，如果没有使用文件域选择要上传的文件，文件域的右侧将显示如下图所示的提示信息：“未选择任何文件”。

- A reference to latest jQuery library
- A reference to Opineo script file sudo nano opineo.js

The following customization options are available in Opineo:

File: 选择文件 未选择任何文件

step 5 单击文件域中的【选择文件】按钮，可以在打开的【打开】对话框中，按住 Ctrl 键选择多个要上传的文件，完成后单击【打开】按钮。

step 6 返回网页，将在文件域的后面显示提示信息，提示用户上传的文件数量。

- A reference to latest jQuery library
- A reference to Opineo script file sudo nano opineo.js

The following customization options are available in Opineo:

File: 选择文件 5 个文件

在网页的源代码中，在<input>标签中通过把 type 属性值设置为 file，即可创建一个文件域。与其他表单输入元素不同，文件域只有在特定的表单数据编码方式和传输方式下才能正常工作。如果要在表单中包括一个或多个文件域，必须把<form>标签的 enctype 属性设置为 mulitipart/form-data，并把<form>标签的 method 属性设置为 post。否则，文件选择字段的行为就会像普通的文本字段一样，把值(也就是文件的路径名称)传输给服务器，而不是传输文件本身的内容。

例如，以下代码中声明了名为 fileField1 和 fileField2 的两个文件域：

```
<form method="post"
enctype="multipart/form-data" name="form1"
id="form1">
    <p>
    <label for="fileField1">File:</label>
    <input name="fileField1" type="file" multiple
required id="fileField" form="form1">
    <input name="fileField2" type="file" multiple
required id="fileField" form="form1">
    </p>
    </form>
```

8.9 使用标签和字段集

在网页中，使用标签可以定义表单控件间的关系(例如，一个文本输入字段和一个或多个文本标记之间的关系)。根据最新的标准，标记中的文本可以得到浏览器的特殊对待。浏览器可以为这个标签选择一种特殊的显示样式，当用户选择该标签时，浏览器将焦点转到和标签相关的表单元素上。

除单独的标记外，用户也可以将一群表单元素组成一个域集，并用<fieldset>和<legend>标签来标记这个域集。<fieldset>标签将表单内容的一部分打包，生成一组相关的表单字段。<fieldset>标签没有必需或唯一的属性，当一组表单元素放到<fieldset>标签内时，浏览器会以特殊方式显示它们，它们可能有特殊的边界、3D 效果，甚至可以创建一个子表单来处理这些元素。

8.9.1 使用标签

在 Dreamweaver 中选中需要添加标签的网页对象，然后单击【插入】面板的【表单】选项卡中的【标签】按钮。此时，切换至拆分视图，并在代码视图中添加以下代码：

```
<label></label>
```

其中，<label>标签的属性及功能说明如下表所示。

<label>标签的属性及说明

属　性	说　明
for	命名目标表单对象的 id

下面通过一个实例，介绍在网页中使用标签对象的具体操作。

【例 8-3】在网页中添加标签对象。
视频+素材 (素材文件\第 08 章\例 8-3)

step 1 选中页面中的微信图标，然后在【插入】面板中单击【标签】按钮。

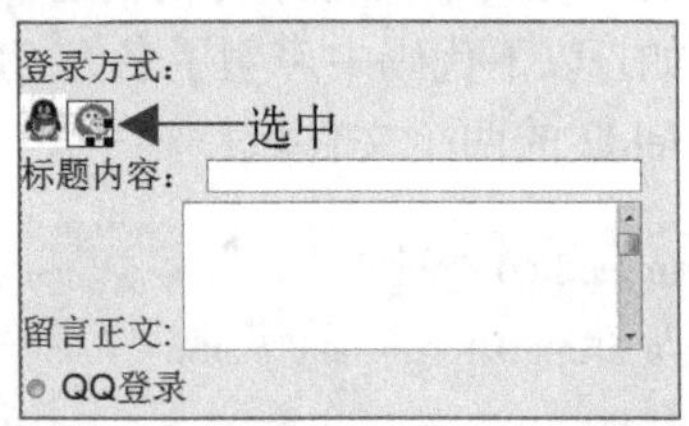

step 2 选中表单中"微信登录"文本前的单选按钮，在【文档】工具栏中单击【拆分】按钮，切换至拆分视图，在代码视图中查出其 id 为 RadioGroup1_1。

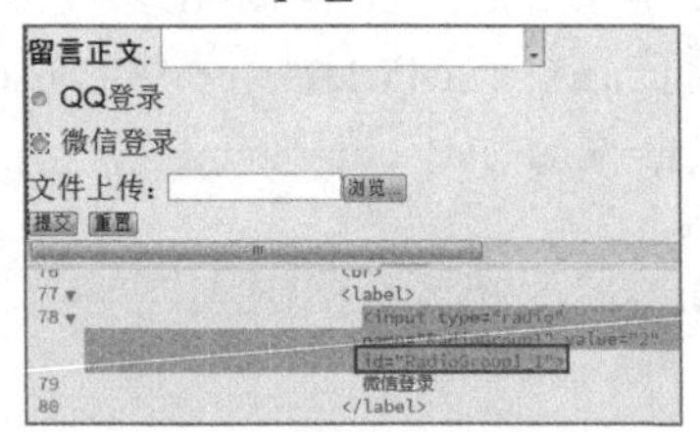

step 3 选中文档中的微信图标，在代码视图中找到以下代码：

```
<label><img src="P2.jpg" alt=""/></label>
```

step 4 在<label>标签中添加 for 属性，修改代码如下：

```
<label for=" RadioGroup1_1"><img src="P2.jpg"
alt=""/></label>
```

step 5 按下 F12 键，在打开的对话框中单击【是】按钮，保存网页并在浏览器中预览网页效果。单击页面中的微信图标，将自动选中表单中的【微信登录】单选按钮。

8.9.2 使用域集

使用<legend>标签可以为表单中的域集生成图标符号。这个标签可能仅在<fieldset>中显示。与<label>标签类似，当<legend>标签内容被选定时，焦点会转移到相关的表单元素上，可以用来提高用户对<fieldset>的控制力。<legend>标签也支持 accesskey 和 align 属性。align 属性的值可以是 top、bottom、left 或 right，向浏览器说明符号应该放在域集的哪个具体位置。

下面通过一个简单的实例介绍在 Dreamweaver 中使用域集的具体方法。

【例 8-4】在表单中创建用于登录的域集。
视频+素材 (素材文件\第 08 章\例 8-4)

step 1 打开素材网页后，选中页面中用于登录网站的文本域、密码域和【登录】按钮。

step 2 在【插入】面板中单击【域集】按钮，打开【域集】对话框，在【标签】文本框中输入"留言前请登录"，然后单击【确定】按钮。

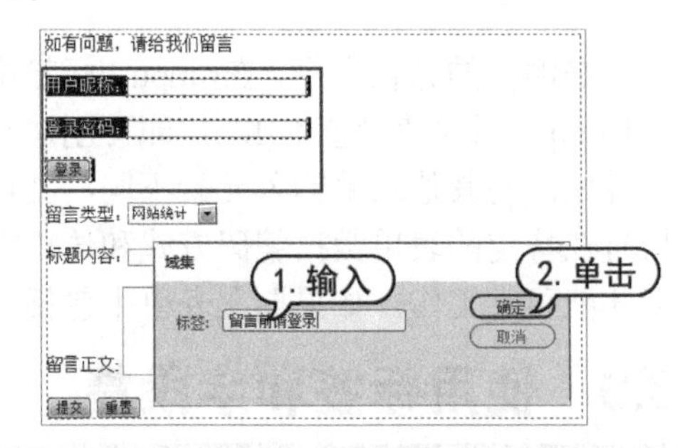

step 3 此时，将在表单中添加一个域集。按下 F12 键预览网页，域集在浏览器中的显示效果如下图所示。

在网页的源代码中，以下代码首先声明一个表单元素分组，然后声明这个表单元素分组的符号文字为"留言前请登录"。

```
<fieldset>
<legend>留言前请登录</legend></fieldset>
```

8.10　使用按钮和图像按钮

按钮和图像按钮指的是网页文件中表示按钮时要用到的表单要素。其中，按钮在 Dreamweaver 中被细分为标准按钮、【提交】按钮和【重置】按钮等 3 种，在表单中起到非常重要的作用。

在 Dreamweaver 的【插入】面板中单击【按钮】按钮、【“提交”按钮】按钮、【“重置”按钮】按钮和【图像按钮】按钮，即可在网页中插入相应的按钮。选中表单中的按钮，【属性】面板中将显示如下图所示的选项区域。

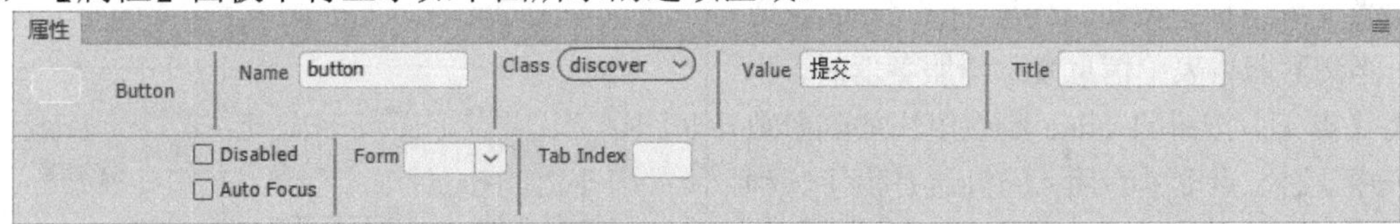

标准按钮的【属性】面板

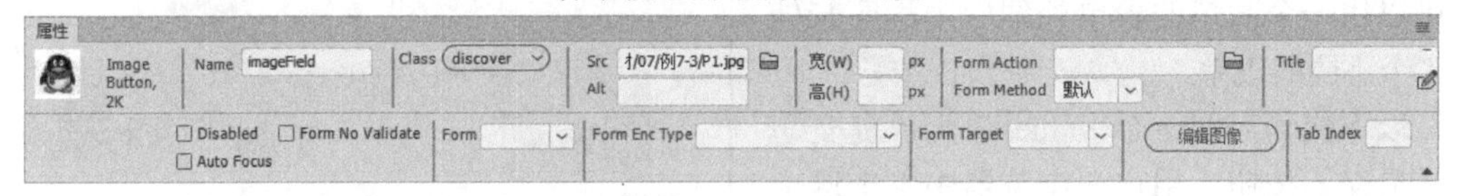

图像按钮的【属性】面板

8.10.1　使用按钮

【提交】按钮在表单中起到非常重要的作用，有时会使用【发送】或【登录】等其他名称来替代【提交】字样，但按钮将用户输入的信息提交给服务器的功能始终没有变化。

在【插入】面板中单击相应的按钮，在表单中插入标准按钮、【提交】按钮和【重置】按钮后，【属性】面板中显示的选项设置基本类似，其中比较重要的选项功能说明如下：

- Name 文本框：用于设定当前按钮的名称。
- Disabled 复选框：用于设定禁用当前按钮，被禁用的按钮将呈灰色显示。
- Class 下拉列表：指定当前按钮要应用的类样式。
- From 下拉列表：用于设置当前按钮所在的表单。
- Value 文本框：用于输入按钮上显示的文本内容。

在网页的源代码中，将<input>标签的 type 属性分别设置为 button、submit、reset，就可以创建标准按钮、【提交】按钮和【重置】按钮。

1. 标准按钮

使用<input type=button>标签可以生成一个供用户单击的标准按钮，但这个按钮不能提交或重置表单。用户可以在【属性】面板中通过修改 Value 属性来设置按钮上的文本标记，如果为其指定了 name 属性，则会把提供的值传递给表单处理程序。以下代码为“播放音乐”标准按钮的代码：

```
<input type="button" value="播放音乐">
```

以上代码在页面中的显示效果如下图所示。

播放音乐

2. 提交按钮

【提交】按钮(submit button)会启动将表单数据从浏览器发送给服务器的提交过程。

一个表单中可以有多个【提交】按钮，用户也可以利用<input>标签的【提交】类型设置name 和 value 属性。对于表单中最简单的【提交】按钮(这个按钮不包含 name 和 value 属性)而言，浏览器会显示一个小的长方形，上面有默认的标记“提交”。

提交

其他情况下，浏览器会用标签的 value 属性设置文本以标记按钮。如果设置了 name 属性，当浏览器将表单信息发送给服务器时，也会将【提交】按钮的 value 属性值添加到参数列表中。这一点非常有用，因为这提供了一种方法来标识表单中被单击的按钮。如此，用户就可以用一个简单的表单处理应用程序来处理多个不同的表单。

以下代码声明一个 value 值为“提交”的【提交】按钮，用户在浏览器中单击这个按钮后，将向服务器提交表单内容。

```
<input type="submit" value="提交">
```

3. 【重置】按钮

<input>表单的【重置】(reset)按钮的功能是显而易见的，它允许用户重置表单中的所有元素，也就是清除或设置某些默认值。与其他按钮不同，【重置】按钮不会激活表单处理程序，相反，浏览器将完成所有重置表单元素的工作。默认情况下，浏览器会显示一个标记为“重置”的【重置】按钮，用户可以在 value 属性中指定自己的按钮标记，改变默认值。

以下代码声明值为“重置”的【重置】按钮，单击这个按钮后，将清除在表单中填写的内容。

```
<input type="reset" value="重置">
```

8.10.2 使用图像按钮

如果要使用图像作为提交按钮，可以在网页中使用图像按钮。在大部分网页中，提交按钮都采用了图像形式。下面用一个实例，介绍在 Dreamweaver 中为网页设置图像按钮的具体方法。

【例 8-5】在表单中插入图像按钮。
视频+素材 (素材文件\第 08 章\例 8-5)

step 1 打开网页素材文件后，将鼠标光标插入页面中合适的位置，在【插入】面板中单击【图像按钮】按钮。

step 2 打开【选择图像源文件】对话框，选择一个图像文件，单击【确定】按钮。

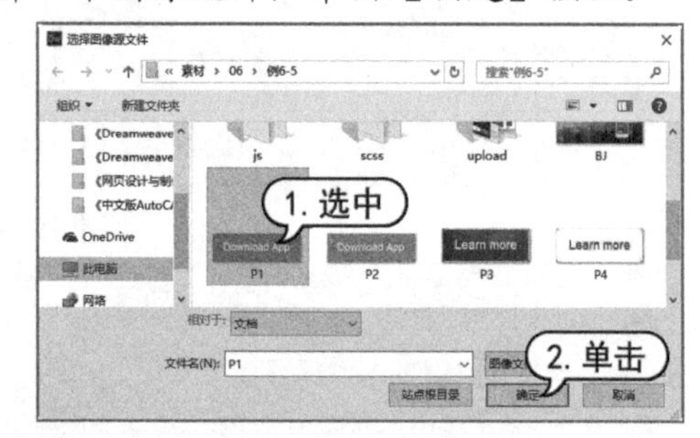

step 3 此时，即可在网页中插入一个效果如下图所示的图像按钮，并在【属性】面板中显示相应的设置选项。

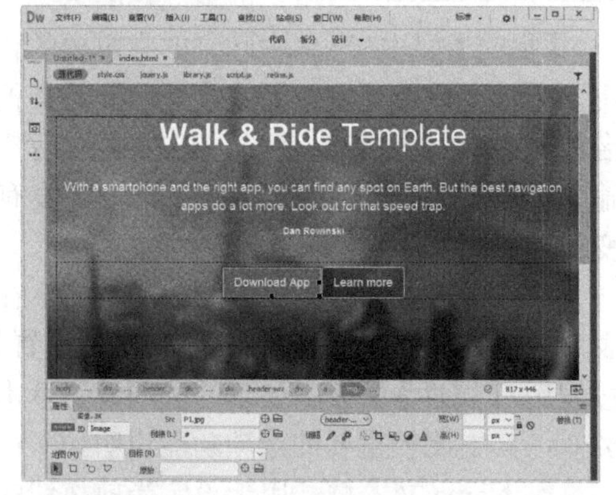

在图像按钮的【属性】面板中，比较重要的选项功能说明如下：

- Name 文本框：用于设定当前图像按钮的名称。
- Disabled 复选框：用于设定禁用当前图像按钮。
- Form No Validate 复选框：选中该复选框可以禁用表单验证。
- Class 下拉列表：指定当前图像按钮

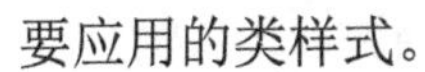

要应用的类样式。

▶ From 下拉列表：用于设置当前图像按钮所在的表单。

▶ Src 文本框：用于设定图像按钮所用图像的路径。

▶ Alt 文本框：用于设定当图像按钮无法显示图像时的替代文本。

▶ W 文本框：用于设定图像按钮中图像的宽度。

▶ H 文本框：用于设置图像按钮中图像的高度。

▶ From Action 文本框：用于设定当提交表单时，向何处发送表单数据。

▶ Form Method 下拉列表：用于设置如何发送表单数据，包括【默认】、Get 和 Post 三个选项。

在网页的源代码中，将<input>标签的 type 属性设置为 image，就可以创建图像按钮。图像按钮还需要 src 属性，并且可以包括 name 属性和针对非图形浏览器的描述性 alt 属性。以下代码声明了一个值为【提交】的源文件为 P1.jpg 图片的图像按钮：

```
<input type="image" src="P1.jpg" value="提交">
```

8.11 使用隐藏域

将信息从表单传送到后台程序时，编程人员通常需要发送一些不应该被网页浏览者看到的数据。这些数据有可能是后台程序需要的用于设置表单收件人信息的变量，也可能是在提交表单后，后台程序将要重定向至用户的 URL。要发送此类不能让表单使用者看到的信息，用户必须使用隐藏的表单对象——隐藏域。

在【插入】面板中单击【隐藏】按钮后，即可在页面中插入隐藏域，【属性】面板中将显示如下图所示的选项区域。

在隐藏域的【属性】面板中，各选项的功能说明如下：

▶ Name 文本框：用于设置所选隐藏域的名称。

▶ Value 文本框：用于设置隐藏域的值。

▶ From 下拉列表：用于设置当前隐藏域所在的表单。

在网页中无法看到<input>表单控件，这是一种向表单中嵌入信息的方法，以便这些信息不会被浏览器或用户忽略或改变。不仅如此，<input type=hidden>标签必需的 name 和 value 属性还会自动包含在提交的表单参数列表中。这些属性可以用来给表单做标记，也可以用来区分表单，将不同的表单或表单版本与一组已经提交或保存过的表单分开。

隐藏域的另一个作用是管理用户和服务器的交互操作。例如，隐藏域可以帮助服务器知道当前的表单是否来自于几分钟前发出类似请求的人。通常情况下服务器不会保留这种信息，并且每个服务器和用户之间的交互过程与其他事物无关。比如用户提交的第一个表单可能需要一些基本信息，如用户名和电话，基于这些初始信息，服务器可能会创建第二个表单，向用户询问一些更详细的问题。此时，在第一个表单中重新输入基本信息对于很多用户来说太麻烦，因此可以对服务器进行编程，将这些值保存在第二个表单的隐藏字段中，当返回第二个表单时，从这两个表单中得到的所有重要信息都保存了下来。如有必要，还可以看到第二个表单中的值是否和第一个表单相匹配。

以下代码声明了一个名为 hiddenField、值为 invest 的隐藏域，它在网页中不显示：

```
<input type="hidden" name="hiddenField" value="invest">
```

8.12 使用 HTML5 表单对象

在 Dreamweaver CC 2018 中，软件提供了对 CSS 3.0 和 HTML5 的支持。用户在【插入】面板的【表单】选项卡中单击 HTML5 表单对象按钮(包括【电子邮件】按钮、Url 按钮、Tel 按钮、【搜索】按钮、【数字】按钮、【范围】按钮、【颜色】按钮、【月】按钮、【周】按钮、【日期】按钮、【时间】按钮、【日期时间】按钮、【日期时间(当地)】按钮等)，即可在网页中快速插入相应的对象。

下面将分别介绍网页中 HTML5 对象的功能。

- 【电子邮件】对象：在网页中插入该对象后，将鼠标光标置于该对象中，可以在表单中插入电子邮件类型的元素。电子邮件类型用于包含 E-mail 地址的输入域，在提交表单时会自动验证 E-mail 域的值。

Email: miaofa@sina.com

- Url 对象：在网页中插入该对象后，可以在表单中插入 Url 类型的元素。Url 属性用于返回当前文档的 URL 地址。

Url: http://ww
http://www.tupwk.com.cn/improve2/
http://www.360doc.com/content/11/0908/08/3241927_146619985.shtml
http://www.360doc.com/content/16/0903/05/8132377_588018528.shtml

- Tel 对象：在网页中插入该对象后，可以在表单中插入 Tel 类型的元素，主要被应用于电话号码的文本字段。

Tel: 1381391234567

- 【搜索】对象：在网页中插入该对象后，可以在表单中插入搜索类型的元素，主要被应用于搜索的文本字段。Search 属性是一个可读、可写的字符串，可设置或返回当前 URL 的查询部分(问号“?”之后的部分)。

Search

- 【数字】对象：在网页中插入该对象后，可以在表单中插入数字类型的元素，主要被应用于带有 Spinner 控件的数字字段。

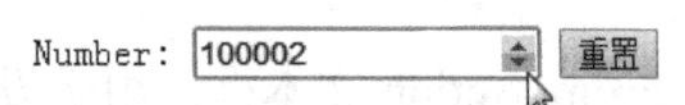

- 【范围】对象：在网页中插入该对象后，可以在表单中插入范围类型的元素。Range 对象表示文档的连续范围区域(比如在浏览器窗口中用鼠标拖动选中的区域)。

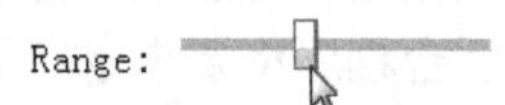

- 【颜色】对象：在网页中插入该对象后，可以在表单中插入颜色类型的元素。Color 属性用于设置文本的颜色(元素的前景色)。

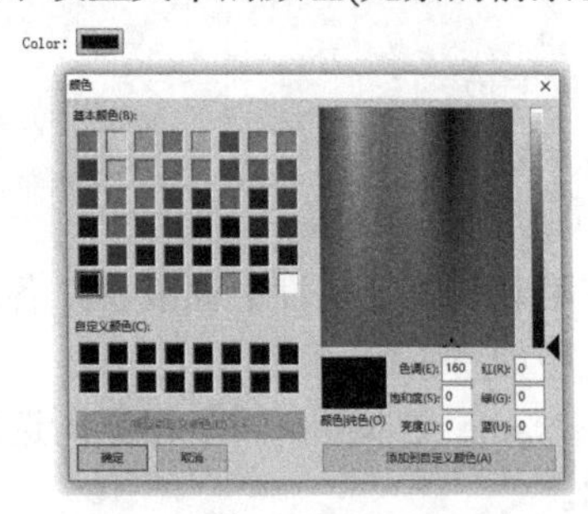

- 【月】对象：在网页中插入该对象后，可以在表单中插入月类型的元素，主要被应用于日期字段的月(带有 Calendar 控件)。

- 【周】对象：在网页中插入该对象后，可以在表单中插入周类型的元素，主要被应用

用于日期字段的周(带有 Calendar 控件)。

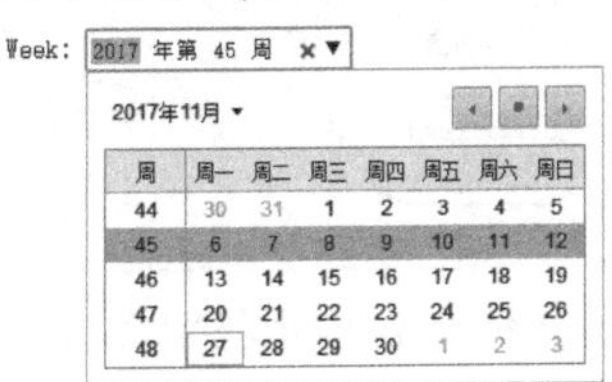

▶【日期】对象：在网页中插入该对象后，可以在表单中插入日期类型的元素，主要被应用于日期字段(带有 Calendar 控件)。

▶【时间】对象：在网页中插入该对象后，可以在表单中插入时间类型的元素，主要被应用于时间字段的时、分、秒(带有 Time 控件)。<time>标签用于定义公历的时间(24小时制)或日期，时间和时区偏移是可选的。

▶【日期时间】对象：在网页中插入该对象后，可以在表单域中插入日期时间类型的元素，主要被应用于日期字段(带有 Calendar 控件和 Time 控件)。datetime 属性用于规定文本被删除的日期和时间。

DateTime:

▶【日期时间(当地)】对象：在网页中插入该对象后，可以在表单中插入日期时间(当地)类型的元素，主要被应用于日期字段(带有 Calendar 控件和 Time 控件)。

8.13 案例演练

本章的案例演练将通过实例制作用户登录页面和留言页面。在网页制作过程中将利用表格制作一个简单的图文网页，然后在网页中插入表单与表单对象，并通过 CSS 样式美化表单对象的显示效果。在实战的过程中，用户可以通过操作巩固所学的网页制作知识。

【例 8-6】创建一个用于登录网站的网页。
视频+素材 (素材文件\第 08 章\例 8-6)

step 1 按下 Ctrl+Shift+N 组合键，创建一个空白网页。按下 Ctrl+F3 组合键，显示【属性】面板并单击其中的【页面属性】按钮。

step 2 打开【页面属性】对话框，在【分类】列表框中选择【外观(CSS)】选项，单击【背景图像】文本框后的【浏览】按钮。

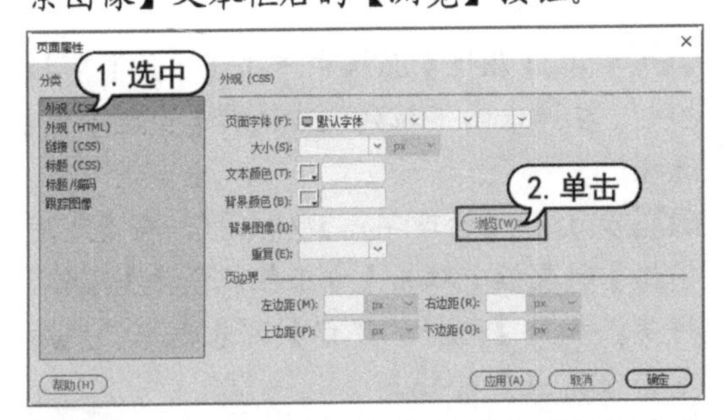

step 3 打开【选择图像源文件】对话框，选中一个图像素材文件，单击【确定】按钮。

step 4 返回【页面属性】对话框，在【上边距】文本框中输入 0，然后依次单击【应用】和【确定】按钮，为新建的网页设置背景图像。

step 5 将鼠标光标插入页面中，按下 Ctrl+Alt+T 组合键，打开 Table 对话框。在页面中插入一个 1 行 1 列、宽度为 800 像素、边框粗细为 10 像素的表格。

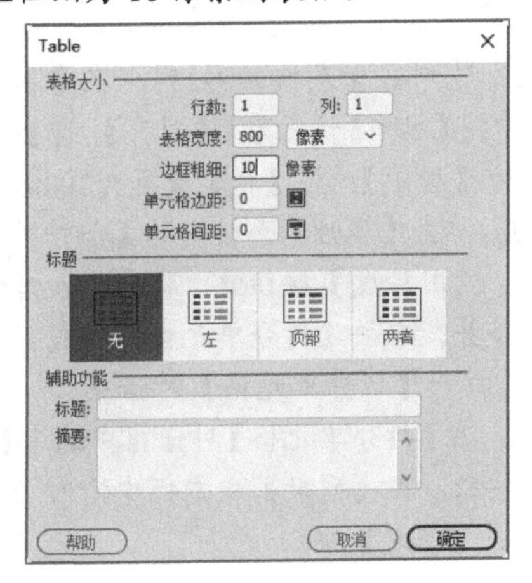

step 6 在 Table 对话框中单击【确定】按钮，在页面中插入表格。在表格的【属性】面板中单击 Align 下拉按钮，在弹出的下拉列表中选择【居中对齐】选项。

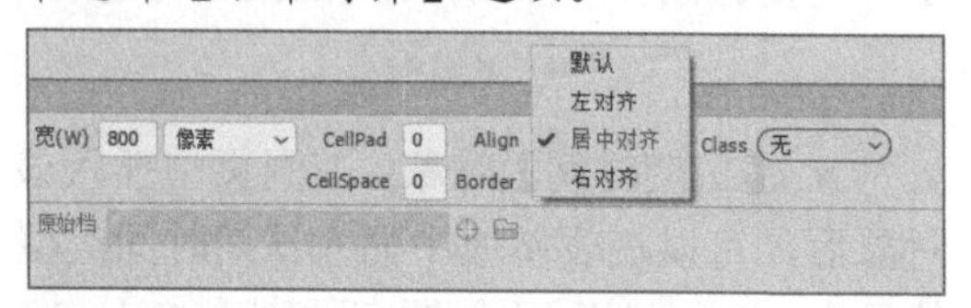

step 7 将鼠标光标插入表格中，在单元格的【属性】面板中将【水平】设置为【居中对齐】，将【垂直】设置为【顶端】。

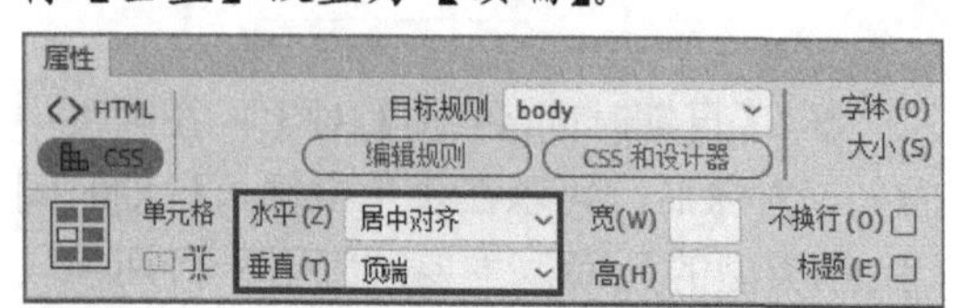

step 8 单击【背景颜色】按钮，在打开的颜色选择器中将单元格的背景颜色设置为白色。

step 9 再次按下 Ctrl+Alt+T 组合键，打开 Table 对话框。在表格中插入一个 2 行 5 列、宽度为 800 像素、边框粗细为 0 像素的嵌套表格。

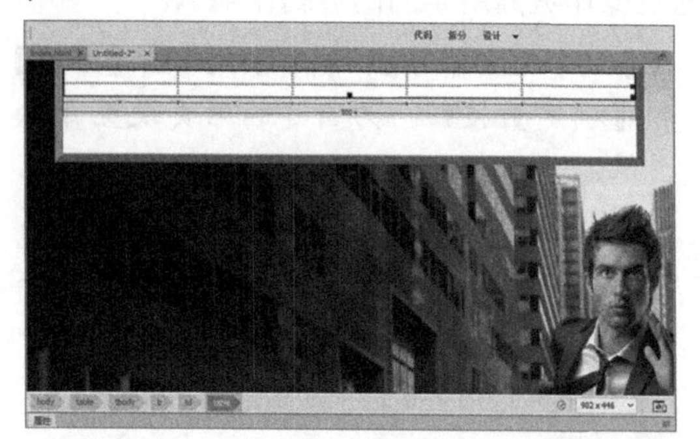

step 10 选中嵌套表格的第1列，在【属性】面板中将【水平】设置为【左对齐】，将【垂直】设置为【居中】，将【宽】设置为200像素。

step 11 单击【属性】面板中的【合并所选单元格，使用跨度】按钮，将嵌套表格的第 1 列合并。单击【拆分单元格为行或列】按钮，打开【拆分单元格】对话框。

step 12 在【拆分单元格】对话框中选中【列】单选按钮，在【列数】文本框中输入 2，然后单击【确定】按钮。

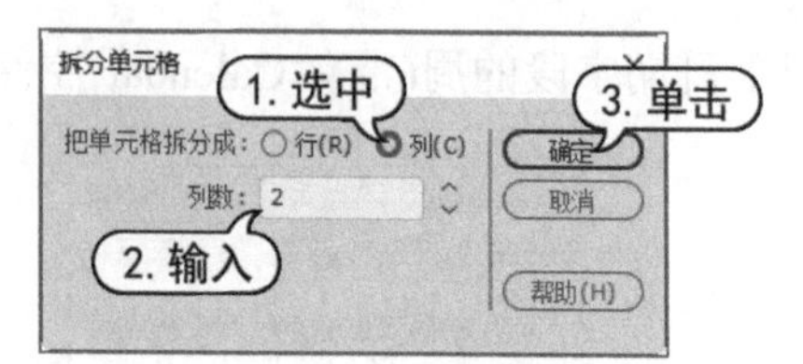

step 13 选中拆分后单元格的第 1 列，在【属性】面板中将【宽】设置为 20 像素。

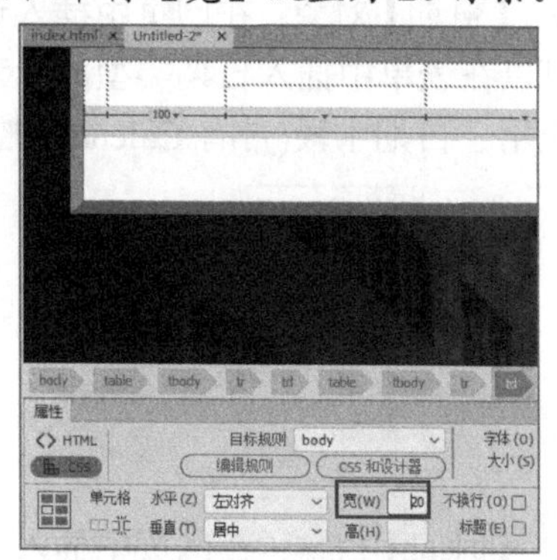

step 14 将鼠标光标插入嵌套表格的其他单元格中，输入文本，并按下 Ctrl+Alt+I 组合键插入图像，制作下图所示的表格。

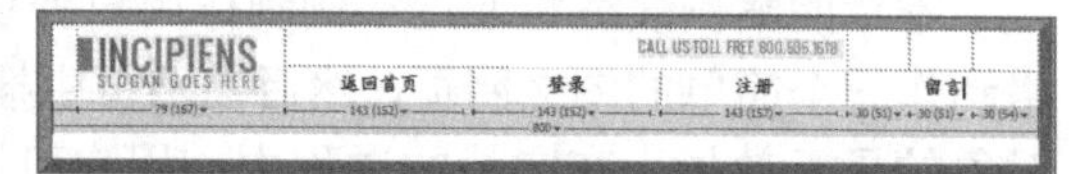

step 15 将鼠标光标插入嵌套表格的后方，按下回车键，选择【插入】| HTML |【水平线】命令，插入一条水平线，并在水平线的下方输入文本“用户登录”。

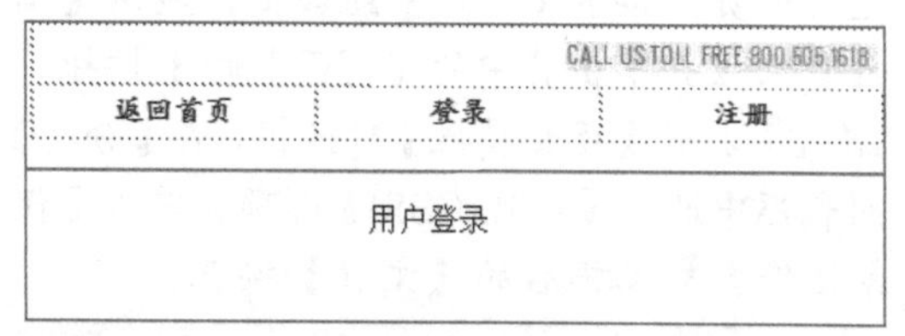

step 16 在【属性】面板中单击【字体】下拉按钮，在弹出的下拉列表中选择【管理字体】选项。

step 17 打开【管理字体】对话框，在【可用字体】列表框中双击【方正粗靓简体】字体，将其添加至【选择的字体】列表框中，然后单击【完成】按钮。

step 18 选中步骤 15 中输入的文本，单击【字体】下拉按钮，在弹出的列表中选择【方正粗靓简体】选项。

step 19 保持文本处于选中状态，在【属性】面板的【大小】文本框中输入 30。

step 20 将鼠标光标放置在“用户登录”文本之后，按下回车键，添加一个空行。

step 21 按下 Ctrl+F2 组合键，打开【插入】面板，单击该面板中的按钮，在弹出的下拉列表中选中【表单】选项，然后单击【表单】按钮，插入一个表单。

step 22 选中页面中的表单，按下 Shift+F11 组合键，打开【CSS 设计器】面板，单击【源】窗格中的【+】按钮，在弹出的下拉列表中选择【在页面中定义】选项。

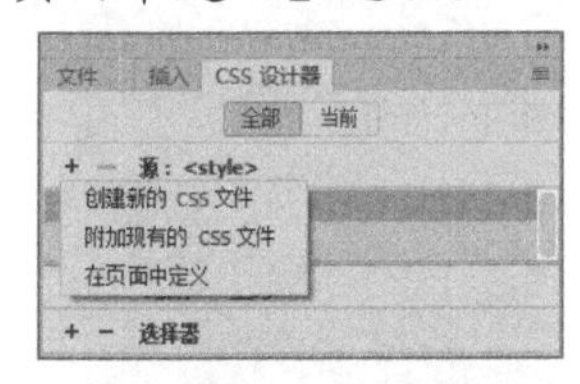

step 23 在【选择器】窗格中单击【+】按钮，然后在添加的选择器名称栏中输入.form。

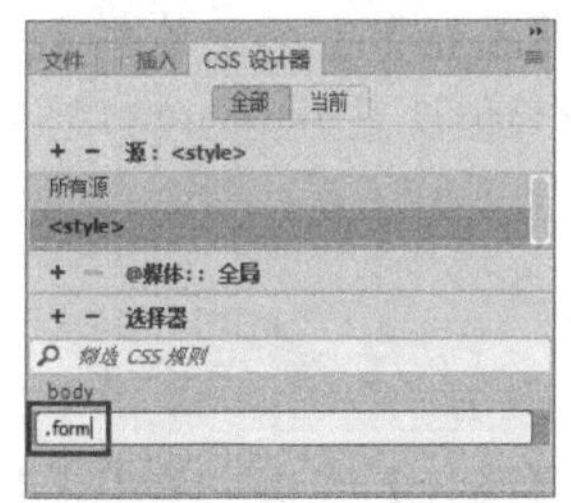

step 24 在表单的【属性】面板中单击 Class 下拉按钮，在弹出的下拉列表中选择 form 选项。

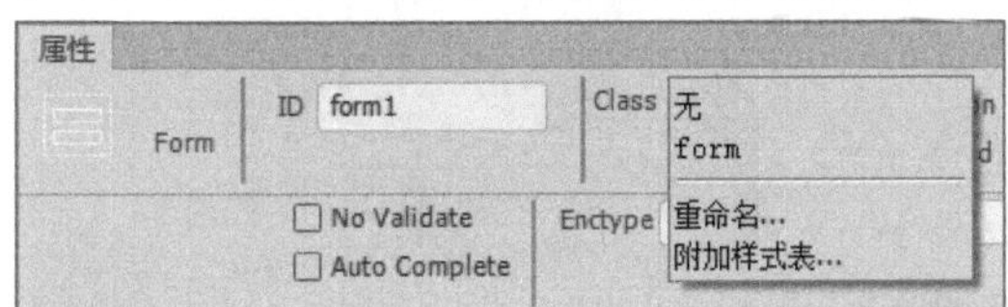

step 25 在【CSS 设计器】面板的【属性】窗格中单击【布局】按钮，在展开的属性设置区域中将 width 设置为 500 像素，将 margin 的左右边距设置为 150 像素。

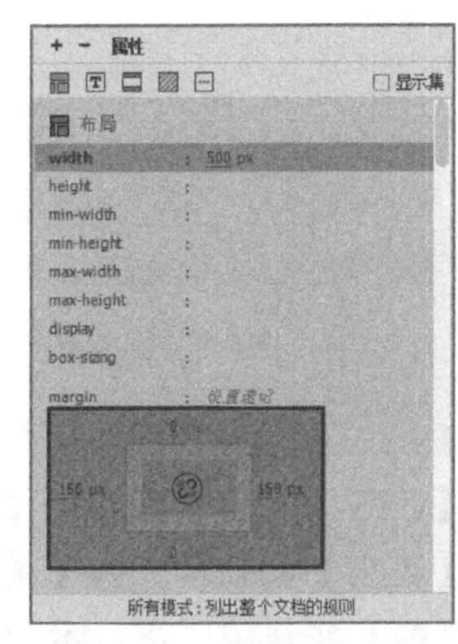

step 26 此时页面中表单的效果如下图所示。

step 27 将鼠标光标插入表单中，在【插入】面板中单击【文本】按钮，在页面中插入一个如下图所示的文本域。

用户登录

Text Field:

step 28 将鼠标光标放置在文本域的后面，按下回车键，插入一个空行。在【插入】面板中单击【密码】按钮，在表单中插入一个如下图所示的密码域。

用户登录

Text Field:

Password:

step 29 重复以上操作，在密码域的下方插入一个文本域。

step 30 将鼠标光标插入文本域的后面，单击【插入】面板中的【“提交”按钮】按钮，在表单中插入一个【提交】按钮。

用户登录

Text Field:

Password:

Text Field:

提交

step 31 在【CSS 设计器】面板的【设计器】窗格中单击【+】按钮，创建一个名为.con1

的选择器。

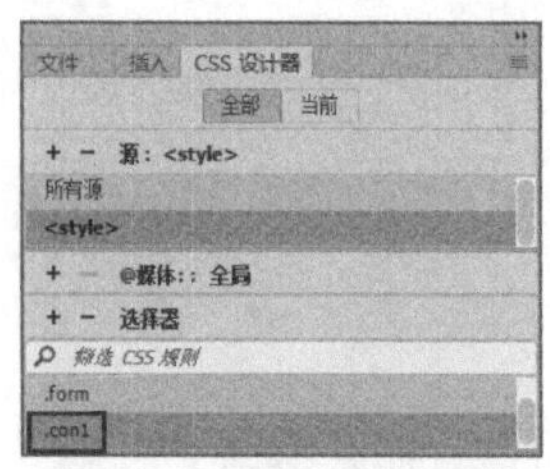

step 32 在【CSS设计器】面板的【属性】窗格中单击【边框】按钮，在【属性】窗格中单击【顶部】按钮，在显示的选项区域中将width设置为0px。

step 33 单击【右侧】按钮和【左侧】按钮，在显示的选项区域中将width设置为0px。

step 34 单击【底部】按钮，在显示的选项区域中将color颜色参数设置为rgba(119,119,119,1.00)。

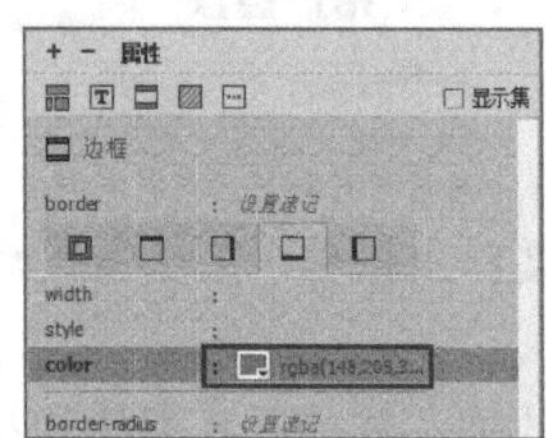

step 35 单击【属性】窗格中的【布局】按钮，在展开的属性设置区域中将width设置为300像素。

step 36 分别选中页面中的文本域和密码域，在【属性】面板中将Class设置为con1。

step 37 修改文本域和密码域前面的文本，并在【属性】面板中设置文本的字体格式，完成后的效果如右上图所示。

step 38 在【CSS设计器】面板的【选择器】窗格中单击【+】按钮，创建一个名为.button的选择器。

step 39 选中表单中的【提交】按钮，在【属性】面板中将Class设置为button。

step 40 在【CSS设计器】面板的【属性】窗格中单击【布局】按钮，在展开的属性设置区域中将width设置为380像素，将height设置20像素，将margin的顶端边距设置为30像素。

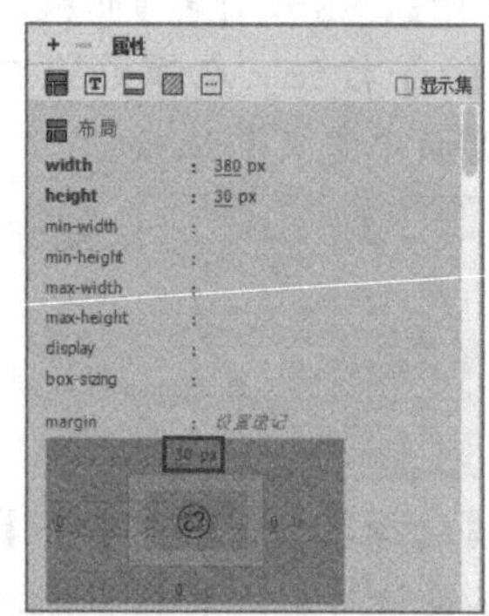

step 41 在【属性】窗格中单击【文本】按钮，将color的值设置为rgba(255,255,255,1.00)。

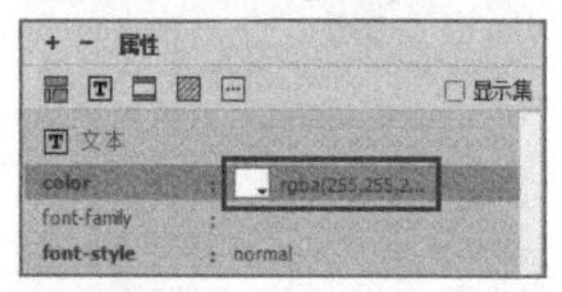

step 42 在【属性】窗格中单击【背景】按钮，将background-color参数的值设置为rgba(42,35,35,1.00)。

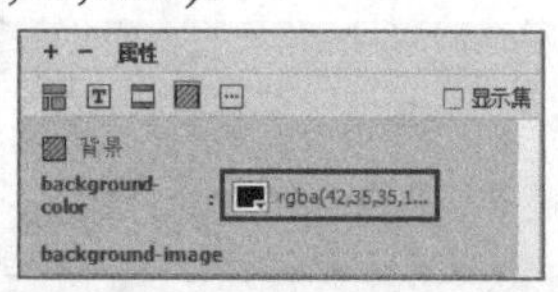

step 43 分将鼠标光标插入“验证信息”文本域的后面，按下回车键新增一行，输入文本“点击这里获取验证”，完成【用户登录】表单的制作。

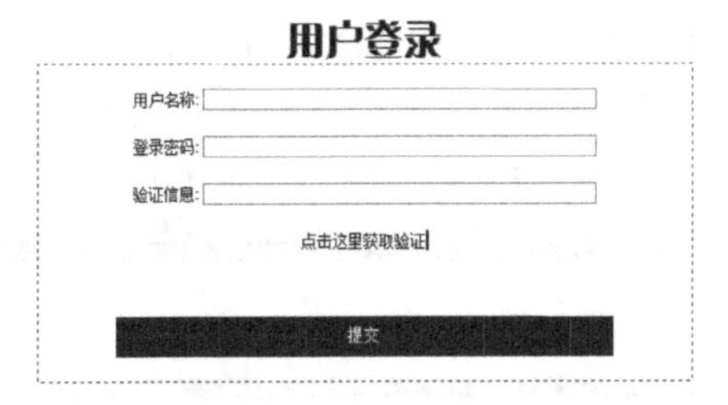

step 44 继续处理网页，在页面中完成如下图所示的效果后，按下 Ctrl+S 组合键保存网页文档。按下 F12 键，在浏览器中浏览网页，查看页面中用户登录表单的效果。

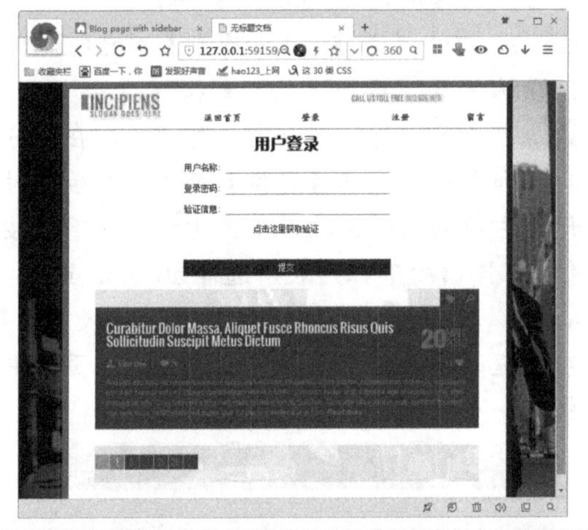

【例 8-7】使用 Dreamweaver CC 2018 制作一个网站留言页面。

视频+素材 (素材文件\第 08 章\例 8-7)

step 1 按下 Ctrl+Shift+N 组合键，创建一个空白网页文档。按下 Ctrl+F3 组合键，显示【属性】面板，单击其中的【页面属性】按钮。

step 2 打开【页面属性】对话框，在【分类】列表框中选择【外观(CSS)】选项，将【左边距】文本框、【右边距】文本框和【上边距】文本框中的参数设置为 0，单击【确定】按钮。

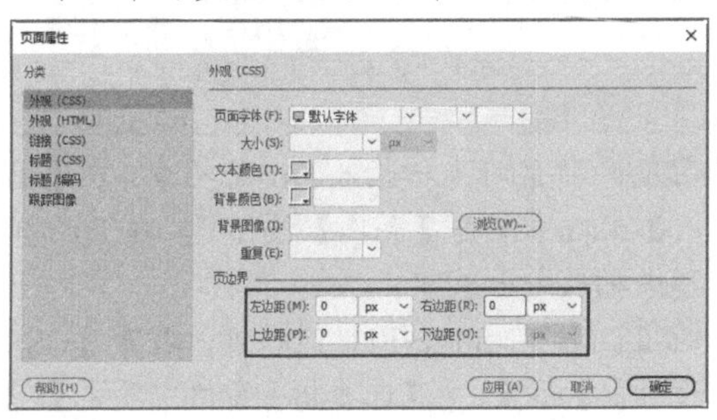

step 3 将鼠标光标插入页面中，选择【插入】|Div 命令，打开【插入 Div】对话框，在 ID 文本框中输入 CSS1，然后单击【新建 CSS 规则】按钮。

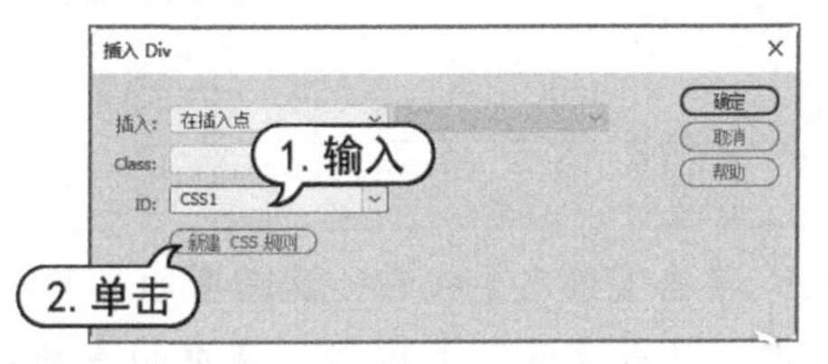

step 4 打开【新建 CSS 规则】对话框，保持默认设置，单击【确定】按钮。

step 5 打开 CSS 规则定义对话框，在【分类】列表框中选择【背景】选项，然后单击 Background-image 文本框后的【浏览】按钮。

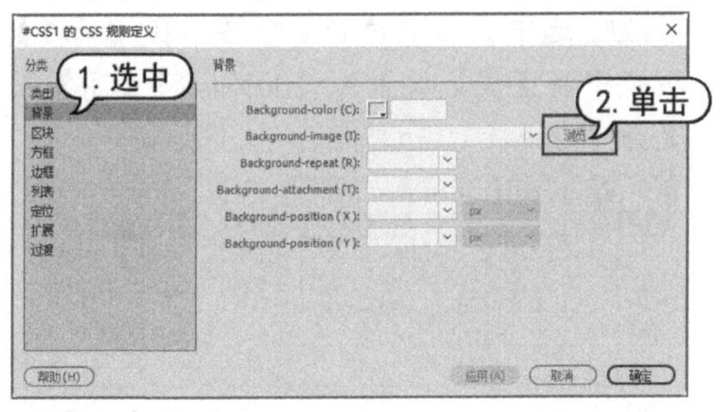

step 6 打开【选择图像源文件】对话框，选择一个图像文件后，单击【确定】按钮。

step 7 返回 CSS 规则定义对话框，在【分类】列表框中选择【定位】选项，然后在对话框右侧的选项区域中单击 Position 下拉按钮，在弹出的下拉列表中选择 absolute 选项。

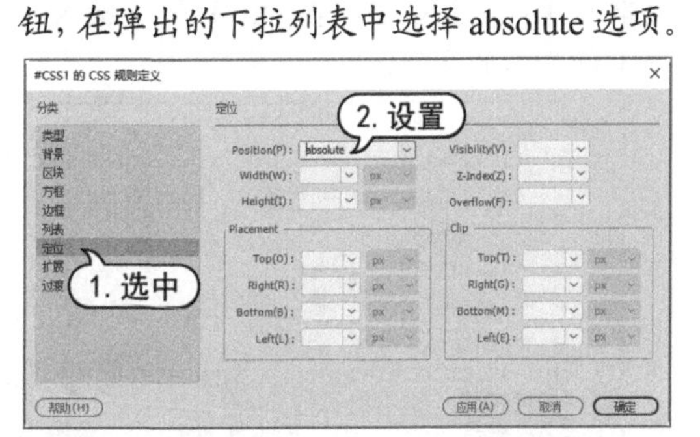

step 8 在【分类】列表框中选择【方框】选项，然后在对话框右侧的选项区域中设置 Top 和 Bottom 文本框中的参数为 15，并取消【全部相同】复选框的选中状态。

step 9 单击【确定】按钮，返回【插入 Div】对话框，单击【确定】按钮，在页面中插入一个如下图所示的 Div 标签。

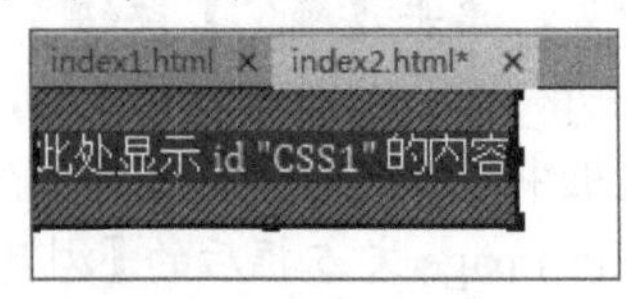

step 10 选中页面中的 Div 标签，在【属性】面板中将【宽】设置为 100%，将【高】设置为 100px。

step 11 将鼠标光标插入 Div 标签中，按下 Ctrl+Alt+T 组合键，打开 Table 对话框。将【行数】设置为 1，将【列】设置为 7，将【表格宽度】设置为 100%，将【边框粗细】、【单元格边距】和【单元格间距】设置为 0，然后单击【确定】按钮，在 Div 标签中插入一个 1 行 7 列的表格。

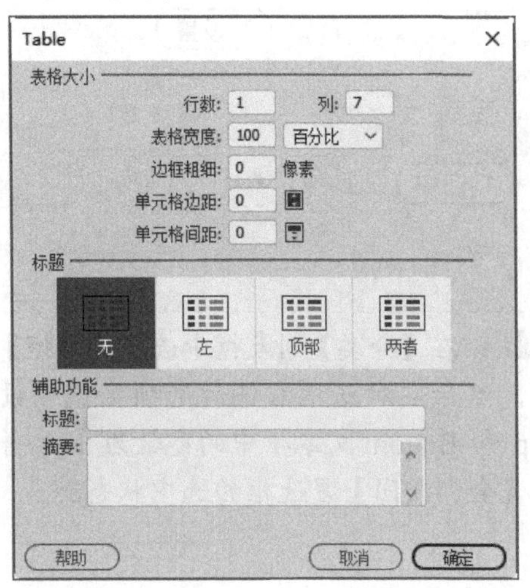

step 12 选中插入的表格中的所有单元格，在【属性】面板中将单元格的背景颜色设置为“白色”，然后在其中插入图片并输入文本。

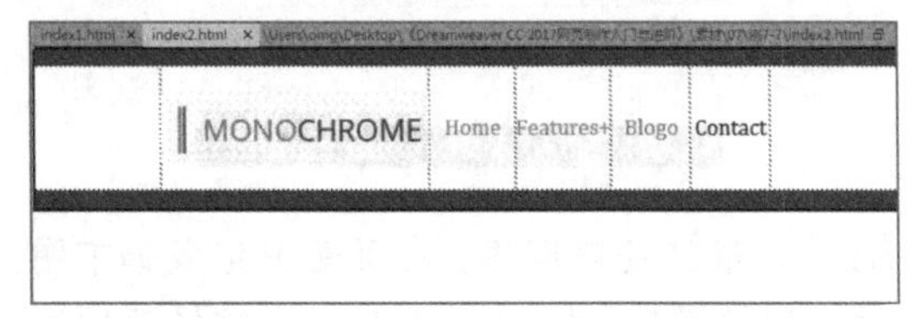

step 13 再次选择【插入】| Div 命令，打开【插入 Div】对话框，在 ID 文本框中输入 CSS2，然后单击【新建 CSS 规则】按钮。

step 14 打开【新建 CSS 规则】对话框，保持默认设置，单击【确定】按钮。

step 15 打开 CSS 规则定义对话框，在【分类】列表框中选择【定位】选项，然后在对话框右侧的选项区域中单击 Position 下拉按钮，在弹出的下拉列表中选择 absolute 选项。

step 16 单击【确定】按钮，返回【插入 DiV】对话框，再次单击【确定】按钮，在页面中插入一个可移动的 Div 标签。

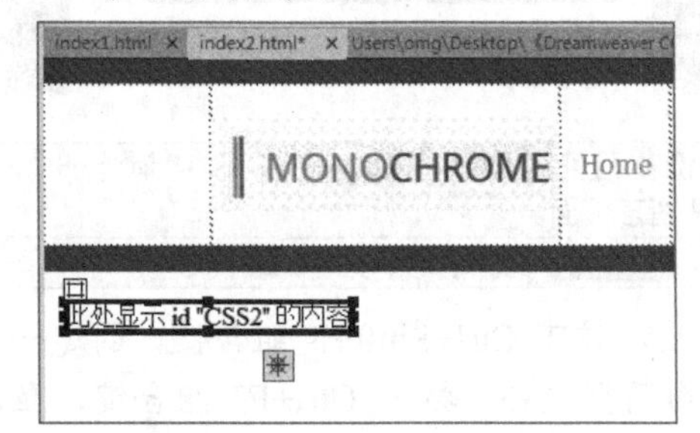

step 17 在【属性】面板中，将【左】设置为 0px，将【上】设置为 130px，将【宽】设置为 100%，将【高】设置为 500px。

step 18 将鼠标光标插入 Div 标签中，在【插入】面板中单击【表单】按钮，在 Div 标签中插入一个表单。

step 19 按下 Shift+F11 组合键，打开【CSS 设计器】面板，在【选择器】窗格中单击【+】按钮，添加名为.form 的选择器。

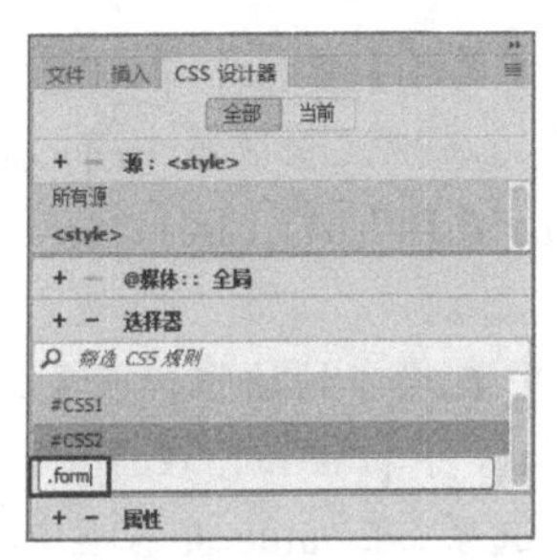

step 20 在表单的【属性】面板中单击Class下拉按钮，在弹出的下拉列表中选择form选项。

step 21 在【CSS 设计器】面板的【选择器】窗格中选中.form 选择器，然后在【属性】窗格中单击【布局】按钮，在展开的选项区域中设置 margin 顶部参数为 2%，左侧和右侧间距参数为 15%。

step 22 将鼠标光标插入表单中，输入文本并插入一条水平线。

step 23 将鼠标光标置于水平线的下方，在【插入】面板中单击【文本】按钮，在表单中插入一个文本域。

step 24 选中表单中的文本域，在【属性】面板的 value 文本框中输入“You Name...”。

step 25 编辑表单中文本域前面的文本，并设置文本的字体格式，选中文本域。

step 26 在【CSS 设计器】面板的【选择器】窗格中单击【+】按钮，添加一个名为.b1 的选择器。

step 27 单击【属性】面板中的 Class 下拉按钮，在弹出的下拉列表中选择 b1 选项，为文本域应用 b1 类样式。

step 28 在【CSS 设计器】面板的【属性】窗格中单击【边框】按钮，在展开的选项区域中单击【所有边】按钮，将 color 参数设置为 rgba(211,209,209,1.00)。

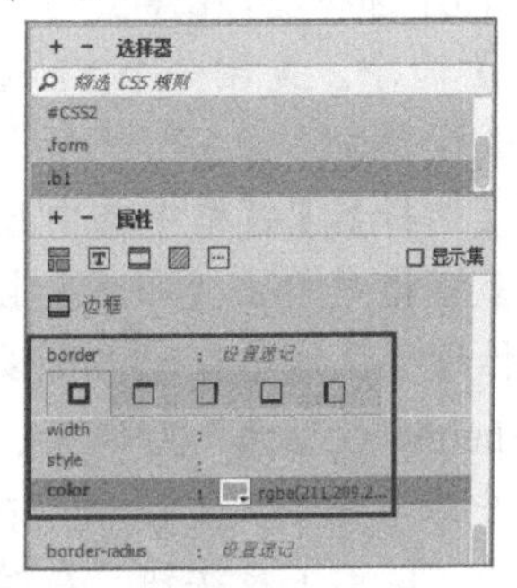

step 29 单击【左侧】按钮，将 width 参数设置为 5px。

step 30 单击【属性】窗格中的【布局】按钮，在显示的选项区域中将 width 参数设置为 200px，将 height 参数设置为 25px。

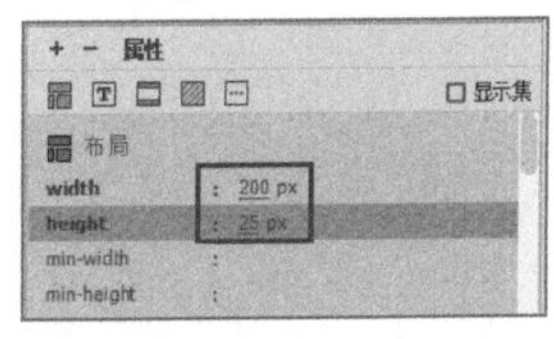

step 31 将鼠标光标插入至文本域的下方，在【插入】面板中单击【电子邮件】按钮和【文本】按钮，在表单中插入【电子邮件】对象和【文本域】对象。

step 32 编辑表单中软件自动插入的文本，分别选中【电子邮件】和【文本域】对象，在【属性】面板中单击 Class 下拉按钮，在弹出的下拉列表中为它们应用 b1 类样式，并设置对象的 value 值。

step 33 将鼠标光标插入 SUBJECT 文本域之后，在【插入】面板中单击【文本区域】按钮，在表单中插入一个文本区域，并编辑文本区域前的文本。

step 34 在【CSS 设计器】面板的【选择器】窗格中右击.b1 选择器，在弹出的菜单中选择【直接复制】命令。复制一个.b1 选择器，将复制后的选择器命名为.b2。

step 35 在【选择器】窗格中选中.b2 选择器，在【属性】窗格中单击【布局】按钮，在展开的属性设置区域中将 width 设置为 500 像素，将 height 设置为 100 像素。

step 36 选中表单中的文本区域，在【属性】面板中单击 Class 下拉按钮，在弹出的下拉列表中选择 b2 选项。

step 37 将鼠标光标插入文本区域的下方，在【插入】面板中单击【“提交”按钮】按钮，在表单中插入一个【提交】按钮。

step 38 在【CSS 设计器】面板的【选择器】窗格中单击【+】按钮，添加一个名为.b3 的选择器。

step 39 在【选择器】窗格中选中.b3 选择器，在【属性】面板中单击【布局】按钮，在展开的属性设置区域中将 width 设置为 150 像素，将 height 设置为 25 像素。

step 40 在【属性】窗格中单击【背景】按钮，在展开的属性设置区域中单击 background-image 选项右侧的【浏览】按钮。

step 41 打开【选择图像源文件】对话框，选中一个图像素材文件，单击【确定】按钮。

step 42 在【属性】窗格中单击【文本】按钮，在展开的属性设置区域中将 color 的值设置为 rgba(150,147,147,1.00)，将 font-size 的值设置为 12px。

step 43 选中表单中的按钮，在【属性】面板中单击 Class 下拉按钮，在弹出的下拉列表中选择 b3 选项，在 value 文本框中将文本“提交”修改为 SEND MESSAGE。

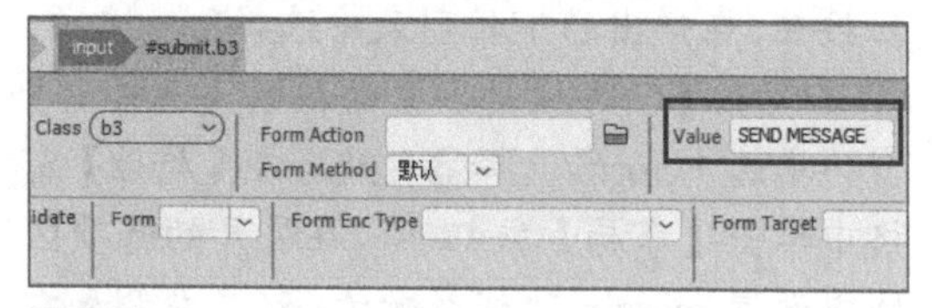

step 44 完成以上设置后，将鼠标光标插入表单的下方，选择【插入】| Div 命令，打开【插入 Div】对话框。在 ID 文本框中输入 CSS1，单击【确定】按钮，在打开的提示框中单击【是】按钮。

step 45 在页面的底部插入一个 Div 标签。将鼠标光标插入 Div 标签中，按下 Ctrl+Alt+T 组合键，打开 Table 对话框，插入一个 1 行 3 列的表格，并在表格中输入下图所示的文本。

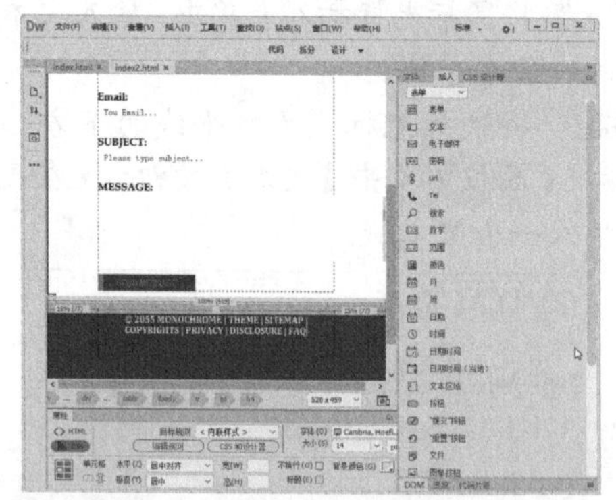

step 46 按下 Ctrl+S 组合键保存网页，按下 F12 键在浏览器中即可查看网页的效果。

第 9 章

使用 CSS

CSS 是 Cascading Style Sheets(层叠样式表)的缩写，是一门用于表现 HTML 或 XML 等文件样式的计算机语言。用户在制作网页的过程中，使用 CSS 样式，可以有效地对页面的布局、字体、颜色、背景和其他效果实现准确的控制。

本章对应视频

例 9-1 附加外部样式表
例 9-2 定义类选择器
例 9-3 定义 id 选择器
例 9-4 定义标签选择器
例 9-5 使用通配符选择器
例 9-6 使用分组选择器
例 9-7 使用后代选择器
例 9-8 使用伪类选择器
例 9-9 使用伪元素选择器
例 9-10 设置滚动文本效果
例 9-11 设置网页背景显示效果
例 9-12 调整网页文本排列方式
例 9-13 为图片设置填充间距
例 9-14 制作图文环绕混排网页

9.1 认识 CSS 样式表

由于 HTML 语言本身的一些客观因素，导致页面的结构与显示不分离，这也是阻碍 HTML 发展的一个原因。因此，W3C 发布了 CSS(层叠样式表)来解决这一问题，使不同的浏览器能够正常地显示同一页面。

9.1.1 CSS 样式表的功能

要管理一个网站，使用 CSS 样式，可以快速格式化整个站点或多个文档中的字体、图像等网页元素的格式，并且 CSS 样式可以实现多种不能用 HTML 样式实现的功能。

CSS 是用来控制网页文档中某文本区域外观的一组格式属性。使用 CSS 能够简化网页代码，加快下载速度，减少上传的代码量，从而可以避免重复操作。CSS 样式表是对 HTML 语法的一次革新，它位于文档的 <head>区，作用范围由 class 或其他任何符合 CSS 规范的文本来设置。对于其他现有的文档，只要其中的 CSS 样式符合规范，Dreamweaver 就能识别它们。

在制作网页时采用 CSS 技术，可以有效地对页面的布局、字体、颜色、背景和其他效果实现更为准确的控制。CSS 样式表的主要功能有以下几点：

- 在几乎所有的浏览器中都可以使用。
- 以前只有通过图片转换才能实现的一些功能，现在只要用 CSS 就可以轻松实现，从而可以更快地下载页面。
- 使页面的字体变得更漂亮、更容易编排，使页面真正赏心悦目。
- 可以轻松地控制页面的布局。
- 可以对许多网页的风格同时更新，不用再逐个更新。

9.1.2 CSS 样式表的规则

CSS 样式表的主要功能就是将某些样式应用于文档的统一类型的元素中，以减少网页设计者在设计页面时的工作量。要通过 CSS 功能设置网页元素的属性，使用正确的 CSS 规则至关重要。

1. 基本规则代码

每条规则有两个部分：选择符和声明。每条声明实际上是属性和值的组合。每个样式表由一系列规则组成，但规则并不总是出现在样式表里。CSS 最基本的规则(声明段落样式)代码如下：

```
p {text-align:center;}
```

其中，规则左侧的 p 为选择符。选择符用于选择文档中要应用样式的元素。规则右侧的 text-align:center;部分是声明，由 CSS 属性 text-align 及其值 center 组成。

声明的格式是固定的，某个属性后跟冒号(:)，然后是其取值。如果使用多个关键字作为一个属性的值，通常用空白符将它们分开。

2. 多个选择符

当需要将同一条规则应用于多个元素时，需要使用多个选择符，示例代码(声明段落和二级标题的样式)如下：

```
p,H2{text-align: center;}
```

将多个元素同时放在规则的左侧并且用逗号隔开，右侧为规则定义的样式，规则将被同时应用于两个选择符。其中的逗号告诉浏览器：在这条规则中包含两个不同的选择符。

9.1.3 CSS 样式表的类型

CSS 样式规则由两部分组成：选择器和声明(大多数情况下为包含多个声明的代码块)。选择器是标识已设置格式的元素的术语，例如 p、h1、类名或 id，声明块则用于定义样式属性。例如下面的 CSS 规则中，h1

是选择器，大括号({})之间的所有内容都是声明块。

```
h1 {
  font-size: 12 pixels;
  font-family: Times New Roman;
  font-weight:bold;
}
```

每个声明都由属性(例如以上规则中的 font-family)和值(例如 Times New Roman)两部分组成。在上面的 CSS 规则中，已经创建了 h1 标签样式，即所有链接到此样式的 h1 标签的文本大小为 12 像素、字体为 Times New Roman、字体样式为粗体。

在 Dreamweaver 中，选择【窗口】|【CSS 设计器】命令，可以打开如下图所示的【CSS 设计器】面板。在【CSS 设计器】面板的【选择器】窗格中单击【+】按钮，可以定义选择器的样式类型，并将其运用到特定的对象上。

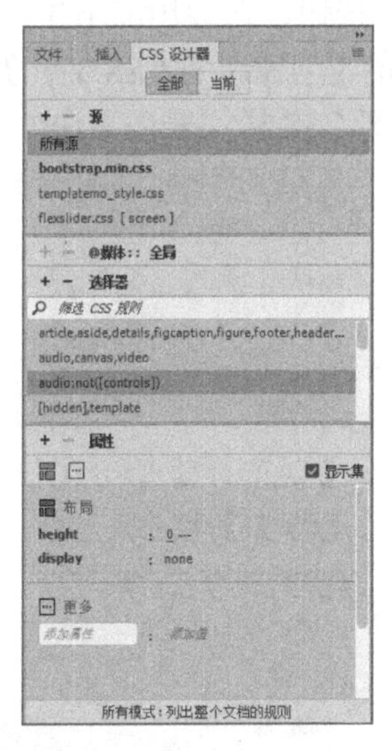

1. 类

在某些局部文本中需要应用其他样式时，可以使“类”。在将 HTML 标签应用于使用该标签的所有文本的同时，可以把“类”应用于所需的部分。

类是自定义样式，用来设置独立的格式，然后可以对选定的区域应用此自定义样式。下图所示的 CSS 语句就是【自定义】样式类型，它定义了.large 样式。

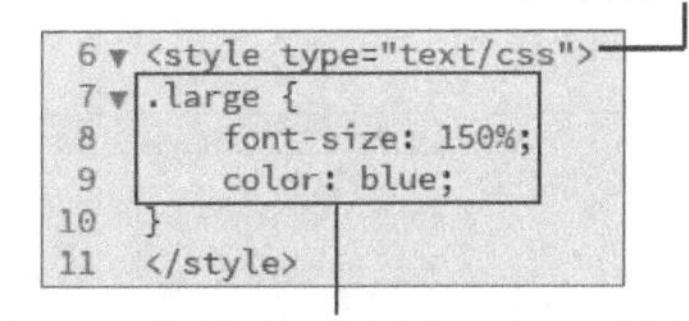

声明名为.large 的样式：字号为 150%，颜色为蓝色

在 Dreamweaver 工作窗口中选中一个区域，应用.large 样式，选中的区域将应用上图所示代码中定义的格式。

2. 标签

通过定义特定的标签样式，可以在使用该标签的不同部分应用相同的格式。例如，如果要在网页中取消所有链接的下划线，可以对制作链接的<a>标签定义相应的样式。如果想要在所有文本中统一字体和字体的颜色，可以对制作段落的<p>标签定义相应的样式。标签样式只要定义一次，就可以在今后的网页制作中应用。

在下图所示的 CSS 语句代码中，p 这个 HTML 标签用于设置段落格式，如果应用该 CSS 语句，网页中所有的段落文本都将采用代码中的格式。

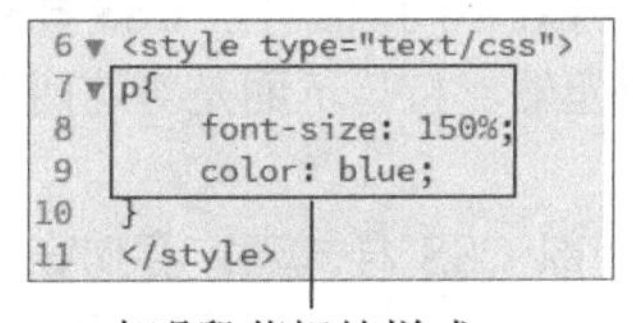

声明段落标签样式

3. 复合内容

复合内容可以帮助用户轻松制作出可应用于链接中的样式。例如，当鼠标光标移动到链接上方时出现字体颜色变化或显示、隐藏背景颜色等效果。

复合内容用于定义 HTML 标签的某种类似格式，CSS“复合内容”的作用范围比 HTML 标签要小，只是定义 HTML 标签的某种类型。下图所示的 CSS 语句就是 CSS“复

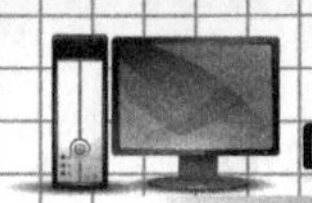

合内容”类型。代码中 A 这个 HTML 标签用于设置链接，其中 A:visited 表示链接的已访问类型。如果应用该 CSS 语句，网页中所有被访问过的链接都将采用语句中设定的格式。

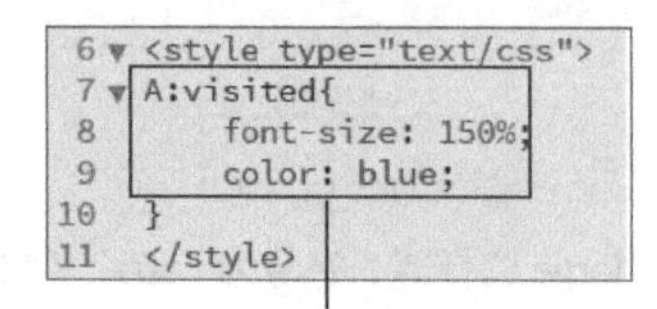

声明访问过后的链接样式

4. id

id 选择符类似于类选择符，但在前面必须用符号#。类和 id 的不同处在于，类可以分配给任何数量的元素，而 id 只能在某个 HTML 文档中使用一次。另外，使用 id 对给定元素应用样式具有比类更高的优先权。以下代码定义了#id 样式：

```
<style type="text/css">
#id {
font-size: 150%;
color: blue;
}
</style>
```

9.2 创建 CSS 样式表

在 Dreamweaver 中，利用 CSS 样式表可以设置非常丰富的样式，例如文本样式、图像样式、背景样式以及边框样式等，这些样式决定了页面中的文字、列表、背景、表单、图片和光标等各种元素的外观。本节将介绍在 Dreamweaver 中创建 CSS 样式的具体操作。

在 Dreamweaver 中，分为外部样式表和内部样式表，区别在于应用的范围和存放位置。Dreamweaver 可以判断现有文档中定义的符合 CSS 样式规则的样式，并且在设计视图中直接呈现已应用的样式。但要注意的是，有些 CSS 样式在 Microsoft Internet Explorer、Netscape、Opera、Apple Safari 或其他浏览器中呈现的外观不同，而有些 CSS 样式目前不受任何浏览器支持。下面是对这两种样式表的介绍：

- 外部 CSS 样式表：存储在一个单独的外部 CSS(.css)文件中的若干组 CSS 规则。此文件利用文档头部分的链接或@import 规则链接到网站中的一个或多个页面。
- 内部 CSS 样式表：若干组包括在 HTML 文档头部分的<style>标签中的 CSS 规则。

9.2.1 创建外部样式表

在 Dreamweaver 中按下 Shift+F11 组合键(或选择【窗口】|【CSS 设计器】命令)，打开【CSS 设计器】面板。在【源】窗格中单击【+】按钮，在弹出的下拉列表中选择下图所示的【创建新的 CSS 文件】选项，可以创建外部 CSS 样式表，方法如下：

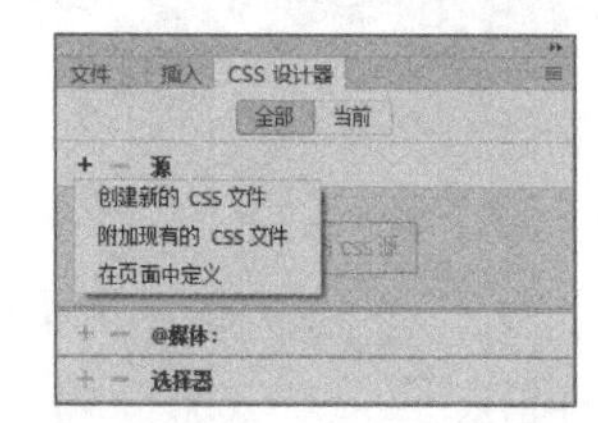

step 1 打开【创建新的 CSS 文件】对话框，单击其中的【浏览】按钮。

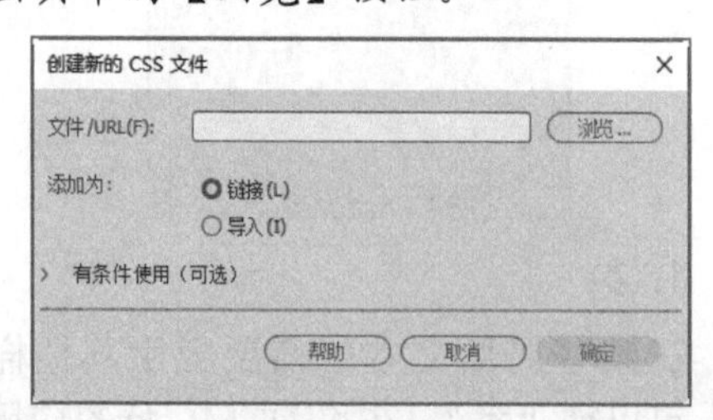

step 2 打开【将样式表文件另存为】对话框，在【文件名】文本框中输入样式表文件的名称，单击【保存】按钮。

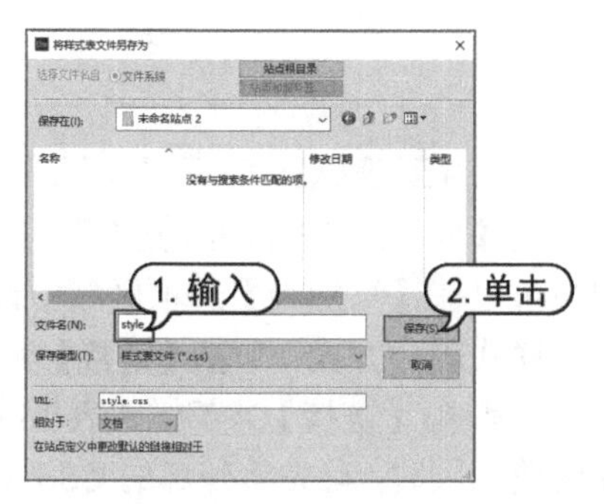

step 3 返回【创建新的 CSS 文件】对话框，单击【确定】按钮，即可创建一个新的外部 CSS 文件。此时，【CSS 设计器】面板的【源】窗格中将显示创建的 CSS 样式。

step 4 完成 CSS 样式的创建后，在【CSS 设计器】面板的【选择器】窗格中单击【+】按钮，在显示的文本框中输入.large，按下回车键，即可定义一个“类”选择器。

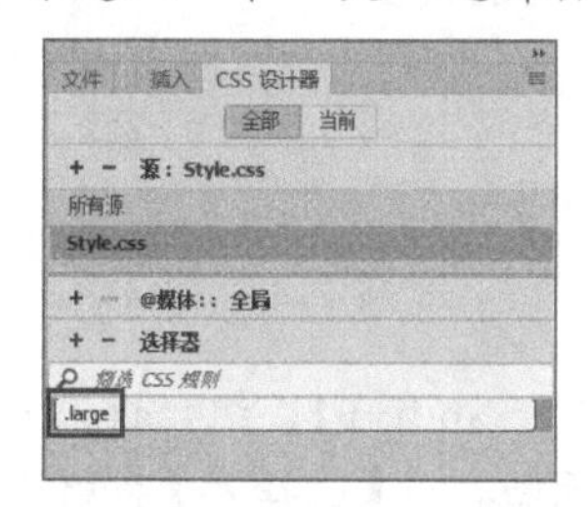

step 5 此时，在【CSS 设计器】面板的【属性】窗格中，取消【显示集】复选框的选中状态，可以为 CSS 样式设置属性声明(本章将在后面的内容中详细讲解各个 CSS 属性值的功能)。

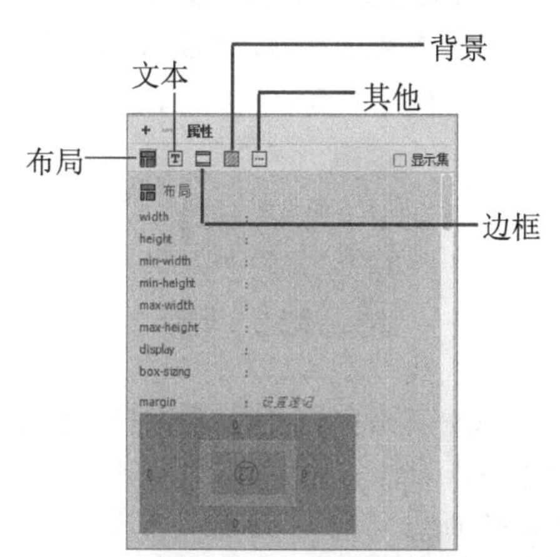

9.2.2　创建内部样式表

要在当前打开的网页中创建一个内部 CSS 样式表，在【CSS 设计器】面板的【源】窗格中单击【+】按钮，在弹出的下拉列表中选择【在页面中定义】选项即可。

完成内部样式表的创建后，在【源】窗格中将自动创建一个名为<style>的源项目。在【选择器】窗格中单击【+】按钮，设置一个选择器，可以在【属性】窗格中设置 CSS 样式的属性声明。

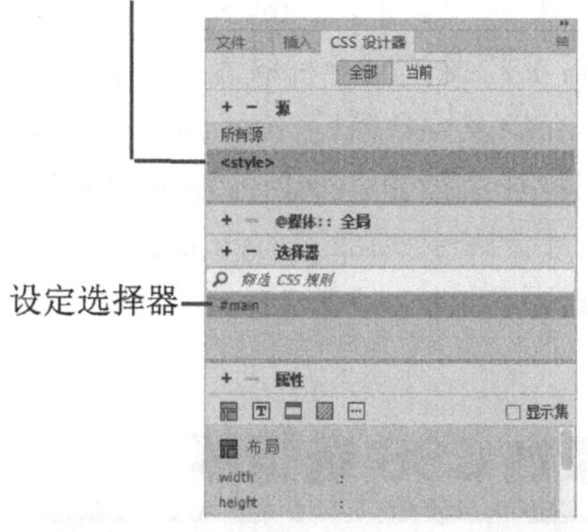

9.2.3　附加外部样式表

通过附加外部样式表的方式，我们可以将一个 CSS 样式表应用于多个网页中。

【例 9-1】使用 Dreamweaver 在网页中附加外部样式。

视频+素材 (素材文件\第 09 章\例 9-1)

step 1 按下 Shift+F11 组合键，打开【CSS 设计器】面板，单击【源】窗格中的【+】按钮，在弹出的下拉列表中选择【附加现有的 CSS 文件】选项。

step 2 打开【使用现有的 CSS 文件】对话框，单击【浏览】按钮。

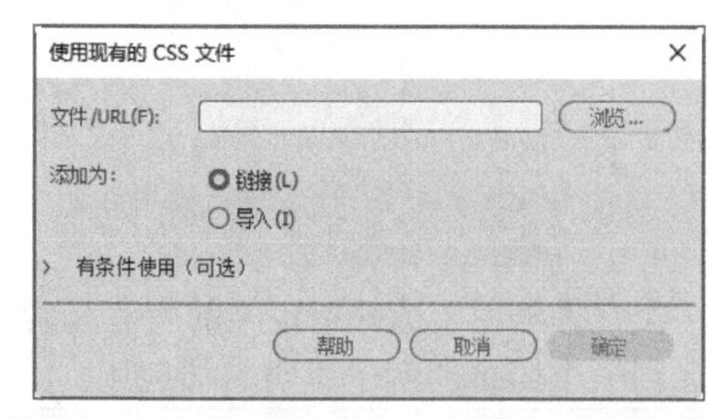

step 3 打开【选择样式表文件】对话框，选择一个 CSS 样式表文件，单击【确定】按钮

即可。

此时,【选择样式表文件】对话框中被选中的 CSS 样式表文件将被附加至【CSS 设计器】面板的【源】窗格中。

在网页的源代码中,<link>标签在当前文档和 CSS 文档间建立一种联系。用于指定样式表的<link>及其必需的 href 和 type 属性,必须出现在文档的<head>标签中。例如,右上图所示代码链接外部的 style.css 文件,类型为样式表。

```
3 ▼ <head>
4   <meta charset="utf-8">
5   <title>无标题文档</title>
6   <link href="style.css"
    rel="stylesheet" type="text/css">
7   </head>
```

在【使用现有的 CSS 文件】对话框中,用户可以在【添加为】选项区域中设置附加外部样式表的方式,包括【链接】和【导入】两种。其中,【链接】外部样式表指的是客户端浏览网页时,首先将外部的 CSS 文件加载到网页中,然后进行编译和显示,这种情况下显示出来的网页跟我们预期的效果一样;而【导入】外部样式表指的是客户端在浏览网页时,首先将 HTML 结构呈现出来,然后把外部 CSS 文件加载到网页中,这种情况下显示出的网页虽然效果与【链接】方式一样,但在网速较慢的环境下,浏览器会先显示没有 CSS 布局的网页。

9.3 添加 CSS 选择器

CSS 选择器是一种模式,用于选择需要添加样式的元素。在 CSS 中有很多强大的选择器,可以帮助用户灵活地选择页面元素。

9.3.1 添加类选择器

在【CSS 设计器】面板的【选择器】窗格中单击【+】按钮,然后在显示的文本框中输入符号(.)和选择器的名称,即可创建一个类选择器。例如,下图创建了.large 类选择器。

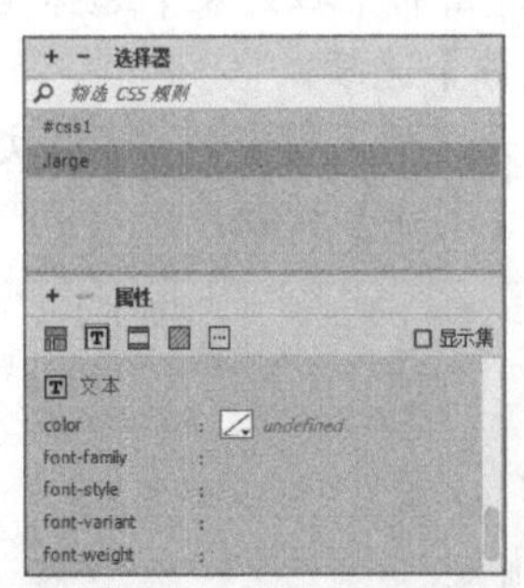

类选择器用于选择指定类的所有元素。下面用一个简单的例子说明具体应用。

【例 9-2】在网页文档中定义一个名为.large 的类选择器,设置其作用为改变文本颜色(红色)。
视频+素材 (素材文件\第 09 章\例 9-2)

step 1 按下 Shift+F11 组合键,打开【CSS 设计器】面板,在【选择器】窗格中单击【+】按钮,添加一个选择器,设置其名称为.large。

step 2 在【属性】窗格中,取消【显示集】复选框的选中状态,单击【文本】按钮,在显示的属性设置区域中单击 color 按钮。

step 3 打开颜色选择器,单击红色色块,然后在页面空白处单击。

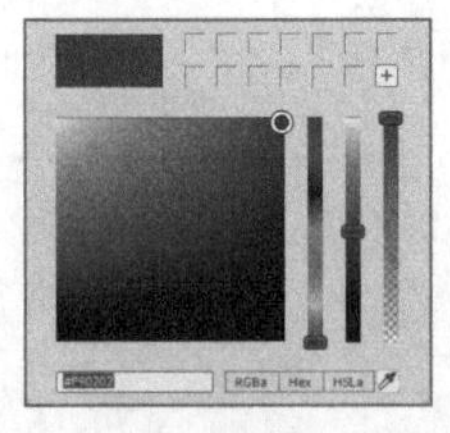

step 4 选中页面中的文本,在 HTML【属性】面板中单击 class 下拉按钮,在弹出的下拉列表中选择 large 选项,即可将选中文本的颜色设置为“红色”。

9.3.2　添加 id 选择器

在【CSS 设计器】面板的【选择器】窗格中单击【+】按钮，然后在显示的文本框中输入符号(#)和选择器的名称，即可创建一个 id 选择器，例如下图添加的#Welcome 选择器。

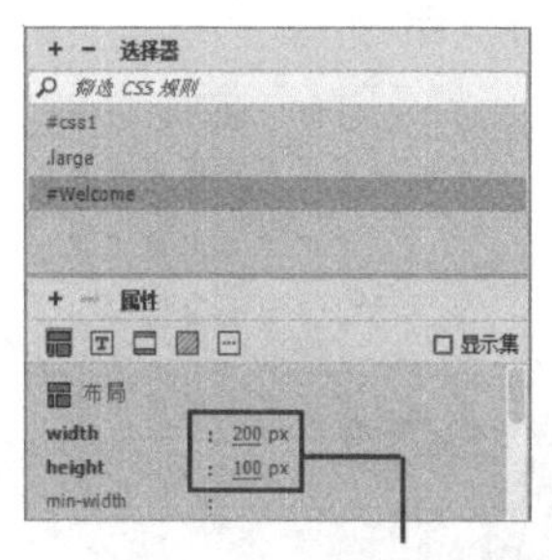

id 选择器用于选择具有指定 id 属性的元素。下面用一个实例说明具体应用。

【例 9-3】在网页文档中定义一个名为"#Welcome"的 id 选择器，设置其作用性为网页对象设置大小。
视频

step 1　按下 Shift+F11 组合键，打开【CSS 设计器】面板，在【选择器】窗格中单击【+】按钮，添加一个选择器，设置其名称为#Welcome。

step 2　在【属性】窗格中单击【布局】按钮，在显示的选项设置区域中将 width 参数的值设置为 200 像素，将 height 参数的值设置为 100 像素。

step 3　设置 color 属性，为边框效果选择一种颜色，然后单击页面空白处。

step 4　选择【插入】|Div 命令，打开【插入 Div】对话框，在 ID 文本框中输入 Welcome，单击【确定】按钮。

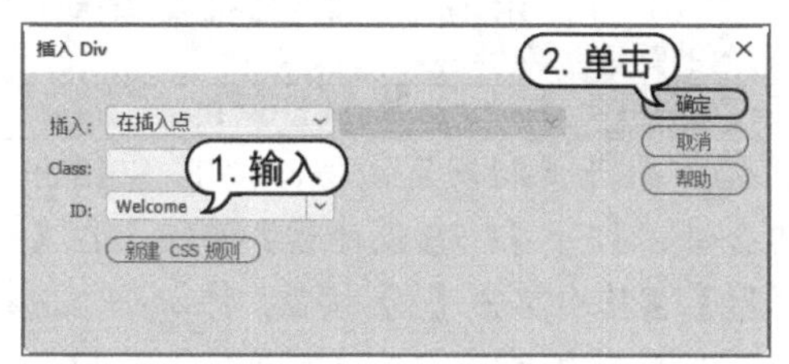

step 5　此时，将在网页中插入一个宽 200 像素、高 100 像素的 Div 标签。

id 选择器和类选择器最主要的区别就在于 id 选择器不能重复，只能使用一次，一个 id 只能用于一个标签对象。而类选择器可以重复使用，同一个类选择器可以定义在多个标签对象上，且一个标签可以定义多个类选择器。

9.3.3　添加标签选择器

在【CSS 设计器】面板的【选择器】窗格中单击【+】按钮，然后在显示的文本框中输入一个标签，即可创建一个标签选择器。

标签选择器用于选择指定标签名称的所有元素。下面通过一个实例说明具体应用。

【例 9-4】在网页文档中定义名为 a 的标签选择器，设置其作用是为网页中的文本链接添加背景图片。
视频+素材　(素材文件\第 09 章\例 9-4)

step 1　打开下图所示的网页，按下 Shift+F11 组合键，打开【CSS 设计器】面板。

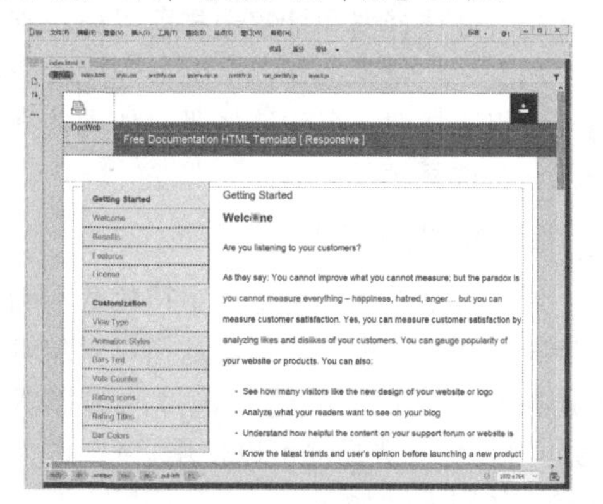

step 2　在【选择器】窗格中单击【+】按钮，添加一个选择器，设置其名称为 a。

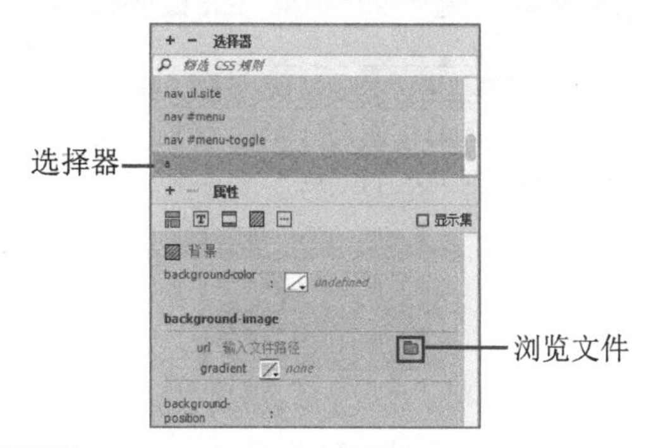

step 3　在【属性】窗格中单击【背景】按钮，

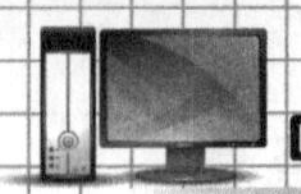

在显示的选项设置区域中单击 background-image 选项右侧的【浏览文件】按钮。

step 4 打开【选择图像源文件】对话框，选择背景图像素材文件，单击【确定】按钮。

step 5 此时，网页中设置了链接的对象将自动添加下图所示的背景图像。

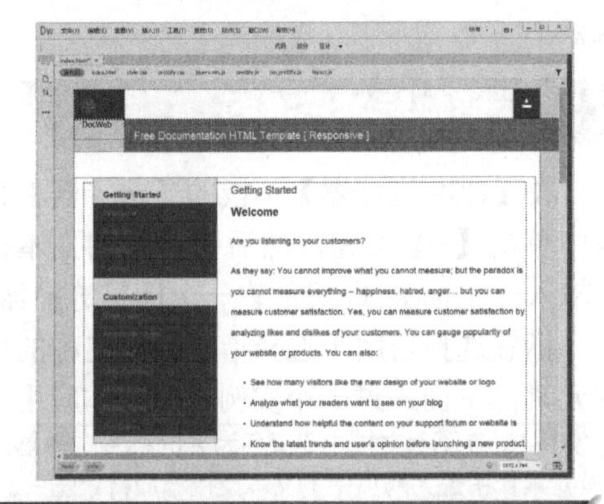

9.3.4 添加其他选择器

在网页制作中，除了使用上面介绍的类选择器、id 选择器和标签选择器以外，有时也会用到一些特殊选择器，例如通配符选择器、分组选择器、后代选择器、伪类选择器及伪元素选择器等。

1. 通配符选择器

通配符指的是使用某个字符代替不确定的字符，因此通配符选择器是指对象可以使用模糊指定的方式进行选择的选择器。CSS 的通配符选择器可以使用“*”作为关键字，使用方法如下：

【例 9-5】在网页文档中定义名为 a 的标签选择器，设置其作用是为给网页中的文本链接添加背景图片。

视频+素材 (素材文件\第 09 章\例 9-5)

step 1 打开如下图所示的素材网页文档，该网页中包含一个 Div 标签和一幅图像。

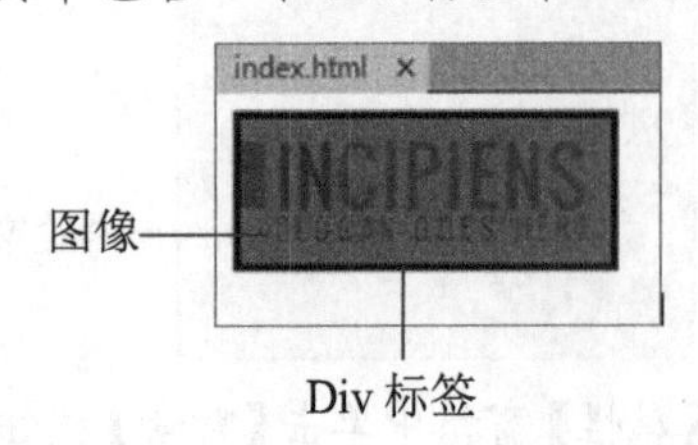

step 2 按下 Shift+F11 组合键，打开【CSS 设计器】面板，在【选择器】窗格中单击【+】按钮，添加一个选择器，设置名称为“*”。

step 3 在【属性】窗格中单击【布局】按钮，在显示的选项设置区域中将 margin 的四个参数都设置为 20 像素。

step 4 此时，页面中的图像和 Div 标签的效果将如下图所示。

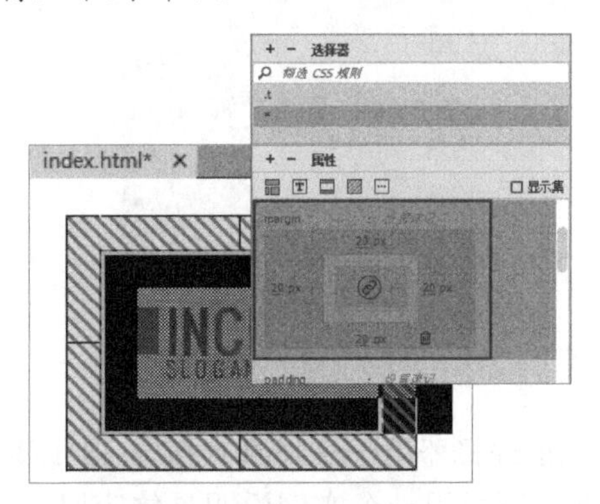

上例中创建的通配符选择器的代码如下：

```
* {
  margin-top: 20px;
  margin-right: 20px;
  margin-left: 20px;
  margin-bottom: 20px;
}
```

其中“*”表示所有对象，包含所有拥有不同 id、不同 class 的标签。

2. 分组选择器

对于 CSS 样式表中具有相同样式的元素，可以使用分组选择器，把所有元素组合在一起，元素之间用逗号分隔，这样只需要定义一组 CSS 声明。

【例 9-6】使用分组选择器，将页面中的所有标题及段落的颜色设置为红色。

视频+素材 (素材文件\第 09 章\例 9-6)

step 1 打开素材网页文档，按下 Shift+F11 组合键，打开【CSS 设计器】面板。在【选择器】窗格中单击【+】按钮，添加一个选择器，设置名称为 h1、h2、h3、h4、h5、h6、p。

step 2 在【属性】面板中单击【文本】按钮，在显示的选项设置区域中，将 color 文本框中的参数设置为 red。

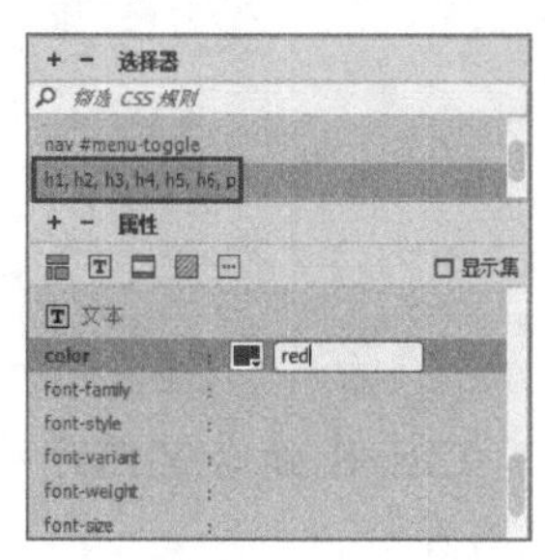

step 3 此时，页面中的 h1~ h6 元素以及段落文本的颜色将变为红色，效果如下图所示。

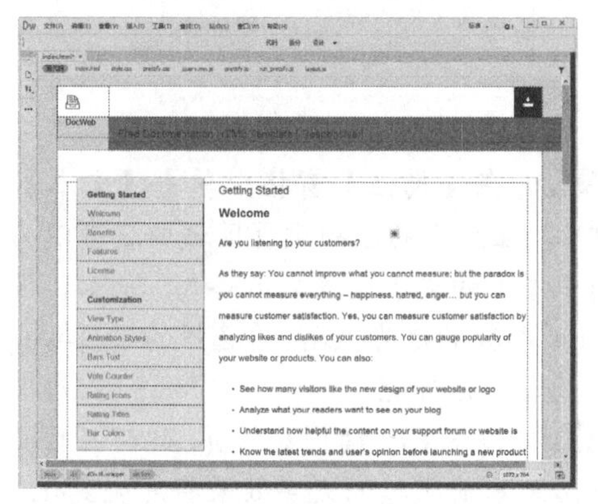

上例中创建的分组选择器的代码如下：

```
h1 , h2 , h3, h4, h5, h6, p{
  color: red;
}
```

3. 后代选择器

后代选择器用于选择指定元素内部的所有子元素。例如，在制作网页时不需要去掉页面中所有链接的下划线，而只需要去掉所有列表链接的下划线，这时就可以使用后代选择器。

【例 9-7】利用后代选择器取消网页中所有列表链接的下划线。视频

step 1 按下 Shift+F11 组合键，打开【CSS 设计器】面板。在【选择器】窗格中单击【+】按钮，添加一个选择器，设置名称为“li a”。

step 2 在【属性】窗格中单击【文本】按钮，在显示的选项设置区域中，单击 text-decoration 选项右侧的 none 按钮。

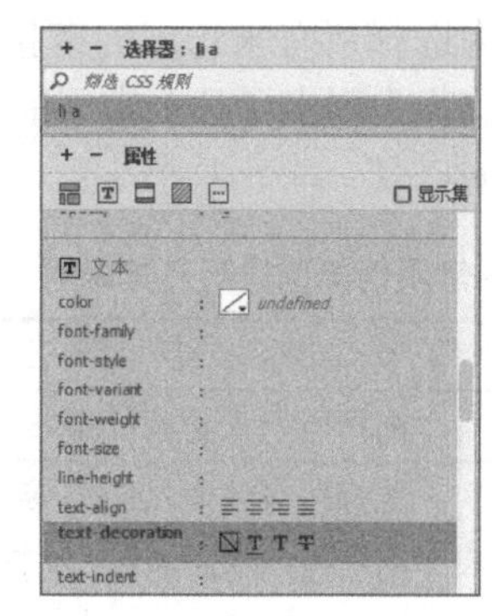

step 3 此时，在页面中所有列表文本上设置的链接将不显示下划线。

上例中后代选择器的代码如下：

```
li a {
text-decoration: none;
}
```

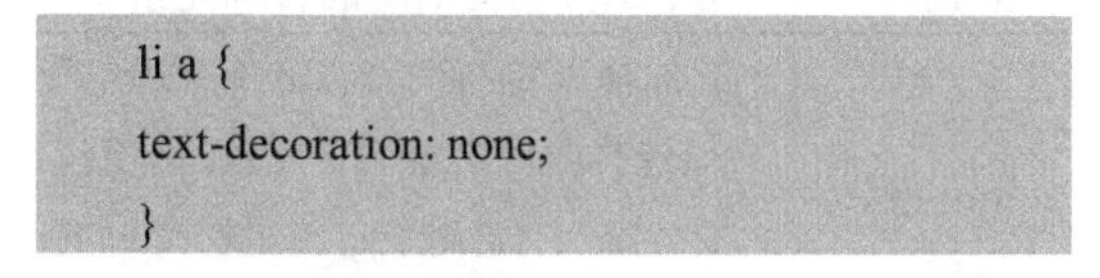

4. 伪类选择器

伪类是一种特殊的类，由 CSS 自动支持，属于 CSS 的一种扩展类型和对象，其名称不能由用户自定义，在使用时必须按标准格式使用。下面用一个实例来介绍。

【例 9-8】定义一个伪类选择器，用于将网页中未访问文本链接的颜色设置为红色。视频

step 1 按下 Shift+F11 组合键，打开【CSS 设计器】面板。在【选择器】窗格中单击【+】按钮，添加一个选择器，设置名称为“a:link”。

step 2 在【属性】窗格中单击【文本】按钮，将 color 参数的值设置为 red。

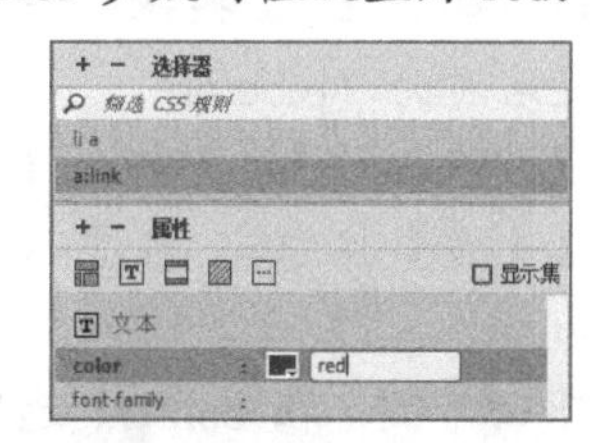

上例创建的伪类选择器的代码如下：

```
a:link {
  color: red;
}
```

其中:link 就是伪类选择器设定的标准格式，作用为选择所有未访问的链接。

下面的表中列出了几个常用的伪类选择器及其说明。

常用伪类选择器及其说明

属　性	说　明
:link	选择所有未访问的链接
:visited	选择所有访问过的链接
:active	用于选择活动的链接，用鼠标单击一个链接时，它就会成为活动的链接，该选择器主要用于向活动链接添加特殊样式
:target	用于选择当前活动的目标元素
:hover	鼠标移入链接时添加的特殊样式(该选择器可用于所有元素，不仅包括链接，主要用于定义鼠标滑过效果)

5. 伪元素选择器

CSS 伪元素选择器有许多独特的使用方法，可以实现一些非常有趣的网页效果，常用来添加一些特殊效果。下面用一个简单的例子，介绍伪元素选择器的使用方法。

【例 9-9】在网页中的所有段落之前添加文本“(转载自《实用教程系列》)”。

视频+素材 (素材文件\第 09 章\例 9-9)

step 1 打开素材网页文档后，按下 Shift+F11 组合键，打开【CSS 设计器】面板。在【选择器】窗格中单击【+】按钮，添加一个选择器，设置名称为“p:before”。

step 2 在【CSS 设计器】面板的【属性】窗格中单击【更多】按钮，在显示的文本框中输入 content。

step 3 按下回车键，在 content 选项后的文本框中输入:

```
"转载自《实用教程系列》"
```

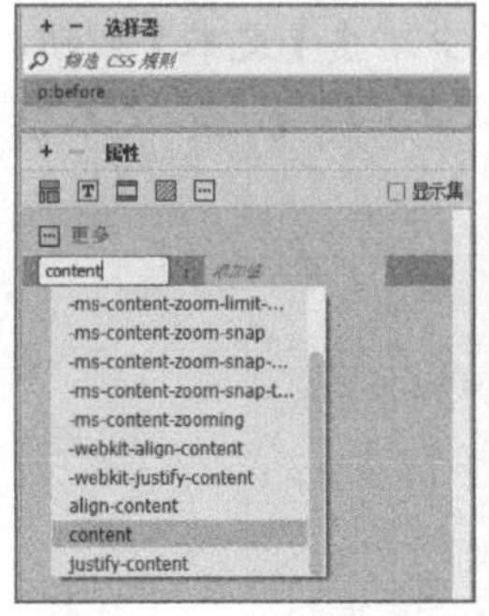

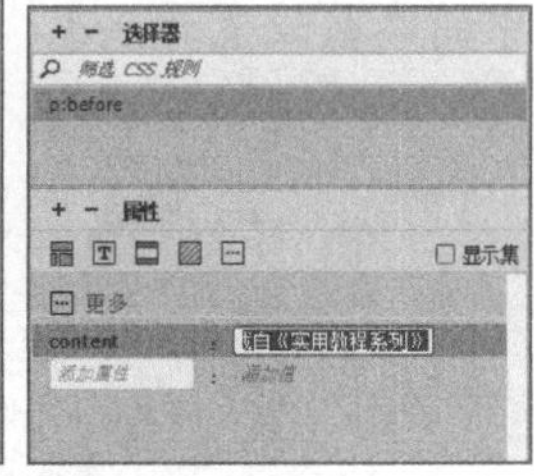

step 4 按下 Ctrl+S 组合键保存网页，按下 F12 键预览网页。

Welcome

转载自《实用教程系列》 Are you listening to your customers?

转载自《实用教程系列》 As they say: You cannot improve what you cannot measure; but the paradox is you cannot measure everything – happiness, hatred, anger... but you can measure customer satisfaction. Yes, you can measure customer satisfaction by analyzing likes and dislikes of your customers. You can gauge popularity of your website or products. You can also

step 5 在【属性】窗格中单击【文本】按钮，在显示的选项设置区域中还可以为上图中添加的文本设置文本格式。例如，设置 color 参数的值为 red，将选择的 font-weight 参数设置为 bold。

step 6 按下 F12 键预览网页，此时在页面中段落文本前添加的文字效果将发生变化。

Welcome

转载自《实用教程系列》 Are you listening to your customers?

转载自《实用教程系列》 As they say: You cannot improve what you cannot measure; but the paradox is you cannot measure everything – happiness, hatred, anger... but you can measure customer satisfaction. Yes, you can measure customer satisfaction by analyzing likes and dislikes of your customers. You can gauge popularity of your website or products. You can also

上例中伪元素选择器的代码如下:

```
p:before {
  content: "转载自《实用教程系列》)";
  color: red;
  text-decoration: none;
  font-weight: bold;
}
```

除了例 9-9 中介绍的应用以外，使用:before 选择器结合其他选择器，还可以实现各种不同的效果。例如，要在列表中将列表前的小圆点去掉，并添加自定义的符号，可以采用以下操作：

step 1 在【CSS 设计器】面板的【选择器】窗格中单击【+】按钮，添加一个名为 li 的标签选择器。在【属性】窗格中单击【更多】按钮，在显示的文本框中输入 list-style，按下回车键后，在该选项右侧的参数栏中选择 none 选项。

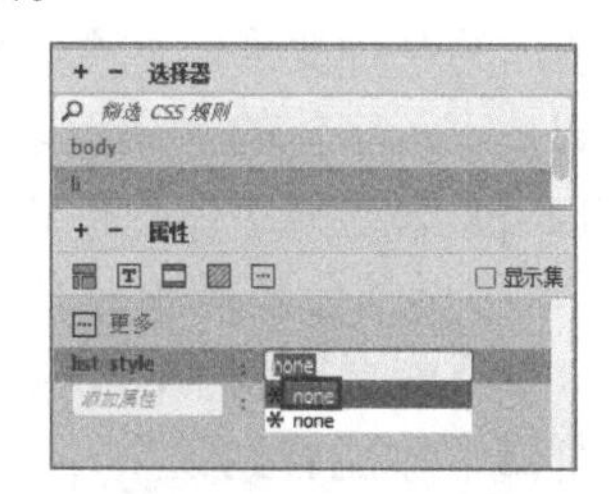

step 2 此时，网页中列表文本前的小圆点就被去掉了。

软件下载页面
新闻推送页面
用户登录页面
网站留言页面

step 3 在【选择器】窗格中单击【+】按钮，添加一个名为 li:before 的选择器。

step 4 在【属性】窗格中单击【更多】按钮，在显示的文本框中输入 content，并在右侧的文本框中输入"★★★"。

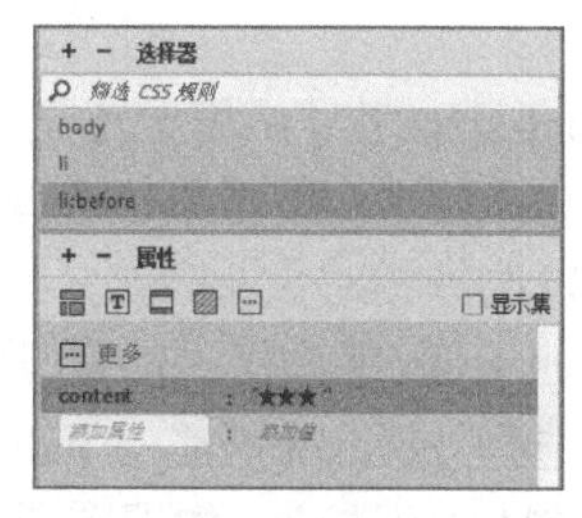

step 5 按下 F12 键预览网页，页面中列表的效果如下图所示。

★软件下载页面
★新闻推送页面
★用户登录页面
★网站留言页面

下表中列出了几个常用的伪元素选择器及其说明。

常用的伪元素选择器及其说明

伪元素选择器	说　明
:before	在指定元素之前插入内容
:after	在指定元素之后插入内容
:first-line	对指定元素的第一行设置样式
:first-letter	选取指定元素的首字母

9.4　编辑 CSS 样式效果

在制作网页时，对于在页面中具体的对象上应用的 CSS 样式，如果需要进行编辑，可以在 CSS【属性】面板的【目标规则】列表框中选中需要编辑的选择器，单击【编辑规则】按钮，打开如下图所示的 CSS 规则定义对话框进行设置。

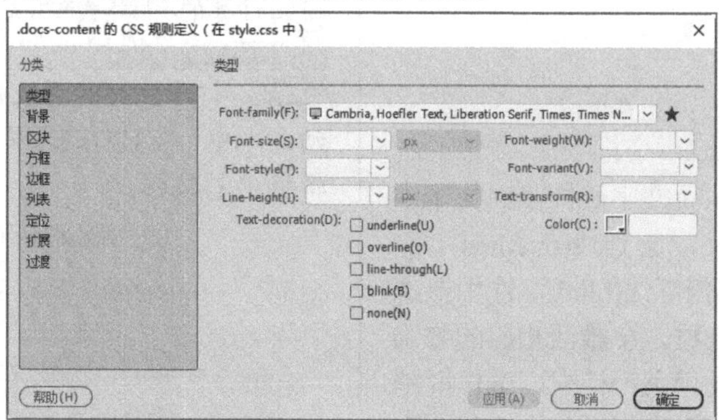

9.4.1　CSS 类型设置

在 CSS 规则定义对话框的【分类】列表框中选中【类型】选项后(如上图所示)，在对话框右侧的选项区域中，可以编辑 CSS 样式最常用的属性，包括字体、字号、文字样式、文字修饰、字体粗细等。

▶ Font-family(字体)：用于为 CSS 样式设置字体。

▶ Font-size(字号)：用于定义文本大小，可以通过选择数字和度量单位选择特定的大小，也可以选择相对大小。

▶ Font-style(字体样式)：用于设置字体样式，可选择 normal(正常)、italic(斜体)或 oblique(偏斜体)等选项，如下图所示。

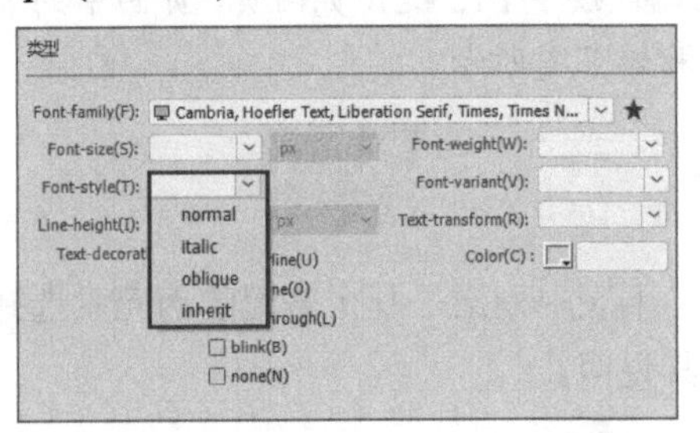

▶ Line-height(行高)：用于设置文本所在行的高度。通常情况下，浏览器采用单行距离，也就是以下一行的上端到上一行的下端只有几磅间隔的形式显示文本框。在 Line-height 下拉列表中可以选择文本的行高。若选择 normal(正常)选项，则由软件自动计算行高和字体大小；如果希望具体指定行高，在其中输入需要的数值，然后选择单位即可，如下图所示。

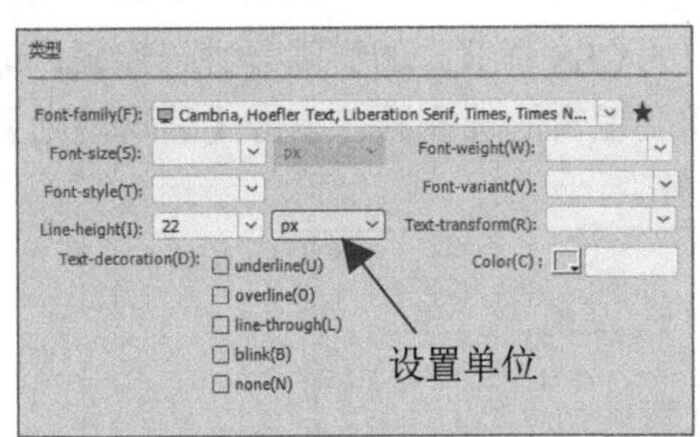

▶ Text-decoration(文字修饰)：向文本中添加下划线(underline)、上划线(overline)、删除线(line-through)或闪烁线(blink)。选中该选项区域中相应的复选框，会激活相应的修饰格式。如果不需要使用某种格式，可以取消相应复选框的选中状态；如果选中 none(无)复选框，则不设置任何格式。默认状态下，普通文本的修饰格式为 none(无)，而链接文本的修饰格式为 underline(下划线)。

▶ Font-weight(字体粗细)：对文字应用特定或相对的粗体量。在该文本框中输入相应的数值，可以指定字体的绝对粗细程度；使用 bolder 和 lighter 值可以得到相比父元素字体更粗或更细的字体。

▶ Font-variant(字体变体)：设置文本的小型大写字母变体。在该下拉列表中，可以选择所需字体的某种变形。这个设置的默认值是 normal，表示字体的常规版本。也可以指定 small-caps 来选择字体的形式，在这种形式中，小写字母都会被替换为大写字母(但在文档窗口中不能直接显示，必须按下 F12 键，在浏览器中才能看到效果)。

▶ Color(颜色)：用于设置文本颜色，单击该按钮，可以打开颜色选择器。

▶ Font-transform(文字大小写)：将所选内容中每个单词的首字母大写，或将文本设置为全部大写或小写。在该下拉列表中如果选择 capticalize(首字母大写)选项，则可以指定将每个单词的第一个字母大写；如果选择 uppercase(大写)或 lowercase(小写)选项，则可以分别将所有被选择的文本都设置为大写或小写；如果选择 none(无)选项，则会保持选中字符本身的大小写格式。

下面用一个实例，简单介绍设置 CSS 类型效果的方法。

【例 9-10】通过编辑 CSS 样式类型，设置网页中滚动文本的字体格式和效果。

视频+素材 (素材文件\第 09 章\例 9-10)

step 1 打开素材网页文档后，将光标置入滚动文本中，在 HTML【属性】面板中单击【编辑规则】按钮。

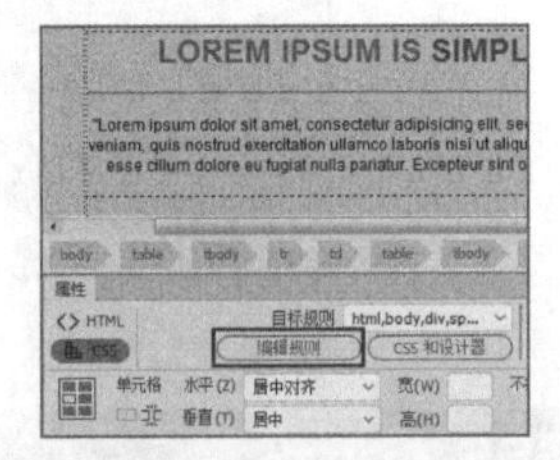

step 2 打开 CSS 规则定义对话框，在【分类】列表框中选中【类型】选项，在对话框右侧的选项区域中单击 Font-family 按钮，在

弹出的下拉列表中选择一种字体。

step 3　在 Font-size 文本框中输入 15，单击该文本框右侧的按钮，在弹出的下拉列表中选择 px 选项。

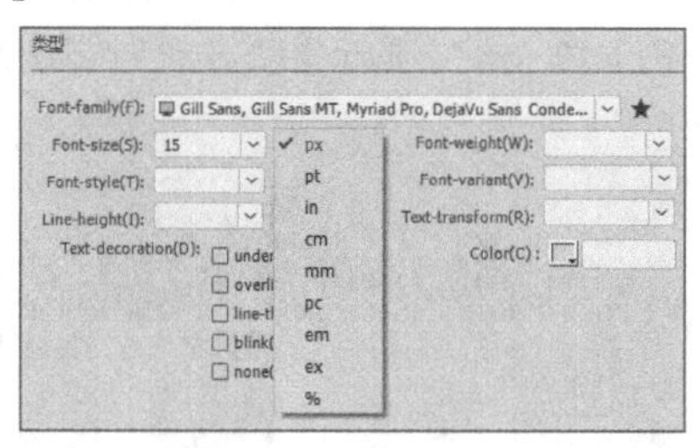

step 4　单击 Font-style 按钮，在弹出的下拉列表中选择 oblique 选项，设置滚动文本为偏斜体。

step 5　单击 Font-variant 按钮，在弹出的下拉列表中选择 small-caps 选项，将滚动文本中的小写字母替换为大写字母。

step 6　在 Text-decoration 选项区域中选中 none 复选框，设置滚动文本无特殊修饰。

step 7　按下 Ctrl+S 组合键将网页保存，按下 F12 键在浏览器中预览网页，页面中滚动文本的效果如下图所示。

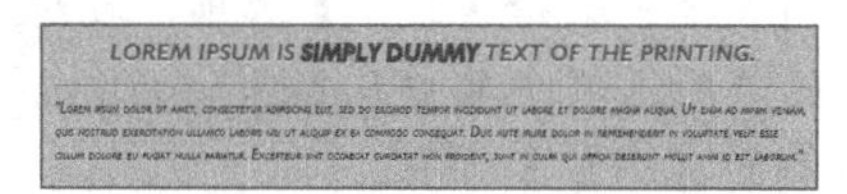

在编辑完 CSS 样式中的文本字体设置后，在源代码中需要用一个不同的<font>标签。CSS3 标准提供了多种字体属性，使用它们可以修改受影响标签所包含文本的外观，CSS 的类型属性及说明如下表所示。

CSS 的类型属性说明

类 型 属 性	说　明
font-family	设置字体
font-size	设置字号
font-style	设置文字样式
line-height	设置文字行高
font-weight	设置文字粗细
font-variant	设置英文字母大小写转换
text-transform	控制英文大小写
color	设置文字颜色
text-decoration	设置文字修饰

例如，以下代码声明文字以“微软雅黑”显示，字号为 9 像素，红色，粗体、斜体，加上划线和下划线，行高为 12 像素，英文首字母为大写。

```
font-family: "微软雅黑";
font-size: 9px;
font-style: italic;
line-height: 12px;
font-weight: bold;
font-variant: normal;
text-transform: capitalize;
color: red;
text-decoration: overline;
```

9.4.2　CSS 背景设置

在 CSS 规则定义对话框的【分类】列表框中选中【背景】选项后，将显示下图所示的【背景】选项区域，在该选项区域中用户不仅能够使用 CSS 样式为网页中的任何元素应用背景属性，还可以设置背景图像的位置。

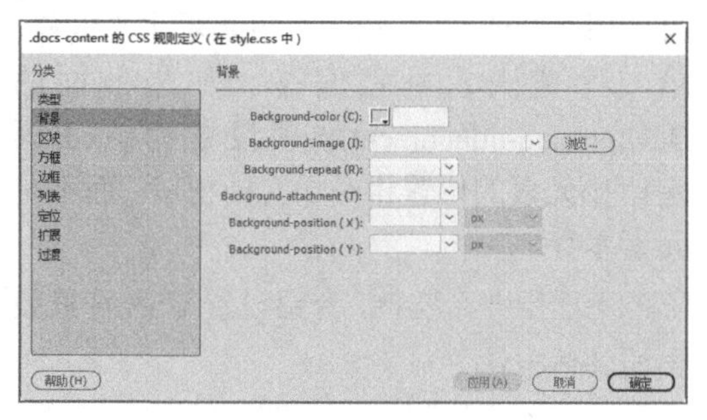

- Background-color(背景颜色)：用于设置元素的背景颜色。
- Background-image(背景图像)下拉列表：用于设置元素的背景图像。单击该选项右侧的【浏览】按钮可以打开【选择图像源文件】对话框。
- Background-attachment(背景固定)：确定背景图像是固定在原始位置还是随内容一起滚动，其中包括 fixed(固定)和 scroll(滚动)两个选项。
- Background-repeat(背景重复)：确定是否以及如何重复背景图像。该选项一般用于图片面积小于页面元素面积的情况，共有 no-repeat(不重复)、repeat(重复)、repeat-x(横向重复)和 repeat-y(纵向重复)4 个选项。

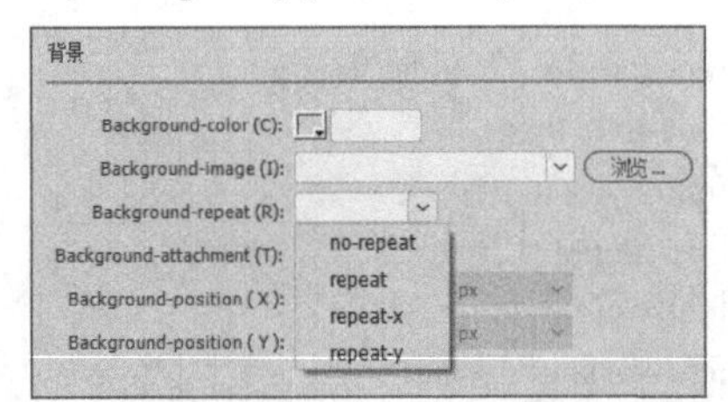

- Background-position(X)[水平位置]和 Background-position(Y)[垂直位置]：指定背景图像相对于元素的初始位置。可以选择 left(左对齐)、right(右对齐)、center(居中对齐)或者 top(顶部对齐)、bottom(底部对齐)、center(居中对齐)选项，也可以直接输入数值。如果前面的Background-attachment选项设置为fixed(固定)，则元素的位置相对于文档窗口，而不是元素本身。可以为background-position属性指定一个或两个值，如果使用一个值，它将同时应用于垂直和水平位置；如果使用两个值，那么第一个值表示水平偏移，第二个值表示垂直偏移。如果前面的 Background-attachment 选项设置为 fixed(固定)，则元素的位置相对于文档窗口，而不是元素本身。

下面用一个实例，介绍设置 CSS 背景效果的具体方法。

【例 9-11】通过编辑 CSS 样式背景，替换网页的背景图像，并设置背景图像在页面中的显示位置和重复显示方式。

视频+素材 (素材文件\第 09 章\例 9-11)

step 1 打开如下图所示的网页后，按下 Shift+F11 组合键，显示【CSS 设计器】面板。

step 2 在【CSS 设计器】面板的【选择器】窗格中单击【+】按钮，创建一个名为 body 的标签选择器。

step 3 单击状态栏上的<body>标签，按下 Ctrl+F3 组合键，打开【属性】面板，在 HTML【属性】面板中单击【编辑规则】按钮。

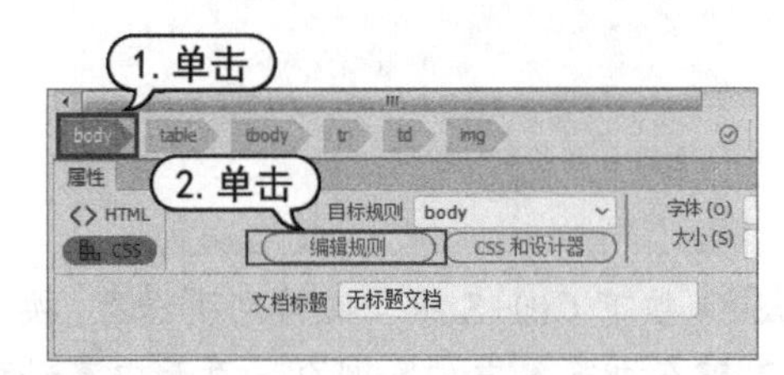

step 4 打开 CSS 规则定义对话框，在【分类】列表框中选择【背景】选项，在对话框右侧的选项区域中单击 Background-image 选项右侧的【浏览】按钮。

step 5 打开【选择图像源文件】对话框，选择背景图像素材文件，单击【确定】按钮。

step 6 返回 CSS 规则定义对话框，单击 Background-repeat 按钮，在弹出的下拉列表中选择 no-repeat 选项，设置背景图像在网页中不重复显示。

step 7 单击 Background-position(X)按钮，在弹出的下拉列表中选择 center 选项，设置背景图像在网页中水平居中显示。

step 8　单击 Background-position(Y)按钮，在弹出的下拉列表中选择 Top 选项，设置背景图像在网页中垂直靠顶端显示。

step 9　在 Background-color 文本框中输入 rgba(138,135,135,1)，设置网页中不显示背景图像的背景区域的颜色。

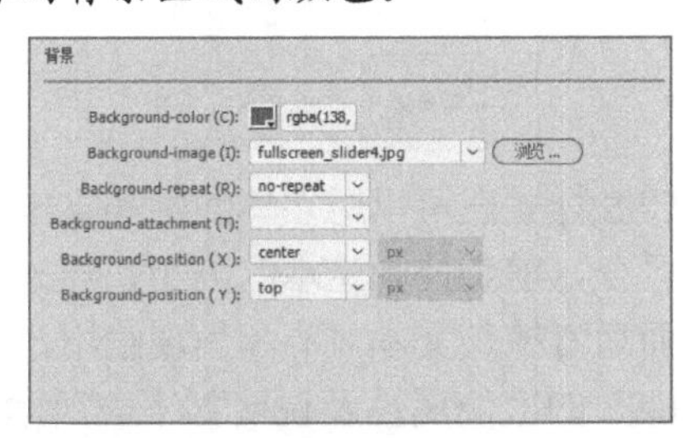

step 10　单击【确定】按钮，网页背景图像的设置效果如下图所示。

文档中的每个元素都有一种前景色和一种背景色。有些情况下，背景不是颜色，而是一幅色彩丰富的图像。CSS 的背景属性及说明如下表所示。

CSS 的背景属性及说明

背 景 属 性	说　明
background-color	设置元素的背景颜色
background-image	设置元素的背景图像
background-repeat	设置指定的背景图像的重复方式
background-attachment	设置背景图像是否固定显示
background-position	设置水平和垂直方向上的位置

例如，以下代码声明页面的背景图像为 icon.png 图片，图像固定，按水平方式平铺，排列在页面的右下角：

```
background-attachment: fixed;
background-image: url(icon.png);
background-repeat: repeat-x;
background-position: right bottom;
```

9.4.3　CSS 区块设置

在 CSS 规则定义对话框的【分类】列表框中选中【区块】选项，将显示【区块】选项区域，如下图所示。在该选项区域中用户可以定义标签和属性的间距及对齐设置。

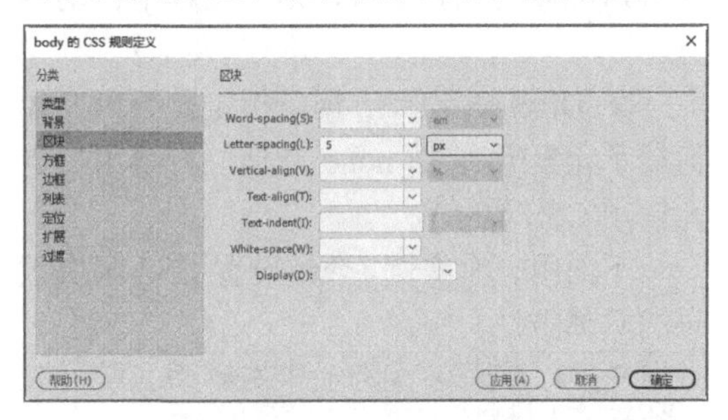

- Word-spacing(单词间距)：设置字词的间距。如果要设置特定的值，在下拉菜单中选择【值】选项后输入数值。

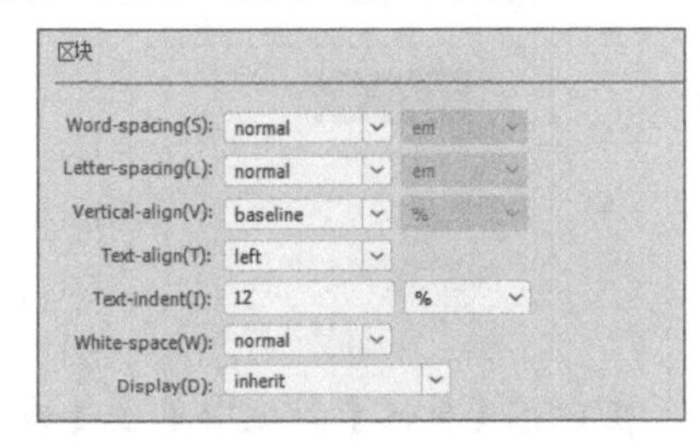

- Letter-spacing(字母间距)：用于增加或减小字母或字符的间距。与单词间距的设置相同，该选项可以在字符之间添加额外的间距。用户可以输入一个值，然后在 Letter-spacing 选项右侧的下拉列表中选择数据的单位(是否可以通过负值来缩小字符间距要根据浏览器的情况而定。另外，字母间距的优先级高于单词间距)。
- Vertical-align(垂直对齐)：用于指定应

用此设置的元素的垂直对齐方式。

- Text-align(文本对齐)：用于设置文本在元素内的对齐方式，包括 left(居左)、right(居右)、center(居中)以及 justify(绝对居中)这几个选项。
- Text-indent(文本缩进)：指定第一行文本的缩进程度(允许负值)。
- White-space(空格)：用于确定如何处理元素中的空白部分。有三个可选值，选择 normal(正常)选项，按照正常方法处理空格，可以使多个空白合并成一个；选择 pre(保留)选项，则保留应用了样式的元素中空白的原始形象，不允许将多个空白合并成一个；选择 nowrap(不换行)选项，则长文本不自动换行。
- Display(显示)：用于指定是否以及如何显示元素(若选择 none 选项，将禁用指定元素用 CSS 显示)。

下面用一个实例，介绍设置 CSS 区块效果的具体方法。

【例 9-12】通过定义 CSS 样式区块设置，调整网页中文本的排列方式。
视频+素材 (素材文件\第 09 章\例 9-12)

step 1 打开网页文档后，选中页面中如下图所示的标题文本。

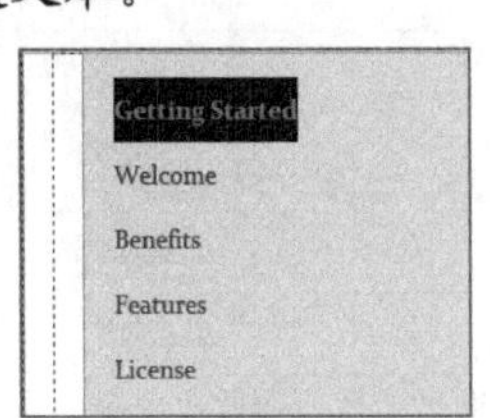

step 2 在 CSS【属性】面板中单击【编辑规则】按钮，打开 CSS 规则定义对话框，在【分类】列表框中选中【区块】选项。

step 3 在对话框右侧的选项区域中的 Letter-spacing 文本框中输入 2，然后单击该文本框右侧的按钮，在弹出的下拉列表中选择 px 选项，设置选中文本的字母间距为 2 像素。

step 4 单击 Text-align 按钮，在弹出的下拉列表中选择 center 选项，设置选中文本在 Div 标签中水平居中对齐。

step 5 单击【确定】按钮后，页面中文本的效果如下图所示。

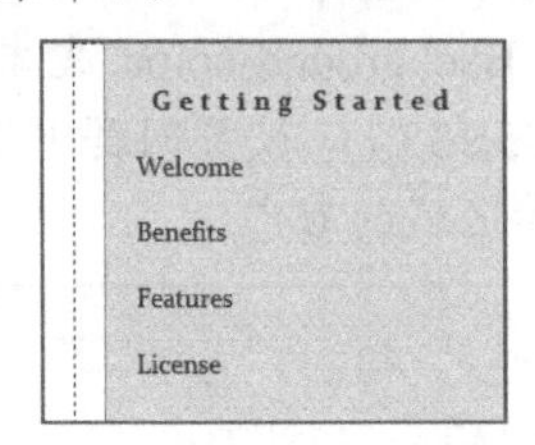

CSS 样式表可以对字体属性和文本属性加以区分，前者控制文本的大小、样式和外观，而后者控制文本对齐和呈现给用户的方式。CSS 的区块属性及说明如下表所示。

CSS 的区块属性及说明

区 块 属 性	说　明
word-spacing	定义附加在单词之间的间隔数量
letter-spacing	定义附加在字母之间的间隔数量
text-align	设置文本的水平对齐方式
text-indent	设置文字的首行缩进
vertical-align	设置水平和垂直方向上的位置
white-space	设置处理空白
display	设置如何显示元素

例如，以下代码声明单词间距字母间距为 2 像素，文字水平居中，单词缩进 5%，长文本不自动换行，禁止显示指定了该样式的元素：

```
letter-spacing: 2px;
text-align: center;
text-indent: 5%;
vertical-align: 10%;
word-spacing: 2px;
white-space: nowrap;
display: none;
```

9.4.4 CSS 方框设置

在 CSS 规则定义对话框的【分类】列表框中选中【方框】选项，将显示【方框】选项区域，如下图所示，在该选项区域中用户可以设置用于控制元素在页面上放置方式的标签和属性。

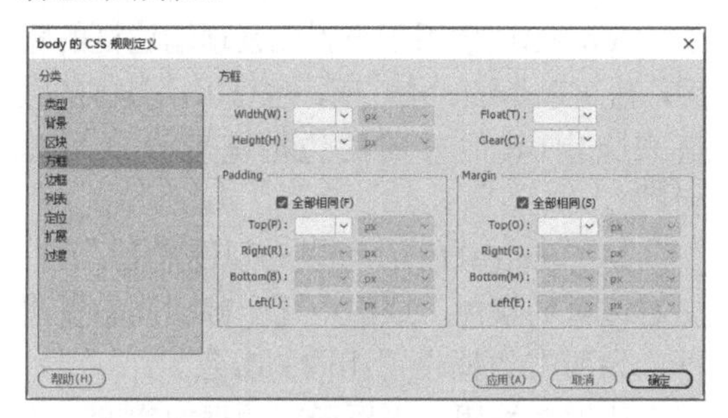

▶ Width(宽)和 Height(高)：用于设置元素的宽度和高度。选择 Auto(自动)选项表示由浏览器自行控制，也可以直接输入值，并在右侧的下拉列表中选择值的单位。只有当该样式被应用到图像或分层上面时，才可以直接从文档窗口中看到设置效果。

▶ Float(浮动)：用于在网页中设置各种页面元素(例如文本、Div 标签、表格等)围绕元素的哪条边浮动。利用该选项可以将网页元素移动到页面范围之外。如果选择 left(左对齐)选项，将元素放置到网页左侧空白处；如果选择 right(右对齐)选项，将元素放置到网页右侧空白处。

▶ Clear(清除)：在该下拉列表中可以定义允许分层。如果选择 left(左对齐)选项，则表示不允许分层出现在应用该样式的元素的左侧；如果选择 right(右对齐)选项，则表明不允许分层出现在应用该样式的元素的右侧。

▶ Padding(填充)：用于指定元素内容与元素边框之间的间距，取消选中【全部相同】复选框，可以设置元素各条边的填充。

▶ Margin(边距)选项区域：该选项区域用于指定一个元素的边框与另一个元素的间距。取消选中【全部相同】复选框，可以设置元素各条边的边距。

下面用一个实例，讲解通过设置方框属性编辑 CSS 样式效果的方法。

【例 9-13】通过定义 CSS 样式的方框设置，为网页中的图片设置 10 像素的填充间距。

视频+素材 (素材文件\第 09 章\例 9-13)

step 1 打开素材网页文档，将鼠标光标插入图片文件所在的表格单元格中，如下图所示，然后单击 CSS【属性】面板中的【编辑规则】按钮。

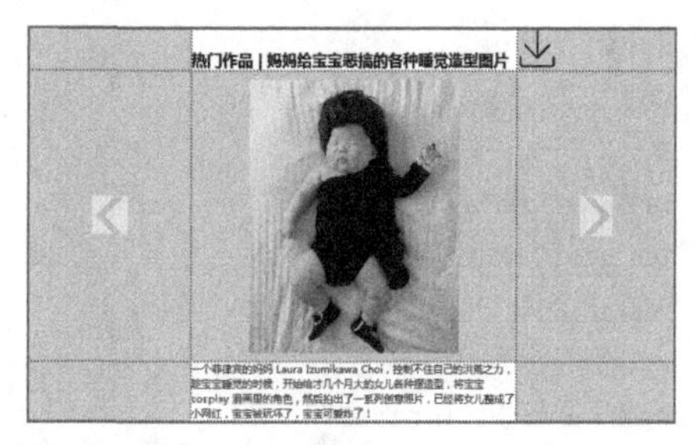

step 2 打开 CSS 规则定义对话框，在【分类】列表框中选择【方框】选项，在对话框右侧的选项区域中选中 padding 选项区域中的【全部相同】复选框。

step 3 在 Top(P)文本框中输入 10，单击该文本框右侧的按钮，在弹出的下拉列表中选择 px 选项。

step 4 单击【确定】按钮，即可为单元格中的图像添加填充间距。

在网页的源代码中，CSS 的方框属性及说明如下表所示。

CSS 的方框属性及说明

方 框 属 性	说　明
float	设置文字环绕在一个元素的四周
clear	指定某个元素的某条边是否允许有环绕的文字或对象
width	设定对象的宽度
height	设定对象的高度
margin-left margin-right margin-top margin-bottom	分别设置边框与内容之间左、右、上、下的空间距离
padding-left padding-right padding-top padding-bottom	分别设置边框外侧的左、右、上、下的空白区域大小

例如，以下代码声明网页中的元素在右侧浮动，禁止元素出现在右侧，宽度为 200

像素，高度为 300 像素，元素四周的填充区域为 10 像素，周围的空白为 20 像素：

```
clear: right;
float: right;
height: 300px;
width: 200px;
margin-top: 20px;
margin-right: 20px;
margin-bottom: 20px;
margin-left: 20px;
padding-top: 10px;
padding-right: 10px;
padding-bottom: 10px;
padding-left: 10px;
```

9.4.5 CSS 边框设置

在 CSS 规则定义对话框中选中【边框】选项后，将显示【边框】选项区域，如下图所示，在该选项区域中用户可以设置网页元素周围的边框属性，例如宽度、颜色和样式等。

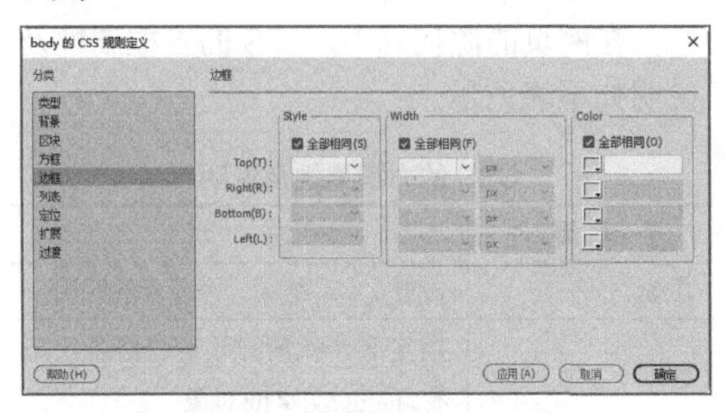

- Style(样式)：设置边框的样式，有 9 个选项，每个选项代表一种边框样式。

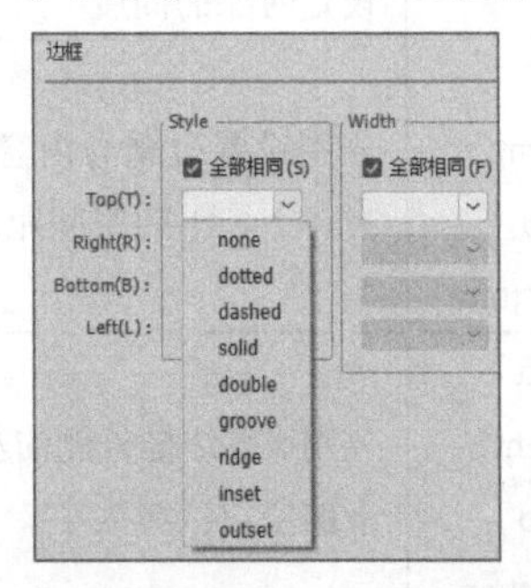

- Width(宽度)：可以定义应用该样式的元素的边框宽度。在 Top(上)、Right(右)、Bottom(下)和 Left(左)四个下拉列表中，可以分别设置边框上每条边的宽度。用户可以选择相应的宽度选项，如细、中、粗，或直接输入数值。Top(上)选项用于设置元素顶端边框的宽度，值可以是细、中、粗，也可以用具体的数值来指定(其他方向的边框宽度设置与此相同)。
- Color(颜色)：可以分别设置上、下、左右边框的颜色，或选中【全部相同】复选框，为所有边框设置相同的颜色。

边框属性用于设置元素边框的宽度、样式和颜色等，CSS 边框属性如下：

- border-color：边框颜色。
- border-style：边框样式。
- border：设置文本的水平对齐方式。
- width：边框宽度。
- border-top-color：上边框颜色。
- border-left-color：左边框颜色。
- border-right-color：右边框颜色。
- border-bottom-color：下边框颜色。
- border-top-style：上边框样式。
- border-left-style：左边框样式。
- border-right-style：右边框样式。
- border-bottom-style：下边框样式。
- border-top-width：上边框宽度。
- border-left-width：左边框宽度。
- border-right-width：右边框宽度。
- border-bottom-width：下边框宽度。
- border：组合设置边框属性。
- border-top：组合设置上边框属性。
- border-left：组合设置左边框属性。
- border-right：组合设置右边框属性。
- border-bottom：组合设置下边框属性。

边框属性只能设置 4 种边框，给出一组边框的宽度和样式。为了让元素的 4 种边框有不同值，网页制作者必须使用一个或更多个属性，用于上边框、右边框、下边框、左边框、边框颜色、边框宽度、边框样式、上边框宽度、右边框宽度、下边框宽度或左边框宽度等。

其中，border-style 属性根据 CSS3 模型，

可以为 HTML 元素的边框应用许多修饰，包括 none、dotted、dashed、solid、double、groove、ridge、inset 和 outset，具体说明如下：

- none：无边框。
- dotted：边框由点组成。
- dash：边框由短线组成。
- solid：边框是实线。
- double：边框是双实线。
- groove：边框带有立体感的沟槽。
- ridge：边框呈现脊形。
- inset：边框内嵌一条立体边框。
- outset：边框外嵌一条立体边框。

例如，以下代码声明边框宽度为 6 像素，边框颜色为红色，边框样式为双线：

```
border-width: 6px;
border-style:double;
border-color: red;
```

9.4.6 CSS 列表设置

在 CSS 规则定义对话框的【分类】列表框中选择【列表】选项，对话框右侧将显示相应的选项区域，如下图所示，其中各选项的功能说明如下：

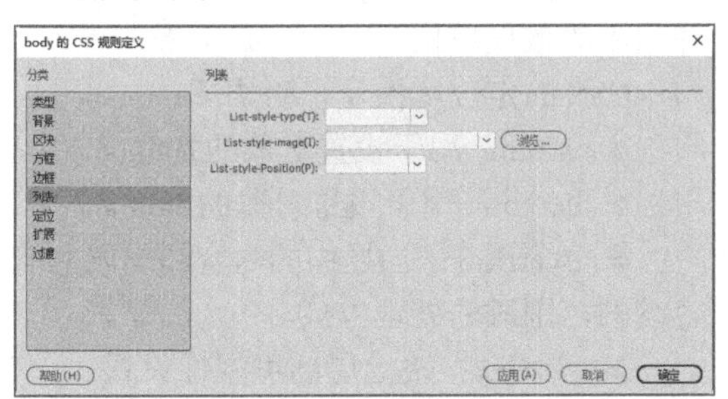

- List-style-type(列表类型)：决定有序和无序列表项如何显示在能识别样式的浏览器中。可为每行的开头加上项目符号或编号，用于区分不同的文本行。
- List-style-image(项目符号图像)：用于设置以图片作为无序列表的项目符号。可以在其中输入图片的 URL 地址，也可以通过单击【浏览】按钮，从磁盘上选择图片文件。
- List-style-Position(位置)：设置列表项的换行位置。List-style-Position 有 inside 或 outside 两个可取值。

CSS 中有关列表的属性丰富了列表的外观，CSS 列表属性及说明如下：

- list-style-type：设置引导列表项的符号类型。
- list-style-image：设置列表样式为图像。
- list-style-position：决定列表项的缩进程度。

例如，以下代码设置列表样式类型为圆点，列表图像为 icon.jpg，位置处于外侧：

```
list-style-position: outside;
list-style-image: url(icon.jpg);
list-style-type: disc;
```

9.4.7 CSS 定位设置

在 CSS 规则定义对话框的【分类】列表框中选择【定位】选项，在显示的选项区域中可以定义定位样式。

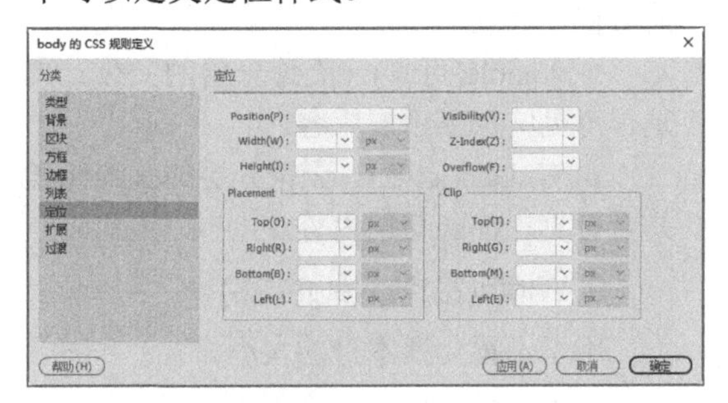

1. Position(位置)

用于设置浏览器放置 Div 标签的方式，包含以下 4 个参数：

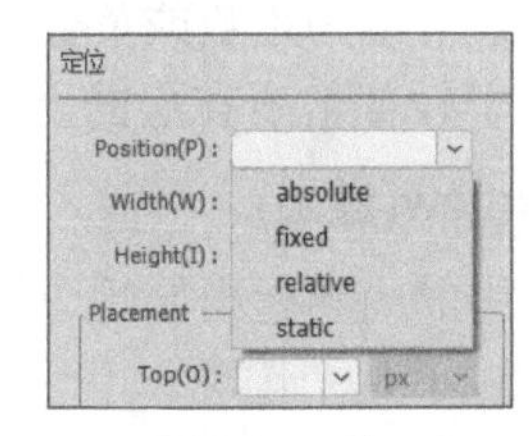

- static：应用常规的 HTML 布局和定位规则，并由浏览器决定元素的左边缘和上边缘。

- relative：使元素相对于其他包含流移动，可以在这种情况下使 top、bottom、left 和 right 属性都用于计算元素相对于其在流中正常位置所处的位置。随后的元素都不会受到这种位置改变的影响，并且放在流中的方式就像没有移动过该元素一样。
- absolute：可以从包含的文本流中去除元素，并且随后的元素可以相应地向前移动，然后使用 top、bottom、left 和 right 属性。相对于包含块计算出元素的位置，这种定位允许将元素放在关于其包含元素的固定位置，但会随着包含元素的移动而移动。
- fixed：将元素相对于显示的页面或窗口进行定位。像 absolute 定位一样，从包含流中去除元素时，其他的元素也会相应发生移动。

2. Visibility(显示)

该选项同于设置层的初始化显示位置，包含以下 3 个选项：

- Inherit(继承)：继承分层的父级元素的可视性属性。
- Visible(可见)：无论分层的父级元素是否可见，都显示层内容。
- Hidden(隐藏)：无论分层的父级元素是否可见，都隐藏层内容。

3. Width(宽)和 Height(高)

用于设置元素本身的大小。

4. Z-index(Z 轴)

定义层的顺序，即层的重叠顺序。可以选择 Auto(自动)选项，或输入相应的层索引值。层索引值可以为正数或负数。较高值所在的层会位于较低值所在层的上端。

5. Overflow(溢出)

定义层中的内容超出层的边界后发生的情况，包含以下几个选项：

- Visible(可见)：当层中的内容超出层的范围时，层会自动向下或向右扩展大小，以容纳分层的内容，使之可见。
- Hidden(隐藏)：当层中的内容超出层的范围时，层的大小不变，也不出现滚动条，超出分层边界的内容不显示。
- Scroll(滚动)：无论层中的内容是否超出层的范围，层上总会出现滚动条，这样即使分层的内容超出分层的范围，也可以利用滚动条浏览。
- Auto(自动)：当层中的内容超出分层的范围时，层的大小不变，但是会出现滚动条，以便通过滚动条的滚动来显示所有分层的内容。

6. Placement(放置)

设置层的位置和大小。具体含义基于前面的 CSS 类型设置。在 top、right、bottom 和 left 四个下拉列表中，可以分别输入相应的值，在右侧的下拉列表中，可以选择相应的数值单位，默认的单位是像素。

7. Clip(剪辑区域)

定义可视层的局部区域的位置和大小。如果指定层的碎片区域，则可以通过脚本语言(如 JavaScript)进行操作。在 top、right、bottom 和 left 四个下拉列表中，可以分别输入相应的值，在右侧的下拉列表中，可以选择相应的数值单位。

CSS 的定位属性及说明如下：

- width：用于设置对象的宽度。
- height：用于设置对象的高度。
- overflow：当层中的内容超出层所能容纳的范围时的处理方式。
- z-index：决定层的可视性设置。
- position：用于设置对象的位置。
- visibility：针对层的可视性设置。

例如，以下代码声明层的位置为绝对位置，居左 280 像素，居顶 300 像素，宽度为 150 像素，高度为 100 像素，Z-index 值为 1，溢出方式为自动。

```
overflow: auto;
position: absolute;
```

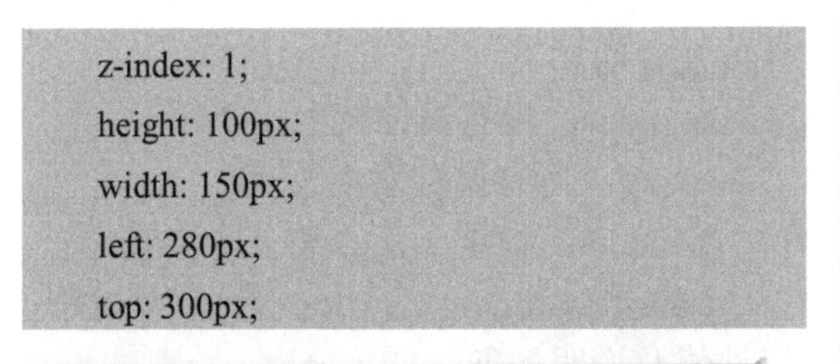

```
z-index: 1;
height: 100px;
width: 150px;
left: 280px;
top: 300px;
```

9.4.8　CSS 扩展设置

在 CSS 规则定义对话框的【分类】列表框中选择【扩展】选项，可以在显示的选项区域中定义扩展样式。

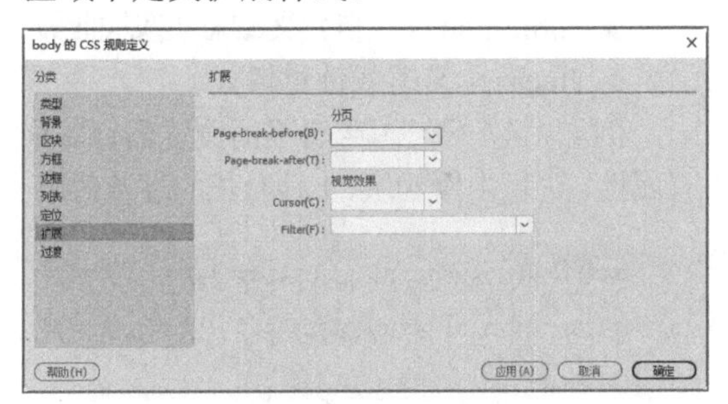

- 分页：通过样式来为网页添加分页符号。允许用户指定在某元素前后进行分页，分页是指打印网页中的内容时在某指定位置停止，然后将接下来的内容继续打在下一页纸张上。
- Cursor(光标)：改变光标形状，将光标放置于用此设置修饰的区域上时，形状会发生改变。
- Filter(过滤器)：使用 CSS 语言实现的滤镜效果，在其下拉列表中有多种滤镜可以选择。

CSS 扩展属性及说明如下：

- cursor：设定光标。
- page-break：控制分页。
- filter：设置滤镜。

其中，对 cursor 属性值的说明如下：

- hand：显示为“手”形。
- crosshair：显示为交叉十字。
- text：显示为文本选择符号。
- wait：显示为 Windows 沙漏形状。
- default：显示为默认光标形状。
- help：显示为带问号的光标。
- e-resize：显示为指向东的箭头。
- ne-resize：显示为指向东北方向的箭头。
- n-resize：显示为指向北的箭头。
- nw-resize：显示为指向西北的箭头。
- w-resize：显示为指向西的箭头。
- sw-resize：显示为指向西南的箭头。
- s-resize：显示为指向南的箭头。
- se-resize：显示为指向东南的箭头。

例如，以下代码设置鼠标光标为等待形状，使用垂直翻转滤镜：

```
cursor: wait;
filter: FlipH;
```

9.4.9　CSS 过渡设置

在 CSS 规则定义对话框的【分类】列表框中选择【过渡】选项，可以在显示的选项区域中定义过渡样式。

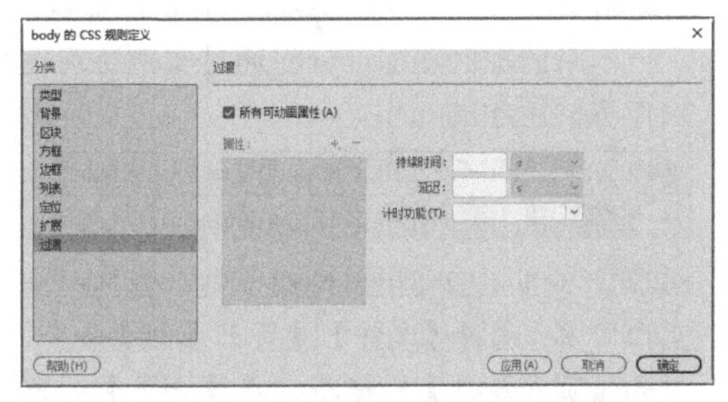

- 所有可动画属性：如果需要为过渡效果的所有 CSS 属性指定相同的持续时间、延迟和计时功能，可以选中该复选框。
- 属性：向过渡效果添加 CSS 属性。
- 持续时间：以秒(s)或毫秒(ms)为单位输入过渡效果的持续时间。
- 延迟：过渡效果开始之前的时间，以秒或毫秒为单位。
- 计时功能：从可用选项中选择过渡效果样式。

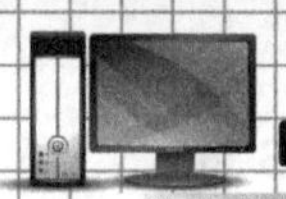

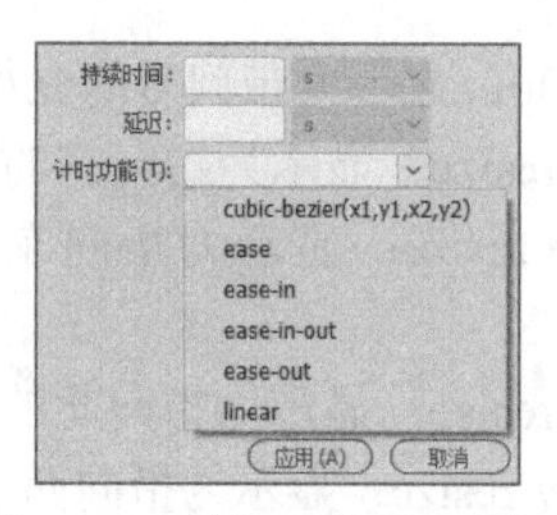

CSS 的过渡属性及说明如下：

- transition-property：指定某种属性进行渐变效果。
- transition-duration：指定渐变效果的时长，单位为秒。
- transition-timing-function：描述渐变效果的变化过程。
- transition-delay：指定渐变效果的延迟时间，单位为秒。
- transition：组合设置渐变属性。

其中，transition-property 拥有指定元素的一个属性发生改变时指定的过渡效果，属性值及说明如下：

- none：没有属性发生改变。
- all：所有属性发生改变。
- ident：指定元素的某个属性值。

transition-timing-function 控制变化过程，属性值及说明如下：

- ease：逐渐变慢。
- ese-in：由慢到快。
- ease-out：由快到慢。
- east-in-out：由慢到快再到慢。
- cubic-bezier：自定义cubic 贝塞尔曲线。
- linear：匀速线性过渡。

例如，以下代码声明不同浏览器针对所有属性，进行由慢到块、1 秒时长的过渡效果：

```
-webkit-transition: all 1s ease-in 1s;
-o-transition: all 1s ease-in 1s;
transition: all 1s ease-in 1s;
```

9.5 案例演练

本章的案例演练部分将通过实例练习在网页中应用 CSS 样式的方法，用户可以通过具体操作巩固所学的知识。

【例 9-14】利用 CSS 排版制作图文环绕混排网页。
视频+素材 (素材文件\第 09 章\例 9-14)

step 1 按下 Ctrl+Shift+N 组合键，创建一个空白网页。选择【文件】|【页面属性】命令，打开【页面属性】对话框。在【分类】列表框中选择【外观(CSS)】选项，单击【背景图像】文本框右侧的【浏览】按钮，

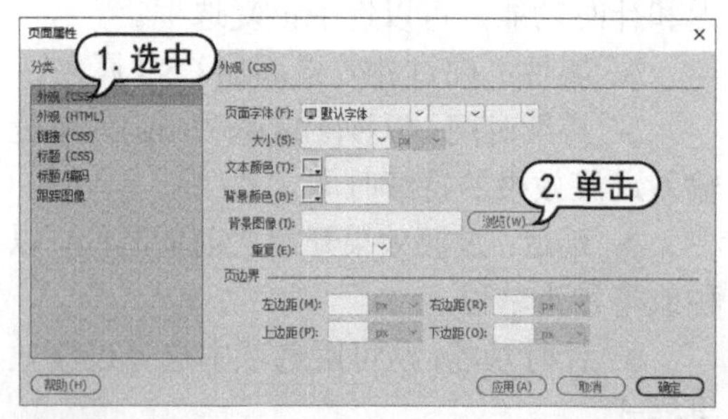

step 2 在打开的对话框中选择一幅图像作为网页背景。

step 3 返回【页面属性】对话框，单击【重复】下拉按钮，在弹出的下拉列表中选择 repeat-x 选项，并单击【确定】按钮。

step 4 此时，Dreamweaver 文档窗口中网页的效果如下图所示。

step 5 将鼠标光标插入网页中，选择【插入】| Div 命令，打开【插入 Div】对话框，在 ID

文本框中输入 main，单击【新建 CSS 规则】按钮。

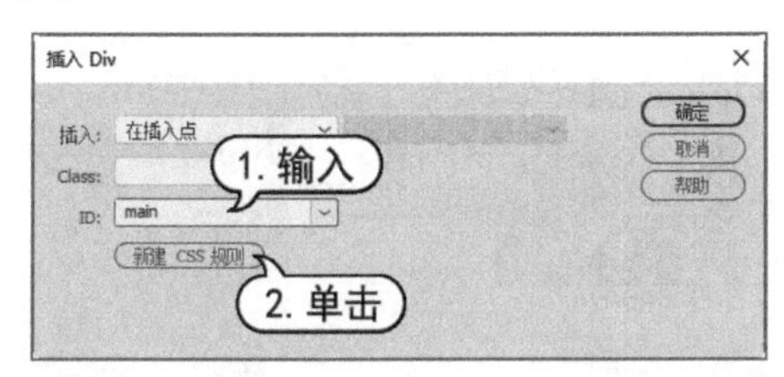

step 6　打开 CSS 规则定义对话框，在【分类】列表框中选择【方框】选项，在显示的选项区域中，将 Width 设置为 90%，将 Height 设置为 1200px，将 Top 和 Bottom 设置为 20px，将 Right 和 Left 设置为 40px，然后单击【确定】按钮。

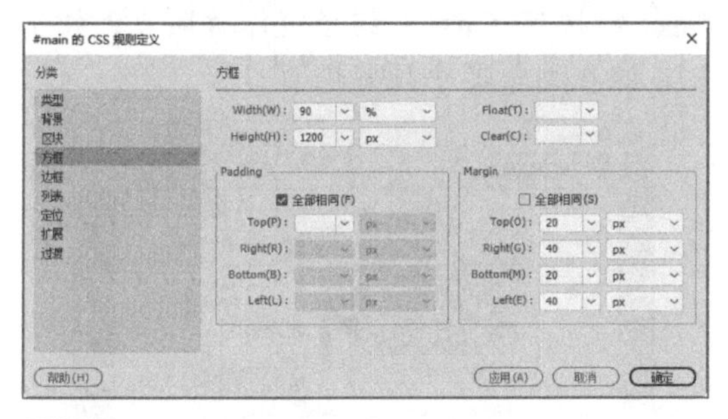

step 7　返回【插入 Div】对话框，再次单击【确定】按钮，在页面中插入如下图所示的 Div 标签。

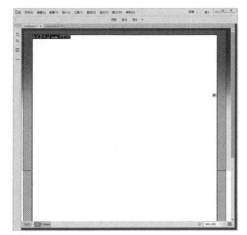

step 8　将鼠标光标插入 Div 标签中，选择【插入】|Image 命令，在其中插入图像，然后在图像之后输入文本，并在【属性】面板中设置文本的格式，效果如右上图所示。

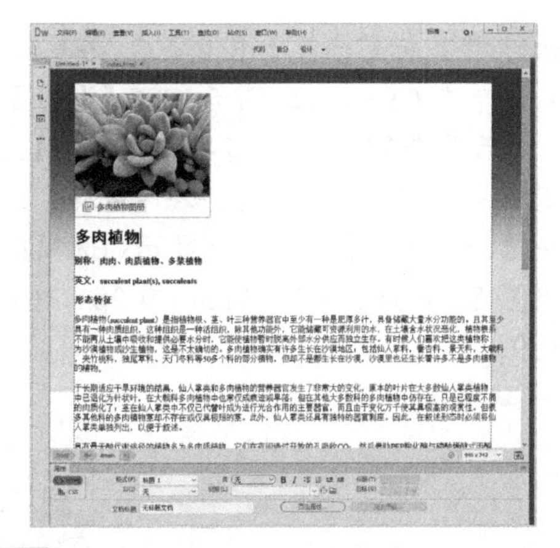

step 9　按下 Shift+F11 组合键，显示【CSS 设计器】面板。在【选择器】窗格中单击【+】按钮，创建一个名为.img 的选择器。在【属性】窗格中设置方框样式，将 padding 设置为 4px，将 margin 设置为 12px，将 float 设置为 left。

step 10　选中网页中的图像，在【属性】面板中单击 Src 文本框右侧的按钮，在弹出的下拉列表中选择 img 选项，将创建的 CSS 规则应用于图像。

step 11 将鼠标光标置于图像之后，在【属性】面板中单击 CSS 按钮，显示 CSS【属性】面板，然后单击【编辑规则】按钮，打开【.img 的 CSS 规则定义】对话框。在【分类】列表框中选择【边框】选项，在显示的选项区域中设置 Style 为 Solid、Width 为 2px、Color 为#99。

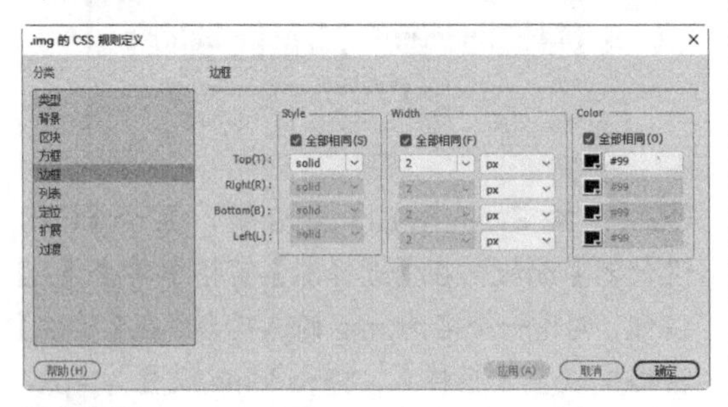

step 12 在【CSS 设计器】面板的【选择器】窗格中单击【+】按钮，创建一个名为 p 的选择器，用于定义页面中段落文本的格式。

step 13 在【属性】面板中单击【布局】按钮，在显示的选项区域中将 width 设置为 95%。

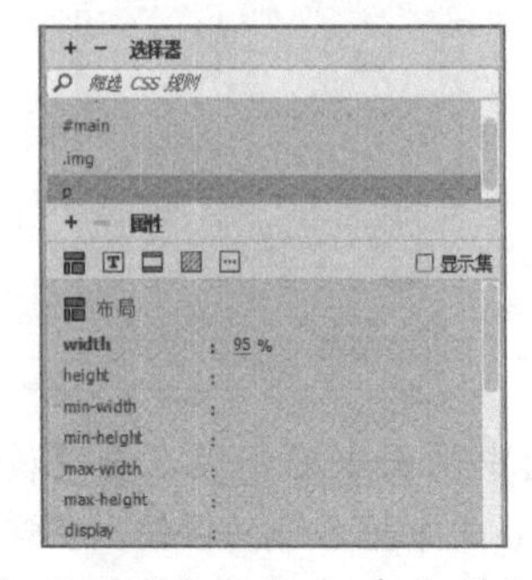

step 14 在【属性】面板中单击【文本】按钮，在显示的选项区域中将 color 设置为#524F4F，将 font-size 设置为 12px。

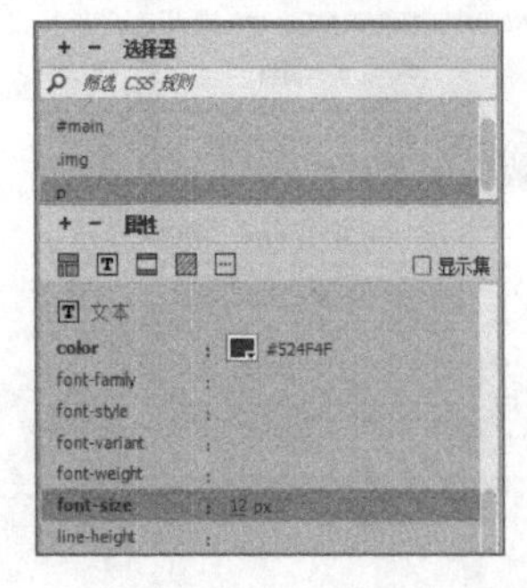

step 15 完成以上设置后，网页中的图文效果如下图所示。

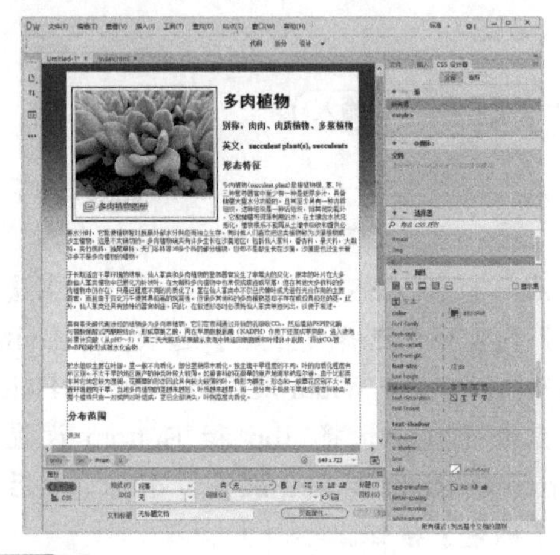

step 16 按下 Ctrl+S 组合键保存网页，按下 F12 键在浏览器中预览网页。

第10章

制作 Div+CSS 页面

Dreamweaver中的Div元素实际上来自于CSS中的定位技术，只不过是在软件中对其进行了可视化操作。Div体现了网页技术从二维空间向三维空间的一种延伸，是一种新的发展方向。通过Div，用户不仅可以在网页中制作出诸如下拉菜单、图片与文本的各种运动效果等网页效果，还可以实现对页面整体内容的排版布局。

本章对应视频

例 1-1 创建 Div 标签
例 1-2 创建自适应 Div 标签
例 1-3 制作首字下沉效果
例 1-4 制作左图右文效果
例 1-5 制作红酒网站首页
例 1-6 制作公司网站首页

10.1 Div 与盒模型简介

Div 的全称是 Division(中文翻译为“区分”)，是一个区块容器标记，即<div>与</div>标签之间的内容，可以容纳段落、标题、表格、图片等各种 HTML 元素。

10.1.1 认识 Div

<div>标签是用来为 HTML 文档中的大块(Block-Level)内容提供结构的背景元素。<div>起始标签和结束标签之间的所有内容都是用于构成这个块的，其中包含元素的特性由<div>标签的属性来控制，或者通过使用样式表格式化这个快来进行控制。

<div>标签常用于设置文本、图像、表格等网页对象的摆放位置。当用户将文本、图像或其他对象放置在<div>标签中时，可称为 div block(层次)，如下图所示。

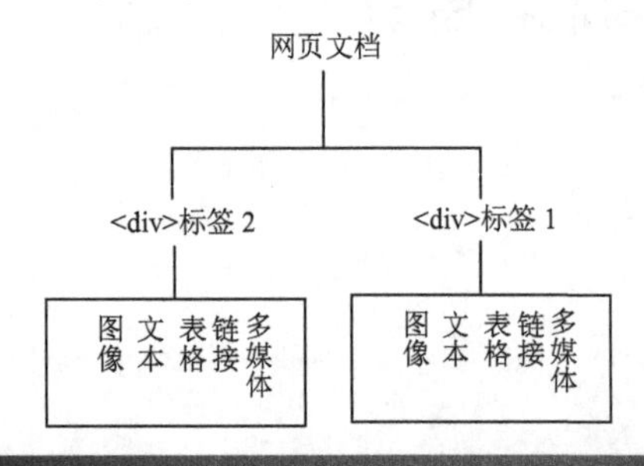

10.1.2 盒模型

盒模型是 CSS 控制页面时的一个重要概念，用户只有很好地掌握盒模型以及其中每个元素的用法，才能真正地控制页面中每个元素的位置。

CSS 假定所有的 HTML 文档元素都生成一个描述该元素在 HTML 文档布局中所占空间的矩形元素框(element box)，可以形象地视为盒子。CSS 围绕这些盒子产生了“盒模型”的概念，通过定义一系列与盒子相关的属性，可以极大地丰富和促进各个盒子乃至整个 HTML 文档的表现效果和布局结构。

HTML 文档中的每个盒子都可以看成由从内到外的 4 个部分构成，即内容(content)、填充(padding)、边框(border)和边界(margin)。另外，在盒模型中还有高度与宽度两个辅助属性。

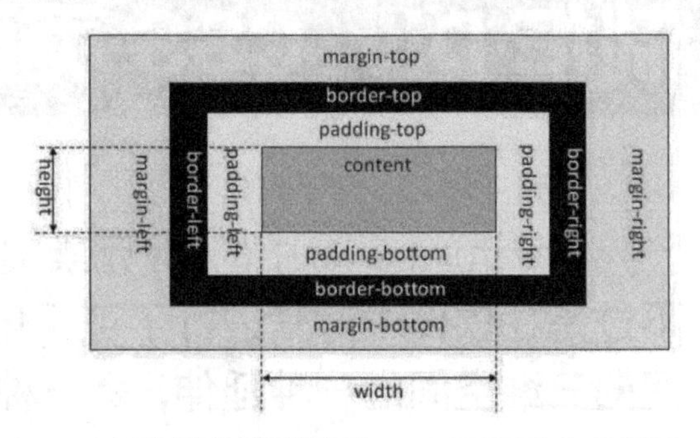

内容是盒模型的中心，呈现了盒子的主要信息内容。这些内容可以是文本、图片等多种类型。内容是盒模型必需的组成部分，其他三部分都是可选的。内容区域有 3 个属性：width、height 和 overflow。使用 width 和 height 属性可以指定盒子内容区域的高度和宽度，值可以是长度计量值或百分比值。

填充区域是内容区域和边框之间的空间，可视为内容区域的背景区域。填充属性有 5 个，即 padding-top、padding-bottom、padding-left、padding-right 以及综合了以上 4 个填充方向的快捷填充属性 padding。使用这 5 个属性可以指定内容区域的信息内容与各方向边框间的距离，属性值的类型与 width 和 height 相同。

边框是环绕内容区域和填充区域的边界。边框属性有 border-style、border-width、border-color 以及综合了以上 3 个属性的快捷边框属性 border。边框样式属性 border-style 是边框最重要的属性。根据 CSS 规范，如果没有指定边框样式，其他的边框属性都会被忽略，边框将不存在。

边界位于盒子的最外围，不是一条边线，而是添加在边框外面的空间。边界使元素的盒子之间不必紧凑地连接在一起，是 CSS 布局的一个重要手段。边界属性有 5 个，即 margin-top、margin-bottom、margin-left、margin-right 以及综合了以上 4 个属性的快捷边界属性 margin。

以上就是对盒模型 4 个组成部分的简单介绍，利用盒模型的相关属性，可以使 HTML 文档内容的表现效果变得丰富，而不再像只使用 HTML 标签那样单调。

10.2 理解标准布局

站点标准不是某个标准，而是一系列标准的集合。网页主要由结构(Structure)、表现(Presentation)和行为(Behavior)三部分组成，对应的标准也分为三个方面：结构标准语言主要包括 XHTML 和 XML，表现标准语言主要为 CSS，行为标准语言主要为 DOM 和 ECMAScript 等。这些大部分标准是由 W3C 起草和发布的，也有一些标准是由其他标准组织制定的。

10.2.1 网页标准

结构标准语言

结构标准语言包括 XML 和 XHTML。XML 是 Extensible Markup Language 的缩写，意为“可扩展标记语言”。XML 是用于网络上数据交换的语言，具有与描述网页的 HTML 语言相似的格式，但它们是具有不同用途的两种语言，XHTML 是 Extensible HyperText Markup Language 的缩写，意为“可扩展超文本标记语言”。W3C 于 2000 年发布了 XHTML 1.0 版本。XHTML 是一门基于 XML 的语言，所以从本质上说，XHTML 是过渡，结合了 XML 的部分强大功能以及 HTML 的大多数简单特征。

表现标准语言

表现标准语言主要指 CSS。将纯 CSS 布局与结构式 XHTML 相结合，能够帮助网页设计者分离外观与结构，使站点的访问及维护更容易。

行为标准

行为标准指的是 DOM 和 ECMAScript，DOM 是 Document Object Model 的缩写，意为“文档对象模型”。DOM 是一种用于浏览器、平台、语言的接口，使得用户可以访问页面的其他标准组件。DOM 解决了 Netscape 的 JavaScript 和 Microsoft 的 JavaScript 之间的冲突难题，给予网页设计者和开发者一种标准的方法，让他们访问站点中的数据、脚本和表现层对象。ECMAScript 是 ECMA 制定的标准脚本语言。

使用网页标准有以下几个好处：

- 开发与维护更简单：使用更具语义和结构化的 HTML，将可以使用户更容易、快速地理解他人编写的代码，便于开发与维护。
- 更快的网页下载和读取速度：更少的 HTML 代码带来的是更小的文件和更快的下载速度。
- 更好的可访问性：更具语义的 HTML 可以让使用不同浏览设备的网页访问者都能很容易看到内容。
- 更高的搜索引擎排名：内容和表现的分离使内容成为文本的主体，与语义化的标记相结合能提高网页在搜索引擎中的排名。
- 更好的适应性：可以很好地适应打印和其他显示设备。

10.2.2 内容、结构、表现和行为

HTML 和 XHTML 页面都由内容、结构、表现、行为 4 个方面组成。内容是基础，附上结构和表现，最后对它们加上行为。

- 内容：放在页码中，是想要网页浏览者看到的信息。
- 结构：对内容部分加上语义化、结构化的标记。
- 表现：用于改变内容外观的一种样式。
- 行为：对内容的交互及操作效果。

10.3 使用 Div+CSS

Div 布局页面主要通过 Div+CSS 技术来实现。在这种布局中，Div 全称为 Division，意为“区分”，Div 的使用方法与其他标记一样，其承载的是结构；采用 CSS 技术可以有效地对页面布局、文字等方面实现更精确的控制，其承载的是表现。结构和表现的分离对于所见即所得的传统表格布局方式是很大的冲击。

CSS 布局的基本构造块是<div>标签，它属于 HTML 标签，在大多数情况下用作文本、图像或其他页面元素的容器。当创建 CSS 布局时，会将<div>标签放在页面上，向这些标签中添加内容，然后将它们放在不同的位置。与表格单元格(被限制在表格的行和列中的某个现有位置)不同，<div>标签可以出现在网页上的任何位置，可以用绝对方式(指定 x 和 y 坐标)或相对方式(指定与其他页面元素的距离)定位<div>标签。

使用 Div+CSS 布局可以将结构与表现分离，减少 HTML 文档内的大量代码，只留下页面结构的代码，方便对其阅读，还可以提高网页的下载速度。

用户在使用 Div+CSS 布局网页时，必须知道每个属性的作用，它们或许目前与要布局的页面并没有关系，但在后面遇到问题时可以尝试利用这些属性来解决。如果需要为 HTML 页面启动 CSS 布局，不需要考虑页面外观，而要考虑页面内容的语义和结构。也就是需要分析内容块，以及每块内容服务的目的，然后根据这些内容的服务目的建立起相应的 HTML 结构。

一个页面按功能块划分，可以分成：标志和站点名称、主页面内容、站点导航、子菜单、搜索框、功能区、页脚等。通常采用 Div 元素将这些结构定义出来，代码如下：

声明 header 的 Div 区：

```
<div id="header"</div>
```

声明 content 的 Div 区：

```
<div id="content"</div>
```

声明 globalnav 的 Div 区：

```
<div id="globalnav"</div>
```

声明 subnav 的 Div 区：

```
<div id="subnav"</div>
```

声明 search 的 Div 区：

```
<div id="search"</div>
```

声明 shop 的 Div 区：

```
<div id="shop"</div>
```

声明 footer 的 Div 区：

```
<div id="footer"</div>
```

每个内容块可以包含任意的 HTML 元素——标题、段落、图片、表格等。每个内容块都可以放在页面上的任何位置，再指定这个内容块的颜色、字体、边框、背景以及对齐属性等。

id 名称是控制某个内容块的方法，通过给内容块套上 Div 并加上唯一的 id，就可以用 CSS 选择器来精确定义每个页面元素的外观表现，包括标题、列表、图片、链接等。例如，为#header 编写一条 CSS 规则，就可以使用完全不同于#content 中的样式规则。另外，也可以通过不同的规则来定义不同内容块里的链接样式，例如#globalnav a:link、#subnav a:link 或#content a:link。也可以将不同内容块中相同元素的样式定义的不一样。例如，通过#content p 和#footer p 分别定义#content 和#footer 中 p 元素的样式。

10.4　插入 Div 标签

用户可以通过选择【插入】| Div 命令，打开【插入 Div】对话框，插入 Div 标签并对其应用 CSS 定位样式来创建页面布局。Div 标签用于定义 Web 页面内容的逻辑区域。可以使用 Div 标签将内容块居中，创建列效果以及定义不同区域的颜色等。

【例 10-1】使用 Div 标签创建用于显示网页 Logo 的内容编辑区。

视频+素材 (素材文件\第 10 章\例 10-1)

step 1 选择【插入】| Div 命令，打开【插入 Div】对话框，在 ID 文本框中输入 wrapper，单击【新建 CSS 规则】按钮。

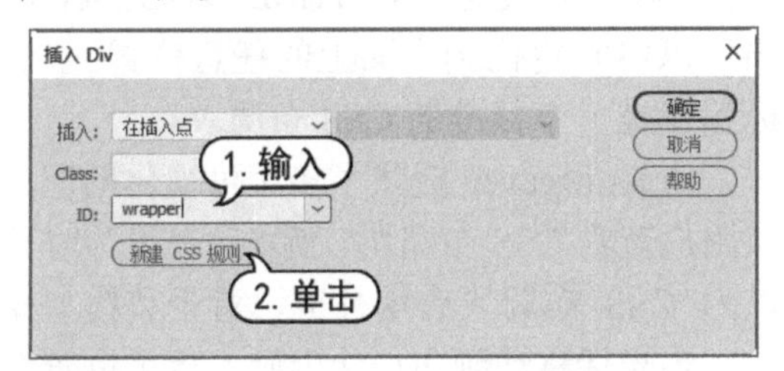

step 2 打开【新建 CSS 规则】对话框，保持默认设置，单击【确定】按钮。

step 3 打开 CSS 规则定义对话框，在【分类】列表框中选择【方框】选项，在对话框右侧的选项区域中将 Hight 设置为 800px，取消选中 Margin 选项区域中的【全部相同】复选框，将 Top 和 Bottom 设置为 20px，将 Right 和 Left 设置为 40px，单击【确定】按钮。

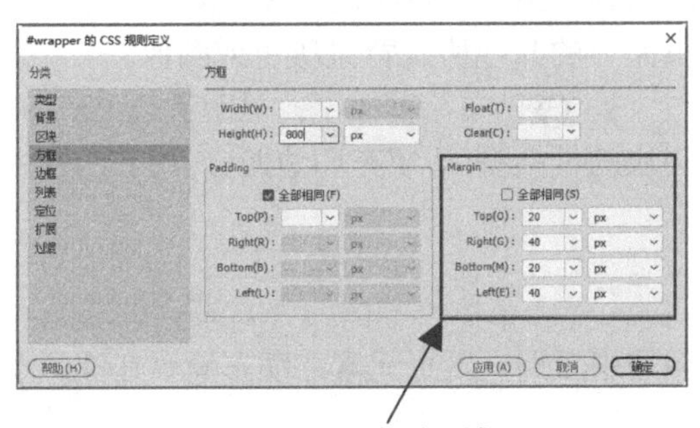

Margin 选项区域

step 4 返回【插入 Div】对话框，在页面中插入如右上图所示的 Div 标签。

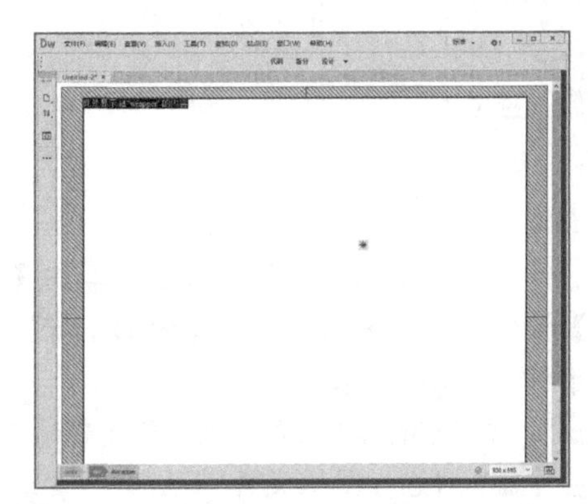

step 5 将鼠标光标插入 Div 标签中，再次选择【插入】| Div 命令，打开【插入 Div】对话框，在 ID 文本框中输入 logo，单击【新建 CSS 规则】按钮，打开【新建 CSS 规则】对话框，单击【确定】按钮。

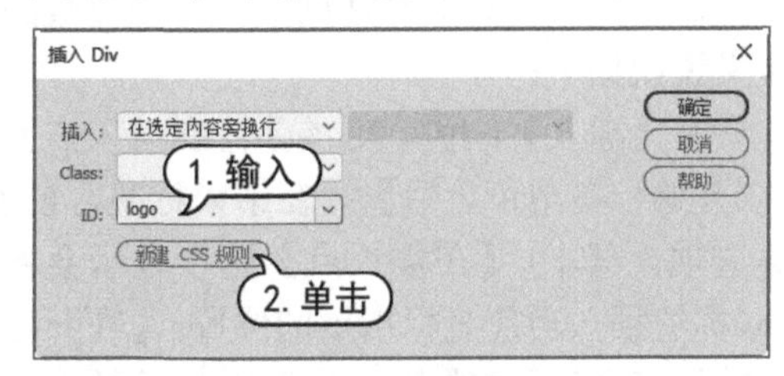

step 6 打开 CSS 规则定义对话框，在【分类】列表框中选择【背景】选项，在对话框右侧的 Background-color 文本框中输入颜色代码。

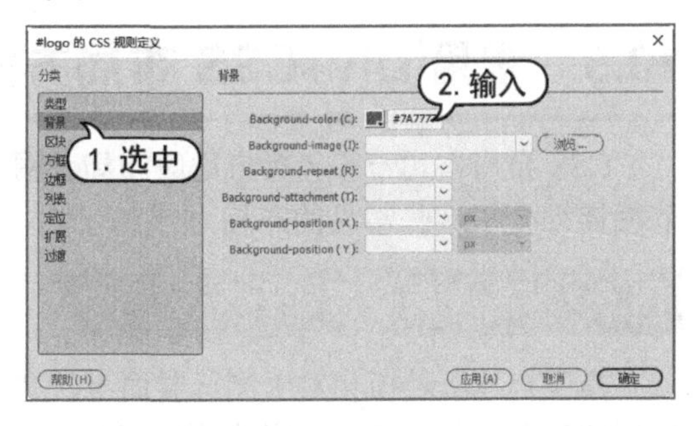

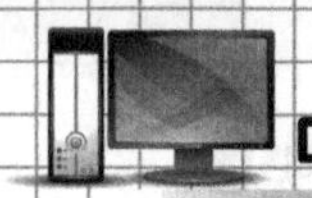

step 7 在【分类】列表框中选择【定位】选项，将Position设置为absolute，将Width设置为23%，单击【确定】按钮。

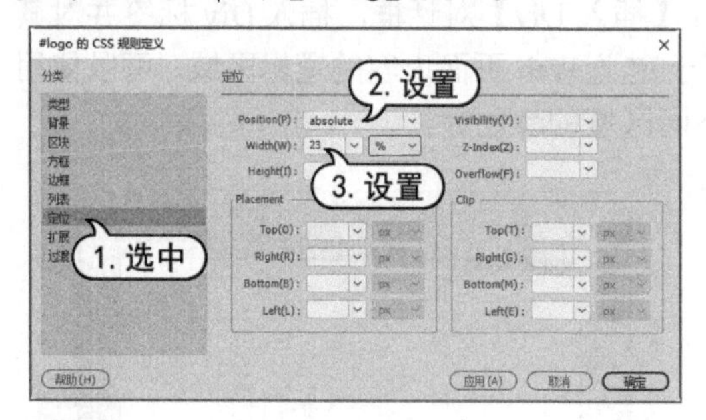

step 8 返回【插入Div】对话框，单击【确定】按钮，即可插入一个嵌套的Div标签，用于插入Logo图像。

step 9 按下Ctrl+Alt+I组合键，在嵌套的Div标签中插入Logo图像文件。

在【插入Div】对话框中，各项参数的含义说明如下：

- 【插入】下拉列表：包括【在插入点】、【在开始标签结束之后】和【在结束标签之前】等选项。其中，【在插入点】选项表示会将Div标签插入当前光标指示的位置；【在开始标签结束之后】选项表示会将Div标签插入选择的开始标签之后；【在结束标签之前】选项表示会将Div标签插入选择的结束标签之前。
- 【开始标签】下拉列表：若在【插入】下拉列表中选择【在开始标签结束之后】或【在结束标签之前】选项，可以在该下拉列表中选择文档中所有的可用标签作为开始标签。
- Class(类)下拉列表：用于定义Div标签可用的CSS类。
- 【新建CSS规则】：根据Div标签的CSS类或编号标记等，为Div标签建立CSS样式。

在设计视图中，可以使CSS布局块可视化。CSS布局块是一个HTML页面元素，用户可以将它定位到页面上的任意位置。Div标签就是一个标准的CSS布局块。

Dreamweaver提供了多个可视化助理，供用户查看CSS布局块。例如，在设计时可以为CSS布局块启用外框、背景和模型模块。将光标移动到布局块上时，也可以查看显示了选定CSS布局块属性的工具提示。

另外，选择【查看】|【设计视图选项】|【可视化助理】命令，在弹出的子菜单中，Dreamweaver可以使用以下几个命令，为每个助理呈现可视化内容：

- CSS布局外框：显示页面上所有CSS布局块的效果。
- CSS布局背景：显示各个CSS布局块的临时指定背景颜色，并隐藏通常出现在页面上的其他所有背景颜色或图像。
- CSS布局框模型：显示所选CSS布局块的框模型(即填充和边距)。

10.5 常用Div+CSS布局方式

CSS布局方式一般包括自适应布局、网页内容居中布局、网页元素浮动布局等几种。本节将详细介绍这些常见的布局方式。

10.5.1 高度自适应布局

高度自适应是指相对于浏览器而言，盒模型的高度随着浏览器高度的改变而改变，这时需要用到高度的百分比。当一个盒模型不设置宽度时，它默认是相对于浏览器显示的。

【例10-2】在网页中新建高度自适应的Div标签。

视频+素材 (素材文件\第10章\例10-2)

step 1 按下Ctrl+N组合键，打开【新建文档】对话框，创建一个网页。

step 2 选择【插入】| Div 命令，打开【插入 Div】对话框，在 ID 文本框中输入 box，然后单击【新建 CSS 规则】按钮。

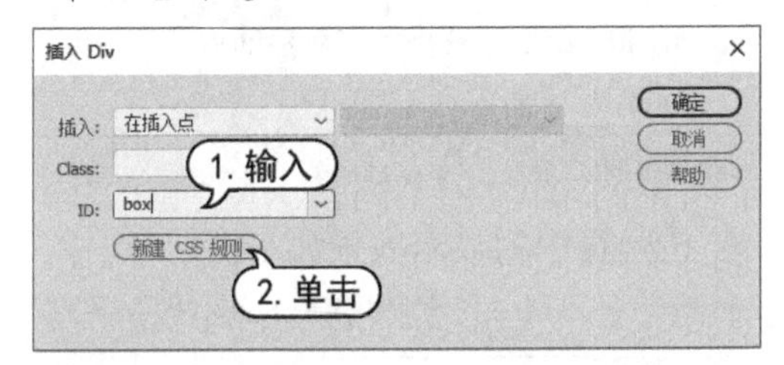

step 3 打开【新建 CSS 规则】对话框，保持默认设置，单击【确定】按钮。

step 4 打开 CSS 规则定义对话框，在【分类】列表框中选择【背景】选项，在对话框右侧的选项区域中设置 background-color 的值为“#FCF”。

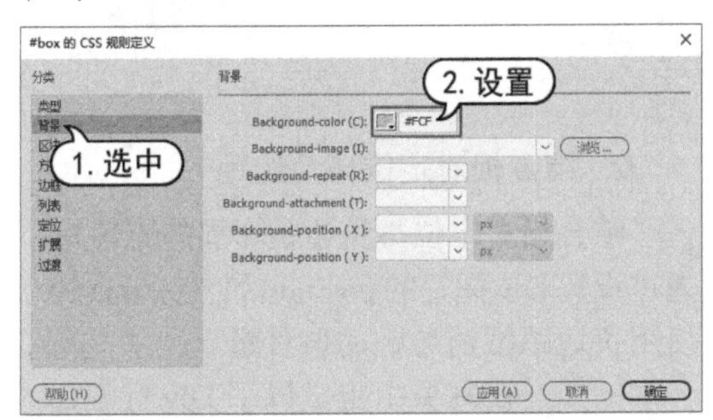

step 5 在【分类】列表框中选择【方框】选项，在对话框右侧的选项区域中设置 Width 和 Hight 的值分别为 800px 和 600px，然后单击【确定】按钮。

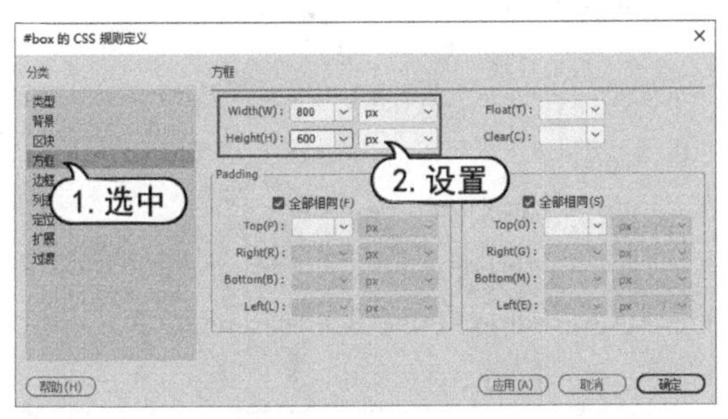

step 6 返回【插入 Div】对话框，单击【确定】按钮，即可看到网页中新建的 Div 标签，删除标签中的文本。

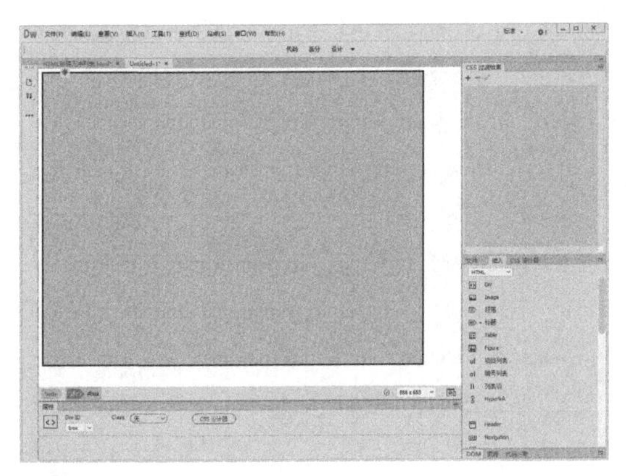

step 7 使用相同的方法，创建一个 id 为 left 的 Div，具体设置如下：Background-color 为“#CF0”、Width“200px”、Float 为“left”、Height 为“590px”、Clear 为“none”。

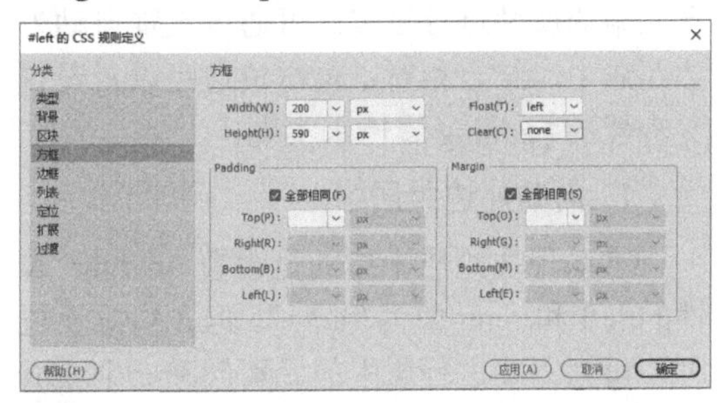

step 8 单击【确定】按钮，Div 标签的效果如下图所示。

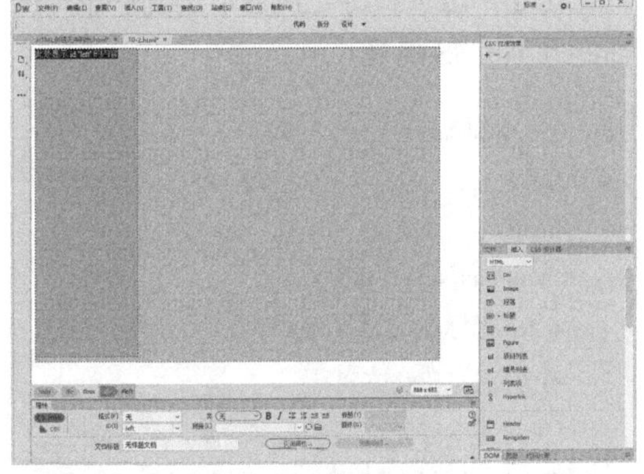

step 9 继续执行相同的操作，插入一个名为 right 的 Div 标签，设置 Background-color 为“#FC3”、Float 为“right”、Height 为“100%”、width 为“590px”、Margin 为“5px”。单击【确定】按钮后，此时可以看到该 Div 标签的高度与文本内容的高度相同。在其中输入内容后，高度将被自动填充。

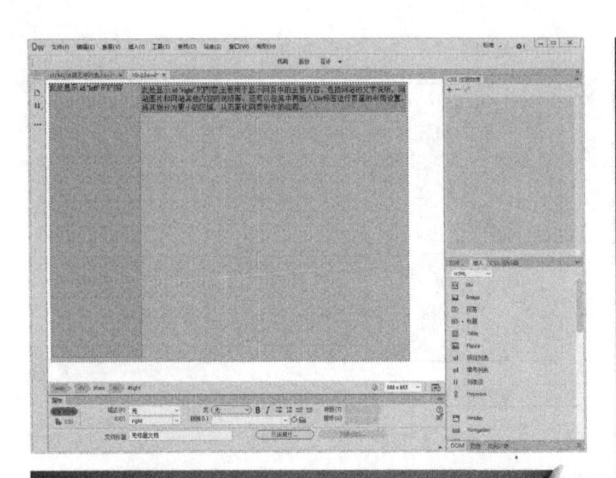

10.5.2 网页内容居中布局

Dreamweaver 默认的布局方式为左对齐，如果需要使网页中的内容居中，需要结合元素的属性进行设置。可通过设置自动外边距居中、结合相对定位与负边距以及设置父容器的 padding 属性来实现。

1. 自动外边距居中

自动外边距居中指的是设置 margin 属性的 left 和 right 值为“auto”。但在实际设置时，可为需要进行居中的元素创建一个 Div 容器，并为该容器指定宽度，以避免出现在不同的浏览器中观看效果不同的现象。

例如，以下代码在网页中定义一个 Div 标签及其 CSS 属性：

```
<!doctype html>
<html>
<head>
<meta charset="utf-8">
<title>无标题文档</title>
<style type="text/css">
#content {
 font-family: Cambria, "Hoefler Text",
"Liberation Serif", Times, "Times New Roman", serif;
 font-size: 18px;
 height: 800px;
 width: 600px;
 margin-right: auto;
 margin-left: auto;
}
</style>
</head>
<body>
<div id="container">居中显示的内容</div>
</body>
</html>
```

在网页中的显示效果如下图所示。

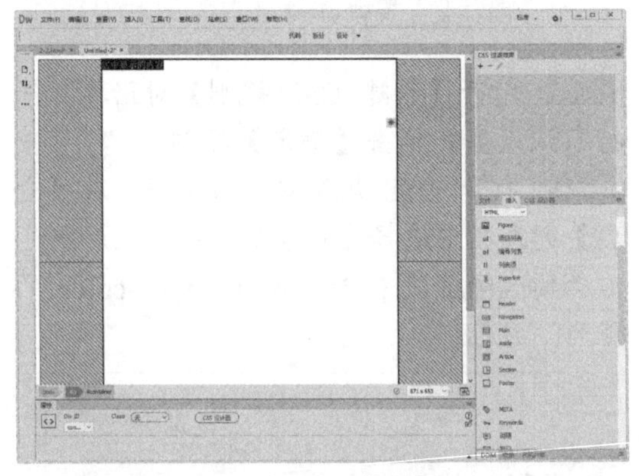

2. 结合相对定位与负边距

结合相对定位与负边距布局的原理是：通过设置 Div 标签的 position 属性为 relative，使用负边距抵消边距的偏移量。

例如，在网页中定义以下 Div 标签：

```
<!doctype html>
<html>
<head>
<meta charset="utf-8">
<title>无标题文档</title>
<style type="text/css">
#content {
 background-color: #38DBD8;
 height: 800px;
 width: 600px;
 position: relative;
 left: 50%;
 margin-left: -300px;
}
</style>
</head>
```

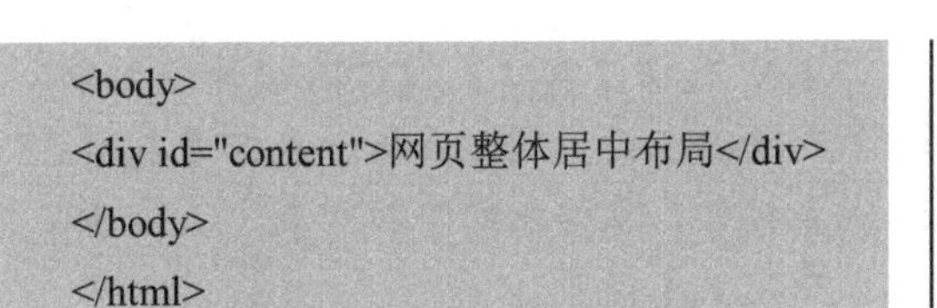

```
<body>
<div id="content">网页整体居中布局</div>
</body>
</html>
```

在网页中的显示效果如下图所示。

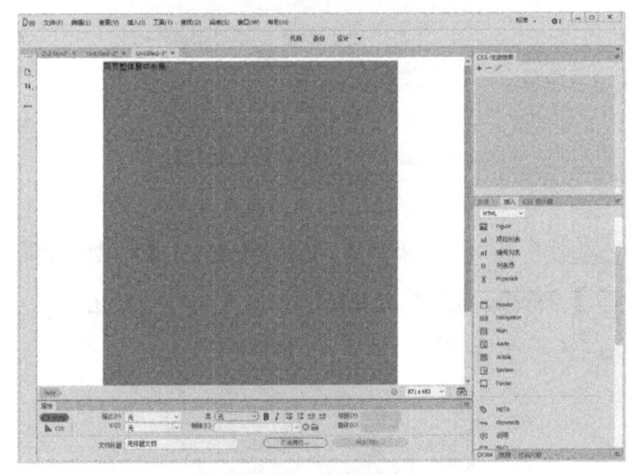

以上代码中的“position:relative;”表示内容是相对于父元素 body 标签进行定位的；“left: 50%;”表示将左边框移动到页面的正中间；“margin-left: -300px;”表示从中间位置向左偏移一半的距离，具体值需要根据 Div 标签的宽度值来计算。

3. 设置父容器的 padding 属性

使用前面介绍的两种方法需要先确定父容器的宽度，但当一个元素处于一个容器中时，如果想让其宽度随窗口大小的变化而改变，同时保持内容居中，可以通过 padding 属性来进行设置，使其父元素左右两侧的填充相等。

例如，以下所示的代码在 HTML 中定义了一个 Div 标签与 CSS 属性：

```
<!doctype html>
<html>
<head>
<meta charset="utf-8">
<title>无标题文档</title>
<style type="text/css">
body {
 padding-top: 50px;
 padding-right: 100px;
 padding-bottom: 50px;
 padding-left: 100px;
}
#content {
 border: 1px;
 background-color: #CEF5D7;
}
</style>
</head>
<body>
<div id="content">一种随浏览器窗口大小而改变的具有弹性的居中布局，只需要保持父元素左右两侧的填充相等即可</div>
</body>
</html>
```

在网页中的显示效果如下图所示。

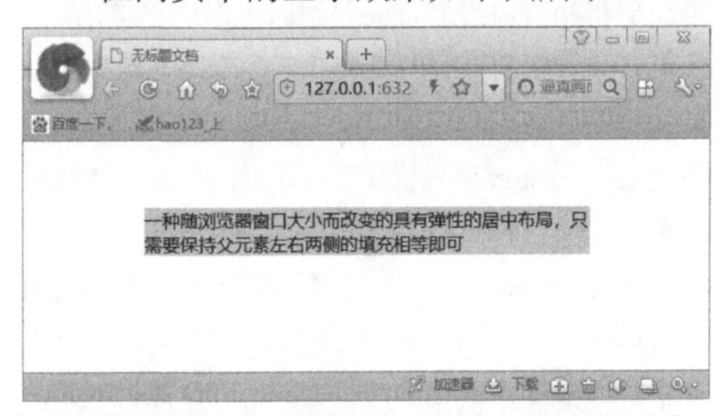

10.5.3 网页元素浮动布局

CSS 中的任何元素都可以浮动，浮动布局即通过 float 属性来设置网页元素的对齐方式。通过将该属性与其他属性结合使用，可使网页元素达到特殊的效果，如首字下沉、图文混排等。同时在进行布局时，还要适当地清除浮动，以避免因元素超出父容器的边距而造成布局效果的不同。

1. 首字下沉

首字下沉指的是将文章中的第一个字放大并与其他文字并列显示，以吸引浏览者的关注。在 Dreamweaver 中，可以通过 CSS 的 float 与 padding 属性进行设置。

【例 10-3】制作首字下沉效果。
视频+素材 (素材文件\第 10 章\例 10-3)

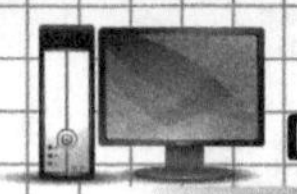

step 1 按下 Ctrl+N 组合键，打开【新建文档】对话框，创建一个空白网页，并通过<p>和<span>标签输入一段文本,代码如下：

```
<!doctype html>
<html>
<head>
<meta charset="utf-8">
<title>无标题文档</title>
<style type="text/css">
.span {
}
</style>
</head><body>
<p><span>由</span>于 Python 语言的简洁性、易读性以及可扩展性，在国外用 Python 做科学计算的研究机构日益增多，一些知名大学已经采用 Python 来教授程序设计课程。例如卡内基梅隆大学的编程基础、麻省理工学院的计算机科学及编程导论就使用 Python 语言讲授。众多开源的科学计算软件包都提供了 Python 的调用接口，例如著名的计算机视觉库 OpenCV、三维可视化库 VTK、医学图像处理库 ITK。而 Python 专用的科学计算扩展库就更多了，例如如下 3 个十分经典的科学计算扩展库：NumPy、SciPy 和 matplotlib，它们分别为 Python 提供了快速数组处理、数值运算以及绘图功能。因此 Python 语言及其众多的扩展库所构成的开发环境十分适合工程技术、科研人员处理实验数据、制作图表，甚至开发科学计算应用程序。 </p>
</body>
</html>
```

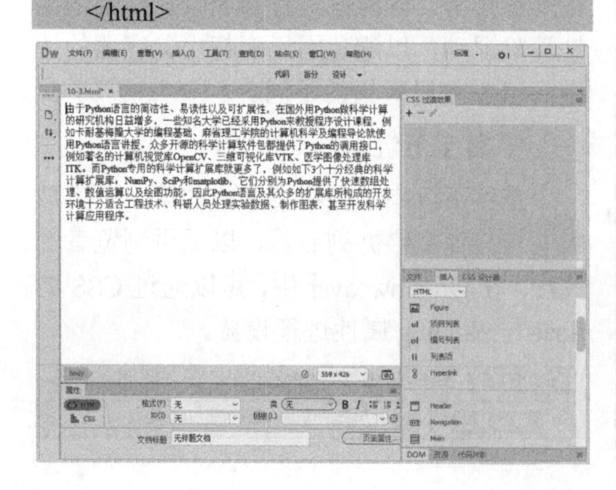

step 2 选择【窗口】|【CSS 设计器】命令，打开【CSS 设计器】面板，单击【添加 CSS 源】按钮，在弹出的下拉列表中选择【在页面中定义】选项。

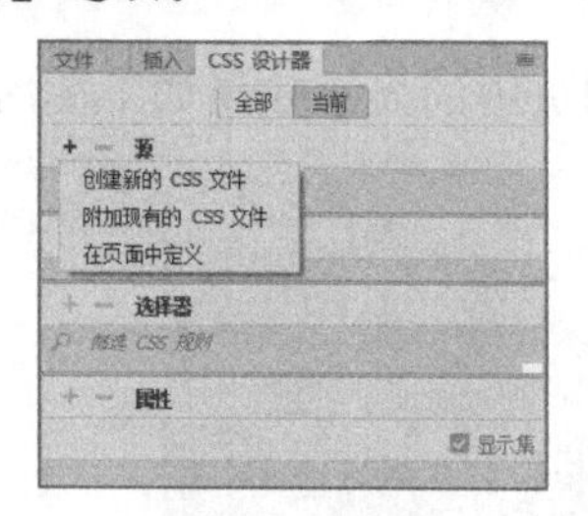

step 3 在【选择器】窗格中单击【添加选择器】按钮，在显示的文本框中输入.span，然后按下回车键。

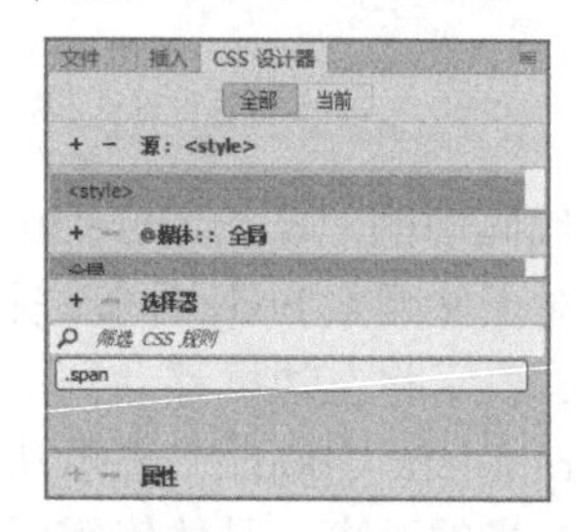

step 4 在【属性】面板中选择 CSS 选项卡，在【目标规则】下拉列表中选择【.span】选项，然后单击【编辑规则】按钮。

step 5 打开 CSS 规则定义对话框，在【分类】列表框中选择【类型】选项，在对话框右侧的选项区域中设置 Font-size 为 60px、Color 为 “#E7191C”、Font-weight 为 bold。

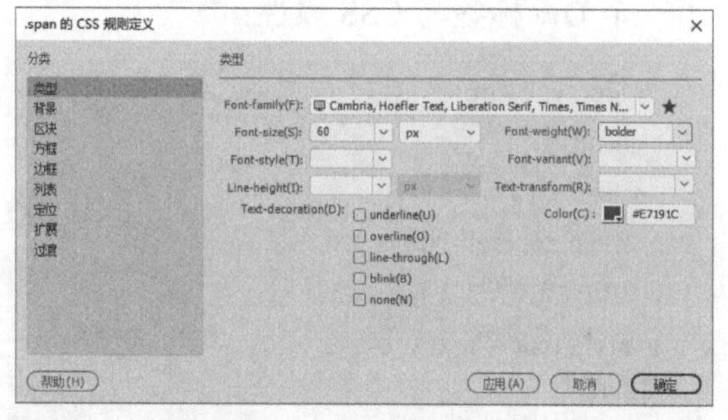

step 6 在【分类】列表框中选择【方框】选项，在对话框右侧的选项区域中设置 Float

为 left、Padding|Right 为 5px，然后单击【确定】按钮。

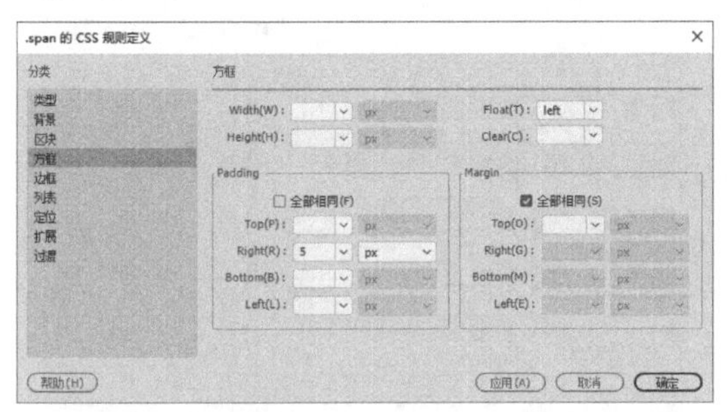

step 7　在【CSS 设计器】面板的【选择器】窗格中双击“.span”选择器，删除其前面的“.”，此时切换至代码视图，可以查看到添加 CSS 后的源代码如下：

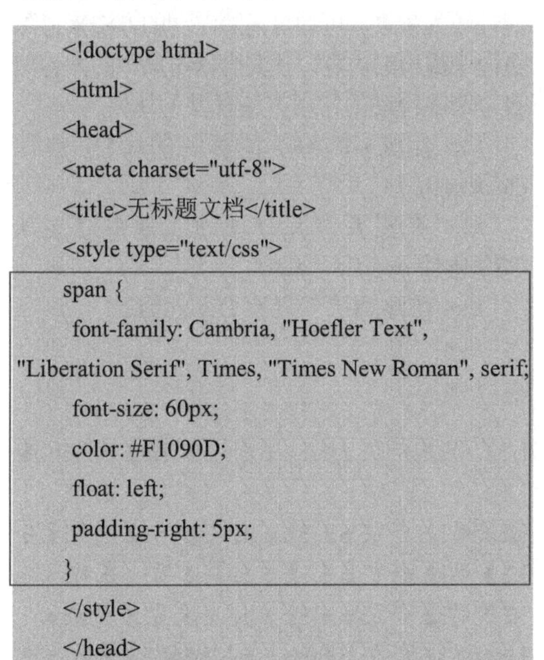

```
<!doctype html>
<html>
<head>
<meta charset="utf-8">
<title>无标题文档</title>
<style type="text/css">
span {
 font-family: Cambria, "Hoefler Text",
"Liberation Serif", Times, "Times New Roman", serif;
 font-size: 60px;
 color: #F1090D;
 float: left;
 padding-right: 5px;
}
</style>
</head>
<body style="">
<p><span>由</span>于 Python 语言的简洁性、易读性以及可扩展性，在国外用 Python 做科学计算的研究机构日益增多，一些知名大学已经采用 Python 来教授程序设计课程。例如卡内基梅隆大学的编程基础、麻省理工学院的计算机科学及编程导论就使用 Python 语言讲授。众多开源的科学计算软件包都提供了 Python 的调用接口，例如著名的计算机视觉库 OpenCV、三维可视化库 VTK、医学图像处理库 ITK。而 Python 专用的科学计算扩展库就更多了，例如如下 3 个十分经典的科学计算扩展库：NumPy、SciPy 和 matplotlib，它们分别为 Python 提供了快速数组处理、数值运算以及绘图功能。因此 Python 语言及其众多的扩展库所构成的开发环境十分适合工程技术、科研人员处理实验数据、制作图表，甚至开发科学计算应用程序。 </p>
</body>
</html>
```

step 8　切换回设计视图，可以看到应用 CSS 后的网页效果如下图所示。

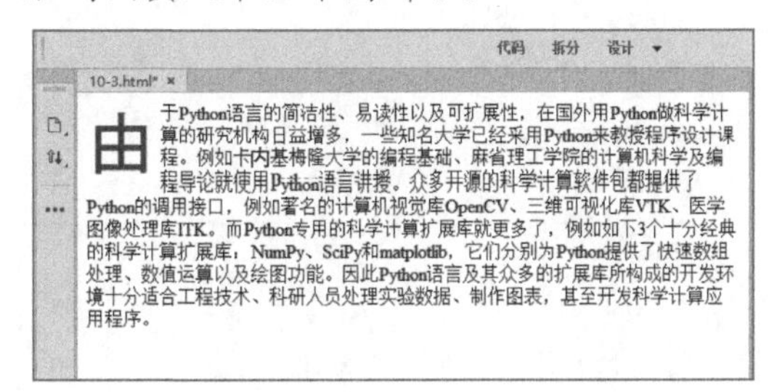

2. 图文混排

图文混排就是将图片与文字混合排列，文字可在图片的四周、嵌入图片下方或浮于图片上方等。在 Dreamweaver 中可以通过 CSS 的 float、padding、margin 等属性进行设置。

【例 10-4】制作左图右文的图文混排效果。

视频+素材　(素材文件\第 10 章\例 10-4)

step 1　打开下图所示的网页文档，切换到代码视图。

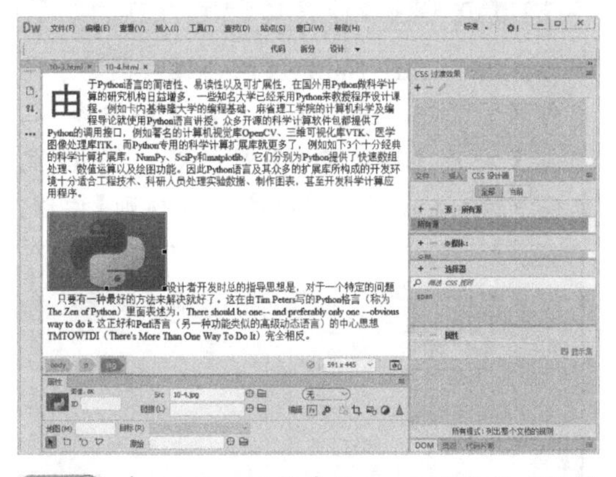

step 2　在<style>标签中输入以下代码，设置<img>标签的 CSS 属性：

```
<!doctype html>
<html>
<head>
<meta charset="utf-8">
<title>无标题文档</title>
<style type="text/css">
span {
 font-family: Cambria, "Hoefler Text",
"Liberation Serif", Times, "Times New Roman", serif;
 font-size: 60px;
 color: #F1090D;
 float: left;
 padding-right: 5px;
}
img {
  float: left;
  margin:15px 20px 20px 0px;
 }
</style>
```

step 3 此时网页中的图片将向左浮动，且与文本的上、右、下和左的距离分别为 15px、20px、20px 和 0px。

3. 清除浮动

如果页面中的Div元素太多，且使用float属性较为频繁，可通过清除浮动的方法来消除页面中溢出的内容，使父容器与其中的内容契合。清除浮动的常用方法有以下几种：

- 定义<div>或<p>标签的 CSS 属性 clear:both。
- 在需要清除浮动的元素中定义其 CSS 属性 overflow:auto。
- 在浮动层下设置 Div 元素。

10.6 案例演练

本章的案例演练部分将通过实例练习制作 Div+CSS 页面的方法，用户可以通过具体的操作巩固所学的知识。

【例 10-5】应用 Div+CSS 制作红酒网站的首页。

视频+素材 (素材文件\第 10 章\例 10-5)

step 1 按下 Ctrl+Shift+N 组合键，创建一个空白网页文档，选择【插入】| Div 命令。

step 2 打开【插入 Div】对话框，在 ID 文本框中输入 top，单击【新建 CSS 规则】按钮。

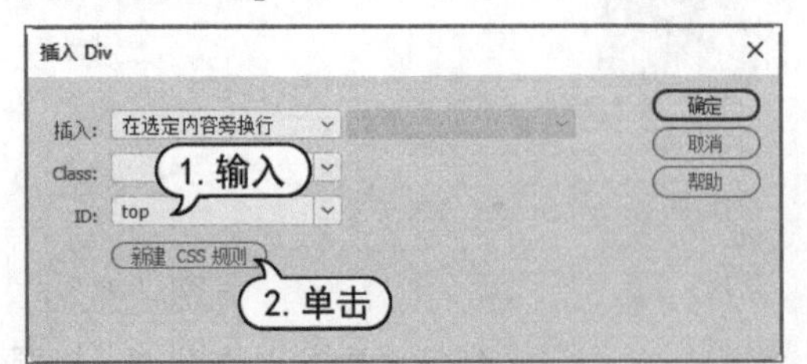

step 3 打开【新建 CSS 规则】对话框，保持默认设置，单击【确定】按钮。

step 4 打开 CSS 规则定义对话框，在【分类】列表框中选中【方框】选项，在对话框右侧的选项区域中将 Width 设置为 750px、Height 设置为 100px，在 Margin 选项区域中设置 Left 和 Right 为 auto(自动)。

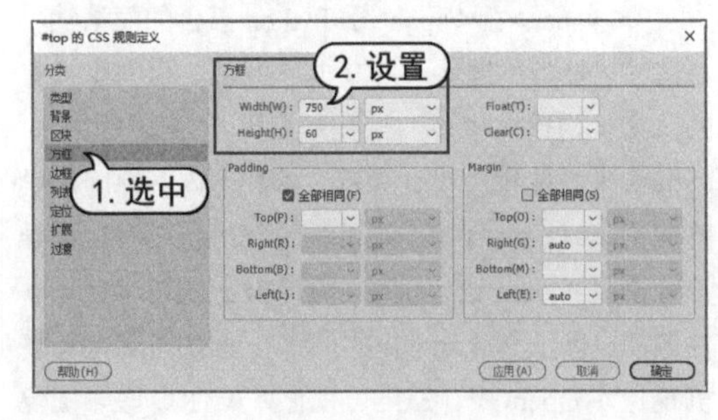

step 5 单击【确定】按钮，在页面中插入如下图所示的 Div 元素。

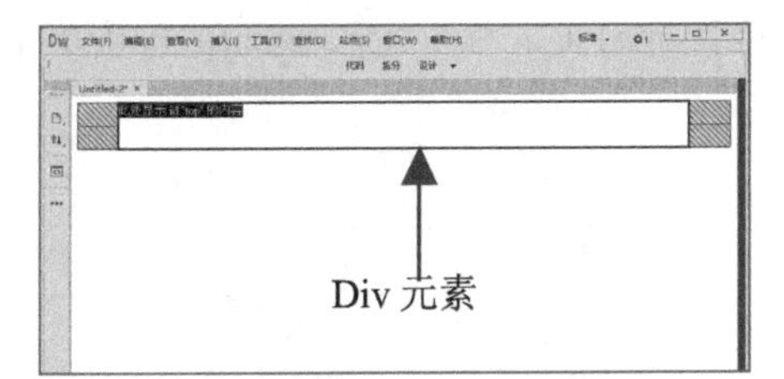

step 6 将鼠标光标置于 Div 元素内部，删除系统自动生成的文本，按下 Ctrl+F2 组合键，显示【插入】面板，在 HTML 选项卡中单击 Div 按钮。

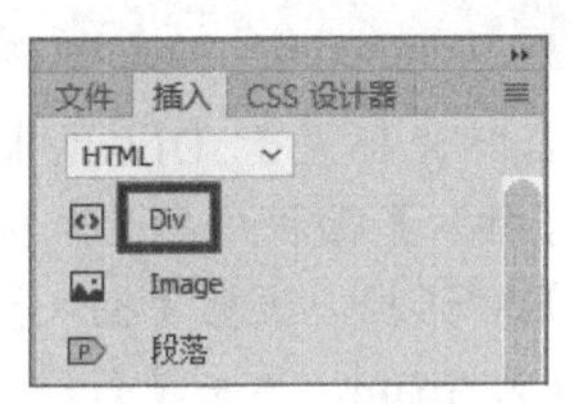

step 7 打开【插入 Div】对话框，在 ID 文本框中输入 top_one，单击【新建 CSS 规则】按钮，打开【新建 CSS 规则】对话框。

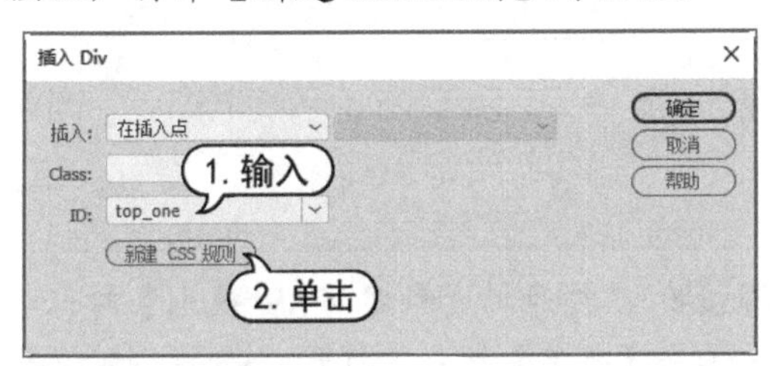

step 8 保持默认设置，单击【确定】按钮，打开 CSS 规则定义对话框，在【分类】列表框中选择【方框】选项，在对话框右侧的选项区域中将 Width 设置为 20%、Height 设置为 35px、Float 设置为 left。在 Padding 选项区域中设置 Top、Bottom、Left 设置为 8px。在 Margin 选项区域中设置 Bottom 为 0。

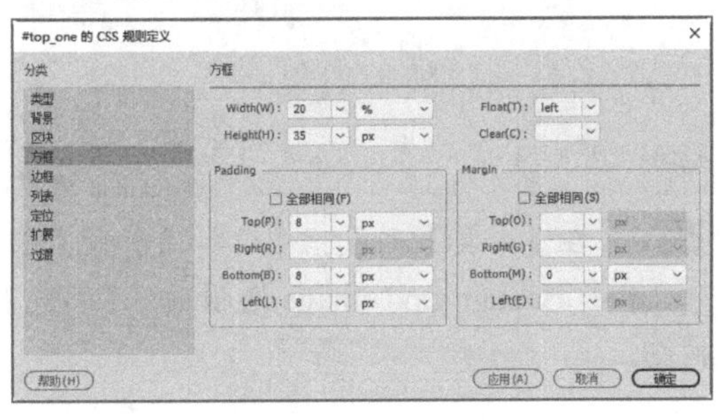

step 9 在【分类】列表框中选择【区块】选项，在对话框右侧的选项区域中设置 Text-align 为 Left。

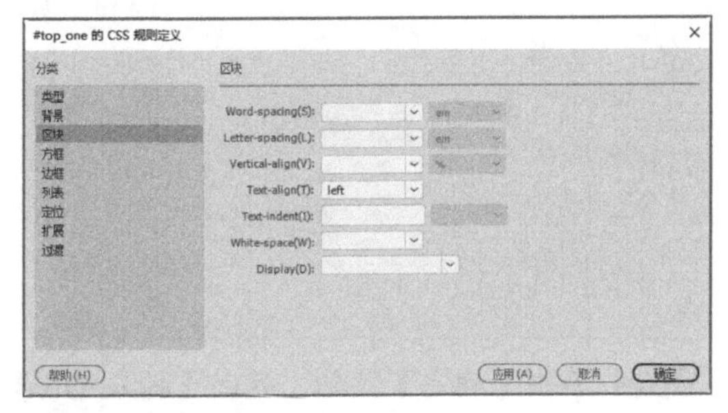

step 10 单击【确定】按钮，返回【插入 Div】对话框，单击【确定】按钮，一个 Div 元素被插入页面中。

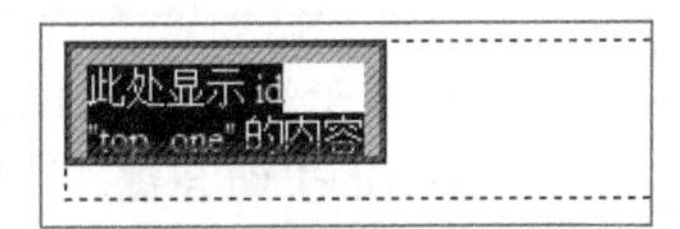

step 11 将鼠标光标置于 ID 为 top_one 的 Div 元素中，在其中输入文本，并在【属性】面板中设置文本的属性，使其效果如下图所示。

step 12 将鼠标光标置于 ID 为 top_one 的 Div 元素之后，单击【插入】面板中的 Div 按钮，打开【插入 Div】对话框，在 ID 文本框中输入 top_two，单击【新建 CSS 规则】按钮，打开【新建 CSS 规则】对话框。

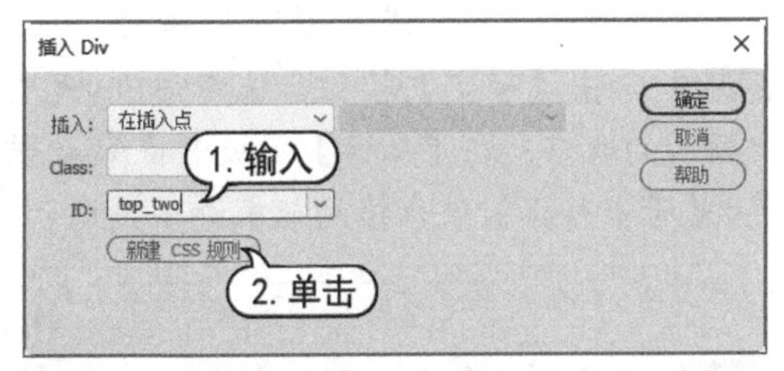

step 13 保持默认设置，单击【确定】按钮，打开 CSS 规则定义对话框，在【分类】列表框中选择【方框】选项，在对话框右侧的选项区域中，将 Width 设置为 65%、Height 设置为 30px、Float 设置为 right。在 Padding 选项区域中设置 Top 为 15，设置 Bottom、

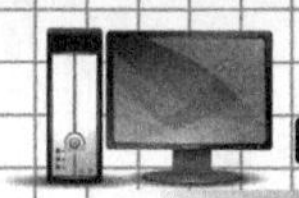

Right 和 Left 为 8px。在 Margin 选项区域中设置 Bottom 为 0。

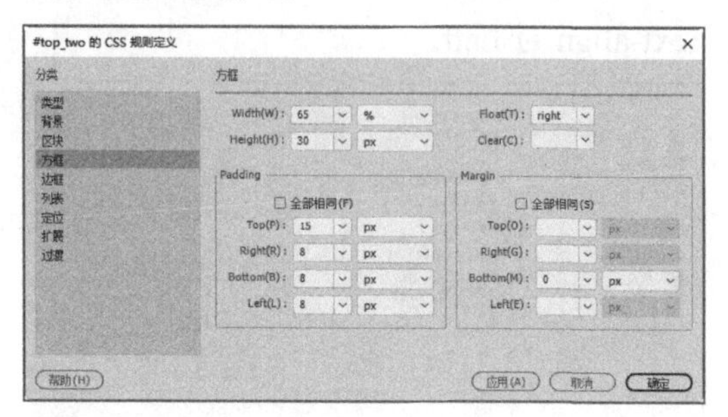

step 14 单击【确定】按钮，返回【插入 Div】对话框，单击【确定】按钮，在页面中插入下图所示的 Div 元素。

step 15 将鼠标光标置于 ID 为 top_two 的 Div 元素中，按下 Ctrl+Alt+T 组合键，打开 Table 对话框，这个在 Div 元素中插入一个 1 行 6 列、宽度为 450 像素的表格。

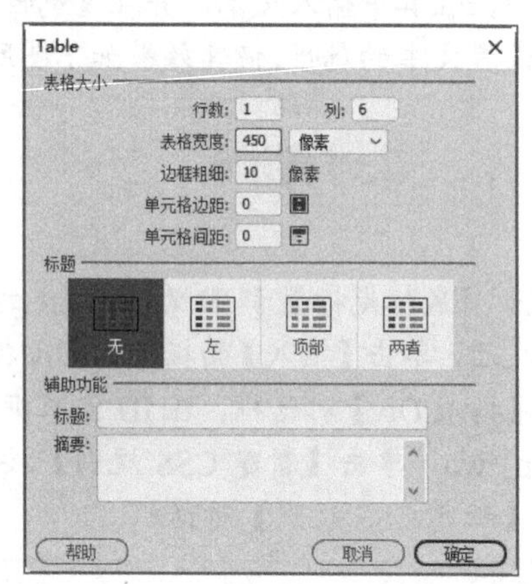

step 16 单击【确定】按钮，选中该Div元素中插入的表格，在【属性】面板中将Align设置为【居中对齐】，使表格的效果如下图所示。

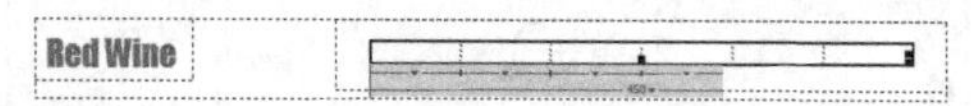

step 17 在表格的每个单元格中输入文本，并设置文本的属性，效果如下图所示。

step 18 按下 Shift+F11 组合键，显示【CSS 设计器】面板，在【选择器】窗格中选中 top 选择器，在【属性】窗格中单击【更多】按钮，在窗格的文本框中输入 background，在其后显示的文本框中输入 rgba(0, 0, 0, 0.68)。

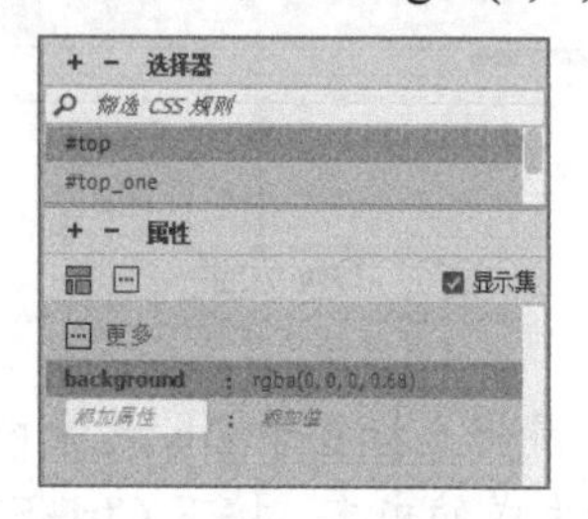

step 19 此时，页面中 ID 为 top 的 Div 元素的效果如下图所示。

step 20 将鼠标光标置于 Div 结束标签的后面，单击【插入】面板中的 Div 按钮，打开【插入 Div】对话框，设置【插入】为【在插入点】、ID 为 main，单击【新建 CSS 规则】按钮。

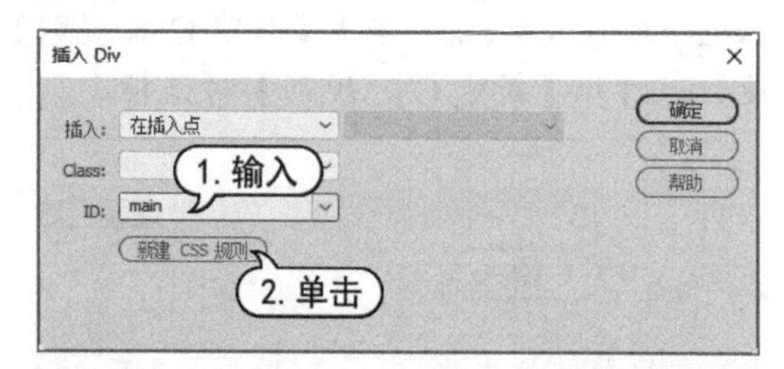

step 21 在打开的【新建 CSS 规则】对话框中单击【确定】按钮，打开 CSS 规则定义对话框，在【分类】列表框中选择【方框】选项，在对话框右侧的选项区域中设置 Width 为 750px、Height 为 800px、Float 为 Left。

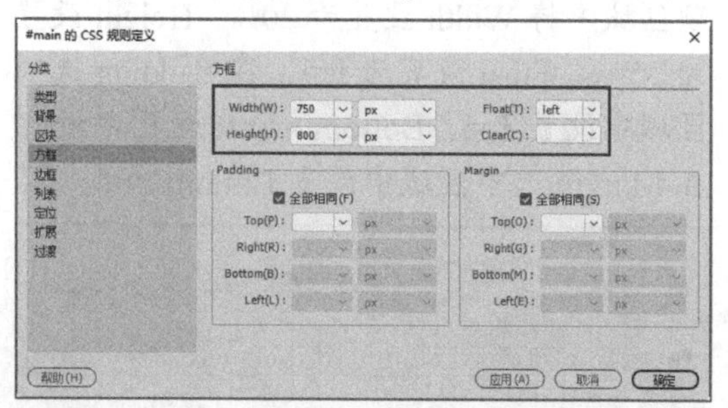

step 22 在【分类】列表框中选择【背景】选项，单击 Background-image 选项后的【浏览】按钮。

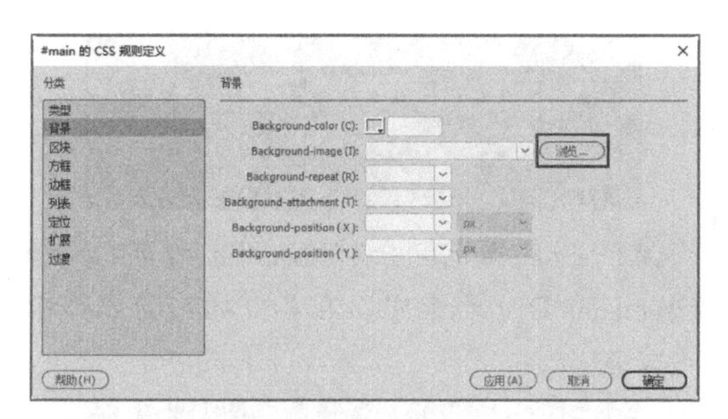

step㉓ 打开【选择图像源文件】对话框，选择一个图像文件作为 Div 元素的背景，单击【确定】按钮。

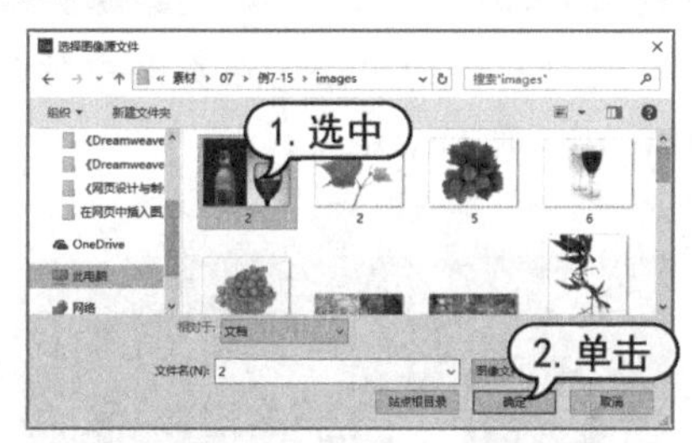

step㉔ 返回【插入 Div】对话框，单击【确定】按钮，在页面中插入如下图所示的 Div 元素。

step㉕ 删除Div元素中的由系统自动生成的文本，单击【插入】面板中的 Div 按钮，打开【插入 Div】对话框，在 ID 文本框中输入 main_one，单击【新建 CSS 规则】按钮。

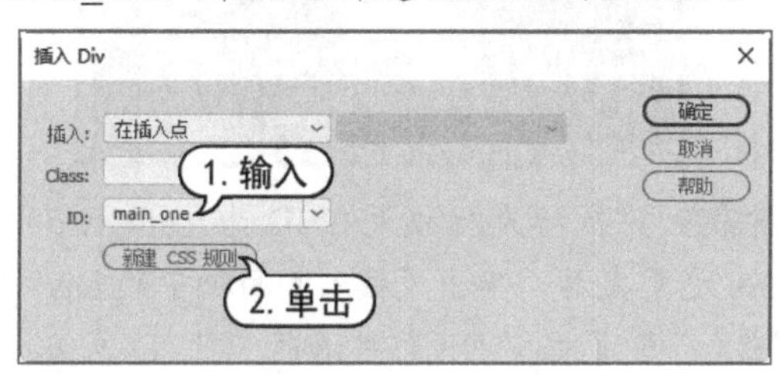

step㉖ 打开 CSS 规则定义对话框，在【分类】列表框中选择【方框】选项，在对话框右侧的选项区域中设置 Width 为 400、Height 为 150px，取消 Marring 选项区域中【全部相同】复选框的选中状态，将 Top 设置为 150、Bottom 设置为 0、Right 和 Left 设置为 175，将 Float 设置为 left。

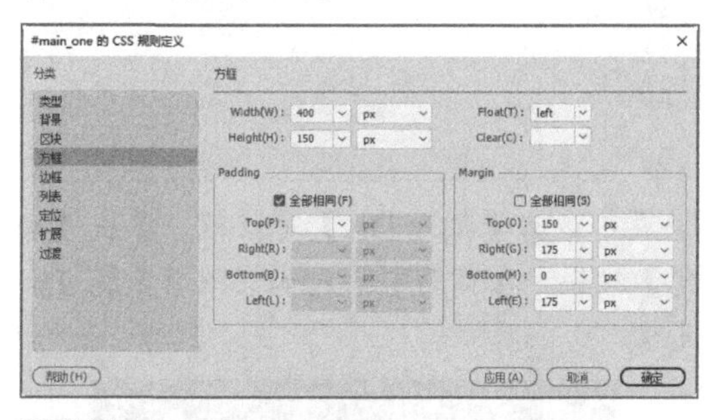

step㉗ 单击【确定】按钮，返回【插入 Div】对话框，单击【确定】按钮，在页面中插入如下图所示的 Div 元素。

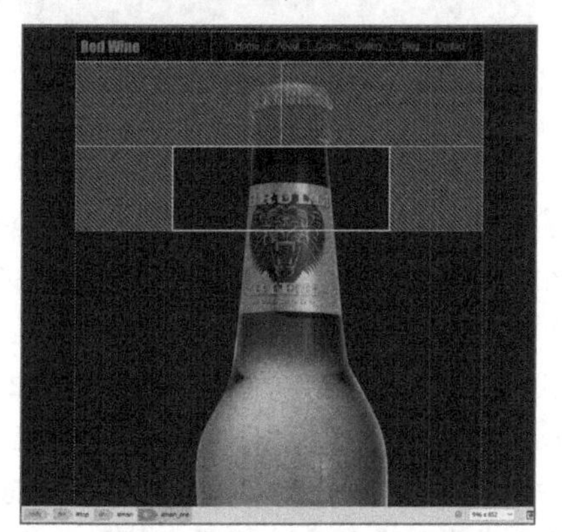

step㉘ 单击【插入】面板中的 Div 选项，打开【插入 Div】对话框，在 ID 文本框中输入 Blue，单击【新建 CSS 规则】按钮。

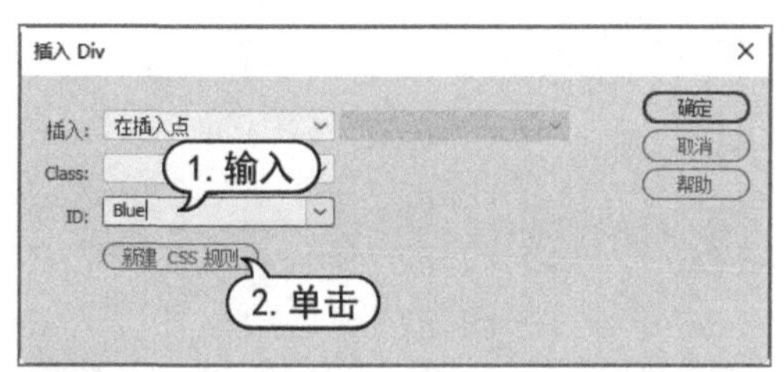

step㉙ 打开【新建 CSS 规则】对话框，单击【确定】按钮，打开 CSS 规则定义对话框，将 Width 和 Height 设置为 100px，在 Marring

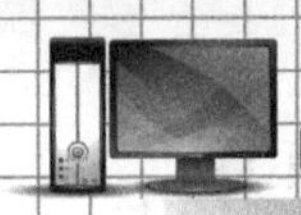

选项区域中将 Top、Bottom、Right 和 Left 设置为 25px，将 Float 设置为 left，单击【确定】按钮。

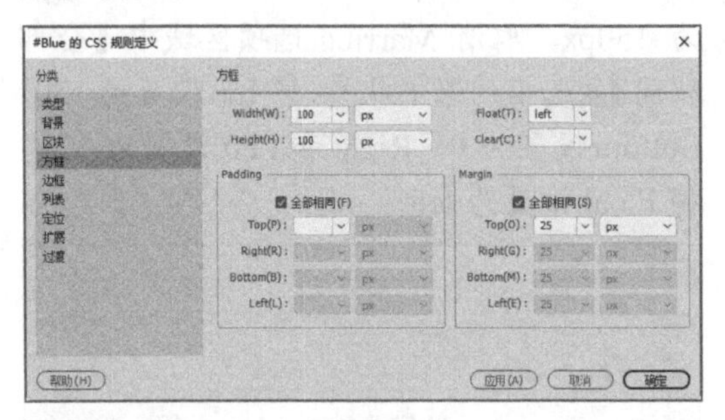

step 30 返回【插入 Div】对话框，单击【确定】按钮，在页面中插入如下图所示的 Div 元素。

step 31 将鼠标光标插入 ID 为 Blue 的 Div 元素之后，单击【插入】面板中的 Div 按钮，打开【插入 Div】对话框，在 ID 文本框中输入 Green，单击【新建 CSS 规则】按钮。

step 32 打开【新建 CSS 规则】对话框，单击【确定】按钮，打开 CSS 规则定义对话框，在【分类】列表框中选择【方框】选项，在对话框右侧的选项区域中设置 Width 为 225px、Height 为 100px。

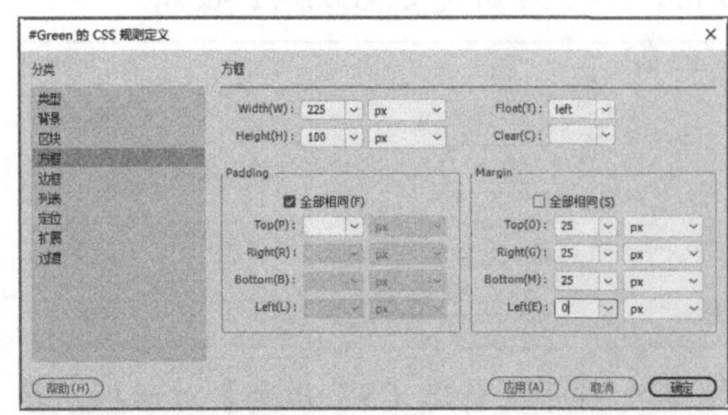

step 33 单击【确定】按钮，在页面中插入一个 Div 元素，如右上图所示。

step 34 将鼠标光标分别插入 ID 为 Blue 和 Green 的 Div 元素中，在其中插入图像并输入文本。

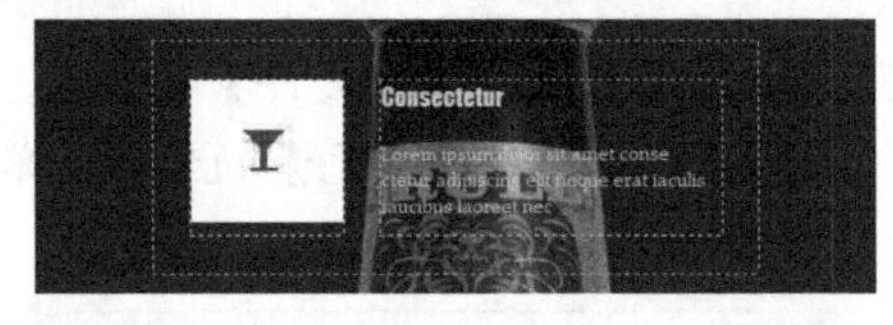

step 35 使用同样的方法，在页面中插入 ID 为 main_two 的 Div 元素。

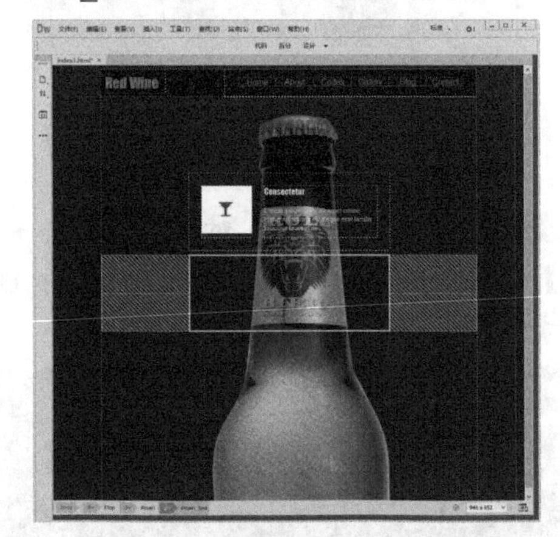

step 36 在 Div 元素中插入 Blue2 和 Green2 两个嵌套 Div 元素，在其中插入文本和图像。

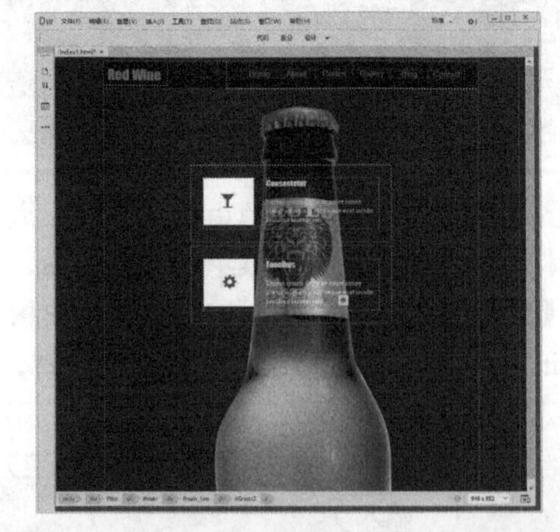

step 37 将鼠标光标放置在 ID 为 main_two 的 Div 元素之后，单击【插入】面板中的 Div 按钮，打开【插入 Div】对话框，在 ID 文本框中输入 footer，单击【新建 CSS 规则】按钮。

step 38 打开【新建 CSS 规则】对话框，单击【确定】按钮，打开 CSS 规则定义对话框，在【分类】列表框中选择【方框】选项，在对话框右侧设置 Width 为 750px，设置 Height 为 250px，在 Marring 选项区域中将 Top 设置为 50px，将 Bottom、Right 和 Left 设置为 0，将 Float 设置为 left。

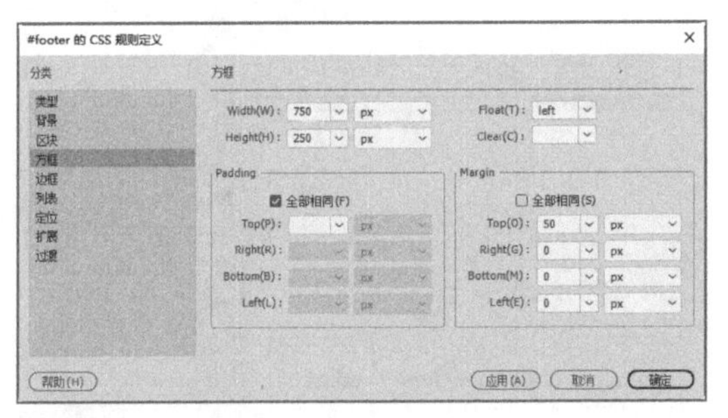

step 39 在【分类】列表框中选择【背景】选项，在对话框右侧的选项区域中，将 Background-color 设置为 rgba(39,39,49,1)。

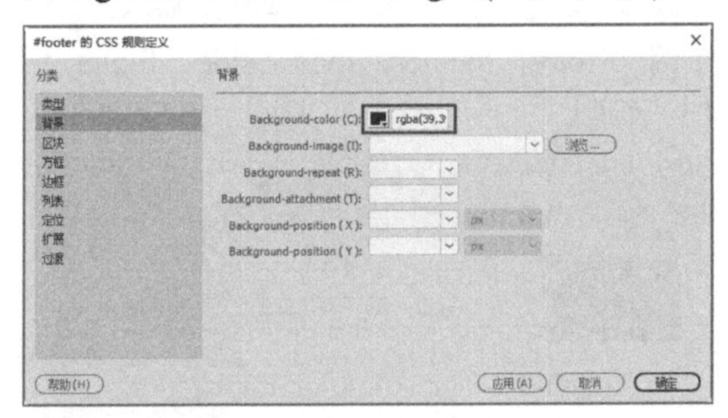

step 40 单击【确定】按钮，返回【插入 Div】对话框，单击【确定】按钮，在页面中插入下图所示的 Div 元素。

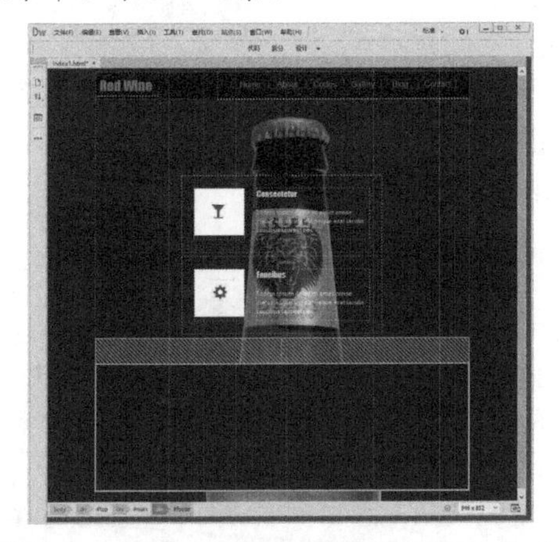

step 41 删除Div元素中右上图所示自动生成的文本，按下 Ctrl+Alt+T 组合键，在 Div 元素中插入一个 4 行 5 列、宽度为 750 像素的表格。

step 42 在表格中输入文本，并设置文本格式，使其效果如下图所示。

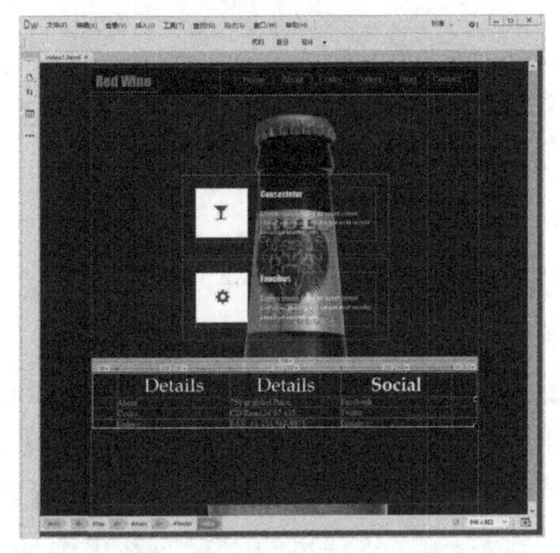

step 43 选择【文件】|【页面属性】命令，打开【页面属性】对话框，在【分类】列表框中选中【列表(CSS)】选项，在对话框右侧的选项区域中将【背景颜色】设置为 rgba(39,39,49,1)。

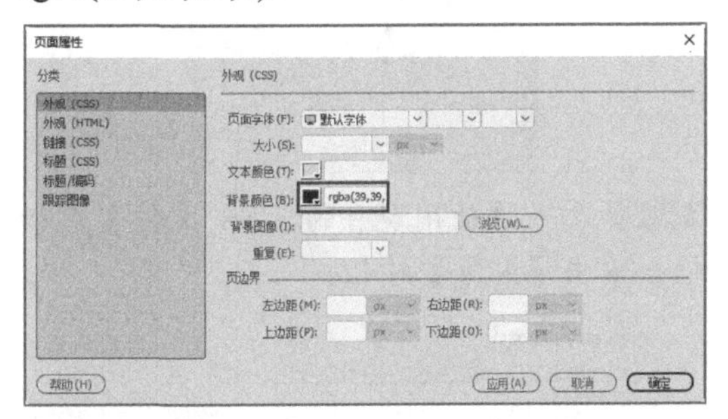

step 44 单击【确定】按钮，按下 Ctrl+S 组合键保存网页，按下 F12 键预览网页效果。

【例 10-6】应用 Div+CSS 制作公司网站首页。
视频+素材 (素材文件\第 10 章\例 10-6)

step 1 按下 Ctrl+N 组合键，打开【新建文档】对话框，创建一个空白网页，然后按下 Ctrl+S 组合键，打开【另存为】对话框，将网页保存为 index.html。

step 2 选择【文件】|【新建】命令，再次打开【新建文档】对话框，在【文档类型】列表框中选择CSS 选项，然后单击【创建】按

钮，创建一个空白 CSS 文件。

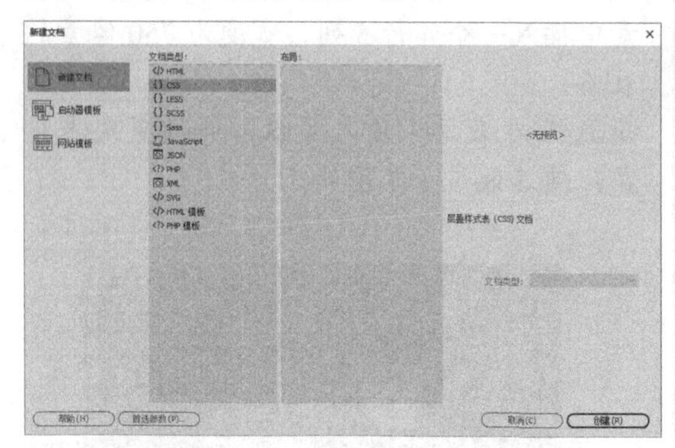

step 3 按下 Ctrl+S 组合键，打开【另存为】对话框，保存为 layout.css。

step 4 切换至步骤 1 创建的网页 index.html，选择【窗口】|【CSS 设计器】命令，打开【CSS 设计器】面板，在【源】窗格中单击【添加 CSS 源】按钮，从弹出的下拉列表中选择【附加现有的 CSS 文件】选项。

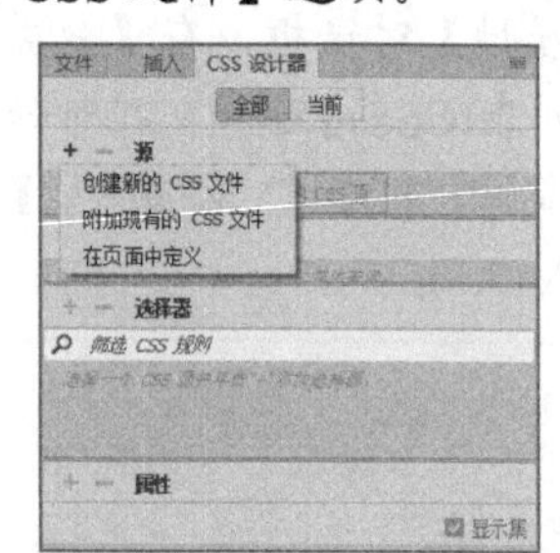

step 5 打开【使用现有的 CSS 文件】对话框，单击【浏览】按钮。

使用现有的 CSS 文件

文件/URL(F): [浏览...]

添加为: ◉ 链接(L) ○ 导入(I)

› 有条件使用（可选）

[帮助] [取消] [确定]

step 6 打开【选择样式表文件】对话框，选择步骤 3 创建的 layout.css 文件，然后单击【确定】按钮。返回【使用现有的 CSS 文件】对话框，单击【确定】按钮。

step 7 选择【插入】| Div 命令，打开【插入 Div】对话框，在 ID 文本框中输入 header 后，单击【确定】按钮。

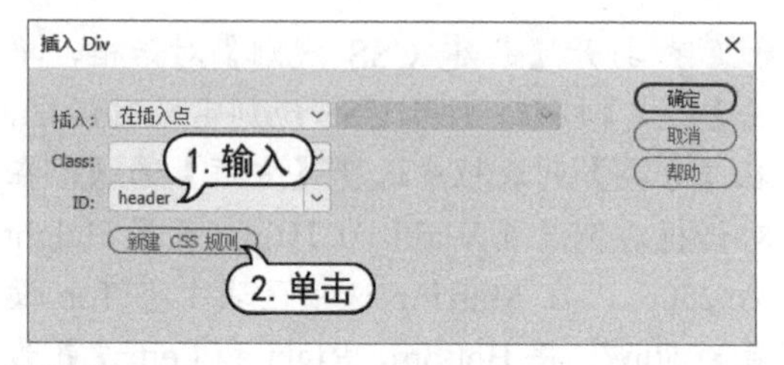

step 8 在网页中插入下图所示的 Div 元素。

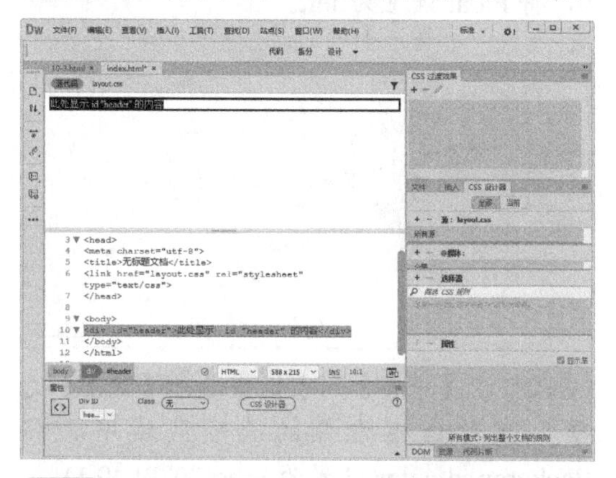

step 9 重复同样的操作，在网页插入另外 5 个名为 nav、banner、man、side、footer 的 Div 元素。

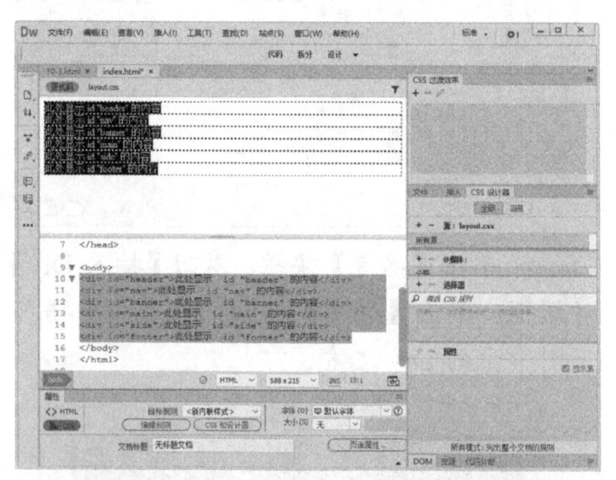

step 10 切换至 layout.css 文件，输入如下代码：

```
@charset "utf-8";
/* CSS Document */
body {margin: auto;font-size: 12px; font-family: Constantia, "Lucida Bright", "DejaVu Serif", Georgia, "serif";1,5; background-image:url(img/t1.jpg)}
ul,dl,dd,h1,b2,n3,h4,h5,h6,form,p {padding: 0;margin: 0;}
```

```
ul {list-style: none;}
img {bordser:0px}
a {color: #056;text-decoration: none;}
a:hover {color: #f00;}
```

step 11 继续在其中对添加的 6 个 Div 元素进行定义，代码如下：

```
#container {width:840px; margin: 0 auto;
background-image: url(img/t1.jpg)}
#hader {height: 108px;}
#nav {
 height: 30px;
 margin-bottom: 8px;
 float: left;
 width: 100%;
}
#banner {height: 450px; margin-bottom: 8px;
float: left;width: 100%;}
#main {float: left; width: 564px; height: 320px;}
#side{float: right; width: 250px; border: 1px
dashed #F90;}
#footer {height: 70px;}
```

step 12 切换到网页的设计视图，可看到页面中添加的 Div 元素的分布位置(并未达到预期的设计效果)。

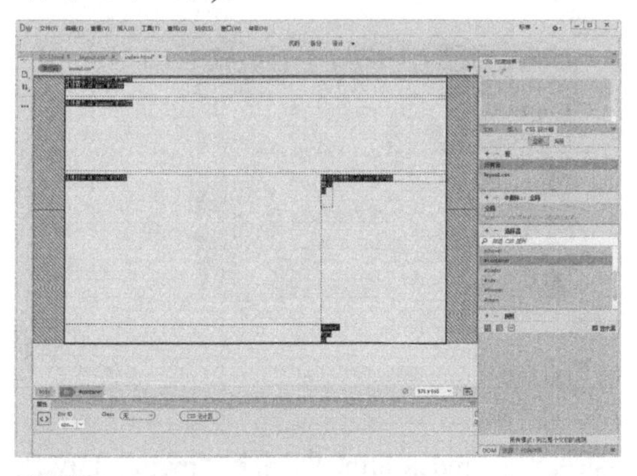

step 13 在 CSS 样式文件 layout.css 中再添加一个 CSS 样式：

```
.cslearfloat {clear: both; height: 0; font-size: 1px;
line-height: 0px;}
```

从而消除浮动。

```
1  @charset "utf-8";
2  /* CSS Document */
3  body {margin: auto;font-size: 12px; font-family: Constantia, "Lucida
   Bright", "DejaVu Serif", Georgia, "serif";1,5; background-
   image:url(img/t1.jpg)}
4  ul,dl,dd,h1,b2,n3,h4,h5,h6,form,p {padding: 0;margin: 0;}
5  ul {list-style: none;}
6  img {bordser:0px}
7  a {color: #056;text-decoration: none;}
8  a:hover {color: #f00;}
9  #container {width:840px; margin: 0 auto; background-image:
   url(img/t1.jpg)}
10 #hader {height: 108px;}
11 #nav {
12     height: 30px;
13     margin-bottom: 8px;
14     float: left;
15     width: 100%;
16 }
17 #banner {height: 152px; margin-bottom: 8px; float: left;width: 100%;}
18 #main {float: left; width: 564px; height: 320px;}
19 #side{float: right; width: 250px; border: 1px dashed #F90;}
20 #footer {height: 70px;}
21 .cslearfloat {clear: both; height: 0; font-size: 1px; line-height: 0px;}
```

输入 CSS 样式代码

step 14 切换到 index.html 的代码视图，在<footer>代码行的上方添加 class 属性为 cslearfloat 的<div>标签。

```
<div class="cslearfloat"></div>
```

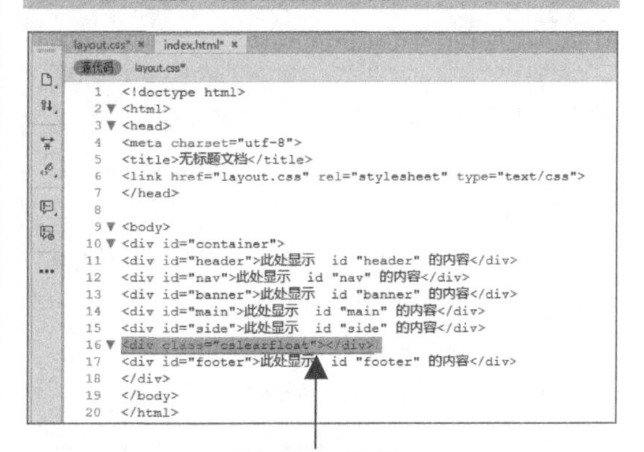

添加<div>标签

step 15 将鼠标光标定位在“header” Div 元素中，删除其中的文本，并在其中插入 logo.jpg 图像，代码如下：

```
<body>
<div id="container">
<div id="header">
<div id="logo"><img src="img/logo.jpg"
width="840" height="90" /></div>
</div>
```

step 16 在 layout.css 样式表文件中添加 ID 为 logo 的 Div 元素的 CSS 样式：

```
#logo {float: left; margin-top: 5px;}
```

此时，index.html 网页效果如下图所示。

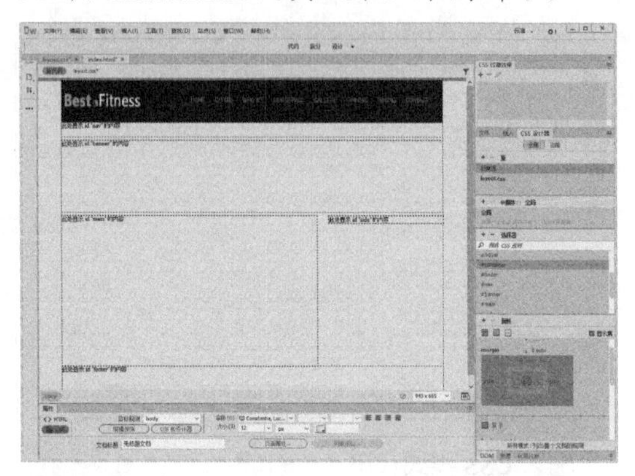

step 17 删除“nav” Div 元素中的文本，在其中添加 5 个 class 属性为“menu”的 Div 元素，然后分别在其中添加“img”文件夹中的图像，代码如下：

```
<div id="nav">
<div class="menu"><img src="img/menu1.jpg" width="168" height="60" /></div>
<div class="menu"><img src="img/menu2.jpg" width="168" height="60" /></div>
<div class="menu"><img src="img/menu3.jpg" width="168" height="60" /></div>
<div class="menu"><img src="img/menu4.jpg" width="168" height="60" /></div>
<div class="menu"><img src="img/menu5.jpg" width="168" height="60" /></div>
</div>
```

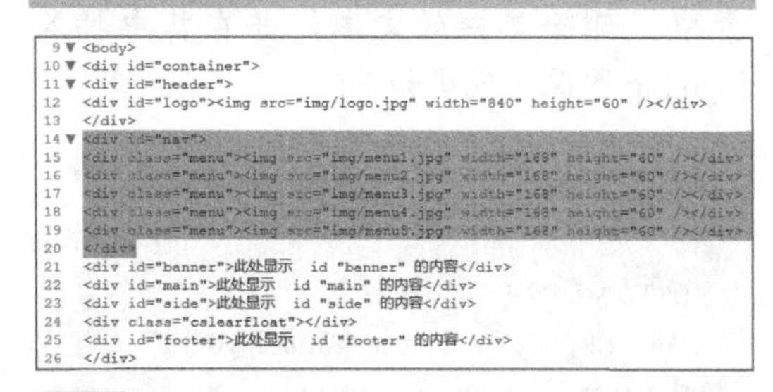

```
9  <body>
10 <div id="container">
11 <div id="header">
12 <div id="logo"><img src="img/logo.jpg" width="840" height="60" /></div>
13 </div>
14 <div id="nav">
15 <div class="menu"><img src="img/menu1.jpg" width="168" height="60" /></div>
16 <div class="menu"><img src="img/menu2.jpg" width="168" height="60" /></div>
17 <div class="menu"><img src="img/menu3.jpg" width="168" height="60" /></div>
18 <div class="menu"><img src="img/menu4.jpg" width="168" height="60" /></div>
19 <div class="menu"><img src="img/menu5.jpg" width="168" height="60" /></div>
20 </div>
21 <div id="banner">此处显示  id "banner" 的内容</div>
22 <div id="main">此处显示  id "main" 的内容</div>
23 <div id="side">此处显示  id "side" 的内容</div>
24 <div class="cslearfloat"></div>
25 <div id="footer">此处显示  id "footer" 的内容</div>
26 </div>
```

step 18 切换至 layout.css 样式表文件，添加 menu 类的 CSS 样式为：

```
.menu{height: 30px; width: 168px; float: left;}
```

step 19 此时，index.html 网页中的菜单效果如右上图所示。

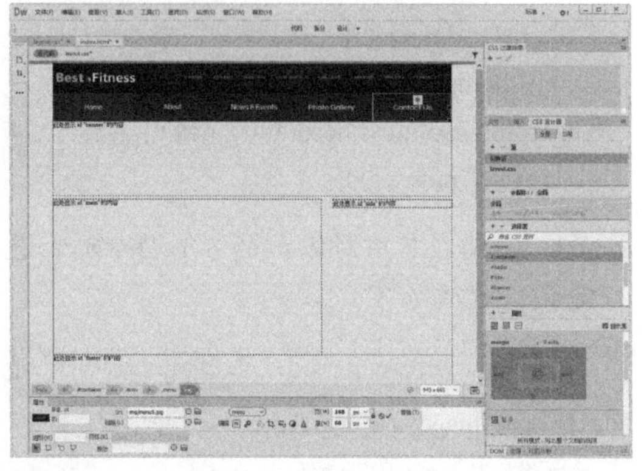

step 20 删除“banner” Div 元素中的文本，在其中添加 class 属性为 banner 的 Div 元素，在其中添加 img 文件夹中的图像 banner.jpg，代码如下：

```
<div id="banner">
<div class="banner"><img src="img/banner.jpg" width="840" /></div>
</div>
```

step 21 切换至 layout.css 样式表文件，添加 banner 类的 CSS 样式为：

```
.banner{height: 550; width: 840px;}
```

step 22 此时，index.html 网页中的图片插入效果如下图所示。

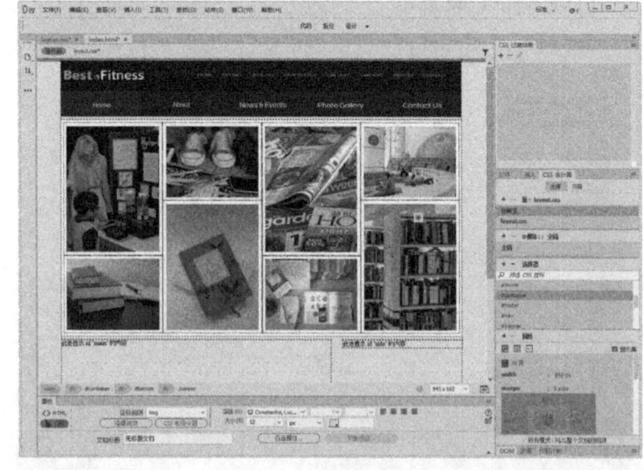

step 23 在 index.html 中删除“main” Div 元素对应的 CSS 样式，源代码如下所示：

```
<div id="index_pic">
<h2>Our Amazing Offers</h2>
<ul>
```

```
<li><a href="#"><img src="img/list01.jpg"
width="80" height="50" /> Exercises</a></li>
<li><a href="#"><img src="img/list02.jpg"
width="80" height="50" /> Exercises</a></li>
<li><a href="#"><img src="img/list03.jpg"
width="80" height="50" /> Exercises</a></li>
<li><a href="#"><img src="img/list04.jpg"
width="80" height="50" /> Exercises</a></li>
<li><a href="#"><img src="img/list05.jpg"
width="80" height="50" /> Exercises</a></li>
<li><a href="#"><img src="img/list06.jpg"
width="80" height="50" /> Exercises</a></li>
<li><a href="#"><img src="img/list07.jpg"
width="80" height="50" /> Exercises</a></li>
<li><a href="#"><img src="img/list08.jpg"
width="80" height="50" /> Exercises</a></li>
</ul>
</div>
</div>
```

在页面中添加下图所示的图文效果。

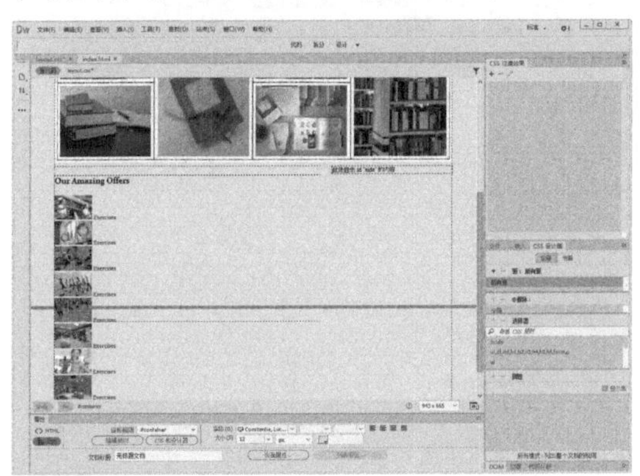

step 24 在 layout.css 样式文件中添加 Div 元素对应的 CSS 样式，代码如下:

```
#index_pic {border:1px solid #dbdbdb;
margin-bottom: 8px;}
#index_pic h2 {height: 11px; border-bottom: 1px
solid #dbdbdb;}
#index_pic h2 span {display: block; height: 25px;}
#index_pic ul {padding:0 0 15px 0; overflow:
auto; zoom: 1;}
#index_pic ul li {width: 120px; float: left;
margin:15px 0 0px 16px; display: inline; text-align:
center;}
#index_pic ul li a {display: block;}
#index_pic ul li img {margin-bottom: 3px;}
```

step 25 返回 index.html 网页，可看到应用 CSS 样式后，“main” Div 元素中图片的排列方式发生了变化。

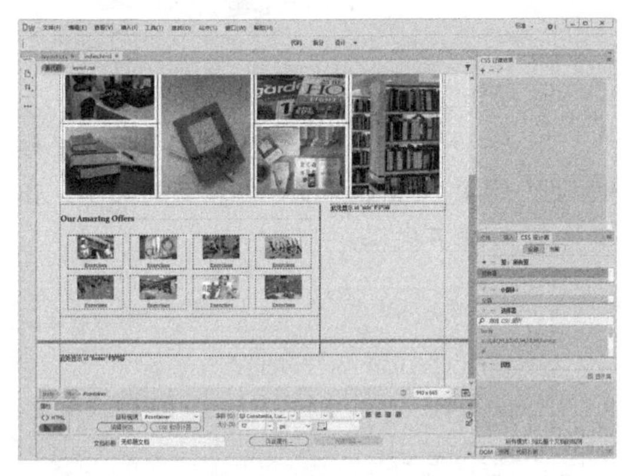

step 26 删除“side” Div 元素中的文本，在其中分别添加 id 为“side_box”和“side_product”的 Div 元素，并分别在其中输入以下代码:

```
<div id="side">
<div id="side_box">
<h2><strong>Our</strong>Pricing</h2>
<ul>
<li><strong>John Deo:</strong><a href="#">Sr.
Trainer</a> | <a href="#">BASIC</a></li>
<li><strong>Mike Timobbs:</strong><a
href="#">Sr. Trainer</a> | <a
href="#">BASIC</a></li>
<li><strong>Remo Silvaus:</strong><a
href="#">Sr. Trainer</a> | <a
href="#">BASIC</a></li>
<li><strong>Niscal Deon:</strong><a
href="#">Sr. Trainer</a> | <a
href="#">BASIC</a></li>
</ul>
</div>
</div>
```

step 27 选中以上代码，将它们粘贴到代码的下方，再添加一个列表，效果如下图所示。

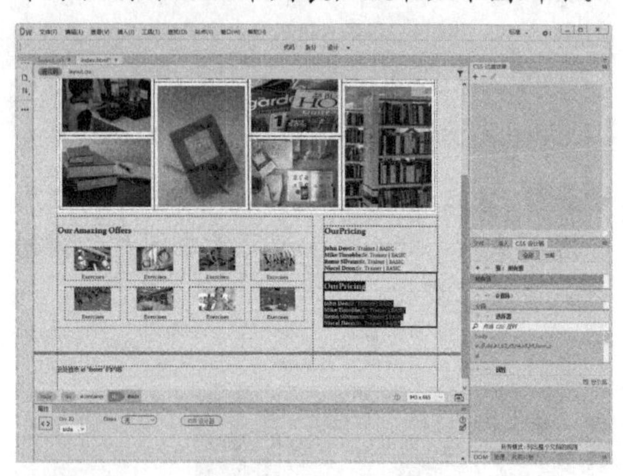

step 28 删除“footer”Div 元素中的文本，在其中输入以下代码：

```
<div id="footer">
Copyright @2018-2028 <a
href="http://www.tupwk.com.cn" title="案例教程系列图书">Dreamweaver 案例演练
www.tupwk.com.cn</a> All Rights Reserved.<br />
<span>地址</span>南京市鼓楼区<span>邮政编码：</span>210093<span>联系人：</span>杜思明
<br />
</div>
```

在“footer”Div 元素中添加以下文本。

step 27 在 CSS 样式表文件 layout.css 中添加“footer”Div 元素的属性代码：

```
padding: 15px 0px; text-align: center;
```

添加属性代码

```
16  }
17  #banner {height: 152px; margin-bottom: 8px; float: left;width: 100%;}
18  #main {float: left; width: 564px; height: 320px;}
19  #side{float: right; width: 250px; border: 1px dashed [illegible]90;}
20 ▼ #footer {height: 70px; padding: 15px 0px; text-align: center;}
21  .cslearfloat {clear: both; height: 0; font-size: 1px; line-height: 0px;}
22  #logo {float: left; margin-top: 5px;}
23  .menu{height: 30px; width: 168px; float: left;}
24  .banner{height: 550; width: 840px;}
25  #index_pic {border:1px solid #dbdbdb; margin-bottom: 8px;}
26  #index_pic h2 {height: 11px; border-bottom: 1px solid #dbdbdb;}
27  #index_pic h2 span {display: block; height: 25px;}
28  #index_pic ul {padding:0 0 15px 0; overflow: auto; zoom: 1;}
```

step 28 按下 Ctrl+S 组合键保存网页，按下 F12 键预览网页，效果如下图所示。

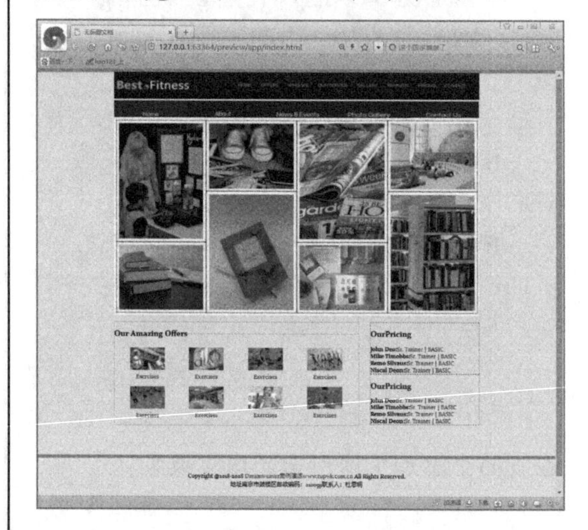

第 11 章

定位网页对象

CSS 定位包括相对定位、绝对定位和固定定位 3 种方式，其中相对定位能够在不破坏文档流(文档中的对象在排列时占用的位置)的情况下相对自身原来位置进行定位；绝对定位能够让对象脱离文档流，在网页中实现精确定位。

本章对应视频

例 11-1 使用绝对定位定位元素
例 11-2 使用相对定位定位元素
例 11-3 使用固定定位定位元素
例 11-4 设置一张铺满页面的图片
例 11-5 为元素设置页内偏移
例 11-6 设置元素在页面上居中显示
例 11-7 设置元素参照自身偏移

11.1 使用绝对定位

在网页设计中，为指定对象声明 position:absolute 样式，即可将该对象以绝对定位方式显示。使用绝对定位的元素以最近的定位包含框为参照物进行偏移，不会影响文档流中的其他元素。使用 left、right、top、bottom 等属性可以定义采用绝对定位的元素的偏移位置。

使用绝对定位的元素的位置相对于最近的已定位祖先元素，如果元素没有已定位的祖先元素，那么它的位置相对于最初的包含块。

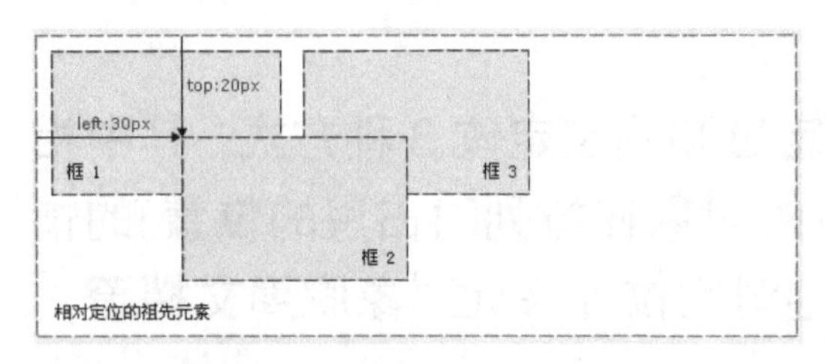


```
#box_relative {
    position: absolute;
    left: 30px;
    top: 20px;
}
```

【例 11-1】在网页中使用绝对定位定位网页元素。

视频+素材 (素材文件\第 11 章\例 11-1)

step 1 启动 Dreamweaver，按下 Ctrl+N 组合键，打开【新建文档】对话框，新建一个文档。

step 2 选择【修改】|【页面属性】命令，打开【页面属性】对话框，在【背景图像】文本框中设置网页背景图像，并设置背景图像的重复模式为 no-repeat。

step 3 在【左边距】、【右边距】、【上边距】和【下边距】文本框中输入 0，然后单击【确定】按钮，设置网页背景图像并清除页边距。

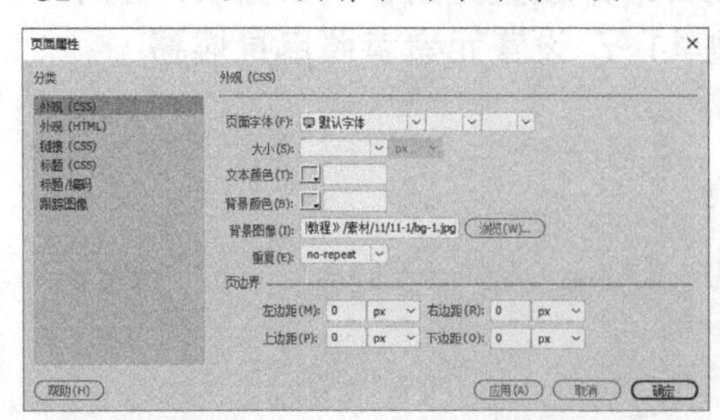

step 4 选择【插入】| Div 命令，打开【插入 Div】对话框，在 ID 文本框中输入 wrap，单击【新建 CSS 规则】按钮。

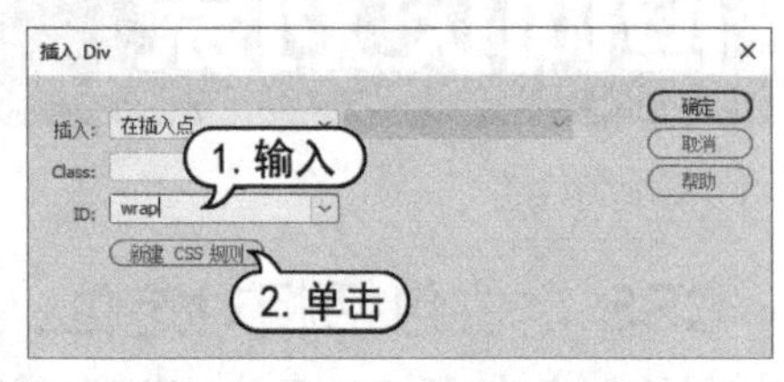

step 5 打开【新建 CSS 规则】对话框，保持默认设置，单击【确定】按钮。

step 6 打开 CSS 规则定义对话框，在【分类】列表框中选择【方框】选项，在对话框右侧的选项区域中设置方框样式 Width 为 100%、Height 为 440px。

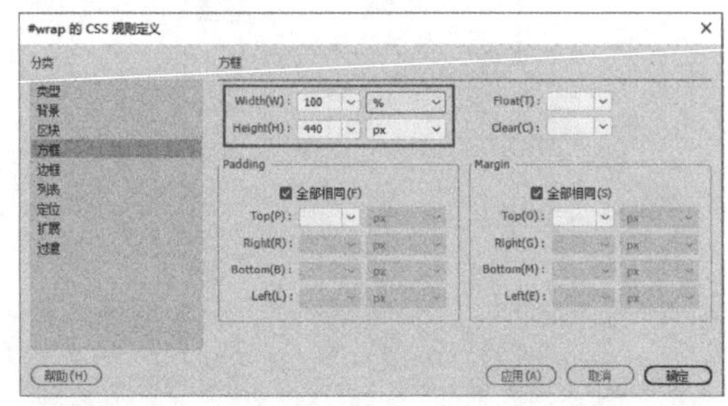

step 7 在【分类】列表框中选择【背景】选项，在对话框右侧的选项区域中设置如下图所示的参数。

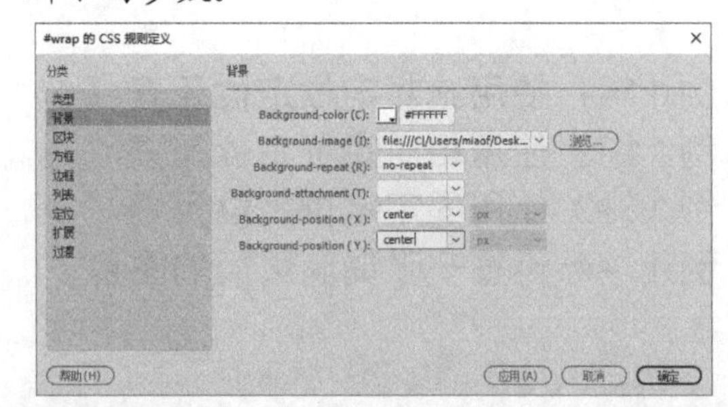

step 8 在【分类】列表框中选择【定位】选项，在对话框右侧的选项区域中设置如下图所示的定位样式(其中 Position: absolute 表示当前包含框以绝对定位方式进行显示，Top:110px 表示距离页面顶部的距离为 110 像素)。

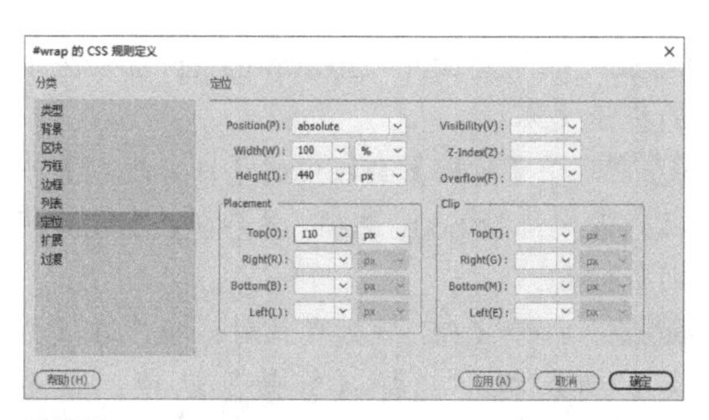

step 9　单击【确定】按钮，在网页中插入下图所示的包含框。

step 10　将鼠标光标插入上图所示的包含框中，再次选择【插入】| Div 命令，打开【插入 Div】对话框，在 ID 文本框中输入 sub，单击【新建 CSS 规则】按钮。

step 11　打开 CSS 规则定义对话框，在【分类】列表框中选择【方框】选项，在对话框右侧的选项区域中设置 Width 为 900px、Height 为 440px、Margin | Right 和 Margin | Left 为 auto(将 Margin 选项区域的 Right 和 Left 设置为 auto 是为了实现子包含框在页面中居中显示)。

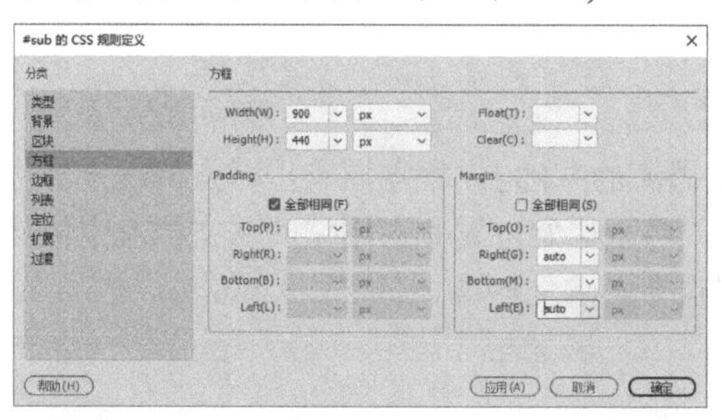

step 12　单击【确定】按钮，返回【插入 Div 标签】对话框，再次单击【确定】按钮，在页面中插入右上图所示的子包含框。

step 13　将鼠标光标置入页面中的子包含框 <div #sub>内，在【属性】面板中选择【#sub】规则，然后单击【编辑规则】按钮。

step 14　打开 CSS 规则定义对话框，在【分类】列表框中选择【定位】选项，在对话框右侧的选项区域中设置 Position 为 relative，使子包含框拥有定位包含框的功能，在其中插入的采用绝对定位的元素可以根据<div id="sub">包含框进行定位，而不是根据<body>标签进行定位。

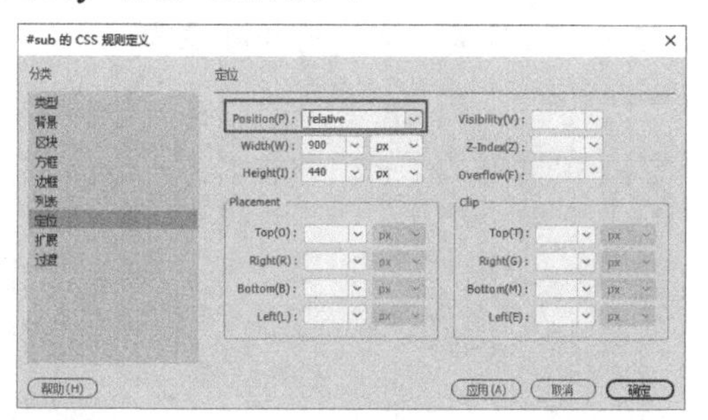

step 15　单击【确定】按钮后，页面效果如下图所示。

step 16　将鼠标光标插入子包含框中，选择【插入】| Div 命令，打开【插入 Div】对话框，设置【插入】选项为【在结束标签之前】和<div id="sub">，在 ID 文本框中输入 login，并单击【新建 CSS 规则】按钮。

step 17 打开 CSS 规则定义对话框，在【分类】列表框中选择【背景】选项，在对话框右侧的选项区域中设置如下图所示的背景样式。

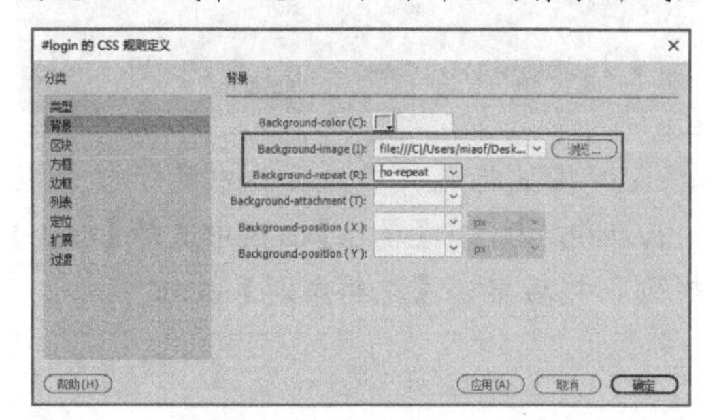

step 18 在【分类】列表框中选择【定位】选项，在对话框右侧的选项区域中设置如下图所示的定位样式，其中 Position 为 absolute 表示定义当前包含框<div id="login">以绝对定位方式进行显示；Top 为 30px 表示其距离外包含框<div id="sub">顶部的距离为 30 像素；Right 为 100px 表示其距离外包含框<div id="sub">右侧的距离为 100 像素；Width 为 340px、Height 为 390px 表示定义的包含框的宽度为 340 像素、高度为 390 像素。

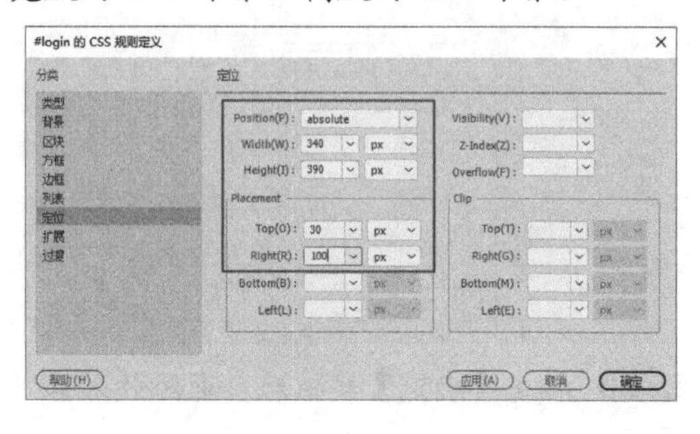

step 19 删除页面中 Dreamweaver 自动生成的提示文本。

step 20 在【属性】面板中的【目标规则】下拉列表中选择 body 选项，然后单击【编辑规则】按钮。

step 21 打开 CSS 规则定义对话框，在【分类】列表框中选择【背景】选项，设置 Background-position(X)为 center，使背景图像居中显示；设置 Background-position(Y)为 top，使网页背景靠上显示。

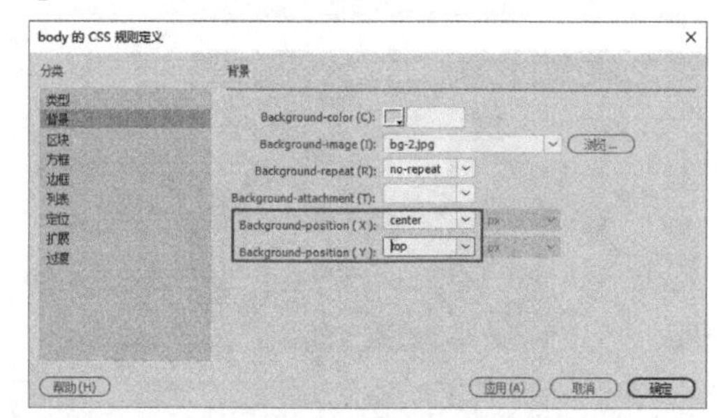

step 22 按下 Ctrl+S 组合键保存网页，按 F12 键预览网页，效果如下图所示。

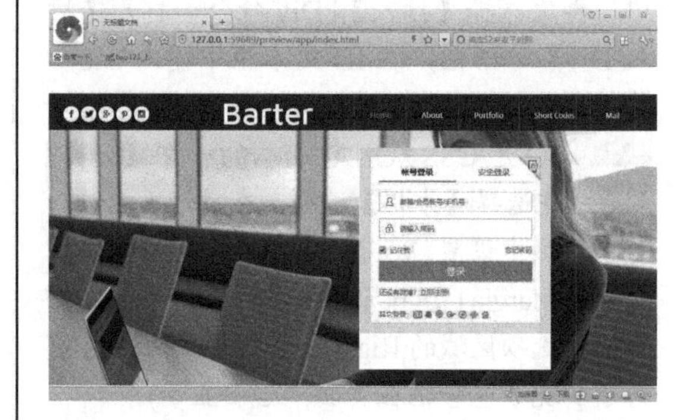

11.2 使用相对定位

相对定位能够使网页元素在不脱离 HTML 文档流的基础上，根据原有坐标点偏离自身位置，但要定位的元素自身依然受到文档流的影响。由于原始位置和占用空间在文档流中依然存在，因此使用相对定位的元素自身大小、位置也会影响文档流。

相对定位是一个非常容易掌握的概念。如果对一个元素进行相对定位，它将出现在它所在的位置。然后，可以通过设置垂直或水平位置，让这个元素“相对于”它的起点进行移动。以右图为例。

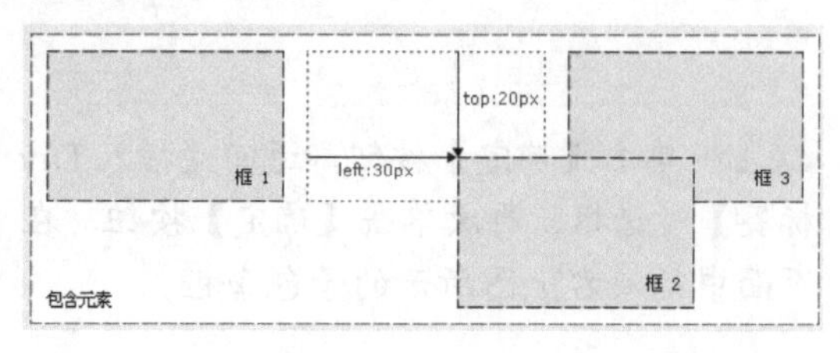

应用以下代码：

```
#box_relative {
    position: relative;
    left: 30px;
    top: 20px;
}
```

如果将 top 设置为 20px，那么框将处在原位置顶部下面 20 像素的地方。如果 left 设置为 30 像素，那么会在元素左边创建 30 像素的空间，也就是将元素向右移动。

下面通过一个实例，介绍使用相对定位的具体操作步骤。

【例 11-2】在网页中使用相对定位将选中的 Div 元素向左移动 100px。

视频+素材 (素材文件\第 11 章\例 11-2)

step 1 打开网页素材后，选中页面中下图所示的 Div 元素。

选中

step 2 选择【插入】| Div 命令，打开【插入 Div】对话框，单击其中的【新建 CSS 规则】按钮。

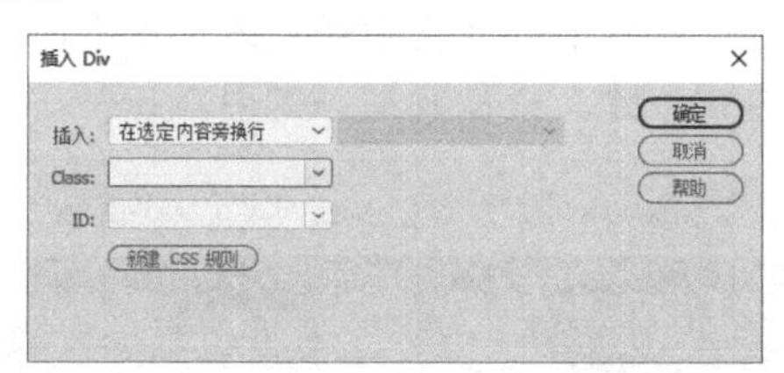

step 3 打开【新建 CSS 规则】对话框，设置【选择器类型】为【复合内容(基于选择的内容)】、【选择器名称】为“#wrap #sub #login”、【规则定义】为【仅限该文档】，单击【确定】按钮。

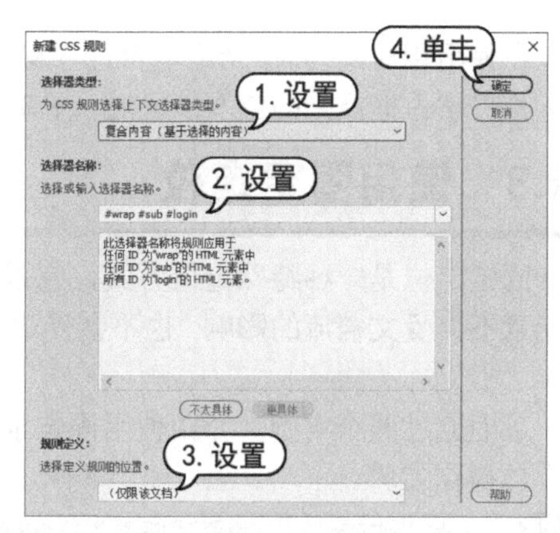

step 4 打开 CSS 规则定义对话框，在【分类】列表框中选择【定位】选项，在对话框右侧的选项区域中设置定位样式，其中 Position 为 relative、Placement-left 为 100px。

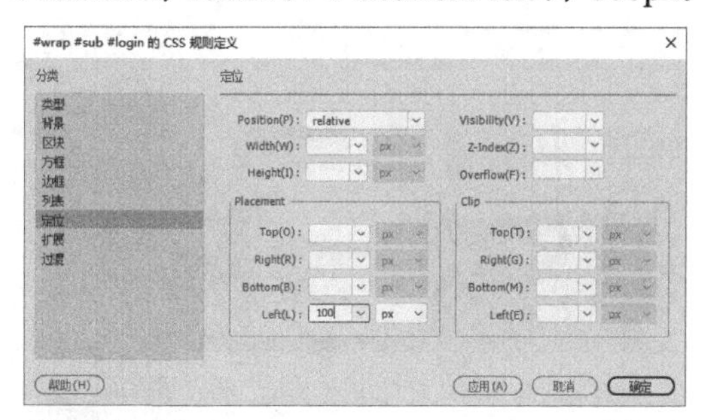

step 5 单击【应用】按钮，将 Div 元素的位置将向左移动 100px，如下图所示。

此时，切换至代码视图，Dreamweaver 将自动添加以下代码：

```
#wrap #sub #login {
    position: relative;
    left: 100px;
}
```

在使用相对定位时，无论是否进行移动，元素都仍然占据原来的空间。因此，有时移动元素会导致覆盖其他框。

11.3 使用固定定位

固定定位是一种特殊定位方式，它以浏览器窗口作为定位参照进行定位。采用固定定位的元素不会受文档流的影响，也不会受滚动条的影响，它始终根据浏览器窗口进行定位显示。

下面通过两个实例，介绍使用固定定位的具体操作步骤。

【例 11-3】使用固定定位，在页面顶部插入一个 Div 元素。

视频+素材 (素材文件\第 11 章\例 11-3)

step 1 打开下图所示的网页后，选择【插入】| Div 命令，打开【插入 Div】对话框。

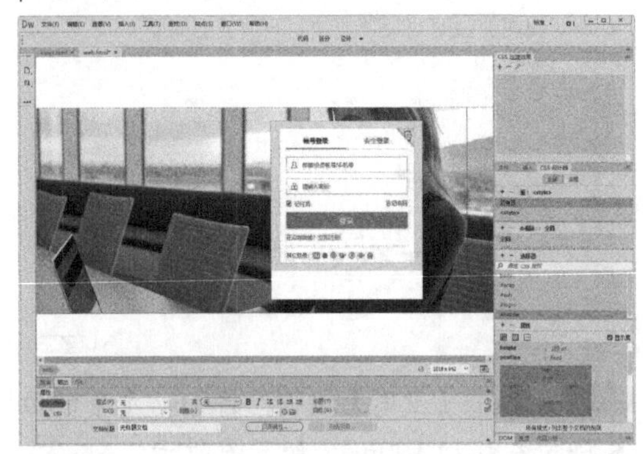

step 2 在【插入 Div】对话框的 ID 文本框中输入 header，单击【新建 CSS 规则】按钮。

step 3 打开【新建 CSS 规则】对话框，保持默认设置，单击【确定】按钮。

step 4 打开 CSS 规则定义对话框，在【分类】列表框中选择【背景】选项，设置 Background-image 为 bg-2.jpg。

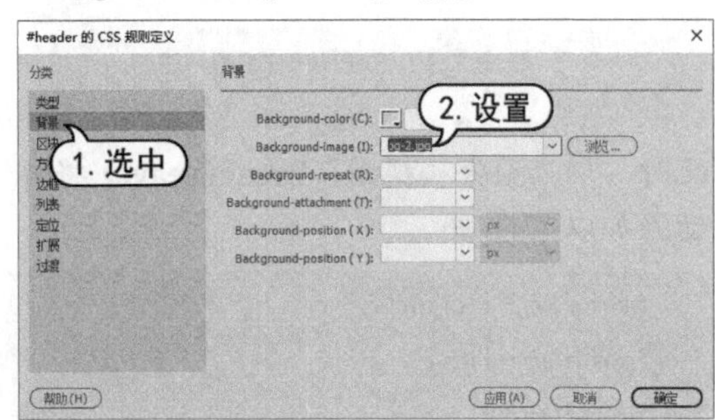

step 5 在【分类】列表框中选择【定位】选项，设置 Position 为 fixed、Width 为 100%、Height 为 110px、Placement 为 0。

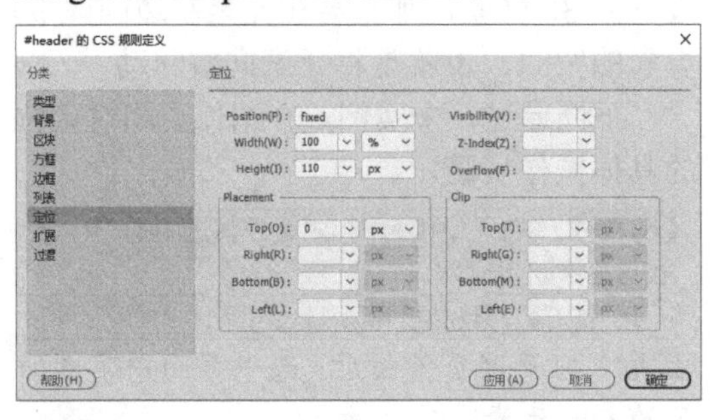

step 6 单击【确定】按钮，返回【插入 Div】对话框，再次单击【确定】按钮，在页面中插入下图所示的 Div 元素，该元素相对窗口顶部的偏移位置为 0。

step 7 删除 Div 元素中的文本，保存网页，按下 F12 键，预览效果如下图所示。

【例 11-4】使用固定定位，在页面中设置一张总能铺满整个窗口的图片。

视频+素材 (素材文件\第 11 章\例 11-4)

step 1　按下 Ctrl+N 组合键，打开【新建文档】对话框，新建一个文档。

step 2　选择【插入】|Div 命令，打开【插入 Div】对话框，在 ID 文本框中输入 full_box，单击【新建 CSS 规则】按钮。

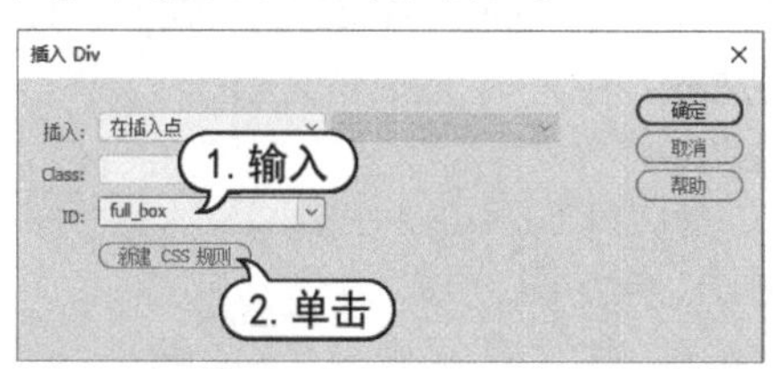

step 3　打开【新建 CSS 规则】对话框，设置【选择器类型】为 ID，然后单击【确定】按钮。

step 4　打开 CSS 规则定义对话框，在【分类】列表框中选择【定位】选项，在对话框右侧的选项区域中设置 Position 为 fixed、Width 为 100%、Height 为 500px、Placement | Top 为 0，定义包含框采用固定定位方式。

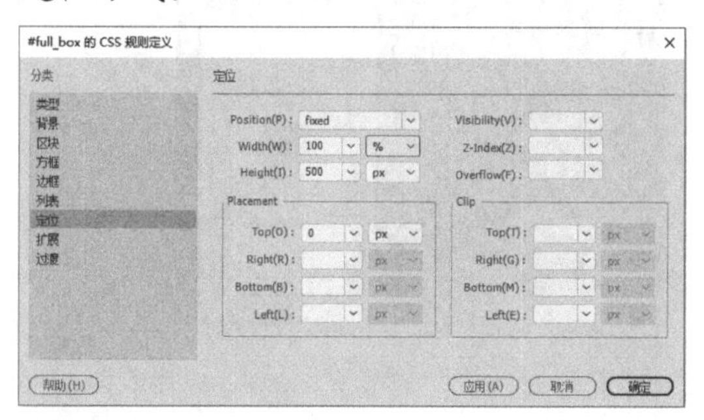

step 5　单击【确定】按钮，返回【插入 Div】对话框，再次单击【确定】按钮，在网页中插入下图所示的 Div 元素。

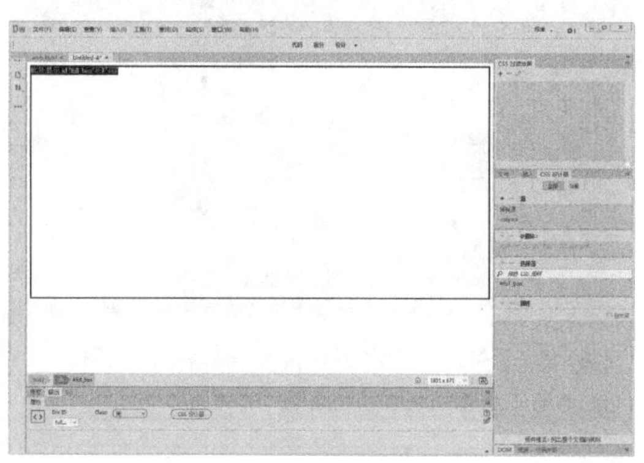

step 6　选择【窗口】|【CSS 设计器】命令，打开【CSS 设计器】面板，在【选择器】窗格中单击【+】按钮，创建“.full”选择器。

step 7　在【属性】窗格中单击【背景】按钮，设置 background-image 为 bg2.jpg、background-size 为 cover。

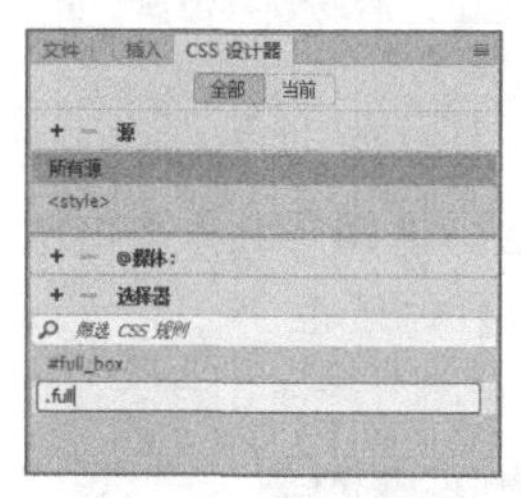

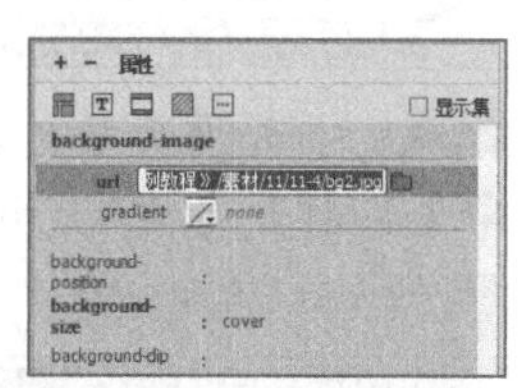

step 8　选中步骤 5 创建的 Div 元素，在【属性】面板中单击 class 按钮，在弹出的下拉列表中选择 full 选项。

step 9　此时，将为 Div 元素添加下图所示的背景图像，该图像覆盖整个<div id="full_box">标签。

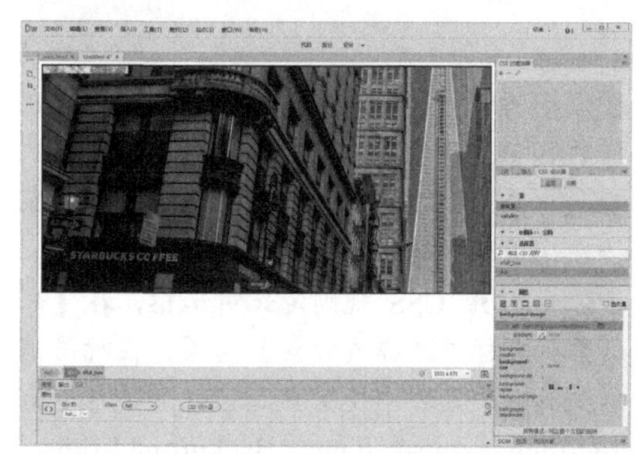

step 10　按下 Ctrl+S 组合键保存网页，按下 F12 键预览网页，效果如下图所示。

在没有定义宽度的情况下，如果同时定义 left 和 right 属性，则可以在水平方向上定义元素以 100%大小显示。在没有定义高度

的情况下，如果同时定义 top 和 bottom 属性，则可以在垂直方向上以 100%大小显示。

11.4 案例演练

本章的案例演练部分将通过实例练习定义定位参照物和层叠顺序的方法，用户通过练习从而巩固本章所学知识。

【例 11-5】在网页中设置定位元素的偏移位置，即在网页中为元素设置页内偏移。

视频+素材 (素材文件\第 11 章\例 11-5)

step 1 打开网页素材后，选择【插入】| Div 命令，打开【插入 Div】对话框。

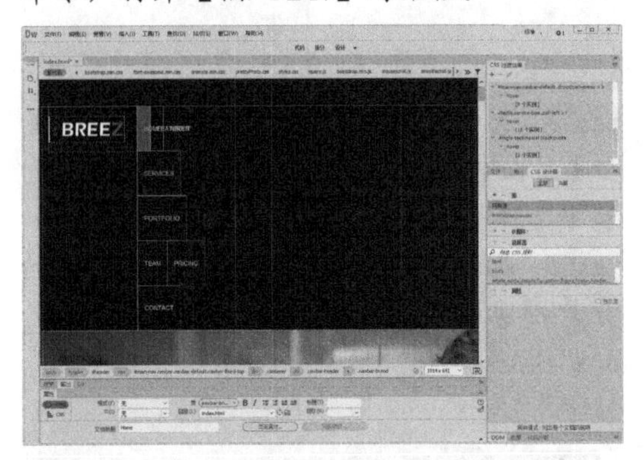

step 2 在 ID 文本框输入 iPhone，单击【新建 CSS 规则】按钮。

step 3 打开【新建 CSS 规则】对话框，保持默认设置，单击【确定】按钮。

step 4 打开 CSS 规则定义对话框，在【分类】列表框中选择【背景】选项，在对话框右侧的选项区域中设置 Background-image 为 img/iphone-app-470.png、Background-repeat 为 no-repeat。

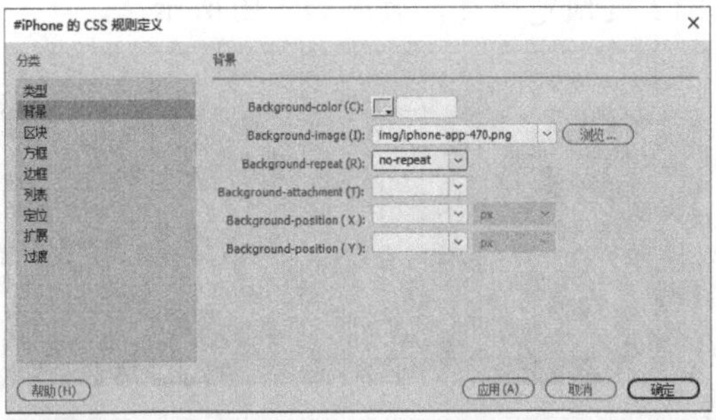

step 5 在【分类】列表框中选择【定位】选项，在对话框右侧的选项区域中设置定位样式 Position 为 absolute、Bottom 为 0、Right 为 0、Top 为 80px、Width 为 470px、Height 为 876px。

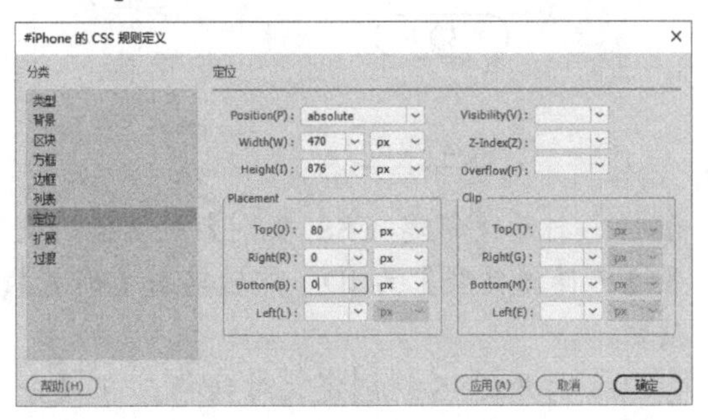

step 6 单击【确定】按钮，返回【插入 Div】对话框，再次单击【确定】按钮，在网页中插入下图所示的包含框。

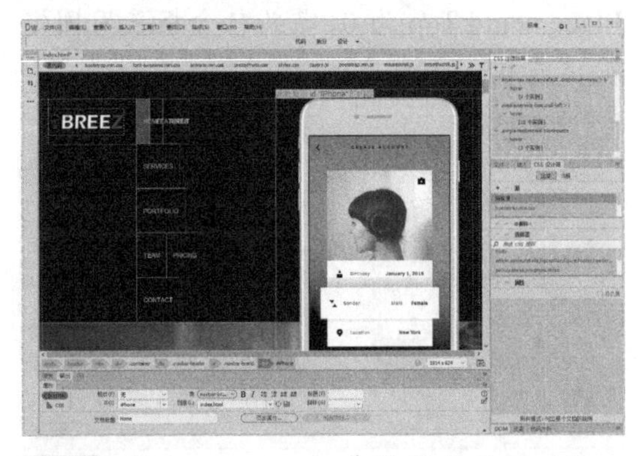

step 7 按下 Ctrl+S 组合键保存网页，按下 F12 键预览网页，效果如下图所示。

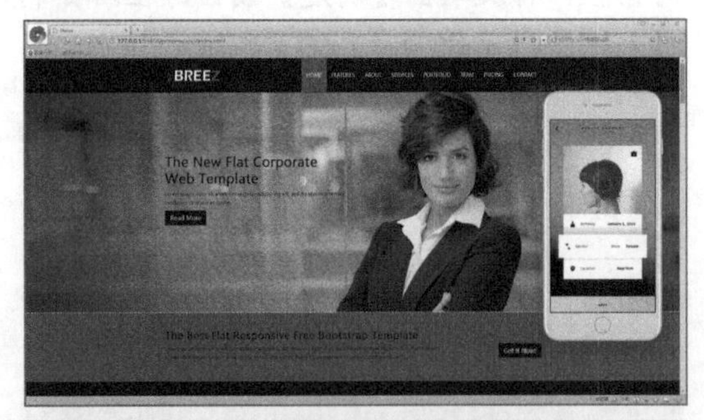

【例 11-6】在网页中设置定位元素的相对偏移位置，使元素始终显示在浏览器的中间位置。

视频+素材（素材文件\第 11 章\例 11-6）

step 1 创建一个新的网页文档。选择【插入】|Div 命令，打开【插入 Div】对话框，在 ID 文本框中输入 login_box 后，单击【新建 CSS 规则】按钮。

step 2 打开【新建 CSS 规则】对话框，保持默认设置，单击【确定】按钮，打开 CSS 规则定义对话框，在【分类】列表框中选择【定位】选项，设置 Position 为 absolute、Width 为 599px、Height 为 532px，将 Placement 选项区域的 Top 和 Left 设置为 50%。

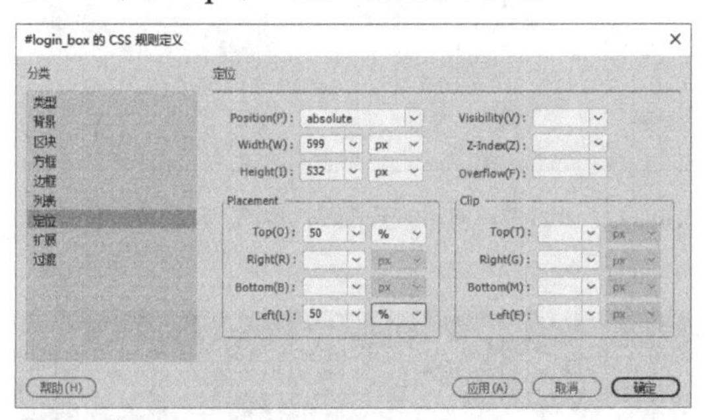

step 3 单击【确定】按钮，返回【插入 Div】对话框，再次单击【确定】按钮，在网页中插入一个下图所示的包含框。

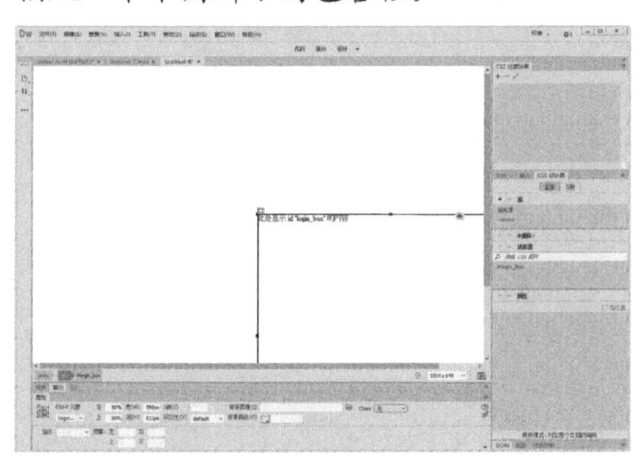

step 4 删除包含框中 Dreamweaver 中自动生成的文本，再次执行选择【插入】|Div 命令，打开【插入 Div】对话框，在 ID 文本框中输入 login_subbox 后，单击【新建 CSS 规则】按钮。

step 5 打开 CSS 规则定义对话框，在【分类】列表框中选择【定位】选项，设置 Position 为 absolute、Width 为 590px、Height 为 532px，将 Placement 选项区域的 top 和 left 为-50%。

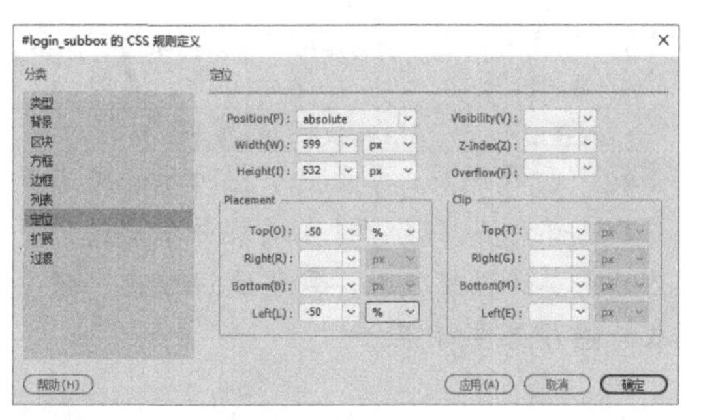

step 6 单击【确定】按钮，在包含框中插入下图所示的子包含框。

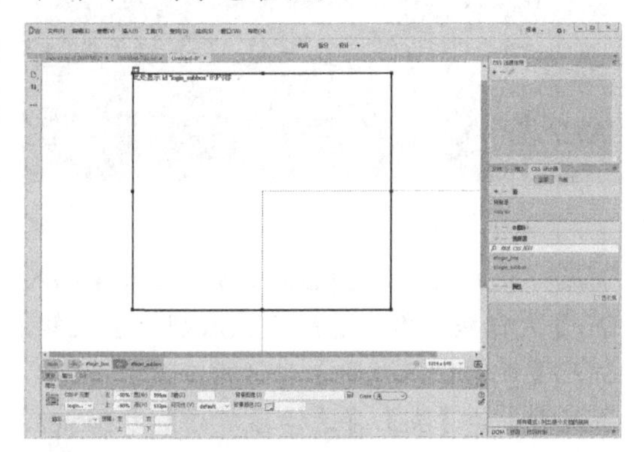

step 7 在子包含框中插入网页元素，即可将该元素始终显示在页面的中间位置。

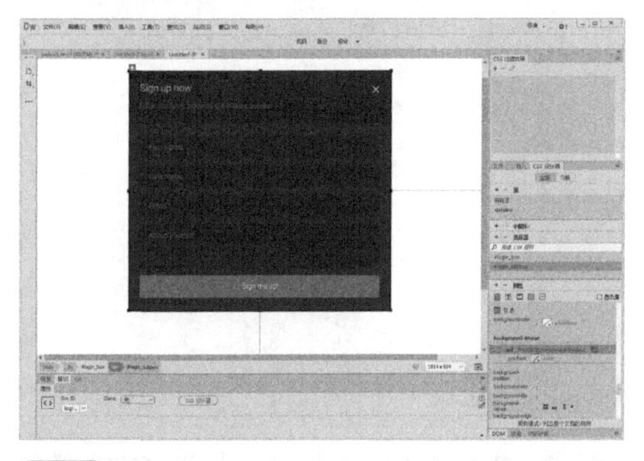

step 8 保存网页后，按下 F12 键预览网页，效果如下图所示。

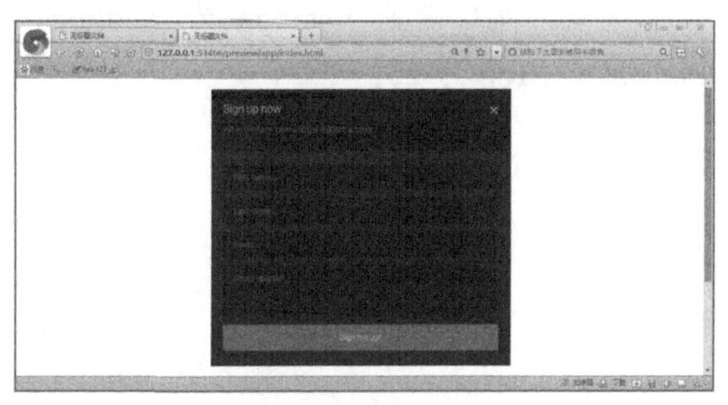

【例 11-7】在网页中设置定位元素以自身位置为参照的偏移位置。

视频+素材 (素材文件\第 11 章\例 11-7)

step 1 打开网页，页面中下图所示的文本与图片底部对齐。这种对齐效果并不是设计页面时需要的预想效果，需要通过校正，使文本与图片居中对齐。

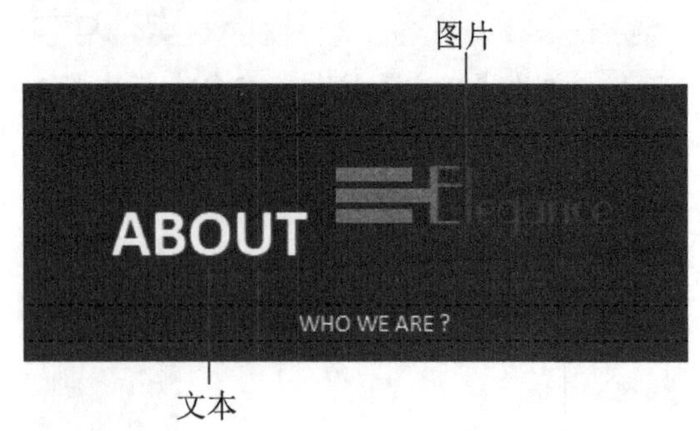

step 2 选择【插入】| Div 命令，打开【插入 Div】对话框，单击【新建 CSS 规则】按钮，打开【新建 CSS 规则】对话框，设置【选择器类型】为【类】、【选择器名称】为 footer、【规则定义】为【仅限该文档】。

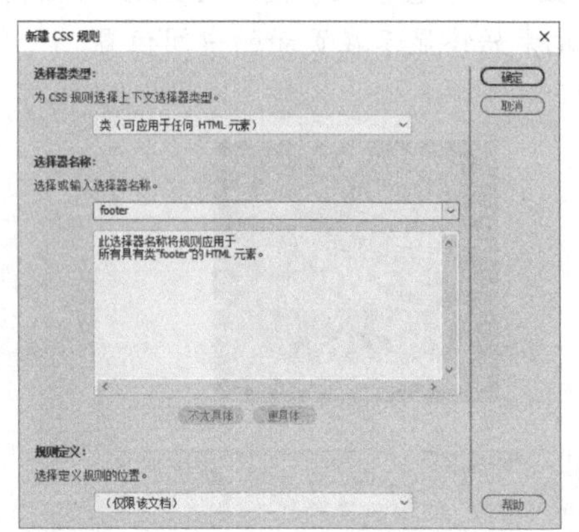

step 3 单击【确定】按钮，打开 CSS 规则定义对话框，在【分类】列表框中选择【定位】选项，然后设置 Position 为 relation、Placement | Top 为 20。

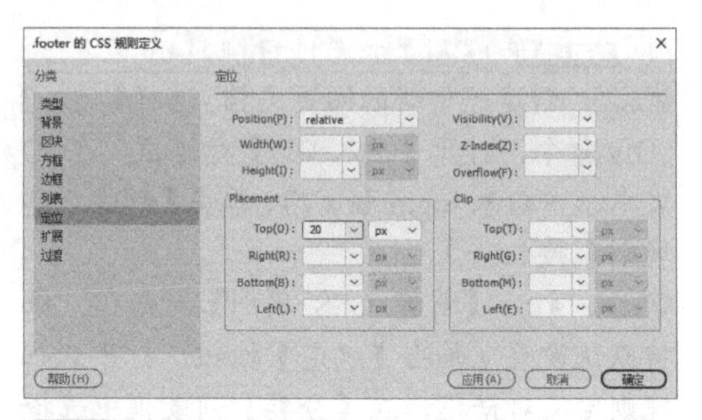

step 4 单击【确定】按钮，在编辑窗口中选中图像，在【属性】面板中单击 Class 按钮，在弹出的下拉列表中选择 footer 选项。

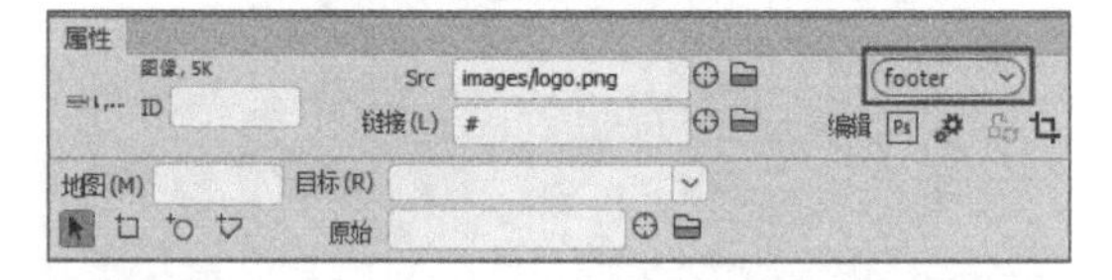

step 5 此时，页面中图片和文本的对齐效果如下图所示。

第 12 章 使用 CSS3 动画

CSS3 动画分为 Transition 和 Animation 两种类型，它们都是通过改变 CSS 属性来创建动画效果。CSS Transition 可以使对象呈现过渡效果，如渐隐、渐显、快慢等；CSS Animation 则可以创建类似 Flash 动画的关键帧动画。

本章对应视频

- 例 12–1 使用 Transition 设置 Div 层
- 例 12–2 使用 Transition 实现缓动效果
- 例 12–3 设置缓动效果的时间
- 例 12–4 设置缓动效果的延迟
- 例 12–5 设置过渡动画的渐变效果
- 例 12–6 使用 CSS3 关键帧动画制作动态时钟

12.1 使用 CSS3 Transition

CSS3 引入了 Transition(过渡)的概念，本节将介绍 Transition 的基础知识，以及在 Dreamweaver 中设置过渡效果的方法。

12.1.1 CSS3 Transition 简介

Transition允许CSS属性值在一定时间区间内平滑过渡。这种效果可以在单击鼠标、获得焦点、被单击或网页对象发生任何改变时触发，并圆滑地以动画效果改变CSS属性值。

其基本语法如下：

```
transition: property duration timing-function delay
```

Transition 主要包含 4 个属性，简单说明如下：

- transition-property：用于指定当元素的其中一个属性发生改变时执行过渡效果。
- transition-duration：用于指定元素转换过程的持续时间，单位为 s(秒)，默认值是 0，也就是说变换是即时的。
- transition-timing-function：允许根据时间的推进去改变属性值的变换速率，如 ease(逐渐变慢，默认值)、linear(匀速)、ease-in(加速)、ease-out(减速)、ease-in-out(加速后减速)、cubic-bezier(自定义一条时间曲线)。
- transition-delay：用于指定动画开始执行的时间。

【例 12-1】使用 Transition 功能实现元素宽度的变化，当把鼠标光标放置在页面中的 Div 层之上时，其大小将由 300 像素变为 600 像素。

视频+素材 (素材文件\第 12 章\例 12-1)

step 1 选中素材页面中下图所示的 Div 层。

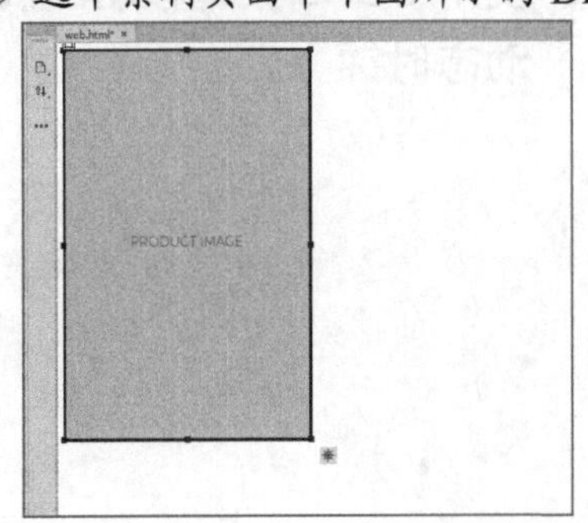

step 2 选择【窗口】|【CSS 过渡效果】命令，打开【CSS 过渡效果】面板，单击【新建过渡效果】按钮 **+**。

step 3 打开【新建过渡效果】对话框，设置如下图所示的过渡效果。

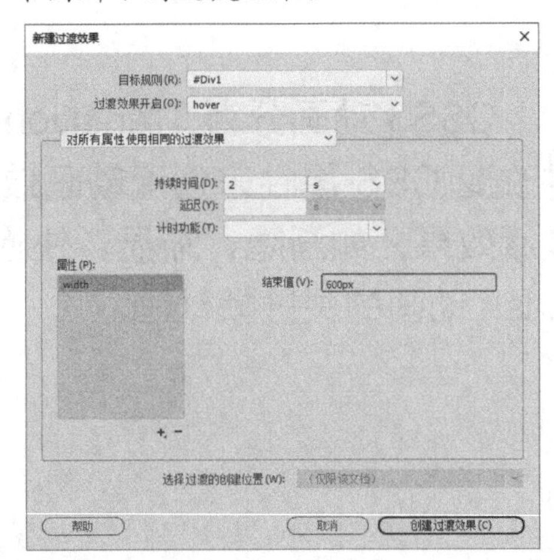

step 4 单击【创建过渡效果】按钮，将创建以下代码:

```
<!doctype html>
<html>
<head>
<meta charset="utf-8">
<title>【例 13-1 素材】</title>
<style type="text/css">
#Div1 {
   background-image: url(images/p-img.jpg);
   position: absolute;
   height: 450px;
   width: 300px;
   -webkit-transition: all 2s;
   -o-transition: all 2s;
   transition: all 2s;
}
#Div1:hover {
   width: 600px;
}
```

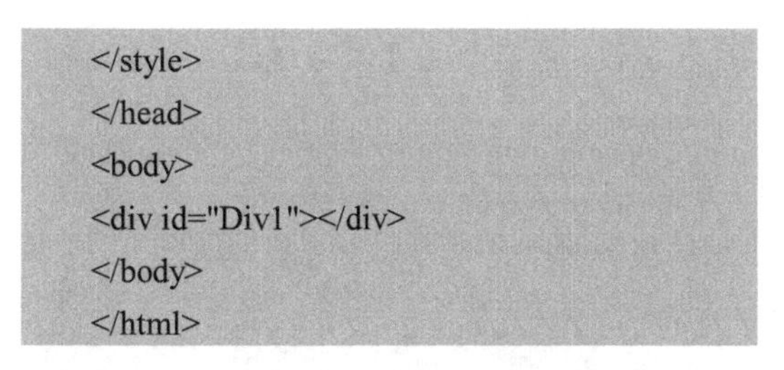

```
</style>
</head>
<body>
<div id="Div1"></div>
</body>
</html>
```

step 5 按下 Ctrl+S 组合键以保存网页，按下 F12 键预览网页，在浏览器中将鼠标光标放置在 Div 层之上，其宽度将发生变化，如下图所示。

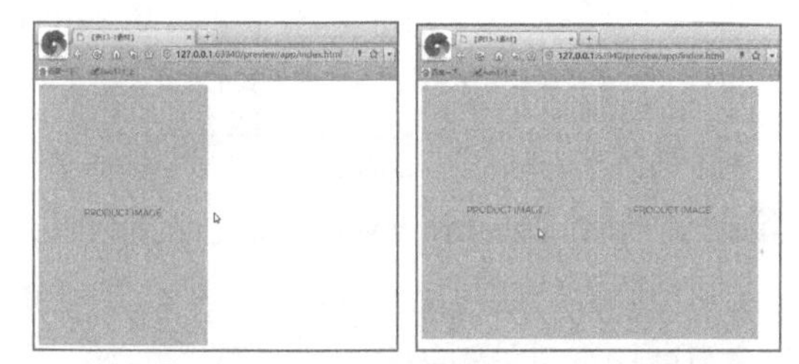

以上实例的运行效果分为三种情况：当鼠标光标没有放置在Div层上时，页面显示上面左图所示的效果；当鼠标光标停留在Div层上时，显示上面右图所示的效果；当鼠标光标离开Div层时，Div层将恢复默认状态。

12.1.2　设置缓动属性

transition-property 属性用于定义过渡动画的 CSS 属性名称，如 transition-color 属性。该属性的基本语法如下：

```
transition-property:none | all | [<IDENT>]
[',<IDENT>]*;
```

对应 Dreamweaver 的【新建过渡效果】对话框中的【属性】列表框。

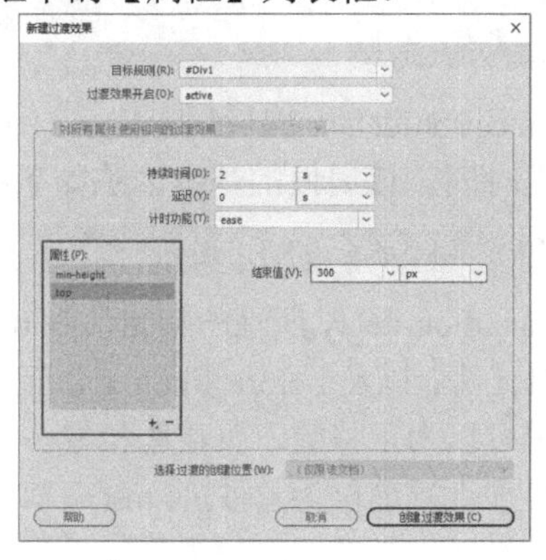

transition-property 属性的初始值为 all，适用于所有元素，以及:before 和:after 伪元素。其取值说明如下。

- none：表示没有元素。
- all：表示针对所有元素。
- IDENT：指定 CSS 属性列表。

【例 12-2】使用 Transition 功能实现元素颜色的变化，当把鼠标光标放置在页面中的 Div 层之上时，其颜色将由红色变为黑色。

视频+素材 (素材文件\第 12 章\例 12-2)

step 1 选中素材页面中下图所示的 Div 层，其背景颜色为红色。

step 2 打开【CSS 过渡效果】面板，单击【新建过渡效果】按钮 +，打开【新建过渡效果】对话框，单击【属性】列表框中的【+】按钮，添加 background-color 过渡效果，并设置【结束值】为#000000。

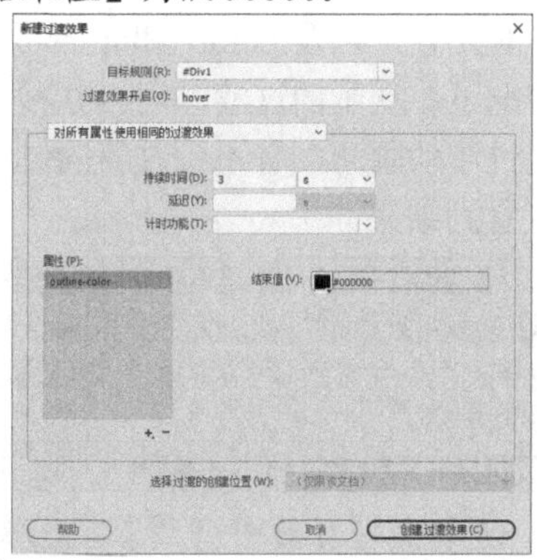

step 3 此时，Dreamweaver 将创建以下代码：

```
<style type="text/css">
#Div1 {
    position: absolute;
    height: 450px;
    width: 300px;
    background-color: red;
    -webkit-transition: all 2s;
```

```
   -o-transition: all 2s;
   transition: all 2s;
}
#Div1:hover {
   background-color: #000000;
}
</style>
```

step 4 按下 Ctrl+S 组合键以保存网页，在浏览器中将鼠标光标放置在 Div 层上，其颜色将由红色逐渐变为黑色。

12.1.3 设置缓动时间

transition-duration 属性用于定义过渡动画的时间长度，即设置从原属性值过渡到新属性值所花费的时间，单位为“秒”。该属性的基本语法如下：

```
transition-duration:<time> [,<time>]*;
```

transition-duration 属性的初始值为 0，适用于所有元素，以及:before 和:after 伪元素。默认情况下，动画的过渡时间为 0 秒，所以当指定过渡动画时，看不到过渡的过程，而是直接看到结果。

【例 12-3】使用与【例 12-2】相同的网页素材，设置动画过渡的变化时间为 5 秒，当把鼠标光标放置在 Div 层上时，会看到 Div 层的背景颜色逐渐由红色过渡到黑色。

视频+素材 (素材文件\第 12 章\例 12-3)

step 1 选中素材页面中背景颜色为红色的 Div 层，打开【CSS 过渡效果】面板，单击【新建过渡效果】按钮 + 。

step 2 打开【新建过渡效果】对话框，单击【属性】列表框中的【+】按钮，添加 background-color 过渡效果，并设置【结束值】为#000000。

step 3 在【持续时间】文本框中设置持续时间为 5 秒，然后单击【保存过渡效果】按钮。

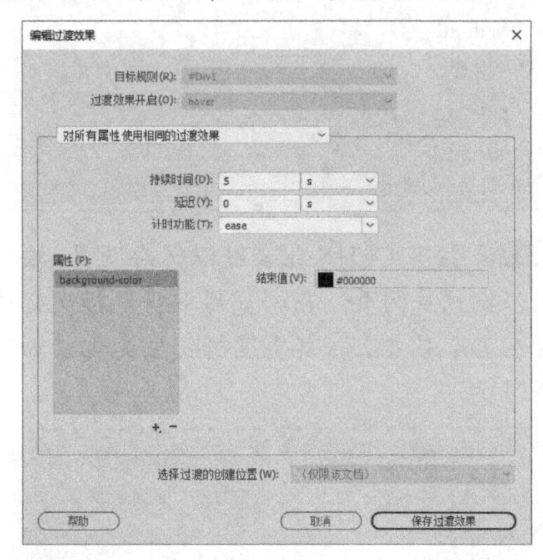

step 4 此时，Dreamweaver 将创建以下代码：

```
<style type="text/css">
#Div1 {
   position: absolute;
   height: 450px;
   width: 300px;
   background-color: red;
   -webkit-transition: all 5s ease 0s;
   -o-transition: all 5s ease 0s;
   transition: all 5s ease 0s;
}
#Div1:hover {
      background-color: #000000;
}
</style>
```

step 5 按下 Ctrl+S 保存网页，按下 F12 键预览网页，将鼠标组合键以放置在 Div 层上，颜色将逐渐由红色变为黑色。

12.1.4 设置延迟时间

transition-delay 属性用于定义过渡动画的延迟时间。该属性的基本语法如下：

```
transition-delay:<time> [,<time>]*;
```

transition-delay 属性的初始值为 0，适用于所有元素，以及:before 和:after 伪元素。延迟时间可以为正整数、负整数和零；非零的时候必须设置单位为 s(秒)或 ms(毫秒)；为负数的时候，过渡的动作会从该时间点开始显示，之前的动作被截断；为正数的时候，过渡的动作会延迟触发。

【例 12-4】使用与【例 12-2】相同的网页素材，设置过渡动画的延迟时间为 5 秒，当把鼠标光标放置在 Div 层上时，会看到 Div 层的背景颜色在延迟 5 秒后逐渐由红色过渡到黑色。

视频+素材 (素材文件\第 12 章\例 12-4)

step 1 执行【例 12-2】中的操作，打开【新建过渡效果】对话框，单击【属性】列表框中的【+】按钮，添加 background-color 过渡效果，并设置【结束值】为#000000。

step 2 在【延迟】文本框中设置延迟时间为 5 秒，然后单击【保存过渡效果】按钮。

step 3 此时，Dreamweaver 将创建以下代码：

```
<style type="text/css">
#Div1 {
    position: absolute;
    height: 450px;
    width: 300px;
    background-color: red;
    -webkit-transition: all 5s ease 5s;
    -o-transition: all 5s ease 5s;
    transition: all 5s ease 5s;
}
#Div1:hover {
    background-color: #000000;
}
</style>
```

step 4 按下 Ctrl+S 组合键以保存网页，按下 F12 键预览网页，将鼠标光标放置在 Div 层上，颜色在延迟 5 秒后逐渐由红色变为黑色

12.1.5 设置缓动效果

transition-timing-function 属性用于定义过渡动画的效果。该属性的基本语法如下：

```
transition-timing-function:ease | linear | ease-in | ease-out | ease-in-out | cubicbezier(<number>, <number>,<number>,<number>) [,ease | linear | ease-in | ease-out | ease-in-out | cubicbezier(<number>, <number>,<number>,<number>)]*
```

transition-timing-function 属性的初始值为 ease，它适用于所有元素，以及:before 和:after 伪元素。其取值说明如下。

- ease：缓解效果，由快到慢再到更慢，等同于 cubic-bezier(0.25,0.1,0.25,1.0)函数。
- linear：线性效果(恒速)，等同于 cubic-bezier(0.0,0.0,1.0,1.0)函数。
- ease-in：渐显效果(越来越快)，等同于 cubic-bezier(0.42,0,1.0,1.0)函数。
- ease-out：渐隐效果(越来越慢)，等同于 cubic-bezier(0,0,0.58,1.0)函数。
- ease-in-out：渐显渐隐效果(先加速后减速)，等同于 cubic-bezier(0.42,0,0.58,1.0)函数。
- cubic-bezier：特殊的立方贝塞尔曲线效果。

【例 12-5】使用与【例 12-2】相同的网页素材，设置过渡动画的渐变效果为 ease-out(越来越慢)。

视频+素材 (素材文件\第 12 章\例 12-5)

step 1 执行【例 12-2】中的操作，打开【新建过渡效果】对话框，单击【属性】列表框中的【+】按钮，添加 background-color 过渡效果，并设置【结束值】为#000000。

step 2 单击【计时功能】下拉按钮，在弹出的下拉列表中选择 ease-out 选项，然后单击【保存过渡效果】按钮。

step 3 此时，Dreamweaver 将创建以下代码：

```
<style type="text/css">
#Div1 {
    position: absolute;
  height: 450px;
  width: 300px;
  background-color: red;
  -webkit-transition: all 3s ease-out 0s;
  -o-transition: all 3s ease-out 0s;
  transition: all 3s ease-out 0s;
}
#Div1:hover {
  background-color: #000000;
}
</style>
```

step 4 按下 Ctrl+S 组合键以保存网页，按下 F12 键预览网页，将鼠标光标放置在 Div 层上，颜色将逐渐变慢地由红色变为黑色。

12.2 使用 CSS3 Transform

使用 Transform 属性可以实现网页中文字、图像等对象的旋转、缩放、倾斜、移动等变形效果。本节将通过实例，详细介绍在 Dreamweaver 中使用 Transform 功能的具体方法。

12.2.1 CSS3 Transform 简介

Transform 属性用于定义变形效果，主要包括旋转(rotate)、扭曲(skew)、缩放(scale)、移动(translate)以及矩阵变形(matrix)。其基本语法如下：

```
transform: none | <transform-function>
[<transform-function>} *
```

参数说明如下：

- none 表示不进行变换。
- <transform-function>表示一个或多个变换函数，以空格分开。用户可以对一个元素进行多种变形操作，如旋转、缩放、移动等。叠加效果由逗号(,)隔开，但在使用多个属性时需要用空格隔开。

取值说明如下表所示。

Transform 属性的取值说明

属　性	说　明
none	定义不进行转换
matrix(n,n,n,n,n,n)	定义 2D 转换，使用 6 个值的矩阵
matrix(n,n,n,n,n,n,n n,n,n,n,n,n,n,n,n)	定义 3D 转换，使用 16 个值的 4×4 矩阵
translate(x,y)	定义 2D 转换

(续表)

属　性	说　明
translate3d(x,y,z)	定义 3D 转换
translateX(x)	定义转换，只是用 X 轴的值
translateX(y)	定义转换，只是用 Y 轴的值
translateX(z)	定义 3D 转换，只是用 Z 轴的值
scake(x,y)	定义 2D 缩放转换
scake3d(x,y,z)	定义 3D 缩放转换
scakeX(x)	通过设置 X 轴的值来定义缩放转换
scakeY(y)	通过设置 Y 轴的值来定义缩放转换
scakeZ(z)	通过设置 Z 轴的值来定义 3D 缩放转换
rotate3d(x,y,x, angle)	定义 3D 旋转
rotate(angle)	定义 2D 旋转，在参数中规定角度
rotateX(angle)	定义沿 X 轴的 3D 旋转
rotateY(angle)	定义沿 Y 轴的 3D 旋转
rotateZ(angle)	定义沿 Z 轴的 3D 旋转
skewX(angle)	定义沿 X 轴的 3D 倾斜转换

(续表)

属　性	说　明
skewY(angle)	定义沿 Y 轴的 3D 倾斜转换
skew(x-angle,y-angle)	定义沿 X 和 Y 轴的 3D 倾斜转换
Perspective(n)	为 3D 转换元素定义透视视图

1. 旋转(rotate)

rotate(<angle>)通过指定的 angle 参数对元素进行 2D 旋转。如果设置的值为正数，表示顺时针旋转；如果设置的值为负数，表示逆时针旋转。

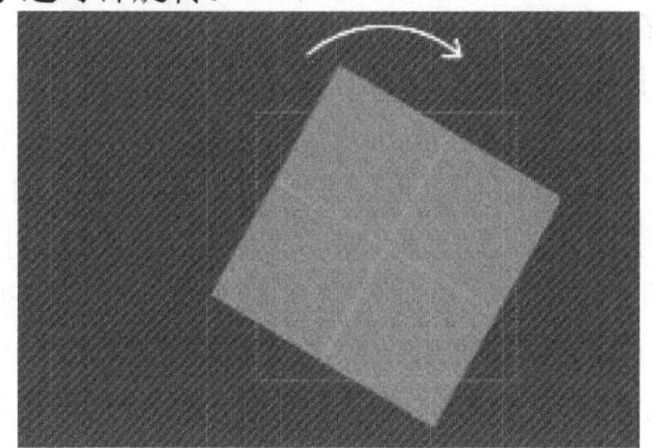

transform:rotate(30deg)

2. 移动(translate)

移动分为：translate(x,y)，表示沿水平方向和垂直方向同时移动(即 X 轴和 Y 轴同时移动)；translateX(x)，表示仅水平方向移动(X 轴移动)；translateY(y)，表示仅垂直方向移动(Y 轴移动)。

- translate(<translation-value>)[,<translation-value>])：通过矢量[tx,ty]指定 2D 变换，tx 是第一个过渡值参数，ty 是第二个过渡值参数。如果 ty 未提供，ty 把 0 作为值。也就是 translation(x,y)，表示将对象移动，按照设定的 x.y 参数值，当值为负数时，反方向移动物体(如右上图所示)。其原点默认为元素的中心点，也可以根据 transform-origin 改变原点位置。

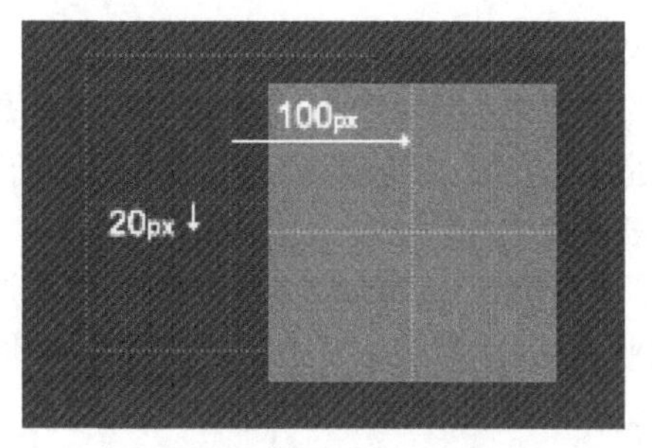

transform:translate(100px,20px)

- translateX(<translation-value>)：通过指定一个 X 方向上的数进行变换。只向 X 轴移动元素(如下图所示)。同样，其原点是元素的中心点，也可以根据 transform-origin 改变原点位置。

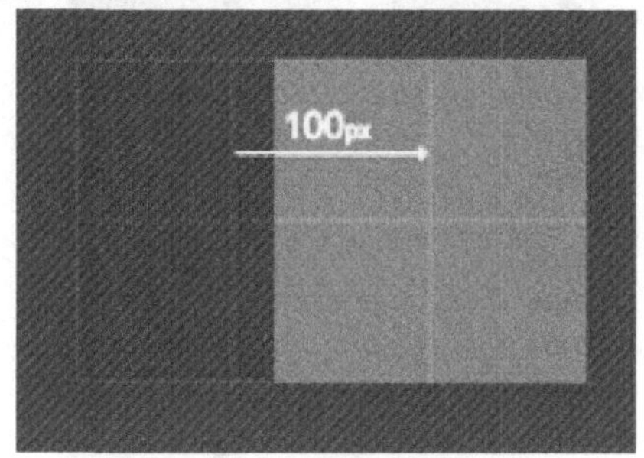

transform:translateX(100px)

- translateY(<translation-value>)：通过指定一个 Y 方向上的数进行变换。只向 Y 轴移动，原点在元素的中心点(如下图所示)，可以通过 transform-origin 改变原点位置。

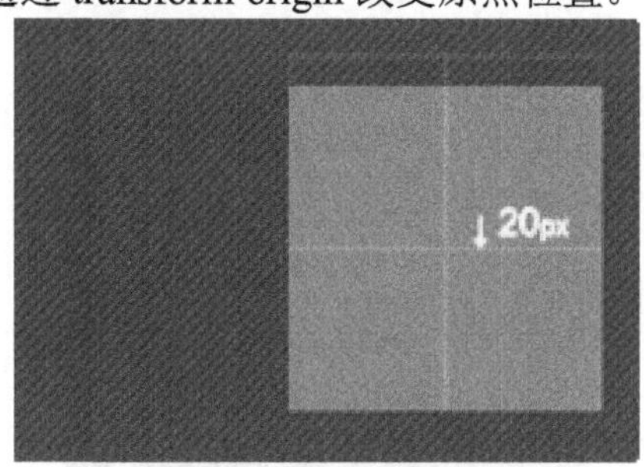

transform:translateY(20px)

3. 缩放(scale)

缩放和移动十分相似，分为 scale(x,y)，使元素沿水平方向和垂直方向同时缩放(即 X 轴和 Y 轴同时缩放)；scaleX(x)，使元素仅水平方向缩放(X 轴缩放)；scaleY(y)，使元

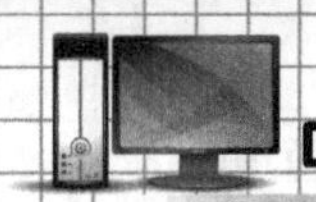

素仅垂直方向缩放(Y 轴缩放)。它们具有相同的缩放中心点和基数，缩放中心点就是元素的中心位置，缩放基数为 1。如果值大于 1，元素就放大；反之，元素就缩小。

- scale(<number>)[,<number>]：通过矢量[sx,sy]进行缩放。如果 sy 未提供，则取与第一个参数 sx 一样的值。scale(X,Y)用于对元素进行缩放，可以通过 transform-origin 对元素的原点进行设置，同样，原点在元素的中心位置；其中 X 表示水平方向缩放的倍数，Y 表示垂直方向的缩放倍数。Y 是一个可选参数，如果没有设置 Y 值，则表示 X、Y 两个方向的缩放倍数是一样的，并以 X 方向为准。

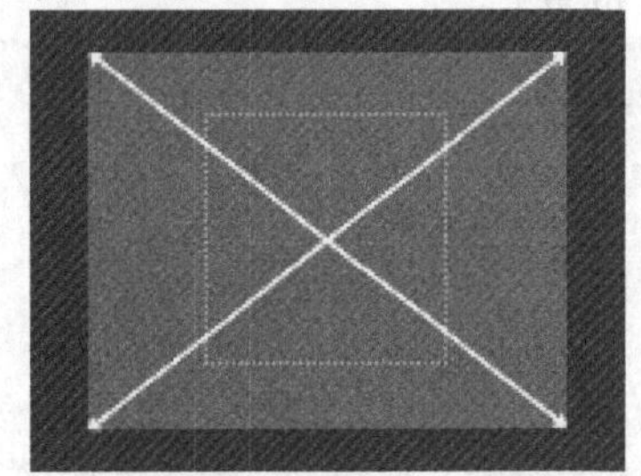

transform:scale(2,1.5)

- scaleX(<number>)：通过矢量[sx,1]进行缩放操作，sx 为所需参数。scaleX 表示元素只在 X 轴(水平方向)缩放元素，默认值是(1,1)，原点是在元素的中心位置，同样可通过 transform-origin 来改变元素的原点，如下图所示。

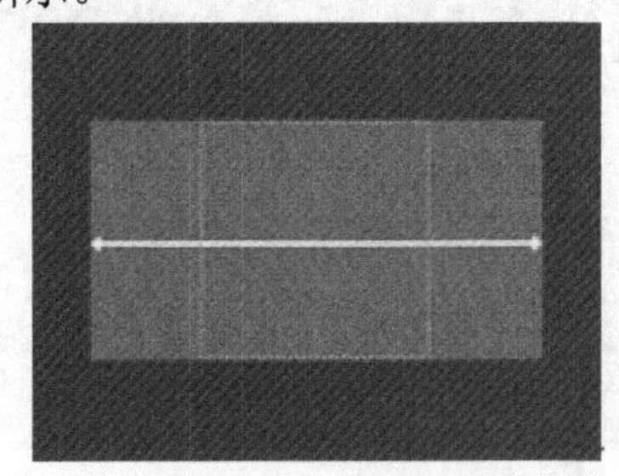

transform:scaleX(2)

- scaleY(<number>)：通过矢量[1,sy]进行缩放操作，sy 为所需参数。scaleY 表示元素只在 Y 轴(垂直方向)缩放元素，原点同样是在元素的中心位置，可以通过 transform-origin 来改变元素的原点位置。

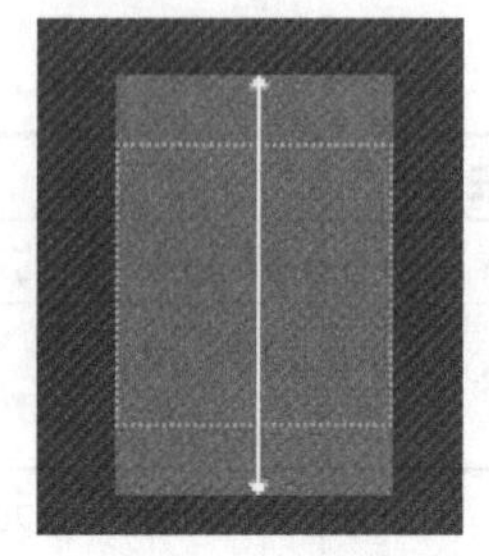

transform:scaleY(2)

4. 扭曲(skew)

扭曲和移动、缩放一样，分三种情况：skew(x,y)使元素在水平和垂直方向同时扭曲(X 轴和 Y 轴同时按一定的角度进行扭曲变形)，skewX(x)仅使元素在水平方向扭曲变形(在 X 轴扭曲变形)，skewY(y)仅使元素在垂直方向扭曲变形(在 Y 轴扭曲变形)。

- skew(<angle>[,<angle>])：沿 X 轴和 Y 轴进行斜切变换，第一个参数对应 X 轴，第二个参数对应 Y 轴。如果第二个参数未提供，值为 0，也就是在 Y 轴方向上无斜切变换。skew 用来对元素进行扭曲变形，第一个参数是水平方向的扭曲角度，第二个参数是垂直方向的扭曲角度。其中第二个参数是可选参数，如果没有设置第二个参数，那么 Y 轴为 0。同样是以元素的中心位置为原点，也可以通过 transform-origin 来改变元素的原点位置。

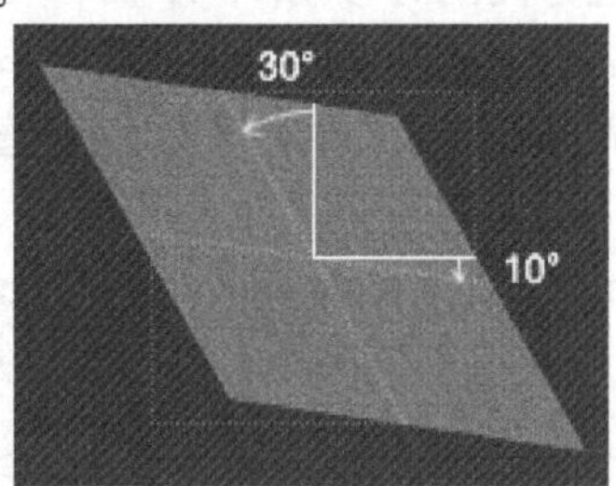

transform:skew(30deg,10deg)

- skewX(<angle>)：按给定的角度沿 X 轴进行斜切变换。skewX 使元素以其中心位置为原点，并在水平方向(X 轴)上进行扭曲变形，同样可以通过 transform-origin 来改变元素的原点位置。

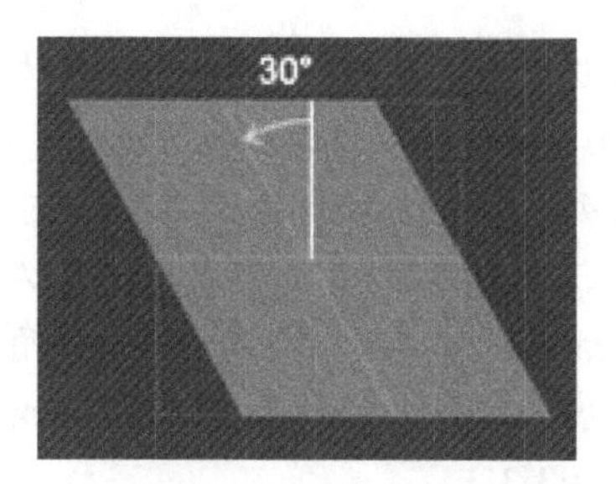

transform:skewX(30deg)

- skewY(<angle>)：按给定的角度沿 Y 轴进行斜切变换。skewY 用来设置元素以其中心位置为原点，并按给定的角度在垂直方向(Y 轴)上扭曲变形。同样可以通过 transform-origin 来改变元素的原点位置，如下图所示。

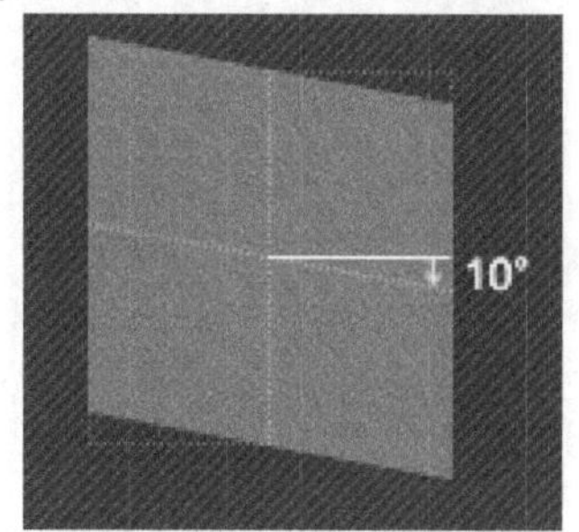

transform:skewY(10deg)

5. 矩阵(matrix)

matrix(<number>,<number>,<number>,<number>,<number>,<number>)以一个包含 6 个值的[a,b,c,d,e,f]变换矩形的形式指定进行 2D 变换，相当于直接应用[a b c d e f]变换矩阵，就是基于水平方向(X 轴)和垂直方向(Y 轴)重新定位元素。

6. 改变元素基点(transform-origin)

上面进行的旋转、移动、缩放、扭曲、矩阵等操作都是以元素的中心位置进行变化的，但有时候也需要在不同的位置对元素进行这些操作。此时可以使用 transform-origin 来对元素的基点位置进行改变，使元素基点不在中心位置，以到达需要的基点位置。

transform-origin(X,Y)函数用来设置元素运动的原点(参照点)。默认是元素的中心点，其中 X 和 Y 的值可以是百分比、em、px，其中 X 也可以是字符参数值 left、center、right；Y 和 X 一样，除百分比外还可以是字符参数值 top、center、bottom。与 background-position 的设置一样，下面列出相互对应的写法：

- top left | left top 等价于 0 0 | 0% 0%。
- top | top center | center top 等价于 50% 0。
- right top | top right 等价于 100% 0。
- left | left center | center left 等价于 0 50% | 0% 50%。
- center | center center 等价于 50% 50%(默认值) 。
- right | right center | center right 等价于 100% 50%。
- bottom left | left bottom 等价于 0 100% | 0% 100%。
- bottom | bottom center | center bottom 等价于 50% 100%。
- bottom right | right bottom 等价于 100% 100%。

其中 right、center、right 是水平方向值，对应百分值为 left=0%、center=50%、right=100%，而 top、center、bottom 是垂直方向值，其中 top=0%、center=50%、bottom=100%。如果只取一个值，表示垂直方向值不变。

12.2.2 制作变形菜单

利用 CSS3 变形特效能够设置具有位移效果的菜单项。例如定义网站的导航菜单在鼠标经过时，当前菜单项会向右下角位置偏移 2 像素，同时改变菜单项标签和超链接标签的背景颜色，制作出立体变形效果；当鼠标从菜单项上移开时，又重新恢复默认的显示状态。具体操作步骤如下：

step 1 在网页中输入“首页”“秒杀”“优惠券”“闪购”“拍卖”等文本后，选中输入的文本，在【属性】面板中将文本设置为段落格式。

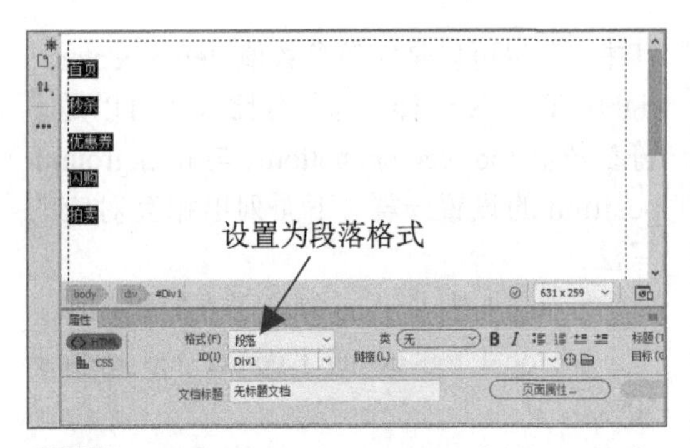

step 2 使用鼠标选中输入的所有文本，选择【编辑】|【列表】|【项目列表】命令，将段落格式转换为项目列表格式。

step 3 选择【窗口】|【CSS 设计器】命令，显示【CSS 设计器】面板，在【源】窗格中选择“<style>”，即在当前页面的内部样式表中定义样式。然后在【选择器】窗格中单击【添加选择器】按钮 +，新建一个名为“ul,li”的分组选择器，也就是将<ul>和<li>两个标签统一为默认样式。

step 4 在【属性】窗格中设置布局样式：设置 margin 为 0、padding 为 0，即清除项目列表的缩进样式；设置其他样式 list-style-type 为 none，清除项目列表的符号。

step 5 在【选择器】窗格中创建一个名为“li”的类型选择器，为<li>标签定义显示样式。在【属性】窗格中定义布局样式 float 为 left，定义项目列表项向左浮动显示，定义上下边距为 0 像素、左右边距为 4 像素；设置边框样式 border-radius 为 4px，定义边框以圆角显示，圆角曲度为 4 像素；设置背景样式 background-color 为#f3f3f3。

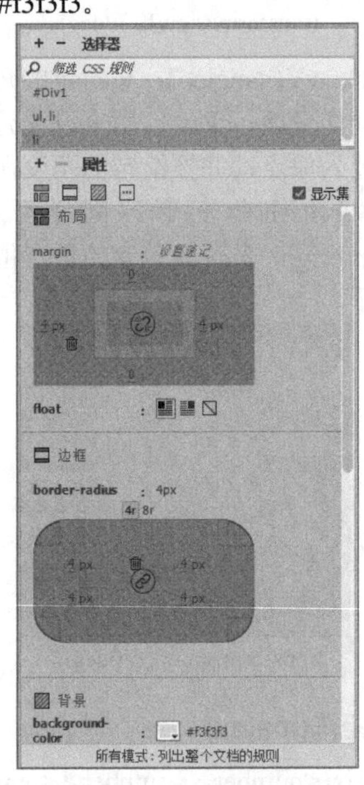

step 6 在状态栏中选中<a>标签，在【CSS 设计器】面板的【选择器】窗格中新建一个选择器，将其作为<a>的标签选择器。然后在【属性】窗格中定义布局样式 display 为 block、padding 为 0 12px 0 24px,定义超链接以标签块状显示、上下补白为 0、左侧补白为 24px、右侧补白为 12px；设置字体样式 font-size 为 14px、color 为#666、line-height 为 30px、text-align 为 center，text-decoration 为 none; 定义字体大小为 14px、行高为 30px，与项目高度相同；设计文本垂直居中，同时设置文本水平居中，最后清理超链接文本的下划线；设置其他样式 background 为 url(img/icon.jpg)no-repeat 8px 10px，定义默认超链接的背景图像，进行平铺，并定位到菜单项的左侧居中位置。

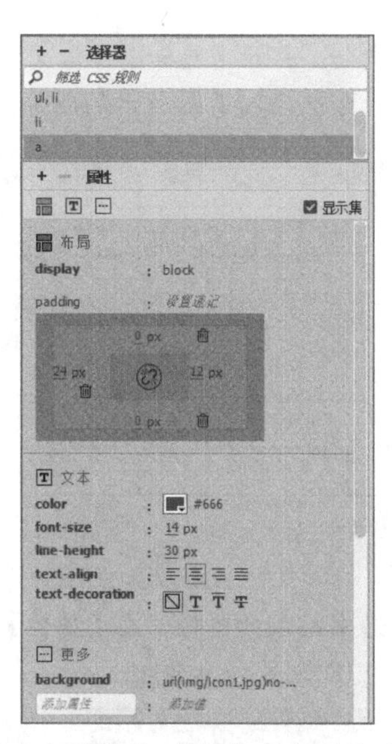

step 7 选中文档中的文本，在【属性】面板中为其设置超链接，完成后的效果如下图所示。

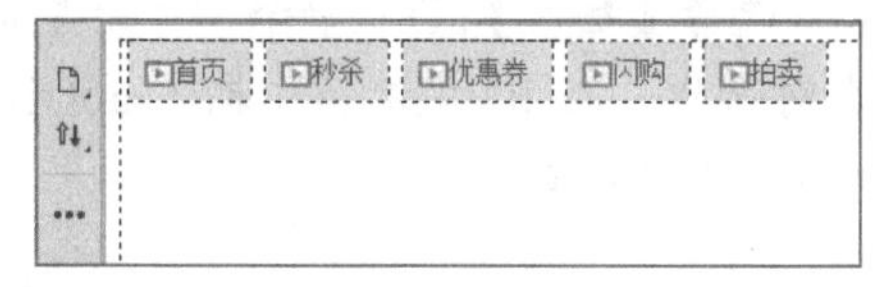

step 8 在【CSS 设计器】面板的【选择器】窗格中单击【添加选择器】按钮+，新建一个选择器，命名为“.home”的类样式。然后在【属性】窗格中设置背景样式 background 为#449BB5，即定义背景色。

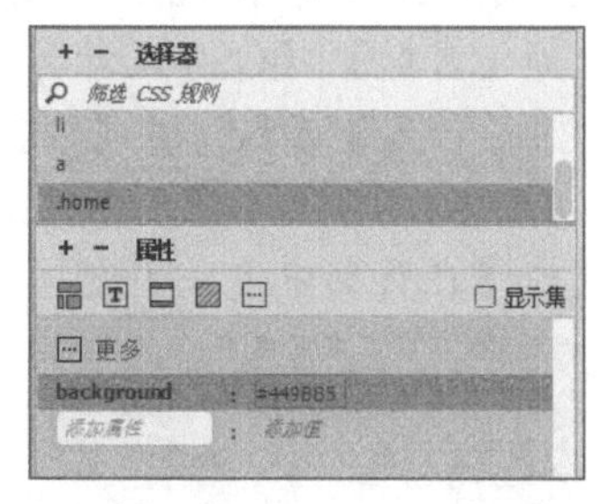

step 9 选中文档中的“首页”菜单选项，为之绑定 home 类样式。

step 10 在【CSS 设计器】面板的【选择器】窗格中新建一个名为“.home a”的复合样式。然后在【属性】窗格中设置文本样式 color 为#fff，定义文本颜色为白色；设置背景样式 background 为 img/icon-2.jpg no-repeat 8px 10px。在 home 类的绑定菜单项的左侧添加一个装饰性的图标，并定位到左侧居中的位置，进制平铺。

step 11 在【CSS 设计器】面板的【选择器】窗格中新建一个名为“.home:hover, li:hover”的复合样式。在【属性】面板中设置背景样式 background 为#C85055,定义在鼠标经过所有菜单项时，修改<li>标签的背景色为浅红色。

step 12 在【CSS 设计器】面板的【选择器】窗格中新建一个名为“.home a:hove,li a:hover”的复合样式，定义鼠标经过超链接时的样式。在【属性】窗格中定义文本样式 color 为#FFF,设计在鼠标经过所有超链接时文本颜色为白色;设置边框样式 border-radius 为 4px，定义超链接的边框以圆角显示，圆角曲度为 4 像素；定义背景样式 background 为 img/icon-2.jpg #EB5055 no-repeat 8px 10px，设计鼠标经过时将箭头图标替换为

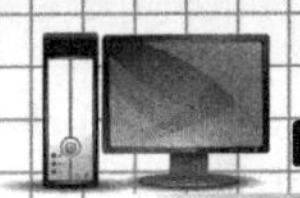

icon-2.jpg，超链接的背景色为红色，如下图所示。

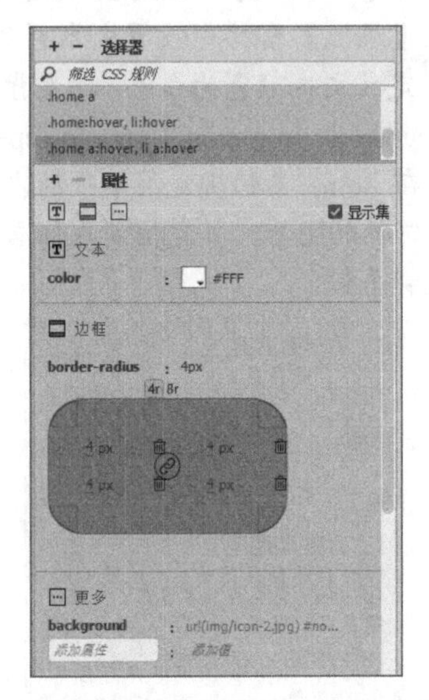

step 13 切换至代码视图，输入以下代码：

```
.home a:hover, li a:hover {
    -moz-transform: translate(3px, 2px);
    -webkit-transform: translate(3px, 2px);
    -o-transform: translate(3px, 2px);
    transform: translate(3px, 2px);
}
```

以上代码使用 transform 属性定义位移动画，使用 translate(3px,2px)函数设计列表向右下角位置偏移 3 或 2 像素。

step 14 保存网页后，按下 F12 键预览网页，效果如下图所示。

12.2.3 制作 3D 平面

利用 CSS3 变形还可以设计平面铺开的网格，并通过倾斜变形设计立体视觉效果，具体操作步骤如下：

step 1 按下 Ctrl+N 组合键，打开【新建文档】对话框，创建一个空白网页。

step 2 将鼠标光标置于页面中，选择【插入】| image 命令，打开【选择图像源文件】对话框，在网页中插入下图所示的图片。

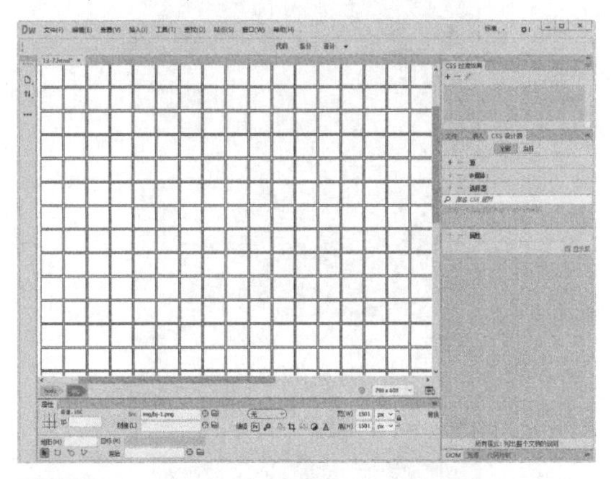

step 3 选中插入的图像，在【属性】面板中将图像的 ID 定义为 wangge。

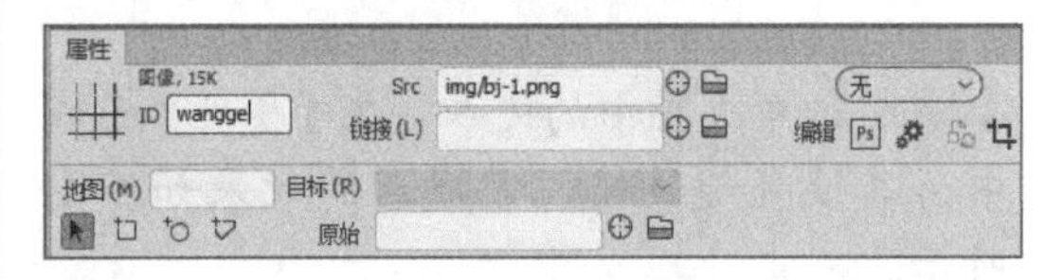

step 4 选择【插入】| Div 命令，打开【插入 Div】对话框，在 ID 文本框中输入 apDiv1，然后单击【确定】按钮。

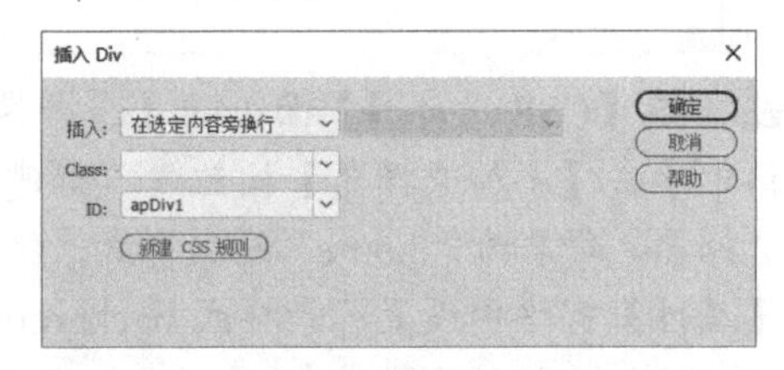

step 5 选中插入的包含框<div id="apDiv1">标签，选择【窗口】|【CSS 设计器】命令，打开【CSS 设计器】面板。在【源】窗格中单击【添加 CSS 源】按钮+，在弹出的下拉列表中选择【在页面中定义】选项。

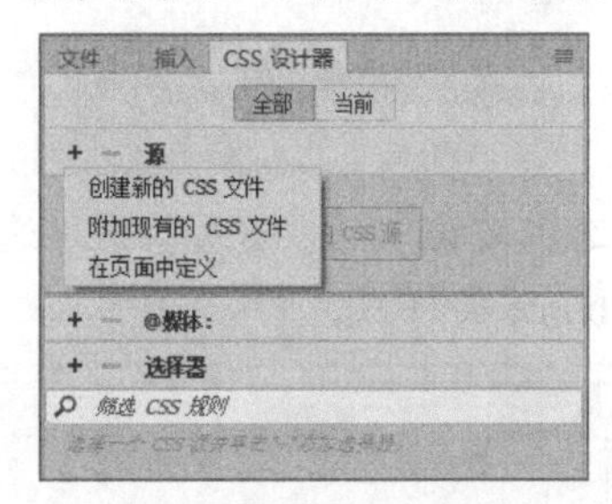

step 6 在【选择器】窗格中单击【添加选择器】按钮+，添加一个名为“#apDiv1”的选

择器。在【属性】窗格中设置背景样式 background-color 为 #E1B070,定义包含框的背景色为黄色；设置其他样式 overflow 为 hidden，将超出包含框范围以外的内容全部隐藏。

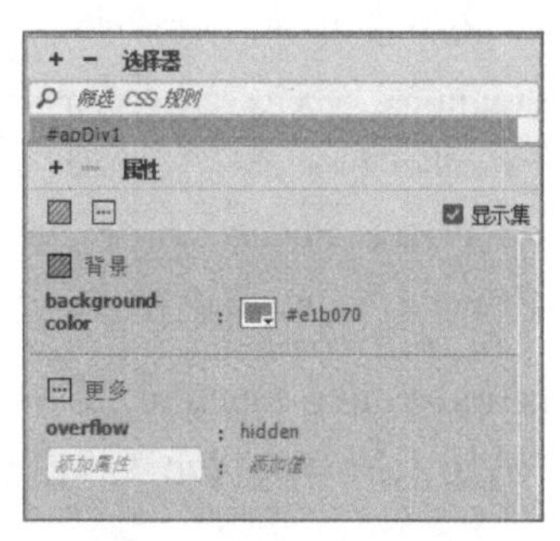

step 7 切换至代码视图，在内部样式表中定义如下样式：

```
#apDiv1 img {
    -moz-transform: skew(-60deg, 20deg);
    -webkit-transform: skew(-60deg, 20deg);
    -o-transform: skew(-60deg, 20deg);
    transform: skew(-60deg,20deg);
}
```

以上代码定义的倾斜变形效果是：设置图像沿 X 轴顺时针倾斜 60°，然后沿 Y 轴逆时针倾斜 20°。

step 8 切换至实时视图，网页中网格图片的效果如右上图所示。

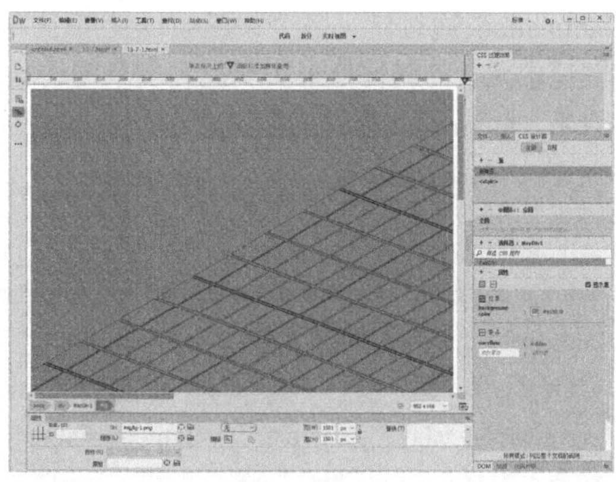

step 9 在【选择器】窗格中选中“#apDiv”选择器，设置 width 为 800px，height 为 600px。

step 10 在【选择器】窗格中选中“#apDiv img”选择器，在【属性】窗格中设置 position:relative，left 为-800px,top 为 100px，通过相对定位向左上方偏移对象。

step 11 此时，网页效果如下图所示。

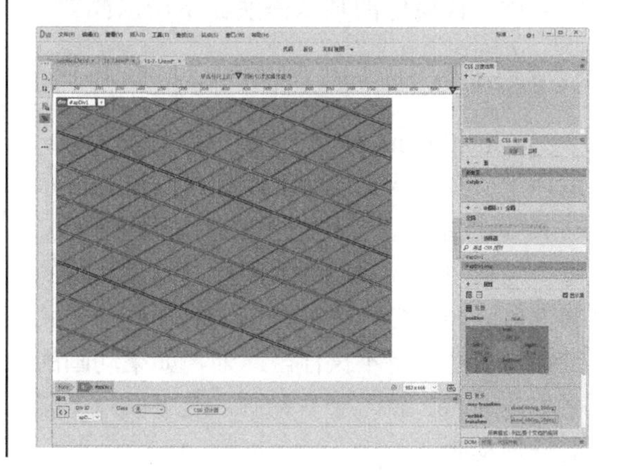

12.3 使用 CSS3 Animation

CSS3 Transition 的优点在于简单易用，但也有以下几个缺点：

- 需要触发器，所以无法在网页加载时自动发生。
- 只能执行一次，不能重复执行，除非反复触发。
- 只能定义开始状态和结束状态，不能定义中间状态，也就是说，只有两个状态。

CSS3 Animation 就是为了解决以上问题而提出的。CSS3 除了支持使用 Transition 功能实现动画效果之外，还允许使用 Animation 功能实现更为复杂的动画效果。

12.3.1 CSS3 Animation 简介

Animation 的功能与 Transition 相同，都是通过改变元素的属性值来实现动画效果的。它们的区别在于：Transition 只能通过指定属性的开始值与结束值，然后在这两个属性值之间进行平滑过渡的方式来实现动画效果，因此不能实现比较复杂的动画效果；而

Animation 通过定义多个关键帧以及每个关键帧中元素的属性值来实现更为复杂的动画效果。animation 属性的基本语法如下所示：

```
animation:[<animation-name>] | | <animation-duration> | | <animation-timingfunction> | | <animation-delay> | | <animation-iteration-count> | | <animation-direction>] [, [<animation-name> | | <animation-duration> | | <animation-timing-function> || <animation-delay> | | <animationiteration-count> | | <animation-direction>]]*;
```

animation 属性的初始值根据各个子属性的默认值而定，适用于所有块状元素和内联元素。

1. 设置名称

animation-name 属性可以定义 CSS 动画的名称。该属性的基本语法如下所示：

```
animation-name:none | IDENT [,none | IDENT]*;
```

animation-name 属性的初始值为 none，适用于所有块状元素和内联元素。animation-name 属性定义了一个适用的动画名称列表。每个名称用来选择动画关键帧，提供动画的属性值。如果名称不符合定义的任何一个关键帧，该动画将不执行。此外，如果动画的名称是 none，就不会有动画。这可以用于覆盖任何动画。

2. 设置播放时间

animation-duration 属性定义 CSS 动画的播放时间。该属性的基本语法如下所示：

```
animation-duration:<time> [,<time>]*;
```

animation-duration 属性的初始值为 0，适用于所有块状元素和内联元素。该属性定义动画循环的时间，默认情况下该属性的值为 0，这意味着动画周期是直接的，即不会有动画。当值为负数时，则被视为 0。

3. 设置效果

animation-timing-function 属性可以定义 CSS 动画的播放方式。该属性的基本语法如下所示：

```
animation-timing-function:ease | linear | ease-in | ease-out | ease-in-out | cubicbezier(<number>, <number>,<number>,<number>) [, ease | linear | ease-in | ease-out | ease-in-out | cubic-bezier(<number>, <number>, <number>, <number>)]*
```

animation-timing-function 属性的初始值为 ease，适用于所有块状元素和内联元素。

4. 设置延迟时间

animation-delay 属性可以定义 CSS 动画延迟播放的时间，可以延迟或提前等。该属性的基本语法如下所示：

```
animation-delay:<time> [, <time>]*;
```

animation-delay 属性的初始值为 0，适用于所有块状元素和内联元素。该属性定义动画的开始时间。它允许一个动画开始执行一段时间后才被应用。当动画的延迟时间为 0 时，即使用默认的动画延迟时间，则意味着动画将尽快执行，否则该值指定将延迟执行的时间。

5. 设置播放次数

animation-iteration-count 属性定义 CSS 动画的播放次数。该属性的基本语法如下所示：

```
animation-iteration-count:infinite | <number> [, infinite | <number>]*;
```

animation-iteration-count 属性的初始值为 1，适用于所有块状元素和内联元素。该属性定义动画的循环播放次数。默认值为 1，这意味着动画从开始到结束只播放一次。infinite 表示无限次，即 CSS 动画永远重复播放。如果取值为非整数，将导致动画只播放一个周期的一部分。如果取值为负值，将导

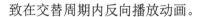

致在交替周期内反向播放动画。

6. 设置播放方向

animation-direction 属性定义 CSS 动画的播放方向。该属性的基本语法如下所示：

```
animation-direction:normal | alternate [, normal | alternate]*;
```

animation-direction 属性的初始值为 normal，适用于所有块状元素和内联元素。该属性定义动画的播放方向，取值包括两个值(normal 和 alternate)，默认为 normal。为默认值时，动画的每次循环都向前播放。取值是 alternate 时，表示偶数次向前播放，奇数次向反方向播放。

7. 设置关键帧

关键帧使用@keyframes 命令定义，在@keyframes 命令的后面可以指定动画的名称，然后加上{}，花括号中是一些不同时间段的样式规则。@keyframes 中的每个样式规则是由多个百分比构成的，如“0%”到“100%”之间。用户可以在这个规则中创建多个百分比，分别在每个百分比中给需要动画效果的元素加上不同的属性，从而让元素达到一种不断变化的效果，如颜色、位置、大小、形状等。还可以使用 from 和 to 来代表动画从哪儿开始、到哪儿结束，其中 from 相当于 0%，而 to 相当于 100%。

具体语法规则如下所示：

```
@keyframes IDENT {
  from {
    properties:properties value;
  }
  percentage {
    properties:properties value;
  }
  to {
    properties:properties value;
  }
}
```

或者全部写成百分比的形式：

```
@keyframes IDENT {
  0% {
    properties:properties value;
  }
  percentage {
    properties:properties value;
  }
  100% {
    properties:properties value;
  }
}
```

其中IDENT是动画名称；percentage是百分比值，可以添加多个这样的百分比；properties为CSS的属性名，如left、background等；value表示对应属性的属性值。

下面用代码定义一个名为 wobble 的动画，动画从 0%开始，到 100%结束，之间经历了 40%和 60%两个过程。wobble 动画在 0%时，将元素定位到 left 为 100px 的位置，背景色为 green；然后在 40%时将元素过渡到 left 为 150px 的位置，并且背景色为 orange；在 60%时将元素过渡到 left 为 75px 的位置，背景色为 blue；最后，在 100%时结束动画，元素又回到起点，即 left 为 100px 处，背景色变成红色。

```
@-webkit-keyframes 'wobble' {
  0% {
    margin-left: 100px;
    background: green;
  }
  40% {
    margin-left: 150px;
    background: orange;
  }
  60% {
    margin-left: 75px;
    background: blue;
  }
  100% {
    margin-left: 100px;
```

```
        background: red;
    }
}
```

12.3.2 制作旋转的商品图片

下面将借助 animation 属性在网页中制作自动翻转的图片效果，该效果模拟在 2D 平面中实现 3D 翻转。具体步骤如下：

step 1 按下 Ctrl+N 组合键，打开【新建文档】对话框，创建一个空白网页。

step 2 将鼠标光标插入网页中，选择【插入】|Div 命令，打开【插入 Div】对话框，在 ID 文本框中输入 box，单击【新建 CSS 规则】按钮。

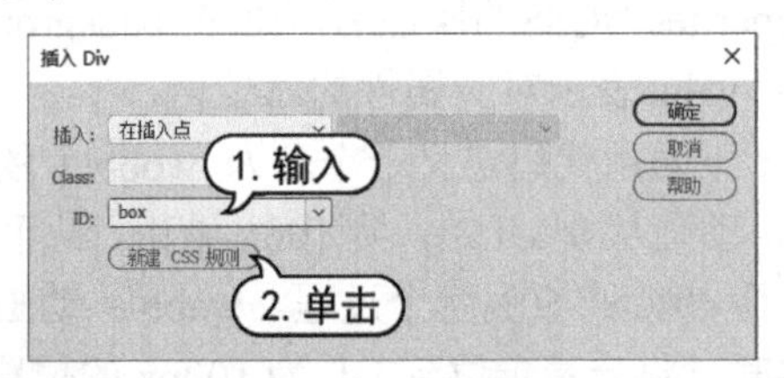

step 3 打开【新建 CSS 规则】对话框，保持默认设置，单击【确定】按钮。

step 4 打开 CSS 规则定义对话框，在【分类】列表框中选择【背景】选项，在对话框右侧的选项区域中设置 Background-image 为 yifu.jpg、Background-repeat 为 no-repeat、Background-position 为 center 和 bottom，设置对象的背景图像，禁止平铺，让图像水平居中并靠底部对齐。

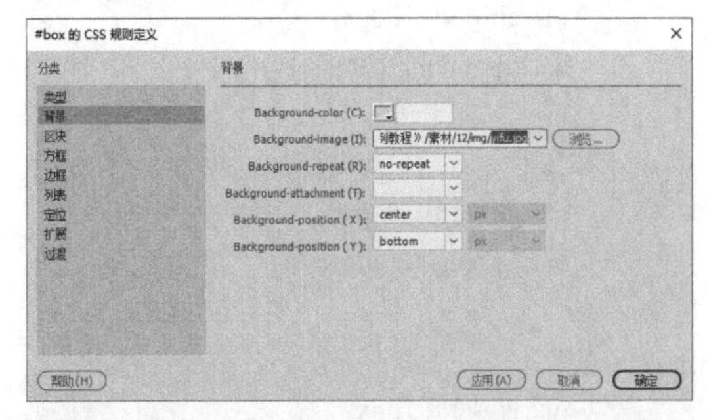

step 5 在【分类】列表框中选择【方框】选项，在对话框右侧的选项区域中设置 Width 为 422px、Height 为 300px、Margin 为 auto，定义对象的宽度和高度固定为 422px 和 300px，将边界设置为自动。

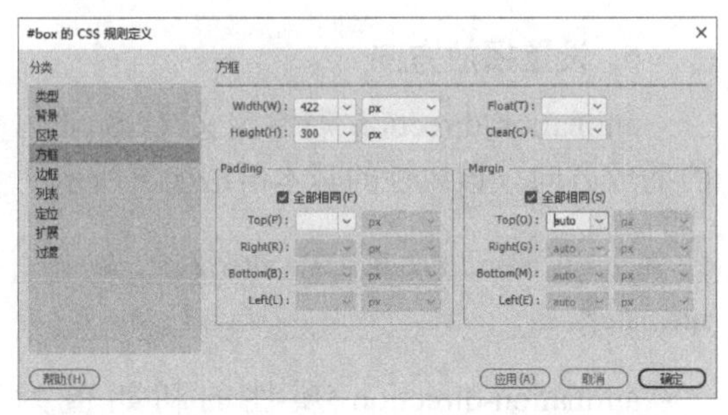

step 6 单击【确定】按钮后，返回【插入 Div】对话框，再次单击【确定】按钮，在网页中插入下图所示的 Div 元素。

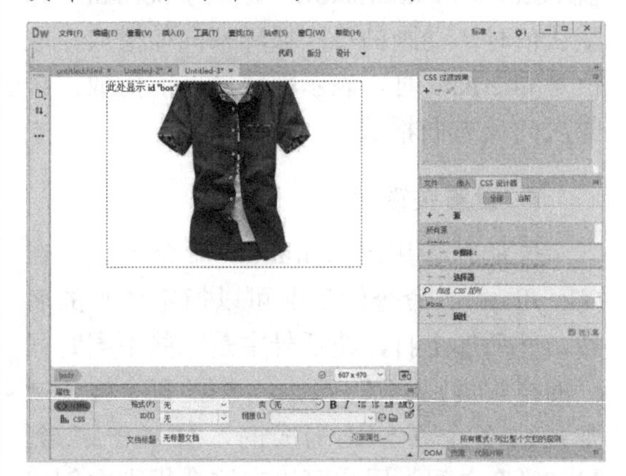

step 7 切换到代码视图，在#box 样式中添加以下声明：

```
#box {
    -webkit-transform-style: preserve-3d;
    -webkit-animation-name: y-spin;
    -webkit-animation-duration: 60s;
    -webkit-animation-iteration-count: infinite;
    -webkit-animation-timing-function: linear;
    transform: -style: preserve-3d;
    animation-name: 60s;
    animation-name: y-spin;
    animation-iteration-count: infinite;
    animation-timing-function: linear;
}
```

以上代码首先使用 transform-style 定义 3D动画，然后使用animation-name属性设置动画的名称为“y-spin”，使用animation-duration

属性定义动画的持续时间为 60 秒，使用 animation-iteration属性定义动画的执行次数为无限次，使用animation-timing-function属性定义动画的执行效果为匀速运动。

step 8 编写代码以调用动画：

```
@keyframes y-spin {
  0%{
    transform: rotateY(0deg)
  }
  50%{
    transform: rotateY(180deg)
  }
  100%{
    transform: rotateY(360deg)
  }
}
```

以上代码通过关键帧命令@keyframes调用动画 y-spin，设置起始帧为 transform: rotateY(0deg)，即定义沿 Y 轴旋转到 0° 位置；定义中间帧，将位置设置为中间位置(50%)，设置中间帧动画为 transform:rotateY(180deg)，即定义沿 Y 轴旋转到 180° 位置；定义结束帧，将位置设置在结束位置(100%)，设置结束帧动画为 transform:rotateY(360deg)，即定义沿 Y 轴旋转到 360° 位置。

step 9 为了让网页能够兼容谷歌 Chrome 和苹果 Safari 浏览器，添加以下代码：

```
@-webkit-keyframes y-spin {
  0%{
    -webkit-transform: rotateY(0deg)
  }
  50%{
    -webkit-transform: rotateY(180deg)
  }
  100%{
    -webkit-transform: rotateY(360deg)
  }
}
```

step 10 删除 Div 元素中 Dreamweaver 自动生成的文本，保存网页并按下 F12 键预览网页，效果如下图所示。

图片旋转效果

12.4　案例演练

本章的案例演练部分将利用 CSS3 关键帧动画制作一款能够自动旋转的时钟，用户可以通过练习巩固本章所学的知识。

【例 12-6】在 Dreamweaver 中使用 CSS3 动画制作一款可以自动旋转的时钟。
视频+素材 (素材文件\第 12 章\例 12-6)

step 1 按下 Ctrl+N 组合键，打开【新建文档】对话框，单击【创建】按钮，创建一个空白文档，并将其保存为 index.html。

step 2 将鼠标光标置于页面中，选择【插入】| Div 命令，打开【插入 Div】对话框，在 ID 文本框中输入 box，单击【确定】按钮。

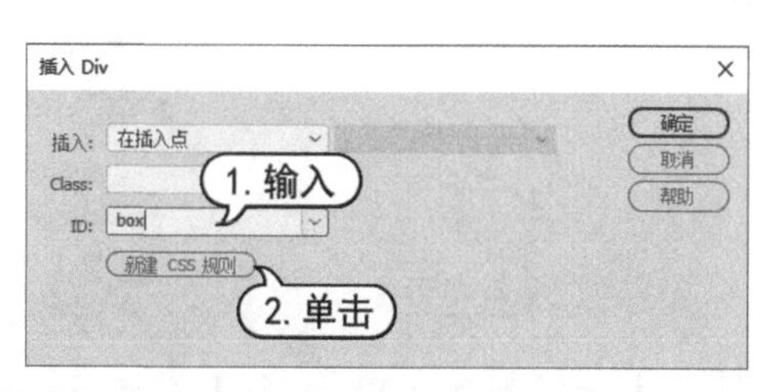

step 3 单击【新建 CSS 规则】按钮，在打开的对话框中保持默认设置，单击【确定】按钮。打开 CSS 规则定义对话框，在【分类】列表框中选中【背景】选项，在对话框右侧

的选项区域中设置 Background-color 为#cde。

step 4 在【分类】列表框中选择【方框】选项，在对话框右侧的选项区域中设置 Width 和 Height 为 100%。

step 5 单击【确定】按钮，返回【插入 Div】对话框，再次单击【确定】按钮，在页面中插入<div id="box">标签。

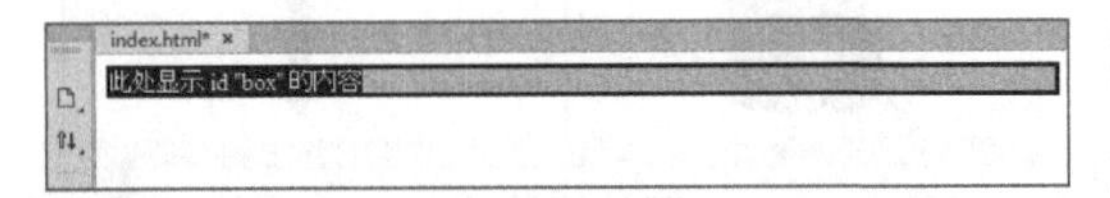

step 6 删除 Div 元素中自动生成的文本，并将鼠标光标置于该元素中，再次选择【插入】| Div 命令，打开【插入 Div】对话框，在 ID 文本框中输入 clock，然后单击【新建 CSS 规则】按钮。

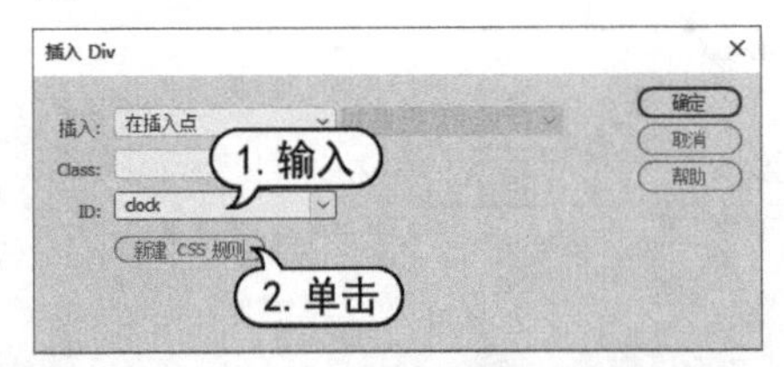

step 7 打开【新建 CSS 规则】对话框，保持默认设置，单击【确定】按钮。打开 CSS 规则定义对话框，再次单击【确定】按钮，在<div id="box">标签中插入一个<div>标签。

step 8 选择【窗口】|【CSS 设计器】命令，显示【CSS 设计器】面板，在【选择器】窗格中选中#clock 选择器，在【属性】窗格中设置 position 为 fixed、left 为 50%、top 为 50%、width 为 400px、height 为 400px、margin 为 -200px 0 0 -200px。定义标签在窗口中固定显示，宽度和高度都为 400px，将 X 轴定位为 50%，将 Y 轴定位为 50%，然后通过负边界定义 margin-left 和 margin-top 为-200px，以实现当前标签在窗口中居中显示。

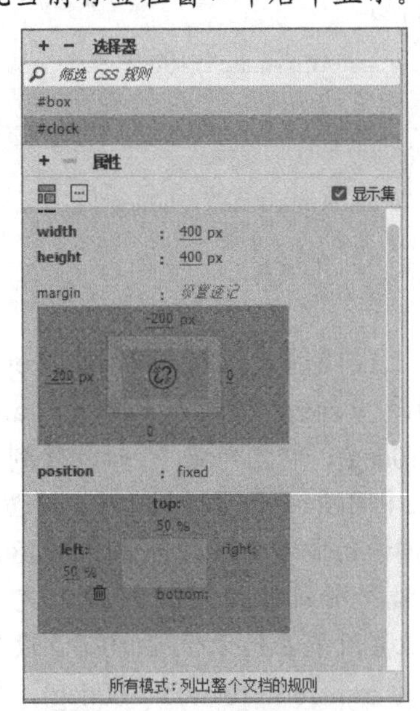

step 9 此时，页面中 Div 元素的效果如下图所示。

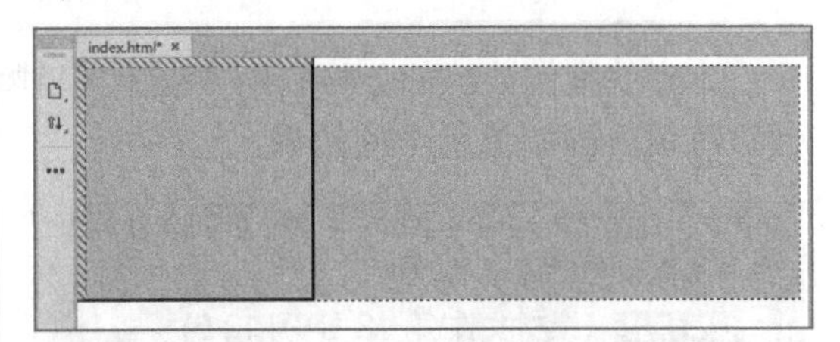

step 10 在【CSS 设计器】面板中设置边框样式 border-radius 为 200px、border 为 6px、solid 为#07a,设计边框为 6px 的蓝色实线，设计边框以圆角显示，圆角曲度为 200px，该值为宽度和高度的一半，即可设计圆形显示效果。

step 11　此时切换至实时视图，<div id="clock">标签的效果如下图所示。

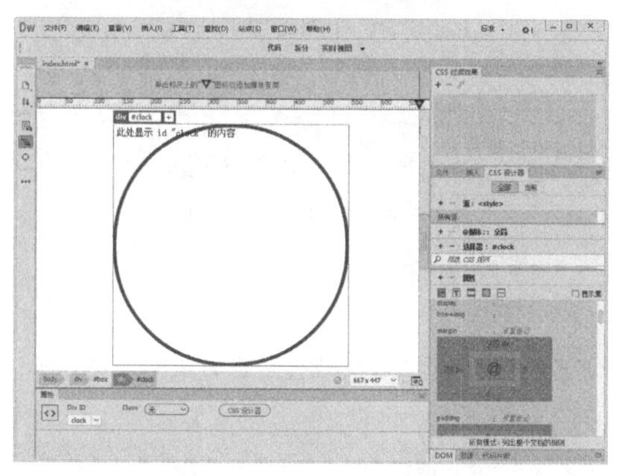

step 12　切换至代码视图，在<div id="clock">标签中定义 4 个<div>标签，并分别定义 class 为 hour、minute、second 和 pivot，代码如下：

```
<div id="box">
  <div id="clock">
    <div class="hour"></div>
    <div class="minute"></div>
    <div class="second"></div>
    <div class="pivot"></div>
  </div>
</div>
```

step 13　在【CSS 设计器】面板的【选择器】窗格中单击【添加选择器】按钮 +，添加一个名为“#clock div”选择器，在【属性】窗格中设置布局样式 position 为 absolute、left 为 175px、top 为 190px、width 为 200px、height 为 20px,定义时钟的所有指针部件以绝对定位方式显示，以固定位置显示，并固定大小，宽度为 200px，高度为 20px。

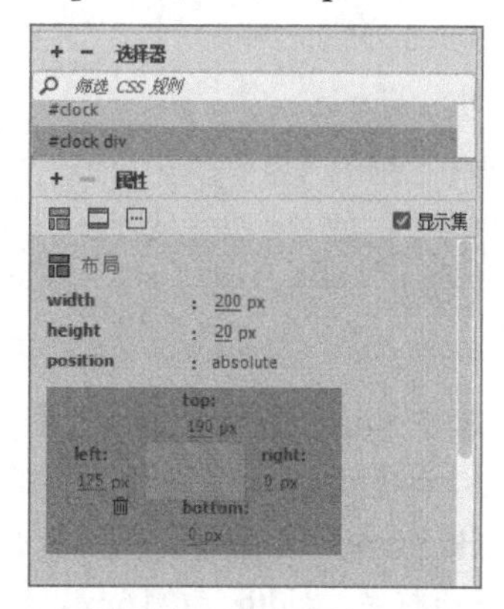

step 14　继续在【属性】面板中设置边框样式 border-radius 为 10px，定义圆角边框，圆角曲度为 10px。

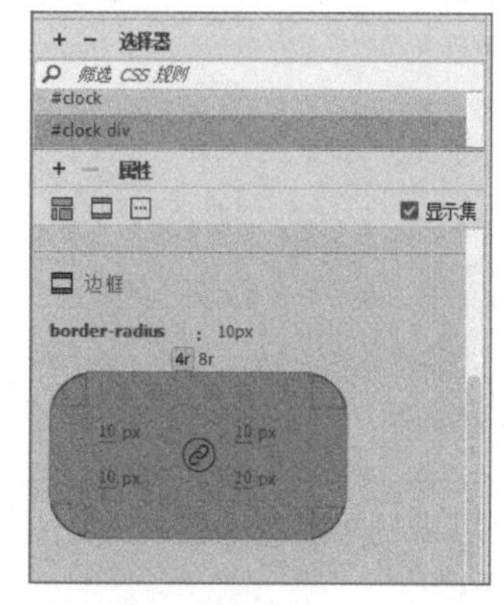

step 15　切换至代码视图，在内部样式表中输入以下样式代码：

```
#clock .second {
    background-color: red;
-webkit-animation: rotate_second 60s infinite linear;
-moz-animation: rotate_second 60s infinite linear;
    animation: rotate_second 60s infinite linear;
    }
    #clock .minute {
        background-color: green;
        width: 150px;
-webkit-animation: rotate_second 360s infinite linear;
```

```
-moz-animation: rotate_second 360s infinite linear;
        animation: rotate_minute 60s infinite linear;
    }
    #clock .hour {
        background-color: blue;
        width: 100px;
-webkit-animation: rotate_second 216000s infinite linear;
-moz-animation: rotate_second 216000s infinite linear;
        animation: rotate_hour 216000s infinite linear;
    }
```

step 16 选中<div class="pivot">标签，在【CSS 设计器】面板的【选择器】窗格中定义“#clock .pivot”选择器，在【属性】窗格中定义布局样式 width 为 16px、height 为 16px、left 为 192px、top 为 192px，定义以固定大小实现，设置宽度和高度为 16px，定位位置为 X 轴、192px，顶部位置为 192px，如下图所示。

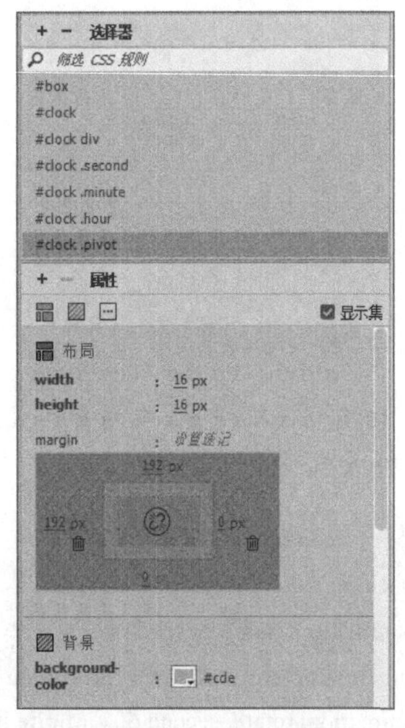

step 17 此时，网页中<div class="pivot">标签的效果如右上图所示。

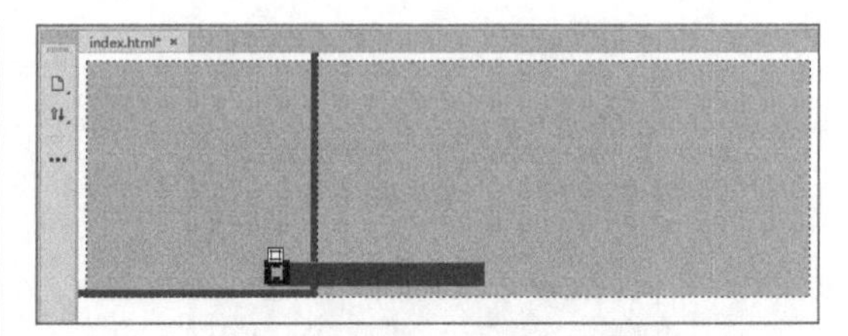

step 18 设置关键帧动画，首先为秒针设置动画，起始帧为 0%，转动轴为(25,10)，转动角度为 0°；结束帧为 100%，转动轴为(25,10)，转动角度为 360°，即设置在 60 秒内，秒针绕钟表轴转动一周，代码如下：

```
    @keyframes rotate_second {
      0%{
        transform-origin: 25px 10px;
        transform: rotate(0);
      }
      100% {
        transform-origin: 25px 10px;
        transform: rotate(360deg)
      }
    }
```

step 19 切换至实时视图，网页效果如下图所示。

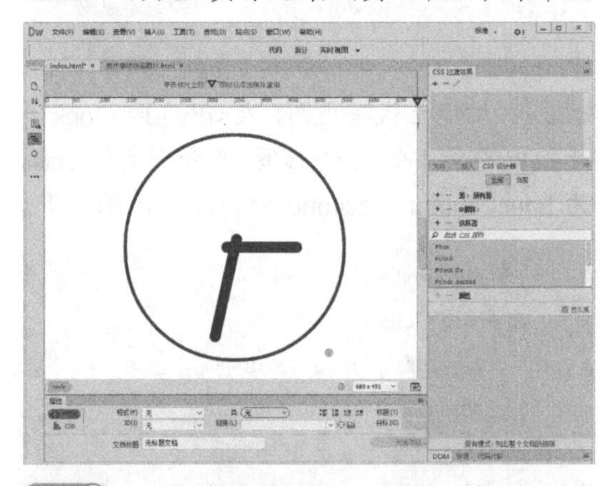

step 20 以同样的方法为分针设置相关的关键帧动画。起始帧和结束帧位置、转动坐标和转动角度相同，代码如下：

```
  @keyframes rotate_minute {
    0% {
      transform-origin: 25px 10px;
      transform: rotate(0);
```

```
    }
    100% {
        transform-origin: 25px 10px;
        transform: rotate(360deg)
    }
}
```

step21 为时针设置相关的关键帧动画。起始帧和结束帧位置、转动坐标和转动角度相同，代码如下：

```
@keyframes rotate_hour {
    0% {
        transform-origin: 25px 10px;
        transform: rotate(0);
    }
    100% {
        transform-origin: 25px 10px;
        transform: rotate(360deg)
    }
}
```

step22 选中<div id="clock">标签，在其中输入数字 1~12。

```
<div id="box">
<div id="clock">
    <div class="hour"></div>
        <div class="minute"></div>
        <div class="second"></div>
        <div class="pivot"></div>
        <span>1</span>
        <span>2</span>
        <span>3</span>
        <span>4</span>
        <span>5</span>
        <span>5</span>
        <span>6</span>
        <span>7</span>
        <span>8</span>
        <span>9</span>
        <span>10</span>
```

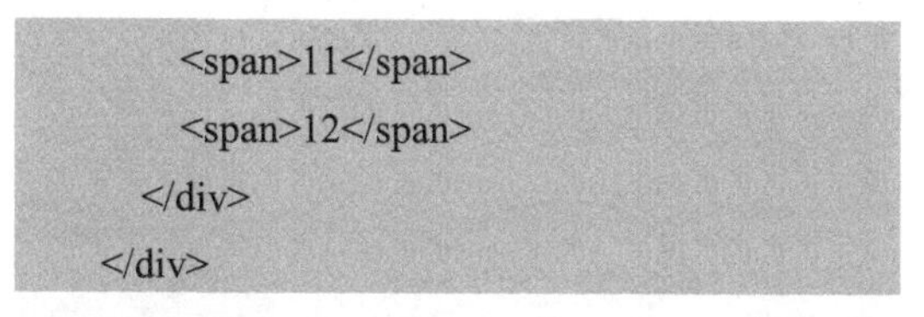

```
        <span>11</span>
        <span>12</span>
    </div>
</div>
```

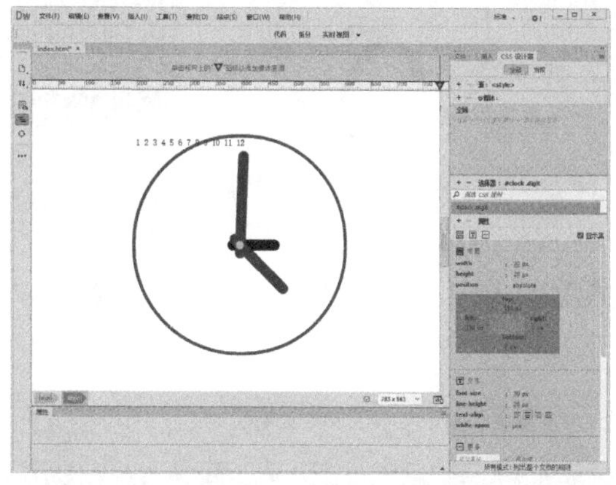

step23 在【CSS 设计器】面板的【选择器】窗格中定义#clock.digit 选择器，设置布局样式 position 为 absolute、left 为 190px、top 为 190px、width 为 20px、height 为 20px。

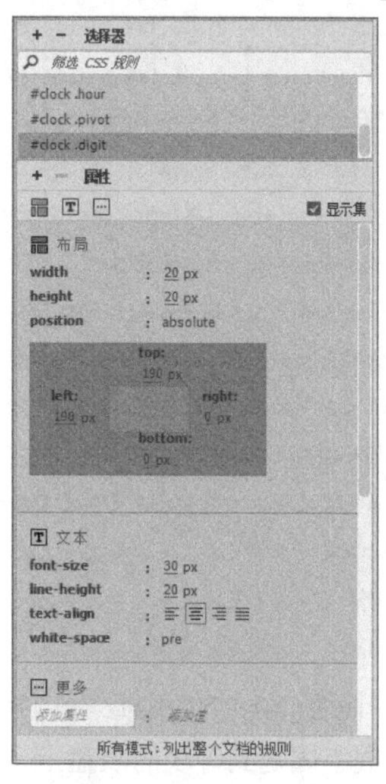

step24 在【属性】面板中为步骤 22 输入的 12 个数字应用 digit 类样式。

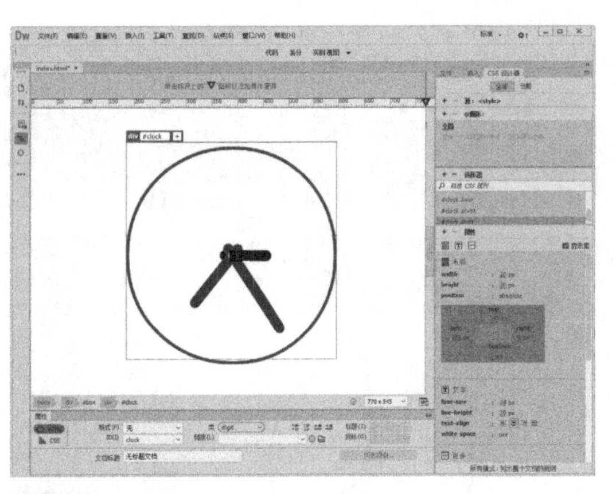

step 25 切换至代码视图，在页面底部输入以下代码：

```
<script type="text/javascript">
    var clock = document.querySelector('#clock');
    var digits = clock.querySelectorAll('.digit');
    var is_webkit =
      /webkit/i.test(navigator.userAgent);
    var is_ff = /firefox/i.test(navigator.userAgent);
  [].slice.call(digits).forEach(function(el,i) {
    var deg = (i + 1) * 30, rad = (deg-90)/180 *
      Math.PI;
    var tx = Math.round( Math.cos(rad) * 190 ),
      ty = Math.round(Math.sin(rad) * 190);
    el.style.cssText = is_webkit ?
'-webkit-transform: translate3d('+tx+'px,'+ty+'px,0)
rotate('+deg+'deg)': is_ff ? '-moz-transform:
translateX('+tx+') translateY('+ty+')
rotate('+deg+'deg)':'transform:
translate3d('+tx+'px,'+ty+'px,0) rotate('+deg+'deg)'});
    </script>
  </body>
  </html>
```

以上代码的主要作用是，以循环的方式将 12 个数字固定到钟表的表盘上，并按顺序旋转显示，用户也可以直接使用 CSS 样式进行控制。

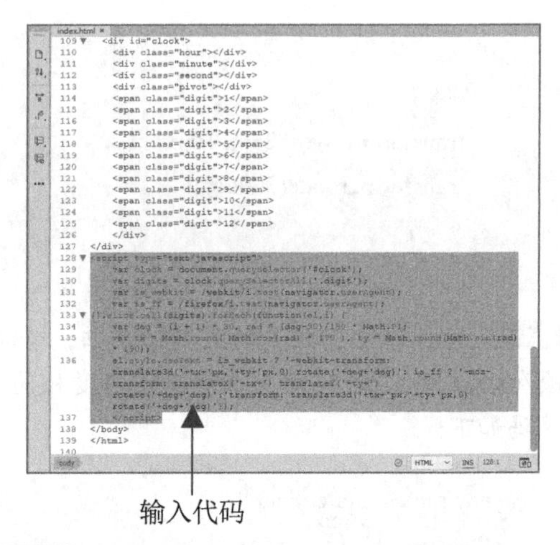

step 26 切换至实时视图，动态钟表的效果如下图所示。

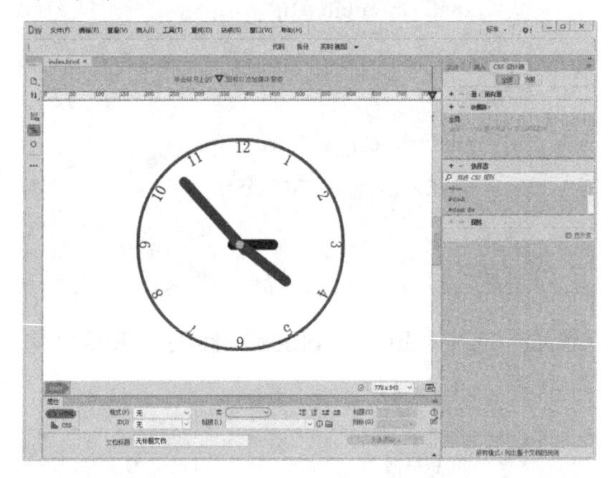

第 13 章

设计 HTML5 结构

HTML5 增加了一些与文档结构相关联的标签，可以使文档的语义变得更加清晰、易读，避免代码冗余。在设计网页时，我们可以根据标题栏、导航栏、内容块、正文、主栏、侧边栏、脚注栏等页面块选择更符合语义的标签，合理编排页面结构。

13.1 HTML5 简介

HTML5 用于取代于 1999 年指定的 HTML 4.0.1 和 XHTML 1.0 标准，现在仍处于制定阶段，但大部分浏览器已经支持 HTML5 技术。当前 HTML5 对多媒体的支持功能更强。

HTML5 新增了以下功能：

- 语义化标签，使文档结构明确；
- 新的文档对象模型(DOM)；
- 实现 2D 绘图的 Canvas 对象；
- 可控媒体播放；
- 离线存储；
- 文档编辑；
- 拖放操作；
- 跨文档消息；
- 浏览器历史管理；
- MINE 类型和协议注册。

对于以上新功能，支持 HTML5 的浏览器在处理 HTML5 代码错误时必须更灵活，而那些不支持 HTML5 的浏览器将忽略 HTML5 代码。

HTML5 代码简单，具有以下几个特点：

- 编写简单，即使用户没有任何编程经验，也可以轻易使用 HTML 来设计网页，要使用 HTML5，只需要为文本加上一些标签(Tag)即可。
- HTML 标签数目有限，在 W3C 所建议使用的 HTML5 规范中，所有控制标签都是固定且数目有限的。固定是指控制标签的名称固定不变，且每个控制标签都已被定义过，其所提供的功能与相关属性的设置都是固定的。由于 HTML 中只能引用 Strict DTD、Transitional DTD 或 Frameset DTD 中的控制标签，且 HTML 不允许网页设计者自行创建控制标签，所以控制标签的数目是有限的，设计者在充分了解每个控制标签的功能后，就可以设计 Web 页面了。
- HTML 语法较弱。在 W3C 制定的 HTML5 规范中，对HTML5 在语法结构上的规格限制是较为松散的，如<HTML>、<Html>或<html>在浏览器中具有同样的功能，是不区分大小写的。另外，也没有严格要求每个控制标签都要有相应的结束控制标签，如标签<tr>就不一定需要结束标签</tr>。

HTML5 最基本的语法是<标签></标签>。标签通常成对使用，有一个开始标签和一个结束标签。结束标签只是在开始标签的前面加一个斜杠“/”。当浏览器收到 HTML 文件之后，就会解释里面的标签，然后把标签相对应的功能表达出来。

13.1.1 创建 HTML5 文件

由于 HTML5 是一种标记语言，主要以文本形式存在，因此所有记事本工具都可以作为它的开发环境。HTML 文件的扩展名为.html 或.htm，将 HTML 源代码输入记事本并保存之后，可以在浏览器中打开文档以查看效果。

在 Dreamweaver 中，按下 Ctrl+N 组合键，打开【新建文档】对话框，在对话框右侧的选项区域中将【文档类型】设置为 HTML5，然后单击【创建】按钮，即可创建一个 HTML5 网页文件。

设置文档样式

13.1.2　HTML5 文件的基本结构

一个完整的 HTML5 文件包括标题、段落、列表、表格、绘制的图形以及各种嵌入对象，这些对象统称为 HTML 元素。

一个 HTML5 文件的基本结构如下：

```
<!doctype html>
<html> <!--文件的开始标签-->
<head> <!--文件头部的开始标签-->
...文件头部内容
</head> <!--文件头部的结束标签-->
<body> <!--文件主体的开始标签-->
...文件主体内容
</body> <!--文件主体的结束标签-->
</html> <!--文件的结束标签-->
```

从上面的代码可以看出，在 HTML 文件中，所有的标签都是对应的，开始标签为< >，结束标签为</>，在这两个标签之间可以添加内容。

在创建 HTML 4.0.1 文件时，文件头部的类型说明代码如下：

```
<!DOCTYPE HTML PUBLIC
"-//W3C//DTD HTML 4.01 Transitional//EN"
"http://www.w3.org/TR/html4/loose.dtd">
```

HTML5 对文件类型进行了简化，简单到 15 个字符就可以了，具体如下：

```
<!doctype html>
```

doctype 声明需要出现在 HTML5 文件的第一行。

1. HTML5 标签<html>

HTML5 标签代表文件的开始。由于 HTML5 语言语法的松散特性，该标签可以省略，但是为了使之符合 Web 标准和保持文件的完整性，养成良好的编写习惯，建议不要省略。

HTML5 标记以<html>开头、以</html>结尾，文件的所有内容书写在开头和结尾的中间部分，语法格式如下：

```
<html>
…
</html>
```

2. 头标签<head>

头标签 head 用于说明文件头部相关信息，一般包括标题信息、元信息、CSS 样式和脚本代码等。HTML 的头部信息以<head>开始、以</head>结束，语法格式如下：

```
<head>
…
</head>
```

<head>标签的作用范围是整篇文档，定义在 HTML 语言头部的内容往往不会在网页上直接显示。

标题标签<title>

HTML 页面的标题一般用来说明页面的用途，显示在浏览器的标题栏中。在 HTML 文件中，标题信息设置在<head>与</head>之间。标题标签以<title>开始、以</title>结束，语法格式如下：

```
<title>
…
</title>
```

标签中的“...”就是标题的内容，它可以帮助用户更好地识别页面。预览网页时，设置的标题在浏览器的左上方标题栏中显示。此外，在 Windows 任务栏中显示的也是标题。

元信息标签<meta>

<meta>标签可提供有关页面的元信息(meta-information)，比如针对搜索引擎和更新频率的描述和关键词。

<meta>标签位于文件的头部，不包含任何内容。<meta>标签的属性定义了与文件

相关的名称/值对，提供的属性及取值说明如下：

- charset：定义文档的字符编码。
- content：定义与 http-equiv 或 name 属性相关的元信息。
- http:-equiv：把 content 属性关联到 HTTP 头部。
- name：把 content 属性关联到名称。

(1) 字符集 charset 属性

在 HTML5 中，新增的 charset 属性使字符集的定义更加容易。例如，下列代码告诉浏览器：网页使用 iso-8859-1 字符集显示。

```
<meta charset="iso-8859-1">
```

(2) 搜索引擎的关键词

早期的 Keywords 关键词对搜索引擎的排名算法起到一定的作用，也是很多用户进行网页优化的基础。关键词在浏览网页时是看不见的，使用格式如下：

```
<meta name="Keywords" content="关键词,
keywords" />
```

以上代码的使用说明如下：

- 不同的关键词之间，应使用半角逗号隔开(英文输入状态下)，不要使用空格或“|”隔开。
- 其中 Keywords 不可写作 Keyword。
- 关键词标签中的内容应该是短语，而不是一段句子。

例如，定义针对搜索引擎的关键词，代码如下：

```
<meta name="Keywords"
content="HTML,CSS,XML,XHTML,JavaScript" />
```

关键词标签“Keywords”曾经是搜索引擎排名中很重要的因素，但现在已经被很多搜索引擎完全忽略。加上这个标签对网页的综合表现没有坏处，不过，如果使用不恰当，对网页非但没有好处，还有欺诈嫌疑。在使用关键词标签“Keywords”时，要注意以下几点：

- 关键词标签中的内容要与网页核心内容相关，确定使用的关键词出现在网页文档中。
- 使用用户易于通过搜索引擎检索的关键词，过于生僻的词汇不适合用作 meta 标签中的关键词。
- 不要重复使用关键词，否则可能会被搜索引擎惩罚。
- 网页的关键词标签，最多包含 3 至 5 个最重要的关键词，不要超过 5 个。
- 每个网页的关键词应不一样。

(3) 页面描述

Description 元标签(描述元标签)是一种 HTML 元标签，用来简略描述网页的主要内容，通常被搜索引擎用在搜索结果页上，是展示给最终用户看的一段文字。页面描述在网页中是显示不出来的，页面描述的使用格式如下：

```
<meta name="Description" content="网页内容的
介绍" />
```

例如，定义对页面的描述，代码如下：

```
<meta name="Description" content="电商网站的
子页面" />
```

(4) 页面定时跳转

使用<meta>标签可以使网页在经过一定时间后自动刷新，这可以通过将 http-equiv 属性设置为 refresh 来实现。content 属性可以设置为更新时间。

在浏览网页时经常会看到显示一些欢迎信息的页面，经过一段时间后，这些页面会自动转到其他页面，这就是网页的跳转。页面定时刷新跳转的语法格式如下：

```
<meta http-equiv="Refresh" content="秒;[url=网
址]" />
```

以上代码中的“[url=网址]”部分是可选项，如果有这部分，页面定时刷新并跳转；

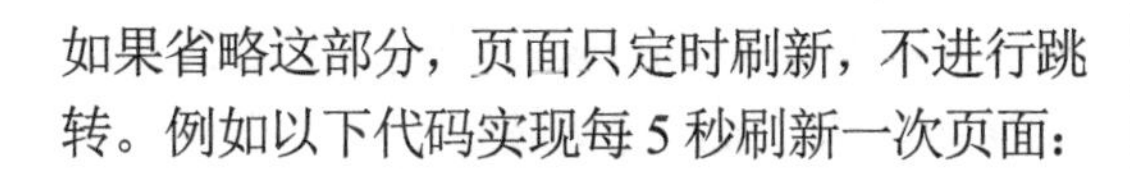

如果省略这部分，页面只定时刷新，不进行跳转。例如以下代码实现每 5 秒刷新一次页面：

```
<meta http-equiv="Refresh" content="5" />
```

3. 网页主体标签<body>

网页所要显示的内容都放在网页的<body>标签内，它是 HTML 文件的重点所在。<body>标签以<body>开始、以</body>结束，语法格式如下：

```
<body>
…
</body>
```

这里应注意的是：在构建 HTML 结构时，标签不允许交错出现，否则会造成错误。

例如，在下列代码中<body>开始标签出现在<head>标签内：

```
<html>
<head>
<title>标记测试</title>
<body>
</head>
</body>
</html>
```

在以上代码中，第 4 行的<body>开始标签和第 5 行的</head>结束标签出现了交错，这是错误的。HTML 中的所有代码都不允许交错出现。

4. 网页注释标签<!-- -->

注释是在 HTML 代码中插入的描述性文本，用于解释代码或提示其他信息。注释只出现在代码中，浏览器对注释不进行解释，并且在浏览器的页面中不显示。

在 HTML 源代码中适当地插入注释是一种良好的习惯，对于设计者日后修改、维护代码很有好处。另外，如果将代码交给其他设计者，其他人也能很快读懂前者撰写的内容。语法如下：

```
<!--注释的内容-->
```

注释由前后两部分组成，前半部分由一个左尖括号、一个半角感叹号和两个连字符组成；后半部分由两个连字符和一个右尖括号组成。

```
<html>
<head>
<title>标签测试</title>
</head>
<body>
<!--这里是标题-->
<h1>HTML5 基础知识</h1>
</body>
</html>
```

注释不但可以对 HTML 中的一行或多行代码进行解释说明，而且可以注释掉这些代码。如果用户希望某些 HTML 代码在浏览器中不显示，可以将这部分内容放在“<!--”和“-->”之间。例如修改上述代码如下：

```
<html>
<head>
<title>标签测试</title>
</head>
<body>
<!--
<h1>HTML5 基础知识</h1>
-->
</body>
</html>
```

修改后的代码，将<h1>标签作为注释内容处理，在浏览器中将不会显示这部分内容。

13.1.3 浏览器对 HTML5 的支持

浏览器是网页的运行环境，因此，浏览器的类型也是网页设计时会遇到的一个问题。由于各个软件厂商对 HTML5 标准的支持情况有所不同，导致同样的网页在不同的浏览器中会有不同的表现。

另外，对于 HTML5 新增的功能，各个浏览器的支持程度也不一致，浏览器的因素变得比以往传统的网页设计更重要。

目前，网络中主流浏览器对 HTML5 的支持情况如下：

- Chrome、Firefox：已支持 HTML5 多年，而且能自动升级，支持最好。
- Safari、Opera：同样支持 HTML5 多年，支持也很好。
- IE：从 IE10 起对 HTML5 的支持较好，之前的版本支持很差。

13.2 使用 HTML5 新增的主体结构元素

在 HTML5 中，新增了几种新的与结构相关的元素，分别是 section 元素、article 元素、aside 元素、nav 元素和 time 元素。

13.2.1 使用 section 元素

<section>标签定义文档中的节，比如章节、页眉、页脚或文档中的其他部分。它可以与 h1、h2、h3 等元素结合使用，用于标识文档结构。<section>标签的代码结构如下：

```
<section>
<h1>...</h1>
<p>...</p>
</section>
```

【例 13-1】在网页中使用 section 元素。
素材 (素材文件\第 13 章\例 13-1)

step 1 输入<section>标签，代码如下：

```
<!doctype html>
<html>
<body>
<section>
 <h2>section 元素的使用方法</h2>
 <p>section 元素用于对网站或应用程序中页面上的内容分块</p>
  </section>
</body>
</html>
```

step 2 在浏览器中预览网页，效果如右上图所示。

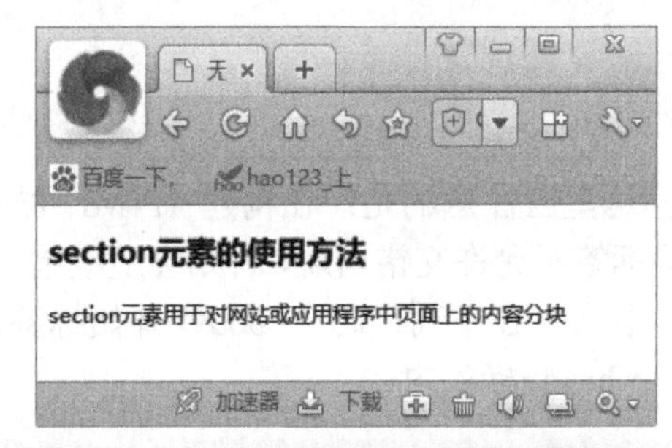

13.2.2 使用 article 元素

<article>标签定义外部的内容。外部的内容可以来自新闻提供者的一篇新的文章，或者来自博客的文本。

<article>标签的代码结构如下：

```
<article>
…
</article>
```

【例 13-2】在网页中使用 article 元素。
素材 (素材文件\第 13 章\例 13-2)

step 1 输入<article>标签，代码如下：

```
<!doctype html>
<html><body>
<article>
 <header>
 <h1> Dreamweaver 案例教程</h1>
 <p>时间：<time
pubdate="pubdate">2028-6-1</time></p>
 </header>
 <p>轻松学习 HTML5，就来</p>
```

```
<a
href="http://www.tupwk.com.cn">www.tupwk.com.cn
</a><br />
<footer>
<p><samp>版权信息：tupwk.com.cn 公司所有
</samp></p>
</footer></article></body></html>
```

step 2　在浏览器中预览网页，效果如下图所示。

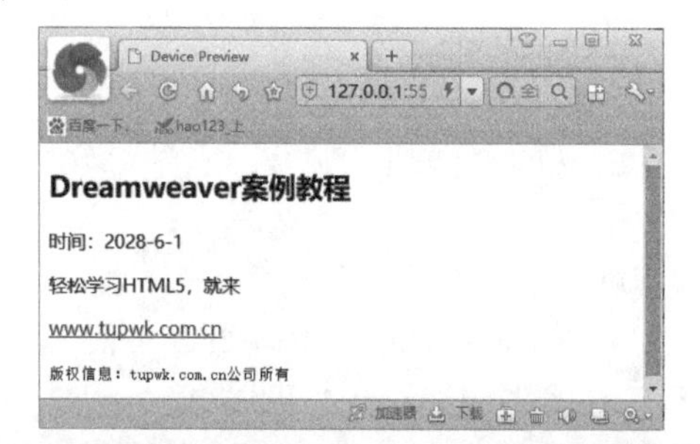

13.2.3　使用 aside 元素

aside 元素一般用来表示网站当前页面或文档的附属信息，可以包含与当前页面或主要内容相关的广告、导航条、引用、侧边栏评论，以及其他有别于主要内容的信息。

aside 元素主要有以下两种使用方法。

第 1 种，被包含在 article 元素中，作为主要内容的附属信息，其中的内容可以是与当前文章有关的相关资料、名称解释等。

```
<article>
<h1>…</h1>
<p>…</p>
<aside>…</aside>
</article>
```

第 2 种，在 article 元素之外使用，作为页面或站点全局的附属信息。最典型的是侧边栏，其中的内容可以是友情链接、博客中的其他文章列表、广告等。

<aside>标签的代码结构如下：

```
<aside>
<h2>…</h2>
<ul>
<li>…</li>
<li>…</li>
</ul>
<h2>…</h2>
<ul>
<li>…</li>
<li>…</li>
</ul>
</aside>
```

【例 13-3】在网页中使用 aside 元素。
素材 (素材文件\第 13 章\例 13-3)

step 1　输入<aside>标签，代码如下：

```
<!doctype html>
<html>
<head>
<meta charset="utf-8">
<title>无标题文档</title>
</head>
<body>
 <header>
 <h1>网页主标题</h1>
 </header>
 <nav>
 <ul>
 <li>主页</li>
 <li>图片</li>
 <li>视频</li>
 </ul></nav>
 <section></section>
 <aside>
 <blockquote>文章 1</blockquote>
 <blockquote>文章 2</blockquote>
 </aside>
</body>
</html>
```

step 2　在浏览器中预览网页，效果如下图所示。

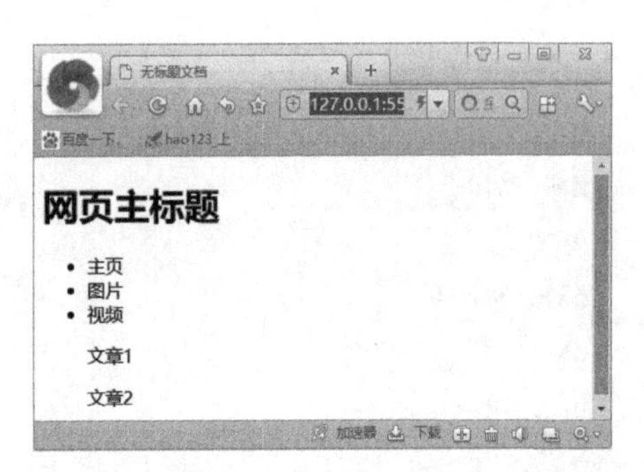

aside 元素可以位于示例页面的左边或右边，并没有预定义的位置。aside 元素仅仅描述所包含的信息，而不反映结构。aside 元素可位于布局的任意部分，用于表示任何非文档主要内容的部分。例如，可以在 section 元素中加入一个aside元素，甚至可以把aside 元素加到一些重要信息中，如文字引用。

13.2.4 使用 nav 元素

<nav>标签用于将具有导航性质的链接划分在一起，使代码结构在语义方面更加准确，同时对屏幕阅读器等设备的支持也更好。

具体来说，nav 元素可以用于以下场合：

- 传统导航条：目前主流网站上都有不同层级的导航条，其作用是将当前页面跳转到网站的其他主要页面。
- 侧边栏导航：现在主流博客网站及商品网站上都有侧边栏导航，其作用是将页面从当前文档或当前商品跳转到其他文章或其他商品页面。
- 页内导航：页内导航的作用是在页面几个主要的组成部分之间进行跳转。
- 翻页操作：翻页操作指的是在多个页面的前后页或博客网站的前后篇文章间滚动。

除此以外，nav元素也可以用于其他所有用户觉得重要的、基本的导航链接组中。其具体实现代码如下：

```
<nav>
<a href="......">Home</a>
<a href="......">Previous</a>
<a href="......">Next</a>
</nav>
```

一个页面中可以拥有多个 nav 元素，用于页面整体或不同部分间的导航。

【例 13-4】在网页中使用 nav 元素。
素材 (素材文件\第 13 章\例 13-4)

step 1 输入<nav>标签，代码如下：

```
<!doctype html>
<body>
 <h1>相关资料</h1>
 <nav>
 <ul>
  <li><a href="/">主页</a></li>
  <li><a href="/events">开发文档</a></li>
  </ul></nav>
 <article>
 <header>
  <h1>HTML5 与 CSS3 的历史</h1>
  <nav>
  <ul>
  <li><a href="#HTML5">HTML5 的历史
</a></li>
  <li><a href="#CSS3">CSS3 的历史</a></li>
  </ul></nav>
  </header>
 <section id="HTML5">
  <h1>HTML5 的历史</h1>
  <p>讲述 HTML5 历史的文章</p>
  <footer>
  <p>
  <a href="">以往版本</a> |
  <a href="">当前现状</a> |
  <a href="">未来前景</a>
   </p>
  </footer></section>
  <section id="CSS3">
  <h1>CSS3 的历史</h1>
  <p>讲述 CSS3 历史的文章</p>
```

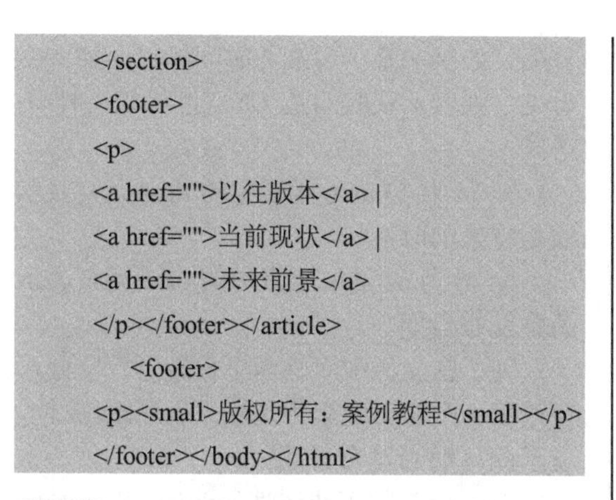

```
</section>
<footer>
<p>
<a href="">以往版本</a> |
<a href="">当前现状</a> |
<a href="">未来前景</a>
</p></footer></article>
    <footer>
<p><small>版权所有：案例教程</small></p>
</footer></body></html>
```

step 2 在浏览器中预览网页，效果如下图所示。

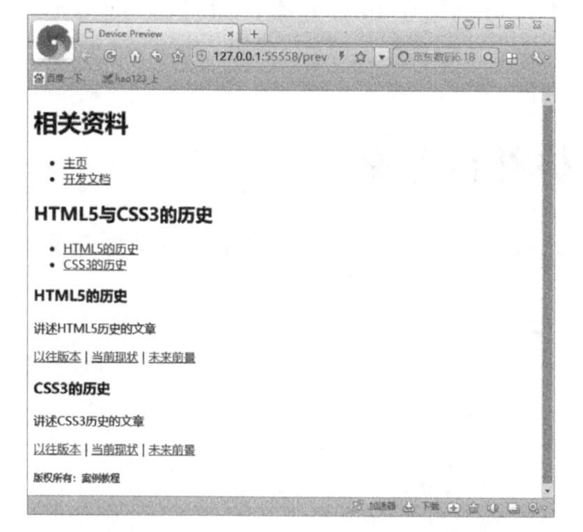

在以上示例中，可以看到<nav>标签不仅可以用于页面的全局导航，也可以放在<article>标签内，作为单篇文章内容的相关导航链接到当前页面的其他位置。

在 HTML5 中不要使用 menu 元素代替 nav 元素，menu 元素用在一系列发出命令的菜单中，是一种交互性元素，或者更确切地说，menu 元素用在 Web 应用程序中。

13.2.5　使用 time 元素

<time>是 HTML5 新增加的一个标签，用于定义时间或日期。time 元素可以代表 24 小时中的某个时刻，在表示时刻时，允许有时间差。在设置时间或日期时，只需要将 time 元素的 datetime 属性设为相应的时间或日期。

具体实现代码如下：

```
<p>
<time>
…
</time>
</p>
<p>
<time datetime=
…
</time>
</p>
```

【例 13-5】在网页中使用 time 元素。

素材 (素材文件\第 13 章\例 13-5)

step 1 输入<time>标签，代码如下：

```
<!doctype html>
<html>
<body>
<h1>使用 time 元素</h1>
 <p id="p1">
 <time datetime="2022-6-1">
 今天是 2022 年 6 月 1 日
   </time></p>
 <p>
 <p id="p2">
 <time datetime="2022-6-1T17:00">
 现在的时间是 2022 年 6 月 1 日下午 5 点
   </time>
 <p>
 <p id="p3">
   <time datetime="2022-12-31">
   新款路由器将于今年年底上市
   </time>
   </p>
 <p id="p4">
   <time datetime="2022-5-21" pubdate="true">
   本消息发布于 2022 年 5 月 21 日
   </time>
 </p>
</body>
</html>
```

step 2 在浏览器中预览网页，效果如下图所示。

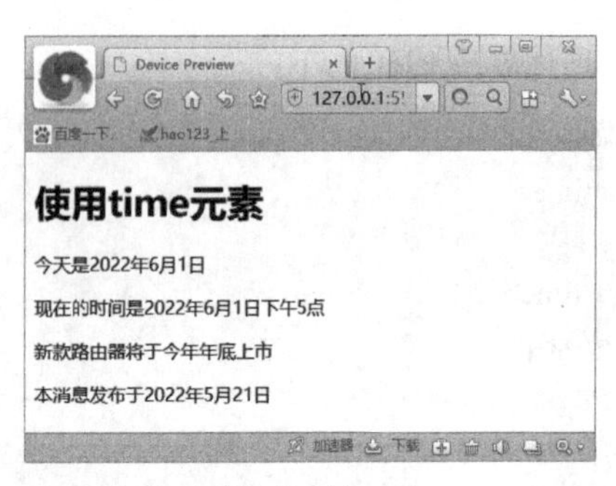

对以上代码的说明如下：

- id 为 p1 的 p 元素中的 time 元素表示的是日期。页面在解析时，获取的是属性 datetime 的值，而标签之间的内容只是显示在页面中。
- id 为 p2 的 p 元素中的 time 元素表示的是日期和时间，它们之间使用字母 T 进行分隔。如果在整个日期与时间的后面加上字母 Z，则表示获取的是 UTC(世界统一时间)格式。
- id 为 p3 的 p 元素中的 time 元素表示的是将来的时间。
- id 为 p4 的 p 元素中的 time 元素表示的是发布日期。

为了在文档中对这两个日期进行区分，在最后一个 time 元素中增加了 pubdate 属性，表示此日期为发布日期。

time 元素的可选属性 pubdate 表示时间是否为发布日期，它是一个布尔值，该属性不仅可以用于 time 元素，而且可用于 article 元素。

13.3　使用 HTML5 新增的非主体结构元素

在 HTML5 中除了新增上面介绍的主体结构元素以外，还增加了一些非主体结构元素，如 header 元素、hgroup 元素和 footer 元素。

13.3.1　使用 header 元素

header 元素是一种具有引导和导航作用的结构元素，通常用来放置整个页面或页面内某个内容区块的标题，但也可以包含其他内容，例如数据表格、搜索表单或相关的 logo 图片。

<header>标签的代码结构如下：

```
<header>
<h1>…</h1>
<p>…</p>
</header>
```

整个页面中的标题一般放在网页的开头，网页中没有限制 header 元素的个数，可以拥有多个 header 元素，可以为每个内容区块添加一个 header 元素。

【例 13-6】在网页中使用 header 元素。
素材 (素材文件\第 13 章\例 13-6)

step 1　输入<header>标签，代码如下：

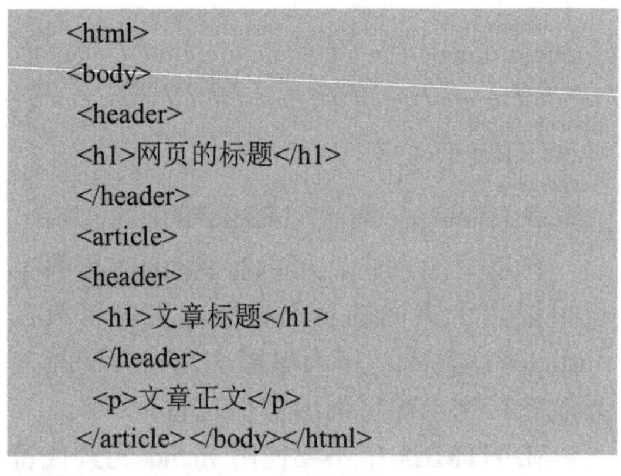

```
<!doctype html>
<html>
<body>
 <header>
 <h1>网页的标题</h1>
 </header>
 <article>
 <header>
  <h1>文章标题</h1>
  </header>
  <p>文章正文</p>
 </article></body></html>
```

step 2　在浏览器中预览网页，效果如下图所示。

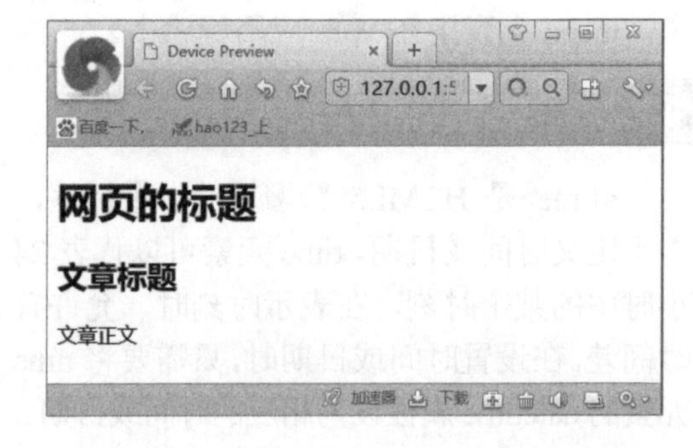

在 HTML5 中，一个 header 元素通常包括至少一个标题元素(h1~h6)，也可以包括 hgroup 元素、nav 元素，还可以包括其他元素。

13.3.2 使用 hgroup 元素

<hgroup>标签用于对网页或区段(section)的标题进行组合。hgroup 元素通常会对 h1~h6 元素进行分组，例如将一个内容区块的标题及其子标题分为一组。

<hgroup>标签的使用代码如下：

```
<hgroup>
<h1>…</h1>
<h2>…</h2>
</hgroup>
```

通常，如果文章只有一个主标题，那么是不需要使用 hgroup 元素的。但是如果文章有主标题，主标题下又有子标题，就需要使用 hgroup 元素了，比如下面的示例。

【例 13-7】在网页中使用 hgroup 元素。

素材 (素材文件\第 13 章\例 13-7)

step 1 输入<hgroup>标签，代码如下：

```
<!doctype html>
<html>
<body>
<article>
 <header>
 <hgroup>
  <h1>文章主标题</h1>
  <h2>文章子标题</h2>
  </hgroup>
  <p><time datetime="2022-06-21">2022 年 6 月 21 日</time></p>
 </header>
 <p>文章正文</p>
 </article>
</body>
</html>
```

step 2 在浏览器中预览网页，效果如下右上图所示。

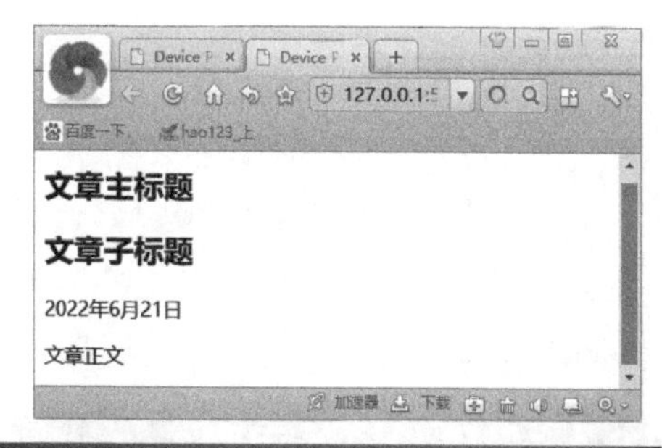

13.3.3 使用 footer 元素

footer 元素可以作为其父级内容区块或根区块的脚注。footer 元素通常包括其相关区块的脚注信息，如作者、相关资料链接及版权信息等。使用<footer>标签设置文档页面的代码如下：

```
<footer>…</footer>
```

在 HTML5 出现之前，网页设计人员使用下面的方式编写页脚：

```
<!doctype html>
<html>
<body>
<div id="footer">
 <ul>
 <li>版权信息</li>
 <li>站点地图</li>
 <li>联系方式</li>
 </ul>
 </div>
 </body>
</html>
```

在 HTML5 出现之后，这种方式已不再使用，而是使用更具语义的 footer 元素来替代：

```
<!doctype html>
<html>
<body>
 <footer>
 <ul>
 <li>版权信息</li>
```

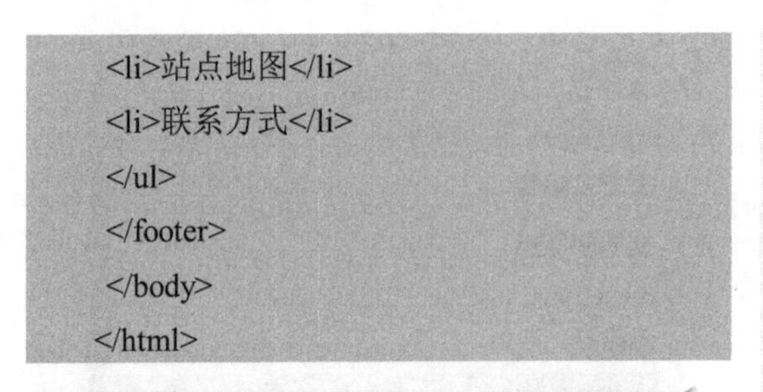

```
<li>站点地图</li>
<li>联系方式</li>
</ul>
</footer>
</body>
</html>
```

13.3.4 使用 figure 元素

figure 元素是一种元素的组合，可带有标题(可选)。figure 标签用来表示网页上一块独立的内容，将其从网页上移除后不会对网页上的其他内容产生影响。figure 元素所表示的内容可以是图片、统计图或代码示例。

figure 标签的实现代码如下：

```
<figure>
<ur>…</h1>
<p>…</p>
</figure>
```

使用 figure 元素时，需要使用 figcaption 元素为 figure 元素添加标题。不过，一个 figure 元素内最多只允许放置一个 figcaption 元素，其他元素可无限放置。

1. 使用不带标题的 figure 元素

【例 13-8】使用不带有标题的 figure 元素。

素材 (素材文件\第 13 章\例 13-8)

step 1 输入如下代码：

```
<!doctype html>
<html>
<head>
<title>不带标题的 figure 元素</title>
</head>
<body>
 <figure>
 <img alt="img/logo.jpg"/>
 </figure>
</body>
</html>
```

step 2 在浏览器中预览网页，效果如右上图所示。

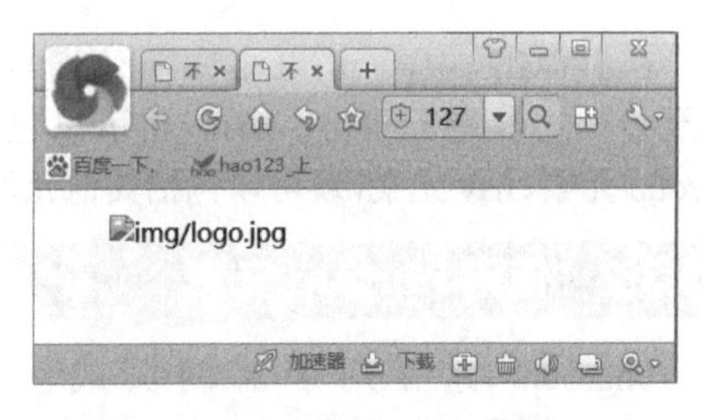

2. 使用带标题的 figure 元素

【例 13-9】使用带有标题的 figure 元素。

素材 (素材文件\第 13 章\例 13-9)

step 1 输入如下代码：

```
<!doctype html>
<html>
<head>
<title>带有标题的 figure 元素</title>
</head>
<body>
<figure>
 <img alt="img/logo.jpg"/>
 </figure>
 <figcaption>标题提示</figcaption>
 </body>
</html>
```

step 2 在浏览器中预览网页，效果如下图所示。

3. 使用含多张图片、同一标题的 figure 元素

【例 13-10】使用含多张图片、同一标题的 figure 元素。

素材 (素材文件\第 13 章\例 13-10)

step 1 输入如下代码：

```
<!doctype html>
<html>
<head>
```

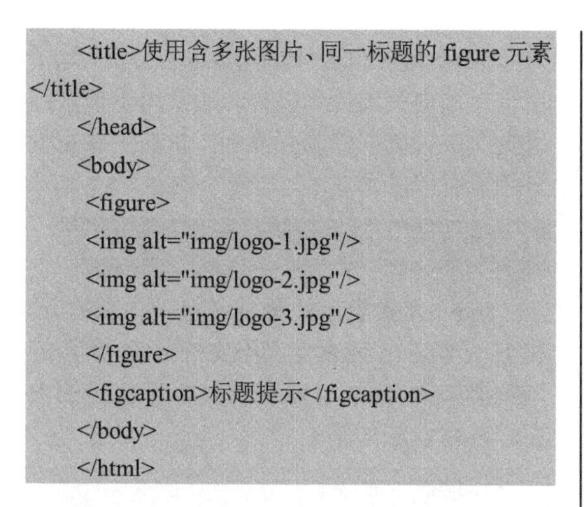

```
    <title>使用含多张图片、同一标题的 figure 元素
</title>
    </head>
    <body>
     <figure>
     <img alt="img/logo-1.jpg"/>
     <img alt="img/logo-2.jpg"/>
     <img alt="img/logo-3.jpg"/>
     </figure>
     <figcaption>标题提示</figcaption>
    </body>
    </html>
```

step 2 在浏览器中预览网页，效果如下图所示。

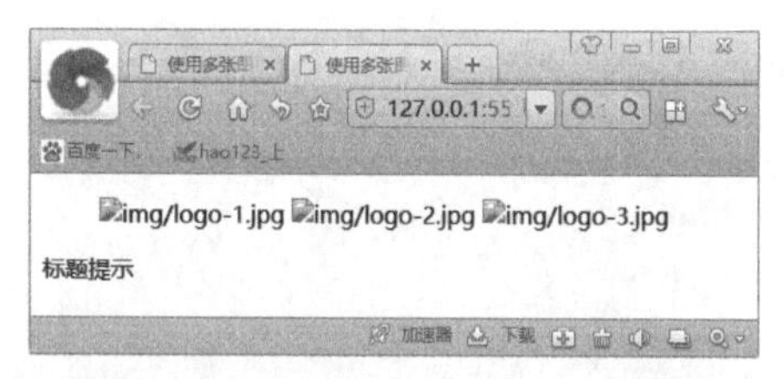

13.3.5　使用 address 元素

address 元素用于在文档中呈现联系信息，包括文档作者或文档维护者的名字，以及他们的网站链接、电子邮箱、真实地址、电话号码等。<address>标签的实现代码如下：

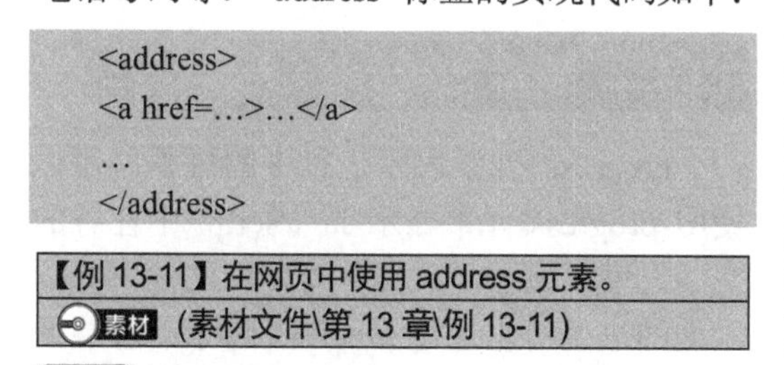

```
<address>
<a href=…>…</a>
…
</address>
```

【例 13-11】在网页中使用 address 元素。
（素材文件\第 13 章\例 13-11）

step 1 输入如下代码：

```
<!doctype html>
<html>
```

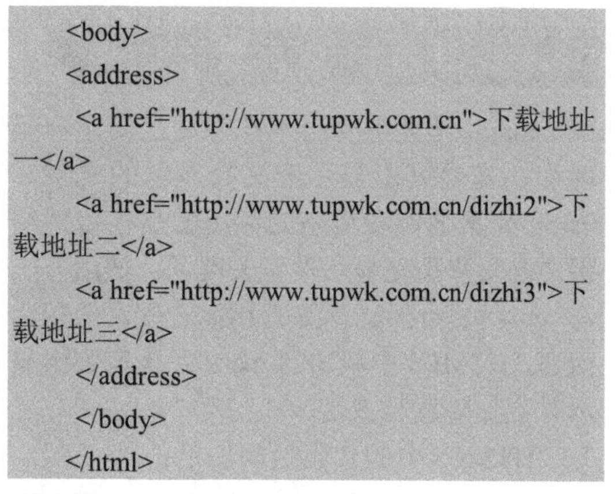

```
<body>
<address>
 <a href="http://www.tupwk.com.cn">下载地址
一</a>
 <a href="http://www.tupwk.com.cn/dizhi2">下
载地址二</a>
 <a href="http://www.tupwk.com.cn/dizhi3">下
载地址三</a>
 </address>
 </body>
</html>
```

step 2 在浏览器中预览网页，效果如下图所示。

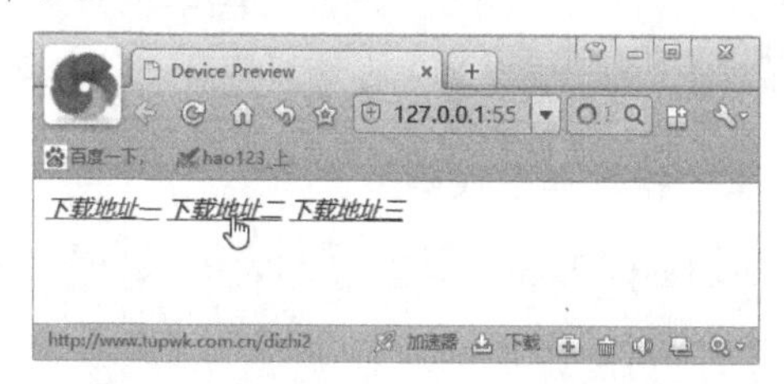

另外，address 元素不仅可以单独使用，还可以与 footer 元素、time 元素结合起来使用，例如以下代码：

```
<!doctype html>
<html>
<body>
 <footer>
 <div>
 <address>
  <a title="下载地址提供者"
href="http://www.tupwk.com.cn">案例教程</a>
  </address>
  发表于<time datetime="2022-6-21">2022 年 6
月 21 日</time>
  </div>
 </footer>
</body>
</html>
```

13.4　使用 HTML5 新增的其他常用元素

除了结构元素以外，HTML5 还新增了其他元素，如 mark 元素、rp 元素、rt 元素、ruby 元素、progress 元素、command 元素等。

13.4.1 使用 mark 元素

mark 元素主要用来在视觉上向用户呈现那些需要突出显示或高亮显示的文字。mark 元素的比较典型的应用就是在搜索结果中向用户高亮显示搜索关键词。使用方法与<em>和<strong>标签有相似之处，但相比而言，HTML5 中新增的 mark 元素在突出显示时更加随意与灵活。

HTML5 中的代码示例如下：

```
<p>…<mark>……</mark>…</p>
```

【例 13-12】在网页中使用 mark 元素高亮处理文本中的字符“HTML5”和“浏览器”。

素材 (素材文件\第 13 章\例 13-12)

step 1 输入如下代码：

```
<!doctype html>
<html>
<head>
<meta charset="utf-8">
<title>使用 mark 元素</title>
 <link href="css/css3.css" rel="stylesheet"
type="text/css">
 </head>
<body>
 <h5>兼容性成最大问题</h5>
 <p class="p3_5">
 <mark>HTML5</mark>技术目前最大的困境
莫过于各<mark>浏览器</mark>缺乏统一的扩展标
准</p>
</body>
</html>
```

step 2 在浏览器中预览网页，效果如下图所示。

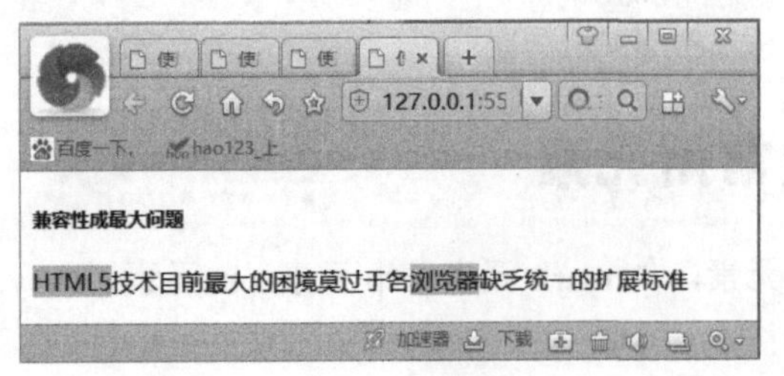

mark 元素的这种高亮显示的特征，除了用于文档中突出显示以外，还常用于搜索结果页面中关键词的高亮显示，目的主要是吸引浏览者的注意。

13.4.2 使用 rp、rt 和 rudy 元素

rudy 元素表示注释或音标，内部有 rp 和 rt 元素。rp 元素定义不支持 rudy 元素的浏览器如何显示，rt 元素表示 rudy 注释的内容。具体语法如下：

```
<rudy>
<rt><rp>(</rp> <rp>)</rp></rt>
</rudy>
```

例如，使用 rudy 注释繁体字“漢”。

```
<!doctype html>
<html>
<body>
 <ruby>
  漢<rt><rp>(</rp>汉</rt>)</rp></rt>
 </ruby>
</body>
</html>
```

支持 rudy 元素的浏览器不会显示 rp 元素的内容。

13.4.3 使用 progress 元素

progress 元素表示运行中的进程。可以使用 progress 元素显示 JavaScript 中任务的完成进度。例如下载文件时，将文件下载到本地的进度可以通过 progress 元素动态展示在页面中，展示的方式既可以使用整数(如 1~100)，也可以使用百分比(如 10%~100%)。

progress 元素的属性及描述如下：

- max(值为整数或浮点数)：设置完成时的值，表示总体工作量。
- value(值为整数或浮点数)：设置正在进行时的值，表示已完成的工作量。

progress元素中设置的value属性值必须小于或等于max属性值，且两者都必须大于0。

【例 13-13】使用 progress 元素显示下载进度。
素材 (素材文件\第 13 章\例 13-13)

step 1 输入如下代码:

```
<!doctype html>
<html>
<body>
对象的下载进度:
 <progress>
 <span id="objprogress">76</span>%
 </progress>
</body>
</html>
```

step 2 在浏览器中预览网页，效果如下图所示。

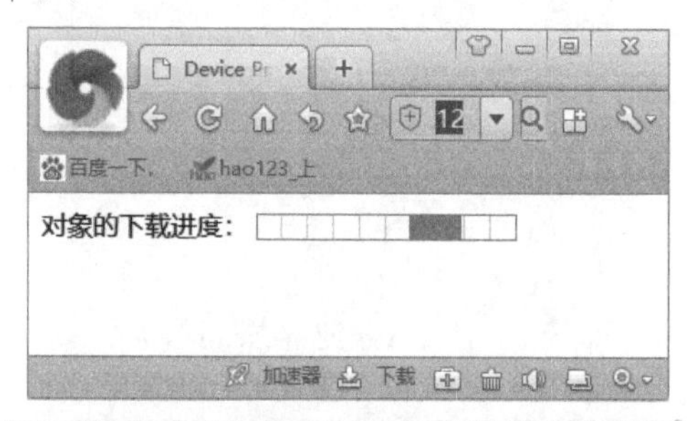

13.4.4 使用 command 元素

command 元素表示用户能够调用的命令，可以定义命令按钮，如单选按钮、复选框或普通按钮。在 HTML5 中使用 command 元素的示例代码如下:

```
<command type="command">…</command>
```

例如，以下代码使用 command 元素标记一个按钮，在浏览器中单击网页中的这个按钮，将弹出提示框。

```
<!doctype html>
<html>
<body>
<menu>
 <command onClick="alert('提示框')">单击我
</command>
 </menu>
 </body>
</html>
```

只有当 command 元素位于 menu 元素内时，commond 元素才是可见的；否则，不会显示 commond 元素。

13.4.5 使用 embed 元素

embed 元素用来插入各种多媒体，格式可以是 MIDI、WAV、AIFF、AU、MP3 等。

HTML5 中的代码示例如下：

```
<embed src="……"/>
```

【例 13-14】使用 embed 元素插入动画。
素材 (素材文件\第 13 章\例 13-14)

step 1 输入如下代码:

```
<!doctype html>
<html>
<body>
<embed src="flash6251.swf">
 </body>
</html>
```

step 2 在浏览器中预览网页，效果如下图所。

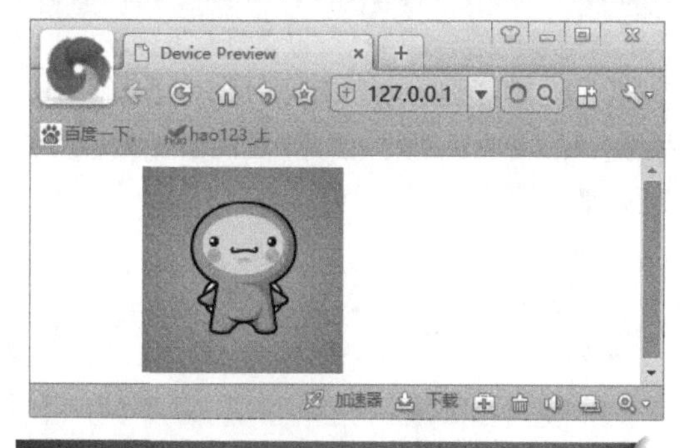

13.4.6 使用detail和summary元素

details 元素表示用户要求得到并且可以得到的细节信息，与 summary 元素配合使用。summary 元素提供标题或图例。标题是可见的，用户单击标题时会显示出细节信息。summary 元素应该是 details 元素的第一个子元素。HTML5 中的代码示例如下：

```
<details>
<summary>…</summary>
</details>
```

【例 13-15】使用 details 元素制作简单页面。
素材 (素材文件\第 13 章\例 13-15)

step 1 输入如下代码：

```
<!doctype html>
<html>
<body>
<details>
 <summary>人工智能</summary>
 <img src="img/AI.jpg" alt="人工智能"/>
 <div>
 <h3>人工智能(Artificial Intelligence)，英文缩写为 AI。它是研究、开发用于模拟、延伸和扩展人的智能的理论、方法、技术及应用系统的一门新的技术科学。</h3>
 <p>人工智能是计算机科学的一个分支，它试图了解智能的实质，并生产出一种新的能以人类智能相似的方式做出反应的智能机器，该领域的研究包括机器人、语言识别、图像识别、自然语言处理和专家系统等。人工智能从诞生以来，理论和技术日益成熟，应用领域也不断扩大，可以设想，未来人工智能带来的科技产品，将会是人类智慧的“容器”。人工智能是对人的意识、思维的信息过程的模拟。人工智能不是人的智能，但能像人那样思考，也可能超过人的智能。</p>
 </div>
 </details>
 </body>
</html>
```

step 2 在浏览器中预览网页，效果如下图所示。

13.4.7 使用 datalist 元素

datalist 是用于辅助文本框的输入功能，本身是隐藏的，与表单文本框的 list 属性绑定，也就是将 list 属性值设置为 datalist 的 id。它类似于 suggest 组件。目前只有 Opera 浏览器支持。HTML5 中的代码示例如下：

```
<datalist></datalist>
```

【例 13-16】使用 datalist 元素制作下拉列表框。
素材 (素材文件\第 13 章\例 13-16)

step 1 输入如下代码：

```
<!doctype html>
<html>
<head>
<title>使用 datalist 元素</title>
 </head>
<body>
 <form action="#">
 <fieldset>
  <legend>请输入分类</legend>
  <input type="text"list="worklist">
  <datalist id="worklist">
  <option value="服装"></option>
  <option value="食品"></option>
  <option value="家电"></option>
  </datalist>
  </fieldset>
 </form>
</body>
</html>
```

step 2 在浏览器中预览网页，效果如下图所示。

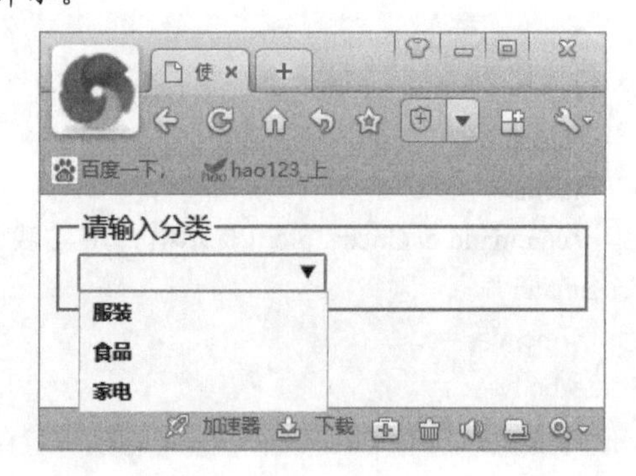

13.5　使用 HTML5 新增的全局属性

HTML5 新增了许多全局属性，下面将详细介绍其中常用的新增属性。

13.5.1　使用contentEditable属性

contentEditable属性是HTML5新增的标准属性，其主要功能是指定是否允许用户编辑内容。该属性有两个值：true 和 false。

contentEditable 属性为 true 表示可以编辑，为 false 表示不可编辑。如果没有指定值，就采用隐藏的 inherit(继承)状态，即如果一个元素的父元素是可编辑的，则该元素就是可编辑的。

【例 13-17】使用 contentEditable 属性。

素材 (素材文件\第 13 章\例 13-17)

step 1 输入如下代码:

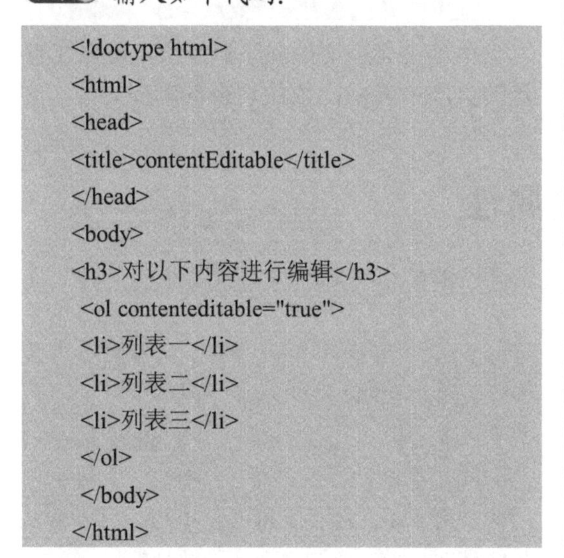

```
<!doctype html>
<html>
<head>
<title>contentEditable</title>
</head>
<body>
<h3>对以下内容进行编辑</h3>
 <ol contenteditable="true">
 <li>列表一</li>
 <li>列表二</li>
 <li>列表三</li>
 </ol>
 </body>
</html>
```

step 2 在浏览器中预览网页，编辑页面中的内容。

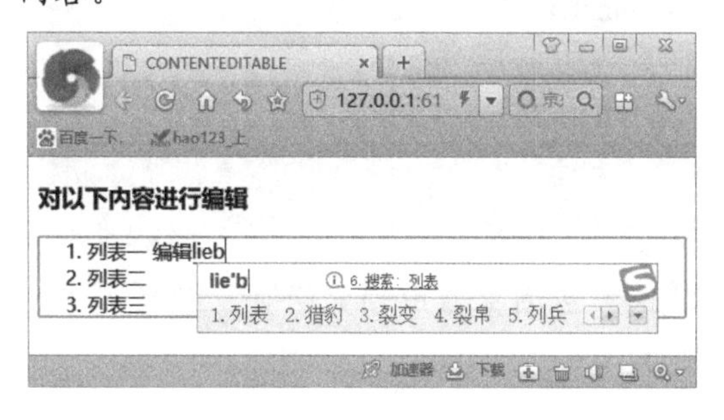

对上例中的网页内容进行编辑后，如果关闭网页，编辑的内容将不会被保存。如果想要保存其中的内容，只能将元素的 innerHTML 发送到服务器端进行保存。

13.5.2　使用 spellcheck 属性

spellcheck 属性是 HTML5 新增的属性，它规定是否对元素内容进行拼写检查。可对以下文本进行拼写检查：类型为 text 的 input 元素中的值(非密码)、textarea 元素中的值以及可编辑元素中的值。

【例 13-18】使用 spellcheck 属性。

素材 (素材文件\第 13 章\例 13-18)

step 1 输入如下代码:

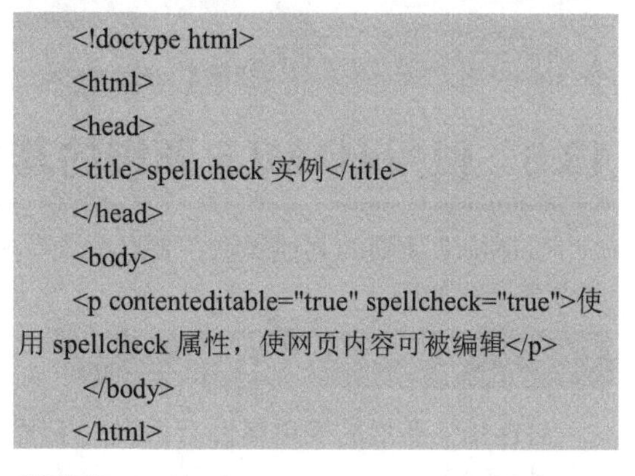

```
<!doctype html>
<html>
<head>
<title>spellcheck 实例</title>
</head>
<body>
<p contenteditable="true" spellcheck="true">使用 spellcheck 属性，使网页内容可被编辑</p>
 </body>
</html>
```

step 2 在浏览器中预览网页，编辑页面中的内容。

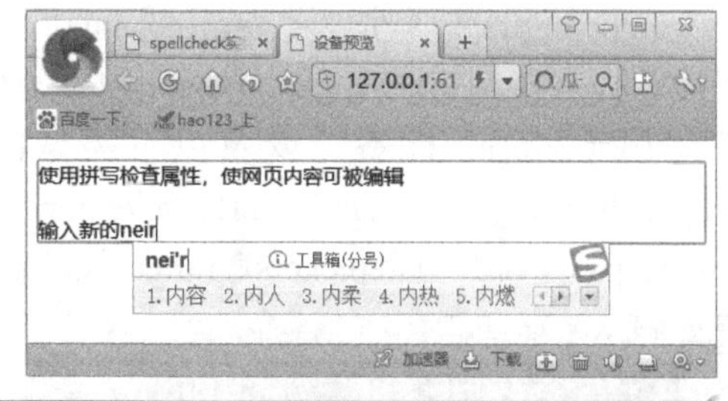

13.5.3　使用 tabIndex 属性

tabIndex 属性可设置或返回按钮的 Tab

键控制次序。打开页面，连续按 Tab 键，会在按钮之间进行切换，tabIndex 属性则可以记录切换的顺序。例如以下代码：

```
<!doctype html>
<html>
<head>
<script type="text/javascript">
function showTableIndex()
{
var bt1=document.getElementById('bt1').tabIndex;
var bt2=document.getElementById('bt2').tabIndex;
var bt3=document.getElementById('bt3').tabIndex;
document.write("Tab 切换按钮 1 的顺序： " + bt1);
document.write("<br />");
document.write("Tab 切换按钮 2 的顺序： " + bt2);
document.write("<br />");
document.write("Tab 切换按钮 3 的顺序： " + bt3);
}
</script></head><body>
<button id="bt1" tabindex="1">按钮 1</button><br />
<button id="bt2" tabindex="2">按钮 2</button><br />
<button id="bt3" tabindex="3">按钮 3</button><br />
<br />
<input type="button"
onClick="showTabIndex()" value="显示切换顺序" />
</body>
</html>
```

使用浏览器运行以上代码，多次按下 Tab 键，使控制在几个按钮对象间切换。

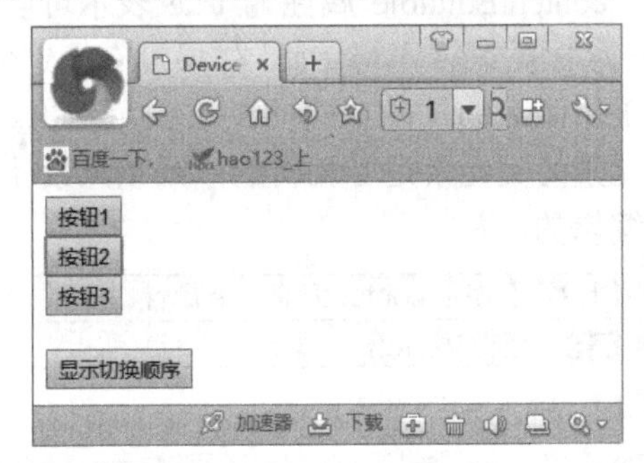

单击【显示切换顺序】按钮，可以在打开的页面中显示出依次切换的顺序。

13.6 使用 HTML5 新增的其他属性

HTML5 新增的其他属性主要分为表单相关属性、链接相关属性与其他属性三大类。具体内容介绍如下。

13.6.1 使用表单相关属性

HTML5 新增的表单属性有很多，下面分别进行介绍。

1. autocomplete

autocomplete 属性规定 form 或 input 元素应该拥有自动完成功能。autocomplete 属性适用于<form>标签，以及以下类型的<input>标签：text、search、url、telephone、email、password、datepickers、range、color。

【例 13-19】使用 autocomplete 属性。
素材 (素材文件\第 13 章\例 13-19)

step 1 输入如下代码：

```
<!doctype html>
<html>
<body>
<form action="demo_form.asp" method="get"
autocomplete="on">
姓名：<input type="text" name="姓名" /><br />
性别：<input type="text" sex="性别" /><br />
邮箱：<input type="email" name="email"
autocomplete="off" /><br />
<input type="submit" />
</form>
</body>
</html>
```

step 2 在浏览器中预览网页，效果如下图所示。

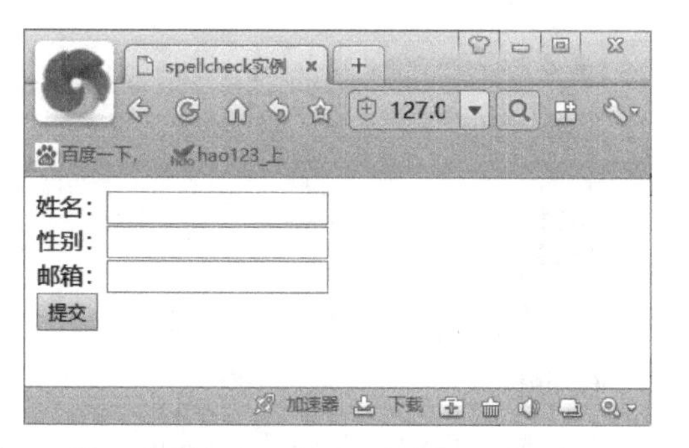

2. autofocus

autofocus 属性规定在页面加载时，输入域自动获得焦点。autofocus 属性适用于所有<input>标签类型。

【例 13-20】使用 autofocus 属性。

素材 (素材文件\第 13 章\例 13-20)

step 1 输入如下代码：

```
<!doctype html>
<html>
<body>
<form action="demo_form.asp" method="get">
 用户名：<input type="text" name="user_name"
autofocus="autofocus" />
 <input type="submit" />
 </form>
 </body>
</html>
```

step 2 在浏览器中预览网页，效果如下图所示。

3. form

form属性规定输入域所属的一个或多个表单。form属性适用于所有<input>标签类型，必须引用所属表单的id。

【例 13-21】使用 form 属性。

素材 (素材文件\第 13 章\例 13-21)

step 1 输入如下代码：

```
<!doctype html>
<html>
<body>
<form action="demo_form.asp" method="get"
id="user_form">
 姓名：<input type="text" name="姓名" />
 <input type="submit" />
 </form>
 性别：<input type="text" sex="性别"
form="user_form" />
 </body>
</html>
```

step 2 在浏览器中预览网页，效果如下图所示。

4. 表单重写属性

表单重写(form override)属性允许重新设定 form 元素的某些属性。

表单重写属性如下：

- formaction：重写表单的 action 属性。
- formenctype：重写表单的 enctype 属性。
- formmethod：重写表单的 method 属性。
- formnovalidate：重写表单的 novalidate 属性。
- formtarget：重写表单的 target 属性。

表单重写属性适用于以下类型的<input>标签：submit 和 image。

【例 13-22】使用表单重写属性。

素材 (素材文件\第 13 章\例 13-22)

step 1 输入如下代码：

```
<!doctype html>
<html>
<body>
```

```
<form action="demo_form.asp" method="get"
id="user_form">
 邮箱：<input type="email" name="userid" />
<br />
 <input type="submit" value="提交" /><br />
 <input type="submit"
formaction="demo_admin.asp" value="以管理员身份
提交" /><br />
  <input type="submit" formnovalidate="true"
value="提交未经验证" /><br />
 </form>
 </body>
</html>
```

step 2 在浏览器中预览网页，效果如下图所示。

5. height 和 width

height 和 width 属性规定用于 image 类型的<input>标签的图像的高度和宽度。height 和 width 属性只适用于 image 类型的<input>标签。

【例 13-23】使用 height 和 width 属性。
素材 (素材文件\第 13 章\例 13-23)

step 1 输入如下代码：

```
<!doctype html>
<html>
<body>
<form action="demo_form.asp" method="get">
 用户名：<input type="text" name="user_name"
/><br />
 <input type="image" src="login.jpg" width="60"
height="60" />
 </form>
 </body>
</html>
```

step 2 在浏览器中预览网页，效果如右上图所示。

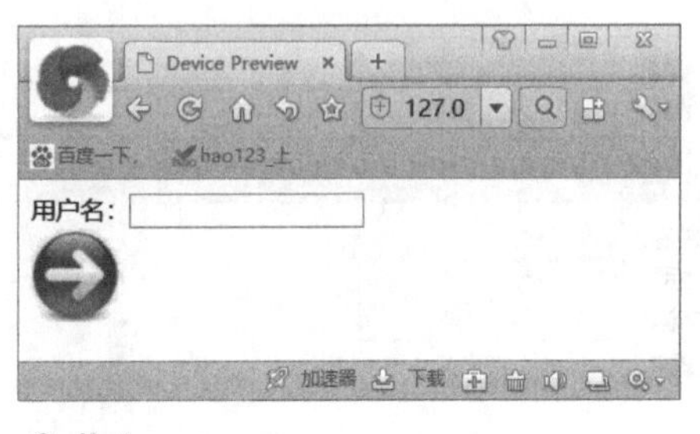

6. list

list 属性规定输入域的 datalist。datalist 是输入域的选项列表。list 属性适用于以下类型的<input>标签：text、search、url、telephone、email、date pickers、number、range 和 color。

【例 13-24】使用 list 属性。
素材 (素材文件\第 13 章\例 13-24)

step 1 输入如下代码：

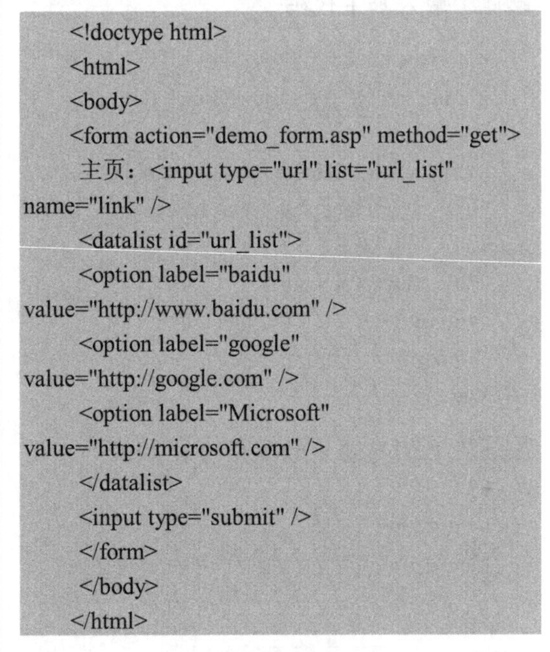

```
<!doctype html>
<html>
<body>
<form action="demo_form.asp" method="get">
 主页：<input type="url" list="url_list"
name="link" />
 <datalist id="url_list">
 <option label="baidu"
value="http://www.baidu.com" />
 <option label="google"
value="http://google.com" />
 <option label="Microsoft"
value="http://microsoft.com" />
 </datalist>
 <input type="submit" />
 </form>
 </body>
</html>
```

step 2 在浏览器中预览网页，效果如下图所示。

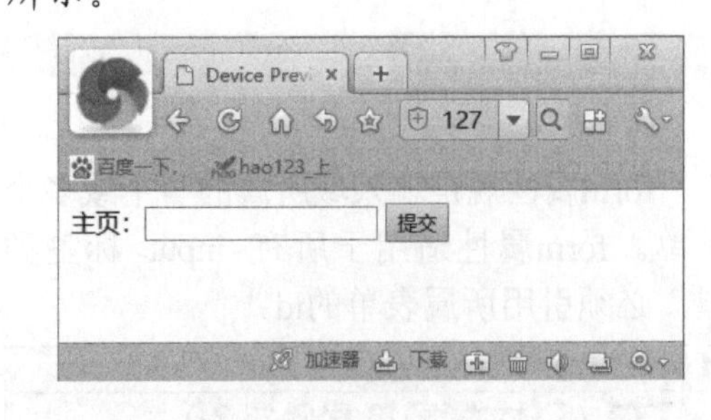

7. min、max 和 step

min、max 和 step 属性用于为包含数字或日期的<input>标签类型作限定(约束)。max 属性规定输入域所允许的最大值；min 属性规定输入域所允许的最小值；setup 属性为输入域规定合法的数字间隔(如果 step="3"，则合法的数是-3、0、3、6 等)。

min、max 和 step 属性适用于以下类型的<input>标签：date pickers、number、range。

【例 13-25】使用 min、max 和 step 属性。
素材 (素材文件\第 13 章\例 13-25)

step 1 输入如下代码：

```
<!doctype html>
<html>
<body>
<form action="demo_form.asp" method="get">
成绩：<input type="number" name="points"
min="0" max="10" step="3" />
<input type="submit" />
</form>
</body>
</html>
```

step 2 在浏览器中预览网页，效果如下图所示。

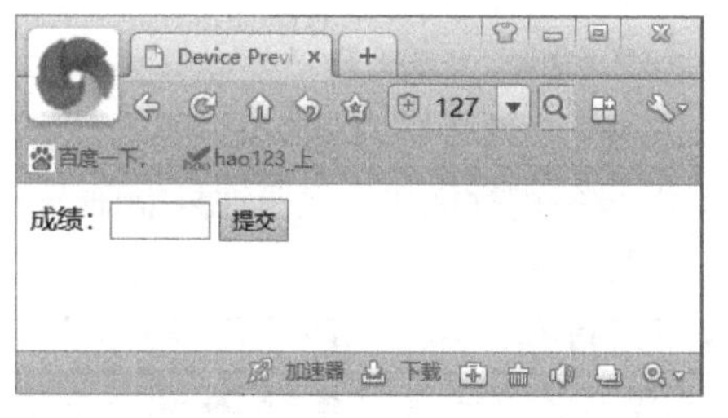

8. multiple

multiple 属性规定输入域中可选择多个值。multiple 属性适用于以下类型的<input>标签：email 和 file。

【例 13-26】使用 multiple 属性。
素材 (素材文件\第 13 章\例 13-26)

step 1 输入如下代码：

```
<!doctype html>
<html>
<body>
<form action="demo_form.asp" method="get">
选择图片：<input type="file" name="img"
multiple="multiple" />
<input type="submit" />
</form>
</body>
</html>
```

step 2 在浏览器中预览网页，效果如下图所示。

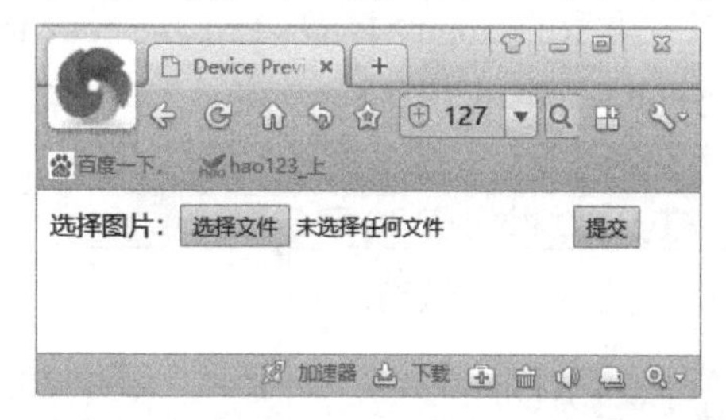

单击上图所示页面中的【选择文件】按钮，可以打开【打开】对话框，在其中选择要添加的图片文件。

9. pattern

pattern 属性规定用于验证输入域的模式(pattern)，适用于以下类型的<input>标签：text、search、url、telephone、email 和 password。

【例 13-27】使用 pattern 属性。
素材 (素材文件\第 13 章\例 13-27)

step 1 输入如下代码：

```
<!doctype html>
<html>
<body>
<form action="demo_form.asp" method="get">
电话区号：<input type="text"
name="country_code" pattern="[A-Z]{3}" title="three
letter country code" />
<input type="submit" />
</form>
</body>
</html>
```

step 2 在浏览器中预览网页，效果如下图所示。

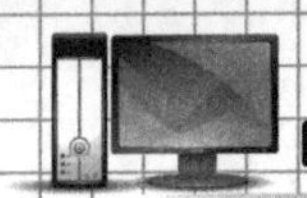

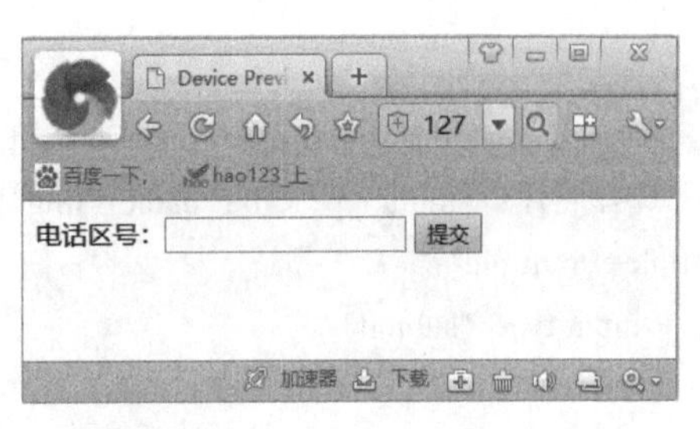

10. placeholder

placeholder 属性提供一种提示(hint)，描述输入域所期待的值。placeholder 属性适用于以下类型的<input>标签：text、search、url、telephone、email 和 password。

【例 13-28】使用 pattern 属性。
(素材文件\第 13 章\例 13-28)

step 1 输入如下代码：

```
<!doctype html>
<html>
<body>
<form action="demo_form.asp" method="get">
 <input type="search" name="user_search"
placeholder="baidu" />
 <input type="submit" />
 </form>
 </body>
</html>
```

step 2 在浏览器中预览网页，效果如下图所示。

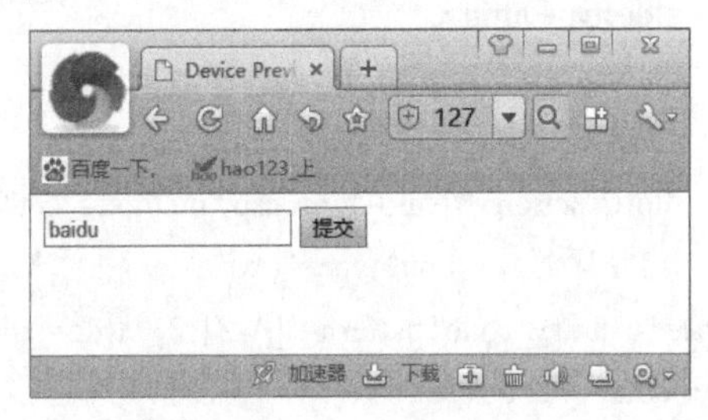

11. required

required 属性规定必须在提交之前填写输入域(不能为空)。required 属性适用于以下类型的<input>标签：text、search、url、telephone、email、password、date pickers、number、checkbox、radio 和 file。

【例 13-29】使用 required 属性。
(素材文件\第 13 章\例 13-29)

step 1 输入如下代码：

```
<!doctype html>
<html>
<body>
<form action="demo_form.asp" method="get">
 姓名：<input type="text" name="user_name"
required="required" />
 <input type="submit" />
 </form>
 </body>
</html>
```

step 2 在浏览器中预览网页，效果如下图所示。

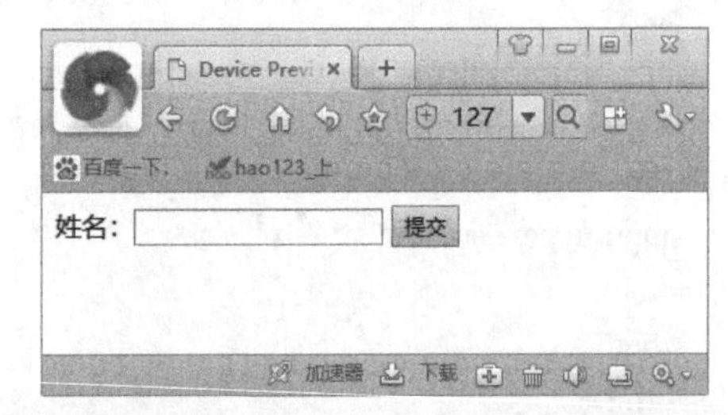

13.6.2 使用链接相关属性

新增的与链接相关的属性如下。

1. media

media 属性规定目标 URL 要为什么类型的媒介/设备进行优化。该属性只能在 href 属性存在时使用。

【例 13-30】使用 media 属性。
(素材文件\第 13 章\例 13-30)

step 1 输入如下代码：

```
<!doctype html>
<html>
<body>
<a href="www.baidu.com" media="print and
(resolution:300dpi)">
 链接查询
 </a>
 </body>
</html>
```

step 2 在浏览器中预览网页，效果如下图所示。

2. type

在 HTML5 中，为 area 元素增加了 type 属性，它规定目标 URL 的 MIME 类型。type 属性仅在 href 属性存在时使用。语法结构如下：

```
<input type="value">
```

3. sizes

HTML5 为 link 元素增加了新属性 sizes。该属性可以与 icon 元素结合使用(通过 rel 属性)，该属性指定关联图标(icon 元素)的大小。

4. target

HTML5 为 base 元素增加了 target 属性，主要目的是保持与 a 元素的一致性。

【例 13-31】使用 sizes 与 target 属性。
素材 (素材文件\第 13 章\例 13-31)

step 1 输入如下代码：

```
<!doctype html>
<html>
<head>
<link rel="icon" href="demo_icon.ico"
type="image/gif" sizes="16x16" />
</head>
<body>
<h2>测试 target 属性</h2>
<p>打开<a href="2.40.html" target="_blank">
新链接</a>窗口。
</p></body></html>
```

step 2 在浏览器中预览网页，效果如下图所示。

13.6.3 使用其他属性

除了以上介绍的与表单和链接相关的属性以外，HTML5 还增加了其他属性，具体如下：

- reversed(隶属 ol 元素)：指定列表以倒序显示。
- charset(隶属 meta 元素)：为文档的字符编码提供一种良好的指定方式。
- type(隶属 menu 元素)：让菜单能够以上下文菜单、工具条与列表菜单三种形式出现。
- label(隶属 menu 元素)：为菜单定义可见的标注。
- scoped(隶属 style 元素)：用来规定样式的作用范围，例如只对页面上的某个数起作用。
- async(隶属 script 元素)：定义脚本是否异步执行。
- manifest(隶属html元素)：开发离线Web应用程序时与API结合使用，定义一个URL，在这个URL上描述文档的缓存信息。
- sandbox、secdoc 与 seamless(隶属 iframe 元素)：用来提高页面的安全性，防止对不信任的 Web 页面执行某些操作。

13.7 案例演练

本章的案例演练部分包括使用 article 元素与 section 元素设计一个网页，以帮助用户了解这两种元素的区别，用户可以通过练习从而巩固本章所学的知识。

【例 13-32】使用 article 元素与 section 元素。
(素材文件\第 13 章\例 13-32)

step 1 输入如下代码：

```
<!doctype html>
<html>
<body>
<article>
<h1>article 元素与 section 元素的使用方法</h1>
<p>何时使用 article 元素？何时使用 article 元素？</p>
<section>
<h2>article 元素使用方法</h2>
<p>元素代表文档、页面或应用程序中独立的、完整的、可以独自被外部引用的内容</p>
</section>
<section>
<h2>section 元素使用方法</h2>
<p>section 元素用于对网站或应用程序中页面上的内容进行分块</p>
</section>
</article></body> </html>
```

step 2 在浏览器中预览网页，效果如下图所示。

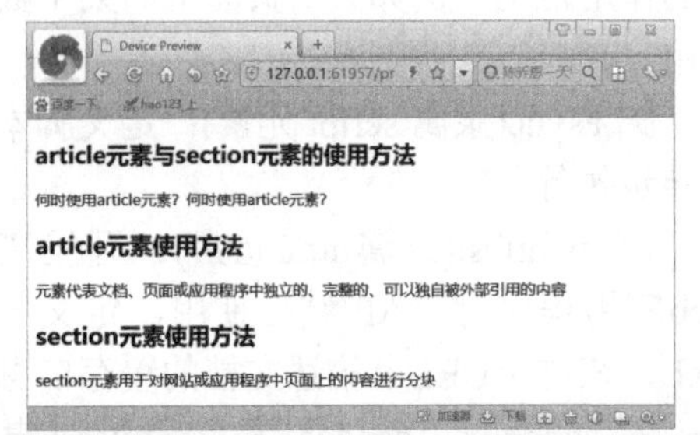

【例 13-33】使用嵌套的 article 元素。
(素材文件\第 13 章\例 13-33)

step 1 输入如下代码：

```
<!doctype html>
<html>
<body>
<article>
<header>
<h1>article 元素的嵌套</h1>
<p>发表日期：<time pubdate="pubdate">2022/10/11</time></p>
</header>
<p>article 元素是什么？怎样使用 article 元素？</p>
<section>
<h2>评论</h2>
<article>
<header>
<h3>发表者：案例教程</h3>
<p><time pubdate datetime="2022-10-28T21:21-22:00">1 小时前</time>
</p>
</header>
<p>非常有用的消息，支持！</p>
</article>
<article>
<header>
<h3>发表者：案例教程</h3>
<p><time pubdate datetime="2022-10-28T21:21-22:00">1 小时前</time>
</p>
</header>
<p>能介绍的详细点吗？</p>
</article></section> </article></body>
</html>
```

step 2 在浏览器中预览网页，效果如下图所示。

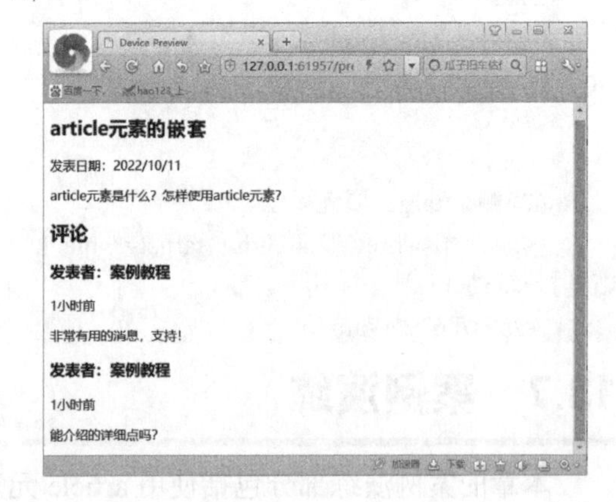

第 14 章

使用网页行为

在网页中使用行为可以创建各种特殊的网页效果，例如弹出信息、交换图像、跳转菜单等。行为是一系列使用 JavaScript 程序预定义的页面特效工具，是 JavaScript 在 Dreamweaver 中内建的程序库。

本章对应视频

例 14–1 使用【交换图像】行为
例 14–2 使用【拖动 APP 元素】行为
例 14–3 使用【设置状态栏文本】行为
例 14–4 使用【检查插件】行为
例 14–5 使用【显示–隐藏元素】行为
例 14–6 制作用户登录确认效果
例 14–7 制作随机验证码文本域
例 14–8 制作高亮、弹跳、抖动特效

14.1 认识行为

网页行为是 Adobe 公司借助 JavaScript 开发的一组交互特效代码库。在 Dreamweaver 中，用户可以通过简单的可视化操作对交互特效代码进行编辑，从而创建出丰富的网页应用。

14.1.1 行为的基础知识

行为是指在网页中进行的一系列动作，通过这些动作，可以实现用户同网页的交互，也可以通过这些动作使某个任务得以执行。在 Dreamweaver 中，行为由事件和动作两个基本元素组成。这一切都是在【行为】面板中进行管理的，选择【窗口】|【行为】命令，可以打开【行为】面板。

- 事件：事件的名称是事先设定好的，单击网页中的某个部分时，使用的是 onClick；将光标移动到某个位置时使用的是 onMouseOver。同时，根据使用的动作和应用事件的对象不同，需要使用不同的事件。
- 动作：动作指的是 JavaScript 源代码中运行函数的部分。在【行为】面板中单击【+】按钮，就会显示动作列表，软件会根据用户当前选中的应用部分，显示不同的可使用动作。

在 Dreamweaver 中，事件和动作的组合称为“行为”(Behavior)。要在网页中应用行为，首先要选择应用对象，在【行为】面板中单击【+】按钮，选择所需的动作，然后选择决定何时运行该动作的事件。动作由预先编写的 JavaScript 代码组成，这些代码可执行特定的任务，例如打开浏览器窗口、显示隐藏元素、显示文本等。随 Dreamweaver 提供的动作(包括 20 多个)是由软件设计者精心编写的，可以提供最大的跨浏览器兼容性。如果用户需要在 Dreamweaver 中添加更多的行为，可以从 Adobe Exchange 官方网站下载，网址为：

```
http://www.adobe.com/cn/exchange
```

14.1.2 JavaScript 代码简介

JavaScript 是为网页中插入的图像或文本等多种元素赋予各种动作的脚本语言。脚本语言在功能上与软件几乎相同，但只有用在试算表程序或 HTML 文件中时，才可以发挥作用。

网页源代码中从<script>开始到</script>结束的部分即为 JavaScript 源代码。JavaScript 源代码大致分为两部分，分别是定义功能的部分和运行函数的部分。例如下图所示的代码，运行后单击页面中的【打开新窗口】链接，可以在打开的新窗口中同时显示网页 www.baidu.com。

```
1    <!doctype html>
2 ▼ <html>
3 ▼ <head>
4    <meta charset="utf-8">
5    <title>无标题文档</title>
6 ▼ <script>
7 ▼ function new_win() { //v2.0
8      window.open('http://www.baidu.com');
9    }
10   </script>
11   </head>
12 ▼ <body>
13 ▼ <a href="#" onClick="new_win()">
14   打开新窗口
15   </a>
16   </body>
17   </html>
```

从上图所示的代码中可以看出，从<script>开始标签到</script>结束标签的内容 JavaScript 源代码。下面详细介绍 JavaScript 源代码。

1. 定义函数的部分

JavaScript源代码中用于定义函数的部分如下图所示。

```
7 ▼ function new_win() { //v2.0
8      window.open('http://www.baidu.com');
9    }
```

function 是定义函数的关键字。所谓函数，是指利用 JavaScript 源代码将要完成的

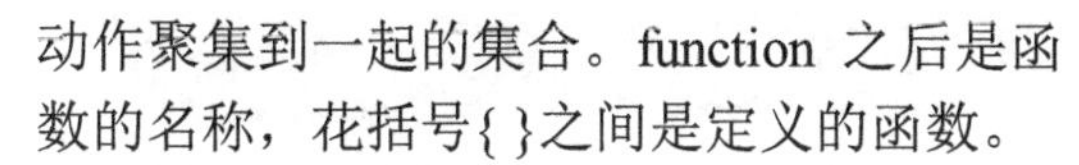

动作聚集到一起的集合。function 之后是函数的名称，花括号{ }之间是定义的函数。

2. 运行函数的部分

以下代码运行上面定义的函数 new_win()，表示的是只要单击(onClick)“打开新窗口”链接，就会运行 new_win()函数：

```
<a href="#" onClick="new_win()"></a>
```

以上语句可以简单理解为，“执行了某个动作(onClick)，就进行什么操作(new_win)”。在这里，“某个动作”即单击动作本身，在 JavaScript 中，通常称为事件(Event)。然后提示需要做什么(new_win())，即 onClick(事件处理)。在事件处理中始终显示需要运行的函数的名称。

综上所述，JavaScript 首先定义函数，然后以事件处理="运行函数"的形式运行上面定义的函数。在这里不要试图完全理解 JavaScript 源代码的具体内容，只要掌握事件和事件处理以及函数的关系即可。

14.2 使用行为调节浏览器窗口

在网页中最常使用 JavaScript 源代码调节浏览器窗口，从而可以按照设计者的要求打开新窗口或更换新窗口的形状。

14.2.1 打开浏览器窗口

创建链接时，若目标属性设置为_blank，则可以使链接文档显示在新窗口中，但是不可以设置新窗口的脚本。此时，利用【打开浏览器窗口】行为，不仅可以调节新窗口的大小，还可以设置工具箱或滚动条是否显示，具体方法如下：

step 1 选中网页中的文本 Welcome，按下 Shift+F4 组合键，打开【行为】面板。

step 2 单击【行为】面板中的【+】按钮，在弹出的下拉列表中选择【打开浏览器窗口】选项。

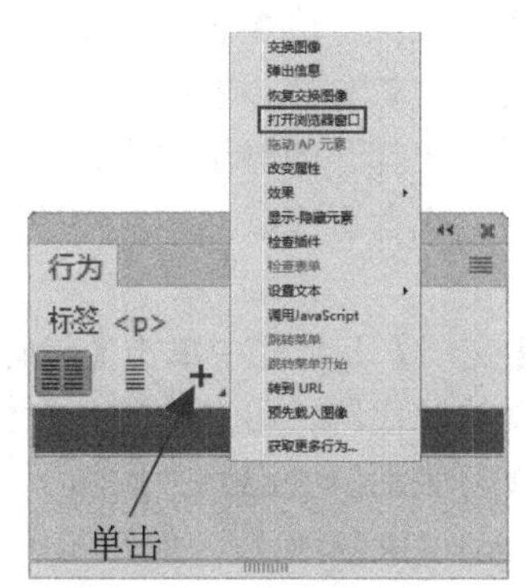

step 3 打开【打开浏览器窗口】对话框，单击【浏览】按钮。

step 4 打开【选择文件】对话框，选择一个网页后，单击【确定】按钮。

step 5 返回【打开浏览器窗口】对话框，在【窗口高度】和【窗口宽度】文本框中输入参数 500，单击【确定】按钮。

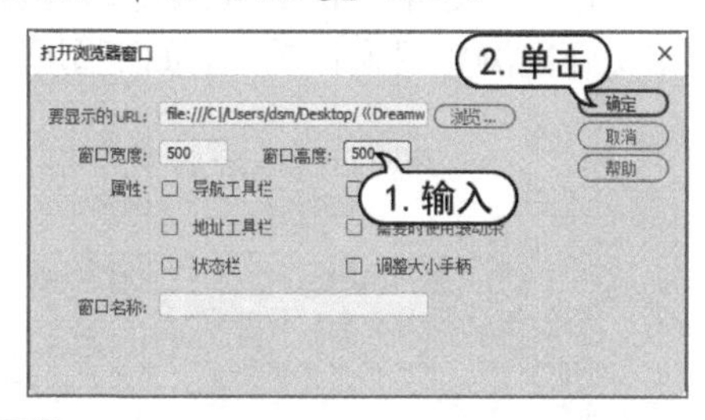

step 6 在【行为】面板中单击【事件】栏右侧的按钮，在弹出的下拉列表中选择 onClick 选项。

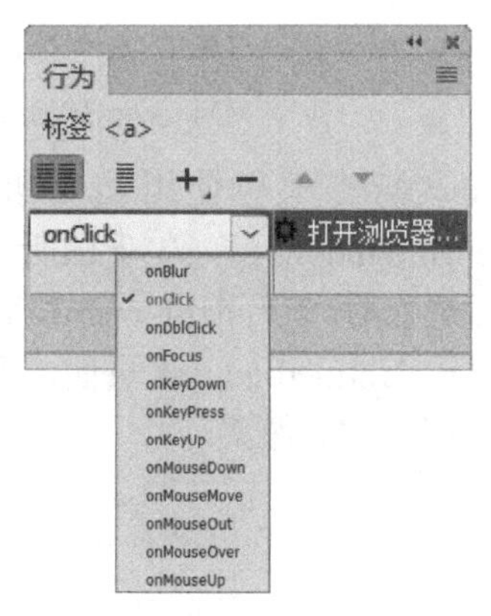

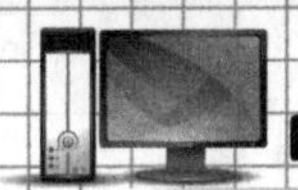

step 7 按下F12键预览网页，单击其中的链接Welcome，即可打开一个新的窗口(宽度和高度都为500px)，显示本例中设置的网页文档。

【打开浏览器窗口】对话框中各选项的功能说明如下。

▶【要显示的 URL】文本框：用于输入链接的文件名或网络地址。链接文件时，单击该文本框后的【浏览】按钮可进行选择。

▶【窗口宽度】和【窗口高度】文本框：用于设定窗口的宽度和高度，单位为像素。

▶【属性】选项区域：用于设置需要显示的结构元素。

▶【窗口名称】文本框：指定新窗口的名称。输入同样的窗口名称时，并不是继续打开新的窗口，而是只打开一次新窗口，然后在同一个窗口中显示新的内容。

在【文档】工具栏中单击【代码】按钮，查看网页的源代码。可以看到，使用【打开浏览器窗口】行为后，<head>中添加了代码以声明 MM_openBrWindow()函数，使用 window 窗口对象的 open 方法传递函数参数，定义弹出浏览器窗口功能，如下图所示。

声明JavaScript脚本开始

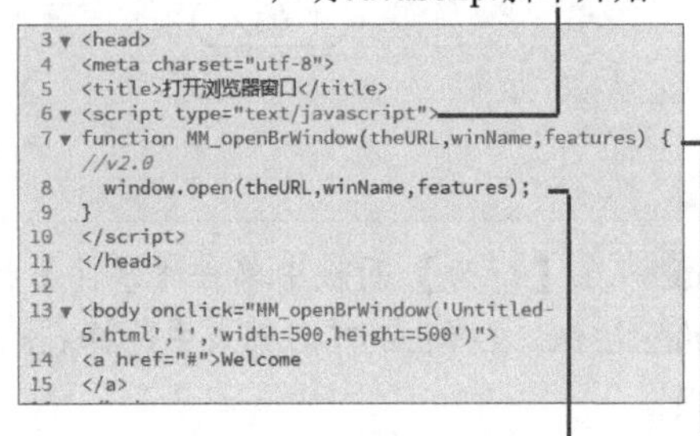
3 ▾ <head>
4 <meta charset="utf-8">
5 <title>打开浏览器窗口</title>
6 ▾ <script type="text/javascript">
7 ▾ function MM_openBrWindow(theURL,winName,features) {
//v2.0
8 window.open(theURL,winName,features);
9 }
10 </script>
11 </head>
12
13 ▾ <body onclick="MM_openBrWindow('Untitled-5.html','','width=500,height=500')">
14 <a href="#">Welcome
15 </a>

声明使用 window 窗口对象的 open 方法

声明 MM_openBrWindow()函数

<body>标签中会使用相关事件调用 MM_openBrWindow()函数，下图所示代码表示当页面载入后，调用 MM_openBrWindow()函数，显示 Untitled-5.html 页面，窗口的宽度和高度都为 500 像素。

```
13 ▾ <body onclick="MM_openBrWindow('Untitled-
   5.html','','width=500,height=500')">
```

14.2.2 转到 URL

在网页中使用下面介绍的方法设置【转到 URL】行为，可以在当前窗口或指定的框架中打开一个新的页面(该操作尤其适用于通过一次单击更改两个或多个框架的内容)。具体步骤如下：

step 1 选中网页中的某个元素(文字或图片)，按下 Shift+F4 组合键，打开【行为】面板。单击其中的【+】按钮，在弹出的下拉列表中选择【转到 URL】选项。

step 2 打开【转到 URL】对话框，单击【浏览】按钮，在打开的【选择文件】对话框中选中一个网页文件，单击【确定】按钮。

step 3 返回【转到 URL】对话框后，单击【确定】按钮，即可在网页中创建【转到 URL】行为。按下 F12 键预览网页，单击步骤 1 选中的网页元素，浏览器将自动转到相应的网页。

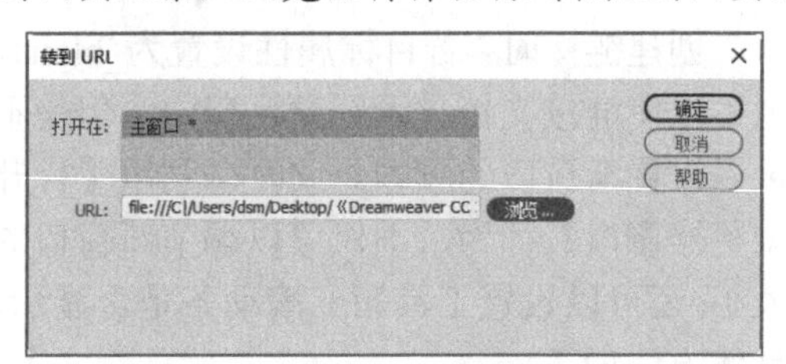
转到 URL
打开在: 主窗口 *
确定
取消
帮助
URL: file:///C|/Users/dsm/Desktop/《Dreamweaver CC
浏览...

【转到 URL】对话框中各选项的具体功能说明如下。

▶【打开在】列表框：从该列表框中选择目标 URL。列表框中自动列出了当前框架集中所有框架的名称以及主窗口，如果网页中没有任何框架，则主窗口是唯一的选项。

▶ URL 文本框：单击其后的【浏览】按钮，可以在打开的对话框中选择要打开的网页文档，或者直接在文本框中输入该文档的路径。

在【文档】工具栏中单击【代码】按钮，查看网页的源代码。可以看到，在使用【转到 URL】行为后，<head>中添加了代码以声明 MM_goToURL()函数，如下图所示。

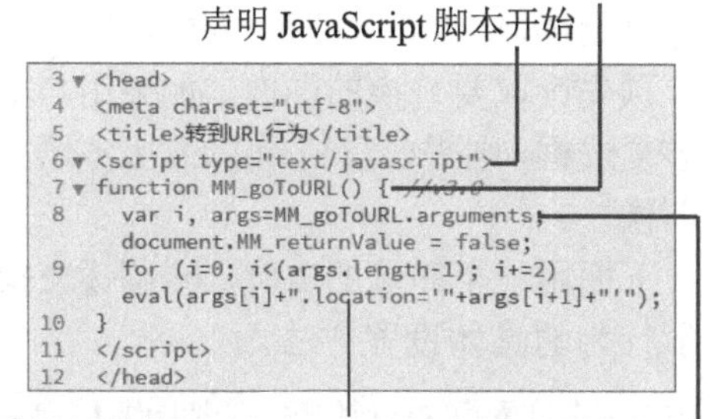


```
3  <head>
4  <meta charset="utf-8">
5  <title>转到URL行为</title>
6  <script type="text/javascript">
7  function MM_goToURL() { //v3.0
8    var i, args=MM_goToURL.arguments;
     document.MM_returnValue = false;
9    for (i=0; i<(args.length-1); i+=2)
     eval(args[i]+".location='"+args[i+1]+"'");
10 }
11 </script>
12 </head>
```

<body>标签中会使用相关事件调用 MM_goToURL()函数，例如在下面的代码中，当鼠标指向文字上方时，调用 MM_goToURL()函数。

```
<a href="#benefits" class="cc-active"
onMouseOver="MM_goToURL('http://www.about.html');return
document.MM_returnValue">Benefits</a>
```

14.2.3　调用 JavaScript

【调用 JavaScript】行为允许用户使用【行为】面板指定当发生某个事件时应该执行的自定义函数或 JavaScript 代码行。

使用 Dreamweaver 在网页中设置【调用 JavaScript】行为的具体方法如下：

step 1　选中网页中的图片后，选择【窗口】|【行为】命令，打开【行为】面板并单击【+】按钮，在弹出的下拉列表中选中【调用 JavaScript】行为，打开【调用 JavaScript】对话框。

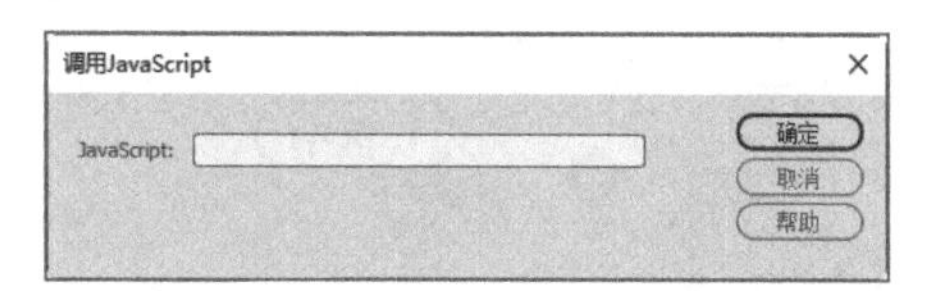

step 2　在【调用 JavaScript】对话框中的 JavaScript 文本框中输入以下代码：

```
window.close()
```

step 3　单击【确定】按钮，关闭【调用 JavaScript】对话框。按下 F12 键预览网页，单击网页中的图片，在打开的对话框中单击【是】按钮，可以关闭当前网页。

在【文档】工具栏中单击【代码】按钮，查看网页的源代码。可以看到，在使用【调用 JavaScript】行为后，<head>中添加了代码以声明 MM_callJS()函数，返回函数值。

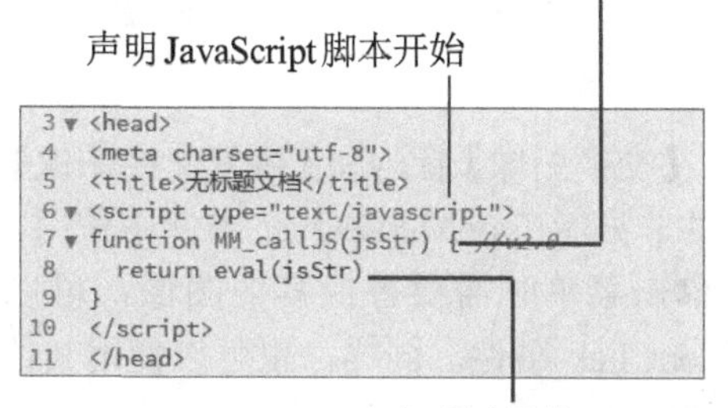


```
3  <head>
4  <meta charset="utf-8">
5  <title>无标题文档</title>
6  <script type="text/javascript">
7  function MM_callJS(jsStr) { //v2.0
8    return eval(jsStr)
9  }
10 </script>
11 </head>
```

<body>中会使用相关事件调用 MM_callJS()函数，例如下面的代码表示当用鼠标单击图片 bj.png 后，调用 MM_callJS()函数：

```
<body onLoad="MM_callJS('window.close()')">
<img src="bj.png" width="30" height="29"
alt=""/>
```

事件是浏览器响应用户操作的机制，使用 JavaScript 的事件处理功能可以开发出更具交互性和响应性且更易使用的 Web 页面。为了理解 JavaScript 的事件处理模型，可以设想一下网页可能会遇到的访问者。例如引起页面之间跳转的事件(链接)；浏览器自身引起的事件(网页加载、表单提交)；在表单内部同界面对象的交互，包括界面对象的选定、改变等。

14.3　使用行为应用图像

图像是网页设计中必不可少的元素。在 Dreamweaver 中，我们可以通过使用行为，以各种各样的方式在网页中应用图像元素，从而制作出更为丰富的网页效果。

14.3.1 交换图像与恢复交换图像

在 Dreamweaver 中，应用【交换图像】行为和【恢复交换图像】行为，可以设置拖动鼠标经过图像时的效果。也可以使用导航条菜单，轻易制作出在把光标移动到图像上方时图像更换为其他图像，而在光标离开时再返回到原来图像的效果。

【交换图像】行为和【恢复交换图像】行为并非只能在 onMouseOver 事件中使用。如果单击菜单时需要替换其他图像，可以使用 onClick 事件。同样，也可以使用其他多种事件。

1. 交换图像

在 Dreamweaver 文档窗口中选中一个图像后，按下 Shift+F4 组合键，打开【行为】面板，单击【+】按钮，在弹出的下拉列表中选择【交换图像】选项，即可打开下图所示的【交换图像】对话框。

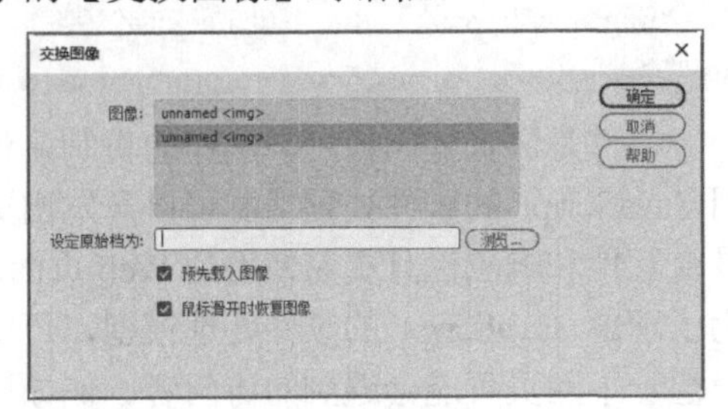

在【交换图像】对话框中，通过设置用户可以将指定图像替换为其他图像。该对话框中各个选项的功能说明如下。

- 【图像】列表框：里面列出了插入当前文档中的图像的名称。“unnamed<img>”是没有另外赋予名称的图像，赋予名称后才可以在多个图像中应用【交换图像】行为。
- 【设定原始档为】文本框：用于指定替换图像的文件名。
- 【预先载入图像】复选框：在 Web 服务器上读取网页文件时，选中该复选框，可以预先读取要替换的图像。如果用户不选中该复选框，则需要重新到 Web 服务器上读取图像。

下面用一个简单的实例，介绍【交换图像】行为的具体设置方法。

【例 14-1】在网页中通过使用【交换图像】行为设置会变换效果的图片。

视频+素材 (素材文件\第 14 章\例 14-1)

step 1 按下 Ctrl+Shift+N 组合键，创建一个空白网页。按下 Ctrl+Alt+I 组合键，在网页中插入一张图像，并在【属性】面板的 ID 文本框中将图像命名为 Image1。

step 2 选中页面中的图像，按下 Shift+F4 组合键，打开【行为】面板。单击【+】按钮，在弹出的下拉列表中选择【交换图像】选项。

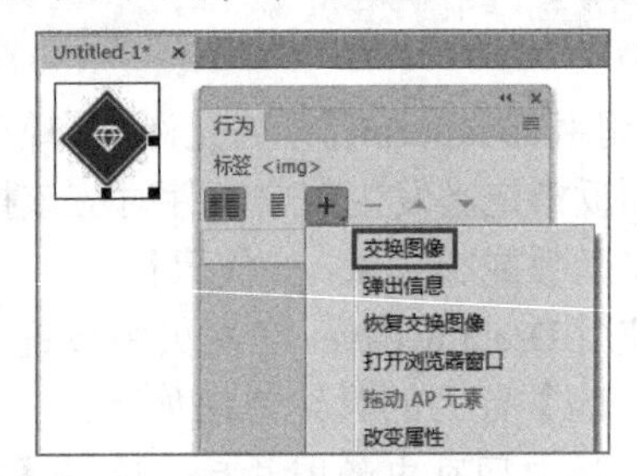

step 3 打开【交换图像】对话框，单击【设定原始档为】文本框后的【浏览】按钮，在打开的【选择图像源文件】对话框中选中下图所示的图像文件，然后单击【确定】按钮。

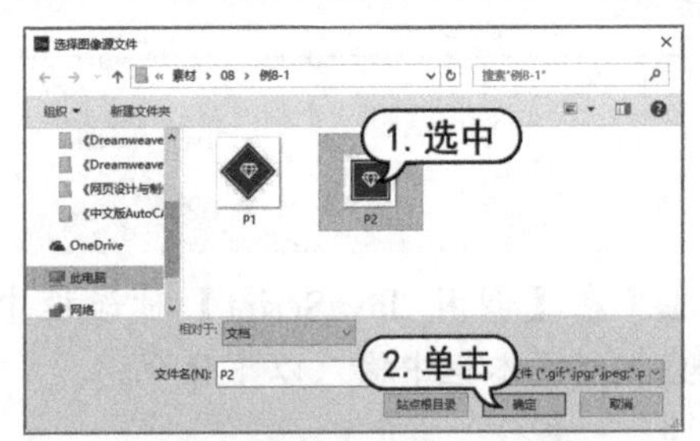

step 4 返回【交换图像】对话框后，单击该对话框中的【确定】按钮，即可在【行为】面板中为 Image1 图像添加【交换图像】行为和【恢复交换图像】行为。

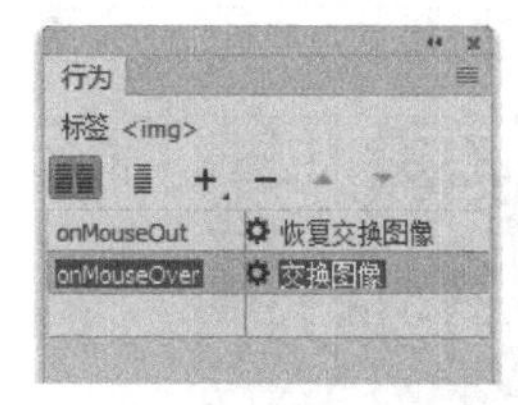

2. 预先载入图像

在【行为】面板中单击【+】按钮，在弹出的下拉列表中选择【预先载入图像】选项，可以通过打开的对话框，在网页中创建【预先载入图像】行为。

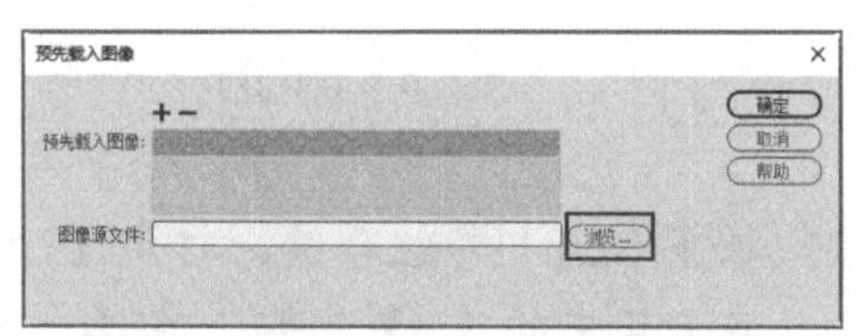

- 【预先载入图像】列表框：该列表框中列出了所有需要预先载入的图像。
- 【图像源文件】文本框：用于设置要预先载入的图像文件。

在创建【交换图像】行为时，如果用户在【交换图像】对话框中选中了【预先载入图像】复选框，就不需要在【行为】面板中另外应用【预先载入图像】行为了。但如果用户没有在【交换图像】对话框中选中【预先载入图像】复选框，则可以参考下面介绍的方法，通过【行为】面板，设置【预先载入图像】行为。

step 1 选中页面中添加了【交换图像】行为的图像，在【行为】面板中单击【+】按钮，在弹出的下拉列表中选中【预先载入图像】选项。

step 2 在打开的【预先载入图像】对话框中单击【浏览】按钮。

step 3 在打开的【选择图像源文件】对话框中选中需要预先载入的图像后，单击【确定】按钮。

step 4 返回【预先载入图像】对话框后，在该对话框中单击【确定】按钮即可。

在对网页中的图像设置了【交换图像】行为后，在 Dreamweaver 中查看网页的源代码，发现<head>中将添加由软件自动生成的代码，分别定义了 MM_swapImgRestore()、MM_swapImage()和 MM_preloadImages()这 3 个函数。

声明 MMpreloadImages()函数的代码如下图所示。

声明 MM_preloadImage()函数

```
6 ▼ <script type="text/javascript">
7 ▼ function MM_preloadImages() { //v3.0
8 ▼   var d=document; if(d.images){
      if(!d.MM_p) d.MM_p=new Array();
9       var
        i,j=d.MM_p.length,a=MM_preloadImages
        .arguments; for(i=0; i<a.length;
        i++)
10      if (a[i].indexOf("#")!=0){
        d.MM_p[j]=new Image;
        d.MM_p[j++].src=a[i];}}
11  }
12
```

声明变量 d，新建数组

声明 MM_swapImgRestore()函数的详细代码如下图所示。

声明 MM_swapImgRestore()函数

```
13 ▼ function MM_swapImgRestore() { //v3.0
14     var i,x,a=document.MM_sr;
       for(i=0;a&&i<a.length&&
       (x=a[i])&&x.oSrc;i++) x.src=x.oSrc;
15   }
16
```

声明变量 i、x、a

声明 MM_swapImage()函数的详细代码如下图所示。

声明 MM_swapImage()函数

```
25 ▼ function MM_swapImage() { //v3.0
26     var i,j=0,x,a=MM_swapImage.arguments;
       document.MM_sr=new Array;
       for(i=0;i<(a.length-2);i+=3)
27      if ((x=MM_findObj(a[i]))!=null)
        {document.MM_sr[j++]=x; if(!x.oSrc)
        x.oSrc=x.src; x.src=a[i+2];}
28   }
```

声明条件语句，满足后更改图像的 src 属性

在<body>标签中会使用相关的事件调用上述 3 个函数，当网页被载入时，调用 MM_preloadImages()函数，载入 P2.jpg 图像。

```
<body onLoad="MM_preloadImages('P2.jpg')">
```

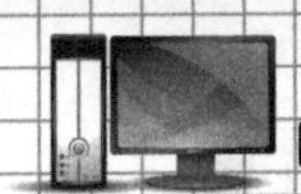

14.3.2 拖动 AP 元素

在网页中使用【拖动 AP 元素】行为，可以在浏览器页面中通过拖动鼠标将 AP 元素移动所需的位置。

【例 14-2】在网页中设置【拖动 AP 元素】行为。

视频+素材 (素材文件\第 14 章\例 14-2)

step 1 打开网页素材文件后，选择【插入】|Div 命令，打开【插入 Div】对话框。在 ID 文本框中输入 AP 后，单击【新建 CSS 规则】按钮。

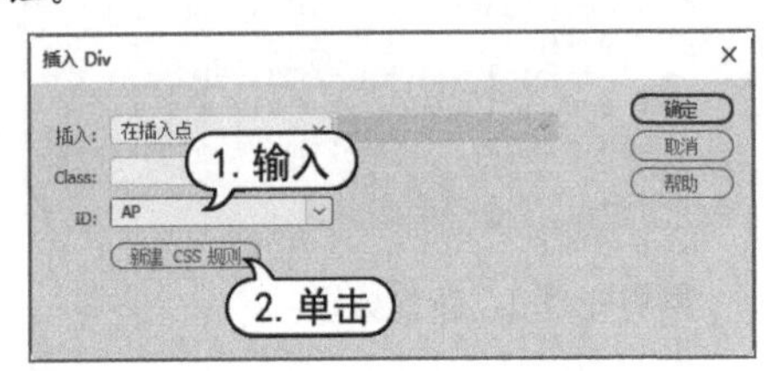

step 2 打开【新建 CSS 规则】对话框，保持默认设置，单击【确定】按钮。

step 3 打开 CSS 规则定义对话框，在【分类】列表框中选择【定位】选项，在对话框右侧的选项区域中单击 Position 下拉按钮，在弹出的下拉列表中选择 absolute 选项，将 Width 和 Height 参数设置为 200 像素。

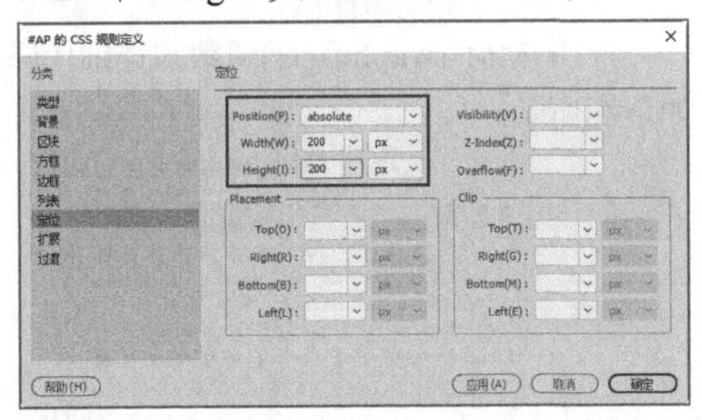

step 4 返回【插入 Div】对话框，单击【确定】按钮，在网页中插入一个 ID 为 AP 的 Div 元素。

step 5 将鼠标光标插入 Div 标签中，按下 Ctrl+Alt+I 组合键，在其中插入一张如右上图所示的二维码。

step 6 在【文档】工具栏中单击【拆分】按钮，切换至拆分视图，将鼠标光标插入代码视图中的<body>标签之后。

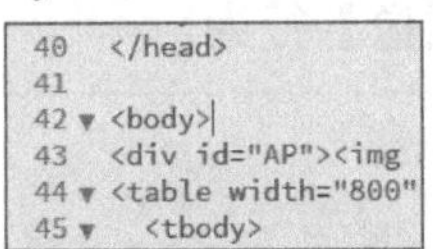

step 7 按下 Shift+F4 组合键，打开【行为】面板，单击其中的【+】按钮，在弹出的下拉列表中选择【拖动 AP 元素】选项。

step 8 打开【拖动 AP 元素】对话框，在【基本】选项卡中单击【AP 元素】下拉按钮，在弹出的下拉列表中选择【div"AP"】选项，然后单击【确定】按钮即可创建【拖动 AP 元素】行为。

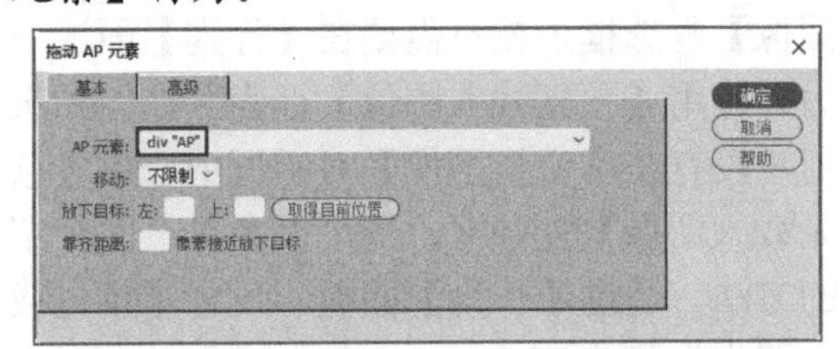

【拖动 AP 元素】对话框中包含【基本】和【高级】两个选项卡，上图所示为【基本】选项卡，其中各选项的功能说明如下。

- 【AP 元素】文本框：用于设置要拖动的 AP 元素。
- 【移动】下拉列表：设置 AP 元素的移动方式，包括【不限制】和【限制】两个选项。其中【不限制】是指可以自由移动层，而【限制】是指只在限定范围内移动层。
- 【放下目标】选项区域：用于指定 AP 元素正确进入的最终坐标值。
- 【靠齐距离】文本框：用于设定当拖动的层与目标位置的距离在此范围内时，自动将层对齐到目标位置。

在【拖动 AP 元素】对话框中选择【高级】选项卡后，将显示下图所示的设置界面，其中各选项的功能说明如下：

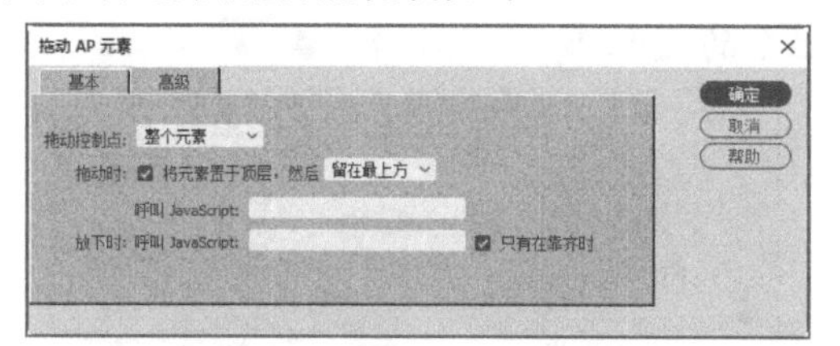

▶【拖动控制点】下拉列表：用于选择用鼠标对 AP 元素进行拖动时的位置。选择其中的【整个元素】选项时，单击 AP 元素的任何位置后即可进行拖动；而选择【元素内的区域】选项时，只有当光标处于指定范围内的时候，才可以拖动 AP 元素。

▶【拖动时】选项区域：选中【将元素置于顶层，然后】复选框后，拖动 AP 元素的过程中经过其他 AP 元素时，可以选择显示在其他 AP 元素的上方还是下方。如果拖动期间有需要运行的 JavaScript 函数，将其输入在【呼叫 JavaScript】文本框中即可。

▶【放下时】选项区域：如果在正确位置放置了 AP 元素后，需要发出效果音或消息，可以在【呼叫 JavaScript】文本框中输入运行的 JavaScript 函数。如果只有在 AP 元素到达拖放目标时才执行 JavaScript 函数，需要选中【只有在靠齐时】复选框。

在<body>标签之后设置了【拖动AP元素】行为之后，切换至代码视图可以看到 Dreamweaver软件自动声明了MM_scanStyles()、MM_getPorop()、MM_dragLayer()等函数(这里不具体阐述它们的作用)。

<body>标签中会使用相关事件调用 MM_dragLayer()函数，以下代码表示当页面被载入时，调用 MM_dragLayer()函数：

```
<body
onmousedown="MM_dragLayer(
'AP','',0,0,0,0,true,false,-1,-1,-1,-1,0,0,0,'',false,'')">
```

14.4　使用行为显示文本

文本作为网页中最基本的元素，相比图像或其他多媒体元素具有更快的传输速度，因此网页中的大部分信息都是用文本来表示的。本节将通过实例介绍在网页中利用行为显示处于特殊位置的文本的方法。

14.4.1　弹出信息

当需要设置从一个网页跳转到另一个网页或特定的链接时，可以使用【弹出信息】行为，让网页弹出消息框。消息框是具有文本消息的小窗口，在发生诸如登录错误或即将关闭网页的情况时，使用消息框能够快速、醒目地实现信息提示。

在 Dreamweaver 中，对网页中的元素设置【弹出信息】行为的具体方法如下：

step 1　选中网页中需要设置【弹出信息】行为的对象，按下 Shift+F4 组合键，打开【行为】面板。单击【+】按钮，在弹出的下拉列表中选择【弹出信息】选项。

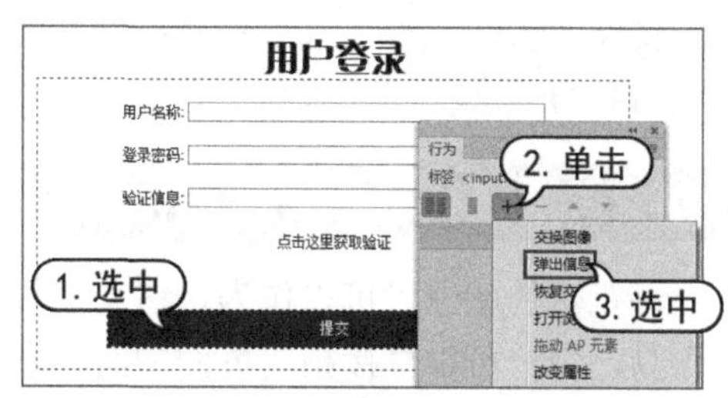

step 2　打开【弹出信息】对话框，在【消息】文本区域中输入弹出信息文本，然后单击【确定】按钮。

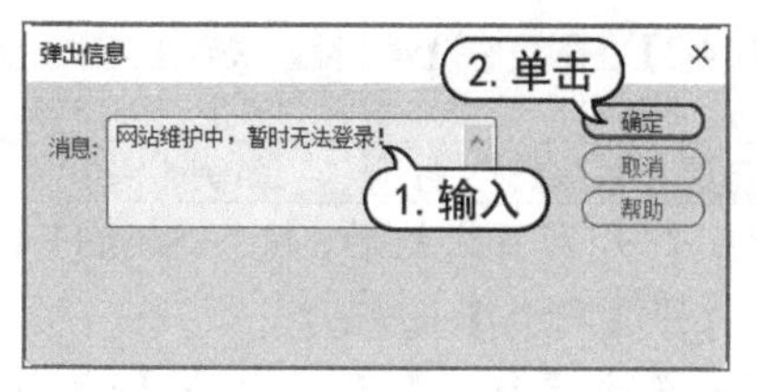

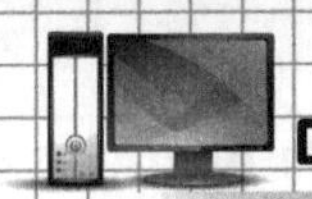

step 3 此时，即可在【行为】面板中添加【弹出信息】行为。

step 4 按下 Ctrl+S 组合键保存网页，再按下 F12 键预览网页，单击页面中设置了【弹出信息】行为的网页对象，将弹出下图所示的提示框，显示弹出信息。

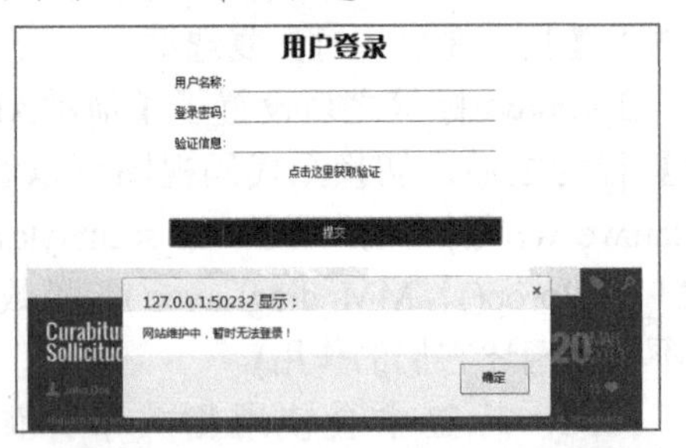

在 Dreamweaver 的代码视图中查看网页的源代码，<head>标签中添加了代码以声明 MM_popupMsg()函数，它使用 alert()函数定义了弹出信息功能。

声明 MM_popupMsg()函数

```
function MM_popupMsg(msg) { //v1.0
  alert(msg);
```

使用 alert()函数定义弹出信息

同时，<body>中会使用相关事件调用 MM_popupMsg()函数，以下代码表示当网页被载入时，调用 MM_popupMsg()函数：

```
<body onLoad="MM_popupMsg('网站维护中，暂时无法登录！')">
```

14.4.2 设置状态栏文本

浏览器的状态栏可以作为传达文档状态的工具，用户可以直接指定页面中的状态栏是否显示。要在浏览器中显示状态栏(以 IE 浏览器为例)，在浏览器窗口中选择【查看】|【工具】|【状态栏】命令即可。

【例 14-3】在网页中设置【设置状态栏文本】行为，在浏览器的状态栏中显示与网页相关的信息。
视频+素材 (素材文件\第 14 章\例 14-3)

step 1 打开网页文档后，按下 Shift+F4 组合键，打开【行为】面板。

step 2 单击【行为】面板中的【+】按钮，在弹出的下拉列表中选择【设置文本】|【设置状态栏文本】选项，在打开的对话框的【消息】文本框中输入需要显示在浏览器的状态栏中的文本。

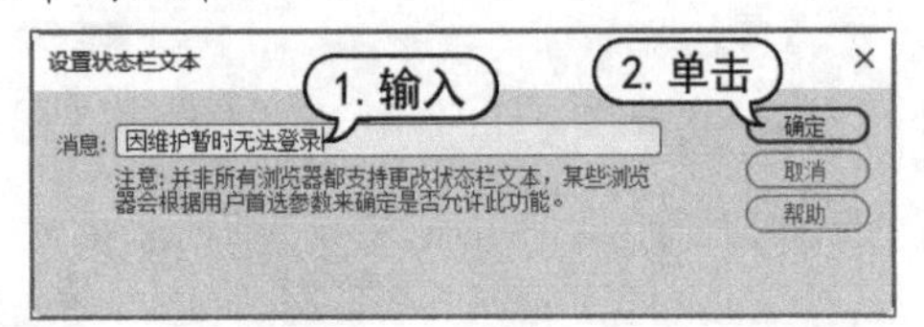

step 3 单击【确定】按钮，即可在【行为】面板中添加【设置状态栏文本】行为。

在 Dreamweaver 的代码视图中查看网页的源代码，<head>中添加了代码以声明 MM_displayStatusMsg()函数，用于在文档的状态栏中显示信息。

声明 MM_displayStatusMsg()函数

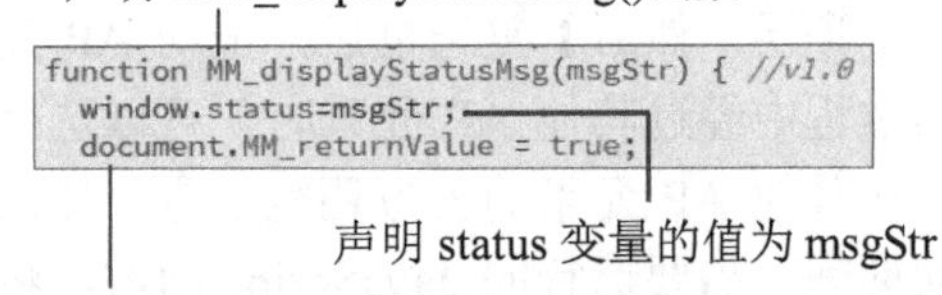

```
function MM_displayStatusMsg(msgStr) { //v1.0
  window.status=msgStr;
  document.MM_returnValue = true;
```

声明 status 变量的值为 msgStr

声明 MM_returnValue 变量为 true

同样，<body>中会使用相关事件调用 MM_displayStatusMsg()函数。以下代码表示载入网页后，调用 MM_displayStatusMsg()函数：

```
<body onmouseover="MM_displayStatusMsg('因维护暂时无法登录');
return document.MM_returnValue">
```

在制作网页时，用户可以使用不同的鼠标事件制作出在不同的状态栏下触发不同动作的效果。例如，可以添加【设置状态栏文本】行为，使页面在浏览器左下方的状态栏上显示一些信息，例如提示链接内容、显示欢迎信息等。

14.4.3 设置容器的文本

【设置容器的文本】行为以用户指定的内容替换网页上现有层的内容和格式设置(该内容可以包括任何有效的 HTML 源代码)。

在 Dreamweaver 中设定【设置容器的文本】行为的具体操作方法如下：

step① 打开网页后，选中页面中的 Div 元素内的图像，按下 Shift+F4 组合键，打开【行为】面板。

step② 单击【行为】面板中的【+】按钮，在弹出的下拉列表中选择【设置文本】|【设置容器的文本】选项。

step③ 打开【设置容器的文本】对话框，在【新建 HTML】文本区域中输入需要替换显示的文本内容，单击【确定】按钮。

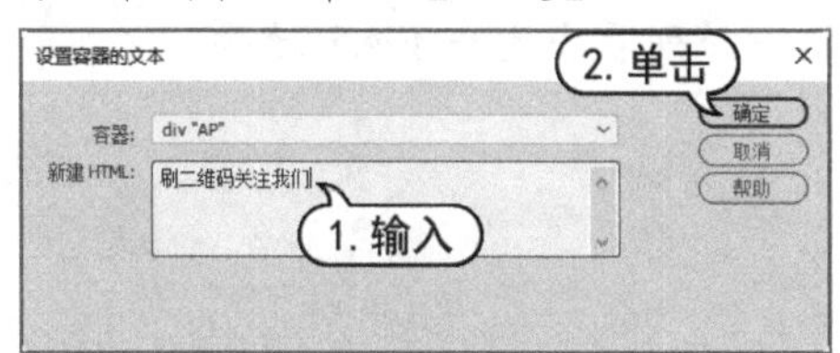

step④ 此时，即可在【行为】面板中添加【设置容器的文本】行为。

在【设置容器的文本】对话框中，两个选项的功能说明如下：

- 【容器】下拉列表：用于从网页中所有的容器对象中选择要进行操作的对象。
- 【新建 HTML】文本区域：用于输入要替换显示的文本内容。

在网页中设定了【设置容器的文本】行为后，在 Dreamweaver 的代码视图中查看网页的源代码，<head>中添加了代码以声明 MM_setTextOfLayer()函数。

同时，<body>中会使用相关事件调用 MM_setTextOfLayer()函数，例如下列代码表示当光标经过图像时调用函数：

```
<img src=" P4.jpg" onClick=
"MM_setTextOfLayer('AP','','刷二维码关注我们')"/>
```

声明 MM_setTextOfLayer()函数

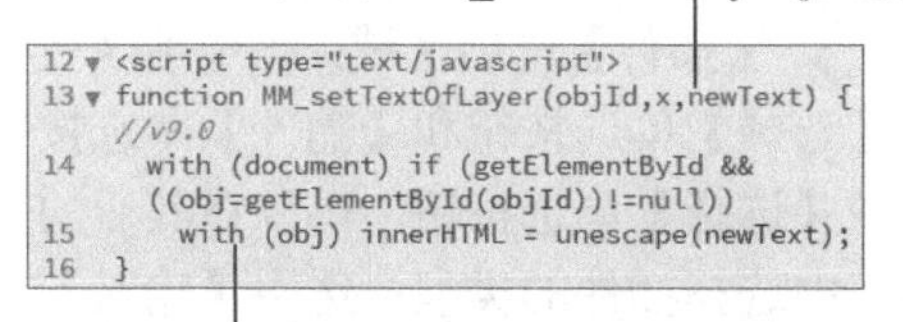

```
12 ▼ <script type="text/javascript">
13 ▼ function MM_setTextOfLayer(objId,x,newText) {
     //v9.0
14     with (document) if (getElementById &&
       ((obj=getElementById(objId))!=null))
15       with (obj) innerHTML = unescape(newText);
16   }
```

声明条件语句

14.4.4 设置文本域文字

在 Dreamweaver 中，使用【设置文本域文字】行为能够让用户在页面中动态更新任何文本或文本区域。在 Dreamweaver 中设定【设置文本域文字】行为的具体操作方法如下：

step① 打开网页后，选中表单中的一个文本域，在【行为】面板中单击【+】按钮，在弹出的下拉列表中选择【设置文本】|【设置文本域文字】选项。

step② 打开【设置文本域文字】对话框，在【新建文本】文本区域中输入要显示在文本域中的文字，单击【确定】按钮。

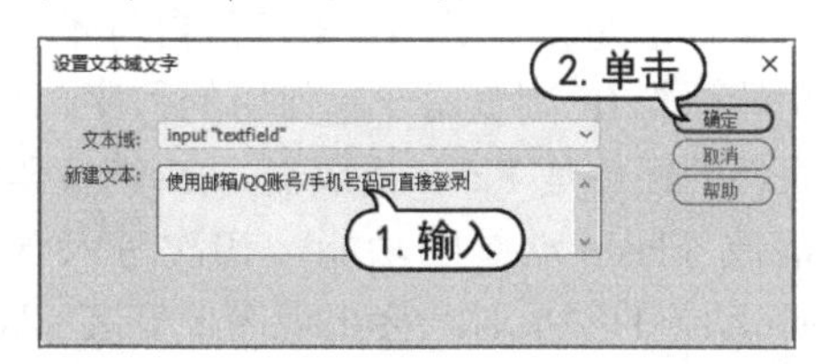

step③ 此时，即可在【行为】面板中添加【设置文本域文字】行为。单击【设置文本域文字】行为前的下拉按钮，在弹出的下拉列表中选中 onMouseMove 选项。

step④ 保存并按下 F12 键预览网页，将鼠标光标移动至页面中的文本域上，即可在其中显示相应的文本信息。

在【设置文本域文字】对话框中，两个主要选项的功能说明如下：

- 【文本域】下拉按钮：用于选择要改变内容的文本域名称。
- 【新建文本】文本区域：用于输入将显示在文本域中的文字。

添加【设置文本域文字】行为后，在代码视图中查看网页的源代码。<head>中将添加以下代码以声明 MM_setTextOfTextfield()函数。

```
15 ▼ function
     MM_setTextOfTextfield(objId,x,newText) {
     //v9.0
16     with (document){ if (getElementById){
17       var obj = getElementById(objId);} if
       (obj) obj.value = newText;
```

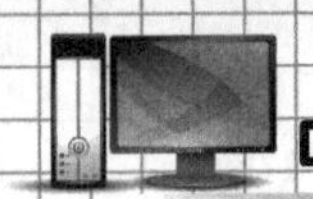

同时，<body>中会使用相关事件调用MM_setTextOfTextfield()函数，例如以下代码表示当把鼠标光标放置在文本框上时，调用MM_setTextOfTextfield()函数：

```
<input name="textfield" type="text" class="con1"
id="textfield"
onMouseMove="MM_setTextOfTextfield('textfield','','
使用邮箱/QQ 账号/手机号码可直接登录')">
```

14.5 使用行为加载多媒体

在 Dreamweaver 中，用户可以利用行为控制网页中的多媒体，包括确认多媒体插件是否安装、显示隐藏元素、改变属性等。

14.5.1 检查插件

插件是为了实现 IE 浏览器自身不支持的功能而与 IE 浏览器一起使用的程序。具有代表性的插件是 Flash 播放器，IE 浏览器没有播放 Flash 动画的功能，初次进入含有 Flash 动画的网页时，会出现需要安装 Flash 播放器的警告信息。访问者可以检查浏览器是否已经安装了播放 Flash 动画的插件，如果安装了该插件，就可以显示带有 Flash 动画对象的网页；如果没有安装该插件，就显示仅包含一幅图像(用以替代 Flash 动画)的网页。

安装好 Flash 播放器后，每当遇到 Flash 动画时，IE 浏览器会自动运行 Flash 播放器。IE 浏览器中的插件除了 Flash 播放器以外，还有 Shockwave 播放软件、QuickTime 播放软件等。在网络中遇到 IE 浏览器不能显示的多媒体对象时，用户可以查找适当的插件来进行播放。

在 Dreamweaver 中可以确认使用的插件有 Shockwave、Flash、Windows Media Player、Live Audio、Quick Time 等。若想确认是否安装了插件，可以应用【检查插件】行为。

【例 14-4】在网页中添加【检查插件】行为。
视频+素材 (素材文件\第 14 章\例 14-4)

step 1 打开网页文档后，按下 Shift+F4 组合键，打开【行为】面板。单击【+】按钮，在弹出的下拉列表中选择【检查插件】选项。

step 2 打开【检查插件】对话框，选中【选择】单选按钮，单击其后的下拉按钮，在弹出的下拉列表中选中 Flash 选项。

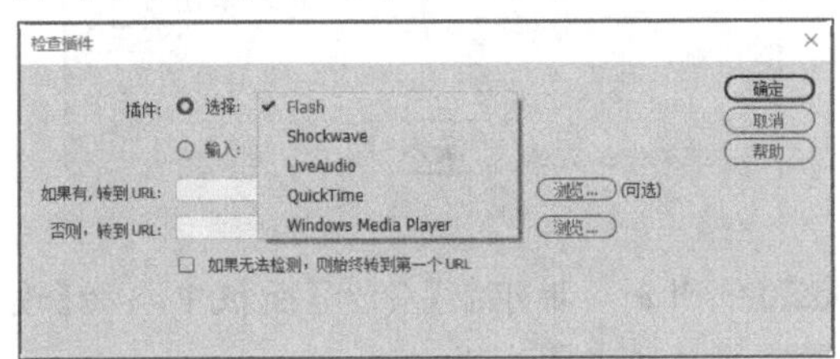

step 3 在【如果有，转到 URL】文本框中输入在浏览器中已安装 Flash 插件的情况下，要链接的网页；在【否则，转到 URL】文本框中输入在浏览器中未安装 Flash 插件的情况下，要链接的网页；选中【如果无法检测，则始终转到第一个 URL】复选框。

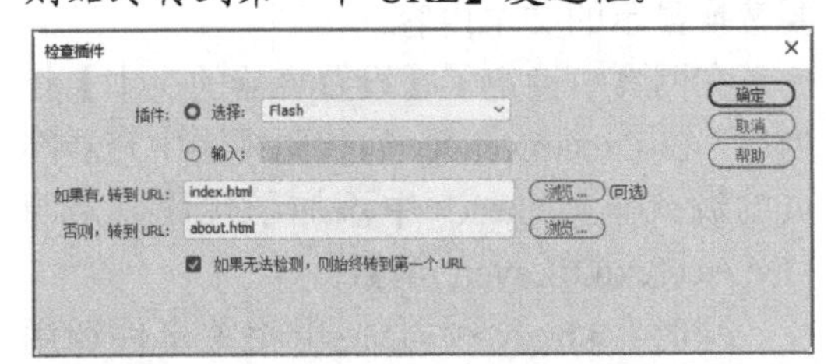

step 4 在【检查插件】对话框中单击【确定】按钮，即可在【行为】面板中设置【检查插件】行为。

在【检查插件】对话框中，比较重要的选项功能说明如下。

- 【插件】选项区域：该选项区域中包括【选择】单选按钮和【输入】单选按钮。选中【选择】单选按钮，可以在其后的下拉列表中选择插件的类型；选中【输入】单选按钮，可以直接在文本框中输入要检查的插件类型。
- 【如果有，转到 URL】文本框：用于设置在选择的插件已经被安装的情况下，要链接的网页文件或网址。

- 【否则，转到 URL】文本框：用于设置在选择的插件尚未安装的情况下，要链接的网页文件或网址。可以输入能够从中下载相关插件的网址，也可以链接另外制作的网页文件。
- 【如果无法检测，则始终转到第一个 URL】复选框：选中该复选框后，如果浏览器不支持针对该插件的检查特性，则直接跳转到上面设置的第一个 URL 地址。

在网页中添加了【检查插件】行为后，在代码视图中查看网页的源代码，<head>中将添加 MM_checkPlugin()函数(该函数的语法较为复杂，这里不多作解释)。

同时，<body>中会用相关事件调用 MM_checkPlugin()函数，例如以下代码声明单击文本后调用函数：

```
<a href="#"
onClick="MM_checkPlugin('Shockwave
Flash','index.html',false);
return document.MM_returnValue">检查插件</a>
```

14.5.2　显示-隐藏元素

【显示-隐藏元素】行为可以显示、隐藏、恢复一个或多个 Div 元素的默认可见性。该行为用于在访问者与网页交互时显示信息。例如，当网页访问者将鼠标光标滑过栏目图像时，可以显示一个 Div 元素，提示当前栏目的相关信息。

【例 14-5】在网页中添加【显示-隐藏元素】行为。
视频+素材 (素材文件\第 14 章\例 14-5)

step 1 打开网页文档后，按下 Shift+F4 组合键，打开【行为】面板。单击【+】按钮，在弹出的下拉列表中选择【显示-隐藏元素】选项。

step 2 打开【显示-隐藏元素】对话框，在【元素】列表框中选中网页中的一个元素，例如“div AP”，单击【隐藏】按钮。

step 3 单击【确定】按钮，在【行为】面板中单击【显示-隐藏元素】行为前的下拉按钮，在弹出的下拉列表中选中 onClick 选项。

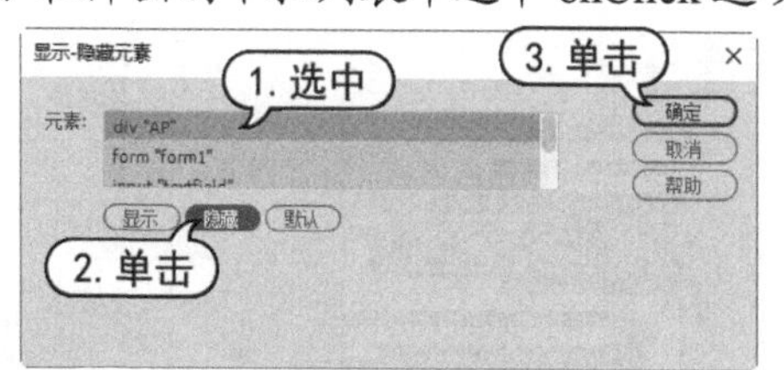

step 4 保存并按下 F12 键预览网页，在浏览器中单击 Div 元素可将其隐藏。

查看网页的源代码，<head>中添加了代码以声明 MM_showHideLayers()函数。

```
<script type="text/javascript">
function MM_showHideLayers() { //v9.0
var
i,p,v,obj,args=MM_showHideLayers.arguments;
for (i=0; i<(args.length-2); i+=3)
with (document) if (getElementById &&
((obj=getElementById(args[i]))!=null)) { v=args[i+2];
if (obj.style) { obj=obj.style;
v=(v=='show')?'visible':(v=='hide')?'hidden':v; }
obj.visibility=v; }
}
</script>
```

同时，<body>中会使用相关事件调用 MM_showHideLayers()函数。例如以下代码声明载入网页时调用函数，显示元素：

```
<body
onLoad="MM_showHideLayers('Div-12','','show')">
```

15.5.3　改变属性

使用【改变属性】行为，可以动态改变对象的属性值，例如改变层的背景颜色或图像的大小等。这些改变实际上改变的是对象的相应属性值(是否允许改变属性值，取决于浏览器的类型)。

在 Dreamweaver 中添加【显示-隐藏元素】行为的具体操作方法如下：

step 1 在网页中插入一个名为 Div18 的层，并在其中输入文本内容。

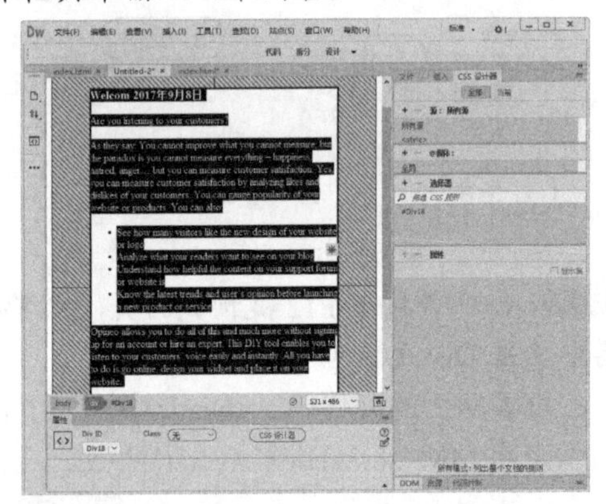

step 2 按下 Shift+F4 组合键，打开【行为】面板，在【行为】面板中单击【+】按钮，在弹出的下拉列表中选择【改变属性】选项。

step 3 在打开的【改变属性】对话框中单击【元素类型】下拉按钮，在弹出的下拉列表中选中 DIV 选项。

step 4 单击【元素 ID】下边按钮，在弹出的下拉列表中选中【DIV "div18"】选项，选中【选择】单选按钮，然后单击其后的下拉按钮，在弹出的下拉列表中选中 color 选项，并在【新的值】文本框中输入【#FF0000】。

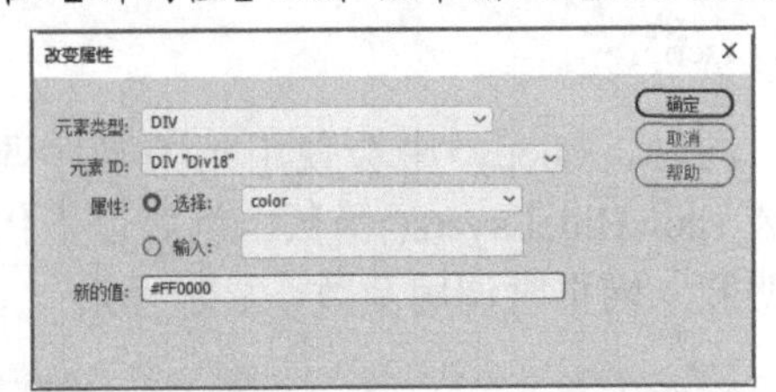

step 5 在【改变属性】对话框中单击【确定】按钮，在【行为】面板中单击【改变属性】行为前的下拉按钮，在弹出的下拉列表中选中 onClick 选项。

step 6 完成以上操作后，保存并按下 F12 键预览网页，当用户单击页面中 Div18 层中的文字时，其颜色将发生变化。

在【改变属性】对话框中，比较重要的选项功能如下。

- 【元素类型】下拉按钮：用于设置要更改的对象的类型。
- 【元素 ID】下拉按钮：用于设置要更改的对象的名称。
- 【属性】选项区域：该选项区域包括【选择】单选按钮和【输入】单选按钮。选中【选择】单选按钮，可以使用其后的下拉列表选择一个属性；选中【输入】单选按钮，可以在其后的文本框中输入具体的属性名称。
- 【新的值】文本框：用于设定需要改变的属性的新值。

在 Dreamweaver 的代码视图中查看网页的源代码，<head>中添加了代码以声明 MM_changeProp()函数，<body>中会使用相关事件调用 MM_changeProp()函数。例如以下代码表示把光标移动到 Div 元素上之后，调用 MM_changeProp()函数，将 Div18 元素中文字的颜色改变为红色：

```
<div class="wrapper" id="Div18"
onClick="MM_changeProp('Div18','','color','#FF0000',
'DIV')">
```

14.6 使用行为控制表单

使用行为可以控制表单元素，例如常用的菜单、验证等。用户在 Dreamweaver 中制作出表单后，在提交前首先应确认是否在必填域中按照要求的格式输入了信息。

14.6.1 跳转菜单、跳转菜单开始

在网页中应用【跳转菜单】行为，可以编辑表单中的菜单对象，具体操作如下：

step 1 打开一个网页文档，然后在页面中插入一个【选择】对象。

step 2 按下 Shift+F4 组合键，打开【行为】面板，单击该面板中的【+】按钮，在弹出的下拉列表中选择【跳转菜单】选项。

step 3 在打开的【跳转菜单】对话框中，在【菜单项】列表框中选中【北京分区】选项，然后单击【浏览】按钮。

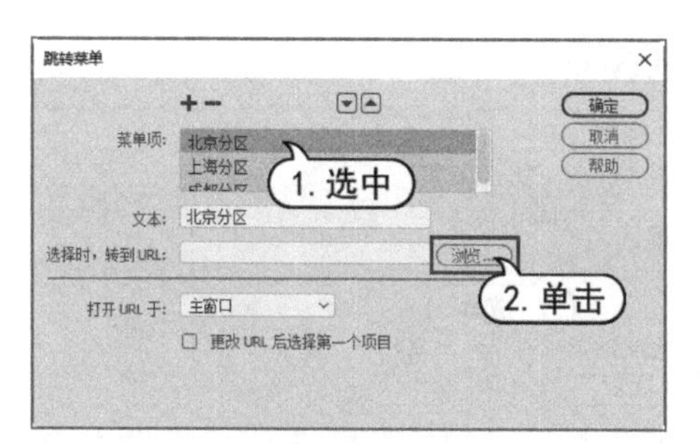

step 4 在打开的对话框中选中一个网页文档，单击【确定】按钮。

step 5 在【跳转菜单】对话框中单击【确定】按钮，即可为表单中的【选择】对象设置【跳转菜单】行为。

在【跳转菜单】对话框中，比较重要的选项功能说明如下：

- 【菜单项】列表框：根据【文本】和【选择时，转到 URL】中输入的内容，显示菜单项。
- 【文本】文本框：输入在跳转菜单中显示的菜单名称，可以使用中文或空格。
- 【选择时，转到 URL】文本框：输入链接到菜单项的文件的路径(输入本地站点的文件或网址即可)。
- 【打开 URL 于】下拉列表：若当前网页文档由框架组成，选择显示链接文件的框架名称即可。若当前网页文档没有使用框架，则只能使用【主窗口】选项。
- 【更改 URL 后选择第一个项目】复选框：即使在跳转菜单中单击菜单，跳转到链接的网页中，跳转菜单中也依然显示指定为基本项的菜单。

在 Dreamweaver 中查看网页的源代码，<head>标签中添加了代码以声明 MM_jumpMenu()函数。

```
<script type="text/javascript">
function
MM_jumpMenu(targ,selObj,restore){ //v3.0
eval(targ+".location='"+selObj.options[selObj.selected
Index].value+"'");
if (restore) selObj.selectedIndex=0;
}
</script>
```

<body>标签中会使用相关事件调用 MM_jumpMenu()函数。例如，以下代码表示在下拉菜单中调用 MM_jumpMenu()函数，用于实现跳转：

```
<select name="select" id="select"
onChange="MM_jumpMenu('parent',this,0)">
…
</select>
```

【跳转菜单开始】行为与【跳转菜单】行为密切关联，【跳转菜单开始】行为允许网页浏览者将一个按钮和一个跳转菜单关联起来，当单击按钮打开在该跳转菜单中选择的链接。通常情况下，跳转菜单不需要这样一个按钮，从跳转菜单中选择一个选项一般会触发 URL 的载入，不需要执行任何进一步的其他操作。但是，如果访问者选择了跳转菜单中已经选择的同一项，则不会发生跳转。

此时，如果需要设置【跳转菜单开始】行为，可以参考以下方法：

step 1 在表单中插入一个【选择】对象和一个【按钮】对象，然后选中表单中的这个【选择】对象，在【属性】面板的 Name 文本框中输入 select。

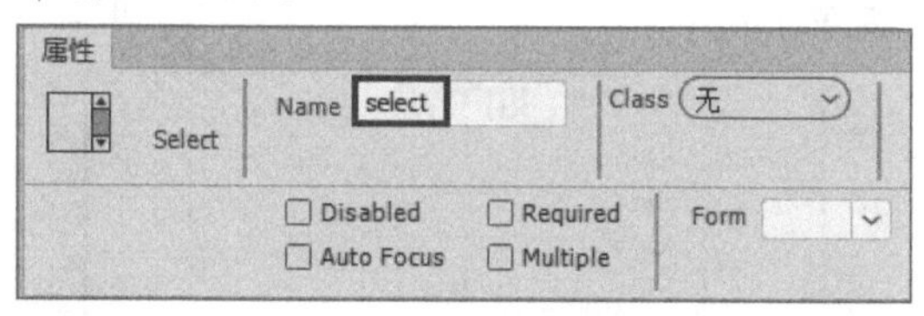

step 2 选中表单中的【提交】按钮，按下 Shift+F4 组合键，显示【行为】面板。单击面板中的【+】按钮，在弹出的下拉列表中选择【跳转菜单开始】命令。

step 3 在打开的【跳转菜单开始】对话框中单击【选择跳转菜单】下拉按钮，在弹出的下拉列表中选中 select 选项，然后单击【确定】按钮。

step 4 此时，将在【行为】面板中添加【跳转菜单开始】行为。

在代码视图中查看网页的源代码，<head>标签中添加了代码以声明 MM_jumpMenuGo()函数，用于定义菜单的跳转功能。<body>标签中也会使用相关事件调用 MM_jumpMenuGo()函数，例如下面的代码表示在下拉菜单中调用 MM_jumpMenuGo()函数，用于实现跳转：

```
<input name="button" type="button" id="button"
onClick="MM_jumpMenuGo('select','parent',0)"
value="提交">
```

14.6.2 检查表单

在 Dreamweaver 中使用【检查表单】行为，可以为文本域设置有效性规则，检查文本域中的内容是否有效，以确保输入的数据正确。一般来说，可以将该行为附加到表单对象上，并将触发事件设置为 onSubmit。当单击【提交】按钮提交数据时，会自动检查表单中所有文本域的内容是否有效。具体操作如下：

step 1 打开一个表单网页后，选中页面中的表单 form1。

step 2 按下 Shift+F4 组合键，显示【行为】面板。单击【+】按钮，在弹出的下拉列表中选择【检查表单】命令。

step 3 在打开的【检查表单】对话框中，在【域】列表框中选中【input "name"(R)】选项后，选中【必需的】复选框和【任何东西】单选按钮。

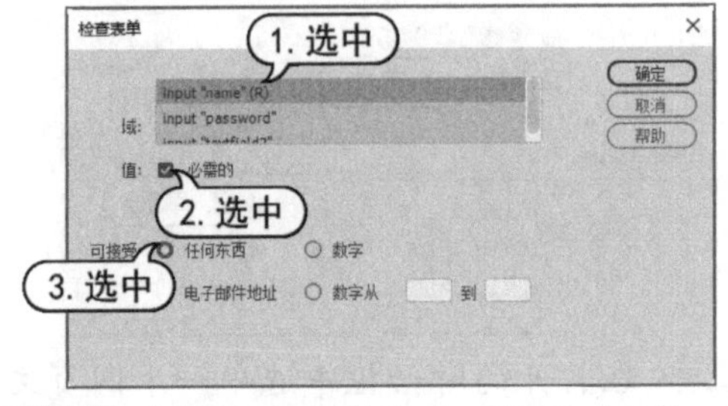

step 4 在【检查表单】对话框的【域】列表框中选中【textarea "password"】选项，选中【必需的】复选框和【数字】单选按钮。

step 5 在【检查表单】对话框中单击【确定】按钮。保存网页后，按下 F12 键预览页面，如果用户在页面上的【用户名称】和【用户密码】文本框中未输入任何内容就单击【提交】按钮，浏览器将提示错误。

在【检查表单】对话框中，比较重要的选项功能说明如下：

- 【域】列表框：用于选择要检查数据有效性的表单对象。
- 【值】复选框：用于设置是否使用必填文本域。
- 【可接受】选项区域：用于设置文本域中可填数据的类型，可以选择 4 种类型。【任何东西】表明文本域中可以输入任意类型的数据；【数字】表明文本域中只能输入数字；【电子邮件地址】表明文本域中只能输入电子邮件地址；【数字从】可以设置可输入数字的范围，这时可在右边的文本框中从左至右分别输入最小数字和最大数字。

在代码视图中查看网页的源代码，<head>标签中添加了代码以声明 MM_validateForm()函数。

```
<script type="text/javascript">
function MM_validateForm() { //v4.0
if (document.getElementById){
var i,p,q,nm,test,num,min,max,errors='',
args=MM_validateForm.arguments;
for (i=0; i<(args.length-2); i+=3) { test=args[i+2];
val=document.getElementById(args[i]);
```

```
if (val) { nm=val.name; if ((val=val.value)!="") {
if (test.indexOf('isEmail')!=-1)
{ p=val.indexOf('@');
if (p<1 || p==(val.length-1)) errors+='- '+nm+' must contain an e-mail address.\n'; } else if (test!='R')
{ num = parseFloat(val);
if (isNaN(val)) errors+='- '+nm+' must contain a number.\n';
if (test.indexOf('inRange') != -1)
{ p=test.indexOf(':');
min=test.substring(8,p); max=test.substring(p+1);
if (num<min || max<num) errors+='- '+nm+' must contain a number between '+min+' and '+max+'.\n';
} } } else if (test.charAt(0) == 'R') errors += '- '+nm+' is required.\n'; }} if (errors) alert('The following error(s) occurred:\n'+errors);
document.MM_returnValue = (errors == '');
} }
</script>
```

<body>标签中会使用相关事件调用 MM_validateForm()函数，例如以下代码在表单中调用 MM_validateForm()函数：

```
<form method="post" name="form1"
class="form" id="form1"
onSubmit="MM_validateForm('name','','R','password','','RisNum');return document.MM_returnValue">
…
</form>
```

14.7　案例演练

本章的案例演练将制作用户注册页面上的随机验证码文本域，并通过在网页中添加行为，设置一些特殊的网页效果。用户可以通过具体的实例操作巩固自己所学的知识。

【例 14-6】在网页中使用行为控制表单，制作用户登录确认效果。
视频+素材（素材文件\第 14 章\例 14-6）

step 1　打开素材网页后，选中页面中的表单，按下Ctrl+F3组合键，显示【属性】面板。

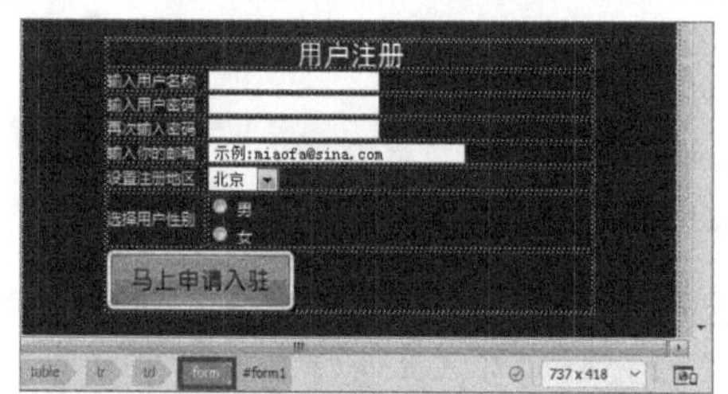

step 2　在【属性】面板的 ID 文本框中输入 form1，设置表单的名称。

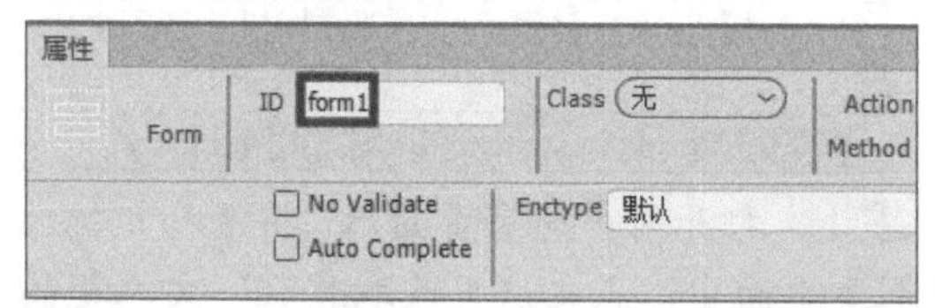

step 3　选中表单的【输入用户名称】文本域，在【属性】面板的 Name 文本框中输入 name，为文本域命名。

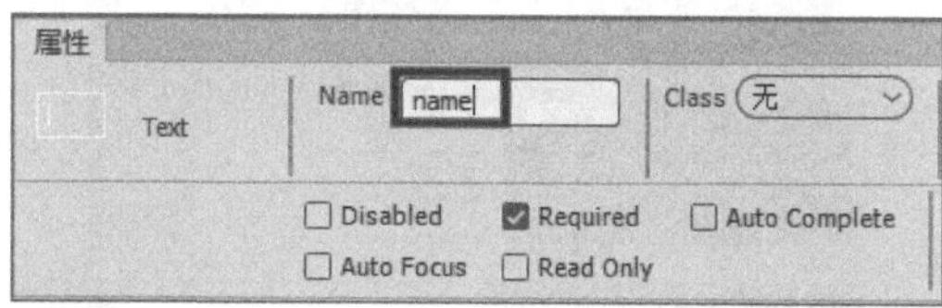

step 4　使用同样的方法，将【输入用户密码】和【再次输入用户密码】文本域命名为 password1 和 password2。

step 5　选中页面中的【马上申请入驻】图片按钮，按下 Shift+F4 组合键，显示【行为】面板，单击【+】按钮，在弹出的下拉列表中选择【检查表单】命令。

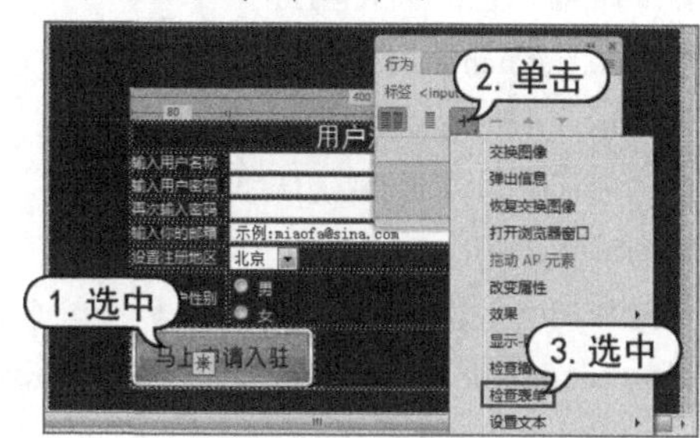

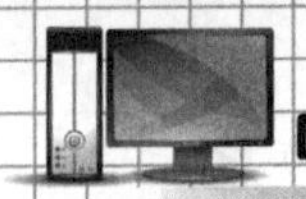

step 6 打开【检查表单】对话框，在【域】列表框中选中【input"name"(R)】选项，选中【必需的】和【任何东西】单选按钮。

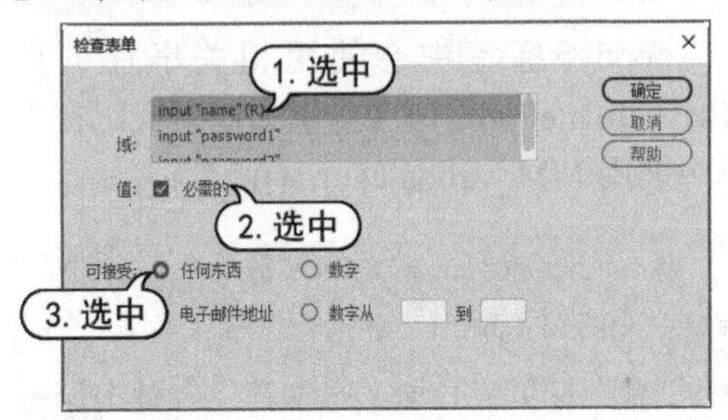

step 7 使用同样的方法，设置【域】列表框中的【input "password1"】和【input "password2"】选项。

step 8 单击【确定】按钮，在【行为】面板中添加【检查表单】行为。

step 9 按下 F12 键预览网页。如果用户没有在表单中填写用户名称并输入两次密码，单击【马上申请入驻】按钮后，网页将弹出下图所示的提示。

step 10 返回 Dreamweaver，在【文档】工具栏中单击【代码】按钮，切换至代码视图，找到以下代码：

```
<script type="text/javascript">
function MM_validateForm() { //v4.0
if (document.getElementById){
var i,p,q,nm,test,num,min,max,errors='',args=
MM_validateForm.arguments;
for (i=0; i<(args.length-2); i+=3) { test=args[i+2];
val=document.getElementById(args[i]);
if (val) { nm=val.name; if ((val=val.value)!="") {
if (test.indexOf('isEmail')!=-1)
{ p=val.indexOf('@');
if (p<1 || p==(val.length-1)) errors+='- '+nm+'
must contain an e-mail address.\n';
} else if (test!='R') { num = parseFloat(val);
if (isNaN(val)) errors+='- '+nm+' must contain a
number.\n';
if (test.indexOf('inRange') != -1)
{ p=test.indexOf(':');
min=test.substring(8,p); max=test.substring(p+1);
if (num<min || max<num) errors+='- '+nm+' must
contain a number between '+min+' and
'+max+'.\n';    } } } else if (test.charAt(0) == 'R')
errors += '- '+nm+' is required.\n'; } } if (errors)
alert('The following error(s) occurred:\n'+errors);
document.MM_returnValue = (errors == '');
} }
```

修改其中的一些内容，将

```
errors += '- '+nm+' is required.\n';
```

修改为

```
errors += '- '+nm+'  请输入用户名和密码.\n';
```

将

```
if (errors) alert('The following error(s)
occurred:\n'+errors);
```

修改为

```
if (errors) alert('没有输入用户名或密
码:\n'+errors);
```

step 11 按下 Ctrl+S 组合键保存网页，按下 F12 键预览网页，单击【马上申请入驻】按钮后，网页将打开提示框，在错误提示中显示中文提示。

【例 14-7】在用户登录页面中制作随机验证码文本域。

视频+素材 (素材文件\第 14 章\例 14-7)

step 1 打开用户登录页面后，将鼠标光标放置到页面中“点击这里获取验证”文本框的后面。

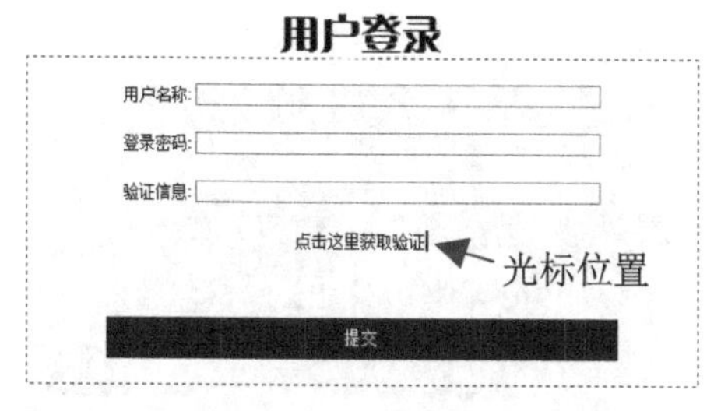

step 2　按下 Ctrl+F2 组合键，显示【插入】面板，在【表单】选项卡中单击【文本】按钮，插入一个文本域。

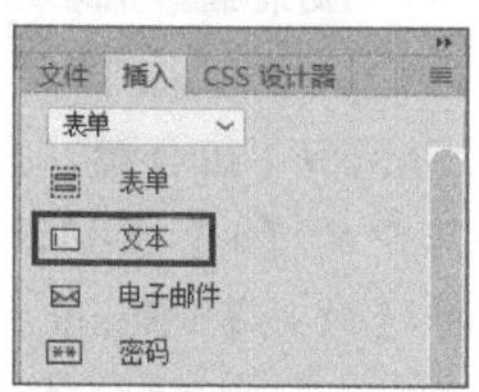

step 3　选中这个文本域，在【属性】面板的 Name 文本框中输入 random。

属性

Text　Name random　Class form

Disabled　Required　Auto Complete

Auto Focus　Read Only

step 4　在【属性】面板中将字符宽度(Size)设置为 5。单击【文档】工具栏中的【拆分】按钮，切换到拆分视图。

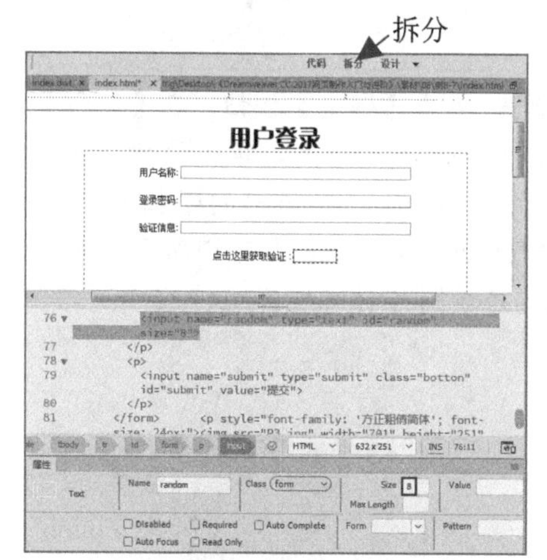

step 5　在代码视图中找到以下代码：

```
<input name="random" type="text" id="random"
size="8">
```

将其修改为：

```
<input name="random" type="text"
style="background-color: #CCC" id="random"
size="8">
```

设置文本域的背景颜色为灰色。

step 6　在状态栏的标签选择器中单击<body>标签，选中整个网页的内容。

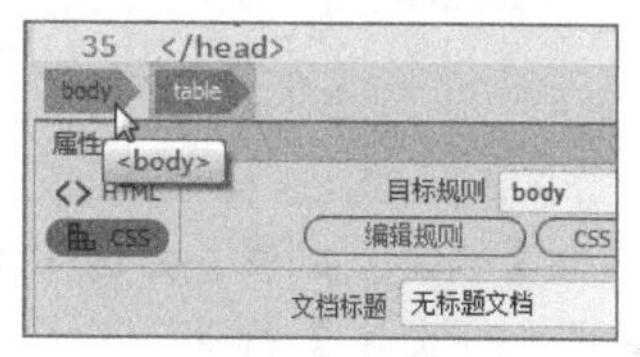

step 7　按下 Shift+F4 组合键，显示【行为】面板，单击【+】按钮，在弹出的下拉列表中选择【设置文本】|【设置文本域文字】选项。

step 8　打开【设置文本域文字】对话框，单击【文本域】下拉按钮，在弹出的下拉列表中选中【input "random"】选项，在【新建文本】文本框中输入如下代码：

```
{Math.random().toString().slice(-4)}
```

step 9　单击【确定】按钮，即可完成对【设置文本域文字】行为的设置。

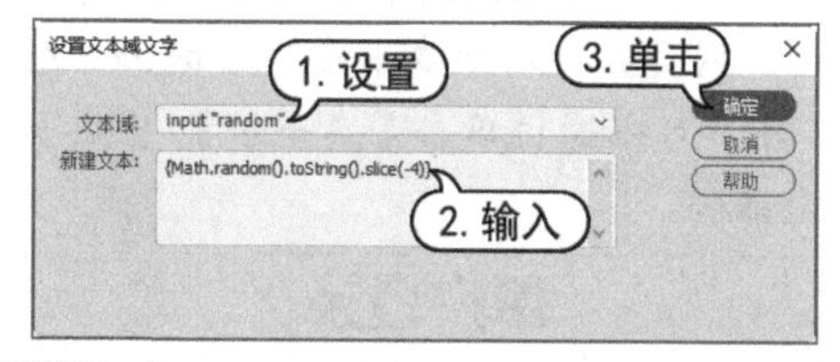

step 10　在设置的随机验证文本域的后面输入文本“换一张”，并将其选中。

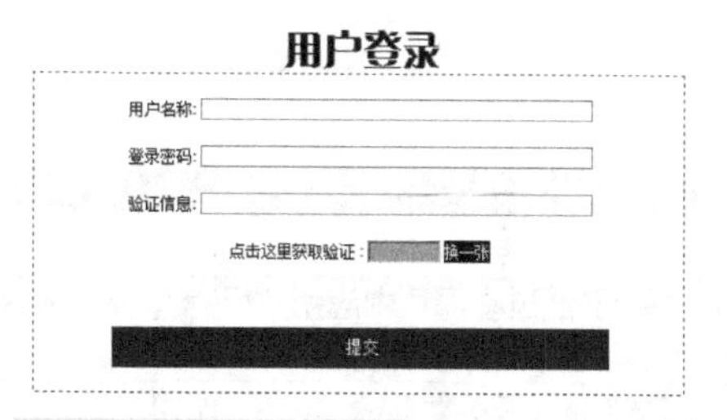

step 11　在【行为】面板中单击【+】按钮，在弹出的下拉列表中选择【设置文本】|【设置文本域文字】命令。

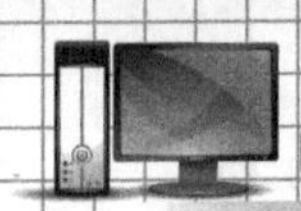

step 12 打开【设置文本域文字】对话框，单击【文本域】下拉按钮，在弹出的下拉列表中选择【input "random"】选项，在【新建文本】文本框中输入以下代码：

```
{Math.random().toString().slice(-4)}
```

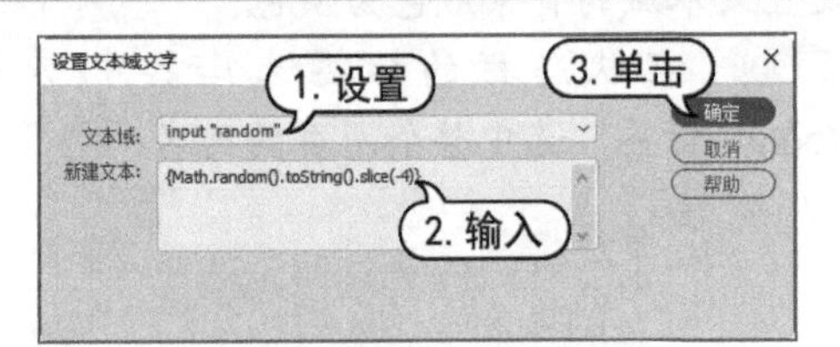

step 13 单击【确定】按钮，为选中的文本添加【设置文本域文字】行为。

step 14 在【行为】面板中单击【事件】栏前的 按钮，在弹出下拉的列表中选择 onClick 选项。

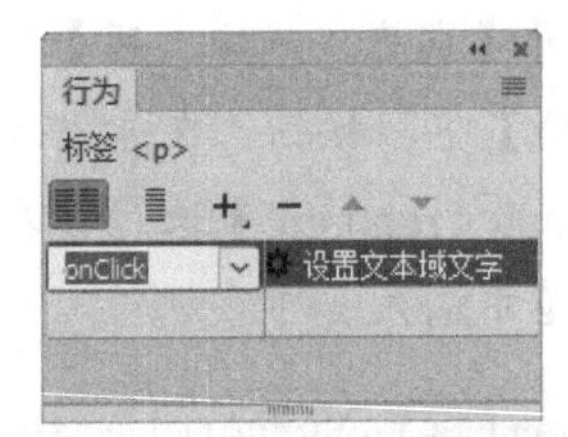

step 15 按下 Ctrl+Shift+S 组合键，打开【另存为】对话框，将网页保存。

step 16 按下 F12 键预览网页，在文本字段中单击，网页会自动加载下图所示的一组验证码，用户可以通过单击【换一张】，生成另一组验证码。

用户登录

用户名称：

登录密码：

验证信息：

点击这里获取验证：3264 换一张

提交

【例 14-8】通过在网页中应用"行为"，制作高亮、弹跳、抖动等网页图文特效。

视频+素材 (素材文件\第 14 章\例 14-8)

step 1 打开网页素材文档后，选中其中右上图所示的图片。

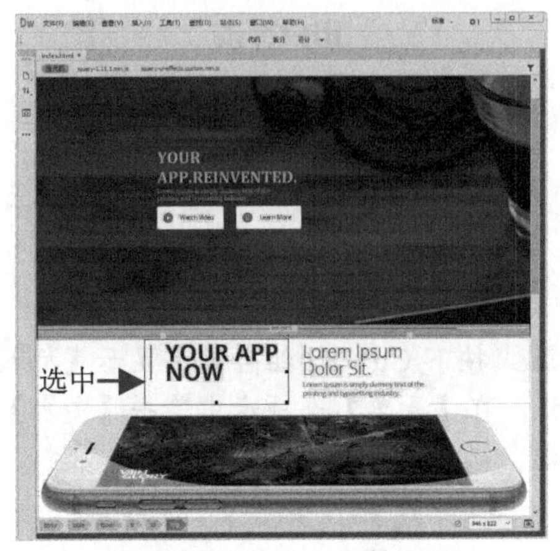

step 2 按下 Shift+F4 组合键，显示【行为】面板，单击其中的【+】按钮，在弹出的下拉列表中选择【效果】| Bounce 选项。

step 3 打开 Bounce 对话框，将【目标元素】设置为【<当前选定内容>】选项，将【效果持续时间】设置为 1000ms，将【可见性】设置为 show，将【方向】设置为 left，将距离设置为 20 像素，将【次】数设置为 5。

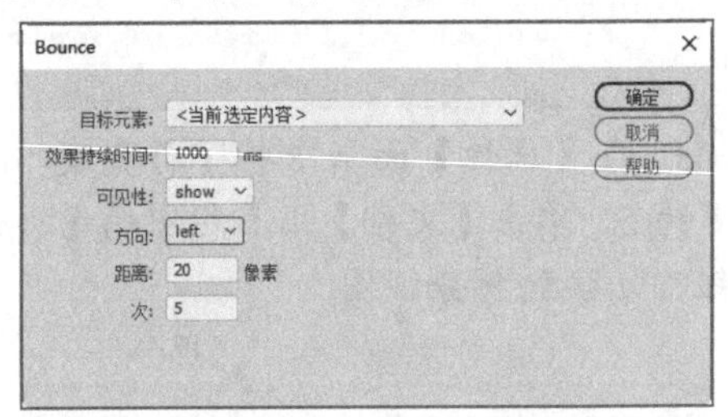

step 4 单击【确定】按钮，在【行为】面板中添加 Bounce 行为，单击该行为【事件】栏后的 按钮，在弹出的下拉列表中选择 onMouseOver 选项，如下图所示，即在鼠标光标经过图片时触发弹跳特效。

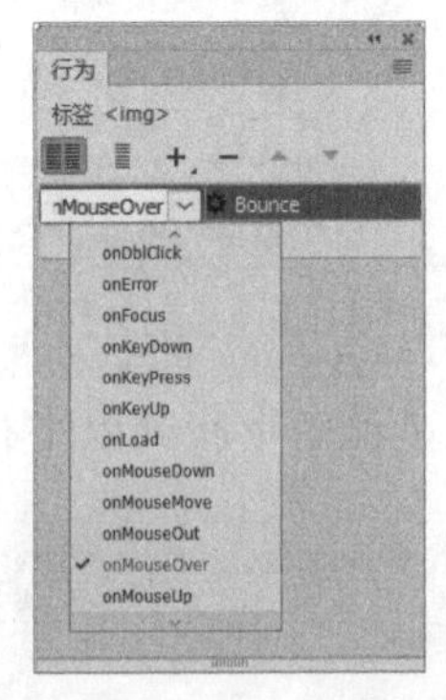

step 5 重复步骤 2 和 3 中的操作，打开

Bounce 对话框，设置【目标元素】为【<当前选定内容>】、【效果持续时间】为 1000ms、【可见性】为 hide、【方向】为 right、【距离】为 20 像素、【次】数为 5。

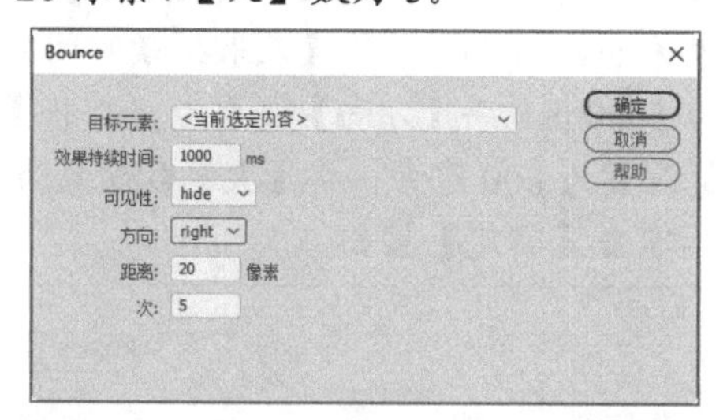

step 6　单击【确定】按钮后，重复步骤 4 中的操作，将步骤 5 添加的 Bounce 行为的触发事件修改为 onMouseOver。

step 7　选中步骤 5 创建的 Bounce 行为，单击【行为】面板中的【降低事件值】按钮，设置该行为在步骤 4 创建的 Bounce 行为之后发生。

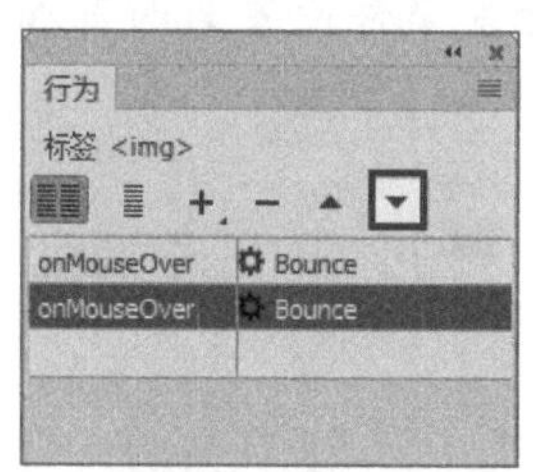

step 8　此时，如果按下 F12 键预览网页效果，将鼠标光标放置在网页中设置了 Bounce 行为的图片上时，图片将左右弹跳。

step 9　选中网页中下图所示的文本，单击【行为】面板中的【+】按钮，在弹出的下拉列表中选择【效果】| Highlight 选项。

step 10　打开 Highlight 对话框，设置【目标元素】为【<当前选定内容>】、【效果持续时间】为 1000ms、【可见性】为 hide。

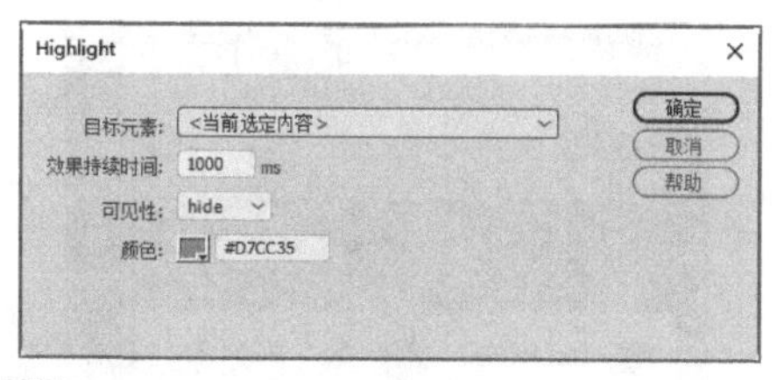

step 11　单击【颜色】选项后的按钮，在打开的颜色选择器中选择一种颜色。

step 12　返回 Highlight 对话框，单击【确定】按钮，在【行为】面板中添加 Highlight 行为，单击该行为【事件】栏后的按钮，在弹出的下拉列表中选择 onMouseOver 选项。

step 13　再次单击【行为】面板中的【+】按钮，在弹出的下拉列表中选择【效果】| Highlight 选项，打开 Highlight 对话框，创建第二个 Highlight 行为，设置【目标元素】为【<当前选定内容>】、【效果持续时间】为 1000ms、【可见性】为 show、【颜色】参数与上图中设置的颜色一致。

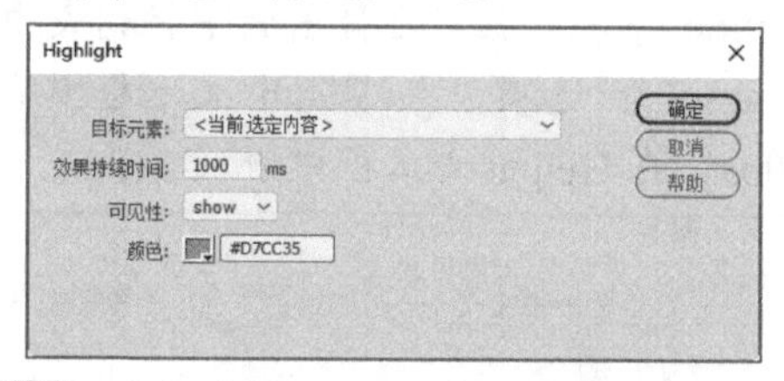

step 14　单击步骤 12 创建的 Highlight 行为【事件】栏后的按钮，在弹出的下拉列表中选择 onMouseOver 选项。然后单击【降低事件值】按钮，使其在步骤 11 创建的 Highlight 行为之后发生。

step 15　此时，如果按下 F12 键预览网页效果，将鼠标光标放置在网页中设置了 Highlight 行为的文本上时，文本将以下图选择的颜色高亮显示。

step 16 将鼠标光标插入至网页中的任意位置，选择【插入】| Div 命令，打开【插入 Div】对话框，在 ID 文本框中输入 tupian，单击【新建 CSS 规则】按钮。

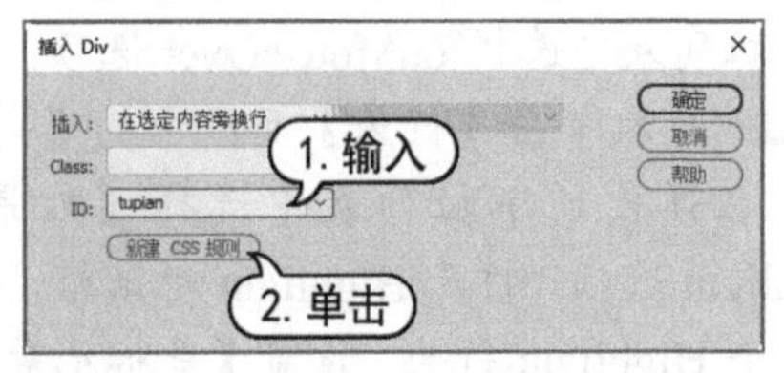

step 17 打开【新建 CSS 规则】对话框，保持默认设置，单击【确定】按钮。

step 18 打开 CSS 规则定义对话框，单击 Position 下拉按钮，在弹出的下拉列表中选择 absolute 选项，在 Width 文本框中输入 300px，在 Height 文本框中输入 318px。

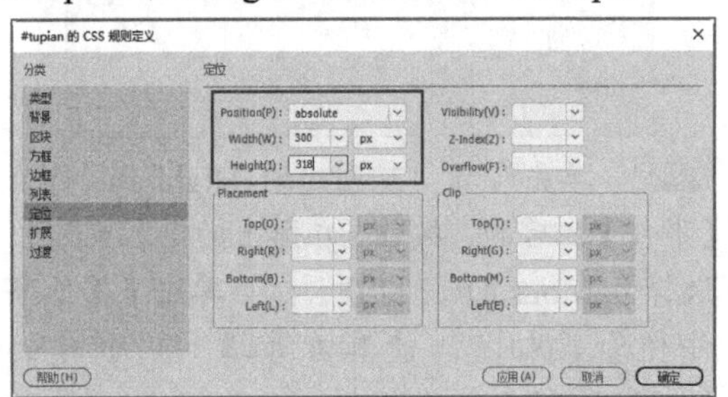

step 19 单击【确定】按钮，在网页中插入一个可移动的 Div 元素。

step 20 将 ID 为 tupian 的 Div 元素拖至网页左侧的边缘，选择【插入】| Image 命令，在其中插入一张如下图所示的图片。

step 21 选中 Div 元素中插入的图片，单击【行为】面板中的【+】按钮，在弹出的下拉列表中选择【效果】| Shake 选项。

step 22 打开 Shake 对话框，将【目标元素】设置为 div "tupian"，将【效果持续时间】设置为 5000ms，将【方向】设置为 up，将【距离】设置为 600 像素，将【次】数设置为 1，然后单击【确定】按钮。

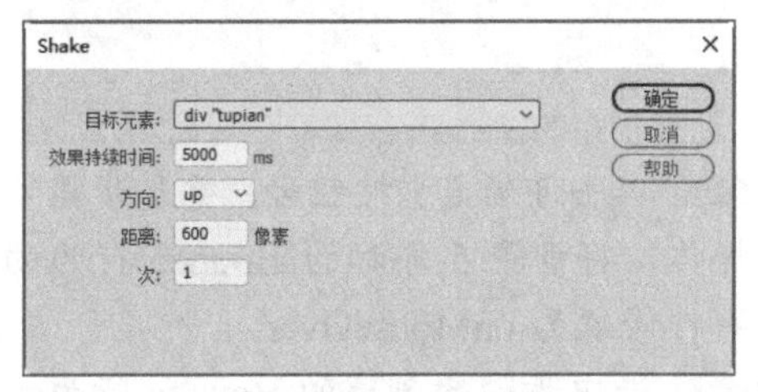

step 23 此时，将在【行为】面板中添加一个 Shake 行为，单击该行为【事件】栏后的☑按钮，在弹出的下拉列表中选择 onLoad 选项，将行为的触发事件设置为网页加载时。

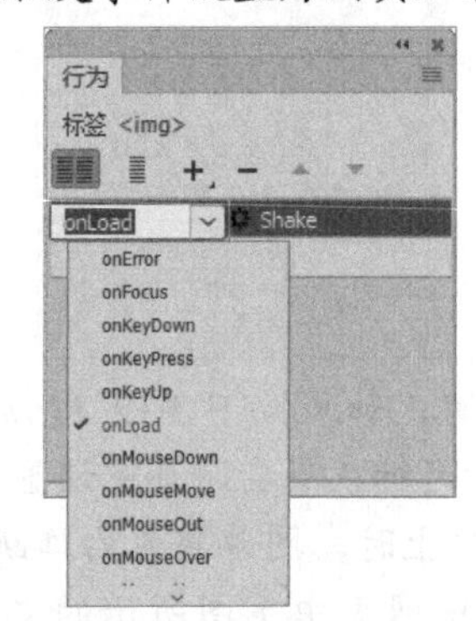

step 24 按下 Ctrl+S 组合键保存网页，在打开的提示框中单击【确定】按钮，保存插件文件。

step 25 按下 F12 键，在浏览器中预览网页效果。当网页被加载后，页面左侧的图片将向上浮动 1 次。

第 15 章

制作移动设备网页

本章将介绍使用 Dreamweaver 制作 jQuery Mobile 网页的方法。jQuery Mobile 是 jQuery 在手机、平板电脑等移动设备上的版本。它不仅给主流移动平台提供 jQuery 核心库，而且会发布一个完整、统一的 jQuery 移动 UI 框架，以支持全球主流的移动平台。

本章对应视频

例 15-1 创建 jQuery Mobile 页面
例 15-2 使用 jQuery Mobile 主题
例 15-3 制作 jQuery Mobile 网页

15.1 jQuery 和 jQuery Mobile 简介

企业和个人用于开发和发布移动应用程序所使用的技术随时都在发生变化。起初，开发和发布移动应用程序的策略是针对每一个主流平台开发独立的本地 app。然而，开发团队很快意识到，维护多个平台所需要付出的工作量是巨大的。为了解决这个问题，移动开发团队需要一种只需要编码一次，就可以将app部署到所有设备上，从而减少维护花费的方案。jQuery Mobile 就可以实现这一目标。

15.1.1 jQuery

jQuery是继Prototype之后又一个优秀的JavaScript框架。jQuery是轻量级的JavaScript库，兼容CSS3，还兼容各种浏览器(IE 6.0+、FF 1.5+、Safari 2.0+和Opera 9.0+)。jQuery使用户能更方便地处理HTML文档和事件，实现动画效果，并且方便地为网站提供Ajax交互。jQuery还有一个比较大的优势是，它的文档说明很全，而且各种应用也说得很详细，同时还有许多成熟的插件可供选择。jQuery能够使用户的HTML页面保持代码和内容分离。也就是说，不用再在HTML标记里面插入一堆JavaScript代码来调用命令了，只需要定义id即可。

使用jQuery之前首先要引用一个含有jQuery的文件。jQuery库位于一个JavaScript文件中，其中包含所有的jQuery函数，代码如下：

```
<script type= "text/javascript " src= "
http://code.jQuery.com/jQuery-latest.min.js"></script>
```

15.1.2 jQuery Mobile

jQuery Mobile 的使命是向所有主流移动浏览器提供一种统一的体验，使整个Internet 上的内容更加丰富(无论使用何种设备)。jQuery Mobile 的目标是在一个统一的UI框架中交付JavaScript功能，能够跨最流行的智能手机和平板电脑工作。实际上，当jQuery Mobile 致力于统一和优化代码时，jQuery核心库受到极大关注。这种关注充分说明，移动浏览器技术在极短的时间内取得了非常大的进展。

jQuery Mobile与jQuery核心库一样，用户在计算机上不需要安装任何程序，只需要将各种.js和.css文件直接包含在Web页面中即可。这样jQuery Mobile的功能就好像被放到了用户的指尖，可随时使用。

1. jQuery Mobile 的基本特征

jQuery Mobile具有以下一些基本特征。

- 一般简单性：jQuery Mobile 框架简单易用。页面开发主要使用标签，无需或只需要很少的JavaScript代码。
- 持续增强和向下兼容：jQuery Mobile使用HTML5、CSS3和JavaScript的同时，也支持高端和低端设备。
- 规模小：jQuery Mobile 框架的整体规模较小，其中JavaScrip库12KB、CSS 6KB，还包括一些图标。
- 主题设置：jQuery Mobile 框架还提供了主题系统，允许用户提供自己的应用程序样式。

2. jQuery Mobile 的浏览器支持情况

jQuery Mobile 可以同时支持高端和低端设备(比如一些不提供JavaScript支持的设备)，其包含以下几条核心原则：

- 所有浏览器都能够访问 jQuery Mobile的全部基础内容。
- 所有浏览器都能够访问 jQuery Mobile的全部基础功能。
- 增强的布局由外部链接的CSS文件提供。
- 增强的行为由外部链接的JavaScript文件提供。

➤ 所有基本内容应该在基础设备上进行渲染，而更高级的平台和浏览器将使用额外的、外部链接的 JavaScript 和 CSS 文件。

15.2　建立 jQuery Mobile 页面

Dreamweaver 与 jQuery Mobile 相集成，可以帮助用户快速设计适合大部分移动设备的网页，同时也可以使网页自身适应各类尺寸的设备。本节将通过具体的操作，介绍创建下图所示 jQuery Mobile 页面的具体操作。

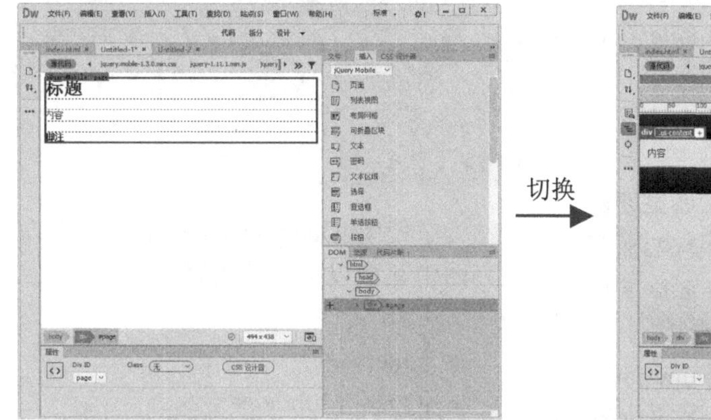

切换

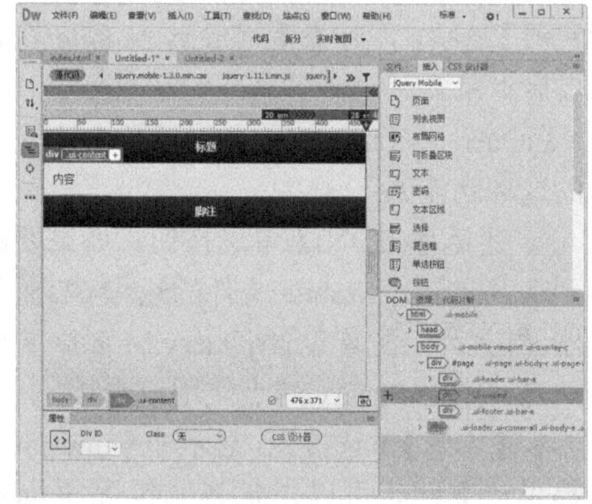

建立 jQuery Mobile 页面

【例 15-1】使用【插入】面板中的选项建立 jQuery Mobile 页面。 视频

step 1 按下 Ctrl+N 组合键，打开【新建文档】对话框，在该对话框中选中</>HTML 选项，单击【文档类型】下拉按钮，在弹出的下拉列表中选中 HTML5 选项。

step 2 在【新建文档】对话框中单击【创建】按钮，新建空白 HTML5 页面。

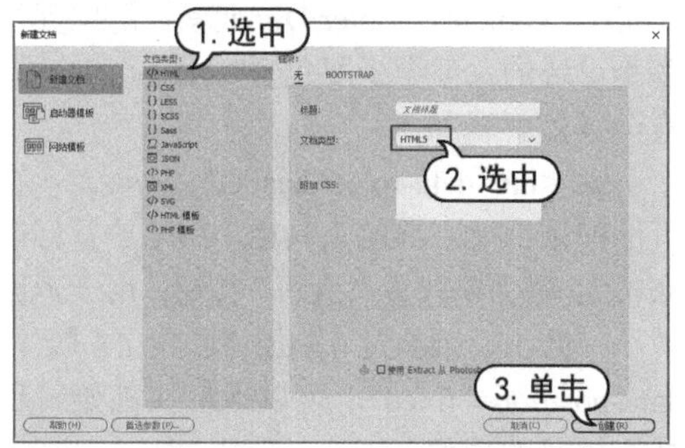

step 3 在【文档】工具栏中单击【拆分】按钮，显示拆分视图。

step 4 按下 Ctrl+F2 组合键，显示【插入】面板，单击 HTML 按钮，在弹出的下拉列表中选择 jQuery Mobile 选项。

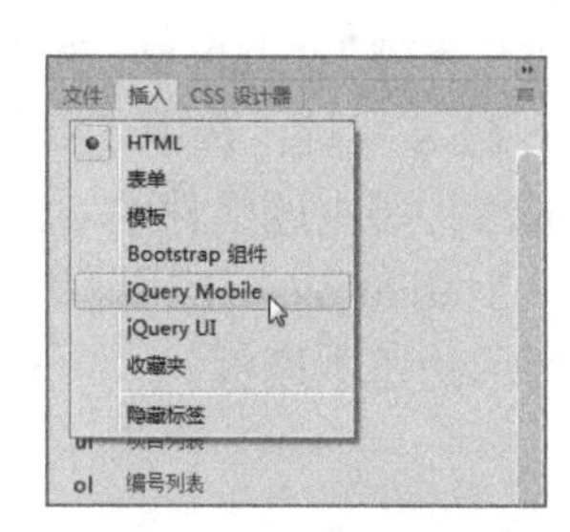

step 5 在【插入】面板中显示的 jQuery Mobile 组件列表中单击【页面】选项，打开【jQuery Mobile 文件】对话框，在该对话框中选中【远程(CDN)】和【组合】单选按钮后，单击【确定】按钮。

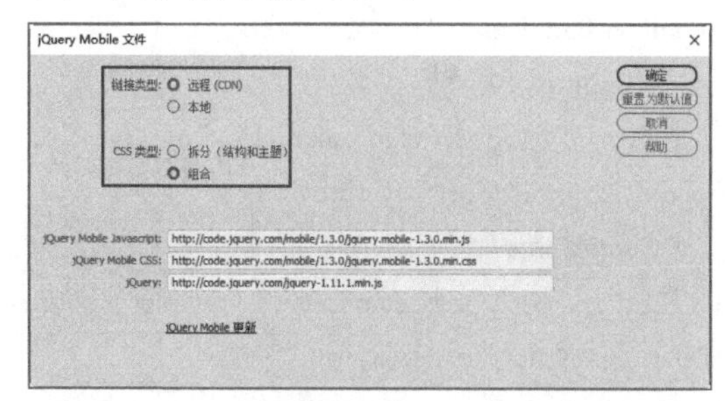

step 6 打开【页面】对话框，设置【页面】组件的属性，单击【确定】按钮。

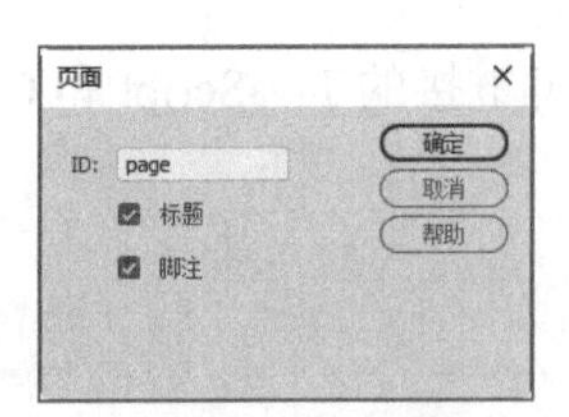

step 7 此时，将创建 jQuery Mobile 页面。

step 8 在【文档】工具栏中单击【设计】按钮旁的▼按钮，在弹出的下拉列表中选择【实时视图】选项，即可查看 jQuery Mobile 页面的实时效果。

【jQuery Mobile 文件】对话框中比较重要的选项功能如下。

- 【远程(CDN)】单选按钮：如果要链接到承载 jQuery Mobile 文件的远程 CDN 服务器，并且尚未配置包含 jQuery Mobile 文件的站点，则对 jQuery 站点使用该选项。
- 【本地】单选按钮：显示 Dreamweaver 中提供的文件。可以指定其他包含 jQuery Mobile 文件的文件夹。
- 【CSS 类型】选项区域：选中【组合】，将使用完全 CSS 文件；选中【拆分】，将使用被拆分成结构和主题组件的 CSS 文件。

jQuery Mobile Web 应用程序一般都要遵循下面所示的基本模板：

```
<!DOCTYPE html>
<html>
<head>
<title>Page Title</title>
<link rel="stylesheet"
href="http://code.jquery.com/mobile/1.0/jquery.
mobile-1.0.min.css" >
<script src=
http://code.jquery.com/jquery-1.6.4.min.js
type="text/javascript"></script>
<script src=
"http://code.jquery.com/mobile/1.0/jquery.mobile-
1.0.min.js" type="text/javascript"></script>
</head>
<body>
<div data-role="page" >
<div data-role="header">
<h1> Page Title </h1>
</div>
<div data-role="content">
<p>page content goes here.</p>
</div>
<div data-role="footer">
<h4>Page Footer</h4>
</div>
</div>
</body>
</html>
```

为了使用 jQuery Mobile，首先需要在开发界面中包含以下 3 项内容：

- CSS 文件
- jQuery 库
- jQuery Mobile 库

在以上所示上的基本模板中，采用 jQuery CDN 方式引入这 3 个元素，网页开发人员也可以下载这些文件及主题到自己的服务器上。

以上基本模板中的内容包含在<div>标签中，并在其中加入了 data-role="page"属性。这样 jQuery Mobile 就会知道哪些内容需要处理。

另外，在"page" Div 元素中还可以包含 header、content、footer Div 元素。这些元素都是可选的，但至少要包含"content" Div 元素，具体解释如下：

- <div data-role="header" ></div>：在页面的顶部建立导航工具栏，用于放置标题和按钮(至少要放置“返回”按钮，用于返回前一页)。通过添加额外的属性 data-position="fixed"，可以保证头部始终保持在屏幕的顶部。
- <div data-role="content" ></div>：包含一些主要内容，例如文本、图像、按钮、列表、表单等。

▶ <div data-role="footer"></div>：在页面的底部建立工具栏，添加一些功能按钮。通过添加额外的属性 data-position= "fixed"，可以保证它始终保持在屏幕的底部。

15.3　使用 jQuery Mobile 组件

jQuery Mobile 提供了多种组件，包括列表、布局、表单等多种元素。在 Dreamweaver 中，使用【插入】面板的 jQuery Mobile 分类可以可视化地插入这些组件。

15.3.1　使用列表视图

在 Dreamweaver 中，使用【插入】面板的 jQuery Mobile 分类下的【列表视图】按钮，可以在页面中插入 jQuery Mobile 列表，具体操作方法如下：

step 1 创建 jQuery Mobile 页面后，将鼠标光标插入页面中合适的位置。

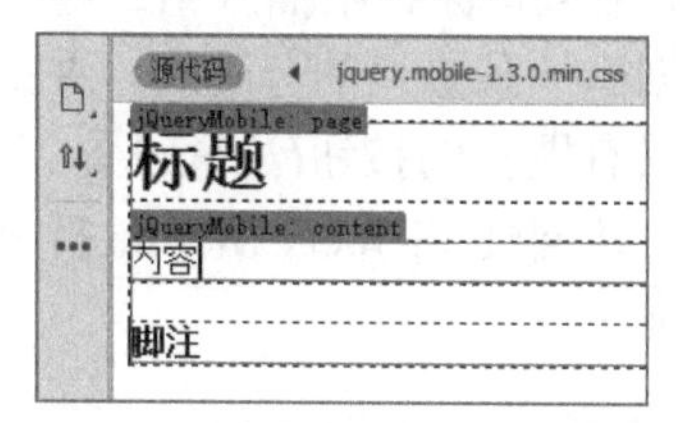

step 2 在【插入】面板中单击【列表视图】按钮，打开【列表视图】对话框，设置列表类型和项目参数后，单击【确定】按钮。

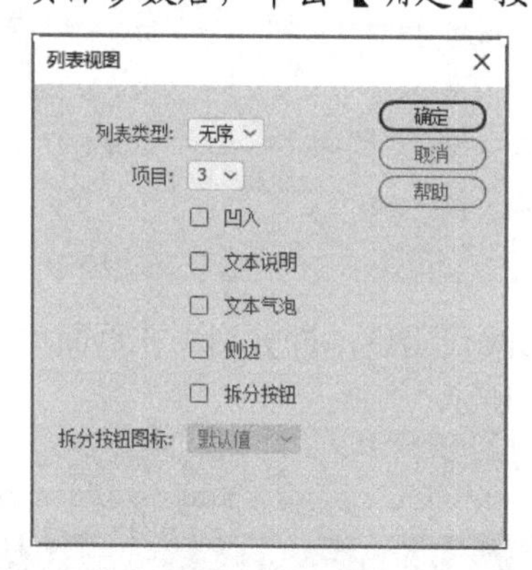

step 3 此时，在代码视图中，可以看到一个包含 data-role="listview"属性的无序列表 ul。详细代码如下：

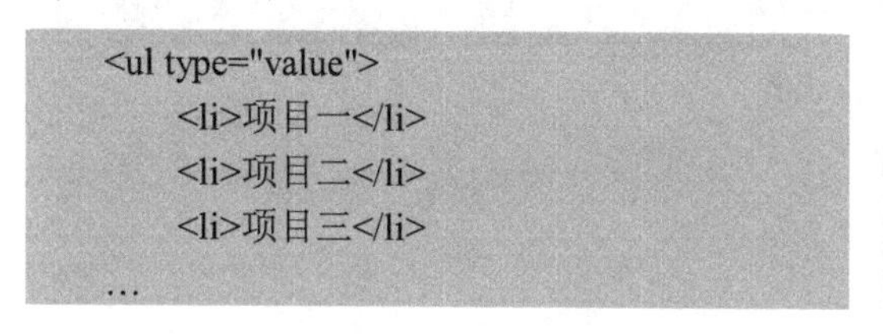

```
<ul type="value">
    <li>项目一</li>
    <li>项目二</li>
    <li>项目三</li>
    …
</ul>
```

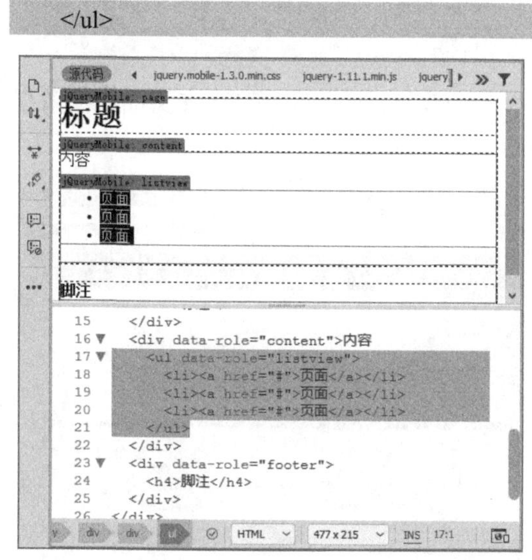

step 4 在【文档】工具栏中单击【实时视图】按钮，页面中的列表效果如下图所示。

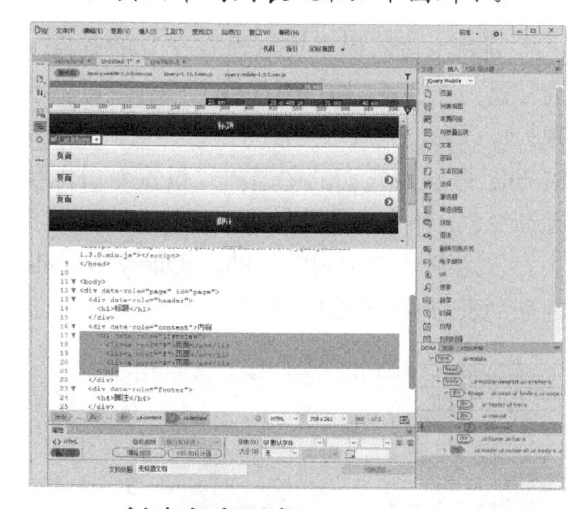

1. 创建有序列表

通过有序列表 ol 可以创建按数字排序的列表，用于表现顺序序列，有序列表在设置搜索结果或电影排行榜时非常有用。当把增强效果应用于列表时，jQuery Mobile 优先使用 CSS

的方式为列表添加编号。当浏览器不支持这种方式时，框架会采用 JavaScript 将编号写入列表中。jQuery Mobile 有序列表的源代码如下：

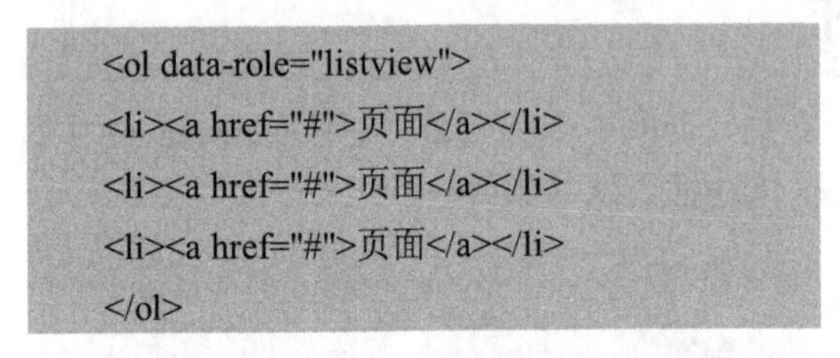

```
<ol data-role="listview">
<li><a href="#">页面</a></li>
<li><a href="#">页面</a></li>
<li><a href="#">页面</a></li>
</ol>
```

修改代码后，有序列表在页面中的效果如下图所示。

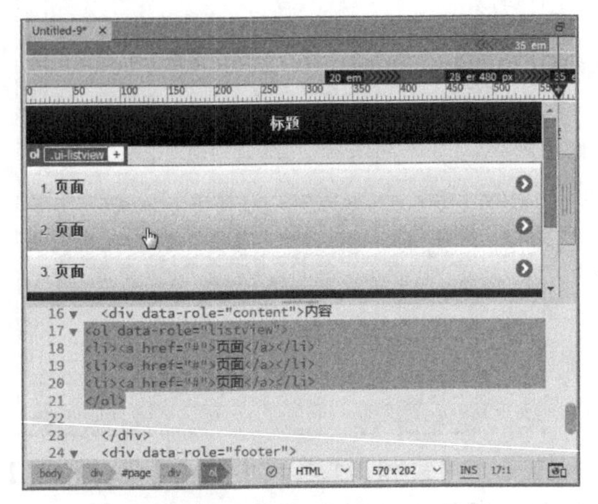

2. 创建内嵌列表

列表也可以用于展示没有交互的条目，通常是内嵌列表。通过有序或无序列表可以创建只读列表，列表项内没有链接即可。jQuery Mobile 默认将它们的主题样式设置为白色且无渐变色，并将字号设置得比可单击的列表项小，以达到节省空间的目的。jQuery Mobile 内嵌列表的源代码如下所示：

```
<ul data-role="listview" data-inset="true">
<li><a href="#">页面</a></li>
<li><a href="#">页面</a></li>
<li><a href="#">页面</a></li>
</ul>
```

修改代码后，内嵌列表在页面中的效果如右上图所示。

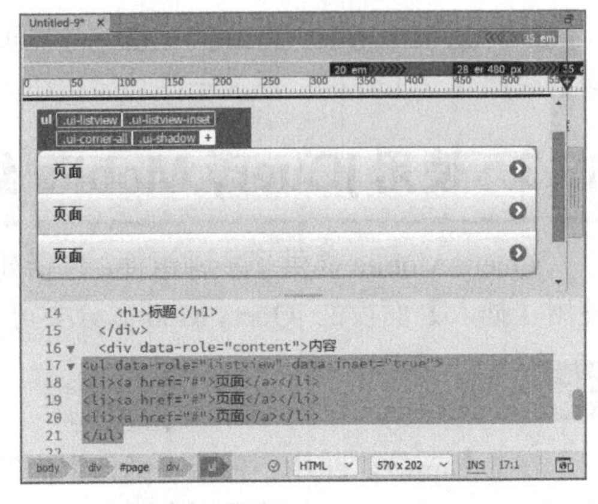

3. 创建拆分列表

当每个列表项有多个操作时，拆分按钮可以用于提供两个独立的可单击部分：列表项本身和列表项侧边的图标。要创建这种拆分按钮，在<li>标签中插入第二链接即可，框架会创建一条竖直的分隔线，并把链接样式化为只有图标的按钮(注意设置 title 属性以保证可访问性)。jQuery Mobile 拆分按钮的源代码如下：

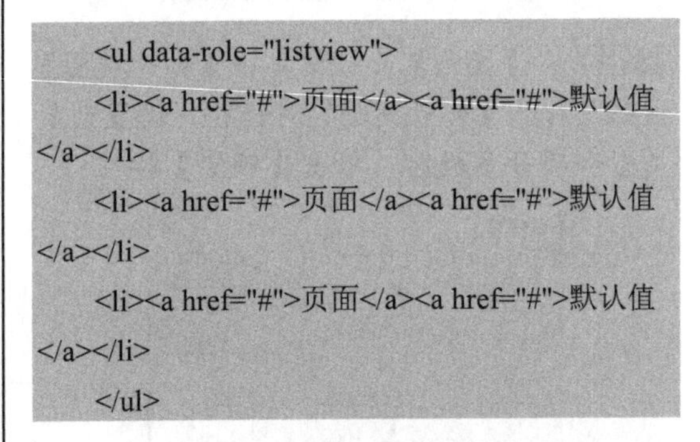

```
<ul data-role="listview">
<li><a href="#">页面</a><a href="#">默认值
</a></li>
<li><a href="#">页面</a><a href="#">默认值
</a></li>
<li><a href="#">页面</a><a href="#">默认值
</a></li>
</ul>
```

修改代码后，拆分列表在页面中的效果如下图所示。

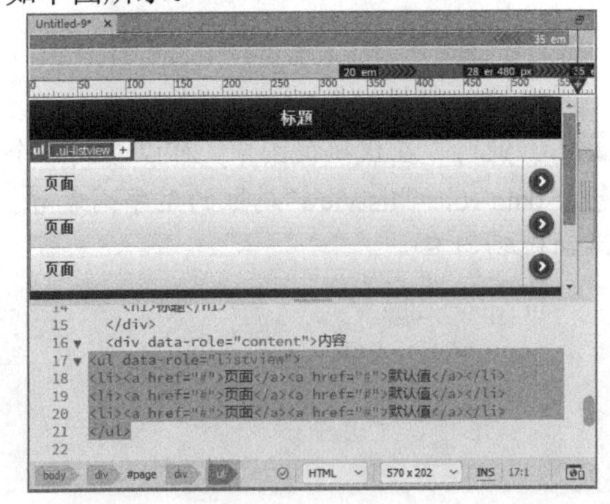

4. 创建文本说明

jQuery Mobile 支持通过语义化的 HTML 标签来显示列表项中所需的常见文本格式(例如标题/描述、二级信息、计数等)。jQuery Mobile 文本说明的源代码如下：

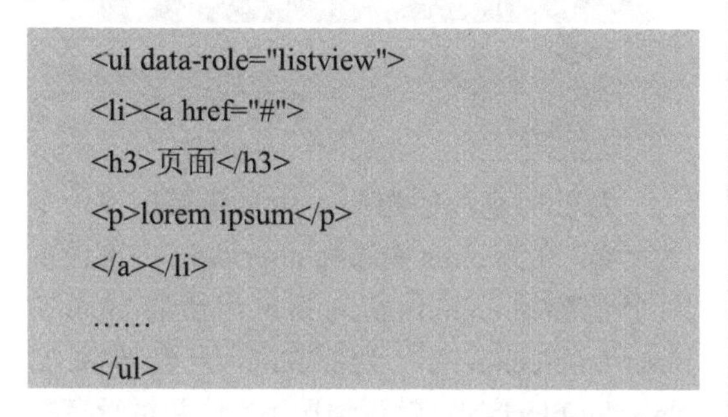

```
<ul data-role="listview">
<li><a href="#">
<h3>页面</h3>
<p>lorem ipsum</p>
</a></li>
……
</ul>
```

修改代码后，文本说明在页面中的效果如下图所示：

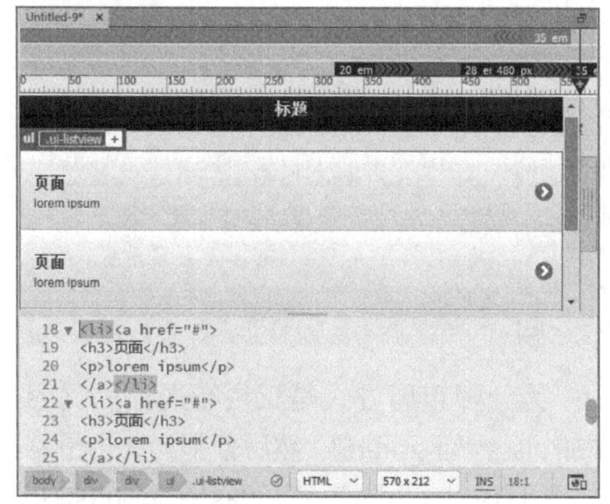

5. 创建文本气泡列表

创建 jQuery Mobile 文本气泡列表效果的源代码如下：

```
<ul data-role="listview">
<li><a href="#">页面<span class="ui-li-count">
新</span></a></li>
<li><a href="#">页面<span class="ui-li-count">
新</span></a></li>
<li><a href="#">页面<span class="ui-li-count">
新</span></a></li>
</ul>
```

修改代码后，文本气泡列表在页面中的效果如右上图所示。

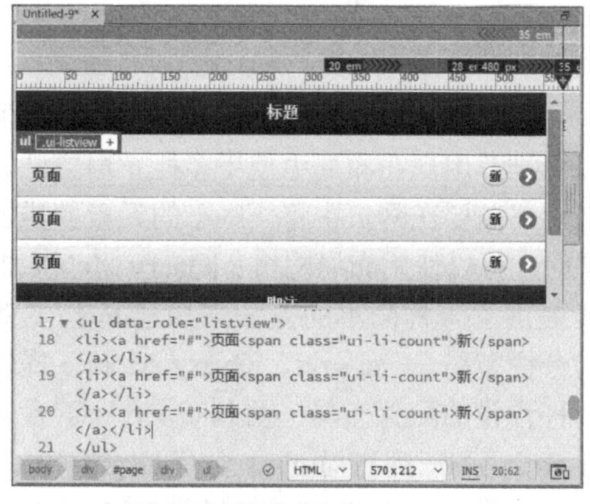

6. 创建补充信息列表

将数字用一个元素包裹起来，并在其中 class 中添加 ui-li-count，放置于列表项内，可以在列表项的右侧增加一个计数气泡。补充信息(例如日期)可以通过包裹在 class="ui-li-aside"的容器中来添加到列表项的右侧，如下图所示。

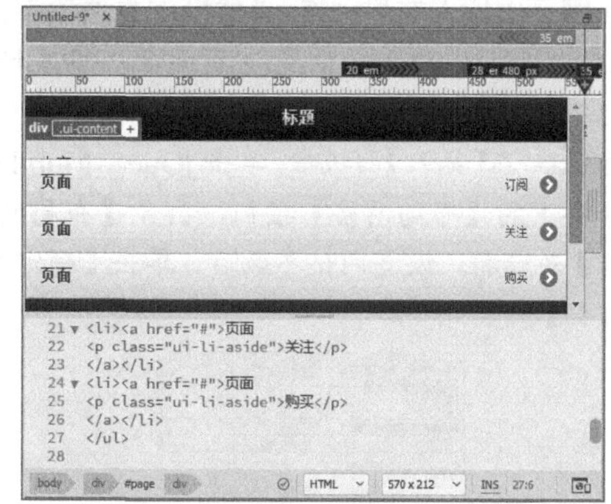

jQuery Mobile 补充信息列表的源代码如下：

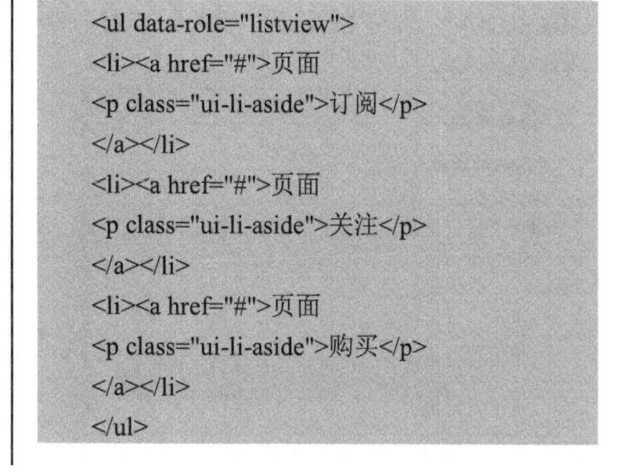

```
<ul data-role="listview">
<li><a href="#">页面
<p class="ui-li-aside">订阅</p>
</a></li>
<li><a href="#">页面
<p class="ui-li-aside">关注</p>
</a></li>
<li><a href="#">页面
<p class="ui-li-aside">购买</p>
</a></li>
</ul>
```

15.3.2 使用布局网格

因为移动设备的屏幕通常都比较小，所以不推荐用户在布局中使用多栏布局方法。当用户需要在网页中将一些小的元素并排放置时，可以使用布局网格。jQuery Mobile 框架提供了一种简单的方法来构建基于 CSS 的分栏布局——ui-grid。jQuery Mobile 提供两种预设的配置布局：两列布局(class 含有 ui-grid-a)和三列布局(class 含有 ui-grid-b)。这两种配置布局几乎可以满足任何情况下的需求(网格 100%宽，不可见，也没有填充和边距，因此它们不会影响内部元素的样式)。

在 Dreamweaver 中，单击【插入】面板中 jQuery Mobile 分类下的【布局网格】选项，可以打开【布局网格】对话框，在该对话框中设置网格参数后单击【确定】按钮，可以在网页中插入布局网格，具体操作方法如下：

step 1 创建 jQuery Mobile 页面后，将鼠标光标插入页面中合适的位置。

step 2 在【插入】面板中，单击 jQuery Mobile 分类下的【布局网格】按钮，打开【布局网格】对话框，设置网格参数后，单击【确定】按钮。

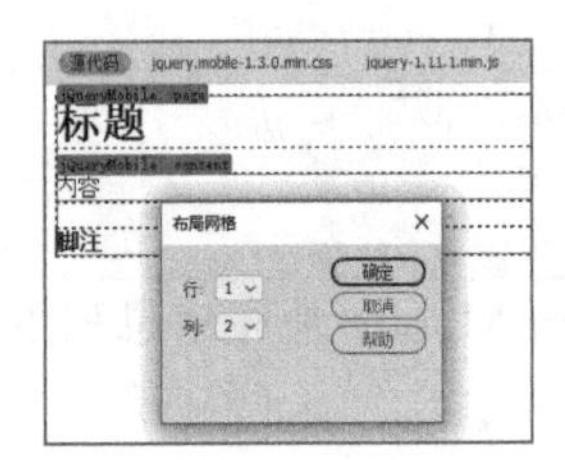

step 3 此时，即可在页面中插入如下图所示的布局网格。

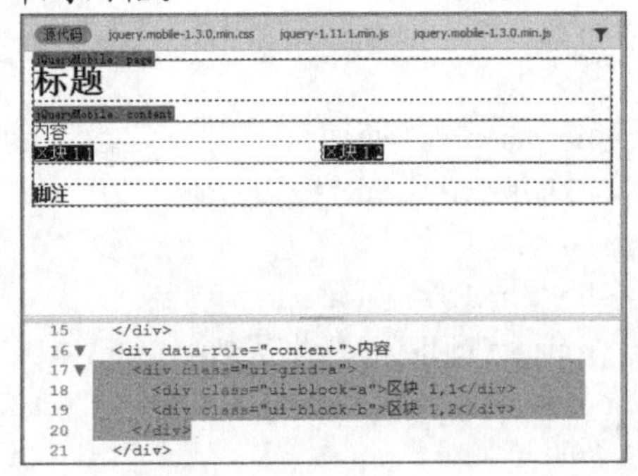

step 4 在【文档】工具栏中单击【实时视图】按钮，页面中布局网格的效果如下图所示。

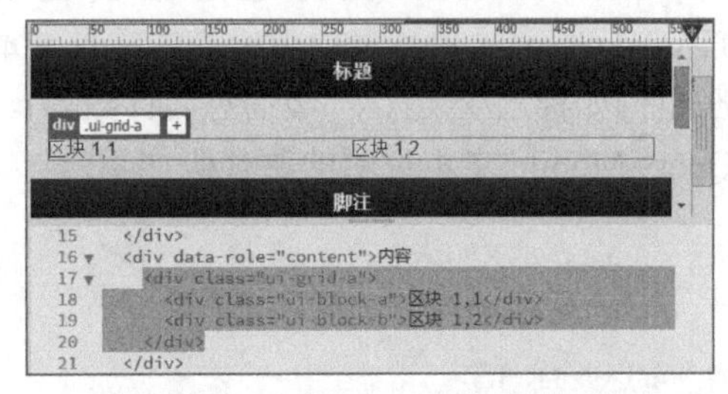

为了构建两栏布局，用户需要构建一个父容器，在其 class 中添加 ui-grid-a，内部设置两个子容器，并分别为第一个子容器添加 class:"ui-block-a "，为第二个子容器添加 class:"ui-block-b"。默认情况下，这两栏没有样式，并行排列。jQuery Mobile 两栏布局的源代码如下：

```
<div data-role="content">
<div class="ui-grid-a">
<div class="ui-block-a">区块 1,1</div>
<div class="ui-block-b">区块 1,2</div>
</div>
</div>
```

另一种布局方式是三栏布局，为父容器添加 class="ui-grid-b "，然后分别为 3 个子容器添加 class= "ui-block-a"、class= "ui-block-b"、class= "ui-block-c"。依此类推，如果是 4 栏布局，则为父容器添加 class= "ui-grid-ac"(2 栏为 a，3 栏为 b，4 栏为 c……)，为子容器分别添加 class="ui-block-a"、class= "ui-block-b"、class= "ui-block-c"……。jQuery Mobile 三栏布局的源代码如下：

```
<div class="ui-grid-b">
<div class="ui-block-a">区块 1,1</div>
<div class="ui-block-b">区块 1,2</div>
<div class="ui-block-c">区块 1,3</div>
</div>
```

效果如下图所示。

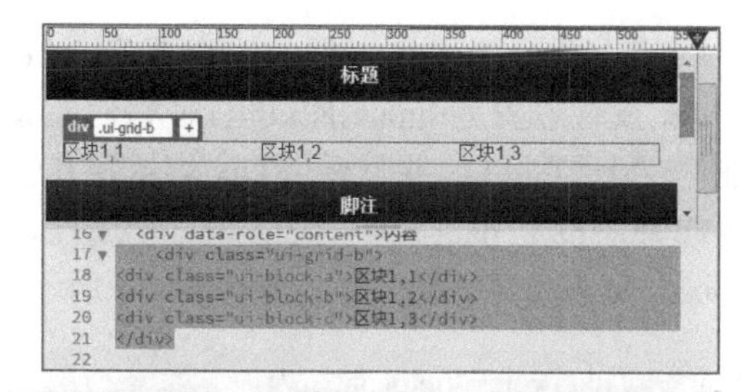

15.3.3　使用可折叠区块

为了在网页中创建可折叠区块，首先创建一个容器，然后为该容器添加 data-role="collapsible"属性。jQuery Mobile 会将容器内的 h1~h6 子节点表现为可单击的按钮，并在它们的左侧添加【+】按钮，表示可以展开。在容器的头部的后面可以添加任何需要折叠的 HTML 标签。框架会自动将这些标签包裹在一个容器中，用于折叠或显示。

在 jQuery Mobile 页面中插入可折叠区块的具体操作方法如下：

step 1 将鼠标光标插入 jQuery Mobile 页面中合适的位置，在【插入】面板中单击 jQuery Mobile 分类下的【可折叠区块】按钮，即可在页面中插入下图所示的可折叠区块。

step 2 在【文档】工具栏中单击【实时视图】按钮，可折叠区块的效果如下图所示。

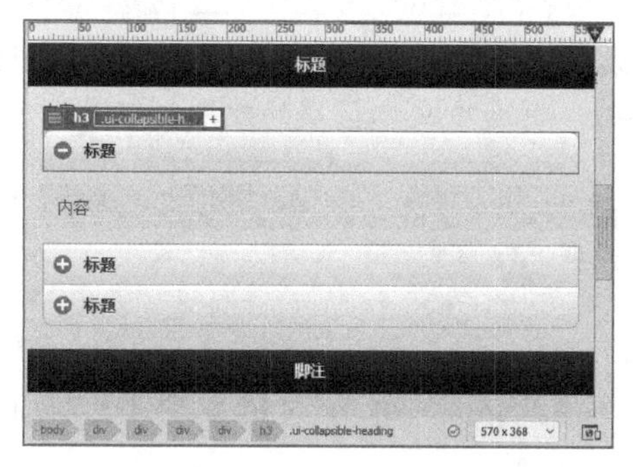

为了构建两栏布局，需要构建一个父容器，在其 class 中添加 ui-grid-a，内部设置两个子容器，为其中一个子容器添加 class: "ui-block-a"，为另一个子容器添加 class: "ui-block-b"。在默认设置中，可折叠容器是展开的，用户可以通过单击容器的头部来收缩。为折叠的容器添加 data-collapsed="true" 属性，可以将其设置为默认收缩。jQuery Mobile 可折叠区块的源代码如下：

```
<div data-role="collapsible-set">
<div data-role="collapsible">
<h3>标题</h3>
<p>内容</p>
</div>
<div data-role="collapsible"
data-collapsed="true">
<h3>标题</h3>
<p>内容</p>
</div>
<div data-role="collapsible"
data-collapsed="true">
<h3>标题</h3>
<p>内容</p>
</div>
</div>
```

15.3.4　使用文本输入框

文本输入框和文本输入域使用标准的 HTML 标记，jQuery Mobile 会让它们在移动设备上变得更易于触摸使用。在 Dreamweaver 中，单击【插入】面板中 jQuery Mobile 分类下的【文本】按钮，即可插入 jQuery Mobile 文本输入框，具体操作如下：

step 1 创建 jQuery Mobile 页面后，将鼠标光标插入页面中合适的位置，单击【插入】面板中 jQuery Mobile 分类下的【文本】按钮，即可在页面中插入文本输入框。

step 2 在【文档】工具栏中单击【实时视图】按钮，文本输入框的效果如下图所示。

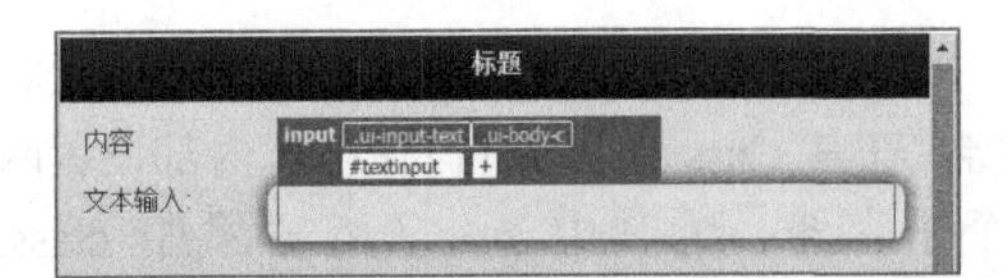

要使用只接受标准字母和数字的文本输入框，为 input 增加 type="text"属性。需要将 label 的 for 属性设置为 input 的 id 值，使它们能够在语义上相关联。如果用户不想在页面中看到 label，可以将其隐藏。jQuery Mobile 文本输入框的源代码如下所示：

```
<div data-role="fieldcontain">
<label for="textinput">文本输入:</label>
<input type="text" name="textinput"
id="textinput" value=""  />
</div>
```

15.3.5 使用密码输入框

在 jQuery Mobile 中，用户可以使用现有的和新的 HTML5 输入类型，例如 password。有些类型会在不同的浏览器中被渲染成不同的样式，例如 Chrome 浏览器会将 range 输入框渲染成滚动条，所以应通过将类型转换为 text 来标准化它们的外观(目前只作用于 range 和 search 元素)。用户可以使用 page 插件的选项来配置那些被降级为 text 的输入框。使用这些特殊类型的输入框的好处是，在智能手机上不同的输入框对应不同的触摸键盘。

在 jQuery Mobile 页面中添密码输入框的方法和文本输入框类似，具体如下：

step 1 创建 jQuery Mobile 页面后，将鼠标光标插入页面中合适的位置，单击【插入】面板中 jQuery Mobile 分类下的【密码】按钮，即可在页面中插入密码输入框。

step 2 在【文档】工具栏中单击【实时视图】按钮，密码输入框的效果如下图所示。

为 input 设置 type="password"属性，可以将其设置为密码输入框，注意要将 label 的 for 属性设置为 input 的 id 值，使它们能够在语义上相关联，并且要用 Div 容器将其包裹起来，设定 data-role="fieldcontain"属性。jQuery Mobile 密码输入框的源代码如下所示：

```
<div data-role="fieldcontain">
<label for="passwordinput">密码输入:</label>
<input type="password" name="passwordinput"
id="passwordinput" value=""  />
</div>
```

15.3.6 使用文本区域

对于多行输入，可以使用 textarea 元素。jQuery Mobile 框架会自动加大文本域的高度，防止出现滚动条。在 Dreamweaver 中，单击【插入】面板中 jQuery Mobile 分类下的【文本区域】按钮，使可以插入 jQuery Mobile 文本区域，具体如下。

step 1 将鼠标光标插入 jQuery Mobile 页面中合适的位置，单击【插入】面板中 jQuery Mobile 分类下的【文本区域】按钮，即可在页面中插入一个文本区域。

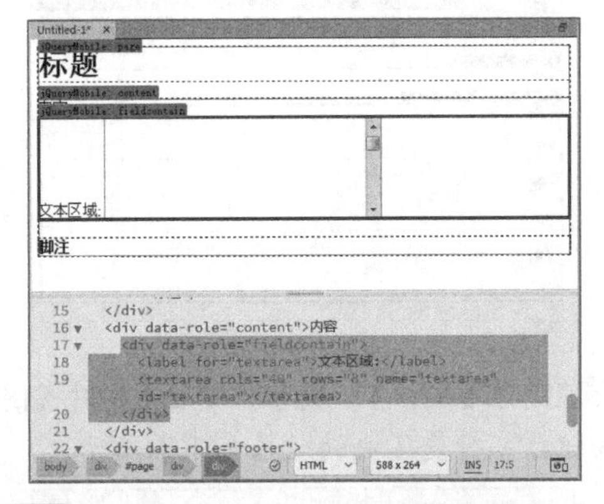

step 2 在【文档】工具栏中单击【实时视图】按钮，页面中文本区域的效果如下图所示。

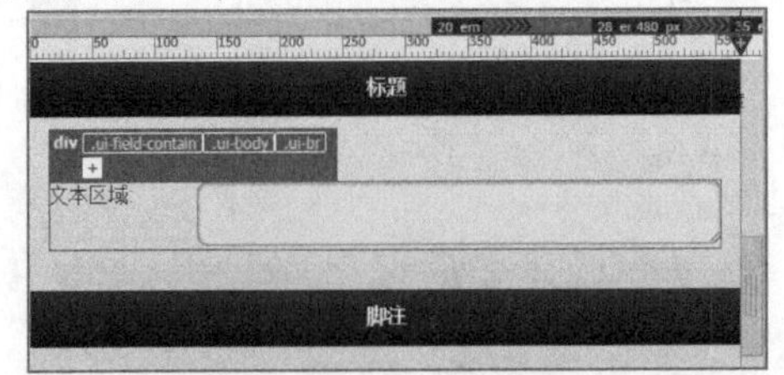

在插入 jQuery Mobile 文本区域时，应注意将 label 的 for 属性设置为 input 的 id 值，使它们能够在语义上相关联，并且要用 Div 容器包裹它们，设定 data-role="fieldcontain"属性。jQuery Mobile 文本区域的源代码如下所示：

```
<div data-role="fieldcontain">
<label for="textarea">文本区域:</label>
<textarea cols="40" rows="8" name="textarea"
id="textarea"></textarea>
</div>
```

15.3.7　使用选择菜单

选择菜单放弃了 select 元素的样式(select 元素被隐藏，并用由 jQuery Mobile 框架自定义样式的按钮和菜单替代)，不使用桌面电脑的键盘也能够访问。当选择菜单被单击时，手机自带的菜单选择器将被打开。菜单中的某个值被选中后，自定义的选择按钮的值将被更新为用户选择的选项。

在 jQuery Mobile 页面中插入选择菜单的具体操作方法如下：

step 1 创建 jQuery Mobile 页面后，将鼠标光标插入页面中合适的位置。单击【插入】面板中 jQuery Mobile 分类下的【选择】按钮，即可在页面中插入选择菜单。

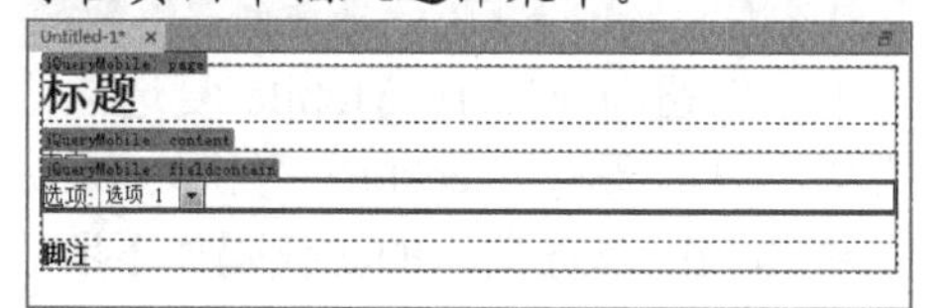

step 2 在【文档】工具栏中单击【实时视图】按钮，页面中选择菜单的效果如下图所示。

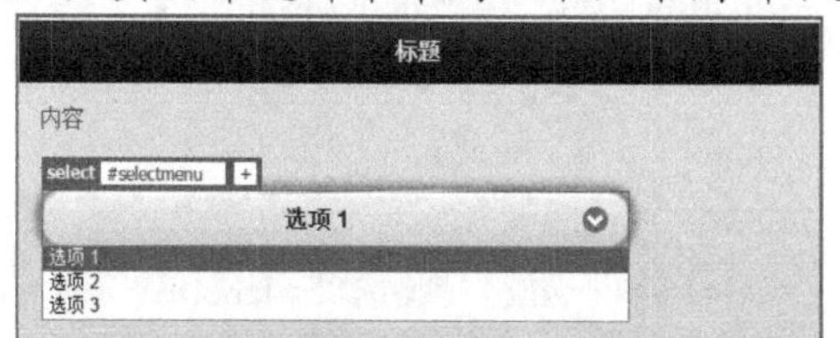

要添加 jQuery Mobile 选择菜单，应使用标准的 select 元素和位于其内的一组 option 元素。注意要将 label 的 for 属性设置为 select 的 id 值，使它们能够在语义上相关联。把它们包裹在 data-role="fieldcontain"的 Div 容器中进行分组。框架会自动找到所有的 select 元素并自动增强为自定义的选择菜单。jQuery Mobile 选择菜单的源代码如下所示：

```
<div data-role="fieldcontain">
<p>
<label for="selectmenu" class="select">选
项:</label>
<select name="selectmenu" id="selectmenu">
<option value="option1">选项 1</option>
<option value="option2">选项 2</option>
<option value="option3">选项 3</option>
</select>
</p>
</div>
```

15.3.8　使用复选框

复选框用于提供一组选项(可以选中不止一个选项)。传统桌面程序的单选按钮没有对触摸输入的方式进行优化，所以在 jQuery Mobile 中，label 被样式化为复选框按钮，使得按钮更长，更容易被单击，并且添加了自定义的一组图标来增强视觉反馈效果。

在 jQuery Mobile 页面中插入复选框的具体操作方法如下：

step 1 将鼠标光标插入 jQuery Mobile 页面中合适的位置，单击【插入】面板中 jQuery Mobile 分类下的【复选框】按钮。

step 2 在打开的【复选框】对话框中设置复选框的各项参数后，单击【确定】按钮。

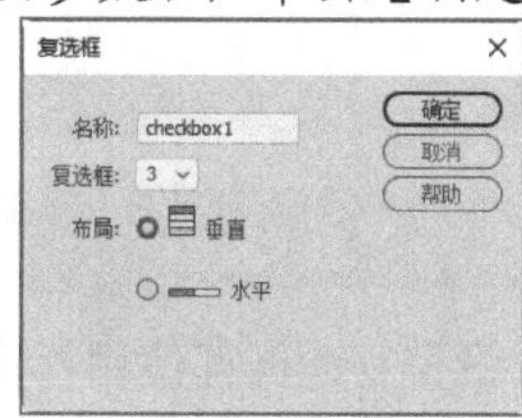

step 3 此时，即可在页面中插入一组复选框。在【文档】工具栏中单击【实时视图】按钮，页面中复选框的效果如下图所示。

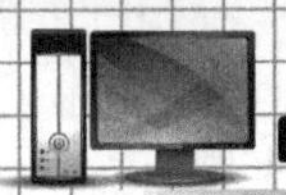

要创建一组复选框，为 input 添加 type="checkbox"属性和相应的 label 即可。注意要将 label 的 for 属性设置为 input 值，使它们能够在语义上相关联。因为复选框按钮在使用 label 元素放置 checkbox 后，用于显示文本，所以推荐把复选框按钮组用 fieldset 容器包裹起来，并且在 fieldset 容器内增加一个 legend 元素，用于表示标题。最后，还需要将 fieldset 包裹在包含 data-role="controlgroup"属性的 Div 容器中，以便为该组元素和文本框、选择框等其他表单元素同时设置样式。jQuery Mobile 复选框的源代码如下所示：

```
<div data-role="fieldcontain">
<fieldset data-role="controlgroup">
<legend>选项</legend>
<input type="checkbox" name="checkbox1"
id="checkbox1_0" class="custom" value="" />
<label for="checkbox1_0">选项</label>
<input type="checkbox" name="checkbox1"
id="checkbox1_1" class="custom" value="" />
<label for="checkbox1_1">选项</label>
<input type="checkbox" name="checkbox1"
id="checkbox1_2" class="custom" value="" />
<label for="checkbox1_2">选项</label>
</fieldset>
</div>
```

15.3.9 使用单选按钮

单选按钮和复选框都使用标准的HTML代码，并且都更容易被单击。其中，可见控件是覆盖在 input 上的 label 元素，因此即使图片没有正确加载，也仍然可以正常使用控件。在大多数浏览器中，单击 label 会自动触发对 input 的单击，但是用户不得不在部分不支持该特性的移动浏览器中手动触发此单击行为(在桌面程序中，键盘和屏幕阅读器也可以使用这些控件)。

在 jQuery Mobile 页面中插入单选按钮的具体操作方法如下：

step 1 将鼠标光标插入页面中合适的位置，单击【插入】面板中 jQuery Mobile 分类下的【单选按钮】按钮。

step 2 在打开的【单选按钮】对话框中设置单选按钮的各项参数，单击【确定】按钮。

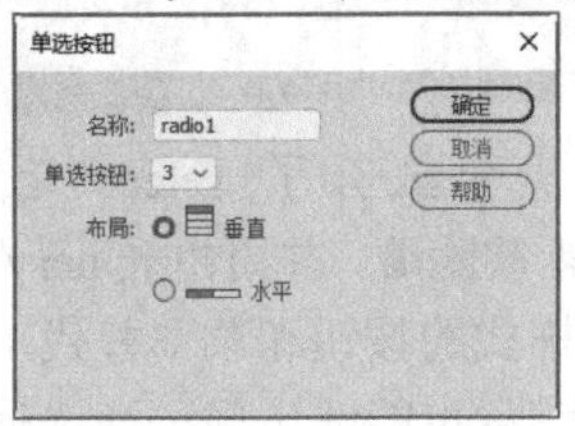

step 3 此时，即可在页面中插入一组如下图所示的单选按钮。在【文档】工具栏中单击【实时视图】按钮，页面中单选按钮的效果如下图所示。

单选按钮与 jQuery Mobile 复选框的代码类似，只需要将 checkbox 替换为 radio。jQuery Mobile 单选按钮的源代码如下所示：

```
<div data-role="fieldcontain">
<fieldset data-role="controlgroup">
<legend>选项</legend>
<input type="radio" name="radio1"
id="radio1_0" value="" />
<label for="radio1_0">选项</label>
<input type="radio" name="radio1"
id="radio1_1" value="" />
<label for="radio1_1">选项</label>
```

```
    <input type="radio" name="radio1"
id="radio1_2" value="" />
    <label for="radio1_2">选项</label>
    </fieldset>
    </div>
```

15.3.10 使用按钮

按钮由标准 HTML 代码的<a>标签和 input 元素组合而成，jQuery Mobile 可以使其更易于在触摸屏上使用。具体使用方法如下：

step① 将鼠标光标插入页面中合适的位置，单击【插入】面板中 jQuery Mobile 分类下的【按钮】按钮。

step② 在打开的【按钮】对话框中设置按钮的各项参数后单击【确定】按钮。

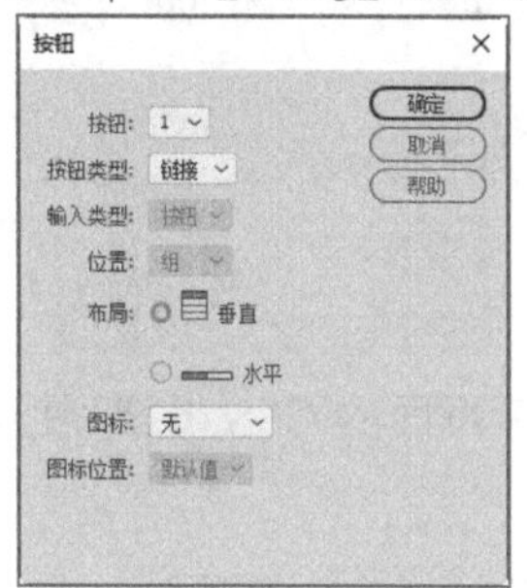

step③ 此时，即可在页面中插入一个按钮。在【文档】工具栏中单击【实时视图】按钮，页面中按钮的效果如下图所示。

在页面元素的主要 block 内，可通过为任意链接添加 data-role="button"属性将其样式化为按钮。jQuery Mobile 会为链接添加一些必要的 class 以使其表现为按钮。jQuery Mobile 普通按钮的源代码如下：

```
<a href="#" data-role="button">按钮</a>
```

15.3.11 使用滑块

在 Dreamweaver 中，单击【插入】面板中 jQuery Mobile 分类下的【滑块】按钮，即可插入 jQuery Mobile 滑块，具体操作如下：

step① 创建 jQuery Mobile 页面后，将鼠标光标插入页面中合适的位置。单击【插入】面板中 jQuery Mobile 分类下的【滑块】按钮，即可在页面中插入一个滑块。

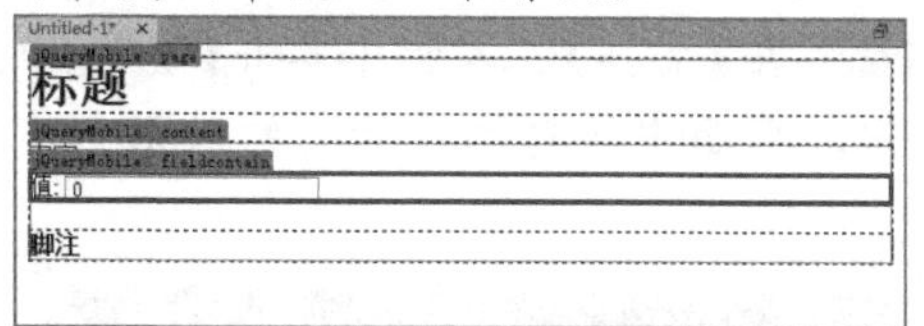

step② 在【文档】工具栏中单击【实时视图】按钮，页面中滑块的效果如下图所示。

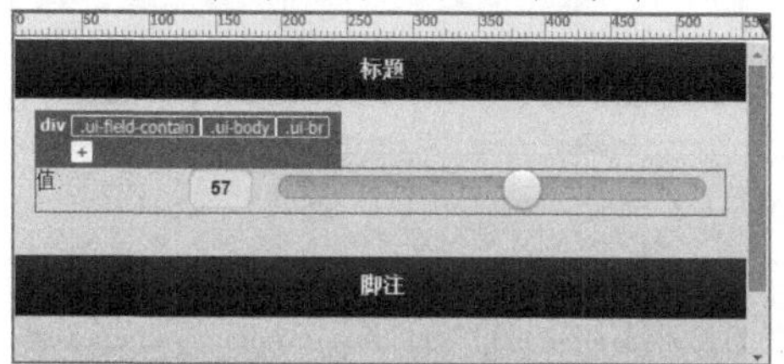

通过为 input 设置新的 HTML5 属性 type="range"，可以为页面添加滑动条组件，并可以指定其 value 值(当前值)以及 min 和 max 属性的值，jQuery Mobile 会解析这些属性来配置滑动条。当用户拖动滑动条时，input 会随之更新数值，使用户能够轻易地在表单中提交数值。注意要将 label 的 for 属性设置为 input 的 id 值，使它们能够在语义上相关联，并且要用 Div 容器包裹它们，给它们设定 data-role="fieldcontain"属性。jQuery Mobile 滑块的源代码如下：

```
    <div data-role="fieldcontain">
    <label for="slider">值:</label>
    <input type="range" name="slider" id="slider"
value="0" min="0" max="100" />
    </div>
```

15.3.12 使用翻转切换开关

开关在移动设备上是较为常用的 UI 元素，可以切换开/关或输入 true/false 类型的数据。用户可以像滑动框一样拖动开关，或者单击开关进行操作。

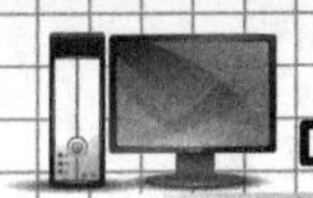

在 jQuery Mobile 页面中插入翻转切换开关的具体操作方法如下：

step① 创建 jQuery Mobile 页面后，将鼠标光标插入页面中合适的位置，单击【插入】面板 jQuery Mobile 分类下的【翻转切换开关】按钮，即可在页面中插入翻转切换开关。

step② 在【文档】工具栏中单击【实时视图】按钮，页面中翻转切换开关的效果如下图所示。

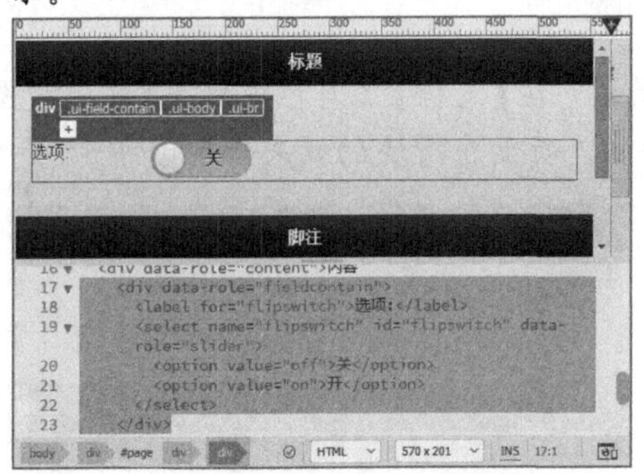

创建一个只有两个选项的选择菜单即可构建开关。其中，第一个选项会被样式化为【开】，第二个选项会被样式化为【关】(用户需要注意代码的编写顺序)。在创建开关时，应将 label 的 for 属性设置为 input 的 id 值，使它们能够在语义上相关联，并且要用 Div 容器包裹它们，设定 data-role="fieldcontain" 属性。jQuery Mobile 翻转切换开关的源代码如下：

```
<div data-role="fieldcontain">
<label for="flipswitch">选项:</label>
<select name="flipswitch" id="flipswitch"
data-role="slider">
<option value="off">关</option>
<option value="on">开</option>
</select>
</div>
```

15.4 使用 jQuery Mobile 主题

jQuery Mobile 中的每个布局和组件都被设计为一个全新页面的 CSS 框架，使用户能够为站点和应用程序使用完全统一的视觉设计主题。

jQuery Mobile 的主题样式系统与 jQuery UI 的 ThemeRoller 系统非常类似，但是有以下几点重要改进：

- 使用 CSS3 而不是图片来显示圆角、文字、盒阴影和颜色渐变，使主题文件轻量级，减轻了服务器的负担。
- 主题框架包含几套颜色色板。每一套都包含可以自由混搭和匹配的头部栏、主题内容部分和按钮状态，用于构建视觉纹理，创建丰富的网页设计效果。
- 开放的主题框架允许用户创建最多 6 套主题样式，为设计增加近乎无限的多样性。
- 一套简化的图标集，包含在移动设备上发布时需要使用的图标，并且精简到一张图片中，从而减小图片的大小。

每一套主题样式包括几项全局设置，包括字体阴影、按钮和模型的圆角值。另外，主题也包括几套颜色模板，每一套颜色模板都定义了工具栏、内容区块、按钮和列表项的颜色以及字体的阴影。

jQuery Mobile 默认内建了 5 套主题样式，用 a、b、c、d、e 引用。为了使颜色主题能够保持一致地映射到组件中，遵从的约定如下：

- a 主题是视觉上最高级别的主题；
- b 主题为次级主题(蓝色)；
- c 主题为基准主题，在很多情况下默认使用；
- d 主题为备用的次级内容主题；
- e 主题为强调用的主题。

在默认设置中，jQuery Mobile 为所有的头部栏和尾部栏分配的是 a 主题，因为它们在应用中是视觉优先级最高的。如果要为 bar 设置不同的主题，用户只需要为头部栏和尾部栏增加 data-theme 属性，然后设定一个主题样式字母即可。如果没有指定，jQuery

Mobile 会默认为 content 分配主题 c，使其在视觉上与头部栏区分开。

使用 Dreamweaver 的【jQuery Mobile 色板】，可以在 jQuery Mobile 的 CSS 文件中预览所有色板(主题)，然后应用色板，或从 jQuery Mobile Web 页面的各种元素中删除它们。使用该功能可将色板逐个应用于标题、列表、按钮和其他元素中。

【例 15-2】在 jQuery Mobile 页面中使用主题。
视频+素材 (素材文件\第 15 章\例 15-2)

step 1 打开网页后，将鼠光标针插入页面中需要设置页面主题的位置。

step 2 选择【窗口】|【jQuery Mobile 色板】命令，显示【jQuery Mobile 色板】。

step 3 在【文档】工具栏中单击【实时视图】按钮，切换至【实时视图】。

step 4 在【jQuery Mobile 色板】中单击【列表主题】列表框中的颜色，即可修改当前页面中的列表主题。

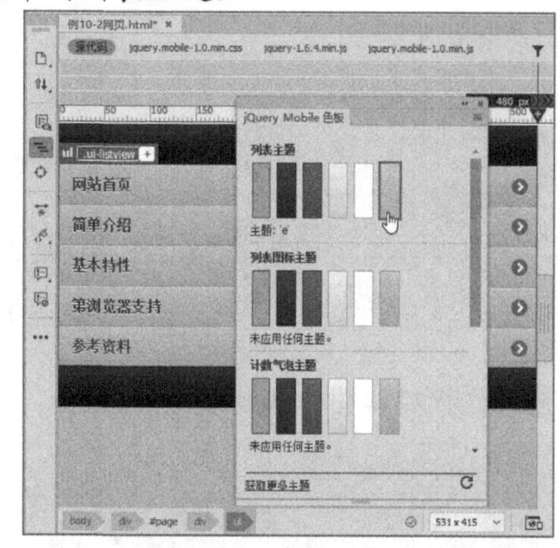

使用【jQuery Mobile 色板】，可以将色板逐个应用于标题、列表和按钮等元素。

15.5　案例演练

本章的案例演练部分将使用 Dreamweaver 制作一个 jQuery Mobile 网页，该网页适用于移动网页浏览客户端。

【例 15-3】使用 Dreamweaver 制作一个 jQuery Mobile 网页。
视频+素材 (素材文件\第 15 章\例 15-3)

step 1 按下 Ctrl+N 组合键，新建一个空白网页。

step 2 按下 Ctrl+F2 组合键，打开【插入】面板，单击 HTML 按钮，在弹出的下拉列表中选择 jQuery Mobile 选项。

step 3 单击【插入】面板中的【页面】按钮，打开【jQuery Mobile 文件】对话框，选中【本地】和【组合】单选按钮后，单击【确定】按钮。

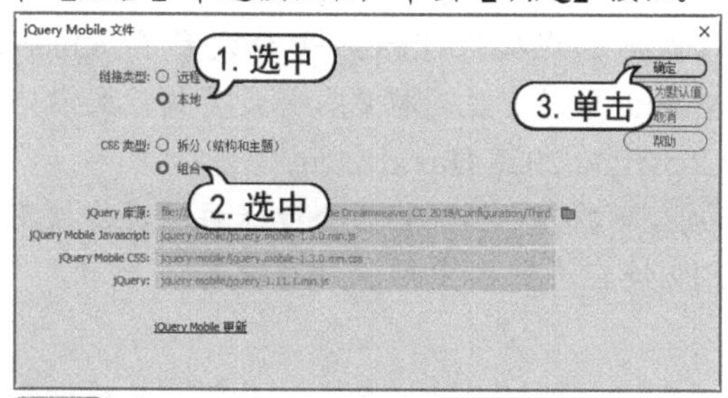

step 4 打开【页面】对话框，保持默认设置，单击【确定】按钮。

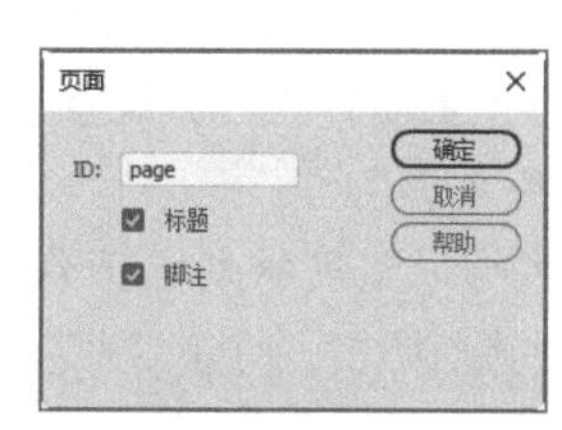

step 5 在【文档】工具栏中单击【拆分】按钮，切换到拆分视图，找到以下代码：

```
<div data-role="page" id="page">
```

step 6 将鼠标光标插入<div 之后，按下空格键，输入 st，然后按下回车键。

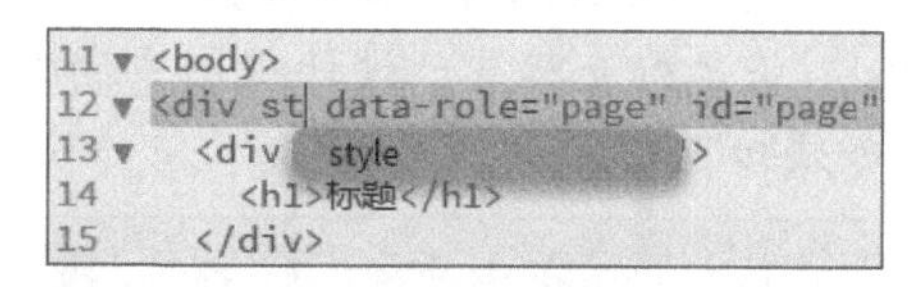

step 7 输入 back，在弹出的下拉列表中选择 background 选项。

step 8 输入 U，在弹出的下拉列表中选择 URL()选项，按下回车键。

step 9 此时，将显示【浏览】选项，选择该选项，在打开的【选择文件】对话框中选择一个图像素材文件，单击【确定】按钮。

step 10 完成对代码的编辑后，将为页面添加下图所示的背景图片。

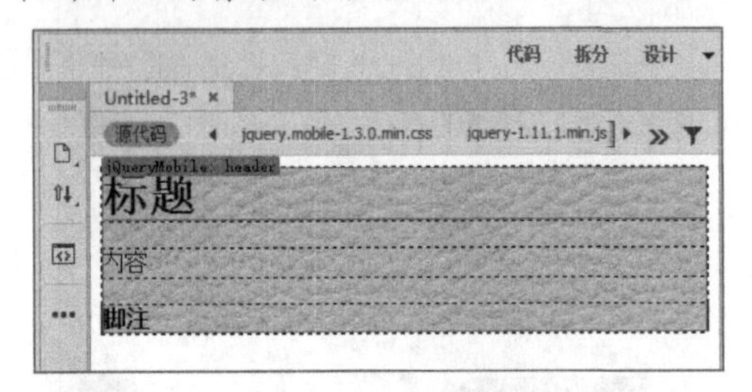

step 11 在代码视图中找到以下代码：

```
<div data-role="header">
<h1>标题</h1>
</div>
```

修改为：

```
<div data-role="header" data-theme="a">
<h1>公众号服务页面</h1>
</div>
```

修改后的代码为 header 部分设置了 jQuery Mobile 中的 a 主题样式，并设置标题文本为“公众号服务页面”。

step 12 在代码视图中找到以下代码：

```
<div data-role="content">内容</div>
```

修改为：

```
<div style="padding: 15px;" data-role="content">
<h3>服务须知</h3>
</div>
```

修改后的代码为 content 部分增加 15 像素的边距，并设置标题文本为“服务须知”。

step 13 将鼠标光标置于设计视图中的文本“服务须知”之后。

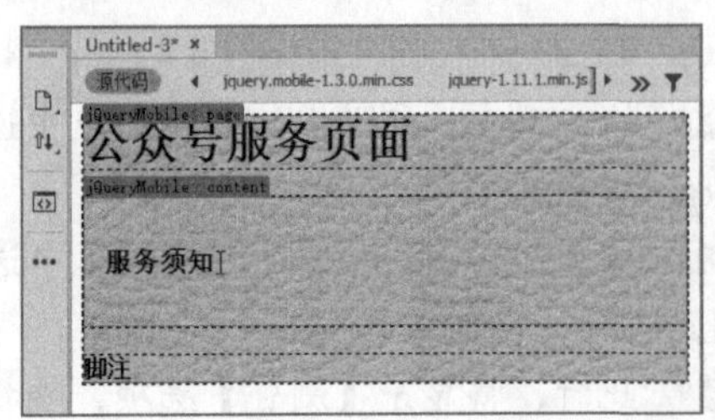

step 14 在【插入】面板中单击 jQuery Mobile 分类下的【按钮】选项，打开【按钮】对话框，保持默认设置，单击【确定】按钮。

step 15 在代码视图中找到以下代码：

```
<a href="#" data-role="button">按钮</a>
```

修改为：

```
<a href="page" data-role="button" data-theme="e"
data-transition="fade">销售咨询</a>
```

step 16 在设计视图中选中按钮【销售咨询】，按下 Ctrl+C 组合键将其剪切，再按下 Ctrl+V 组合键多次以将其粘贴多份。分别修改按钮上的文本，效果如下图所示。

step 17 在代码视图中找到以下代码：

```
<div data-role="footer">
<h4>脚注</h4>
</div>
```

修改为：

```
<div data-role="footer" data-theme="a"
data-position="fixed">
<h4>Copyright 2028 Huxinyu.cn</h4>
</div>
```

修改后的代码为 footer 部分设置了 jQuery Mobile 中的 a 主题样式，并设置脚注文本为 Copyright 2028 Huxinyu.cn。

step 18 按下 Ctrl+S 组合键保存网页，按下 F12 键在浏览器中预览网页效果。

第 16 章

使用模板和库项目

在进行大型网站的制作时，很多页面会用到相同的布局、图片和文本元素。此时，使用 Dreamweaver 提供的模板和库功能，可以将具有同样版面结构的页面制作成模板，将相同的元素制作成库项目，并集中保存，以便反复使用。

本章对应视频

例 16-1 将网页保存为模板

例 16-2 使用模板新建网页

例 16-3 使用模板制作电商网页

例 16-4 练习设置模板的可编辑区域

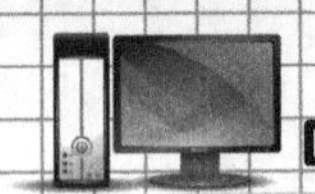

16.1 创建模板

模板是制作某种产品的样板或架构。通常，网页在整体布局上为了保持一贯的设计风格，会使用统一的架构。在这种情况下，可以用模板来保存经常重复使用的图像或结果，这样在制作新网页时，在模板的基础上进行略微修改即可。

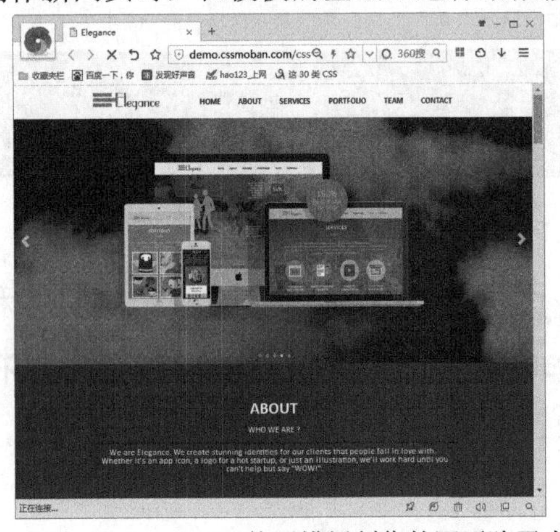

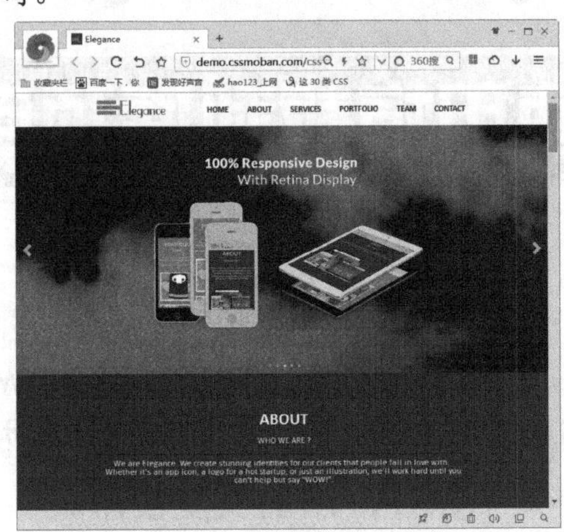

使用模板制作的网页除了内容以外，其余在结构上完全相同

同一网站的大部分网页在整体上都会具有一定的格式，但有时也会根据网站建设的需要，只把首页设计成其他形式。在网页文档中对需要更换的内容部分和不变的固定部分分别进行标识，就可以很容易地创建出具有相似网页框架的模板。

使用模板可以一次性修改多个网页文档。使用了模板的文档，只要没有在模板中删除该文档，它始终都会处于连接状态。因此，只要修改模板，就可以一次修改以它为基础的所有网页文档。

在 Dreamweaver 中，用户可以将现有的网页保存为模板，也可以创建空白网页模板，下面将分别介绍。

16.1.1 将网页保存为模板

将现有网页保存为模板指的是通过 Dreamweaver 中的【另存为模板】功能，将制作好的或通过网络下载的网页保存为网页模板。

【例 16-1】将网页保存为模板。

视频+素材 (素材文件\第 16 章\例 16-1)

step 1 打开网页文档后，选择【文件】|【另存为模板】命令，在打开的【另存模板】对话框中单击【保存】按钮。

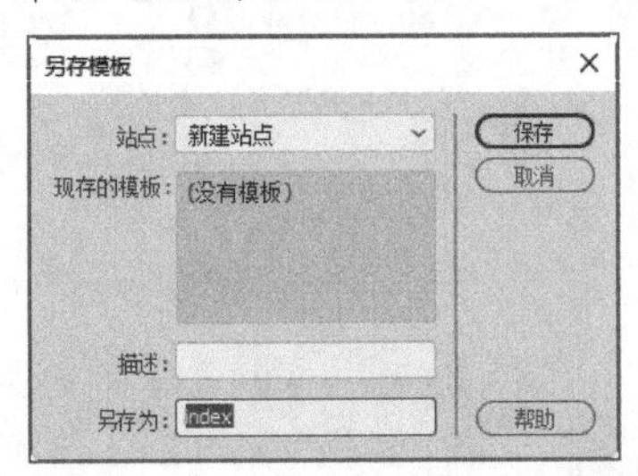

step 2 在打开的提示框中单击【是】按钮，更新链接，在 Dreamweaver 的标题栏中将显示当前文档为模板文档(*.dwt 文件)。

Dreamweaver 在创建模板时，会将模板文件保存在 Templates 文件夹中，在该文件夹中以.dwt 为扩展名来保存相关文件。如果保存模板时未创建 Templates 文件夹，作为默认操作，软件会在本地站点文件夹中自动建立该文件夹。

在将网页文档保存为模板文件时，需要注意以下几个事项：

▶ Templates 文件夹中的模板文件不可以移动到其他位置或保存到其他文件夹中。保存在本地站点根文件夹中的 Templates 文件夹也不能随便移动位置。

▶ 使用模板制作的文档都是从模板载入信息，因此模板文件的位置发生变化时，会出现与预期的网页文档截然不同的情况。

16.1.2 创建空白网页模板

空白网页模板与空白网页类似，指的是不包含任何内容的空白模板文件，扩展名为.dwt。在 Dreamweaver 中创建空白网页模板的方法如下：

step 1 选择【文件】|【新建】命令，打开【新建文档】对话框，在对话框左侧的列表框中选择【新建文档】选项。

step 2 在【文档类型】列表框中选中【HTML 模板】选项，单击【创建】按钮，如右上图所示。

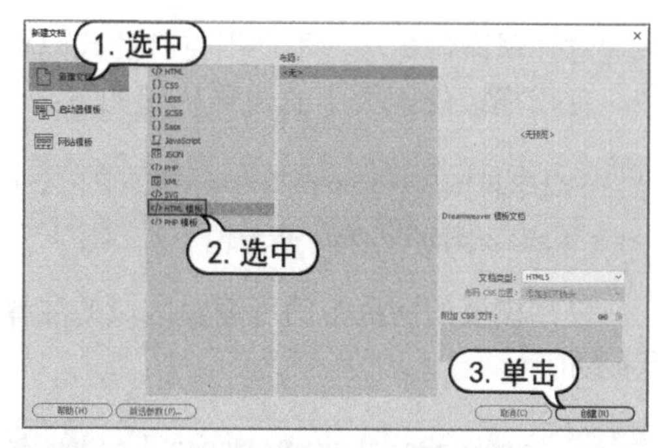

step 3 此时，将创建一个与新建的 HTML 文档一样的网页模板。

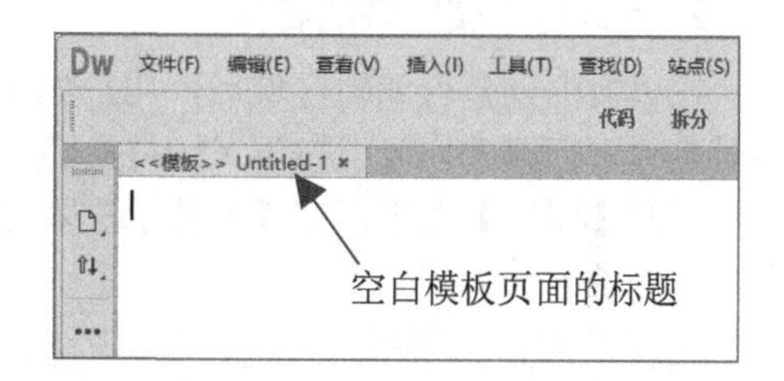

16.2 编辑模板

模板的建立与其他文档类似，只不过在保存上有所差异。在模板中，用户可以根据需要设置可编辑器区域与不可编辑区域，从而保证模板的某些区域是可以修改的，而某些区域是不可修改的。

16.2.1 设置可编辑区域

用户在 Dreamweaver 中创建模板后，在通过模板中创建可编辑区域，可以在网页中创建用于添加、修改和删除页面元素的操作区域。

1. 创建可编辑区域

在 Dreamweaver 中创建可编辑区域的方法如下：

step 1 按下 F8 键，打开【文件】面板。在 Templates 文件夹中双击一个模板文档，将其在文档窗口中打开。

step 2 将鼠标光标插入模板文档中合适的位置，选择【插入】|【模板】|【可编辑器区域】命令，打开【新建可编辑区域】对话框。在【名称】文本框中输入可编辑区域的名称后，单击【确定】按钮。

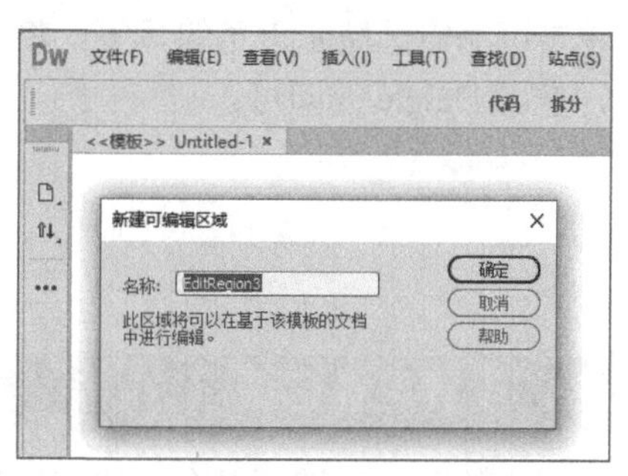

step 3 此时，在网页中即可看到模板中创建的可编辑区域以高亮方式显示。

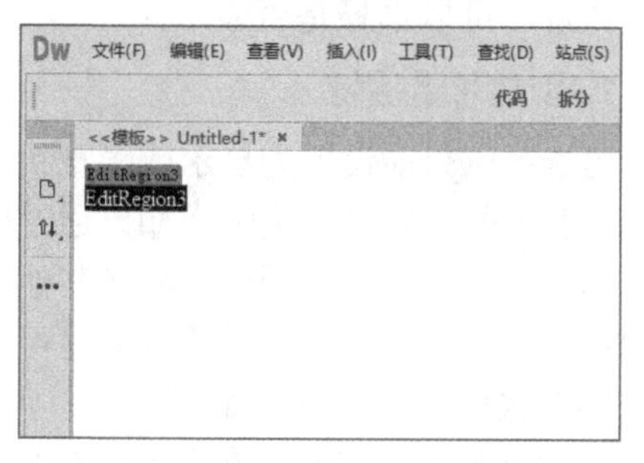

在网页的源代码中，模板中的可编辑区

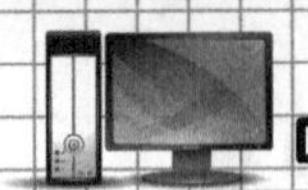

域通过注释语句标注，不使用特殊的代码标注。使用模板的网页中的注释代码如下：

```
<!-- TemplateBeginEditable name="EditRegion3"
--><!-- TemplateEndEditable -->
```

使用模板的网页中的可编辑区域的注释代码如下：

```
<!-- TemplateBeginEditable name="doctitle" -->
<!-- TemplateEndEditable -->
```

2. 更改可编辑区域的名称

在模板中创建可编辑区域后，用户如果要对名称进行修改，可以按下 Ctrl+F3 组合键，打开【属性】面板，在【名称】文本框中输入新的名称即可。

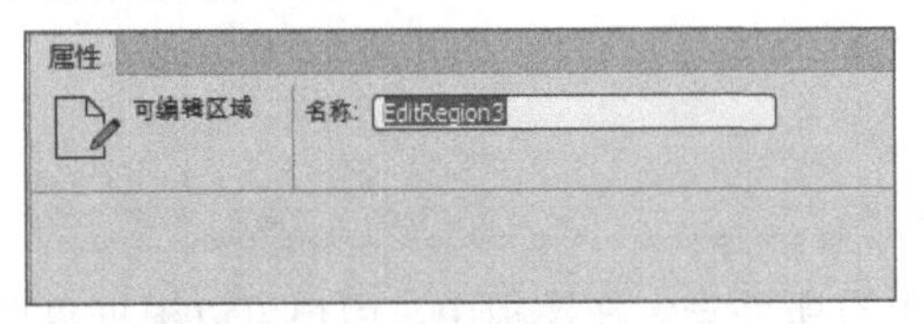

3. 取消对可编辑区域的标记

如果要删除模板中的可编辑区域，用户可以单击可编辑区域左上角的标签，将其选中后，按下 Delete 键即可。

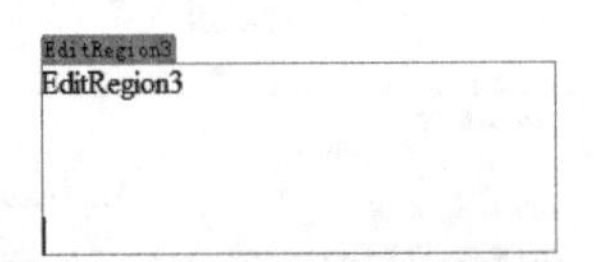

16.2.2 设置可选区域

模板中的可选区域可以在创建模板时定义。在使用模板创建网页时，对于可选区域中的内容，可以选择是否显示。

1. 创建可选区域

可选区域只能设置为显示或隐藏状态，不能对其中的内容进行编辑。如果通过模板创建的网页中需要显示图像，而在其他的网页中不需要显示，用户可以通过创建可选区域来实现这种效果，方法如下：

step 1 打开网页模板后，在【文档】工具栏中单击【代码】按钮，切换至代码视图，在<head>标签前添加代码，创建模板参数。

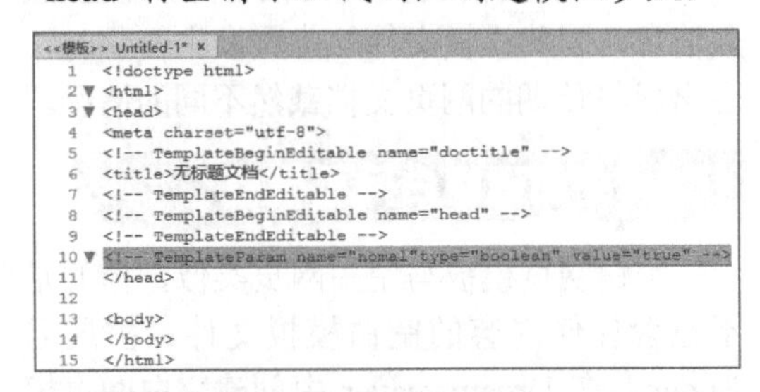


```
<!-- TemplateParam name="nomal"
type="boolean" value="true" -->
```

其中，name 属性为模板参数的名称；type 属性为数据类型；boolean 属性为布尔值；value 属性为模板参数值，由于数据类型为 boolean，其值只能是 true 或 false。

step 2 在【文档】工具栏中单击【设计】按钮，返回设计视图。选中需要设置为可选区域的元素，选择【插入】|【模板对象】|【可选区域】命令。

step 3 打开【新建可选区域】对话框，在【基本】选项卡的【名称】文本框中输入可选区域的名称，并选中【默认显示】复选框。

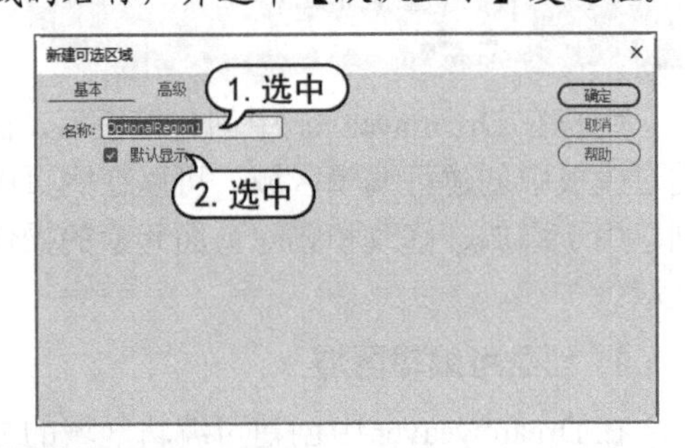

step 4 选择【高级】选项卡，选中【使用参数】单选按钮，并在其后的下拉列表中选择已经创建的模板参数名称。

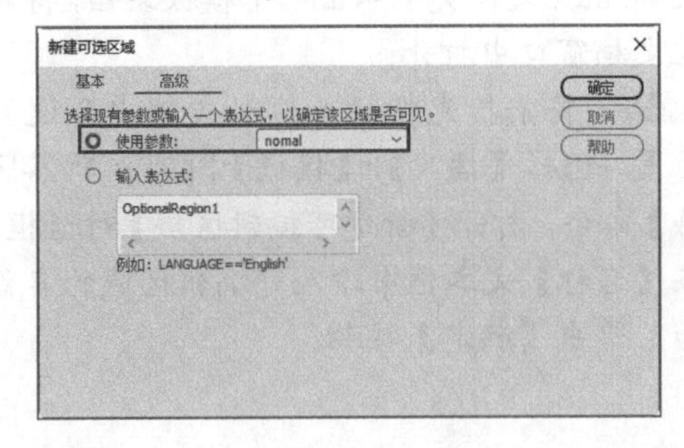

step 5 单击【确定】按钮，即可完成可选区域的创建。文档编辑窗口中将创建下图所示的可选区域。

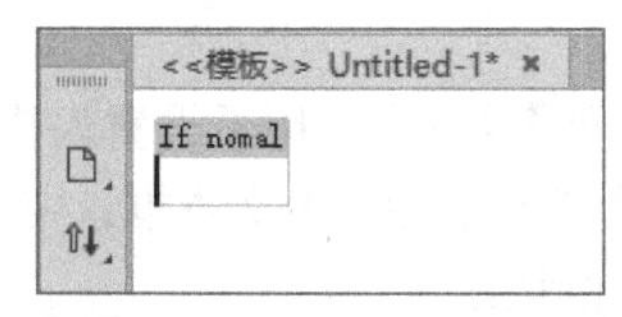

在网页的源代码中，使用了模板中可选区域的注释代码如下：

```
<!-- TemplateBeginIf cond="nomal" --><!--
TemplateEndIf -->
```

在【新建可选区域】对话框中包含【基本】和【高级】两个选项卡，其中【基本】选项卡中各选项的功能说明如下：

- 【名称】文本框：用于对可选区域命名。
- 【默认显示】复选框：用于设置可选区域在默认情况下是否在基于模板的网页中显示。

【高级】选项卡中各选项的功能说明如下：

- 【使用参数】选项区域：如果要链接可选区域参数，在该选项区域中可以选择要将所选内容链接到的现有参数。
- 【输入表达式】选项区域：如果要编写模板表达式来控制可选区域的显示，在该选项区域中可以设置表达式。

2. 创建可编辑的可选区域

可编辑的可选区域与可选区域不同的是，可以对内容进行编辑。创建可编辑的可选区域的方法与创建可选区域相同，用户可以先在代码视图中定义模板参数，再切换到设计视图，将鼠标光标置于要插入可选区域的位置。选择【插入】|【模板对象】|【可编辑的可选区域】命令，打开【新建可选区域】对话框，然后采用与创建可选区域相同的方法进行设置即可。

16.2.3　设置重复区域

用户在 Dreamweaver 中创建模板文件后，通过在模板中创建重复区域与重复表格，可以节省精力，提高效率。

1. 创建重复区域

在 Dreamweaver 中，用户可以参考以下方法，在网页模板中创建重复区域。

step 1 打开模板后，选中需要设置为重复区域的文本或内容，选择【插入】|【模板对象】|【重复区域】命令，打开【新建重复区域】对话框。

step 2 在【新建重复区域】的【名称】文本框中输入重复区域的名称后，单击【确定】按钮。

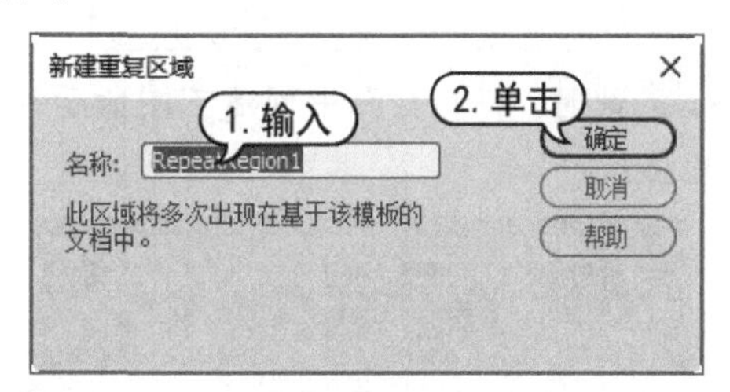

step 3 此时，可以在模板中查看下图所示的重复区域效果。

在网页的源代码中，使用模板中重复区域的注释代码如下：

```
<!-- TemplateBeginRepeat
name="RepeatRegion1" -->
<!-- TemplateEndRepeat -->
```

2. 创建重复表格

重复表格通常用于表格中，包括表格中可编辑区域的重复区域。可以定义表格属性，设置表格中的哪些单元格是可以编辑的，具体操作如下：

step 1 打开模板后，将鼠标光标放置在页面中需要创建重复表格的位置。

step 2 选择【插入】|【模板对象】|【重复表格】命令，打开【插入重复表格】对话框，在【行数】和【列】文本框中设置表格的行

数和列数，在【单元格边距】和【单元格间距】文本框中设置边距和间距值，在【宽度】文本框中输入表格的宽度，在【重复表格行】选项区域的【起始行】和【结束行】文本框中输入要重复的表格行，在【区域名称】文本框中输入名称，单击【确定】按钮。

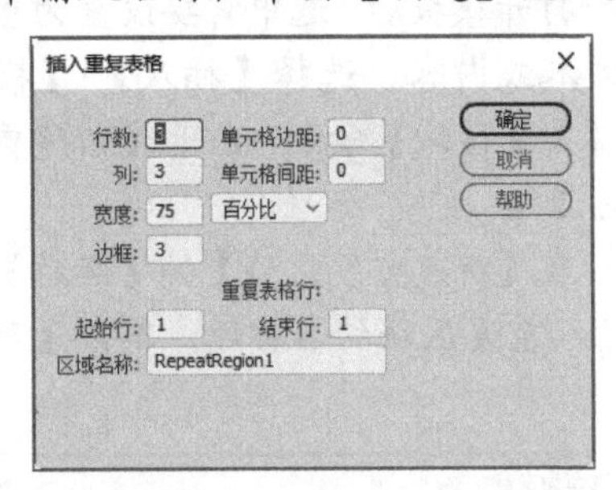

step 3 此时，将在页面中创建下图所示的重复表格。

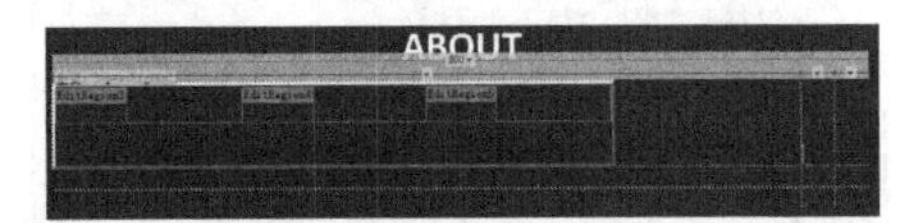

【插入重复表格】对话框中比较重要的选项功能说明如下：

- 【行数】文本框：用于设置表格的行数。
- 【列】文本框：用于设置表格的列数。
- 【单元格边距】文本框：用于设置表格的单元格边距。
- 【单元格间距】文本框：用于设置表格的单元格间距。
- 【宽度】文本框：用于设置表格的宽度。
- 【边框】文本框：用于设置表格的边框宽度。
- 【起始行】文本框：用于输入可重复行的起始行。
- 【结束行】文本框：用于输入可重复行的结束行。
- 【区域名称】文本框：用于输入重复区域的名称。

16.3 应用模板

在网页中创建并编辑模板后，就可以将模板应用到网页，从而通过模板进行批量网页的制作。在 Dreamweaver 中，应用模板主要通过【新建文档】对话框和【资源】面板来进行。下面将详细介绍。

16.3.1 从模板新建网页

通过【新建文档】对话框来应用模板，可以选择已经创建的任意站点模板来创建网页。

【例 16-2】在 Dreamweaver 中使用【新建文档】对话框创建新网页。
视频+素材 (素材文件\第 16 章\例 16-2)

step 1 选择【文件】|【新建】命令，打开【新建文档】对话框，选择【网站模板】选项卡，在【站点】列表框中选择站点模板。

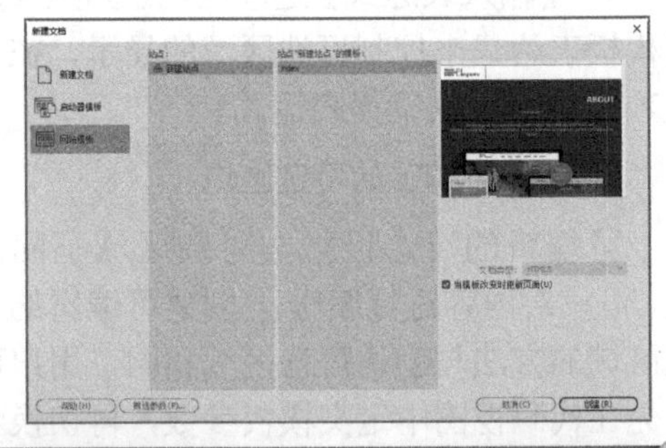

step 2 单击【创建】按钮，即可通过模板创建新的网页。

16.3.2 为网页应用模板

在 Dreamweaver 中，用户可以为已编辑的网页应用模板，将已编辑的网页内容套用到模板中，具体方法如下：

step 1 按下 Ctrl+Shift+N 组合键，创建一个空白网页文档。选择【窗口】|【资源】命令，显示【资源】面板。

step 2 在【资源】面板中单击【模板】按钮，在面板中显示模板列表。

step 3 在模板列表中选中一个模板后，单击【应用】按钮，即可将模板应用到网页上。

在【资源】面板的模板列表中右击一个模板，在弹出的菜单中选择【从模板新建】命令，通过模板创建的网页将会在文档窗口中以新建文档的方式打开。

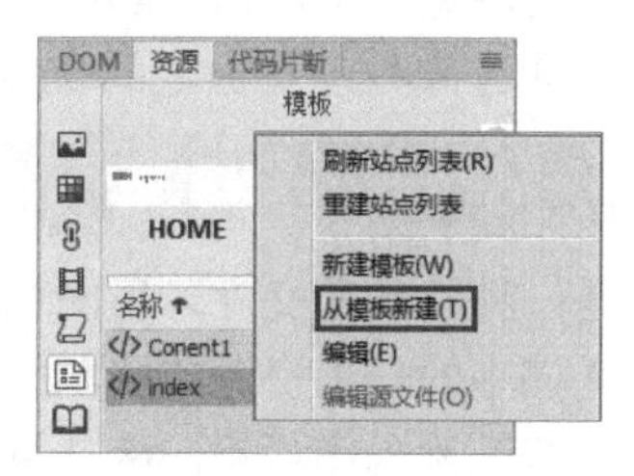

16.4 管理模板

在 Dreamweaver 中创建模板后，还需要对模板进行适当的管理，以便于网页的制作，例如删除不需要的模板、打开网页上附加的模板、更新网页模板和将网页脱离模板等。

16.4.1 删除网页模板

当用户不再需要使用某个模板时，可以通过【文件】面板将其删除，方法如下：

step 1 按下 F8 键显示【文件】面板，选中该面板中需要删除的模板文件。

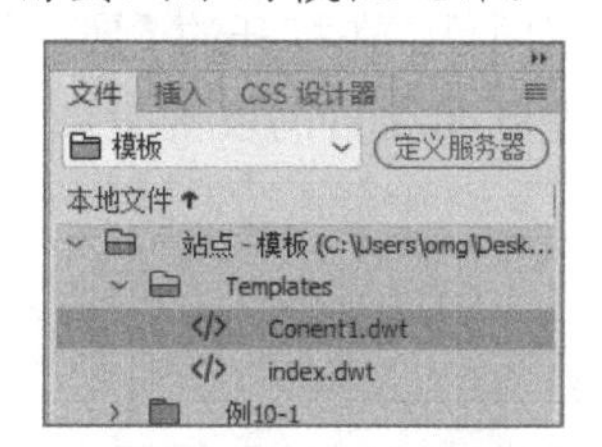

step 2 按下 Delete 键，在弹出的提示框中单击【是】按钮，即可将模板删除。

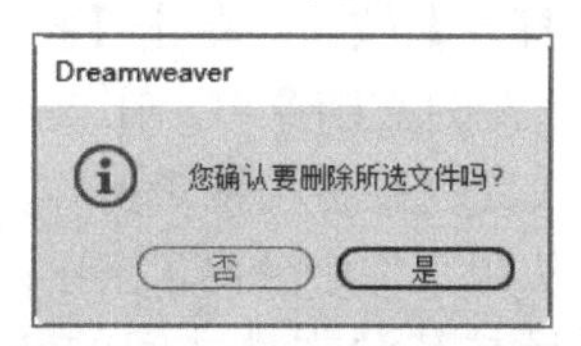

16.4.2 打开网页上附加的模板

在编辑通过模板创建的网页时，如果发现模板的某处内容需要修改，可以通过【打开附加模板】命令打开该网页所使用的模板文件，方法如下：

step 1 打开通过模板创建的网页，选择【工具】|【模板】|【打开附加模板】命令。

step 2 此时，将自动打开网页所附加的模板，对模板进行编辑后保存即可。

16.4.3 更新网页模板

当模板中某些公用部分的内容不太合适时，用户可以对模板进行修改。对模板修改并保存后，Dreamweaver 将打开【更新模板文件】对话框，提示是否更新站点中用该模板创建的网页。此时，单击【更新】按钮可以更新通过该模板创建的所有网页；单击【不更新】按钮，将只是保存当前模板而不更新通过该模板创建的网页。

16.4.4 将网页脱离模板

将网页脱离模板后，用户可以对网页中的任何内容进行编辑，包括原来因为没有创建可编辑区域而锁定的区域。同时，因为网页已经与模板脱离，当更新模板后，脱离模板后的网页是不会发生任何变化的，因为它们之间已经没有任何关系。在 Dreamweaver 中设置将网页脱离模板的具体操作如下：

step 1 打开通过模板创建的网页后，选择【工具】|【模板】|【从模板中分离】命令。

step 2 此时，网页中的所有内容都可以编辑。

16.5 使用库项目

如果说模板是规定一些重复的文档内容或设计的一种方式，那么库就可以说是一些总是反复出现的图像或文本信息等内容的存放处。在制作结构不同但内容有重复的多个网页时，用户可以通过库处理页面之间重复的内容。

16.5.1 认识库项目

库是一种特殊的文件，里面包含可添加到网页文档中的一组资源或资源的副本。库中的这些资源称为库项目。库项目可以是图像、表格或 SWF 文件等元素。当编辑某个库项目时，可以自动更新应用该库项目的所有网页文档。

在 Dreamweaver 中，库项目存储在每个站点的本地根文件夹的 Library 文件夹中。用户可以从网页文档中选中任意元素来创建库项目。对于链接项，库只存储对该项的引用。原始文件必须保留在指定的位置，这样才能使库项目正确工作。

使用库项目时，在网页文档中会插入该项目的链接，而不是项目原始文件。如果创建的库项目是附加了行为的元素，系统会将该元素及事件处理程序复制到库项目文件中，但不会将关联的 JavaScript 代码复制到库项目中。不过在将库项目插入文档时，会自动将相应的 JavaScript 函数插入文档的 head 部分。

16.5.2 创建库项目

在 Dreamweaver 中，用户可以将网页文档中的任何元素创建为库项目(这些元素包括文本、图像、表格、表单、插件、ActiveX 控件以及 JavaScript 程序等)，具体方法如下：

step 1 选中要保存为库项目的网页元素后，选择【工具】|【库】|【增加对象到库】命令，即可将对象添加到库中。

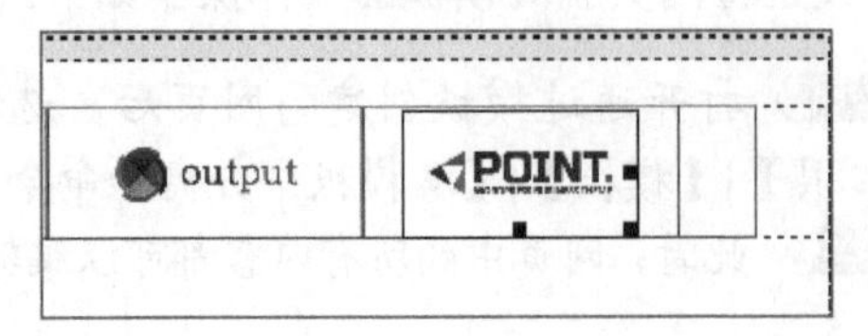

step 2 选择【窗口】|【资源】命令，打开【资源】面板，单击【库】按钮，即可在该面板中显示添加到库中的对象。

16.5.3 设置库项目

在 Dreamweaver 中，用户可以方便地编辑库项目。在【资源】面板中选择创建的库项目后，可以直接拖动到网页中。选中网页中插入的库项目，在打开的【属性】面板中，用户可以设置库项目的属性参数。

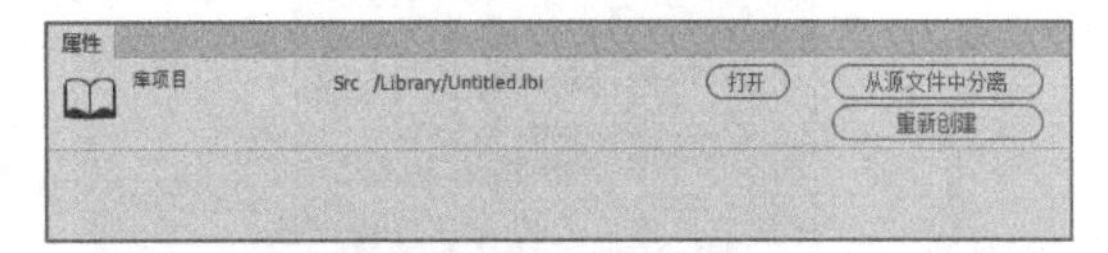

在库项目的【属性】面板中，主要参数选项的功能如下。

- 【打开】按钮：单击【打开】按钮，将打开一个新的文档窗口，在该窗口中用户可以对库项目进行各种编辑操作。
- 【从源文件中分离】按钮：用于断开所选库项目与其源文件之间的链接，使库项目成为文档中的普通对象。分离一个库项目后，该库项目便不再随源文件的修改而自动更新。
- 【重新创建】按钮：用于选定当前内容并改写原始库项目，使用该功能可以在丢失或意外删除原始库项目时重新创建库项目。

16.5.4　应用库项目

在网页中应用库项目时，并不是在页面中插入库项目，而是插入一个指向库项目的链接，即 Dreamweaver 向文档中插入的是库项目的 HTML 源代码副本，并添加一个针对原始外部项目的说明性链接。用户可以首先将光标置于文档窗口中需要应用库项目的位置，然后选择【资源】面板左侧的【库】选项，并从中拖放一个库项目到文档窗口中(或者选中一个库项目，单击【资源】面板中的【插入】按钮)，即可将库项目应用于文档。

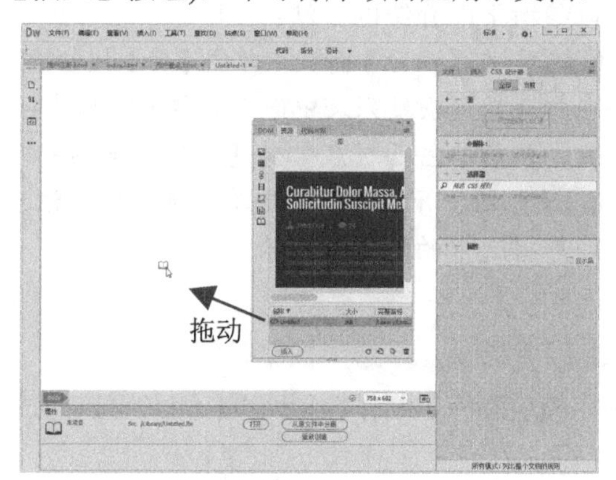

如果想把库项目的内容插到网页中，而不是在文档中创建库项目的实体，可以在按住 Ctrl 键的同时拖动库项目至网页中。采用这种方法应用的库项目，用户可以在 Dreamweaver 中对创建的库项目进行编辑，但是当更新使用库项目的页面时，文档将不会随之更新。

16.5.5　修改库项目

在 Dreamweaver 中通过对库项目进行修改，用户可以引用外部库项目，一次性更新整个站点上的内容。例如，如果需要更改某些文本或图像，只需要更新库项目即可自动更新所有使用库项目的页面。

1. 更新关联了所有文件的库项目

当用户修改一个库项目时，可以选择更新使用该库项目的所有文件。如果选择不更新，文件将仍然与库项目保持关联；也可以在以后选择【工具】|【库】|【更新页面】命令，打开【更新页面】对话框，对库项目进行更新设置。

要修改库项目，可以在【资源】面板的【库】类别中选中库项目，单击面板底部的【编辑】按钮，此时 Dreamweaver 将打开一个新的窗口用于编辑库项目。

2. 更新应用了特定库项目的整个站点或网页文档

当用户需要更新应用了特定库项目的网站(或所有网页)时，可以在 Dreamweaver 中选择【工具】|【库】|【更新页面】命令，打开【更新页面】对话框。然后在该对话框的【查看】下拉列表中选中【整个站点】选项，并在右侧的下拉列表中选中需要更新的站点的名称。

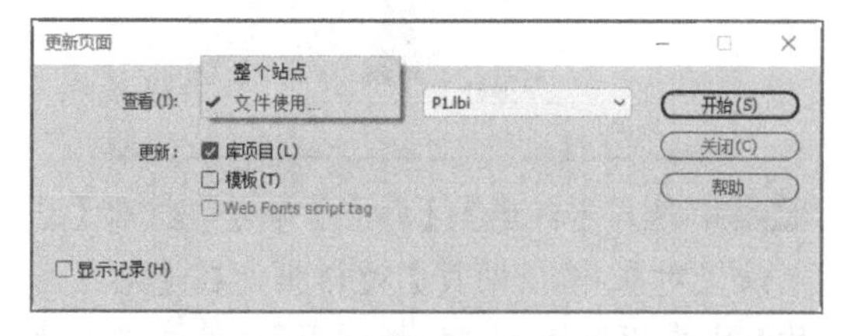

如果用户在【更新页面】对话框的【查看】下拉列表中选中【文件使用】选项，然后在右侧的下拉列表中选择库项目的名称，

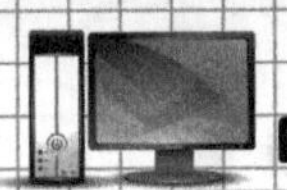

那么将会更新当前站点中所有应用了指定库项目的文档。

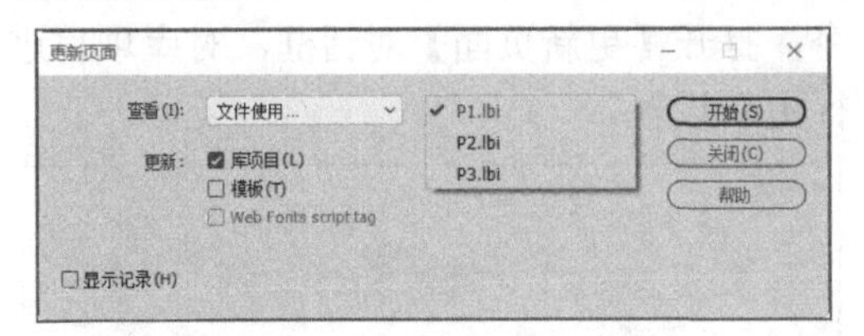

3. 重命名库项目

当用户需要在【资源】面板中对一个库项目重命名时，可以首先单击【资源】面板左侧的【库】按钮，然后单击需要重命名的库项目，并在短暂的停顿后再次单击库项目，使库项目的名称变为可编辑状态，此时输入名称，按下回车键确定即可，如右上图所示。

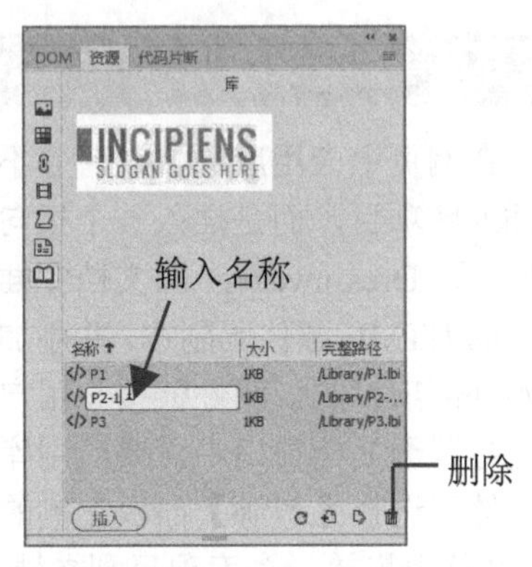

4. 从库项目中删除文件

若用户需要从库中删除一个库项目，可以参考下面介绍的方法：

step 1 在【资源】面板中单击【库】按钮，在打开的库项目列表中选中需要删除的库项目，然后单击面板底部的【删除】按钮。

step 2 在打开的提示框中单击【是】按钮，即可将选中的库项目删除。

16.6 案例演练

本章的案例演练部分将在 Dreamweaver 中使用模板和库，制作各种网页，用户可以通过具体操作巩固自己所学的知识。

【例 16-3】使用模板创建电商网站首页。

视频+素材 (素材文件\第 16 章\例 16-3)

step 1 按下 Ctrl+O 组合键，打开下图所示的网页素材文件。

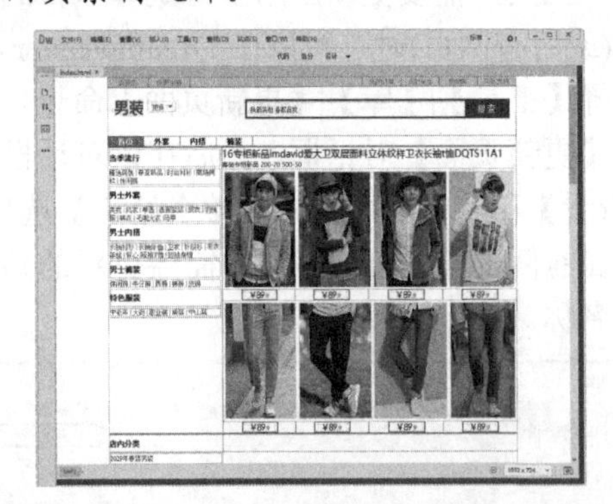

step 2 选择【新建】|【站点】命令，打开【站点设置对象-模板网页】对话框。在【站点名称】文本框中输入"模板网页"，单击【本地站点文件夹】文本框后的【浏览文件夹】按钮。

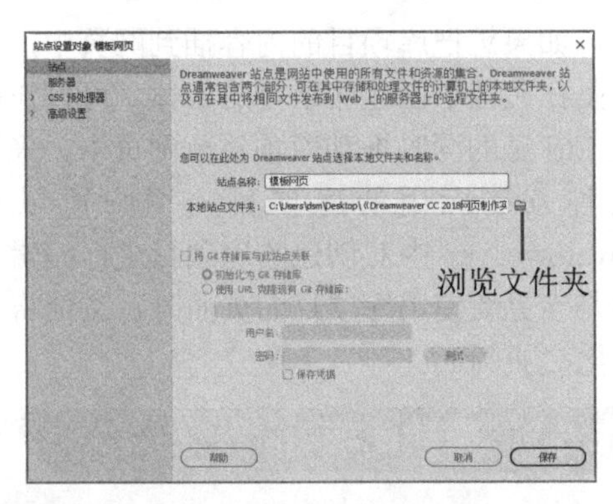

step 3 打开【选择根文件夹】对话框后，选择一个文件夹，单击【选择文件夹】按钮。

step 4 返回【站点设置对象-模板网页】对话框，单击【保存】按钮，创建一个本地站点。

step 5 选择【文件】|【另存为模板】命令，打开【另存模板】对话框。在【另存为】文本框中输入 index-1，单击【保存】按钮，将当前网页保存为模板。

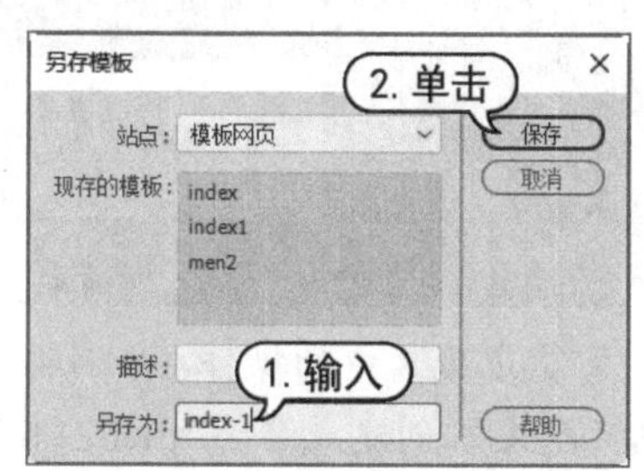

step 6 按下 Ctrl+F2 组合键，显示【插入】面板，选中页面中下图所示的文本，打开【插入】面板中的【模板】选项卡，单击【可编辑区域】按钮。

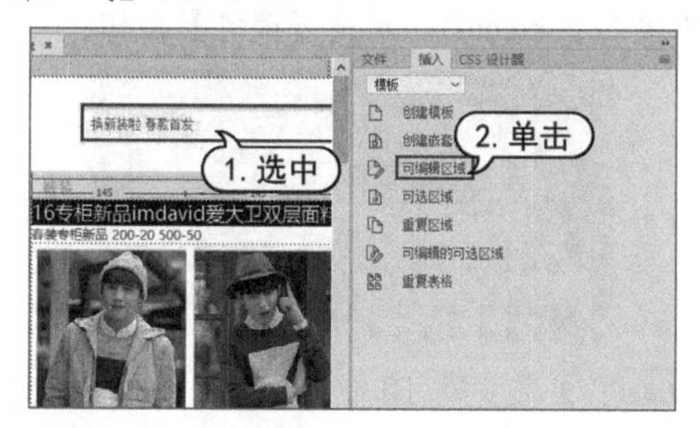

step 7 打开【新建可编辑区域】对话框，单击【确定】按钮。

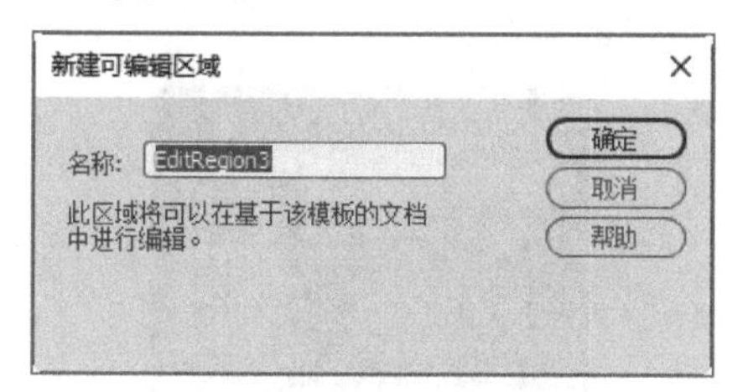

step 8 使用同样的方法，在模板中创建其他可编辑区域。

step 9 按下 Ctrl+S 组合键，将模板保存。按下 Ctrl+N 组合键，打开【新建文档】对话框，选择【网站模板】选项，在对话框右侧的【站点】列表框中选中【模板网页】站点，在右侧显示的列表框中选中创建的模板。单击【创建】按钮，创建一个网页。

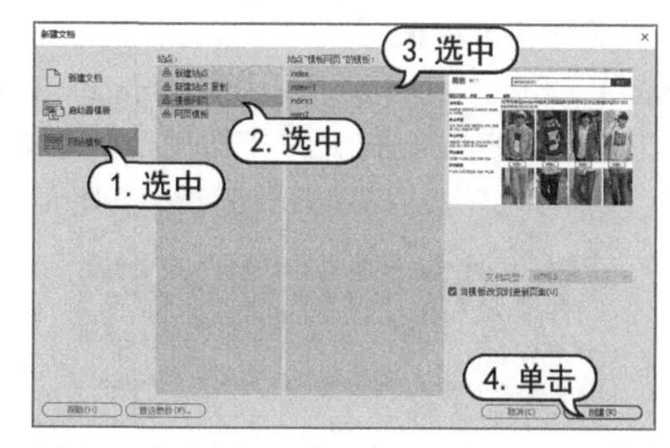

step 10 编辑网页中可编辑区域中的文本，并双击页面中的图片，打开【选中图像源文件】对话框，更换网页图像。

step 11 按下 Ctrl+Shift+S 组合键，打开【另存为】对话框，在【文件名】文本框中输入 men1.html，将【保存类型】设置为 HTML，单击【保存】按钮。按下 F12 键即可预览网页效果。

【例 16-4】练习为网页模板创建可编辑区域。

视频+素材 (素材文件\第 16 章\例 16-4)

step 1 打开网页文档 index.html，选择【文件】|【另存为模板】命令，打开【另存模板】对话框。在【站点】下拉列表中选择“网页模板”，单击【保存】按钮。

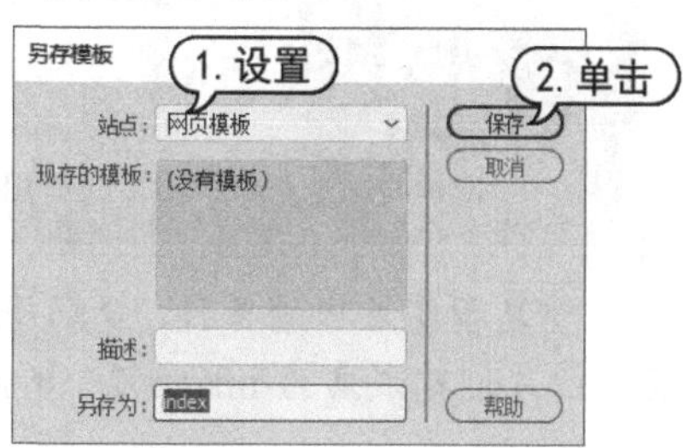

step 2 在打开的提示框中单击【是】按钮，将网页保存为模板。

step 3 此时，将打开“<<模板>>index.dwt (XHTML)”模板文件。选中下图所示的文本。

step 4 选择【插入】|【模板】|【可编辑区域】命令，打开【新建可编辑区域】对话框。在【名称】文本框中输入名称 banner01，然后单击【确定】按钮。

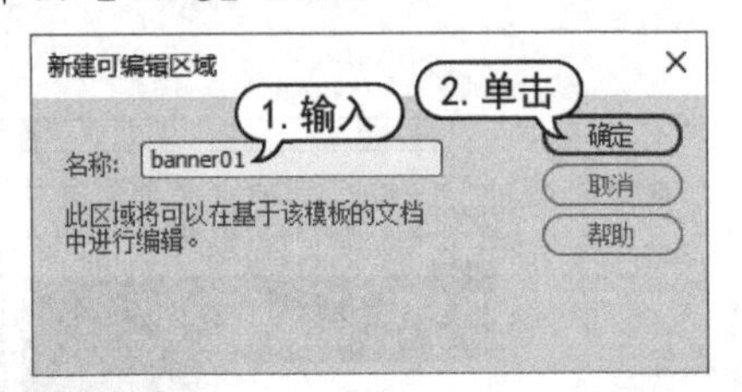

step 5 使用相同的方法，为导航栏中的其他对象创建可编辑区域，并分别命名为 banner02、banner03、banner04、banner05、banner06、banner07。

step 6 选中网页中的一张图片，选择【插入】|【模板】|【可编辑区域】命令，打开【新建可编辑区域】对话框。在【名称】文本框中输入 image01，单击【确定】按钮。

step 7 重复步骤 6 中的操作，分别将网页中的其他图片创建成名为 image02、image03、image04、image05、image06 和 image07 可编辑区域。

step 8 选中网页中的标题文本，选择【插入】|【模板】|【可编辑区域】命令，打开【新建可编辑区域】对话框。在【名称】文本框中输入 title01，单击【确定】按钮。

step 9 重复步骤 8 中的操作，分别将网页中的其他标题文本创建成名为 title02、title03…等可编辑区域。

step 10 选中网页中的内容文本，选择【插入】|【模板】|【可编辑区域】命令，打开【新建可编辑区域】对话框。在【名称】文本框中输入 content01，单击【确定】按钮。

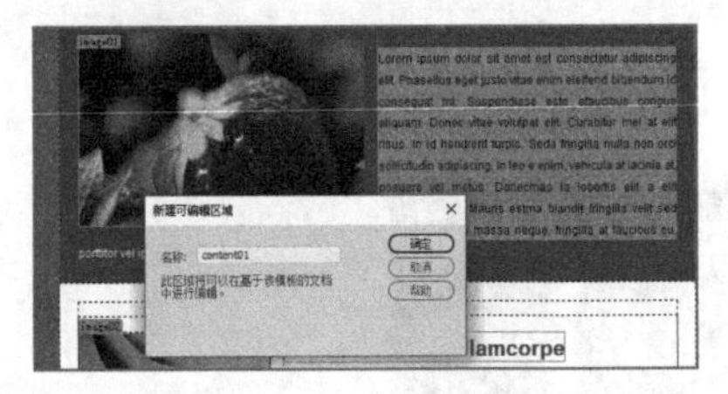

step 11 重复步骤 10 中的操作，将网页中的其他内容文本创建成名为 content01、content02、content03…等可编辑区域，完成网页模板的制作。

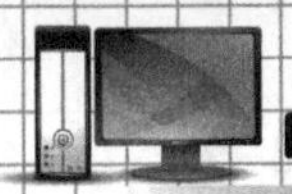